T0222835

Mathematik-Fundament
für Studierende aller Fachrichtungen

Gert Höfner

Mathematik-Fundament für Studierende aller Fachrichtungen

Unter Mitwirkung von Natali Skark

 Springer Spektrum

Gert Höfner
Langenfeld, Deutschland

Erschienen 1991 im Fachbuchverlag Leipzig.

ISBN 978-3-662-56530-8   ISBN 978-3-662-56531-5   (eBook)
https://doi.org/10.1007/978-3-662-56531-5

Die Deutsche Nationalbibliothek verzeichnet diese Publikation in der Deutschen Nationalbibliografie; detaillierte bibliografische Daten sind im Internet über http://dnb.d-nb.de abrufbar.

Springer Spektrum
© Springer-Verlag GmbH Deutschland, ein Teil von Springer Nature 2018
Das Werk einschließlich aller seiner Teile ist urheberrechtlich geschützt. Jede Verwertung, die nicht ausdrücklich vom Urheberrechtsgesetz zugelassen ist, bedarf der vorherigen Zustimmung des Verlags. Das gilt insbesondere für Vervielfältigungen, Bearbeitungen, Übersetzungen, Mikroverfilmungen und die Einspeicherung und Verarbeitung in elektronischen Systemen.
Die Wiedergabe von Gebrauchsnamen, Handelsnamen, Warenbezeichnungen usw. in diesem Werk berechtigt auch ohne besondere Kennzeichnung nicht zu der Annahme, dass solche Namen im Sinne der Warenzeichen- und Markenschutz-Gesetzgebung als frei zu betrachten wären und daher von jedermann benutzt werden dürften.
Der Verlag, die Autoren und die Herausgeber gehen davon aus, dass die Angaben und Informationen in diesem Werk zum Zeitpunkt der Veröffentlichung vollständig und korrekt sind. Weder der Verlag noch die Autoren oder die Herausgeber übernehmen, ausdrücklich oder implizit, Gewähr für den Inhalt des Werkes, etwaige Fehler oder Äußerungen. Der Verlag bleibt im Hinblick auf geografische Zuordnungen und Gebietsbezeichnungen in veröffentlichten Karten und Institutionsadressen neutral.

Verantwortlich im Verlag: Andreas Rüdinger

Springer Spektrum ist ein Imprint der eingetragenen Gesellschaft Springer-Verlag GmbH, DE und ist ein Teil von Springer Nature
Die Anschrift der Gesellschaft ist: Heidelberger Platz 3, 14197 Berlin, Germany

Inhaltsverzeichnis

Vorwort

Gewidmet in väterlicher Liebe meiner Tochter Franziska

Dieses Werk wendet sich an Anwender der Mathematik, denen eine Formelsammlung zu knapp und ein Lehrbuch zu ausführlich ist. Es bietet zu wichtigen mathematischen Grundlagenthemen Formeln und Kontext mit Erklärungen und Anwendungsbeispielen.
An dieser Stelle möchte ich mich bei Herrn Dr. Andreas Rüdinger und Frau Alton für die großartige Unterstützung bei der Herausgabe des Buches und bei Frau Natali Skark von der TH Köln für die Anfertigung des Manuskripts und der Abbildungen bedanken.

Gert Höfner

In der Mathematik verwendete Zeichen

1. *Allgemeine Zeichen*

Zeichen	Verwendung	Leseweise
$=$	Gleichungen	gleich
$\neq$	Ungleichungen	ungleich
$\sim$		proportional
$\approx$		näherungsweise gleich
$\hat{=}$		entspricht
$<$	Ungleichungen	kleiner als
$>$	Ungleichungen	größer als
$\leqq$ oder $\leq$	Ungleichungen	kleiner als oder gleich
$\geqq$ oder $\geq$	Ungleichungen	größer als oder gleich
$+$	Additions-, Vorzeichen	plus
$-$	Subtraktions-, Vorzeichen	minus
$\cdot$	Multiplikationszeichen	mal
$:, -, /$	Divisionszeichen	geteilt durch
$\% = \dfrac{1}{100}$	Prozent	Prozent
$\text{‰} = \dfrac{1}{1000}$		Promille
$\ldots$	z. B. unendliche Folgen	und so weiter
$(\,)$	z. B. Terme	offene/geschlossene runde Klammer

Zeichen	Verwendung	Leseweise
[]	z. B. Terme	eckige Klammer
{ }	z. B. Terme, Funktionen, Mengen	geschweifte Klammer
< >		spitze Klammer
[]		geschlossenes Intervall
( )		offenes Intervall
(]		oben geschlossenes Intervall
∥		parallel
∦		nicht parallel
⊥		rechtwinklig zu, senkrecht auf, orthogonal
△		Dreieck
≅		kongruent
∼		ähnlich
∡		Winkel
$\overline{AB}$		Strecke von A nach B
$\overparen{AB}$		Bogen von A nach B
$n!$	Fakultätszeichen	n Fakultät
$\binom{n}{m}$	Binomialkoeffizient	n über m
$\sum$	Summenzeichen	Summe
$\prod$	Produktzeichen	Produkt

2. *Funktionszeichen*

Zeichen	Verwendung	Leseweise
$\sqrt{}$	Wurzelzeichen (Quadratwurzel)	Quadratwurzel aus
$\sqrt[n]{}$	Wurzelzeichen	n-te Wurzel aus
$|a|$	Betragszeichen	Betrag von a
a^x	Potenzdarstellung	a hoch x
$\log_a$	Logarithmusdarstellung	Logarithmus zur Basis a
lg	10er-Logarithmusdarstellung	dekadischer Logarithmus
lg	dgl.	Briggs'scher Logarithmus, Zehnerlogarithmus
ln	Darstellung des natürlichen Logarithmus	natürlicher Logarithmus
ld	Darstellung des dyadischen Logarithmus	dyadischer Logarithmus
sin	Sinusfunktion	Sinus
cos	Kosinusfunktion	Kosinus
tan	Tangensfunktion	Tangens
cot	Cotangensfunktion	Cotangens
arcsin	Arcussinusfunktion	Arcussinus
arccos	Arcuskosinusfunktion	Arcuskosinus
arctan	Arcustangensfunktion	Arcustangens
arccot	Arcuscotangensfunktion	Arcuscotangens

3. *Zeichen der Infinitesimalrechnung*

Zeichen	Verwendung	Leseweise
$f(x)$	Funktionsdarstellung	Funktion von x
∞		unendlich
$\lim$	Grenzwert	Limes
Δ_f		Delta f
$f'(x)$	1. Ableitung von f nach x	f Strich von x
$f^{(n)}(x)$	n-te Ableitung von f nach x	f n Strich von x
$\dot{\varphi}$	1. Ableitung von φ nach t	phi Punkt von t
y'	1. Ableitung von y nach x	y Strich
y^n	n-te Ableitung von y nach x	y n Strich
dy	Differenzial	dy
$\dfrac{dy}{dx}$	Differenzialquotient, 1. Ableitung	dy nach dx
$\dfrac{d^n y}{dx^n}$	n-te Ableitung	dn y nach dx hoch n
$\int$	Integralzeichen	Integral
$\int f(x)\mathrm{d}x$	unbestimmtes Integral	Integral $f(x)\mathrm{d}x$
$\int\limits_a^b f(x)\mathrm{d}x$	bestimmtes Integral	Integral $f(x)\mathrm{d}x$ von a nach b
$F(x)\big|_a^b$		$F(x)$ in den Grenzen von a bis b

4. *Zeichen aus der Mengenlehre und Logik*

Zeichen	Verwendung	Leseweise
$\in$	Kennzeichnung einer Elementbeziehung	Element von
$\notin$		nicht Element von
$\subset$	echte Untermenge	enthalten in
$\subseteqq$	unechte Untermenge	enthalten in oder gleich
$\emptyset$		leere Menge
$\cup$	Mengenvereinigung	vereinigt
$\cap$	Mengendurchschnitt	geschnitten
$\setminus$	Mengendifferenz	Differenz (ohne)
$\forall$		für alle
$\exists$		es gibt
$\nexists$		es gibt kein
$\neg$	Negation	nicht
$\wedge$	Konjunktion	und
$\vee$	Disjunktion	oder (nicht ausschließlich)
$\rightarrow$	Implikation	wenn – so
$\leftrightarrow$	Äquivalent	genauso dann, wenn

5. *Griechisches Alphabet*

Zeichen		Verwendung	Zeichen		Verwendung
A	α	Alpha	N	ν	Ny
B	β	Beta	Ξ	ξ	Xi
Γ	γ	Gamma	O	o	Omikron
Δ	δ	Delta	Π	π	Pi
E	ϵ	Epsilon	P	ρ	Rho
Z	ζ	Zeta	Σ	σ	Sigma
H	η	Eta	T	τ	Tau
Θ	θ	Theta	Y	υ	Ypsilon
I	ι	Jota	Φ	ϕ	Phi
K	κ	Kappa	X	χ	Chi
Λ	λ	Lambda	Ψ	ψ	Psi
M	μ	My	Ω	ω	Omega

Grundlegende Zusammenhänge in der Mathematik

Mengenlehre	Logik	Stochastik	Arithmetik	Eigenschaften
beschäftigt sich mit **Elementen**	beschäftigt sich mit **Aussagen**	beschäftigt sich mit **Ereignissen**	beschäftigt sich mit **Zahlen**	
Elemente gehören zu einer Menge (M) oder nicht. (mengenbildende Eigenschaften)	Aussagen (A) sind wahr oder falsch. (Satz von der Zweiwertigkeit oder vom ausgeschlossenen Dritten.)	Ereignisse (E) treffen ein oder nicht	natürliche Zahlen als Mächtigkeit von Mengen (x)	
$\overline{M}$: Komplementärmenge (alle Elemente der **Allmenge**, die nicht zur Menge M gehören	$\overline{A}$: Gegenteil der Aussage A – gelesen: „nicht A"	$\overline{E}$: gegensätzliches Ereignis von E in Ω (Ereignisraum oder sicheres Ereignis)	$-x$: negative Zahl zu x	
$\overline{\overline{M}} = M$	$\overline{\overline{A}} = A$	$\overline{\overline{E}} = E$	$-(-x) = x$	doppelte Ausführung führt auf den Ursprung zurück
	(doppelte Verneinung)	nicht eingetreten von	auch $\dfrac{1}{\frac{1}{x}} = x$	
leere Menge	stets falsche Aussage	unmögliches Ereignis $\varnothing$	null(0)	neutrales Element bei der Addition (bei Summenbildung keine Veränderung der Summanden)
Allmenge	stets wahre Aussage	sicheres Ereignis		
$M_1 = M_2$	$A_1 = A_2$	$E_1 = E_2$	$x = y$	

Mengenlehre	Logik	Stochastik	Arithmetik	Eigenschaften
Alle Elemente von M_1 gehören zu M_2 und umgekehrt.	Die Aussagen A_1 und A_2 haben die gleiche Bedeutung.	Die Ergebnisse sind äquivalent.		reflexiv: $M = M$, symmetrisch: $M_1 = M_2 \Rightarrow M_2 = M_1$, transitiv: $M_1 = M_2$ und $M_2 = M_3 \Rightarrow M_1 = M_3$
$M_1 \subset M_2$ M_1 ist Teilmenge von M_2. Jedes Element von M_1 gehört zu M_2, aber es gibt Elemente in M_2, die nicht zu M_1 gehören.	$A_1 \subset A_2$ A_1 ist Teilaussage von A_2.	$E_1 \subset E_2$ E_1 ist Teilereignis von E_2. Ereignis E_1 folgt aus Ereignis $E_2 - E_2$, aber nicht unbedingt aus E_1	$x < y$ Die Zahl x ist kleiner als y	Die Relation ist nicht symmetrisch, nicht reflexiv aber transitiv.
$M_1 \cap M_2$ Alle Elemente, die sowohl zu M_1 als auch zu M_2 gehören. Durchschnittsmenge	$A_1 \wedge A_2$ Es gilt sowohl Aussage A_1 wie auch A_2. UND-Verbindung Konjunktion	$E_1 \cap E_2$ Ereignis, wenn E_1 und E_2 gleichzeitig eintreten. Logisches Produkt der Ereignisse		
$M_1 \cup M_2$ Vereinigungsmenge enthält alle Elemente, die entweder zu M_1 oder zu M_2 gehören.	$A_1 \vee A_2$ Nicht aus-schließendes ODER - richtig, wenn eine Aussage A_1 **oder** A_2 richtig ist	$E_1 \cup E_2$ Ereignis ist eingetreten, wenn nur ein Ereignis eingetreten ist.	$x + y$ Addition	kommutativ, assoziativ
$M_1 \backslash M_2$ Die Elemente von M_1, die nicht zu M_2 gehören, bilden eine Mengendifferenz	$A_1 \backslash A_2$ A_1 aber nicht A_2 ist richtig	$E_1 \backslash E_2$ Komplementärereignis, wenn E_1 eingetreten und E_2 nicht eingetreten ist. Logische Differenz	$x - y$ Subtraktion	nicht kommutativ

Mengenlehre	Logik	Stochastik	Arithmetik	Eigenschaften
$(M_1 \cup M_2) \backslash$ $(M_1 \cap M_2)$	„A_1 oder A_2"	$(E_1 \cup E_2) \backslash$ $(E_1 \cap E_2)$		
Alle Elemente von M_1, die nicht zu M_2 gehören, bilden die Mengendifferenz.	aber nicht beide Aussagen (also nicht gleichzeitig) A_1 und A_2 sind gültig. Ausschließendes ODER	ist das Ergebnis, bei dem ein, aber nicht beide Ereignisse eingetreten sind – symmetrische Differenz		
$M_1 \cap M_2 = \varnothing$	A_1 und A_2 sind unmöglich.	$E_1 \cap E_2 = \varnothing$		
Die Mengen M_1 und M_2 enthalten keine gemeinsamen Elemente.	Die Aussagen werden als disjunkt bezeichnet.	Die Ereignisse E_1 und E_2 können nicht gleichzeitig eintreten (einander ausschließende Ereignisse)		

1 Grundlagen der Mathematik

1.1   Sprache und Arbeitsweise der Mathematik

1.1.1   Variablen und Variablenbereiche

Beispiel 1.1
In der Mitteilung der Polizei heißt es: Herr M. wurde vorläufig festgenommen, da gegen ihn dringender Verdacht besteht, am Banküberfall in Hadorf teilgenommen zu haben.   ∎

Auch in der Mathematik ist es oft erforderlich, ein Element einer Menge anzugeben, ohne dass seine Identität genau bezeichnet wird. Im täglichen Sprachgebrauch tritt das in Redeweisen wie Herr X, Stadt A oder Schema F auf. Die Elemente werden als Variablen bezeichnet. Für diese Variablen kann dann ein Element aus einer vorgegebenen Variablenmenge eingesetzt werden. Redeweise: Die Variablen werden mit einem Element der Variablenmenge belegt. Variablen werden im Allgemeinen durch die letzten Buchstaben x, y, z des Alphabets bezeichnet. Besser ist es jedoch, die Variablen grundsätzlich mit x zu bezeichnen und verschiedene Variablen durch unterschiedliche Indizes voneinander zu unterscheiden.

Das Kommutativgesetz der Addition von natürlichen Zahlen kann mit Variablen folgendermaßen geschrieben werden:

$$x_1 + x_2 = x_2 + x_1$$

Das Gesetz ist richtig für alle konkreten natürlichen Zahlen, mit denen x_1 und x_2 belegt oder interpretiert werden.

Definition 1.1
Ein Symbol, das in einer Formel oder Überlegung mit frei aus einer Menge wählbaren Elementen belegt werden kann, wird als Variable bezeichnet. Die Menge der Variablen ist der dazugehörige Variablenbereich.   ◆

© Springer-Verlag GmbH Deutschland, ein Teil von Springer Nature 2018
G. Höfner, *Mathematik-Fundament für Studierende aller Fachrichtungen*,
https://doi.org/10.1007/978-3-662-56531-5_1

Beispiel 1.2
Wird in einer Aufgabe nach der Anzahl der Zähne eines Zahnrads gefragt, die
notwendig ist, um ein vorgegebenes Übersetzungsverhältnis zu realisieren, so ist
die Variablenmenge stets die Menge der natürlichen Zahlen, da es ein Zahnrad
mit beispielsweise 48,3 Zähnen nicht gibt.
Lösung: 48 oder 49 Zähne hat das Zahnrad.   ■

1.1.2 Aussagen, Aussagefunktionen und Quantoren

Definition 1.2
Die verbale oder symbolische Widerspiegelung der objektiven Realität wird als
Aussage bezeichnet. Für jede Aussage gilt der Satz von der Zweiwertigkeit. Ei-
ne Aussage ist entweder wahr oder falsch (Satz vom ausgeschlossenen Dritten).
Dabei ist zunächst unerheblich, ob die Wahrheit oder Falschheit eines Ausdrucks
gegenwärtig nachgewiesen werden kann.   ◆

Beispiel 1.3

Eins und eins ergibt zwei.	→ Aussage Wahrheitswert: w
Das Quadrat von 4 ist 20.	→ Aussage Wahrheitswert: f
Im Weltall gibt es außerhalb der Erde intelligentes Leben.	→ Aussage Wahrheitswert: zur Zeit nicht feststellbar
Schließen Sie die Tür!	→ keine Aussage im mathematischen Sinne
Wer hat die Frage gestellt?	→ keine Aussage im mathematischen Sinne

■

Definition 1.3
Eine Aussage mit einer Variablen ist eine Aussageform, wenn der Variablenbereich
festgelegt ist.   ◆

Beispiel 1.4
X ist ein Land in Europa.
Variablenbereich: Alle Länder, die mit I beginnen.
Italien ist ein Land in Europa. – wahre Aussage
Indien ist ein Land in Europa. – falsche Aussage
Eine Aussageform ist eine Vorschrift zur Herstellung von Aussagen, die als wahr
oder falsch gelten. Die Aussageform besitzt keinen Wahrheitswert.   ■

Beispiel 1.5
Der große französische Mathematiker Pierre de Fermat (1601–1665) schrieb an
den Rand des Buches II, 8 von Diophant, dass er für die Aussage:

$$x^n + y^n = z^n$$

die für ganzzahlige Werte x, y, z, n und $n > 2$ gilt, einen „wunderbaren Beweis" gefunden habe. Dieser Beweis ist erst vor nicht allzu langer Zeit nach intensivem Suchen gefunden worden – er war eines aber ganz sicher nicht – nämlich einfach. Eine Aussageform kann ...

1. für alle Variablen x des Variablenbereichs wahre Aussagen liefern.
   Für alle $x \in \mathbb{N}$ (Schreibweise $\forall x$) gilt

   $$3 + x = x + 3$$

2. für einige Variablen x des Variablenbereiches wahre Aussagen liefern.
   Es gibt ein x Element der rationalen Zahlen (Schreibweise $\exists x$), so dass gilt

   $$3 \cdot x = 1$$

3. für keine Variable des Variablenbereiches wahre Aussagen liefern.
   Es gibt kein $x \neq 0$ (Schreibweise $\not\exists x$), sodass gilt

   x natürliche Zahl,

   $$3 \cdot x = 0$$

$\forall x$, $\exists x$ und $\not\exists x$ werden Quantoren genannt. Aussagen können durch die Bindewörter A_1 *und* A_2; A_1 *oder* A_2; *wenn* A_1, *dann* A_2; A_1 *genau dann, wenn* A_2; *nicht A* zu neuen Aussagen zusammengesetzt werden.
Die so entstehenden Aussageverbindungen sind dann ebenfalls Aussagen, die einen neuen Wahrheitswert besitzen.
Der Wahrheitswert wird mithilfe der Bool'schen Wahrheitsfunktionen bestimmt. ∎

1. *Konjunktion*
   Den Aussagen A_1, A_2 wird die Aussage A_1 **und** A_2 zugeordnet.

Beispiel 1.6
3 ist eine natürliche Zahl und sie ist größer als 1.
Die zusammengesetzte Aussage ist genau dann wahr, wenn beide Aussagen A_1 und A_2 wahr sind. (Redeweise; sowohl A_1 als auch A_2 sind wahr, womit eine enge Verbindung zur Durchschnittsmenge besteht, deren Elemente sowohl zur einen als auch zur anderen, den Durchschnitt bildenden Menge gehören.)
Symbol: et. $\wedge$

Wahrheitswerttabelle der Konjunktion:

A_1	A_2	$A_1 \wedge A_2$
w	w	w
w	f	f
f	w	f
f	f	f

∎

2. *Disjunktion (auch Alternative)*
Den Aussagen A_1, A_2 wird die Aussage A_1 **oder** A_2 zugeordnet.

Beispiel 1.7
x ist größer oder gleich 5.
Die zusammengesetzte Aussage ist nur dann falsch, wenn beide Einzelaussagen A_1, A_2 falsch sind (schwache Verbindung).
Redeweise: A_1 oder A_2 oder beide Aussagen müssen wahr sein, um die Disjunktion wahr zu gestalten. Es besteht hierbei eine enge Verbindung zur Vereinigungsmenge, die von den Elementen gebildet wird, die zur einen, zur anderen oder zu beiden Mengen gehören, welche vereinigt werden.
Symbol: vel, $\vee$
Wahrheitswerttabelle der Disjunktion:

A_1	A_2	$A_1 \vee A_2$
w	w	w
w	f	w
f	w	w
f	f	f

∎

3. *Implikation*
Den Aussagen A_1, A_2 wird die Aussage **wenn** A_1, **dann** A_2 zugeordnet.

Beispiel 1.8
$a : b$ ist eine ganze Zahl, wenn b ein Teiler von a ist.
Die zusammengesetzte Aussage ist nur dann falsch, wenn A_1 (Bezeichnung: *Antezedenz*) wahr und A_2 (Bezeichnung: *Konsequenz*) falsch ist. Das heißt, bei falscher Voraussetzung ist der Schluss immer richtig, egal ob die Konsequenz richtig oder falsch ist.
Symbol: seq, $\rightarrow$

A_1	A_2	$A_1 \rightarrow A_2$
w	w	w
w	f	f
f	w	w
f	f	w

■

4. *Äquivalenz*
Den Aussagen V wird die Aussage A_1 **genau dann, wenn** A_2 zugeordnet.
Symbol: äq, $\Leftrightarrow$

A_1	A_2	$A_1 \Leftrightarrow A_2$
w	w	w
w	f	f
f	w	f
f	f	w

5. *Negation*
Der Aussage A_1 wird die Aussage **nicht** A_1 zugeordnet.
Symbol: non, $\neg$

A_1	$\neg A_1$
w	f
f	w

Die Aussagen $A_1, A_2, \ldots, A_n$ können durch die Zeichen $\neg$, $\wedge$, $\vee$, $\rightarrow$, $\leftrightarrow$ und runde Klammern zu neuen Aussagen verknüpft werden (Ausdrücke).
Eine Zeichenreihe ist nur dann ein Ausdruck, wenn...

a) alle Aussagen A_i Ausdrücke sind,
b) mit A_i auch $\neg A_i$ Ausdruck ist,
c) aus A_1 und A_2 auch
$(A_1 \wedge A_2), (A_1 \vee A_2), (A_1 \rightarrow A_2), (A_1 \leftrightarrow A_2)$ Ausdrücke sind.

Beispiel 1.9
$\neg A_3$ ist Ausdruck, wegen b) und a)
$\neg(A_1 \wedge A_2)$ ist Ausdruck, wegen c), b) und a)
$\vee A_2 \wedge \neg A_1$ ist kein Ausdruck, da dieser nicht mit $\vee$ beginnen kann.
Besteht ein Ausdruck aus $n \in \{$natürlichen Zahlen$\}$ Aussagen, so sind 2^n mögliche Wahrheitswertkombinationen in einer Wahrheitswerttabelle zu untersuchen, um den Wahrheitswert des Ausdrucks zu bestimmen. ■

Beispiel 1.10

$A_1 \rightarrow (A_2 \wedge A_3)$

Drei Einzelaussagen ergeben $2^3 = 8$ Werte der Wahrheitstabelle.

A_1	A_2	A_3	$A_2 \wedge A_3$	$A_1 \rightarrow (A_2 \wedge A_3)$
w	w	w	w	w
w	w	f	f	f
w	f	w	f	f
w	f	f	f	f
f	w	w	w	w
f	w	f	f	w
f	f	w	f	w
f	f	f	f	w

∎

Eigenschaften von Ausdrücken

1. Ein Ausdruck ist aussagenlogisch allgemeingültig, wenn er für jede mögliche Belegung der Einzelaussagen den Wert *wahr* annimmt. Aussagenlogisch allgemeingültige Ausdrücke werden auch **Tautologien** genannt.

$A \vee (\neg A)$	Satz vom ausgeschlossenen Dritten
$\neg(A \wedge (\neg A))$	Gesetz der Kontradiktion
$[(A_1 \rightarrow A_2) \wedge (A_2 \rightarrow A_3)] \rightarrow (A_1 \rightarrow A_3)$	Gesetz des Syllogismus
$A \rightarrow \neg(\neg A)$	Gesetz der doppelten Negation
$(A_1 \rightarrow A_2) \Leftrightarrow ([(\neg A_2) \rightarrow (\neg A_1)])$	Gesetz der Kontraposition

2. Ein Ausdruck wird eine Kontraindikation genannt, wenn er für alle möglichen Belegungen der Aussage den Wert *falsch* annimmt.

3. Ein Ausdruck ist aussagenlogisch erfüllbar, wenn es mindestens eine Belegung der Aussagen gibt, die den Ausdruck zu einem *Wahr*-Ergebnis führt.

4. Ein Ausdruck ist dann eine Neutralität, wenn es mindestens eine Belegung gibt, die zum Wert *wahr* und eine, die zum Wert *falsch* der Wahrheitstabelle führt.

1.1.3 Aufbau der Mathematik – mathematische Schlussweisen

Die Mathematik ist in mehrere Teilgebiete unterteilt, z. B. Algebra, Analysis, Geometrie, Arithmetik, Topologie, Wahrscheinlichkeitsrechnung, Mengenlehre usw. Die Logik nimmt dabei eine Sonderstellung ein. Sie ist Bestandteil aller Teilgebiete und dient als Werkzeug zur Präzisierung und Weiterentwicklung der speziellen mathematischen Theorie. Jedes Teilgebiet hat eine Anzahl von sogenannten **pri-**

mitiven Ausdrücken, die nicht weiter auf einfachere Ausdrücke zurückgeführt zu werden brauchen oder können.

Beispiel 1.11
Primitive Ausdrücke in der

- Arithmetik: Quadrat einer Zahl
- Geometrie: Punkt

Die Zahl der primitiven Ausdrücke in einem Teilgebiet muss möglichst klein sein. Nichtprimitive Ausdrücke müssen aus primitiven oder bereits zuvor aus primitiven Ausdrücken definierten, festgelegt werden. ■

Beispiel 1.12
Ein Kreis ist eine Menge von Punkten, die von einem gegebenen Punkt den gleichen Abstand haben.

- primitiver Ausdruck: Punkt
- bereits zuvor definierter Ausdruck: Abstand

Ein mathematisches Teilgebiet besteht weiterhin aus Sätzen, die sich in Postulate und Theoreme unterteilen. Postulate oder primitive Aussagen sind solche Sätze, die ohne einen Beweis als wahr angenommen werden.
Bezeichnung: Axiome ■

Beispiel 1.13
Jedem auffälligen Ereignis wird eine Zahl $P(E)$ zugeordnet, für die gilt:

$$0 \leqq P(E) \leqq 1.$$

$P(E)$ ist die Wahrscheinlichkeit des Ereignisses E.
Theoreme, Lehrsätze oder einfache Sätze sind Aussagen, die mit Hilfe von Postulaten oder bereits zuvor bewiesenen Sätzen auf ihre Richtigkeit überprüft werden müssen. Die Überprüfung wird Beweis genannt. ■

Satz 1.1
Die Winkelsumme in einem ebenen Dreieck beträgt 180°.

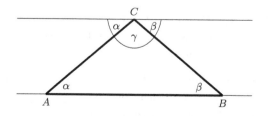

Beweis 1.1

Dabei wird vorausgesetzt, dass die Gleichheit von Wechselwinkeln an geschnittenen Parallelen bewiesen oder postuliert wurde.   □

Die hier beschriebene Entwicklung der Wissenschaft wurde für die Mathematik bereits in der Antike durch Euklid (um 365 bis um 300) vorgenommen. Durch Newton (1643-1727) erfolgte dieser Aufbau für die Physik im 17. Jahrhundert.

Beweise stützen sich auf formale Regeln der mathematischen Logik. Die einzelnen Beweisverfahren werden aus logischen Regeln abgeleitet. Implikation und die Kontraposition liefern die Grundlage für zwei wichtige mathematische Beweisverfahren.

1. **Direkte Beweise**

   Um eine Aussage A zu beweisen, geht man von bereits bewiesenen Aussagen aus und schließt aus den bewiesenen Aussagen die zu beweisende A.

   Regel: Stets von sicher wahren Aussagen auszugehen.

   Beispiel 1.14
   Denn

$$
\begin{array}{r|c}
17 = 18 & \\
18 = 17 & + \\
\hline
35 = 35 &
\end{array}
$$

   Aus der Richtigkeit der Gleichung $35 = 35$ folgt nicht die Richtigkeit der darüberstehenden Gleichungen, da die Schritte nicht rückwärts zu vollziehen sind.
                                                                               ∎

2. **Indirekte Beweise**

   Bei nur zwei Möglichkeiten (Aussagen A und $\neg A$) kann die Unrichtigkeit von $\neg A$ gezeigt werden, um die Richtigkeit von A zu beweisen.

   Beispiel 1.15
   Um zu zeigen, dass $\sqrt{2}$ keine rationale Zahl ist, wird die Annahme, dass $\sqrt{2}$ eine rationale Zahl ist, zu einem Widerspruch geführt.   ∎

   Daraus folgt das zu zeigende: $\sqrt{2}$ ist eine irrationale Zahl.

   Bei der Durchführung von Beweisen sind die Begriffe notwendige und hinreichende Bedingung sehr wichtig.

   a) Eine Bedingung A ist hinreichend für einen Satz B, wenn die Wahrheit von A die Richtigkeit von B nach sich zieht.

   b) Eine Bedingung A ist notwendig für einen Satz B, wenn die Falschheit von A die Unrichtigkeit von B folgert.

c) Eine Bedingung A ist notwendig und hinreichend für einen Satz B, wenn aus der Richtigkeit der Bedingung die Richtigkeit des Satzes und aus der Richtigkeit des Satzes die Richtigkeit der Bedingungen folgt.

1.1.4 Relationen

Beispiel 1.16
Im letzten Abschnitt war erkennbar, dass der Ausdruck der Äquivalenz ($\Leftrightarrow$) eine Abkürzung für die Begriffe notwendige und hinreichende Bedingung ist.

$$A_1 \Leftrightarrow A_2 = (A_1 \rightarrow A_2) \wedge (A_2 \rightarrow A_1) \tag{1.1}$$

∎

Es ist von G. W. Leibniz (1646–1716) das Substitutionsprinzip verwendet worden:

Satz 1.2
Wenn $A = B$, so kann in jeder Gleichung, die das Symbol A enthält, dieses Symbol ganz oder teilweise durch B ersetzt werden oder umgekehrt.

Beispiel 1.17
Einsetzungsverfahren zur Lösung eines linearen Gleichungssystems mit zwei oder mehr Variablen.
Das Gleichheitszeichen hat folgende Eigenschaften:

1. Jedes Ding ist sich selbst gleich. (Reflexivität)
2. Wenn $A = B$, so ist auch $B = A$. (Symmetrie)
3. Wenn $A = B$ und $B = C$, so ist $A = C$. (Transitivität)
   („Sind zwei Größen einer dritten gleich, so sind sie auch untereinander gleich.")

Relationen, die alle drei Eigenschaften besitzen, heißen Äquivalenzrelationen. Die Eigenschaft 2 ist nicht von allen Relationen erfüllbar. ∎

Beispiel 1.18
Kleinerzeichen zwischen reellen Zahlen

$$3 < 4 \tag{1.2}$$

Auch bei anderen Relationen kommt es vor, dass eine der drei Eigenschaften nicht erfüllt werden kann. Damit verlieren sie die Eigenschaft, eine Äquivalenzrelation zu sein. ∎

1.1.5 Modellbildung

Ein verbal formuliertes Problem des praktischen Lebens muss in die Sprache der Mathematik übersetzt werden, um es lösen zu können. Dabei werden gegebene Größen durch Variablen und praktische Zusammenhänge durch Relationen ausgedrückt.

Beispiel 1.19
Es ist das Quadrat zu bilden aus dem Produkt der Summe aus 90 und 5, multipliziert mit der Differenz aus 6 und 2. Das Produkt ist vor der Quadratbildung um die Differenz aus 10 und -2 zu vermindern.

Summe aus	$(90 + 5)$
Differenz aus	$(6 - 2)$
Produkt der Summe und Differenz	$(90 + 5) \cdot (6 - 2)$
Differenz aus	$[10 - (-2)]$
Verminderung des Produkts um die Differenz	$(90 + 5) \cdot (6 - 2) - [10 - (-2)]$
Quadrat dieser Differenz	$\{(90 + 5) \cdot (6 - 2) - [10 - (-2)]\}^2$ ∎

Besonders wichtig ist die Modellbildung bei der Anwendung der Lehre von Gleichungen und Ungleichungen, bei der Lösung von Aufgaben der linearen Optimierung, bei der Lösung von Extremwertaufgaben und ähnlichen Aufgaben. Einen universellen Algorithmus zur Lösung von sogenannten Textaufgaben (d. h. beim ersten Schritt der Modellbildung oder Aufstellung des Ansatzes) gibt es nicht. Dazu ist das tägliche Leben viel zu vielschichtig. Folgende Punkte können deswegen nur als Hinweise verstanden werden.

1. Identifikation der angegebenen Problemstellung
   Ein einfaches Durchlesen reicht in den seltensten Fällen.
2. Bezeichnung der gesuchten Größen und Variablen
3. Herausschreiben der gegebenen Größen
4. Formulierung der Zusammenhänge durch Gleichungen und Ungleichungen
   Hinweis: Mitunter kann eine Modellierung durch Maßeinheitenprobe auf Richtigkeit geprüft werden. Dazu wird untersucht, ob auf beiden Seiten einer Gleichung oder Ungleichung die gleiche Maßeinheit steht.
5. Mathematische Lösung des Modells
6. Rechnerische Prüfung (Probe) des Ergebnisses
7. Sachlogische Prüfung des Ergebnisses
8. Rückübersetzung der mathematischen Größen in die praktischen Größen

1.2   Mengenlehre

1.2.1   Definition und Darstellung von Mengen

Beispiel 1.20
„Herr Müller ist Leser dieses Buches."
„Frau Scholz ist Leserin dieses Buches."
„Frau Bauer ist Leserin dieses Buches."   ∎

Alle genannten Personen, die sich hier deutlich durch ihren Namen unterscheiden
lassen, zeichnet eine gemeinsame Eigenschaft aus. Sie sind Leser dieses Buches.
Damit gehören sie zu der Menge der Leser, die in diesem Buch mathematische
Begriffe nachlesen. Diese naive Mengendefinition wurde von Georg Cantor (1845–
1918) geprägt.

Definition 1.4
(Versuch zur Definition)
Eine Menge ist eine Zusammenfassung von bestimmten, wohlunterschiedenen Objekten unserer Anschauung oder unseres Denkens, welche Elemente der Menge
genannt werden, zu einem Ganzen.   ◆

Die Mengenlehre ist die Grundlage der Mathematik und folgerichtig der Mengen-
begriff ein Grundbegriff, der sich nicht auf einfachere Begriffe zurückführen lässt.
Aus diesem Grund führt die von Cantor angegebene Definition bei tiefgreifenden
theoretischen Untersuchungen zu Antinomien. Solche wurden von Bertrand Russel
(1872–1970) angegeben, deswegen musste die Mengenlehre durch Axiome aufgebaut werden. Mit der Angabe einer mengenbildenden Eigenschaft ist die Menge
eindeutig festgelegt. Durch Gültigkeit oder Ungültigkeit dieser Eigenschaft für ein
konkretes Element wird entschieden, ob es zur Menge gehört oder nicht. Elemente
werden mit kleinen und Mengen mit großen lateinischen Buchstaben bezeichnet.
Gehört x zur Menge M, so wird geschrieben: $x \in M$. Gehört y nicht zur Menge
M, so wird geschrieben: $y \notin M$. Die Mengen können explizit dargestellt werden, indem ihre Elemente oder ein ausgewählter Teil der Elemente in geschweiften
Klammern steht. Schreibweise: $M = \{x \text{ mit } E(x)\} \rightarrow x \in M$ Menge aller x, die
eine Eigenschaft E besitzen $E(x)$. Die Elemente werden durch Komma oder besser
durch Semikolon voneinander getrennt.

1.2.2   Spezielle Mengen

1.2.2.1   Einermengen

Die mengenbildende Eigenschaft gilt für ein einziges Element.

Beispiel 1.21
Menge der Sonnen unseres Sonnensystems
Menge der Lösungen einer eindeutig lösbaren Gleichung
Menge der Punkte, die vom Umfang eines Kreises den gleichen Abstand haben.
∎

1.2.2.2 Leere Mengen

Die mengenbildende Eigenschaft gilt für kein Element – sie stellt eine unmöglich
zu erfüllende Forderung dar.
Bezeichnung: $M = \varnothing = \{\ \}$.

Beispiel 1.22
Menge der Maschinen, die ohne Zuführung von Energie Arbeit verrichten;
Menge der Lebewesen auf dem Mond.
∎

1.2.2.3 Endliche Mengen

Die mengenbildende Eigenschaft trifft nur auf endlich viele Elemente zu.

Beispiel 1.23
Menge der Menschen auf der Erde;
Menge der Züge, die täglich von einem bestimmten Bahnhof abfahren.
∎

1.2.2.4 Unendliche Mengen

Die mengenbildende Eigenschaft trifft auf unendlich viele Elemente zu.

Beispiel 1.24
Menge der Punkte auf dem Umfang eines Quadrats; Menge der Primzahlen.
∎

1.2.2.5 Allmengen

Eine Menge wird als Allmenge bezeichnet, wenn sie alle Elemente mit einer bestimmten Eigenschaft enthält. Dabei wird eine sinnvoll ausgewählte Grundmenge
ins Auge gefasst, die unsinnige Konsequenzen für die Elemente der Menge ausschließt.

1.2.2.6 Komplementmengen

Die Komplementmenge $\overline{M}$ zur Menge M enthält alle Elemente der Allmenge, die
nicht zu M gehören.

1.2.3 Mengenrelationen

Beispiel 1.25
Alle Verwaltungskräfte in einem Betrieb bilden eine Menge. Alle Beschäftigte in einem Betrieb bilden eine Menge. Es kann sein (in einem reinen Verwaltungsbetrieb), muss aber nicht sein, dass jeder Beschäftigte des Betriebs zur Menge der Verwaltungskräfte gehört. Die Menge der Verwaltungskräfte bildet eine Teilmenge aller im Betrieb Beschäftigten. ∎

Definition 1.5
Eine Menge B ist eine Teilmenge (oder Untermenge) der Menge A, wenn jedes Element von B ein Element von A ist,

$$B \subseteqq A$$

gelesen: „B ist enthalten in A".
A ist in dem Fall die Obermenge von B. ◆

In dieser Definition sind zwei Möglichkeiten gegeben:

1. Nicht nur alle Elemente von B gehören zu A, sondern auch alle Elemente von A gehören zu B (im gegebenen Beispiel bei einem reinen Verwaltungsbetrieb). In diesem Falle sind beide Mengen identisch gleich.

$$A = B$$

   B ist in diesem Fall eine unechte Untermenge von A oder umgekehrt.
2. Es gehören zwar alle Elemente von B zu A, aber es gibt Elemente A, die nicht zu B gehören (im angegebenen Beispiel können Beschäftigte im Betrieb tätig sein, die nicht zur Verwaltung gehören).

$$B \subset A$$

   B ist eine echte Untermenge von A.

Eigenschaften zur Mengenrelation

1. $A \subseteqq A$. Menge ist Untermenge (unecht) von sich selbst.
2. Wenn $A \subseteqq B$ und $B \subseteqq C$, so ist $A \subseteqq C$.
   Die leere Menge $\varnothing$ ist Untermenge von jeder Menge.

1.2.4 Mengenoperationen

1.2.4.1 Vereinigungsmenge

Eine Mengenrelation stellt eine Vorschrift dar, wie aus zwei gegebenen Mengen die Resultatmenge gebildet wird. Da eine Menge durch die mengenbildende Eigenschaft bestimmt ist, genügt die Angabe dieser Eigenschaft.

Definition 1.6

Die Vereinigungsmenge C aus den Mengen A und B enthält die Elemente, die zu A, zu B oder zu beiden Mengen gehören.

Symbol: $C = A \cup B$

gelesen: „C ist A vereinigt mit B."   ◆

Beispiel 1.26

$$A = \{a, b, c, d\} \qquad\qquad B = \{c, d, e, f\}$$

$$A \cup B = \{a, b, c, d, e, f\}$$

Folgende Fälle sind bei der Bildung der Vereinigungsmenge möglich:

Die Vereinigungsmenge ist durch Schraffur gekennzeichnet.

1. Beide Mengen besitzen keine gemeinsamen Elemente.

2. Beide Mengen besitzen eine gleiche Untermenge.

3. Eine Menge ist die Untermenge der anderen Menge.

■

Für die Vereinigungsmenge von Mengen gilt das...

Kommutativgesetz: $A \cup B = B \cup A$.

Die Reihenfolge der Operanden spielt bei der Vereinigung keine Rolle.

Assoziativgesetz: $A \cup (B \cup C) = (A \cup B) \cup C$.

Das Resultat ist gleich, unabhängig davon, ob erst B und C vereinigt und dann mit A oder erst A und B und dann mit C vereinigt werden.

1.2.4.2   Durchschnittsmenge

Definition 1.7

Die Durchschnittsmenge C aus den beiden Mengen A und B wird durch die Elemente gebildet, die sowohl Element von A als auch Element von B sind.

Symbol: $C = A \cap B$,

gelesen: „C ist A geschnitten mit B."   ◆

Beispiel 1.27

$$A = \{a, b, c, d\} \qquad\qquad B = \{c, d, e, f\}$$

$$A \cap B = \{c, d\}$$

Grundsätzlich gibt es bei der Durchschnittsbildung drei Möglichkeiten, wobei die Durchschnittsmenge jeweils gekennzeichnet wurde.

1. Beide Mengen besitzen eine gleiche Untermenge

   (verschieden von der leeren Menge).

2.  Beide Mengen besitzen die Durchschnittsmenge,

   die gleich der leeren Menge ist.

3. Eine Menge ist die Untermenge der anderen Menge.

   Daraus ergibt sich die Untermenge als

   Durchschnittsmenge.

Wenn $B \subseteq A$, so ist $A \cap B = B$ ■
Für die Durchschnittsbildung von Mengen gilt das...

Kommutativgesetz: $A \cap B = B \cap A$.

Assoziativgesetz: $A \cap (B \cap C) = (A \cap B) \cap C$

Die Verbindung zwischen Durchschnitts- und Vereinigungsmenge wird durch ein Distributivgesetz hergestellt.

$$A \cup (B \cap C) = (A \cup B) \cap (A \cup C),$$

$$A \cap (B \cup C) = (A \cap B) \cup (A \cap C).$$

Dabei wird festgelegt, dass die Operationen in den Klammern zuerst auszuführen sind.

Weitere Eigenschaften

Bezeichnungen:　E:　　Allmenge

　　　　　　　　$\overline{A}$:　　Mengenkomplement zu A

　　　　　　　　$\varnothing$:　　leere Menge

1. $A \cup A = A$

2. $A \cap A = A$

3. $A \cap E = A$

4. $A \cup E = E$

5. $A \cap \varnothing = \varnothing$

6. $A \cup \varnothing = A$

7. $A \cap B \subseteq A$ und $A \cap B \subseteq B$

8. $A \subseteq A \cup B$ und $B \subseteq A \cup B$

9. Wenn $C \subseteq A$ und $C \subseteq B$, so ist $C \subseteq A \cap B$.

10. Wenn $A \subseteq C$ und $B \subseteq C$, so ist $A \cup B \subseteq C$.

11. $A \cap B = A$ genau dann, wenn $A \subseteq B$

12. $A \cup B = A$ genau dann, wenn $B \subseteq A$

13. $A \cap (A \cup B) = A$

14. $A \cup (A \cap B) = A$

1.2.4.3   Differenzmenge

Definition 1.8

Die Differenzmenge C zweier beliebiger Mengen A und B wird durch die Elemente von A bestimmt, die nicht zu B gehören.

Symbol: $C = A \backslash B$,

gelesen: „C ist A ohne Differenz B.",

oder besser: „C ist A ohne B." ◆

Beispiel 1.28

$$A = \{a, b, c, d\} \qquad B = \{c, d, e, f\}$$

$$A \backslash B = \{a, b\}$$

aber

$$B \backslash A = \{e, f\}$$

Im Allgemeinen gilt für die Differenzmengenbildung nicht das Kommutativgesetz (Operanden dürfen nicht vertauscht werden). Grundsätzlich gibt es bei der Differenzmengenbildung vier Fälle.

Die Differenzmenge $A \backslash B$ wurde jeweils gekennzeichnet.

1.  Beide Mengen besitzen nur eine gemeinsame Untermenge, die gleich der leeren Menge ist. Kein Element von B gehört zu A, sodass alle Elemente von A zur Differenzmenge gehören.

2. Beide Mengen besitzen eine von der leeren Menge verschiedene, gemeinsame Untermenge. Alle Elemente von A, die nicht dieser gemeinsamen Untermenge angehören, sind Elemente der Differenzmenge.

3. 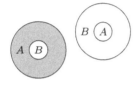 Wenn A Untermenge von B ist, so ist $A \backslash B = \varnothing$. Es sei hier auf den Begriff der Komplementmenge verwiesen. Die Allmenge E beinhaltet eine Untermenge B und deren Komplement (Differenzmenge).

■

Eigenschaften des Mengenkomplements

Bezeichnungen: E: Allmenge

$\overline{A}$:   Mengenkomplement einer Menge A bezüglich E

$\varnothing$:   leere Menge

1. $\overline{(\overline{A})} = A$

zweifache Komplementbildung führt auf die Ausgangsmenge zurück.

2. $\overline{A} = \overline{B}$ genau dann, wenn $A = B$

3. $\overline{A} = \varnothing$ genau dann, wenn $A = E$

4. $\overline{A} = E$ genau dann, wenn $A = \varnothing$

5. $\overline{A} \subseteq \overline{B}$ genau dann, wenn $B \subseteq A$

6. $\overline{B} \subseteq \overline{A}$ genau dann, wenn $A \subseteq B$

7. $A \cap \overline{A} = \varnothing$

8. $A \cup \overline{A} = E$

9. $\overline{A \cap B} = \overline{A} \cup \overline{B}$

10. $\overline{A \cup B} = \overline{A} \cap \overline{B}$

11. $A \cap B = \varnothing$ genau dann, wenn $A \subseteq \overline{B}$

12. $A \cup B = E$ genau dann, wenn $\overline{A} \subseteq B$

Bei jeder Qualitätskontrolle wird die Differenzmenge (Menge aller brauchbaren Erzeugnisse) aus der Menge der hergestellten Erzeugnisse (Allmenge) und der Menge der unbrauchbaren Erzeugnisse gebildet.

Beispiel 1.29

A: Menge der Menschen, die ein Auto besitzen.

B: Menge der Menschen, die einen Führerschein besitzen.

$A \cup B = C$ C enthält alle Menschen, die ein Auto, einen
                 Führerschein oder beides besitzen.

$A \cap B = C$ C enthält die Menschen, die sowohl ein Auto als auch
                 einen Führerschein besitzen.

$A \backslash B = C$ C enthält die Menschen, die ein Auto, aber keinen
                 Führerschein besitzen.

$B \backslash A = C$ C enthält die Menschen, die einen Führerschein, aber
                 kein Auto besitzen.

1.2.4.4   Produktmenge

Definition 1.9

Die Produktmenge C zweier Mengen A und B wird durch alle möglichen geordneten Elementpaare (x, y) gebildet, wobei $x \in A$ und $y \in B$.

Symbol: $C = A \times B$,

gelesen: „C ist A kreuz B."   ◆

Beispiel 1.30

$$A = \{\text{Karl}, \text{Paul}, \text{Gehard}\} \qquad\qquad B = \{\text{Heidrun}, \text{Ute}, \text{Inge}, \text{Ida}\}$$

$$A \times B = \{(\text{Karl}, \text{Heidrun}); (\text{Karl}, \text{Ute}); (\text{Karl}, \text{Inge}); (\text{Karl}, \text{Ida});$$
$$(\text{Paul}, \text{Heidrun}); (\text{Paul}, \text{Ute}); (\text{Paul}, \text{Inge}); (\text{Paul}, \text{Ida});$$
$$(\text{Gerhard}, \text{Heidrun}); (\text{Gerhard}, \text{Ute}); (\text{Gerhard}, \text{Inge});$$
$$(\text{Gerhard}, \text{Ida})\}$$

Die Produktmenge besteht hier aus 12 geordneten Paaren. In der Definition wird die Ordnung in den Paaren festgelegt, sodass der erste Teil des Paares immer von der ersten und der zweite Teil des Paares von der zweiten Menge geliefert wird. Es ist also: $M_1 \times M_2 \neq M_2 \times M_1$. Das Kommutativgesetz gilt bei der Produktmengenbildung nicht.

Bemerkung 1.1

Die Produktmenge wird auch als kartesisches Produkt bezeichnet, denn das kartesische Koordinatensystem verwendet zur Beschreibung der Lage von Punkten geordnete Zahlenpaare $(x; y)$.

Beispiel 1.31
$(3; 1)$ ist Punkt im 1. Quadranten.   ■

1.2.5 Abbildung von Mengen

Beispiel 1.32
Vor einem Postgebäude mit einem Schalter zur Paketannahme (P), für den Brief-
verkehr (B), für die Lottoannahme (L) und für den Geldverkehr (G) stehen kurz
vor Öffnung um 9:00 Uhr die Kunden Müller (Mü), Schulze (S), Bauer (B), Adler
(A), Dehler (D), Ring (R) und Paul (P).
Nach Öffnung ist folgende Zuordnung entstanden:

$$[(\text{Mü}, B); (S, B); (B, P); (A, G); (D, L); (R, L); (P, P)]$$

Das ist eine echte Untermenge zur Menge aller möglichen Paare (28 Elemente).

$$M \times \text{Sch}$$

M: wartende Menschen
Sch: Schalter der Post   ■

Definition 1.10
Sind zwei Mengen A und B gegeben, die nicht voneinander verschieden sein müs-
sen, so ist F eine Abbildung von A und B, wenn F eine echte oder unechte
Teilmenge von $A \times B$ ist.

$$F \subseteq A \times B$$

Eine Abbildung ist demzufolge eine Untermenge der Produktmenge.

Bezeichnungen:
A: Urbildmenge, enthält als Elemente die Originale
B: Bildmenge, enthält als Elemente die Bilder der Abbildung   ♦

Redeweise

1. Durch die Abbildung F wird dem Element a aus der Urbildmenge ein Element
   b aus der Bildmenge zugeordnet.
2. Hat jedes Element aus A wenigstens ein Bildelement, so ist F eine Abbildung
   von A in B.
3. Treten alle Elemente aus B wenigstens einmal als Bild auf, so ist F eine Abbildung von A auf B.

Bezeichnungen:
A wird auch als Definitionsbereich der Abbildung bezeichnet.
B wird auch als Wertebereich der Abbildung bezeichnet.

Definition 1.11
Eine Abbildung F ist dann eindeutig, wenn jedes Urbild genau ein Bildelement
hat.   ◆

Widerspruch zur Eindeutigkeit:

Das Element a besitzt kein Bild.

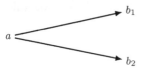

Das Element a besitzt mehrere Bilder.

Kein Widerspruch zur Eindeutigkeit:

$\longrightarrow b$

Das Bild b besitzt kein Urbild.

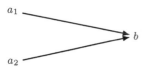

Zwei Urbilder a besitzen das gleiche Bild.

Beispiel 1.33
Eindeutige Abbildungen von mathematischen Objekten (Zahlen) werden als Funktionen bezeichnet. Hierbei ergibt sich deutlich der Zusammenhang mit der auch als
kartesisches Produkt bezeichneten Produktmenge. Die Koordinatenebene enthält
alle möglichen geordneten reellen Zahlenpaare als Koordinaten. Der ausgewählte
Funktionenzug (Kurve) stellt eine Untermenge der Koordinatenmenge dar.   ■

Definition 1.12
Vertauscht man bei einer Abbildung Urbildmenge und Bildmenge, so wird dieser
Vorgang als Umkehrabbildung bezeichnet.   ◆

Beispiel 1.34
A: Menge der Personen, die ein Fotoalbum betrachten.
B: Menge der Bilder in dem Fotoalbum.
Abbildung F: Technisch wird die Abbildung von A in B durch einen Fotoapparat
realisiert. Umkehrabbildung F^{-1} wird realisiert, indem die Betrachter der Bilder
diese den abgebildeten Personen zuordnen.   ■

Definition 1.13

Eine eindeutige Abbildung ist eineindeutig oder umkehrbar eindeutig, wenn jedes Bild genau ein Urbild hat. Die eineindeutige Abbildung hat demzufolge eine eindeutige Umkehrabbildung.   ♦

Beispiel 1.35

1. A: Menge der Hotelbewohner

   B: Menge der Hotelzimmer

   Durch die Rezeption erfolgt eine Zuweisung (Abbildung), die den Zimmersuchenden ein Zimmer zuweist.

   Die Abbildung ist eindeutig, wenn es keinen Zimmersuchenden gibt, der abgewiesen wird, weil kein Zimmer mehr frei ist und kein Zimmersuchender mehr ein Zimmer zugewiesen bekommt.

   Ergebnis dieser eindeutigen Abbildung:

   Jeder Hotelgast hat ein und nur ein Zimmer.

   Die Abbildung ist eineindeutig, wenn es keine unbelegten Zimmer gibt und es keine Zimmer gibt, die mit mehr als einem Hotelgast belegt sind (grundsätzlich nur Einzelzimmer).

2. Die Arbeitsaufträge sollten immer eindeutig sein. Die Forderung der Eineindeutigkeit würde jedoch jede Teamarbeit ausschließen.

   ∎

1.2.6 Mächtigkeit von Mengen und geordneten Mengen

Definition 1.14

Können die Mengen A und B eineindeutig aufeinander abgebildet werden, so sind sie von gleicher Mächtigkeit.

Die Mächtigkeit einer Menge ist demzufolge eine Angabe über die Anzahl der Elemente.

Wenn die Mengen A und B nicht eineindeutig aufeinander abbildbar sind, wohl aber eine Untermenge von A auf die Menge B, so ist A mächtiger als die Menge B.   ♦

Definition 1.15

Gilt für zwei Elemente a und b einer Menge A

$$a = b,$$

oder $$a < b,$$

oder $$a > b,$$

so wird die Menge als geordnet bezeichnet (Trichotomie).

In geordneten Mengen gilt des Weiteren:

Transitivität: Wenn $a < b$ und $b < c$, so ist $a < c$.

Irreflexivität: Es ist nie $a < a$.   ♦

Beispiel 1.36

Im Katalog einer Bibliothek werden die Bücher in alphabetischer Reihenfolge erfasst. Damit wird die Menge der Bücher geordnet.   ∎

2 Arithmetik – Rechenoperationen und zugehörige Zahlenbereiche

Übersicht

2.1 Natürliche Zahlen

2.1.1 Begriff der natürlichen Zahlen

Zahlen sind abstrakte Begriffe. Sie entstanden aus Mengen mit konkreten Elementen „unseres Denkens und unserer Anschauung". Ursprünglich war das Zählen eine Zuordnung (eineindeutige Abbildung) zwischen konkreten Elementen einer Menge, z. B. Kerben in einem Holzstab, Ritzen in einer Tontafel u. Ä.

1. Abstraktion

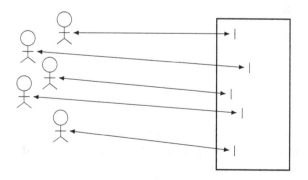

© Springer-Verlag GmbH Deutschland, ein Teil von Springer Nature 2018
G. Höfner, *Mathematik-Fundament für Studierende aller Fachrichtungen*,
https://doi.org/10.1007/978-3-662-56531-5_2

2. Abstraktion

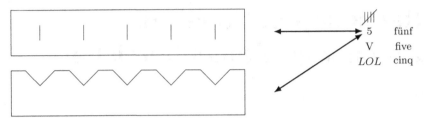

In der zweiten Stufe der Abstraktionen wurden alle Tontafeln mit der gleichen Kerbenzahl (Mächtigkeit) durch einen Namen benannt.

Nach dem Axiomensystem von G. PEANO (1858–1932) lassen sich alle natürlichen Zahlen wie folgt definieren.

1. 0 ist eine Zahl. Die leere Menge erhält die Mächtigkeit 0.
2. Jede Zahl hat genau einen Nachfolger.
3. 0 ist kein Nachfolger einer Zahl.
4. Jede Zahl ist Nachfolger von höchstens einer Zahl.
5. Von allen Mengen, die mit der Zahl 0 und mit der Zahl n auch deren Nachfolger $n + 1$ enthalten, ist die Menge der natürlichen Zahlen die Menge mit der geringsten Mächtigkeit.

Aus diesen Eigenschaften lassen sich alle Gesetze für natürliche Zahlen leichter ableiten, als mit der Mächtigkeit von Mengen (Kardinalzahlen) möglich ist.
Kardinalzahlen sind Mächtigkeiten von Mengen $\{1, 2, 3, \ldots\}$. Die leere Menge enthält die Mächtigkeit 0.
Menge der natürlichen Zahlen $\mathbb{N}$:

$$\mathbb{N} = \{0, 1, 2, 3, \ldots\}$$

Aus der Möglichkeit, bestimmte Mengen zu ordnen (zu sagen, welche die kleinere und welche die größere Mächtigkeit besitzt), entstanden die *Ordinalzahlen*, die umgangssprachlich auch als Platznummern verstanden werden.

$$1., 2., 3., \ldots, n., \ldots$$

2.1.2 Ziffernsysteme

In allen Sprachen gibt es für eine natürliche Zahl unterschiedliche Zahlworte. Die Zahlsymbole unterscheiden sich ebenfalls. Grundsätzlich gibt es **Additions- und Positionssysteme** (auch Stellenwertsysteme).

Beispiel 2.1

Additionssystem – Römisches System

Grundziffern des Römischen Systems

I	Wert 1	X	Wert 10	C	Wert 100	M	Wert 1000
V	Wert 5	L	Wert 50	D	Wert 500		

■

Das Zahlensymbol wird von links beginnend nach rechts gelesen. Dabei ergibt sich der Wert der Zahl durch Addition der Grundziffern, die nach rechts nicht größer werden.

$$MMCLVI = 1000 + 1000 + 100 + 50 + 5 + 1 = 2156$$

Steht die kleinere Grundziffer links beginnend neben einer größeren Grundziffer, so wird ihr Wert nicht addiert, sondern subtrahiert.

$$MCMXIV = 1000 + 1000 - 100 + 10 + 5 - 1 = 1914$$

Die Grundziffern I, X, C werden dabei nicht mehr als dreimal hintereinander, die Grundziffern V, L, D nur einmal geschrieben.

$$MMMDMLXVIII = 3568$$

Beispiel 2.2

Positionssystem ist das Zweiersystem, Dualsystem, Binärsystem. Die zwei Grundziffern heißen 0 und 1. Die Stellenwerte sind die Potenzen der Zahl 2. Besonders günstig ist die Verwendung dieses Systems in der Elektronik, wo zwei Zustände zweifelsfrei dargestellt werden können.

Ziffer 0	Ziffer 1
Schalter offen	Schalter geschlossen
Strom fließt nicht	Strom fließt
Lampe brennt nicht	Lampe brennt
Relais gelöst	Relais gezogen

■

Beispiele zur Bestimmung von Dezimalzahlen:

1.

$$
\begin{aligned}
10110110 &= 1 \cdot 2^7 + 0 \cdot 2^6 + 1 \cdot 2^5 + 1 \cdot 2^4 + 0 \cdot 2^3 + 1 \cdot 2^2 + 1 \cdot 2^1 + 0 \cdot 2^0 \\
&= 128 + 32 + 16 + 4 + 2 \\
&= 182
\end{aligned}
$$

Einfacher geht es nach dem „Hornerschema", welches die Summe aus Potenzen auf fortlaufende Multiplikation mit einem konstanten Faktor und Additionen zurückführt.

	1	0	1	1	0	1	1	0
	-	$1 \cdot 2$	$2 \cdot 2$	$2 \cdot 5$	22	44	90	182
$2 \to$ (Basis)	1	2	5	11	22	45	91	**182**

2.

$$10011101101101 \quad = 1 \cdot 2^{13} + 1 \cdot 2^{10} + 1 \cdot 2^9 + 1 \cdot 2^8 + 1 \cdot 2^6 + 1 \cdot 2^5 + 1 \cdot 2^3 + 1 \cdot 2^2 + 1 \cdot 2^0$$
$$= 8192 + 1024 + 512 + 256 + 64 + 32 + 8 + 4 + 1$$
$$= 10093$$

nach dem Hornerschema:

	1	0	0	1	1	1	0	1	1	0	1	1	0	1
	-	2	4	8	18	38	78	156	314	630	1260	2522	5046	10 092
2	1	2	4	9	19	39	78	157	315	630	1261	2523	5046	10 093

Dualzahlenwerte werden durch fortlaufendes Abspalten der höchsten Zweierpotenz (vgl. Tabelle) bestimmt.

$$10341 \quad = 8192 + 2149$$
$$= 1 \cdot 2^{13} + 1 \cdot 2^{11} + 101$$
$$= 1 \cdot 2^{13} + 1 \cdot 2^{11} + 1 \cdot 2^6 + 37$$
$$= 1 \cdot 2^{13} + 1 \cdot 2^{11} + 1 \cdot 2^6 + 1 \cdot 2^5 + 5$$
$$= 1 \cdot 2^{13} + 1 \cdot 2^{11} + 1 \cdot 2^6 + 1 \cdot 2^5 + + 1 \cdot 2^2 + 1 \cdot 2^0$$
$$= 10100001100101$$

Tabellen der ersten Zweierpotenzen	
2^0	1
2^1	2
2^2	4
2^3	8
2^4	16
2^5	32
2^6	64
2^7	128
2^8	256
2^9	512
2^{10}	1024
2^{11}	2048
2^{12}	4096
2^{13}	8192
2^{14}	16 384
2^{15}	32 768

Das „Eins und Eins" sowie das „Ein mal Eins" ist sehr leicht zu überschauen, da jeweils nur 3 Möglichkeiten vorhanden sind (Kommutativität).

+	0	1
0	0	1
1	1	1_0

·	0	1
0	0	0
1	0	1

↑
Übertrag in der nächsten Dualstelle (z. B. ist im Dezimalsystem, $6 + 7 = 3 + 10$)

Diese Grundrechnungen sind durch elektronische Bauelemente leicht zu realisieren, was die Grundlage für das schnelle und vor allem sichere Rechnen mit elektronischen Rechnern bildet. Da das Dualsystem genau wie das Dezimalsystem ein Positionssystem ist, bleiben alle Rechenschemata auch hier verwendungsfähig.

Beispiele zu den Grundrechenoperationen mit Dualzahlen:

$$
\begin{array}{r}
1\ 0\ 0\ 0\ 0\ 1\ 1 \\
+\ 1\ 0\ 0\ 1\ 1\ 1\ 0 \\
\small 1\qquad\small 1\ \small 1\ \small 1 \\
\hline
1\ 0\ 0\ 1\ 0\ 0\ 0\ 1
\end{array}
\qquad
\begin{array}{r}
1\ 0\ 0\ 1\ 1\ 0 \\
-\quad 1\ 1\ 0\ 0\ 1 \\
\small 1\ \small 1\quad\small 1 \\
\hline
0\ 0\ 1\ 1\ 0\ 1\ =\ 1101
\end{array}
$$

$$
\begin{array}{l}
1\ 0\ 1\ 1\ 1\ \cdot\ 1\ 0\ 1\ 1 \\
\hline
\quad\ \ 1\ 0\ 1\ 1\ 1 \\
\quad\ \ \ \ 0\ 0\ 0\ 0\ 0 \\
\quad\ \ \ \ \ \ 1\ 0\ 1\ 1\ 1 \\
\quad\ \ \ \ \ \ \ \ 1\ 0\ 1\ 1\ 1 \\
\hline
1\ 1\ 1\ 1\ 1\ 1\ 0\ 1
\end{array}
$$

$$
\begin{array}{l}
1\ 0\ 0\ 1\ 1\ 1\ 0\ 0\ :\ 1100\ =\ 1101 \\
-\quad\ 1\ 1\ 0\ 0 \\
\hline
\qquad\ 1\ 1\ 1\ 1 \\
\qquad -\ 1\ 1\ 0\ 0 \\
\hline
\qquad\qquad\ 1\ 1\ 0\ 0 \\
\qquad\qquad\ 1\ 1\ 0\ 0 \\
\hline
\qquad\qquad\qquad\quad 0
\end{array}
$$

Beispiel 2.3

Positionssystem – Dekadisches oder Zehnersystem

Es ist anzunehmen, dass die allgemein verwendete Basis 10, die dem dekadischen System zugrunde liegt, durch das Abzählen mit Hilfe der 10 Finger beider Hände entstanden ist.

$$\text{Grundziffern: } Z = \{0, 1, 2, 3, 4, 5, 6, 7, 8, 9\}$$

10 ist keine Grundziffer, sondern bedeutet: $1 \cdot 10^1 + 0 \cdot 10^0$. Die Stellenwertbasis ist die Zahl 10. Der Wert einer Zahl wird festgelegt durch Größe und Stellung der Ziffern.

$$1\ 0\ 3\ 4\ 1\ 2 = 1 \cdot 10^5 + 0 \cdot 10^4 + 3 \cdot 10^3 + 4 \cdot 10^2 + 1 \cdot 10^1 + 2 \cdot 10^0$$

∎

Um eine Zahl besser lesen zu können, wird rechts beginnend, nach drei Ziffern jeweils ein kleiner Zwischenraum gelassen. Rechts beginnend heißen die Stellenwerte nach links fortschreitend:

10^0	Einer	10^6	Millionen
10^1	Zehner	10^7	Zehnmillionen
10^2	Hunderter	10^8	Hundertmillionen
10^3	Tausender	10^9	Milliarden
10^4	Zehntausender	10^{10}	Zehnmilliarden
10^5	Hunderttausender	10^{11}	Hundertmilliarden
$\vdots$		$\vdots$	
10^{12}	Billionen	10^{21}	Trilliarden
$\vdots$		$\vdots$	
10^{15}	Billiarden	10^{24}	Quadrillionen
$\vdots$		$\vdots$	
10^{18}	Trillionen	10^{27}	Quadrilliarden

2.1.3   Rechnen mit natürlichen Zahlen (Zahlenstrahl)

Die Addition von natürlichen Zahlen ist aus der Vereinigung von zwei elementfremden Mengen entstanden (vgl. Abb. 2.1).

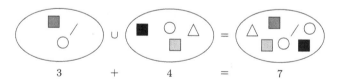

Abb. 2.1

Die Multiplikation von natürlichen Zahlen ist aus der Produktmenge von zwei Mengen entstanden.

Satz 2.1

Für die Multiplikation und die Addition gilt das Kommutativgesetz.

$$a + b = b + a$$

$$a \cdot b = b \cdot a$$

$$a + b = c$$

Summand plus Summand gleich Summe

$$a \cdot b = c$$

Faktor mal Faktor gleich Produkt

*Der Malpunkt zwischen zwei Variablen kann weggelassen werden, sollte jedoch **nie** durch x ausgedrückt werden.*

Satz 2.2

Bei der Addition und Multiplikation können Summanden zu Teilsummen und Faktoren zu Teilprodukten beliebig zusammengefasst werden (Assoziativgesetz).

$$a + b + c = (a + b) + c = a + (b + c)$$

$$abc = (ab)c = a(bc)$$

Praktische Anwendung

Bei der Addition werden geeignete Summanden (unabhängig von der Reihenfolge) zu 10 zusammengefasst. Bei der Multiplikation werden geeignete Faktoren (unabhängig von der Reihenfolge) ausgesucht, dass einfache Teilprodukte entstehen.

Satz 2.3

Durch das Distributivgesetz werden die Addition und die Multiplikation in folgender Weise miteinander verknüpft.

$$a(b + c) = ab + ac$$

Zweckmäßig wird bei der praktischen Berechnung dieser Produkte die Klammertaste des Taschenrechners zu verwenden sein.
Addition und Multiplikation von natürlichen Zahlen führen immer zu natürlichen Zahlen.

Subtraktion

$$a - b = c$$

Minuend minus Subtrahend gleich Differenz ist im Bereich der natürlichen Zahlen nur dann ausführbar, wenn der Minuend nicht kleiner als der Subtrahend ist.

Division

$$a : b = c$$

Dividend geteilt durch Divisor gleich Quotient ergibt im Bereich der natürlichen Zahlen nur dann ein Ergebnis, wenn der Dividend ein ganzzahliges Vielfaches des Divisors ist.

Das Produkt ist eine spezielle Addition (Addition von n gleichen Summanden a ist $n \cdot a$). Eine spezielle Multiplikation ist das Potenzieren (Multiplizieren von n Faktoren der Größe a).

$$\underbrace{a \cdot a \cdot \ldots \cdot a}_{n \text{ Faktoren}} = \underbrace{a^n}_{\text{Basis hoch Exponent}} = \underbrace{b}_{\text{ist gleich Potenzwert}}$$

Diese Festlegung ist nur für $n \in \mathbb{N}$ und $n \geqq 2$ sinnvoll. Ergänzend wird festgelegt:

$$a^0 = 1, \qquad a \neq 0$$
$$a^1 = a$$

Rechnen mit der Zahl Null

Summand und Subtrahend null verändern eine Zahl nicht. Ist ein Faktor null, so ist auch das Produkt null.

Umgekehrt: Ein Produkt ist nur dann null, wenn mindestens ein Faktor null ist. Die natürlichen Zahlen lassen sich auf dem Zahlenstrahl anordnen, wobei der Wert dem Abstand vom Anfangspunkt des Zahlenstrahls entspricht.

Die Addition lässt sich geometrisch als Aneinanderfügen von Strecken erklären. Zwischen Punkten auf dem Zahlenstrahl und den Elementen der Menge $\mathbb{N}$ besteht eine eindeutige Zuordnung.

Die Menge der natürlichen Zahlen ist geordnet. Von zwei verschiedenen natürlichen Zahlen kann stets die kleinere (bzw. größere) angegeben werden. Jeweils die Zahl ist die kleinere, die auf dem Zahlenstrahl weiter links liegt.

2.1.4 Teilbarkeitsregel

Definition 2.1
Eine natürliche Zahl a heißt teilbar durch eine andere natürliche Zahl $b \neq 0$, wenn der Quotient eine natürliche Zahl ist. (Zahl lässt sich ohne Rest teilen.)

$$\frac{a}{b} = c, \quad \text{mit} \quad c \in \mathbb{N}$$

Symbol: $b \mid a$ Die Verneinung $b \nmid a$

   b teilt a b ist kein Teiler von a.   ◆

Beispiel 2.4

$$25 \mid 125, \quad \text{denn} \quad \frac{125}{25} = 5$$

$$3 \nmid 8, \quad \text{denn} \quad \frac{8}{3} \text{ ist keine natürliche Zahl.} \qquad ■$$

Jede Zahl besitzt zwei Teiler, es sind die Zahl 1 und die Zahl selbst. Diese Teiler werden unechte Teiler genannt. Hat eine natürliche Zahl einen oder mehrere Teiler, verschieden von den beiden unechten Teilern, so wird dieser oder werden diese echte Teiler genannt.

Zahlen, die nur die unechten Teiler besitzen, heißen Primzahlen. Primzahlen werden nach dem Sieb des Eratosthenes (um 276–194 v. Chr.) bestimmt, indem alle Vielfachen der vorangegangenen Zahlen aus den nachfolgenden natürlichen Zahlen gestrichen werden.

Primzahlen sind:
$2, 3, 5, 7, 11, 13, 17, 19, 23, 29, 31, 37, 41, 43, 47, 53, 59, 61, 71, 73, 79, 83, 89, 97, \ldots$

Es gibt unendlich viele Primzahlen. Jede Zahl mit echten Teilern lässt sich in ein Produkt von Primzahlen zerlegen. Um die Primfaktorzerlegung vornehmen zu können, ist die Kenntnis der folgenden Teilbarkeitsregeln nützlich:

1. Eine Zahl ist durch 2 teilbar, wenn die letzte Ziffer durch 2 teilbar ist.

Beispiel 2.5
$2 \mid 246$, denn $2 \mid 6$
Redeweise: Eine durch 2 teilbare Zahl wird gerade Zahl genannt.   ■

2. Eine Zahl ist durch 3 teilbar, wenn die Quersumme durch 3 teilbar ist.

Beispiel 2.6
$3 \mid 138$, denn $3 \mid 1 + 3 + 8$ oder $3 \mid 12$ ■

3. Eine Zahl ist durch 5 teilbar, wenn die letzte Ziffer durch 5 teilbar ist.

Beispiel 2.7

$5 \mid 235$, denn $5 \mid 5$ ∎

4. Eine einfache Teilbarkeitsregel für die Zahl 7 als nächste Primzahl gibt es nicht.

5. Eine Zahl ist durch 11 teilbar, wenn die alternierende Quersumme durch 11 teilbar ist.

Die alternierende Quersumme ist die Differenz aus den Summen der an ungerader Stelle stehenden Ziffern minus der Summe der an gerader Stelle stehenden Ziffern. Die Zählung beginnt von rechts.

$$11 \mid \quad 5 \quad 0 \quad 3 \quad 6 \quad 8 \quad 1 \quad 6 \quad 4 \qquad \text{denn } 11 \mid (4+1+6+0) - (6+8+3+5)$$

$$8. \quad 7. \quad 6. \quad 5. \quad 4. \quad 3. \quad 2. \quad 1. \qquad \text{oder } 11 \mid (11) - (22)$$

$$11 \mid (-11)$$

Bei zwei beliebig vorgegebenen Zahlen lässt sich mindestens eine Zahl finden, die durch beide Zahlen teilbar ist. Die gefundene Zahl wird gemeinschaftliches Vielfaches genannt. Im Allgemeinen sind die Teiler und die Vielfachen von verschiedenen Zahlen verschieden. Es kann unter ihnen jedoch auch gemeinsame Teiler und gemeinsame Vielfache geben.

Zahlen	**gemeinsame Teiler**	**gemeinsame Vielfache**
6, 12, 30	1, 2, 3, 6	60, 120, 180, $\ldots$
5, 12, 14	1	420, 840, 1260, $\ldots$

Bezeichnungen:

1. Zahlen, die außer 1 keinen gemeinsamen Teiler haben, heißen teilerfremd oder relativ prim.

2. Der größte gemeinsame Teiler (ggT) wird als Kürzungsfaktor gebraucht.

3. Das kleinste gemeinsame Vielfache (kgV) wird als Hauptnenner gebraucht. Das kgV und der ggT werden aus einer Primfaktorzerlegung bestimmt.

Beispiel 2.8

ggT aus den Zahlen 72, 198, 252

$$72 = 2 \cdot 2 \cdot 2 \cdot 3 \cdot 3 = 2^3 \cdot 3^2$$

$$198 = 2 \cdot 3 \cdot 3 \cdot 11 = 2^1 \cdot 3^2 \cdot 11$$

$$252 = 2 \cdot 2 \cdot 3 \cdot 3 \cdot 7 = \underline{2^2 \cdot 3^2} \cdot 7$$

$$\text{ggT}: 2 \cdot 3^2 = 18$$

kgV aus den Zahlen 72, 198, 252

$$72 = 2 \cdot 2 \cdot 2 \cdot 3 \cdot 3 = 2^3 \cdot 3^2$$
$$198 = 2 \cdot 3 \cdot 3 \cdot 11 = 2^1 \cdot 3^2 \cdot 11$$
$$252 = 2 \cdot 2 \cdot 3 \cdot 3 \cdot 7 = \underline{2^2 \cdot 3^2} \cdot 7$$
$$\text{kgV: } 2^3 \cdot 3^2 \cdot 7 \cdot 11 = 5544$$

■

Bemerkung 2.1
Der ggT lässt sich ebenfalls nach dem Euklid'schen Algorithmus bestimmen.

2.1.5   Binomische Koeffizienten und binomischer Satz

Ein Binom ist ein zweigliedriger Ausdruck, der nur zur n-ten Potenz erhoben werden muss.

Für n = 2 ergeben sich die binomischen Formeln

$$(a+b)^2 = a^2 + 2ab + b^2$$
$$(a-b)^2 = a^2 - 2ab + b^2$$
$$(a+b)(a-b) = a^2 - b^2$$

Die ersten 7 Werte für n zusammengefasst:

$n = 0$	$(a+b)^0$	1
$n = 1$	$(a+b)^1$	$a+b$
$n = 2$	$(a+b)^2$	$a^2 + 2ab + b^2$
$n = 3$	$(a+b)^3$	$a^3 + 3a^2b + 3ab^2 + b^3$
$n = 4$	$(a+b)^4$	$a^4 + 4a^3b + 6a^2b^2 + 4ab^3 + b^4$
$n = 5$	$(a+b)^5$	$a^5 + 5a^4b + 10a^3b^2 + 10a^2b^3 + 5ab^4 + b^5$
$n = 6$	$(a+b)^6$	$a^6 + 6a^5b + 15a^4b^2 + 20a^3b^3 + 15a^2b^4 + 6ab^5 + b^6$

Erkenntnisse:

1. Ein Binom hat $n+1$ Summanden, wenn es entwickelt wird ($n \in \mathbb{N}$, Exponent).
2. Die Summe der Exponenten beider Summanden ist in jedem Glied der Entwicklung gleich n. Dabei wird der Exponent des ersten Summanden um eins vermindert und der Exponent des zweiten Summanden um eins erhöht, wenn in der Entwicklung um ein Glied nach rechts vorangeschritten wird.
3. Die Koeffizienten können aus dem Pascal'schen Dreieck entnommen werden (B. PASCAL 1623–1662).

```
n = 0                    1
    1                  1   1
    2                 1   2   1
    3                1   3   3   1
    4              1   4   6   4   1
    5            1   5  10  10   5   1
    6          1   6  15  20  15   6   1
    7        1   7  21  35  35  21   7   1
    8      1   8  28  56  70  56  28   8   1
```

Beispiel 2.9

$$(a+b)^7 = a^7 + 7a^6b + 21a^5b^2 + 35a^4b^3 + 35a^3b^4 + 21a^2b^5 + 7ab^6 + b^7$$

∎

Bei höheren Binompotenzen ist es umständlich, die Koeffizienten nach dem Pascal'schen Dreieck zu bestimmen.

Leonard Euler (1707–1783) definierte den Binomialkoeffizienten $\binom{n}{k}$ (gelesen „n über k") mit $n \in \mathbb{N}$, $k \in \mathbb{N}$ und $k \leq n$: die Zahl, die in der n-ten Zeile an der k-ten Stelle steht. Zu beachten ist, dass die erste Zeile und die erste Stelle mit null gezählt wird!

Beispiel 2.10
Die fettgedruckte Zahl ist

$$n = 6 \qquad k = 2 \qquad \binom{6}{2}$$

∎

Definition der Fakultät

$n!$ (gelesen „n Fakultät")

$n! = 1 \cdot 2 \cdot 3 \cdot 4...n$

Die natürlichen Zahlen werden der Reihe nach – mit 1 beginnend und mit n endend – miteinander multipliziert.

Besondere Fortsetzung:

$1! = 1$ $\qquad\qquad$ $0! = 0$

Beispiel 2.11

$0! = 0$ $\qquad\qquad$ $7! = 5040$

$1! = 1$ $\qquad\qquad$ $8! = 40\,320$

$2! = 1 \cdot 2 = 2$ $\qquad$ $9! = 362\,880$

$3! = 1 \cdot 2 \cdot 3 = 6$ $\qquad$ $10! = 3\,628\,800$

$4! = 1 \cdot 2 \cdot 3 \cdot 4 = 24$ $\qquad$ $11! = 39\,916\,800$

$5! = 120$ $\qquad\qquad$ $\vdots$

$6! = 720$ $\qquad\qquad$ $\vdots$ $\qquad\qquad\qquad$ ■

Definition 2.2

$$\binom{n}{k} = \frac{n!}{k!(n-k)!}$$

gleichwertig dazu ist:

$$\binom{n}{k} = \frac{n(n-1)\cdots(n-k+1)}{k!}$$

◆

Beispiel 2.12

1.

$$\binom{6}{2} = \frac{6!}{2! \cdot 4!} = \frac{5 \cdot 6}{2} = 15 \text{ (vgl. Pascal'sches Dreieck)}$$

2.

$$\binom{15}{7} = \frac{15!}{7! \cdot 8!} = 6435$$

3.

$$\binom{42}{38} = \frac{42!}{38! \cdot 4!} = 111\,930$$

■

Satz 2.4
Die Binomialkoeffizienten haben folgende Eigenschaften:

1.

$$\binom{n}{k} = \binom{n}{n-k} \quad \text{Symmetrie des Pascal'schen Dreiecks}$$

2.

$$\binom{n}{k-1} + \binom{n}{k} = \binom{n+1}{k} \quad \text{Bildungsgesetz des Pascal'schen Dreiecks}$$

Die Entwicklung eines allgemeinen Binoms mit Binomialkoeffizienten lautet dann:

$$(a+b)^n = \binom{n}{0}a^n + \binom{n}{1}a^{n-1}b + \binom{n}{2}a^{n-2}b^2 + \ldots + \binom{n}{n-1}ab^{n-1} + \binom{n}{n}b^n$$

2.1.6 Prinzip der vollständigen Induktion

Schlussweisen in der Wissenschaft können deduktiv (Schluss vom Allgemeinen auf das Besondere) und induktiv (Schluss vom Besonderen auf das Allgemeine) erfolgen. Die Deduktion liefert (korrekt angewandt) immer richtige Ergebnisse. Erkenntnisse werden jedoch meist induktiv gesammelt. Wenn einer hinreichend erscheinenden Anzahl von Objekten einer Menge eine Eigenschaft zukommt, so schließt der Forscher, dass sie allen Objekten zukommt. Diese unvollständige Induktion ist zwar üblich, besitzt jedoch keine mathematische Beweiskraft.

Beispiel 2.13
Ein Biologe findet nur dreiblättrige Kleeblätter. Unvollständige Induktion führt dann zum falschen Schluss: Es gibt nur Kleeblätter mit drei Blättern. Die Mathematik kennt das Prinzip der vollständigen Induktion, welches die Beweiskraft einer Deduktion hat. ∎

Satz 2.5
Um eine Aussage zu beweisen, muss gezeigt werden, dass...

1. *die Aussage für ein kleinstes n gilt (meist n = 1).* → *Induktionsanfang*
2. *aus der Annahme, dass die Aussage für n = k gilt (ein k muss es nach dem Induktionsanfang geben), muss die Gültigkeit für den Nachfolger (k + 1) gezeigt werden.* → *Induktionsschluss*

Beispiel 2.14
Beweis eines binomischen Satzes

$$(a+b)^n = \binom{n}{0}a^n + \binom{n}{1}a^{n-1}b + \binom{n}{2}a^{n-2}b^2 + \ldots + \binom{n}{n-1}ab^{n-1} + \binom{n}{n}b^n$$

1. Induktionsanfang

   Für $n = 0$ gilt $(a + b)^0 = 1$

2. Induktionsschluss

   2.1 Annahme: Für $n = k$ gilt:

$$(a+b)^k = \binom{k}{0}a^k + \binom{k}{1}a^{k-1}b + \binom{k}{2}a^{k-2}b^2 + \ldots + \binom{k}{k-1}ab^{k-1} + \binom{k}{k}b^k$$

   2.2

$$(a + b)^k(a + b) = \binom{k}{0}a^{k+1} + \binom{k}{1}a^k b + \binom{k}{2}a^{k-1}b^2 +$$

$$\ldots + \binom{k}{k-1}a^2 b^{k-1} + \binom{k}{k}ab^k + \binom{k}{0}a^k b + \binom{k}{1}a^{k-1}b^2 + \binom{k}{2}a^{k-2}b^3 +$$

$$\ldots + \binom{k}{k-1}ab^k + \binom{k}{k}b^{k+1}$$

(gliedweises Ausmultiplizieren)   ■

Durch die Formel $\binom{n}{k-1} + \binom{n}{k} = \binom{n+1}{k}$ ergibt sich beim Zusammenfassen gleicher Potenzen: (Für $\binom{k}{0}$ wird $\binom{k+1}{0}$ und für $\binom{k}{k}$ wird $\binom{k+1}{k+1}$ geschrieben, da alle Koeffizienten den Wert 1 besitzen!)

$$(a + b)^{k+1} = \binom{k+1}{0}a^{k+1} + \binom{k+1}{1}a^k b + \binom{k+1}{2}a^{k-1}b^2 +$$

$$\ldots + \binom{k+1}{k}ab^k + \binom{k+1}{k+1}b^{k+1}$$

Damit wurde aus der Annahme der Richtigkeit für $n = k$ die Gültigkeit für $n = k+1$ gezeigt. Der Induktionsschluss ist gelungen und die Formel nach der Methode der vollständigen Induktion allgemeingültig. Die Methode der vollständigen Induktion ist bei Aussagen über natürliche Zahlen einsetzbar.

2.2 Menge der ganzen Zahlen

2.2.1 Rechnen mit ganzen Zahlen (Zahlengerade)

Die Umkehrung der Addition

$$\text{Summand} + \text{Summand} = \text{Summe}$$

ist im Bereich $\mathbb{N}$ nur dann möglich, wenn der Minuend nicht kleiner als der Subtrahend ist

$$\text{Minuend} \quad - \quad \text{Subtrahend} \quad = \quad \text{Differenz}$$
$$a \quad\quad - \quad\quad b \quad\quad = \quad\quad c$$

1. $a > b \to c \in \mathbb{N}$
2. $a = b \to c = 0$
3. $a < b \to c$ ist eine negative ganze Zahl

Negative ganze Zahlen haben ein Minuszeichen als Vorzeichen. Natürliche und negative ganze Zahlen ergeben als Vereinigungsmenge die Menge der ganzen Zahlen $\mathbb{Z}$.

$$\mathbb{Z} = \{\ldots -3, -2, -1, 0, 1, 2, 3, \ldots\}$$

Auch die natürlichen Zahlen haben ein Vorzeichen. Es wird vereinbart, dass positive Vorzeichen (+) nicht geschrieben werden müssen. Das Minuszeichen darf niemals weggelassen werden. Die Darstellung der Menge $\mathbb{Z}$ erfolgt auf der Zahlengeraden. Die weiter rechts liegende Zahl auf der Zahlengeraden ist die größere.

$$\begin{array}{ccccccc} -2 & -1 & 0 & 1 & 2 & 3 & 4 \end{array} \longrightarrow$$

Die Menge der ganzen Zahlen lässt sich eindeutig auf der Zahlengeraden darstellen.

Auf der Zahlengerade kann jede beliebige Subtraktionsaufgabe im Bereich $\mathbb{Z}$ gelöst werden.

Beispiel 2.15

$$4 - 6 = -2$$

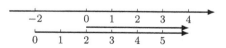

◼

Das Vorzeichen „ + “ ist streng vom Operationszeichen „ + “ der Addition und das Vorzeichen „ − “ ist streng vom Operationszeichen „ − “ der Subtraktion zu unterscheiden. Um Vor- und Operationszeichen besser unterscheiden zu können, werden Zahlenwert und Vorzeichen mitunter als Zahl in eine Klammer gesetzt.

Negative ganze Zahlen dienen zur eindeutigen Kennzeichnung von oft nur umständlich durch Worte zu formulierenden Tatsachen.

Beispiel 2.16

1. Ein Guthaben von 140 Euro: $(+)140$ Euro
   Eine Schuld von 820 Euro: -820 Euro
2. Temperaturen von 32°C Wärme: 32°C
   Temperatur von 5°C Kälte: −5°C
3. Ein Ort auf 10° östlicher Länge und 20° nördlicher Breite: $10°, 20°$
   Ein Ort auf 10° westlicher Länge und 20° südlicher Breite: $-10°, -20°$ ∎

Satz 2.6
Rechengesetze mit ganzen Zahlen

1. $(+a) + (+b) = a + b$
   Beispiel: $3 + 8 = 11$
2. $(-a) + (-b) = -a - b$
   Beispiel: $(-3) + (-4) = -7$
3. $(-a) + (+b) = -a + b$
   Beispiel: $-3 + 4 = 1$
4. $(+a) + (-b) = a - b$
   Beispiel: $4 + (-7) = -3$
   Beispiel: $(+a) + (-a) = 0$
   a und −a werden als vom Vorzeichen entgegengesetzte Zahlen bezeichnet.
5. $(+a) - (+b) = a - b$
   Beispiel: $5 - 6 = -1$
6. $(+a) - (-b) = a + b$
   Beispiel: $3 - (-2) = 5$
7. $(-a) - (+b) = -a - b$
   Beispiel: $(-3) - (+3) = -6$
8. $(-a) - (-b) = -a + b$
   Beispiel: $(-3) - (-5) = 2$

Die angegebenen Gesetze lassen sich leicht durch geeignete Strecken auf der Zahlengeraden darstellen.

9. $(+a) \cdot (+b) = ab$
  Beispiel: $(+2) \cdot (+3) = 6$
10. $(+a) \cdot (-b) = -ab$
  Beispiel: $(+4) \cdot (-5) = -20$
11. $(-a) \cdot (+b) = -ab$
  Beispiel: $(-4) \cdot (+3) = -12$
12. $(-a) \cdot (-b) = ab$
  Beispiel: $(-2) \cdot (-5) = 10$

Hinweis 2.1
Zusammenfassend soll an dieser Stelle noch einmal ausdrücklich darauf hingewiesen werden, dass es zwei Vereinbarungen in der Mathematik gibt:

1. *Das Vorzeichen* + **kann** *weggelassen werden. Eine Zahl ohne Vorzeichen gibt es nicht. Wenn kein Vorzeichen steht, dann ist die Zahl positiv.*
2. *Das Multiplikationszeichen darf als einziges Operationszeichen weggelassen werden. Steht zwischen zwei Operanden kein Zeichen, so heißt das, dass die Zahlen zu multiplizieren sind.*

Voraussetzung, dass der Dividend ein ganzzahliges Vielfaches des Divisors ist, kann auch die Division ausgeführt werden. Das Vorzeichen ergibt sich analog zu Regeln 9. bis 12.

13. $(+a) : (+b) = a : b$
  Beispiel: $(+8) : (+4) = 2$
14. $(+a) : (-b) = -(a : b)$
  Beispiel: $(+15) : (-3) = -5$
15. $(-a) : (+b) = -(a : b)$
  Beispiel: $(-12) : (+4) = -3$
16. $(-a) : (-b) = a : b$
  Beispiel: $(-18) : (-6) = 3$

Addition und Subtraktion mit der Zahl null:

$a + 0 = a$ \qquad Addition und Subtraktion der null ändern eine Zahl nicht

$a - 0 = a$ \qquad (neutrales Element bei der Addition).

Multiplikation mit Faktor null:

$a \cdot 0 = 0$ \qquad Multiplikation einer Zahl mit dem Faktor null ergibt null.

Multiplikation mit Faktor eins und Division durch eins:

$a \cdot 1 = a$ Die eins ist neutrales Element bei der Multiplikation.

$a : 1 = a$

Division einer Zahl durch null ist verboten, dann wäre $a : 0 = b$, so müsste $0 \cdot b = a$ sein, was aber unter der Voraussetzung $a \neq 0$ unmöglich zu realisieren ist. Es ist aber $0 : a = 0$ mit $a \neq 0$.

2.2.2 Rechnen mit Klammern

Zweigliedrige algebraische Summen sind Binome. Mehrgliedrige algebraische Summen sind Polynome.

Beispiel 2.17

1. $4 + \dfrac{1}{2} - 3 + 5$

   Die Summanden $[-3 = +(-3)]$ werden Glieder des Polynoms genannt.

2. $a + b - c + d - 3$

   ∎

Zunächst müssen alle Multiplikationen und Divisionen ausgeführt werden. Die Addition und die Subtraktion schließen sich an („**Punktrechnung geht vor Strichrechnung**"). Soll von der Reihenfolge abgewichen werden oder das Kommutativgesetz aus praktischen Erwägungen eingeschränkt werden, so sind Klammern zu setzen.

Dabei gilt bei Zahlen:
Was in der Klammer steht, wird zuerst zusammengefasst.

Beispiel 2.18

$$2 + (3 - 2 + 5) - (4 + 1 - 3) = 2 + 6 - 2 = 6$$

∎

Dabei gilt bei Variablen:
Das vor der Klammer stehende Rechenzeichen ist auf alle in der Klammer stehenden Polynomglieder anzuwenden.

Beispiel 2.19

$$2a - (3a - b + 2c) + (2a + 2b - 3c) = 2a - 3a + b - 2c + 2a + 2b - 3c = a + 3b - 5c$$

■

Allgemein:

Steht ein + vor einer Klammer (ohne Faktor ungleich 1), so kann die Klammer beliebig weggelassen werden (Assoziativgesetz). Ein Minus vor einer Klammer heißt, dass alle Vorzeichen der Polynomglieder umgekehrt werden müssen.

$$-(+a) = -a \qquad -(-a) = a$$

Werden mehrere Klammern in einer Aufgabe verwendet – innen runde Klammern, folgend eckige Klammern, folgend geschweifte Klammern, folgend spitze Klammern–, so werden die Klammern von innen nach außen aufgelöst.

Beispiel 2.20

$$-3\{2[3(a + b) - 2(-a + b) - 3] + 2a - 3(a - b) - 10b\}$$

Anwendung des Distributivgesetzes

$$= -3\{2[3a + 3b + 2a - 2b - 3] + 2a - 3a + 3b - 10b\}$$

Zusammenfassen in den Klammern

$$= -3\{2[5a + b - 3] - a - 7b\}$$

Anwendung des Distributivgesetzes

$$= -3\{10a + 2b - 6 - a - 7b\}$$

Zusammenfassen in der Klammer

$$= -3\{9a - 5b - 6\}$$

Distributivgesetz

$$= -27a + 15b + 18$$

■

Produkte von Polynomen werden berechnet, indem jedes Glied des einen Polynoms mit jedem Glied des anderen Polynoms multipliziert wird (Vorrangregel der Multiplikation). Selbstverständlich können die Polynome so weit wie möglich zusammengefasst werden, um Rechenarbeit zu sparen. Der entgegengesetzte Weg zum Ausmultiplizieren ist das Ausklammern. Gemeinsame Faktoren, die in allen Gliedern eines Polynoms vorkommen, können ausgeklammert werden. Grundlage ist das Distributivgesetz.

$$\underset{\text{ausklammern}}{\overset{\text{ausmultiplizieren}}{\longleftrightarrow}} \quad a(b + c) = ab + ac$$

Beispiel 2.21

$$3ab + 2abc - 6a^2b - 7abc^2 = ab(3 + 2c - 6a - 7c^2)$$

■

Mitunter führt auch das schrittweise Ausklammern zum Ziel.

$$3a^2 + 2ac - 3ab - 2bc = 3a(a - b) + 2c(a - b) = (a - b)(3a + 2c)$$

Zu beachten sind hierbei die binomischen Formeln:

1. $(a + b)^2 = a^2 + 2ab + b^2$
2. $(a - b)^2 = a^2 - 2ab + b^2$
3. $(a + b)(a - b) = a^2 - b^2$

Die Division von algebraischen Summen erfolgt nach dem gleichen Verfahren, das bei der schriftlichen Division von zwei ganzen Zahlen angewandt wird. Das Verfahren wird Partialdivision genannt.

Beispiel 2.22

1.

$$553\,631 : 13 = 42\,587$$

$$
\begin{array}{r}
-52 \\
\hline
33 \\
-26 \\
\hline
76 \\
-65 \\
\hline
113 \\
-104 \\
\hline
91 \\
-91 \\
\hline
0
\end{array}
$$

2.

$$\left(18a^2 + 18ba - 8b^2 \right) : \left(3a + 4b \right) = 6a - 2b$$

$$
\begin{array}{r}
-18a^2 - 24ba \\
\hline
-6ba - 8b^2 \\
6ba + 8b^2 \\
\hline
0
\end{array}
$$

■

Geht die Partialdivision nicht auf, so ist der verbleibende Rest noch als Divisionsaufgabe zu schreiben (Divisor bleibt).

2.2.3 Absolute Beträge

Oft ist es üblich, nur den Zahlenwert ohne Vorzeichen anzugeben. Eine Temperaturangabe aus der Arktis mit 40 °C würde sofort als 0 °C interpretiert. In der Mathematik wird vom absoluten Betrag einer Zahl gesprochen. Die Bildung des absoluten Betrags ist in jedem Fall eine Rechenoperation. Die Definition „der absolute Betrag ist eine vorzeichenlose Zahl" ist falsch, da es derartige Zahlen nicht gibt.

Definition 2.3
Der absolute Betrag einer Zahl ist gleich der Zahl selbst, wenn sie positiv ist, und gleich ihrem negativen Wert, wenn die Zahl negativ ist (Vorzeichenwechsel!).

$$|a| = \begin{cases} a, & \text{wenn } a \geq 0 \\ -a, & \text{wenn } a < 0 \end{cases}$$

gelesen: „Betrag von a"
Der absolute Betrag einer Zahl kann auf der Zahlengerade als Abstand vom Ursprung (Wert 0) veranschaulicht werden.   ◆

Beispiel 2.23

1. $|4| = 4$, da $4 > 0$ (erste Zeile der Definition)
2. $|-3| = 3$, da $-3 < 0$ (zweite Zeile der Definition und $-(-3) = 3$)
3. $|0| = 0$, da $0 = 0$ (erste Zeile der Definition)

■

Satz 2.7
1. *Der Betrag eines Produkts ist gleich dem Produkt der Beträge der Faktoren.*

   $$|a \cdot b| = |a| \cdot |b|$$

2. *Der Betrag eines Quotienten ist gleich dem Quotienten aus den Beträgen des Dividenden und Divisors.*

   $$|a : b| = |a| : |b|$$

3. *Der Betrag einer Summe ist nicht größer als die Summe der Summandenbeträge.*

   $$|a + b| \leq |a| + |b|$$

Dieser Satz wird auch als Dreiecksungleichung bezeichnet, denn es bestehen Beziehungen zu der geometrischen Tatsache, dass die Summe von zwei Seiten in einem Dreieck der Ebene immer größer als die dritte Seite ist.

4. *Der Betrag einer Differenz ist nicht größer als die Differenz aus den Beträgen von Minuend und Subtrahend.*

$$|a - b| \leq |a| - |b|$$

Verallgemeinerung der Dreiecksungleichung:

$$|a_1 + a_2 + a_3 + \cdots + a_n| \leq |a_1| + |a_2| + |a_3| + \cdots + |a_n|$$

2.2.4 Summen- und Produktzeichen

Die Symbole Σ (großes Sigma – griechischer Buchstabe) – Summenzeichen – und Π (großes Pi – griechischer Buchstabe) – Produktzeichen – dienen der vereinfachten Darstellung von Summen bzw. Produkten mit $n \in \mathbb{N}$ Summanden bzw. mit n Faktoren.

Das Symbol

$$\sum_{i=1}^{n} a_i$$

wird gelesen: „Summe der a_i mit i von 1 bis n" und bedeutet:

$$\sum_{i=1}^{n} a_i = a_1 + a_2 + a_3 + \ldots + a_n$$

Das Symbol

$$\prod_{i=1}^{n} a_i$$

wird gelesen: „Produkt der a_i mit i von 1 bis n" und bedeutet:

$$\prod_{i=1}^{n} a_i = a_1 \cdot a_2 \cdot a_3 \cdot \ldots \cdot a_n$$

Bezeichnungen:

1. Σ Summenzeichen, Π Produktzeichen
2. i Laufindex
   Es kann für den Laufindex auch jedes beliebige andere Symbol verwendet werden.
3. 1 unterer Summationsindex (bzw. Produktindex)
   Die Summanden oder Faktoren können auch bei anderen ganzen Zahlen verschieden von 1 beginnen.

4. n oberer Summationsindex (bzw. Produktindex)
Die Summanden oder Faktoren können bei beliebigen anderen ganzen Zahlen nicht kleiner als der untere Index enden.

Beispiel 2.24

1. $\sum_{i=1}^{7}(2i+4) = 6+8+10+12+14+16+18 = 84$

2. $1+3+5+\ldots+113 = \sum_{i=1}^{57}(2i-1)$

3. $1 \cdot 2 \cdot 3 \cdot \ldots \cdot n = \prod_{i=1}^{n} i = n!$

4. $\prod_{i=5}^{8}(2i-3) = 7 \cdot 9 \cdot 11 \cdot 13 = 9009$

∎

Bemerkung 2.2
Nur wenn der untere Index gleich 1 ist, gibt der obere Index die Zahl der Summanden oder Faktoren an.

Die Summe $\displaystyle\sum_{i=m}^{n}(a_i)$ hat $(n-m+1)$ Summanden.

Das Produkt $\displaystyle\prod_{i=m}^{n}(a_i)$ hat $(n-m+1)$ Faktoren.

Es ist recht einfach, eine Summe oder ein Produkt zu berechnen, wenn die Zeichendarstellung gegeben ist. Eine ausführlich dargestellte Summe oder ein Produkt mit dem entsprechenden Zeichen darzustellen ist oft schwierig, weil die allgemeine Darstellung der Summanden oder Faktoren schwer zu finden ist.

Rechenregeln für Summen- und Produktzeichen:

1. $\sum_{i=m}^{n}(a_i \pm b_i) = \sum_{i=m}^{n} a_i \pm \sum_{i=m}^{n} b_i$
Das Summenzeichen darf auf die einzelnen Summanden bezogen werden.

$$\prod_{i=1}^{n} \frac{a_i}{b_i} = \frac{\prod_{i=1}^{n} a_i}{\prod_{i=1}^{n} b_i}, \quad b_i \neq 0$$

Beispiel 2.25

3	+	4	+	(-2)	+	6	+	7 = 18
(-5)	+	3	+	(-4)	+	7	+	$(-8) = -7$
2	+	(-4)	+	(-3)	+	5	+	$(-2) = -2$
0	+	3	+	(-9)	+	18	+	$(-3) = \quad 9$

→ Weg bei der Berechnung nach der rechten Seite

⟹ Weg bei der Berechnung nach der linken Seite

Die Anwendung dieses Sachverhalts ist dann sehr nützlich, wenn
Zwischensummen oder -produkte bereits zuvor berechnet wurden.   ■

Es ist nicht richtig, die Summe des Produkts zweier Faktoren als Produkt
zweier Summen zu schreiben. Es ist nicht richtig, das Produkt der Summe
zweier Summanden als Summe zweier Produkte zu schreiben.

$$\sum_{i=1}^{n} a_i b_i \neq \sum_{i=1}^{n} a_i \cdot \sum_{i=1}^{n} b_i \qquad \prod_{i=1}^{n}(a_i \pm b_i) \neq \prod_{i=1}^{n} a_i \pm \prod_{i=1}^{n} b_i$$

2. $\sum_{i=1}^{n} ca_i = c \sum_{i=1}^{n} a_i$ $\qquad\qquad$ $\prod_{i=1}^{n} ca_i = c^n \prod_{i=1}^{n} a_i$

Konstante Faktoren können vor das Summenzeichen geschrieben werden (entspricht dem Ausklammern eines gemeinsamen Faktors aus mehreren Summanden).

Hierbei ist zu beachten, dass der gemeinsame Faktor c in allen Faktoren auftritt und demzufolge als Potenz vor das Produktzeichen geschrieben wird. Ist die Anzahl der Faktoren nicht durch den oberen Produktindex festgelegt (unterer Produktindex ungleich 1), so heißt die Formel:

$$\prod_{i=m}^{n} ca_i = c^{n-m+1} \prod_{i=m}^{n} a_i$$

3. $\sum_{i=1}^{n} c = n \cdot c$ $\qquad\qquad\qquad$ $\prod_{i=1}^{n} c = c^n$

allgemein: $\qquad\qquad\qquad\qquad\qquad$ **allgemein:**

$$\sum_{i=m}^{n} c = (n - m + 1)c \qquad\qquad \prod_{i=m}^{n} c = c^{n-m+1}$$

2.3 Menge der rationalen Zahlen

2.3.1 Zahlenkörper

Definition 2.4
Die in einer Zahlenmenge zusammengefassten Elemente bilden einen Zahlenkörper, wenn zwei Rechenoperationen und ihre Umkehroperation immer auf ein Ergebnis führen, welches Element der Menge ist. Die Operationen müssen kommutativ und assoziativ sein. Sie sind durch das Distributivgesetz miteinander verknüpft. ♦

Beispiele

1. Die Menge der natürlichen Zahlen $\mathbb{N}$ ist kein Zahlenkörper. Zwar sind zwei Operationen (Addition, Multiplikation) immer ausführbar, zwar sind diese Operationen immer kommutativ und assoziativ und durch das Distributivgesetz miteinander verknüpft, jedoch sind diese Operationen nicht allgemein umkehrbar. Die Subtraktion führt nicht zu einem Element der Zahlenmenge, wenn der Subtrahend größer als der Minuend ist.
2. Die Menge der ganzen Zahlen $\mathbb{Z}$ ist kein Zahlenkörper, da die Multiplikation nicht allgemein umkehrbar ist.

Definition Die Menge der rationalen Zahlen besteht aus der Menge der Quotienten, die sich aus beliebigen Paaren von ganzen Zahlen bilden lassen. Dabei ist der Divisor stets ungleich null.

$$\mathbb{Q} = \left\{ \frac{p}{q} \text{ mit } p, q \in \mathbb{Z} \text{ aber } q \neq 0 \right\} \tag{2.1}$$

Die Menge der rationalen Zahlen wird auch als Menge der gemeinen Brüche bezeichnet.

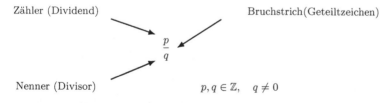

Zähler (Dividend)   Bruchstrich (Geteiltzeichen)

$\frac{p}{q}$

Nenner (Divisor) $p, q \in \mathbb{Z}, \quad q \neq 0$

Beispiel 2.26
Die Menge der rationalen Zahlen (Brüche) bildet einen Zahlenkörper, weil zwei Operationen – Addition und Multiplikation – immer ausführbar sind, diese Operationen assoziativ und kommutativ und durch das Distributivgesetz miteinander verbunden sind. Die Umkehrbarkeit der Operationen ist durch die uneingeschränkte Ausführbarkeit von Subtraktion und Division (mit Ausnahme der Division durch null – neutrales Element der Addition) immer gesichert.

Im Bereich der rationalen Zahlen können alle Grundrechenarten vollzogen werden. Im Bereich der rationalen Zahlen gibt es mit Ausnahme der null zu jeder Zahl eine inverse, so dass bei Multiplikation von Zahl und inverser (auch Kehrwert) der Wert 1 erhalten wird. Damit lässt sich die Division sinnvoll auf die Multiplikation zurückführen.

Die grafische Darstellung der rationalen Zahlen erfolgt zwischen den ganzen Zahlen (rationale Zahlen mit dem Nenner eins) auf der Zahlengeraden.

Brüche der Form $\frac{p}{q}, q \neq 0$ werden als gemeine Brüche bezeichnet.

Praktisch verbindet sich mit einem gemeinen Bruch die Vorstellung, dass ein Ganzes so viele Teile hat, wie der Nenner angibt.   ∎

Spezielle Brüche: Voraussetzung: $p, q \in \mathbb{N}$ $q \neq 0$ $\frac{p}{q} \in \mathbb{Q}$

Bedingung	Bezeichnung	Besonderheit	Beispiele
$p = 1$ $q \neq 1$	Stammbruch	$\frac{p}{q} < 1$	$\frac{1}{2}, \frac{1}{3}, \frac{1}{4}, \cdots$
$p < q$	echter Bruch	$\frac{p}{q} < 1$	$\frac{3}{4}, \frac{2}{5}, \frac{6}{11}, \cdots$
$p > q$	unechter Bruch	$\frac{p}{q} > 1$	$\frac{5}{4}, \frac{7}{3}, \frac{8}{5}, \cdots$
$p = k \cdot q, \ k \in \mathbb{N}$ Zähler ist Vielfaches des Nenners	uneigentlicher Bruch	$\frac{p}{q} \in \mathbb{N}$	$\frac{6}{3}, \frac{12}{4}, \frac{15}{5}, \cdots$
$p \neq 1$	abgeleiteter Bruch Zweigbruch (Gegenteil vom Stammbruch)	keine	$\frac{2}{3}, \frac{4}{3}, \frac{8}{4}, \cdots$
Austausch von Zähler und Nenner	reziproker Bruch	$\frac{p}{q} \cdot \frac{q}{p} = 1$	$\frac{1}{2}$ zu $\frac{2}{1}$ $\frac{3}{5}$ zu $\frac{5}{3}$ $\frac{4}{3}$ zu $\frac{3}{4}$

Gewohnheitsmäßig werden Summen aus ganzen Zahlen und echten Brüchen als gemischte Zahlen bezeichnet. Gemischte Zahlen sollten nach Möglichkeit vermieden werden, da sie einer allgemeinen Vereinbarung, dass nur das Multiplikationszeichen nicht geschrieben werden muss, widerspricht.

Beispiel 2.27

$$2\frac{2}{5} \text{ bedeutet } 2 + \frac{2}{5} = \frac{12}{5}$$

und nicht wie nach der Vereinbarung, dass das Multiplikationszeichen als einziges Operationszeichen weggelassen werden kann:

$$2 \cdot \frac{2}{5} = \frac{4}{5}$$

∎

Dieses kann zu Missdeutungen führen und bringt Schwierigkeiten beim Kürzen und Erweitern. Unechte Brüche sind besser geeignet. Mit einem Taschenrechner ist der ganze Anteil eines unechten Bruches sehr schnell festzustellen.

Die grafische Darstellung eines echten Bruches wird zweckmäßig als Flächenanteil eines Rechtecks oder Kreises vorgenommen (vgl. Abb. 2.2).

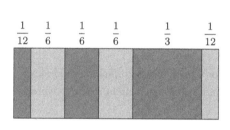

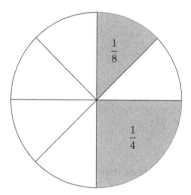

Abb. 2.2

2.3.2 Gleichheit rationaler Zahlen (Kürzen und Erweitern)

Satz 2.8

Zwei Brüche $\frac{p}{q}$ und $\frac{p'}{q'}$ sind genau dann gleich, wenn $p \cdot q' = q \cdot p'$ ist $(q, q' \neq 0)$.

Satz 2.9

$$\frac{p}{q} = \frac{k \cdot p}{k \cdot q} \quad \begin{array}{l} k \neq 0 \\ q \neq 0 \end{array}$$

Dieser Satz von links nach rechts gelesen:

Zähler und Nenner eines Bruches können mit dem gleichen Faktor multipliziert werden, ohne dass sich der Wert des Bruches ändert. Im Unterschied zu einer Wertänderung wird das als eine Formänderung des Bruches bezeichnet, die den speziellen Namen „Erweitern" trägt. Die Zahl k heißt Erweiterungsfaktor.

Dieser Satz von rechts nach links gelesen:

Zähler und Nenner eines Bruches können durch die gleiche Zahl (verschieden von null) dividiert werden, ohne dass sich der Wert des Bruches ändert.

Die Formänderung eines Bruches heißt Kürzen.

Aus praktischen Gesichtspunkten ist es sinnvoll, den Bruch so weit wie möglich zu kürzen. Das geschieht durch Division mit dem größten gemeinsamen Teiler (ggT) der mit Hilfe der Teilbarkeitsregeln über eine Primfaktorzerlegung bestimmt werden kann.

Beispiel 2.28

1. $\dfrac{1188}{3960} = \dfrac{2 \cdot 2 \cdot 3 \cdot 3 \cdot 3 \cdot 11}{2 \cdot 2 \cdot 2 \cdot 3 \cdot 3 \cdot 5 \cdot 11} = \dfrac{3}{2 \cdot 5} = \dfrac{3}{10}$ (ggT: 396)

2. $\dfrac{4}{9} = \dfrac{52}{117}$ (Erweiterungsfaktor 13)

3. $\dfrac{3t + 1}{2t - 1} = \dfrac{12t^2 + 10t + 2}{8t^2 - 2}$ (Erweiterungsfaktor $2(2t + 1)$)

4. $\dfrac{4mx + 6nx - 4my - 6ny}{6mx + 9nx + 6my + 9ny} = \dfrac{2(x - y)}{3(x + y)}$ (ggT: $2m + 3n$)   ■

Zu beachten ist beim letzten Beispiel, dass vor dem Kürzen zunächst eine Faktorzerlegung erforderlich ist, da aus Summen und Differenzen nicht gekürzt werden darf.

2.3.3   Rechnen mit rationalen Zahlen

Definition 2.5

Brüche mit gleichen Nennern werden gleichnamig genannt.   ◆

Addition und Subtraktion von Brüchen   Nur gleichnamige Brüche können addiert und subtrahiert werden. Die Zähler werden addiert oder subtrahiert und der Nenner wird beibehalten.

$$\frac{a}{b} + \frac{c}{b} = \frac{a + c}{b} \quad b \neq 0$$

$$\frac{a}{b} - \frac{c}{b} = \frac{a - c}{b}$$

Sind die Brüche nicht gleichnamig, so muss durch die Bestimmung des kgV ein Nenner ermittelt werden (Hauptnenner), auf den alle Summanden erweitert werden können. Erst nach Bestimmung des Hauptnenners und Durchführung der Erweiterung kann die Addition und Subtraktion vollzogen werden. Gemischte Zahlen sind zuvor in unechte Brüche zu verwandeln.

Beispiel 2.29

1. $\dfrac{3}{16} + \dfrac{5}{24} - \dfrac{2}{15} + \dfrac{5}{12} - \dfrac{1}{72}$

$16 = 2 \cdot 2 \cdot 2 \cdot 2 = 2^4$

$24 = 2 \cdot 2 \cdot 2 \cdot 3 = 2^3 \cdot 3$

$15 = 3 \cdot 5$

$12 = 2 \cdot 2 \cdot 3 = 2^2 \cdot 3$

$72 = 2 \cdot 2 \cdot 2 \cdot 3 \cdot 3 = 2^3 \cdot 3^2 \quad \text{kgV:} \ 2^4 \cdot 3^2 \cdot 5 = 720 \ \text{(Hauptnenner)}$

$\dfrac{135}{720} + \dfrac{150}{720} - \dfrac{96}{720} + \dfrac{300}{720} - \dfrac{10}{720} = \dfrac{135 + 150 - 96 + 300 - 10}{720} = \dfrac{479}{720}$

2. $\dfrac{5}{4x^2 + 2xy} - \dfrac{3}{8x^2 + 4xy} - \dfrac{2}{6xy + 3y^2} + \dfrac{1}{6xy}$

Nr.	Nenner	Primfaktor-zerlegung	Erweiterungsfaktor ggT (Hauptnenner) geteilt durch Nenner	Erweiterter Zähler
1	$4x^2 + 2xy$	$2x\,(2x + y)$	$\dfrac{2 \cdot 2 \cdot 3xy\,(2x + y)}{2x\,(2x + y)} = 6y$	$6y \cdot 5 = 30y$
2	$8x^2 + 4xy$	$2 \cdot 2 \cdot x\,(2x + y)$	$\dfrac{2 \cdot 2 \cdot 3xy\,(2x + y)}{2 \cdot 2x\,(2x + y)} = 3y$	$3y \cdot 3 = 9y$
3	$6yx + 3y^2$	$3y\,(2x + y)$	$\dfrac{2 \cdot 2 \cdot 3xy\,(2x + y)}{3y\,(2x + y)} = 4x$	$4x \cdot 2 = 8x$
4	$6xy$	$2 \cdot 3x \cdot y$	$\dfrac{2 \cdot 2 \cdot 3xy\,(2x + y)}{2 \cdot 3xy} = 2\,(2x + y)$	$2\,(2x + y)$
				$= 4x + 2y$
		Kürzen		

Hauptnenner: $2 \cdot 2 \cdot 3xy\,(2x + y) = 12xy\,(2x + y)$

$= \dfrac{30y}{12xy\,(2x + y)} - \dfrac{9y}{12xy\,(2x + y)} - \dfrac{8x}{12xy\,(2x + y)} + \dfrac{4x + 2y}{12xy\,(2x + y)}$

$= \dfrac{30y - 9y - 8x + 4x + 2y}{12xy\,(2x + y)} = \dfrac{23y - 4x}{12xy\,(2x + y)}$

Zu beachten ist, dass der Bruchstrich Klammern ersetzt und diese sofort geschrieben werden müssen, wenn ein Bruchstrich wegfällt.

3. $\dfrac{a}{b} - \dfrac{c - d}{b} = \dfrac{a - (c - d)}{b} = \dfrac{a - c + d}{b}$

∎

Ungleichnamige Brüche werden addiert oder subtrahiert, indem

1. der Hauptnenner aus einer Primzahl oder Primfaktorzerlegung als kgV bestimmt wird,
2. die Eweiterungsfaktoren als Quotient von Hauptnenner und Nenner des Summanden bestimmt werden,
3. gleichnamige Brüche addiert oder subtrahiert werden.

Brüche werden multipliziert, indem die Zähler und die Nenner der beiden Brüche miteinander multipliziert werden.

$$\frac{a}{b} \cdot \frac{c}{d} = \frac{a \cdot c}{b \cdot d}$$

Hinweis 2.2
Vor dem Multiplizieren ist es zweckmäßig, so weit wie möglich zu kürzen.

Beispiel 2.30

1. $\dfrac{4}{7} \cdot \dfrac{35}{8} = \dfrac{\cancel{4}^{1} \cdot \cancel{35}^{5}}{\cancel{7}_{1} \cdot \cancel{8}_{2}} = \dfrac{5}{2}$

2. $\dfrac{9}{56} \cdot \dfrac{1}{2} \cdot \dfrac{4}{5} \cdot \dfrac{35}{9} \cdot \dfrac{12}{77} = \dfrac{9 \cdot 1 \cdot 4 \cdot 35 \cdot 12}{56 \cdot 2 \cdot 5 \cdot 9 \cdot 77} = \dfrac{3}{77}$

3. $\dfrac{5a^2b + 4a}{2a - b} \cdot \dfrac{4a^2 - b^2}{5ab + 4} = \dfrac{(5a^2b + 4a)(4a^2 - b^2)}{(2a - b)(5ab + 4)}$

   Zu beachten ist, dass nach Wegfall des einen Bruchstrichs Klammerzeichen zu setzen sind.

   $$= \frac{a \, (5ab + 4)(2a - b)(2a + b)}{(2a - b \, (5ab + 4)} \quad \text{(3. binomische Formel)}$$

   $$= \frac{a \, (2a + b)}{1} = 2a^2 + ab$$

4. $\left(\dfrac{x}{5} - \dfrac{y}{2}\right)\left(\dfrac{3}{x} - \dfrac{2}{y}\right) = \dfrac{2x - 5y}{10} \dfrac{3y - 2x}{xy} = \dfrac{(2x - 5y)(3y - 2x)}{10xy}$

   Die Aufgabe kann auch durch Ausmultiplizieren der Klammern gelöst werden. Ein Ausmultiplizieren der Zählerklammern des Ergebnisses ist nicht erforderlich, da beim Weiterrechnen ein Produkt im Allgemeinen handlicher ist.

   ■

Brüche werden dividiert, indem mit dem Kehrwert (reziproker Wert) des Divisors multipliziert wird.

$$\frac{a}{b} : \frac{c}{d} = \frac{a}{b}\frac{d}{c} = \frac{ad}{bc} \qquad \text{mit} \qquad b \neq 0 \qquad c \neq 0 \qquad d \neq 0$$

Auch hier wird vor der Ausführung der Multiplikation gekürzt.

Beispiel 2.31

1. $\dfrac{84}{5} : \dfrac{12}{35} \cdot \dfrac{1}{7} = \dfrac{\cancel{84}^7 \cdot \cancel{35}^7 \cdot 1}{\cancel{5}_1 \cdot \cancel{12}_1 \cdot 7} = 7$

2. $\dfrac{7a^2b(3x + y)}{245 + 7t} : \dfrac{3ab(3x - y)}{-14(35 + t)} = \dfrac{7a^2b(3x + y) \cdot (-14)(35 + t)}{7(35 + t) \cdot 3ab(3x - y)} = \dfrac{-14a(3x + y)}{3(3x - y)}$

3. $\left(\dfrac{x - 1}{x} + \dfrac{x}{x + 1}\right) : \left(\dfrac{x}{1 - x} - \dfrac{x + 1}{x}\right) = \dfrac{(x^2 - 1) + x^2}{x(x + 1)} : \dfrac{x^2 - (1 - x^2)}{x(1 - x)}$

$= \dfrac{2x^2 - 1}{x(x + 1)} \cdot \dfrac{x(1 - x)}{2x^2 - 1} = \dfrac{(2x^2 - 1)x(1 - x)}{x(x + 1)(2x^2 - 1)} = \dfrac{1 - x}{x + 1}$

Treten in Produkten oder Quotienten von Brüchen ganze Zahlen auf, so sind sie wie Brüche zu behandeln, in denen im Nenner die Zahl Eins geschrieben wird. Sogenannte Doppelbrüche entstehen, wenn das Divisionszeichen durch einen Bruchstrich dargestellt wird.   ■

Beispiel 2.32

1. $\dfrac{\frac{1}{2} + \frac{1}{3}}{\frac{1}{2} - \frac{1}{3}} = \left(\frac{1}{2} + \frac{1}{3}\right) : \left(\frac{1}{2} - \frac{1}{3}\right) = \frac{5}{6} : \frac{1}{6} = \frac{5}{6} \cdot \frac{6}{1} = 5$

2. $\dfrac{\frac{a}{b} - \frac{b}{a}}{\frac{a}{b} + \frac{b}{a} + 2} = \dfrac{\frac{a^2 - b^2}{ab}}{\frac{a^2 + b^2 + 2ab}{ab}} = \dfrac{a^2 - b^2}{ab} : \dfrac{a^2 + b^2 + 2ab}{ab} = \dfrac{(a + b)(a - b) \cdot ab}{ab(a + b)(a + b)} = \dfrac{a - b}{a + b}$

Kettenbrüche werden ebenfalls streng nach den Regeln der Bruchrechnung gelöst.

$$\cfrac{3}{4}{5 - \cfrac{1}{3 + \frac{1}{2}}} = \cfrac{3}{4}{5 - \cfrac{1}{\frac{7}{2}}} = \cfrac{3}{4}{5 - \cfrac{2}{7}} = \cfrac{\frac{3}{4}}{\frac{33}{7}} = \cfrac{\frac{3}{28}}{33} = \frac{99}{28}$$

■

2.3.4   Dezimalbrüche

Die Division im Bereich der rationalen Zahlen ist für zwei beliebige Zahlen immer ausführbar.

Beispiel 2.33

$$82\,323 : 18 = 4573 + \frac{9}{18} = 4573 + \frac{1}{2}$$

$$
\begin{array}{r}
-72 \\ \hline
103 \\
-90 \\ \hline
132 \\
-126 \\ \hline
63 \\
54 \\ \hline
9
\end{array}
$$

■

Die formale Festsetzung der Division geschieht, indem der ganzzahlige Anteil des Quotienten durch ein Komma vom Folgeteil abgetrennt wird und an den Dividenden eine Anzahl von Nullen nach dem Setzen des Kommas angehängt wird.

Beispiel 2.34

$$4384 : 13 = 337,\overline{230\,769}$$

$$
\begin{array}{r}
-39 \\ \hline
48 \\
-39 \\ \hline
94 \\
-91 \downarrow \\ \hline
30 \\
-26 \downarrow \\ \hline
40 \\
39 \downarrow \\ \hline
10 \\
-00 \downarrow \\ \hline
100 \\
-91 \downarrow \\ \hline
90 \\
-78 \downarrow \\ \hline
120 \\
-117 \\ \hline
30
\end{array}
$$

∎

Ein gemeiner Bruch wird in einen Dezimalbruch verwandelt, indem der Zähler durch den Nenner dividiert wird. Die Division kann beliebig fortgesetzt werden. Allerdings wird sich von einer gewissen Stelle an die Rechnung periodisch wiederholen. Bei der Division von zwei ganzen Zahlen entstehen periodische Dezimalbrüche (lässt sich der Divisor in ein Primfaktorprodukt zerlegen, das nur aus Potenzen mit zwei und fünf besteht, so entsteht eine abbrechende Dezimalbruchentwicklung). Die Stellenwerte nach dem Komma heißen:

$$0, \frac{1}{10}, \frac{1}{100}, \frac{1}{1000}, \frac{1}{10\,000}, \dots$$

Zehntel, Hundertstel, Tausendstel, Zehntausendstel,...

Auch Dezimalbrüche können nur dann addiert werden, wenn sie gleichnamig sind. Durch das Anhängen einer geeigneten Anzahl von Nullen (stets rechts) werden die Summanden gleichnamig.

Beispiel 2.35

$3,42\,\text{m} - 0,4\,\text{m} + 0,218\,\text{m}$

$$
\begin{array}{r}
3,420\,\text{m} \\
-\quad 0,400\,\text{m} \\
+\quad 0,218\,\text{m} \\
\hline
3,238\,\text{m}
\end{array}
$$

∎

Dezimalbrüche sind demzufolge Brüche, die als Nenner Zehn, Hundert, Tausend oder andere Zehnerpotenzen besitzen. Dezimalbrüche können erweitert werden, indem Nullen angehängt werden. Sie werden gekürzt, indem rechts Nullen weggelassen werden. Vor der Addition und Subtraktion sind die Brüche stets so zu erweitern, dass die Kommata untereinander stehen. Zwei Dezimalbrüche werden nach dem von ganzen Zahlen her bekannten Multiplikationsschema ohne Berücksichtigung der Kommastellen multipliziert. Das Produkt erhält als Stellenzahl nach dem Komma die Summe der Kommastellen beider Faktoren zugeteilt. Der Division von Dezimalbrüchen geht eine Erweiterung mit geeigneter Zehnerpotenz voran, die den Divisor zu einer ganzen Zahl macht. Die Division erfolgt wie üblich.

Beispiel 2.36

$$
\begin{array}{r}
3,478 \cdot 2,45 \\
\hline
6,956\,00 \\
1,391\,20 \\
17\,390 \\
\hline
8,521\,10
\end{array}
$$

$$
\begin{array}{r}
3,42 : 6,8 = \\
34,2 : 68 = 0,502\ldots \\
\hline
0 \\
\hline
3\quad 4\quad 2 \\
3\quad 4\quad 0 \\
\hline
2\quad 0\quad 0 \\
1\quad 3\quad 6 \\
\hline
6\quad 4\quad 0
\end{array}
$$

∎

Dezimalbrüche werden in gemeine Brüche verwandelt, indem durch den höchsten negativen Zehnerpotenzwert des Dezimalbruchs dividiert wird.

$$
\frac{\text{Dezimalzahl (ohne Komma)}}{\text{Nenner ist Stellenwertzahl der letzten Dezimalstelle}}
$$

Beispiel 2.37

1. $3{,}46 = \frac{346}{100}$

2. $0{,}032\,14 = \frac{3214}{100\,000}$

3. $0{,}313\,12 = \frac{31\,312}{100\,000}$

∎

Bei der Verwandlung eines gemeinen Bruches in einen Dezimalbruch sind in Abhängigkeit vom Divisor drei Fälle möglich:

1. Der Divisor lässt sich in ein Primzahlprodukt allein mit den Faktoren 2 und 5 zerlegen. Die Folge ist ein endlicher Dezimalbruch, da sich von einer gewissen Stelle die Periode Null einstellt.
2. Der Divisor lässt sich in ein Primzahlprodukt zerlegen, in dem die Zahlen 2 und 5 nicht vorkommen. Die Folge ist ein unendlicher, aber periodischer Dezimalbruch, was durch einen Strich über der Periode verdeutlicht wird.

$$\frac{1}{11} = 0{,}\overline{09}$$

3. Der Divisor lässt sich in ein Primzahlprodukt zerlegen, in dem neben anderen Primzahlen die Zahl 2, die Zahl 5 oder beide auftreten. Die Folge ist ein unendlich periodischer Dezimalbruch, dessen Periode sich erst nach einer Vorperiode einstellt.

$$\frac{7}{55} = 0{,}1\overline{27}$$

Satz 2.10
Jede rationale Zahl kann als periodischer Dezimalbruch geschrieben werden. (Die Periode Null ist eingeschlossen.) Die Umwandlung von periodischen Dezimalbrüchen in gemeine Brüche ist durch die Anwendung des Grenzwerts einer unendlichen geometrischen Reihe möglich.

2.3.5 Rundungsregeln

An das Ende und vor eine Dezimalzahl können beliebig viele nullen geschrieben werden. Abgesehen von diesen nullen sind die anderen Ziffern die zählenden Ziffern einer Dezimalzahl.

Beispiel 2.38

$$\underbrace{3470\underline{1}00000}_{\text{5 zählende Ziffern}} \qquad \underbrace{0,0003\underline{2014}00}_{\text{5 zählende Ziffern}} \qquad \blacksquare$$

Durch Runden werden ungerechtfertigt viele angegebene gültige Ziffern beseitigt, da sonst eine Genauigkeit der Rechnung vorgetäuscht wird, die nicht vorhanden ist. Überflüssige zählende Ziffern werden bei ganzen Zahlen durch nullen ersetzt und bei Dezimalzahlen weggelassen. Dabei wird stets von rechts aus begonnen. Die von rechts her gesehene erste nicht überflüssige zählende Ziffer muss gerundet werden (aufgerundet oder abgerundet). Abgerundet wird, wenn die letzte überflüssige zählende Ziffer (von rechts) den Wert $0, 1, 2, 3, 4$ hat. In diesem Fall bleibt die erste zählende Ziffer von rechts nach dem Runden unverändert.

Beispiel 2.39

1. $17{,}34 \approx 17{,}3$
   $\uparrow$

2. $180\,910 \approx 180\,900$
   $\uparrow$

$\blacksquare$

Aufgerundet wird, wenn die letzte überflüssige zählende Ziffer (von rechts) den Wert $6, 7, 8, 9$ hat. In diesem Fall wird die erste zählende Ziffer von rechts durch das Runden um eins erhöht. (Bei einer 9 als zählende Ziffer greift das auf die weiter links stehenden Ziffern über.)

Beispiel 2.40

$$17{,}361 \ \approx 17{,}4 \qquad\qquad 180\,980 \ \approx 181\,000 \qquad \blacksquare$$
$$\ \uparrow \qquad\qquad\qquad\qquad\quad \uparrow$$

Die 5 nimmt eine Sonderstellung ein. Ist die am weitesten links stehende überflüssige zählende Ziffer eine 5, so wird

- bei kommerziellen Rechnungen stets aufgerundet ($31{,}15 \approx 31{,}2$)
- kann aufgerundet werden, wenn nach der zu rundenden 5 noch weitere zählende Ziffern folgen ($31{,}151 \approx 31{,}2$)
- wird aufgerundet, wenn bekannt ist, dass zuvor bei einer vorangegangenen Rechnung abgerundet wurde, und abgerundet, wenn zuvor aufgerundet wurde.

2.4 Reelle Zahlen

2.4.1 Begriff der reellen Zahlen

Allen rationalen Zahlen entspricht eindeutig ein Punkt auf der Zahlengerade. Durch einen indirekten Beweis soll gezeigt werden, dass es Punkte auf der Zahlengeraden gibt, denen keine rationale Zahl zugeordnet werden kann.

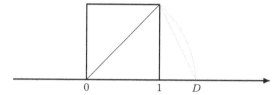

Die Länge der Diagonalen ist nach dem Satz des Pythagoras (um 580–um 496 v. Chr.)

$$\sqrt{1^2 + 1^2} = \sqrt{2}.$$

Wird der Punkt D mit dem Zirkel auf die Zahlengerade übertragen, so entspricht $\sqrt{2}$ keiner rationalen Zahl. $\sqrt{2}$ ist eine irrationale Zahl. Eine irrationale Zahl wird durch eine unendliche nichtperiodische Dezimalzahl ausgedrückt. Da jedoch immer nur eine endliche Stellenzahl geschrieben oder vom Taschenrechner angezeigt wird, führt die Verwendung von irrationalen Zahlen immer zu Ungenauigkeiten. Bekannte irrationale Zahlen sind:

$\pi = 3{,}141\,592\,653\,589\,793\,238\,462\,643\,3\ldots$

$e = 2{,}718\,281\,8\ldots$

Irrationale Zahlen können so genau wie gewünscht durch rationale Zahlen angenähert oder ausgedrückt werden.

Beispiel 2.41

$$1,4 < \sqrt{2} < 1,5 \qquad \text{maximaler Fehler kleiner als } 0,1$$

$$1,41 < \sqrt{2} < 1,42 \qquad \text{maximaler Fehler kleiner als } \frac{1}{100}$$

$$1,414 < \sqrt{2} < 1,415 \qquad \text{maximaler Fehler kleiner als } \frac{1}{1000}$$

$$1,4142 < \sqrt{2} < 1,4143 \qquad \text{maximaler Fehler kleiner als } \frac{1}{10\,000}$$

$$1,414\,21 \leq \sqrt{2} < 1,414\,22 \qquad \text{maximaler Fehler kleiner als } \frac{1}{100\,000}$$

$$1,414\,213 < \sqrt{2} < 1,414\,214 \qquad \text{maximaler Fehler kleiner als } \frac{1}{1\,000\,000}$$

$$\vdots \qquad\qquad \vdots$$

■

Theoretisch besteht also die Möglichkeit, jede vorgegebene auch noch so kleine Abweichung zwischen irrationalen Zahlen und der als Näherungswert eingesetzten rationalen Zahl zu unterbieten. Das geschieht durch immer mehr mitgeführte gültige Ziffern. Deswegen gilt hier für die gesamte numerische Rechnung ein wichtiger **Hinweis**:

Nie so genau wie möglich rechnen, sondern immer nur so genau
wie erforderlich (oder besser: wie es „sinnvoll ist" !)

Die rationalen Zahlen sind darzustellen als endliche oder periodische Dezimalbrüche. Die irrationalen Zahlen sind darstellbar als nichtabbrechende und nichtperiodische Dezimalzahlen. Die Vereinigung der rationalen und irrationalen Zahlen gibt die Menge der reellen Zahlen, die als Menge aller Dezimalbrüche dargestellt werden muss.

Zwischen der Menge der reellen Zahlen $\mathbb{R}$ und den Punkten der Zahlengeraden besteht eine eineindeutige Zuordnung. Durch die Menge $\mathbb{R}$ wird also die Zahlengerade vollständig ausgefüllt. Dadurch ist die Menge $\mathbb{R}$ der größte Zahlenbereich, der geordnet werden kann. Wie bei den vorherigen Zahlenmengen wird vereinbart, dass die größere von zwei Zahlen rechts liegt (Gültigkeit der Monotoniegesetze). Selbstverständlich bildet auch die Menge der reellen Zahlen einen Zahlenkörper, da sie die Menge der rationalen Zahlen enthält.

Definition 2.6
Intervalle sind Abschnitte auf der Zahlengeraden. Es werden drei Abschnitte unterschieden.

1. Geschlossenes Intervall $I = [a, b]$ heißt, dass $x \in I$, wenn

$$a \leq x \leq b \text{ ist.}$$

2. Offenes Intervall $I = (a, b)$ heißt, dass $x \in I$, wenn

$a < x < b$.

3. Halboffenes Intervall oder halbabgeschlossenes Intervall

$I = (a, b]$ heißt, $x \in I$, wenn $a < x \leqq b$,

$I = [a, b)$ heißt, $x \in I$, wenn $a \leqq x < b$.

◆

Übersicht über die Zahlenbereiche

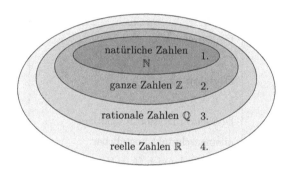

Beispiel für

1. $0, 1, 5, \ldots$
2. $-2, -5, -10, \ldots$
3. $\dfrac{1}{2}, -\dfrac{3}{4}, -\dfrac{5}{6}, \ldots$
4. $\sqrt{5}, e, \sqrt{7}, \sqrt[3]{9}, \ldots$

$\mathbb{N} \subset \mathbb{Z} \subset \mathbb{Q} \subset \mathbb{R}$

2.4.2 Rechenoperationen der dritten Stufe

2.4.2.1 Übersicht über die Rechenoperationen der dritten Stufe

Rechenoperation der 1. Stufe	Umkehroperation
Addition	**Subtraktion**
$a + b = c$	$a - b = c$
Summand + Summand = Summe	Minuend − Subtrahend = Differenz
uneingeschränkt ausführbar:	uneingeschränkt ausführbar:
ab Zahlenbereich $\mathbb{N}$ (natürliche Zahlen)	ab Zahlenbereich $\mathbb{Z}$ (ganze Zahlen)
Rechenoperation der 2. Stufe	**Umkehroperation**
Multiplikation	**Division**
$a \cdot b = c$	$a : b = \frac{a}{b} = c \qquad b \neq 0$
Faktor · Faktor = Produkt	Dividend : Divisor = Quotient
uneingeschränkt ausführbar:	uneingeschränkt ausführbar:
ab Zahlenbereich $\mathbb{N}$ (natürliche Zahlen)	ab Zahlenbereich $\mathbb{Q}$ (rationale Zahlen)

Die Rechenoperationen der 1. und der 2. Stufe werden als Grundrechenoperationen bezeichnet. Sie sind in allen Zahlenbereichen eindeutig ausführbar. Die Multiplikation ist eine spezielle Addition – die Addition von gleichen Summanden. Die Rechenoperationen der 1. und der 2. Stufe haben nur eine Umkehroperation, da nach dem Kommutativgesetz Summanden und Faktoren vertauscht werden dürfen. Es gilt auch das Assoziativgesetz und das Distributivgesetz.

$$a(b + c) = ab + ac$$

$$a + b = b + a \qquad\qquad a \cdot b = b \cdot a$$

$$(a + b) + c = a + (b + c) \qquad\qquad (a \cdot b)c = a(b \cdot c)$$

Rechenoperation der 3. Stufe	2 Umkehroperationen, da im Allgemeinen die Operanden beim Potenzieren nicht vertauscht werden dürfen
Potenzieren $a^n = b$ $n \in \mathbb{N}$ $n \neq 0$ $n \neq 1$	**1. Radizieren** (Wurzelziehen) (Bestimmung der Basis) $\sqrt[n]{b} = a$ $b \geq 0$
Basis hoch Exponent gleich Potenzwert	n-te Wurzel aus b ist a
	n: Wurzelexponent b: Radikant a: Wurzelwert
uneingeschränkt ausführbar: ab Zahlenbereich $\mathbb{N}$ (natürliche Zahlen)	uneingeschränkt ausführbar: ab Zahlenbereich $\mathbb{R}$ (reelle Zahlen)
	2. Logarithmieren (Bestimmung des Exponenten) $\log_a b = n$ Logarithmus von b zur Basis a ist n
	a: Basis des Logarithmus b: Numerus n: Logarithmus
	uneingeschränkt ausführbar: ab Zahlenbereich $\mathbb{R}$ (reelle Zahlen) $a > 0$ $\wedge$ $a \neq 1$

Bei den praktischen Rechnungen werden stets zunächst die Rechenoperationen der dritten, dann die der zweiten und zum Schluss die der ersten Stufe ausgeführt. Soll von dieser Reihenfolge abgewichen werden, so müssen Klammern gesetzt werden. Dann werden die Rechenoperationen in den Klammern zuerst ausgeführt.

2.4.2.2 Potenzieren

Spezielle Additionen gleicher Summanden werden als Multiplikation ausgeführt.

$$\underbrace{a + a + \dots + a}_{n \text{ Summanden}} = n \cdot a$$

Die Multiplikationsdefinition wird sinnvoll erweitert, damit später an der Stelle von n auch eine beliebige reelle Zahl stehen kann. Spezielle Multiplikationen gleicher Faktoren werden als Potenzrechnung ausgeführt.

$$\underbrace{a \cdot a \cdot \dots \cdot a}_{n \text{ Faktoren}} = a^n = b \qquad n \in \mathbb{N} \qquad n \neq 0 \qquad n \neq 1$$

$$
\begin{aligned}
&\text{Exponent} \\
&a^n = b \longleftarrow \text{Potenzwert} \\
&\text{Basis} \qquad \text{Potenz}
\end{aligned}
\qquad
\begin{aligned}
a &\in \mathbb{R} \\
b &\in \mathbb{R} \\
n &\in \mathbb{N} \\
n &\neq 0 \quad n \neq 1
\end{aligned}
$$

Ist die Basis der Potenz positiv, dann ist der Potenzwert unabhängig vom Exponenten positiv. Ist die Basis der Potenz negativ, dann ist der Potenzwert

a) positiv, wenn der Exponent eine gerade Zahl ist,
b) negativ, wenn der Exponent eine ungerade Zahl ist
   (In diesem Fall steht die Basis der Potenz in Klammern).

Beispiel 2.42

1. $\left(\dfrac{1}{2}\right)^4 = \dfrac{1}{2} \cdot \dfrac{1}{2} \cdot \dfrac{1}{2} \cdot \dfrac{1}{2} = \dfrac{1}{16}$

2. $\left(-\dfrac{1}{2}\right)^3 = \left(-\dfrac{1}{2}\right) \cdot \left(-\dfrac{1}{2}\right) \cdot \left(-\dfrac{1}{2}\right) = -\dfrac{1}{8}$

3. $-4^3 = -(4 \cdot 4 \cdot 4) = -64$

4. $(-4)^2 = 16$

5. $-4^2 = -16$

■

Zu beachten ist, dass das Minus hier ein Vorzeichen der Potenz ist und nicht zur Basis gehört, also nicht mit potenziert wird. Klammern sind hier mit größter Aufmerksamkeit zu behandeln.

1. Erweiterung der Potenzdefinition
   $a^1 = a$
   Jede Basis hoch eins ist gleich der Basis.

2. Erweiterung der Potenzdefinition

$a^0 = 1 \qquad a \neq 0$

Jede Zahl verschieden von null hoch null ist gleich eins.

3. Erweiterung der Potenzdefinition

$a^{-n} = \dfrac{1}{a^n} \qquad a > 0 \qquad a \neq 0$

Jede Potenz mit negativem Exponenten ist gleich ihrem reziproken Wert mit positivem Exponenten.

4. Erweiterung der Potenzdefinition

$a^{\frac{m}{n}} = \sqrt[n]{a^m} \qquad a^m \geq 0 \qquad n, m \in \mathbb{Z} \qquad n \neq 0$

Einer Potenz mit gebrochenem Exponenten entspricht die Wurzel. Für die ursprüngliche Potenzfunktion ($n > 1$) und alle vier Erweiterungen sind folgende Potenzgesetze gültig:

Rechenoperationen der ersten Stufe mit Potenzen

(Additionen und Subtraktionen)

Summen und Differenzen von Potenzen können nur dann durch Zusammenfassen vereinfacht werden, wenn Basis und Exponent übereinstimmen.

Beispiel 2.43

1. $a^4 + a^5 - a^2$ kann nicht zusammengefasst werden, da zwar die Basen, jedoch nicht die Exponenten übereinstimmen.
2. $(x - y)^2 + 3(x + y)^2 - 4(x - y)^2 + 2(x - y)^2 + 4(x + y)^2 = -(x - y)^2 + 7(x + y)^2$

   Ein weiteres Zusammenfassen ist nicht möglich, da zwar die Exponenten, nicht aber die Basen übereinstimmen.

■

Rechenoperationen der zweiten Stufe mit Potenzen

Potenzprodukte und -quotienten können dann durch Zusammenfassen vereinfacht werden, wenn entweder die Basen oder die Exponenten übereinstimmen. Dabei können Potenzen ausgeklammert werden, wenn sie in der Basis und dem Exponenten übereinstimmen

	gleiche Exponenten	**gleiche Basis**
Multiplikation	(1) $a^n \cdot b^n = (ab)^n$	(2) $a^n a^m = a^{n+m}$
Division	(3) $\dfrac{a^n}{b^n} = \left(\dfrac{a}{b}\right)^n$	(4) $\dfrac{a^n}{a^m} = a^{n-m}$

(1) Potenzen mit gleichen Exponenten werden multipliziert, indem das Produkt der Basen mit gleichen Exponenten potenziert wird.

(2) Potenzen mit gleichen Basen werden multipliziert, indem die gemeinsame Basis mit der Differenz der Exponenten aus Zähler und Nenner potenziert wird.

Beispiel 2.44

1. $a^{n+1}a^{n-1} = a^{n+1+n-1} = a^{2n}$

2. $(a-b)^{5-n}(a-b)^{5+n} = (a-b)^{5-n+5+n} = (a-b)^{10}$

3. $0{,}25^8 \cdot 4^8 = (0{,}25 \cdot 4)^8 = 1^8 = 1$ ∎

(3) Potenzen mit gleichen Exponenten werden dividiert, indem der Quotient der Basen mit dem gemeinsamen Exponenten potenziert wird.

(4) Potenzen mit gleichen Basen werden dividiert, indem die Basis mit der Differenz der Exponenten aus Zähler und Nenner potenziert wird.

Beispiel 2.45

1. $\dfrac{a^9}{a^7} = a^{9-7} = a^2$

2. $\dfrac{a^{n-4}}{a^{n-2}} = a^{n-4-(n-2)} = a^{-4+2} = a^{-2} = \dfrac{1}{a^2}$

   Zu beachten ist, dass der gesamte Exponent der Nennerpotenz subtrahiert werden muss. Bei Summen und Differenzen im Exponenten sind Klammern zu setzen und die Vorzeichenregeln zu beachten.

3. $\dfrac{4^8}{6^8} = \left(\dfrac{4}{6}\right)^8 = \dfrac{2^8}{3^8} = \dfrac{256}{6561}$ ∎

Rechenoperationen der dritten Stufe mit Potenzen

Potenzen werden potenziert, indem die Basis mit dem Produkt der Exponenten potenziert wird.

$$(a^n)^m = a^{n \cdot m}$$

Beispiel 2.46

1. $\left(\dfrac{1}{n^2}\right)^3 = (n^{-2})^3 = n^{-6} = \dfrac{1}{n^6}$

2. $(a^2 b^3 c)^4 = a^8 b^{12} c^4$

   Sehr große und sehr kleine Zahlen in der Wissenschaft und Technik werden als Produkt aus einer rationalen Zahl zwischen 1 und 10 und einer Zehnerpotenz geschrieben.   ∎

Es gilt:

	Zehnerpotenz	Abkürzung	Bezeichnung
⋮			
0,000 000 000 001	10^{-12}	p	Piko
⋮			
0,000 000 001	10^{-9}	n	Nano
⋮			
0,000 001	10^{-6}	μ	Mikro
⋮			
0,001	10^{-3}	m	Milli
0,01	10^{-2}	c	Zenti
0,1	10^{-1}	d	Dezi
1	10^{0}		
10	10^{1}	da	Deka
100	10^{2}	h	Hekto
1000	10^{3}	k	Kilo
⋮			
1 000 000	10^{6}	M	Mega
⋮			
1 000 000 000	10^{9}	G	Giga
⋮			
1 000 000 000 000	10^{12}	T	Tera
⋮			

Beispiel 2.47

1. Durchmesser eines Wasserstoffatoms $0{,}000\,000\,005\,3\,\text{cm} = 5{,}3 \cdot 10^{-9}\,\text{cm}$
2. Masse der Erde $5\,997\,000\,000\,000\,000\,000\,000\,000\,\text{kg} = 5{,}997 \cdot 10^{-24}\,\text{kg}$
3. Elastizitätsmodul des Eisens $212\,000\,\text{MPa} = 2{,}12 \cdot 10^{5}\,\text{MPa}$
4. Masse eines Moleküls Wasser $0{,}000\,000\,000\,000\,000\,000\,000\,029\,91\,\text{g}$
   $= 2{,}991 \cdot 10^{-23}\,\text{g}$

■

2.4.2.3 Radizieren

Aus der Potenzaufgabe

$$a^n = b$$

ergibt sich das Radizieren (Wurzelrechnung) als Umkehroperation zur Bestimmung der Basis:

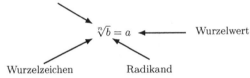

Wurzelexponent

$$\sqrt[n]{b} = a \longleftarrow \text{Wurzelwert}$$

Wurzelzeichen   Radikand

Definition 2.7

Die n-te Wurzel aus dem Radikanden $b \geq 0$ ist die nichtnegative Zahl a, die mit $n > 0$ potenziert den Radikanden ergibt.

$$(\sqrt[n]{b})^n = a^n = b \qquad a,b \geq 0 \qquad n \in \mathbb{N} \qquad n \neq 0$$

◆

Beispiel 2.48

1. $\sqrt[3]{27} = 3$, da $3 > 0$ und $3^3 = 27$

2. $\sqrt[5]{\dfrac{32}{243}} = \dfrac{2}{3}$, da $\dfrac{2}{3} > 0$ und $\left(\dfrac{2}{3}\right)^5 = \dfrac{32}{243}$

3. $\sqrt[3]{0{,}001} = 0{,}1$, da $0{,}1 > 0$ und $0{,}1^3 = 0{,}001$

4. $\sqrt{144} = 12$, da $12 > 0$ und $12^2 = 144$

■

Bemerkung 2.3
Der Wurzelexponent 2 (Quadratwurzel) wird vereinbarungsgemäß weggelassen.

Das Radizieren führt im Allgemeinen auf reelle Zahlen. Es wird in der Praxis mit dem Taschenrechner ausgeführt. Durch die letzte Erweiterung der Potenzdefinition kann jede Wurzel als Potenz mit gebrochenem Exponenten und jede Potenz mit gebrochenem Exponenten als Wurzel geschrieben werden. Das führt dazu, dass sich die Potenzgesetze analog auf das Rechnen mit Wurzeln übertragen.

Beispiel 2.49

1. $a^{\frac{1}{n}} b^{\frac{1}{n}} = (ab)^{\frac{1}{n}}$ oder $\sqrt[n]{a} \cdot \sqrt[n]{b} = \sqrt[n]{ab}$

2. $\left(\dfrac{a^{\frac{1}{n}}}{b^{\frac{1}{n}}} \right) = \left(\dfrac{a}{b} \right)^{\frac{1}{n}}$ oder $\dfrac{\sqrt[n]{a}}{\sqrt[n]{b}} = \sqrt[n]{\dfrac{a}{b}}$

3. $(a^n)^{\frac{1}{m}} = a^{\frac{n}{m}}$ oder $\sqrt[m]{a^n} = (\sqrt[m]{a})^n$

4. $(a^{\frac{1}{n}})^{\frac{1}{m}} = a^{\frac{1}{nm}}$ oder $\sqrt[m]{\sqrt[n]{a}} = \sqrt[nm]{a}$

5. $\dfrac{\sqrt[3]{a^4 \sqrt{a^3}}}{\sqrt[4]{a^3 \sqrt[6]{a^5}}} : \dfrac{\sqrt{\sqrt{a^7} \sqrt[4]{a^5}}}{\sqrt[7]{a^3 \sqrt{a}}} = \dfrac{\sqrt[3]{a^4 a^{\frac{3}{2}}}}{\sqrt[4]{a^3 a^{\frac{5}{6}}}} : \dfrac{\sqrt{a^{\frac{7}{2}} a^{\frac{5}{4}}}}{\sqrt[7]{a^3 a^{\frac{1}{2}}}} = \dfrac{\sqrt[3]{a^{\frac{11}{2}}}}{\sqrt[4]{a^{\frac{23}{6}}}} : \dfrac{\sqrt{a^{\frac{19}{4}}}}{\sqrt[7]{a^{\frac{7}{2}}}}$

$= \dfrac{\left(a^{\frac{11}{2}} \right)^{\frac{1}{3}}}{\left(a^{\frac{23}{6}} \right)^{\frac{1}{4}}} : \dfrac{\left(a^{\frac{19}{4}} \right)^{\frac{1}{2}}}{\left(a^{\frac{7}{2}} \right)^{\frac{1}{7}}}$

$= \dfrac{a^{\frac{11}{6}}}{a^{\frac{23}{24}}} : \dfrac{a^{\frac{19}{8}}}{a^{\frac{1}{2}}} = \dfrac{a^{\frac{11}{6}} a^{\frac{1}{2}}}{a^{\frac{23}{24}} a^{\frac{19}{8}}} = \dfrac{a^{\frac{7}{3}}}{a^{\frac{10}{3}}} = a^{\frac{7}{3} - \frac{10}{3}} = a^{-1} = \dfrac{1}{a}$ ∎

Stehen im Nenner eines Bruches Wurzeln, so ist es aus rechnerischen Gründen günstig, diese zu umgehen.

Beispiel 2.50

$\dfrac{1}{\sqrt{2}} \approx \dfrac{1}{1{,}414\ldots}$ ist ohne Taschenrechner schwerer zu berechnen als

$\dfrac{1}{\sqrt{2}} = \dfrac{\sqrt{2}}{\sqrt{2}\sqrt{2}} \approx \dfrac{1{,}414}{2} = 0{,}707.$

In zwei Fällen kann der Nenner leicht rational gemacht werden. ∎

Rationalmachen des Nenners

1. Besteht der Nenner nur aus einer n-ten Wurzel, so wird der Bruch mit einer geeigneten Potenz der n-ten Wurzel erweitert, damit der Nenner die n-te Potenz des Radikanden ist.

   Beispiel 2.51

   1. $\dfrac{1}{\sqrt{3}} = \dfrac{\sqrt{3}}{\sqrt{3}\sqrt{3}} = \dfrac{\sqrt{3}}{3}$

2. $\dfrac{2}{3\sqrt[3]{5}} = \dfrac{2\sqrt[3]{5}\sqrt[3]{5}}{3\sqrt[3]{5}\sqrt[3]{5}\sqrt[3]{5}} = \dfrac{2\sqrt[3]{25}}{15}$

3. $\dfrac{1}{\sqrt[3]{(a-b)^2}} = \dfrac{1}{(a-b)^{\frac{2}{3}}} = \dfrac{(a-b)^{\frac{1}{3}}}{(a-b)^{\frac{2}{3}}(a-b)^{\frac{1}{3}}} = \dfrac{\sqrt[3]{a-b}}{a-b}$ ■

2. Ist der Nenner eines Bruches eine Summe oder Differenz, in der nur Quadrat-wurzeln auftreten, so kann der Bruch durch Anwendung der 3. binomischen Formel erweitert und rational gemacht werden.

Beispiel 2.52

1. $\dfrac{1}{2\sqrt{2}+1} = \dfrac{2\sqrt{2}-1}{(2\sqrt{2}+1)(2\sqrt{2}-1)} = \dfrac{2\sqrt{2}-1}{8-1} = \dfrac{2\sqrt{2}-1}{7}$

2. $\dfrac{a}{3\sqrt{5}-4} = \dfrac{a(3\sqrt{5}+4)}{(3\sqrt{5}-4)(3\sqrt{5}+4)} = \dfrac{a(3\sqrt{5}+4)}{29}$

3. $\dfrac{\sqrt{a}+\sqrt{b}}{b\sqrt{a}+a\sqrt{b}} = \dfrac{(\sqrt{a}+\sqrt{b})(b\sqrt{a}-a\sqrt{b})}{(b\sqrt{a}+a\sqrt{b})(b\sqrt{a}-a\sqrt{b})} = \dfrac{ab-a\sqrt{ab}+b\sqrt{ab}-ab}{ab^2-a^2b}$

$= \dfrac{\sqrt{ab}(b-a)}{ab(b-a)} = \dfrac{\sqrt{ab}}{ab}$ ■

2.4.2.4 Logarithmieren

Aus der Potenzaufgabe

$$a^n = b$$

ergibt sich das Logarithmieren als Umkehroperation zur Bestimmung des Exponenten.

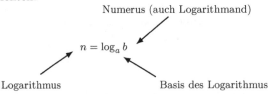

Numerus (auch Logarithmand)

$n = \log_a b$

Logarithmus　　　Basis des Logarithmus

Definition 2.8

Der Logarithmus n einer Zahl b zur Basis a ist der Exponent, mit dem die Basis des Logarithmus potenziert werden muss, um den Numerus zu erhalten.

$$a^{\log_a b} = b$$

a　Bereich der positiven Zahlen　　$a \neq 1$　　$a > 0$

n　reelle Zahlen

b　Bereich der positiven Zahlen　　$b > 0$　　　　　◆

Beispiel 2.53

1. $\log_2 32 = 5$, denn $2^5 = 32$
2. $\log_a a^2 = 2$, denn $a^2 = a^2$
3. $\log_{10} 1000 = 3$, denn $10^3 = 1000$
4. $\log_{\frac{1}{2}} 4 = -2$, denn $\left(\dfrac{1}{2}\right)^{-2} = \dfrac{1}{\left(\dfrac{1}{2}\right)^2} = \dfrac{1}{\dfrac{1}{4}} = 4$

∎

Das Logarithmieren ist bei Beachtung der in der Definition gegebenen Einschränkungen im Körper $\mathbb{R}$ der reellen Zahlen immer möglich. Logarithmen sind Exponenten. Deswegen lassen sich die Logarithmengesetze sofort aus den Potenzgesetzen für Potenzen mit gleichen Basen ableiten.

1. Aus $a^n a^m = a^{n+m}$ folgt:

$$\log_a(b \cdot c) = \log_a b + \log_a c$$

Der Logarithmus eines Produkts ist gleich der Summe der Logarithmen der Faktoren.

2. Aus $\dfrac{a^n}{a^m} = a^{n-m}$ folgt:

$$\log_a \frac{b}{c} = \log_a b - \log_a c$$

Der Logarithmus eines Quotienten ist gleich der Differenz der Logarithmen des Dividenden und des Divisors.

3. Aus $(a^n)^m = a^{n \cdot m}$ folgt:

$$\log_a b^n = n \cdot \log_a b$$

oder

$$\log_a \sqrt[n]{b} = \frac{1}{n} \log_a b$$

Der Logarithmus einer Potenz (Wurzel) ist gleich dem Produkt aus dem Exponenten (Kehrwert des Wurzelexponenten) mal Logarithmus der Basis.

Alle Logarithmengesetze sind somit aus den Potenzgesetzen entstanden. Sie führen die Rechenoperation auf die nächste niedrige Stufe zurück.

Multiplikation	$\rightarrow$	Addition
Division	$\rightarrow$	Subtraktion
Potenzieren	$\rightarrow$	Multiplikation
Radizieren	$\rightarrow$	Division

Da es zur Addition und Subtraktion keine niedrigeren Rechenoperationen gibt, ist die logarithmische Berechnung von Summen und Differenzen nicht möglich.

Beispiel 2.54

$$\log_a \frac{x(y+z)^2}{\sqrt[3]{z}} = \log_a x(y+z)^2 - \log_a \sqrt[3]{z}$$

$$= \log_a x + \log_a(y+z)^2 - \log_a \sqrt[3]{z}$$

$$= \log_a x + 2\log_a(y+z) - \frac{1}{3}\log_a z$$

∎

Als Basis des Logarithmus eignet sich jede positive Zahl ungleich 1.
Ungeeignet sind als Basis:

1. negative Zahlen, da der Numerus immer eine positive Zahl ist.
2. die Zahl 1, da $1^n = 1$ ist.
3. null, da $0^n = 0$ ist, $n \neq 0$.

Logarithmen zu einer festen Basis bilden ein Logarithmensystem.

1. Basis 10–System der dekadischen Logarithmen oder Zehnerlogarithmen oder Briggs'sche Logarithmen (H. Briggs 1556–1630) Besondere Schreibweise: $\log_{10} b = \lg b$

$\lg 0,000\,01 = -5$	$\lg 1 = 0$
$\lg 0,0001 = -4$	$\lg 10 = 1$
$\lg 0,001 = -3$	$\lg 100 = 2$
$\lg 0,01 = -2$	$\lg 1000 = 3$
$\lg 0,1 = -1$	$\lg 10\,000 = 4$

$\lg 0$ für reelle Zahlen nicht definiert, da $10^x \neq 0$

2. Basis $e = 2,718\,281\,8\ldots$ – System der natürlichen Logarithmen
   Besondere Schreibweise: $\log_e b = \ln b$
   Die Zahlenwerte können von der Anzeige des Taschenrechners oder aus der Zahlentafel abgelesen werden, wobei die Bestimmung der Kennzahl nicht erforderlich ist.
3. Basis 2–System der dyadischen Logarithmen oder binäre Logarithmen
   Besondere Schreibweise: $\log_2 b = \operatorname{ld} b$
   Meist gibt es keine direkte Anzeige oder Tabelle zur Berechnung der dyadischen Logarithmenwerte.

Logarithmenwerte verschiedener Logarithmensysteme können nach folgender Formel umgerechnet werden.

$$\log_a x = \frac{\log_b x}{\log_b a}$$

Beispiel 2.55

$$\ln 1000 = \frac{1}{\lg e} \cdot \lg 1000 \approx \frac{3}{0{,}4343} \approx 6{,}9077$$

∎

Der Umrechnungsfaktor $\dfrac{1}{\log_b a}$ heißt Modul.

Bei der Umrechnung zwischen den hier genannten Logarithmensystemen gelten folgende Näherungswerte für den Modul.

von	in		
	lg	ln	ld
lg	1	2,3026	3,3219
ln	0,4343	1	1,4427
ld	0,3010	0,6931	1

In allen Logarithmensystemen ist

1. der Logarithmus der Basis gleich 1: $\log_a a = 1$, da $a^1 = 1$ ist.
2. der Logarithmus von 1 gleich null: $\log_a 1 = 0$, da $a^0 = 1$ ist.
3. der Logarithmus von 0 nicht definiert.
4. der Logarithmus einer negativen Zahl im Bereich der reellen Zahlen nicht erklärt.

2.5 Komplexe Zahlen

2.5.1 Definition und Darstellung

Im Bereich der reellen Zahlen gibt es Gleichungen, die nicht lösbar sind.

Beispiel 2.56

$$x^2 + 1 = 0$$ ∎

Das Quadrat einer reellen Zahl ist nie negativ, und die Addition von 1 kann als Summe im Körper der reellen Zahlen nie gleich null sein.

Der Körper der reellen Zahlen ist algebraisch nicht abgeschlossen. Es ist dem Wirken von C. F. Gauß (1777–1855) zuzuschreiben, dass er eine Zahl einführte, deren Quadrat negativ ist. Frühere Versuche wurden damit erfolgreich abgeschlossen. Nach L. Euler (1707–1783) wird die imaginäre Einheit mit i bezeichnet und festgelegt, dass ihr Quadrat -1 ist.

Definition 2.9

$$i^2 = -1$$ ◆

Die Hinzunahme von i zum Körper der reellen Zahlen darf die Körpereigenschaften nicht verändern. Abgeschlossenheit bezüglich Multiplikation bedeutet, dass alle Produkte zwischen reellen Zahlen und der imaginären Einheit i im neuen Zahlenkörper enthalten sein müssen. Die Produkte

$$ki \text{ mit } k \in \mathbb{R}$$

werden imaginäre Zahlen genannt.

Hinweis 2.3
In der Elektrotechnik wird die Größe i vielfach durch j bezeichnet.

Abgeschlossenheit bezüglich Addition heißt, dass mit den imaginären Zahlen auch alle Summen aus reellen und imaginären Zahlen enthalten sein müssen. Auf solche Weise entsteht der Körper der komplexen Zahlen $\mathbb{C}$.

$$\mathbb{C} = \{a + bi, \text{ mit } a, b \in \mathbb{R} \text{ und } i^2 = -1\}$$

Bezeichnungen:

a:	Realteil der komplexen Zahl
b:	Imaginärteil der komplexen Zahl
$z = a + bi$:	komplexe Zahl
$\bar{z} = a - bi$:	zu z konjugierte Zahl

Die Menge der reellen Zahlen ist als echte Teilmenge in der Menge der komplexen Zahlen enthalten ($b = 0$).

$$\mathbb{R} \subset \mathbb{C}$$

Komplexe Zahlen, die sich nur im Vorzeichen des imaginären Teiles unterscheiden, heißen zueinander **konjugiert komplex**.

Beispiel 2.57

1.	$z = \ 3 - 4i$	$\bar{z} = 3 + 4i$
2.	$z = -5i$	$\bar{z} = 5i$
3.	$z = \ 1 + i$	$\bar{z} = 1 - i$

∎

Die Darstellung einer komplexen Zahl als Summe von Real- und Imaginärteil wird als arithmetische Form bezeichnet.

Da die Zahlengerade durch reelle Zahlen vollständig abgedeckt wird, sind komplexe Zahlen nicht geordnet, was bedeutet, dass von zwei verschiedenen komplexen Zahlen keine als größer erkannt werden kann.

Der Betrag einer komplexen Zahl ist definiert als die Wurzel aus der Summe der Quadrate von Real- und Imaginärteil.

$$z = a + bi \qquad \rightarrow \qquad |z| = \sqrt{a^2 + b^2}$$

Der Körper der komplexen Zahlen ist algebraisch abgeschlossen, so dass alle Rechenoperationen von der 1. bis zur 3. Stufe angewandt werden können. Jede Operation mit zwei komplexen Zahlen führt auf eine komplexe Zahl zurück.

(Es geht hierbei um erlaubte Rechenoperationen.)

Ausnahme: (Division durch null oder Logarithmus von 0.)

Festsetzung:

$i^2 = -1$	$i^6 = -1$
$i^3 = -i$	$i^7 = -i$
$i^4 = +1$	$i^8 = +1$
$i^5 = +i$	$i^9 = +i$

daraus ergibt sich mit $n \in \mathbb{Z}$:

$$i^{4n} \ = \ 1$$
$$i^{4n+1} \ = \ i$$
$$i^{4n+2} = -1$$
$$i^{4n+3} = -i$$

Damit ist gesichert, dass $i^0 = 1$ und $i^1 = i$ ist (Potenzdefinition).

2.5.2 Gauß'sche Zahlenebene und trigonometrische Darstellung komplexer Zahlen

Folgerichtig wurde von C. F. Gauß der Realteil auf der Zahlengeraden aufgetragen. Senkrecht zur waagerecht verlaufenden Geraden für den Realteil wurde eine zweite Zahlengerade für den Imaginärteil gezeichnet.

Auf solche Weise entsteht eine Möglichkeit für die Abbildung der Menge $\mathbb{R} \times \mathbb{R}$ (Realteil $\times$ Imaginärteil) als Punkte in einer Zahlenebene – Gauß'sche Zahlenebene.

Die komplexe Zahl $z = a + bi$ wird als Punkt mit der Abszisse a und der Ordinate b eingetragen (vgl. Abb. 2.3).

Wenn $b = 0$ ist, so ist z eine reelle Zahl, die auf der waagerechten Achse eingetragen wird (reelle Achse).

Wenn $a = 0$ ist, so ist z eine imaginäre Zahl, die auf der senkrechten Achse eingetragen wird (imaginäre Achse). Die Menge der komplexen Zahlen lässt sich eindeutig auf die Punkte der komplexen Zahlenebene abbilden.

Beispiel 2.58
dazu vgl. Abb. 2.4   ■

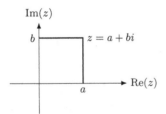

Abb. 2.3: $\mathbb{N} \subset \mathbb{Z} \subset \mathbb{Q} \subset \mathbb{R}$

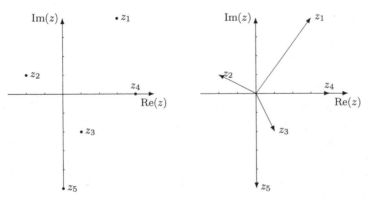

Abb. 2.4: $z_1 = 3 + 4i$, $z_2 = -2 + i$, $z_3 = 1 - 2i$, $z_4 = 4$, $z_5 = -5i$

Zur Ausführung von Rechenoperationen in der grafischen Darstellung ist es sinnvoll, die komplexen Zahlen nicht als Punkte, sondern als Pfeile darzustellen
(vgl. Abb. 2.4 rechts). In der Darstellung des Bildes wird deutlich sichtbar, dass
die Ordnungsrelation nicht mehr besteht. Der Betrag ist der Abstand des Zahlen-
punkts vom Schnittpunkt der reellen und imaginären Achse.

Beispiel 2.59

1. $z_1 = \;\; 3 + 4i$ $|z_1| = \sqrt{3^2 + 4^2} = \sqrt{25} = 5$

2. $z_2 = -2 + i$ $|z_2| = \sqrt{5}$

3. $z_3 = \;\; 1 - 2i$ $|z_3| = \sqrt{5}$

4. $z_4 = \;\; 4$ $|z_4| = 4$

5. $z_5 = -5i$ $|z_5| = 5$

∎

Die als Pfeil dargestellte komplexe Zahl kann als Vektor in der Ebene interpretiert
werden, der durch Länge und Richtung festliegt.
Daraus ergibt sich die trigonometrische Form einer komplexen Zahl:

$$z = a + bi \qquad a \in \mathbb{R} \qquad z = r\left(\cos\varphi + i\sin\varphi\right) \qquad r \in \mathbb{R}$$
$$b \in \mathbb{R} \qquad 0° \leq \varphi < 360°$$

Hinweis 2.4
Definition der trigonometrischen Funktionen in 3.5.10.

arithmetische Form	trigonometrische Form		
Umrechnungsformel	Umrechnungsformel		
$a = r\cos\varphi$	$\tan\varphi = \frac{b}{a}$	$\cos\varphi = \frac{a}{r}$	$\sin\varphi = \frac{b}{r}$
$b = r\sin\varphi$	$r = \sqrt{a^2 + b^2}$		

Beide Darstellungsformen sind mathematisch gleichwertig und durch die angegebenen Beziehungen ineinander umrechenbar.

Beispiel 2.60

   1. $z = -3 + 4i$

$$r = \sqrt{(-3)^2 + 4^2} = 5$$

$$\sin\varphi = \frac{4}{5} = 0{,}8 \qquad \tan\varphi = -\frac{3}{4} \qquad\qquad \varphi_1 \approx 143{,}13°$$

$$\cos\varphi = -\frac{3}{5} = -0{,}6 \qquad\qquad\qquad \varphi_2 \approx 323{,}13° \;(\text{entfällt})$$

$$z \approx 5\left(\cos 143{,}13° + i\sin 143{,}13°\right)$$

   2. $z = 3\left(\cos 60° + i\sin 60°\right)$

$$z \approx 1{,}5 + 2{,}6i$$

                                                                ■

In der trigonometrischen Form entspricht r dem Abstand des Punktes vom Schnittpunkt der Achsen (Länge des Pfeiles). Der Winkel wird zwischen dem positiven Teil der Realteilachse und dem Pfeil gemessen.

Realteil	Imaginärteil	φ
positiv	positiv	$0° < \varphi < 90°$
negativ	positiv	$90° < \varphi < 180°$
negativ	negativ	$180° < \varphi < 270°$
positiv	negativ	$270° < \varphi < 360°$

2.5.3 Rechenoperationen mit komplexen Zahlen und Exponentialdarstellung

Definition 2.10

Zwei komplexe Zahlen (in arithmetischer Form) sind genau dann gleich, wenn sie den gleichen Real- und Imaginärteil haben.   ◆

Da komplexe Zahlen als echte Erweiterung aus dem Körper der reellen Zahlen entstanden sind, müssen alle bislang gültigen Rechengesetze erhalten bleiben. Die arithmetische Darstellung der komplexen Zahlen bietet die Möglichkeit, komplexe Zahlen als Binome zu behandeln.

Addition komplexer Zahlen in arithmetischer Form

$$z_1 = a_1 + b_1 i$$
$$z_2 = a_2 + b_2 i$$
$$z_1 + z_2 = a_1 + a_2 + (b_1 + b_2)i$$

Subtraktion komplexer Zahlen in arithmetischer Form

$$z_1 - z_2 = a_1 - a_2 + (b_1 - b_2)i$$

Komplexe Zahlen in arithmetischer Darstellung werden addiert (subtrahiert), indem die Realteile und die Imaginärteile addiert (subtrahiert) werden.

Beispiel 2.61

1. $\quad z_1 = \quad 3 - 4i \qquad z_1 + z_2 = \quad 3 - 2 + (-4 + 5)i = 1 + i$

   $\quad z_2 = -2 + 5i \qquad z_1 - z_2 = \quad 3 - (-2) + (-4 - 5)i = 5 - 9i$

2. $\quad z_1 = \quad 3 - 2i \qquad z_1 + z_2 = \quad 6$

   $\quad z_2 = \quad 3 + 2i \qquad z_1 - z_2 = -4i$

∎

Die Summe von konjugiert komplexen Zahlen gibt eine reelle und die Differenz eine imaginäre Zahl.

Multiplikation komplexer Zahlen in arithmetischer Form

$$z_1 = a_1 + b_1 i$$
$$z_2 = a_2 + b_2 i$$
$$z_1 z_2 = (a_1 + b_1 i)(a_2 + b_2 i) = a_1 a_2 - b_1 b_2 + (a_1 b_2 + a_2 b_1)i$$

(Multiplikationen von Binomen und $i^2 = -1$)

Beispiel 2.62

1. $\quad z_1 = \quad 3 - 4i$

   $\quad z_2 = -2 + 5i$

   $\quad z_1 z_2 = -6 + 20 + (15 + 8)i = 14 + 23i$

2. $\quad z_1 = \quad 3 - 2i$

   $\quad z_2 = \quad 3 + 2i$

   $\quad z_1 z_2 = \quad 13$

Das Produkt von konjugiert komplexen Zahlen ist stets reell.   ∎

Division komplexer Zahlen in arithmetischer Form

Die Division wird durch die Erweiterung mit der zum Nenner konjugiert komplexen Zahl realisiert. Dadurch wird der Nenner reell gemacht. (Analogie zum Rationalmachen des Nenners)

$$z_1 = a_1 + b_1 i$$

$$z_2 = a_2 + b_2 i$$

$$|z_2| \neq 0$$

$$\frac{z_1}{z_2} = \frac{a_1 + b_1 i}{a_2 + b_2 i} = \frac{(a_1 + b_1 i)(a_2 - b_2 i)}{(a_2 + b_2 i)(a_2 - b_2 i)} = \frac{a_1 a_2 + b_1 b_2 + (a_2 b_1 - a_1 b_2) i}{a_2^2 + b_2^2}$$

$$= \frac{a_1 a_2 + b_1 b_2}{a_2^2 + b_2^2} + \frac{a_2 b_1 - a_1 b_2}{a_2^2 + b_2^2} i$$

Beispiel 2.63

$$z_1 = 3 - 4i$$

$$z_2 = -2 + 5i$$

$$\frac{z_1}{z_2} = \frac{3 - 4i}{-2 + 5i} = \frac{(3 - 4i)(-2 - 5i)}{(-2 + 5i)(-2 - 5i)} = \frac{-26 - 7i}{29} = -\frac{26}{29} - \frac{7}{29} i$$

■

Additionen und Subtraktionen werden in der trigonometrischen Darstellung der komplexen Zahlen nicht ausgeführt.

Multiplikation komplexer Zahlen in trigonometrischer Form

$$z_1 = r_1(\cos \varphi_1 + i \sin \varphi_1)$$

$$z_2 = r_2(\cos \varphi_2 + i \sin \varphi_2)$$

$$z_1 z_2 = r_1(\cos \varphi_1 + i \sin \varphi_1) \, r_2(\cos \varphi_2 + i \sin \varphi_2)$$

$$= r_1 r_2[(\cos \varphi_1 \cos \varphi_2 - \sin \varphi_1 \sin \varphi_2) + i (\cos \varphi_1 \sin \varphi_2 + \cos \varphi_2 \sin \varphi_1)]$$

$$= r_1 r_2[\cos (\varphi_1 + \varphi_2) + i \sin (\varphi_1 + \varphi_2)]$$

Hinweis 2.5

Die Additionstheoreme für trigonometrische Funktionen werden in 5.3 angegeben.

Komplexe Zahlen werden in trigonometrischer Darstellung multipliziert, indem die Beträge multipliziert und die Argumente addiert werden.

Division komplexer Zahlen in trigonometrischer Form

$$z_1 = r_1(\cos \varphi_1 + i \sin \varphi_1)$$

$$z_2 = r_2(\cos \varphi_2 + i \sin \varphi_2)$$

$$\frac{z_1}{z_2} = \frac{r_1(\cos \varphi_1 + i \sin \varphi_1)}{r_2(\cos \varphi_2 + i \sin \varphi_2)} = \frac{r_1(\cos \varphi_1 + i \sin \varphi_1)(\cos \varphi_2 - i \sin \varphi_2)}{r_2(\cos \varphi_2 + i \sin \varphi_2)(\cos \varphi_2 - i \sin \varphi_2)}$$

$$= \frac{r_1[(\cos \varphi_1 \cos \varphi_2 + \sin \varphi_1 \sin \varphi_2) + (-\cos \varphi_1 \sin \varphi_2 + \sin \varphi_1 \cos \varphi_2)i]}{r_2(\cos^2 \varphi_2 + \sin^2 \varphi_2)}$$

$$= \frac{r_1}{r_2}[\cos (\varphi_1 - \varphi_2) + i \sin (\varphi_1 - \varphi_2)]$$

Komplexe Zahlen werden in trigonometrischer Darstellung dividiert, indem die Beträge dividiert und die Argumente subtrahiert werden.

Beispiel 2.64

$$z_1 = 4 (\cos 34° + i \sin 34°)$$

$$z_2 = 2 (\cos 21° + i \sin 21°)$$

$$z_1 z_2 = 8 (\cos 55° + i \sin 55°)$$

$$\frac{z_1}{z_2} = 2 (\cos 13° + i \sin 13°)$$

■

Potenzieren von komplexen Zahlen in trigonometrischer Form

Wird Potenzieren als spezielle Multiplikation gleicher Faktoren aufgefasst, so ergibt sich daraus der nach dem französischen Mathematiker A. de Moivre (1667–1754) benannte

Satz 2.11 (Satz des Moivre)

$$(a + bi)^n = [r (\cos \varphi + i \sin \varphi)]^n = r^n(\cos n\varphi + i \sin n\varphi)$$

Die ursprüngliche Festsetzung bezieht sich auf $n \in \mathbb{N}$ und $n > 1$. Der Satz des Moivre gilt jedoch auch, wenn $n \in \mathbb{R}$ ist.

Somit können nach dem Satz auch alle Wurzeln (Potenzen mit gebrochenen Exponenten) bestimmt werden.

Zu beachten ist hierbei die Periodizität der Sinus- und Kosinusfunktion (Periodenlänge 2π).

Satz 2.12

Jede komplexe Zahl ($z \neq 0$) hat n verschiedene n-te Wurzeln ($n \in \mathbb{N}, n \neq 0$). Der Betrag der komplexen n-ten Wurzeln von z muss gleich der n-ten Wurzel aus dem Betrag von z sein. Die Argumente der komplexen n-ten Wurzeln berechnen sich durch Addition des k-fachen Betrags von 2π zum Argument von z und Division der Summe durch n.

$$k = 0, 1, 2, \ldots, (n - 1)$$

$$z = r \left(\cos \varphi + i \sin \varphi \right)$$

n-te Wurzel aus z:

$$k = 0, 1, 2, \ldots, (n - 1)$$

$$\sqrt[n]{z} = \sqrt[n]{r} \left(\cos \frac{\varphi + 2\pi k}{n} + i \sin \frac{\varphi + 2\pi k}{n} \right) \qquad 2\pi = 360°$$

Beispiel 2.65

$$z = \sqrt{2} \left(\cos \ 45° + i \sin \ 45° \right)$$

$$z^3 = 2\sqrt{2} \left(\cos 135° + i \sin 135° \right)$$

$$\sqrt[4]{z} = 1. \ \sqrt[8]{2} \left(\cos \ 11{,}25° + i \sin \ 11{,}25° \right) \qquad\qquad k = 0$$

$$= 2. \ \sqrt[8]{2} \left(\cos 101{,}25° + i \sin 101{,}25° \right) \qquad\qquad k = 1$$

$$= 3. \ \sqrt[8]{2} \left(\cos 191{,}25° + i \sin 191{,}25° \right) \qquad\qquad k = 2$$

$$= 4. \ \sqrt[8]{2} \left(\cos 281{,}25° + i \sin 281{,}25° \right) \qquad\qquad k = 3$$

∎

In der komplexen Zahlenebene liegen die 4 Lösungen symmetrisch auf dem Rand eines Kreises mit Mittelpunkt im Koordinatenursprung und dem Radius

$$\sqrt[8]{2} \approx 1{,}09.$$

Definition 2.11

In Abhängigkeit von bisherigen Festlegungen wird der natürliche Logarithmus einer komplexen Zahl ($z \neq 0$) in trigonometrischer Form festgelegt: ◆

$$z = r \left(\cos \varphi + i \sin \varphi \right)$$

$$\ln z = \ln r + i\varphi \quad \text{mit} \quad -\pi < \varphi \leqq \pi$$

Bezeichnung: Hauptwert des Logarithmus

Beispiel 2.66

$$z = \sqrt{2} \left(\cos 45° + i \sin 45° \right) \qquad \text{arithmetische Form:} \quad z = 1 + i$$

$$\ln z = \ln \sqrt{2} + \frac{\pi}{4} i \approx 0{,}35 + 0{,}79i$$

∎

Die Logarithmengesetze gelten für die natürlichen Logarithmen komplexer Zahlen analog.

Definition 2.12

$$e^{\ln r + i\varphi} = z = r\left(\cos\varphi + i\sin\varphi\right)$$
$$z = e^{\ln r + i\varphi}$$

wird Exponentialform einer komplexen Zahl genannt.   ♦

Mit der Exponentialform der komplexen Zahl kann die Exponentialfunktion für beliebige komplexe Exponenten berechnet werden.

$$e^{1+i} = e^1(\cos 1 + i\sin 1) \approx e\left(\cos 57,3° + i\sin 57,3°\right)$$

Aus der Exponentialform einer komplexen Zahl ergibt sich für $\ln r = 0$ $(r = 1)$ die Euler'sche Formel:

$$e^{i\varphi} = \cos\varphi + i\sin\varphi$$

Aus ihr lässt sich die Verbindung zwischen den trigonometrischen und der Exponentialfunktion ableiten:

$$\sin\varphi = \frac{e^{i\varphi} - e^{-i\varphi}}{2i} \qquad\qquad \cos\varphi = \frac{e^{i\varphi} + e^{-i\varphi}}{2}$$

$$\tan\varphi = \frac{e^{i\varphi} - e^{-i\varphi}}{i\left(e^{i\varphi} + e^{-i\varphi}\right)} \qquad\qquad \cot\varphi = \frac{i\left(e^{i\varphi} + e^{-i\varphi}\right)}{e^{i\varphi} - e^{-i\varphi}}$$

2.5.4 Grafisches Rechnen mit komplexen Zahlen

Komplexe Zahlen werden in der Gauß'schen Zahlenebene als Pfeile dargestellt.

Geometrische Addition

Der Pfeil eines Summanden wird parallel verschoben, bis sein Anfang mit der Spitze des anderen Summanden zusammenfällt. Die Summe der beiden komplexen Zahlen ist der Pfeil, der vom Ursprung zur Spitze des verschobenen Pfeiles reicht (vgl. Abb. 2.5).

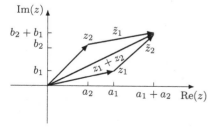

Abb. 2.5

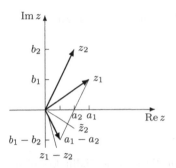

Abb. 2.6

Geometrische Subtraktion

Der Pfeil des Subtrahenden wird so parallel verschoben, dass seine Spitze auf der Spitze des Minuendenpfeiles liegt (vgl. Abb. 2.6).

Die grafische Multiplikation und Division wird auf der Grundlage der trigonometrischen Form durchgeführt.

(Potenzieren erfolgt durch schrittweises grafisches Multiplizieren.)

$$z_1 = r_1(\cos \varphi_1 + i \sin \varphi_1)$$
$$z_2 = r_2(\cos \varphi_2 + i \sin \varphi_2)$$

1. Die neue Zeigerlänge ergibt sich bei der Multiplikation durch

$$r = r_1 \cdot r_2, \qquad\qquad 1 : r_2 = r_1 : r \quad \text{(vgl. Abb. 2.7)}.$$

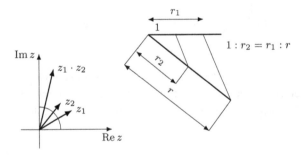

Abb. 2.7

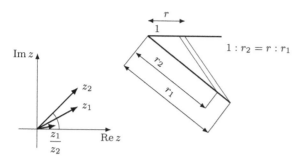

Abb. 2.8

Die neue Zeigerlänge ergibt sich bei der Division

$$r = \frac{r_1}{r_2}, \qquad\qquad r_2 : 1 = r_1 : r \quad \text{(vgl. Abb. 2.8).}$$

2. Der neue Winkel ist die Summe bzw. Differenz der beiden Winkel.

Hinweis 2.6

Mit diesen Darstellungen lassen sich in der Physik Schwingungsüberlagerungen vereinfacht darstellen.

3 Analysis – Funktionen

Übersicht

3.1 Definition der Funktion

Die im Jahre 1749 von L. Euler angegebene Definition einer Funktion als veränderliche Größe, die von einer anderen veränderlichen Größe abhängt, wurde in vielen Varianten abgewandelt. Sie ist recht anschaulich, genügt allerdings nicht den strengen Forderungen, die an eine exakte mathematische Definition gestellt werden. Erst eine abstrakte Definition sorgt für eine allgemeine Anwendbarkeit des Begriffs. Aus diesem Grund ist es erforderlich, die Funktionsdefinition auf mengentheoretische Grundlagen zu stellen.

1. **Was ist der Oberbegriff von Funktionen?**
   Eine Funktion ist eine Menge.
2. **Welche Elemente können eine Funktionsmenge bilden?**
   Eine Funktion ist eine Menge von geordneten Paaren.
3. **Wie entstehen die geordneten Paare der Funktionsmenge?**
   Die geordneten Paare entstehen durch eindeutige Zuordnung, indem jedem $x \in D$ (Definitionsbereich) eindeutig ein $y \in Y$ (Wertebereich) zugeordnet wird.

Definition 3.1

Eine Funktion F ist eine eindeutige Abbildung zweier Mengen. Sie besteht aus einer Menge von geordneten Paaren (x, y), wo jedem $x \in X$ eindeutig ein Element $y \in Y$ zugeordnet wird. ♦

Schreibweise: $y = f(x)$

© Springer-Verlag GmbH Deutschland, ein Teil von Springer Nature 2018
G. Höfner, *Mathematik-Fundament für Studierende aller Fachrichtungen*,
https://doi.org/10.1007/978-3-662-56531-5_3

gelesen: „y ist eine Funktion von x."

Diese Schreibweise führt oft zu einer den Gebrauch des Funktionsbegriffs einschränkenden speziellen Definition.

Bezeichnungen:

D, X: Definitionsbereich, Argumentbereich, Urbildbereich, Vorbereich

Y: Wertebereich, Bildbereich, Nachbereich

x: unabhängige Variable, Argument, Abszisse

y: abhängige Variable, Funktionswert, Ordinate

Die Funktion kann statt mit F, f auch mit anderen Zeichen dargestellt werden.

Beispiel 3.1

φ, sin, ln, $\sqrt{}$, e, ... ∎

Beispiel für eine Funktion

$$F = \{(x;y) \quad \text{mit} \quad x \in \{0;1;2;3;4;5;6;7;8;9;10\} \quad \text{und} \quad y = x^2\}$$

Durch die angegebene Funktion wird allen natürlichen Zahlen nicht größer als 10 ihr Quadrat zugeordnet. Sie besteht aus 11 isolierten Funktionselementen.

$$F = \{(0;0);(1;1);(2;4);(3;9);(4;16);(5;25);(6;36);(7;49);(8;64);(9;81);$$
$$(10;100)\}$$

Wichtig ist, dass zu jeder Funktion der Definitionsbereich festgelegt wird. Es ist mathematisch unsinnig, mit Ausdrücken zu operieren, über deren Gültigkeitsbedingungen keine Klarheit besteht.

3.2 Darstellungen von Funktionen

Eine Darstellung von Funktionen muss gewährleisten, dass alle geordneten Paare (Elemente der Funktion) eindeutig abgelesen oder berechnet werden können. Dazu sind 3 Festlegungen erforderlich:

1. Angabe des Definitionsbereichs
2. Angabe des Wertebereichs
3. Festlegung (Beschreibung) der eindeutigen Zuordnung

1. Darstellung einer Funktion durch Wertetabelle/Wertetafel

In die linke Spalte (oder obere Zeile) werden die x-Werte und in die rechte Spalte (oder untere Zeile) werden die y-Werte eingetragen.

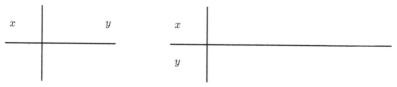

Jede Messreihe und jede Tabelle der Zahlentafel ist die Wertetabelle einer speziellen Funktion, z. B. die Tafel der Quadratzahlen.

Vorteil: $\qquad$ schnelles Ablesen der Funktionswerte

Nachteil: $\qquad$ nicht alle Funktionswerte können erfasst werden (Notwendigkeit der Interpolation) fehlende Anschaulichkeit der Darstellung

2. Darstellung einer Funktion durch Graphen

Ein rechtwinkliges, kartesisches Koordinatensystem legt durch zwei orientierte Zahlengeraden mit Maßstab, die senkrecht aufeinander stehen, die Menge $\mathbb{R} \times \mathbb{R}$ fest (vgl. Abb. 3.1). Die Funktionselemente werden angekreuzt und verbunden, wenn die Funktion nicht nur in speziellen Punkten definiert ist.

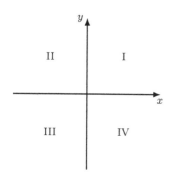

Ein Punkt liegt im

	Abszisse	Ordinate
I. Quadranten, so ist	+	+
II. Quadranten, so ist	−	+
III. Quadranten, so ist	−	−
IV. Quadranten, so ist	+	−

Abb. 3.1

Meist ist eine Wertetabelle, die typische Punkte angibt, der Ausgang für die grafische Darstellung der Funktion. Diese Punkte stellen die Elemente der Funktion dar. Ob sie zu Kurvenstücken zusammengefasst werden dürfen oder eine zusammenhängende Funktionskurve bilden, wird durch den konkreten Definitionsbereich entschieden.

Beispiel 3.2

1. $\quad F = \left\{ (x; y) \quad \text{mit} \quad |x| \leqq 5 \quad x \in \mathbb{Z} \quad \text{und} \quad y = \dfrac{x}{2} \right\}, \quad$ Abb. 3.2 a

2. $\quad F = \left\{ (x; y) \quad \text{mit} \quad x \in \mathbb{R} \quad \text{und} \quad y = \dfrac{x}{2} \right\}, \quad$ Abb. 3.2 b

∎

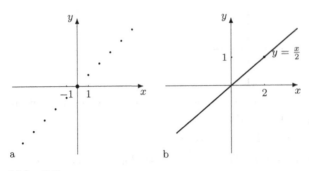

Abb. 3.2

Vorteil: Sehr anschauliche, übersichtliche Darstellung der Funktion,
            die Punkte mit besonderen Eigenschaften erkennen lässt.

Nachteil: Nicht alle Funktionselemente können in den meisten Fällen
            dargestellt werden. Ablesen der Funktionswerte ist ungenau.

Zu beachten ist, dass die Funktionskurve einfach über der x-Achse liegt, da sonst die eindeutige Zuordnung nicht gewährleistet ist.

Beispiel 3.3
Ein Kreis ist niemals eine Funktionskurve, da für $-r < x < r$ jedem x-Wert zwei y-Werte zugeordnet werden (vgl. Abb. 3.3).

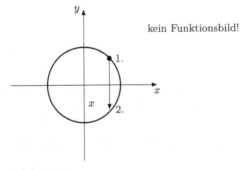

Abb. 3.3

In der Nomografie, einem Teilgebiet der Mathematik, werden die Möglichkeiten der grafischen Funktionsabbildung systematisch erschlossen und für das schnelle Ablesen von Funktionswerten genutzt. Es gibt neben den Nomogrammen für zwei Variablen (x, y) auch Nomogramme für Funktionen mit drei Variablen.

3. Darstellung einer Funktion durch eine Funktionsgleichung

Die Angabe der Funktionselemente als Menge ist zwar exakt, aber ungewohnt und umständlich. Deswegen ist es üblich, Funktionen einfach durch eine Funktionsgleichung darzustellen. Hierbei ist jedoch zu beachten, dass die Darstellung

$$y = f(x)$$

eine Möglichkeit und nicht die Funktionsdarstellung schlechthin ist. Außerdem ist die Funktionsgleichung solange nichtssagend, wie sie nicht durch einen Definitionsbereich ergänzt ist.

Vorteil: Berechnung der y-Werte mit beliebiger Genauigkeit

Nachteil: fehlende Anschaulichkeit

Hinweis 3.1

Oft ist es schwer, bei konkreten praktischen Sachverhalten die Funktionsgleichung zu finden.

Beispiel 3.4

Aus 10 kg Äpfeln können 3,6 l Apfelsaft gepresst werden.

$$10 : 3,6 = x : y$$

x unabhängige Variable (Menge der Äpfel) $x \geq 0$

y abhängige Variable (Menge des Apfelsafts)

$$y = 0{,}36x \qquad\qquad x \geq 0 \qquad \text{Funktionsgleichung}$$
$$x \in \mathbb{R}$$

Wertetafel für spezielle Werte:

grafische Darstellung: vgl. Abb. 3.4   ■

Es gibt drei Arten der Darstellung durch Funktionsgleichungen.

1. Explizite Form der analytischen Darstellung

Die Funktionsgleichung ist nach der anhängigen Variablen y aufgelöst.

$$y = f(x)$$

$f(x)$ ist ein beliebiger Rechenausdruck.

x (kg)	y (l)
0	0
1	0,36
1,5	0,54
2	0,72
3	1,08
5	1,80
8	2,88
10	3,60
20	7,20
100	36,00
125	45,00
180	64,80

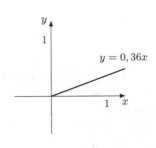

Abb. 3.4

2. Implizite Form der analytischen Darstellung

Der Funktionsausdruck kann nicht nach einer Variablen aufgelöst werden.

$$y^x = \sqrt{x + y} - 2$$

Alle impliziten Formen der analytischen Darstellungen können auf die Gestalt

$$F(x, y) = 0$$

gebracht werden, indem alle Glieder auf der linken Seite zusammengefasst werden. Es ist oft erforderlich, bei Verwendung der impliziten Form anzugeben, welche Variable von welcher abhängt, wenn diese nicht nur durch x und y bezeichnet werden.

3. Parameterdarstellung von Funktionen in analytischer Darstellung

Bei der impliziten und expliziten Form wird jedem x eindeutig ein y zugeordnet (vgl. Abb. 3.5a).
Die Parameterdarstellung hat einen Parameterbereich, aus dem jedem Parameter ein x und ein y zugeordnet wird. Die geordneten Paare (zu jedem Parameter) bilden die Funktion (vgl. Abb. 3.5b).

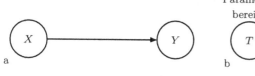
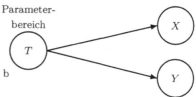

Abb. 3.5

Beispiel 3.5

$$t \in [0, \pi] \qquad\qquad x = 5\cos t$$
$$y = 5\sin t$$

∎

Parameterdarstellung (analytische Darstellung)
Wertetabelle (3 Zeilen)

t	0	$\dfrac{\pi}{5}$	$\dfrac{\pi}{4}$	$\dfrac{\pi}{3}$	$\dfrac{\pi}{2}$	$\dfrac{2}{3}\pi$	$\dfrac{3}{4}\pi$	$\dfrac{4}{5}\pi$	π
x	5,00	4,04	3,54	2,50	0	$-2{,}50$	$-3{,}54$	$-4{,}04$	$-5{,}00$
y	0,00	2,94	3,54	4,33	5,00	4,33	3,54	2,94	0,00

Die grafische Darstellung zeigt Abb. 3.6.
Es gibt weitere Formen zur Darstellung reeller Funktionen.

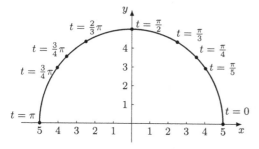

Abb. 3.6

3.3   Einteilung der Funktionen

Die Einteilung der Funktionen nimmt Bezug auf die explizite Form der analytischen Darstellung:

$$y = f(x) \qquad\qquad x \in D = \mathbb{R}$$

Der Definitionsbereich ist nicht größer als die Menge der reellen Zahlen. Deswegen werden in der reellen Analysis nur reelle Funktionen behandelt. In der Funktionstheorie ist der Definitionsbereich die Menge der komplexen Zahlen.

Werden auf die unabhängige Variable x nur rationale Operationen angewandt (Grundrechenoperationen: Addition, Subtraktion, Multiplikation und Division), und sind das nur endlich viele Operationen, so heißen die Funktionen **rational**.

Beispiel 3.6

1. $y = 3x + 4$ 3. $y = \dfrac{3 - x}{x}$

2. $y = \dfrac{1}{x - 1}$ 4. $y = \sqrt{\pi}x^2$

∎

Nichtrationale Funktionen   sind zum Beispiel (Ein Teil der nichtrationalen Funktionen wird auch transzendente Funktionen genannt.):

1. *Exponentialfunktionen* – die unabhängige Variable steht mindestens einmal im Exponenten einer Potenz. Die Exponentialfunktion ist eine transzendente Funktion.

   $$y = e^{x^2} \qquad\qquad x \in \mathbb{R}$$

2. *Logarithmusfunktionen* – die unabhängige Variable steht mindestens einmal im Numerus eines Logarithmus. Die Logarithmusfunktion ist eine transzendente Funktion.

   $$y = \ln(x^2 + 1) \qquad\qquad x \in \mathbb{R}$$

3. *Trigonometrische Funktionen* – die unabhängige Variable steht mindestens einmal im Argument einer Winkelfunktion. Trigonometrische Funktionen sind transzendente Funktionen.

   $$y = \tan^2(3x + 1) \qquad\qquad 0 \leqq x < \pi$$

4. *Zyklometrische Funktionen* – die unabhängige Variable steht mindestens einmal im Argument einer Arcusfunktion. Zyklometrische Funktionen sind transzendente Funktionen.

   $$y = \arccos(2x + 0{,}5) \qquad\qquad 0 \leqq x < 0{,}25$$

Weitere transzendente Funktionen sind beispielsweise die hyperbolischen und die Areafunktionen.

5. *Wurzelfunktionen* – die unabhängige Variable steht mindestens einmal im Radikanden einer Wurzel. Wurzelfunktionen sind nichtrationale (algebraische, keine transzendenten) Funktionen.

$$y = \sqrt{\frac{x^4 + 1}{x^2}}$$

Rationale Funktionen werden in ganze rationale und gebrochenrationale Funktionen unterteilt.

Ganze rationale Funktionen sind Polynome mit konstanten reellen Koeffizienten. Dabei dürfen mit Ausnahme der Division alle Grundrechenoperationen auf die unabhängige Variable angewandt werden. Der höchste Exponent von x gibt den Grad einer ganzen rationalen Funktion an.

Eine ganze rationale Funktion n-ten Grades wird dargestellt:

$$f(x) = a_n x^n + a_{n-1} x^{n-1} + \cdots + a_1 x + a_0$$
$$\text{mit} \quad x \in \mathbb{R}, \quad a_n \neq 0, \quad a_i \in \mathbb{R}$$

Ganze rationale Funktionen 0-ten Grades sind konstante Funktionen. Ganze rationale Funktionen 1. Grades sind lineare Funktionen.

Ganze rationale Funktionen 2. Grades sind quadratische Funktionen.

Die Funktionswerte von Polynomen werden nach dem Hornerschema berechnet.

Beispiel 3.7
$$y = 3x^6 + 4x^5 - 12x^3 + 2x^2 - 15$$

zu berechnen für $x = -2$.

Die Kopfzeile des Hornerschemas ergibt sich aus den Koeffizienten der ganzrationalen Funktion, wobei zu beachten ist, dass fehlende Potenzen von x durch die Koeffizienten null repräsentiert werden. Zusätzlich schreibt man die Stelle, an der der Wert der Funktion bestimmt werden soll, nach links unten (im Beispiel -2). Man übernimmt den ersten Koffezienten (im Beispiel 3) nach unten. Dann verfährt man schrittweise jeweils in zwei Takten: Erster Takt: $(-2) \cdot 3 = -6$. Zweiter Takt: $4 - 6 = -2$. Analog erfolgen dann die weiteren Schritte (s. Pfeile in Abb. 3.7).

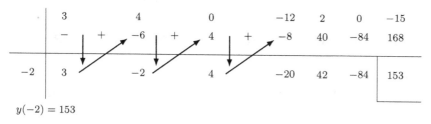

$y(-2) = 153$

Abb. 3.7

Der Quotient aus zwei ganzen rationalen Funktionen ist eine gebrochenrationale
Funktion.

$$f(x) = \frac{Z(x)}{N(x)} = \frac{a_n x^n + a_{n-1} x^{n-1} + \cdots + a_1 x + a_0}{b_m x^m + b_{m-1} x^{m-1} + \cdots + b_1 x + b_0}$$

Es wird vorausgesetzt, dass die Polynome in Zähler und Nenner teilerfremd sind
(es kann kein gemeinsamer Faktor ausgeklammert und gekürzt werden).
Gebrochenrationale Funktionen sind für die Werte von x nicht definiert, in denen
das Nennerpolynom null wird. Ist der Grad des Zählerpolynoms kleiner als der
des Nennerpolynoms, so heißt die Funktion echt gebrochenrationale Funktion.
Ist der Grad des Zählerpolynoms größer oder gleich dem Grad des Nennerpolynoms, so ist die Funktion unecht gebrochen. Jede unecht gebrochenrationale
Funktion lässt sich in eine Summe aus ganzrationalen Funktionen und echt gebrochenrationalen Funktionen zerlegen.

Beispiel 3.8

$$y = \frac{4x^3 + 3x^2 - 2}{x^2 - 1}$$

$$(4x^3 + 3x^2 - 2) : (x^2 - 1) = 4x + 3 + \frac{4x + 1}{x^2 - 1}$$
$$\underline{-(4x^3 \quad - 4x)}$$
$$\qquad 3x^2 + 4x$$
$$\qquad \underline{-(3x^2 - 3)}$$
$$\qquad\qquad 4x + 3 - 2$$
$$\qquad\qquad 4x + 1$$

∎

3.4 Besondere Eigenschaften von Funktionen

Definition 3.2
Eine Funktion heißt in einem Intervall monoton wachsend, genau dann, wenn aus
$x_1 < x_2$ folgt

$$f(x_1) \leqq f(x_2).$$

♦

Wenn in der letzten Gleichung das Gleichheitszeichen weggelassen werden kann, also $f(x_1) < f(x_2)$ ist, so heißt die Funktion eigentlich monoton wachsend. Monoton fallend ist eine Funktion in einem Intervall genau dann, wenn aus $x_1 < x_2$ folgt

$$f(x_1) \geqq f(x_2).$$

Gilt sogar $f(x_2) > f(x_2)$, so ist die Funktion in dem Intervall eigentlich monoton fallend.

Beispiel 3.9
Die Funktion $y = x^2$ mit $x \in \mathbb{R}$ ist

1. für $x \geq 0$ eigentlich monoton wachsend
2. für $x < 0$ eigentlich monoton fallend.

■

Ist eine Funktion für alle Werte des Definitionsbereichs (streng) monoton fallend (monoton wachsend), so wird die Funktion als (eigentlich) monoton fallend (monoton wachsend) bezeichnet.

Beispiel 3.10
Die Funktion $y = \ln x$ $(x > 0)$ ist eine eigentlich monoton wachsende Funktion.

■

Definition 3.3
Eine Funktion ist in einem Intervall beschränkt, wenn für alle x-Werte des Intervalls die zugehörigen Funktionswerte eine fest vorgegebene Zahl S nicht überschreiten.
Für $x \in I$ gilt $f(x) \leqq S$.
S wird obere Schranke für die Funktionswerte genannt.
Ist $f(x) \leqq S$ für alle Werte des Definitionsbereichs, so ist die Funktion eine beschränkte Funktion. ◆

Beispiel 3.11
Die Funktion $y = \sin x$ ist eine beschränkte Funktion, da für alle x gilt: $\sin x \leqq 1$.
1 ist die obere Schranke für die Sinusfunktion. ■

Definition 3.4
Eine Funktion heißt gerade, wenn für alle Werte des Definitionsbereichs gilt:

$$f(x) = f(-x)$$

◆

Das Bild einer geraden Funktion liegt achsensymmetrisch zur y-Achse.

Beispiel 3.12

Gerade Funktionen sind

  1. $y = x^2$

  2. $y = \dfrac{x^2 - 1}{x^2 + 1}$

  3. $y = \cos x$

$\blacksquare$

Definition 3.5

Eine Funktion heißt ungerade, wenn für alle Werte des Definitionsbereichs gilt:

$$f(x) = -f(-x)$$

$\blacklozenge$

Das Bild einer ungeraden Funktion liegt zentralsymmetrisch bezüglich des Koordinatenursprungs.

Beispiel 3.13

  1. $y = x^3$

  2. $y = \dfrac{1}{x}$

  3. $y = \tan x$

$\blacksquare$

Definition 3.6

Eine Funktion heißt periodisch, wenn es eine reelle Zahl gibt, so dass für alle x des Definitionsbereichs gilt

$$f(x) = f(x + k \cdot \lambda) \qquad\qquad k \in \mathbb{Z}$$

λ ist die Periode der Funktion.

$\blacklozenge$

Beispiel 3.14

1. $y = \sin x$ ist eine periodische Funktion mit der Periode 2π.
2. $y = \cos x$ ist eine periodische Funktion mit der Periode 2π.
3. $y = \tan x$ ist eine periodische Funktion mit der Periode π.
4. $y = \cot x$ ist eine periodische Funktion mit der Periode π.

$\blacksquare$

3.5 Spezielle Funktionen

3.5.1 Lineare Funktionen

Ganze rationale Funktionen nullten und ersten Grades werden lineare Funktionen genannt. Ihre grafische Darstellung entspricht einer Geraden.
Beide Variablen kommen nur in der ersten Potenz vor.
Die explizite Form heißt: $y = a_1 x + a_0$.
Die Koeffizienten a_0 und a_1 haben bei der grafischen Darstellung spezielle Bedeutung. Sie werden die zwei Parameter der Geraden genannt und drücken den Sachverhalt aus, dass durch Kenntnis von zwei Geradenpunkten oder einem Geradenpunkt und dem Anstieg die Gerade eindeutig bestimmt ist. Der Parameter a_0 gibt den Schnittpunkt des Graphen der linearen Funktion mit der y-Achse an. Der Parameter a_1 gibt den Anstieg der Geraden an (vgl. Abb. 3.8).
Vielfältige physikalisch-technische Zusammenhänge können durch solche Funktionen ausgedrückt werden, z. B.

$$v = at + v_0$$

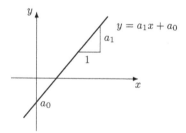

Abb. 3.8

Beispiel 3.15

x	y
Temperatur	Ausdehnung eines Stabes
Temperatur	Längenänderung einer Brücke

a_1 setzt sich als Produkt aus (linearen) Ausdehnungskoeffizienten und ursprünglicher Länge zusammen. ∎

1. Spezialfall $a_0 = 0$ $y = a_1 x$

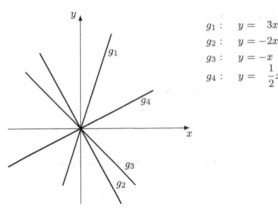

Abb. 3.9

Die Bilder der Funktion $y = a_1 x$ gehen durch den Koordinatenursprung. Zur Abszisse $x = 1$ gehört die Ordinate $y = a_1$ (vgl. Abb. 3.9).

$a_1 > 0$ Die Gerade steigt streng monoton.

$a_1 < 0$ Die Gerade fällt streng monoton.

$|a_1| = 1$ Die Gerade halbiert entweder den I. und III. oder den II. und IV.
             Quadranten.

$|a_1| > 1$ Die Gerade steigt bzw. fällt steiler als die Quadrantenhalbierende.

$|a_1| < 1$ Die Gerade steigt bzw. fällt flacher als die Quadrantenhalbierende.

Das Verkehrsschild (vgl. Abb. 3.10) besagt, dass eine Straße auf 1 m Horizontalentfernung 10 cm ansteigt. Die zugehörige Gleichung heißt $y = 0{,}1x$, wobei x die Horizontalentfernung und y den Höhenzuwachs angibt.

Hinweis 3.2

Ein Anstieg von 100 % entspricht einem Steigungswinkel von 45°.

Abb. 3.10

In der Trigonometrie wird der Anstieg nach der Formel $\tan \alpha = a_1$ berechnet.

$a_1 > 0$ Die Gerade hat einen Anstiegswinkel α mit $0 < \alpha < 90°$.

$a_1 < 0$ Die Gerade hat einen Anstiegswinkel α mit $90° < \alpha < 180°$. (Die Gerade fällt.)

2. Spezialfall $a_1 = 0$ $y = a_0$

Die Geraden haben den Anstieg 0 und laufen somit parallel zur x-Achse im Abstand a_0.

Ist a_0 zusätzlich gleich null, so ist mit $y = 0$ die Gleichung der x-Achse gegeben. Geraden parallel zur y-Achse haben die Gleichung

$$x = k \quad (k \text{ konstanter Wert}).$$

Sie stellen jedoch keine Funktionen dar, da keine eindeutige Zuordnung vorliegt. Im allgemeinen Fall $y = a_1 x + a_0$ kann so verfahren werden, dass zunächst die Funktion $y = a_1 x$ durch den Ursprung mit dem Anstieg a_1 gezeichnet und die Gerade dann parallel in den Punkt $(0, a_0)$ verschoben wird. Dazu siehe Abb. 3.11. Beim Zeichnen der Geraden $y = -1, 5x + 3$ wurde die Tatsache ausgenutzt, dass alle Geraden mit dem gleichen Anstieg parallel verlaufen. Eine implizite Form der analytischen Darstellung der linearen Funktion ist die Achsenabschnittsform.

$$\frac{x}{a} + \frac{y}{b} = 1$$

Für $x = 0$ (y-Achse) ist: $y = b$.
Für $y = 0$ (x-Achse) ist: $x = a$.

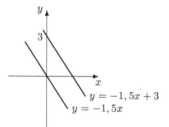

Abb. 3.11

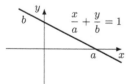

Abb. 3.12

In der Achsenabschnittsform können die Schnittpunkte der linearen Funktion mit den Koordinatenachsen sofort abgelesen werden (vgl. Abb. 3.12).

Die Nullstelle einer linearen Funktion ist die Stelle x, an der die Funktion die x-Achse schneidet. Die Bedingung $y = 0$ führt zu einer linearen Gleichung von x, die zu lösen ist.

Beispiel 3.16

	Gleichung	Lösung
1. $y = -3x + 2$	$0 = -3x + 2$	$x = \dfrac{2}{3}$
2. $3y = 2x + 4$	$0 = 2x + 4$	$x = -2$
3. $y + 5 = 0$	$5 = 0$	keine Lösung

(Gerade läuft parallel zur x-Achse.)   ■

3.5.2   Quadratische Funktionen

Ganze rationale Funktionen 2. Grades heißen quadratische Funktionen. Ihre grafisch dargestellten Funktionsbilder sind **Parabeln**.

$$y = a_2 x^2 + a_1 x + a_0$$

1. Spezialfall $a_2 = 1$ $a_1 = a_0 = 0$
Die Funktionsgleichung heißt $y = x^2$.
Ihr Bild wird als Normalparabel bezeichnet.
Wertetafelausschnit (Quadrattafel):

x	y
-3	9
-2	4
-1	1
0	0
1	1
$\dfrac{1}{2}$	$\dfrac{1}{4}$
1	1
2	4
3	9

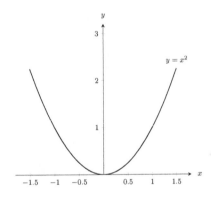

Abb. 3.13

Funktionsbild: vgl. Abb. 3.13
Definitionsbereich der Normalparabel: $x \in \mathbb{R}$
Wertebereich der Normalparabel: $y \geqq 0$
Die Normalparabel ist das Bild einer geraden Funktion, verläuft also axialsymmetrisch zur y-Achse. Da zu gleichen Veränderungen der Abszissenwerte unterschiedliche Veränderungen der Ordinatenwerte gehören, ist die Kurve gekrümmt. Würde ein Auto in x-Richtung auf der Kurve fahren, so wäre das Lenkrad immer nach links eingeschlagen. Solche Kurven werden als Kurven mit positiver Krümmung bezeichnet.

2. Spezialfall $a_2 = 1$ $a_1, a_0 \in \mathbb{R}$

Bezeichnung: Normalform der quadratischen Funktion

Durch die quadratische Ergänzung wird die Funktion in die Form

$$y = x^2 + a_1 x + a_0 = x^2 + a_1 x + \underbrace{\left(\frac{a_1}{2}\right)^2 - \left(\frac{a_1}{2}\right)^2}_{\text{Summe ist null}} + a_0$$

$$y = \left(x + \frac{a_1}{2}\right)^2 + \left(a_0 - \frac{a_1^2}{4}\right)$$

gebracht.

Bei der grafischen Darstellung handelt es sich um eine Normalparabel mit den Scheitelpunktkoordinaten

$$x_s = -\frac{a_1}{2}, \qquad\qquad y_s = a_0 - \frac{a_1^2}{4},$$

deren Symmetrieachse eine Parallele zur Ordinatenachse ist.

Beispiel 3.17

Siehe dazu Abb. 3.14.   ∎

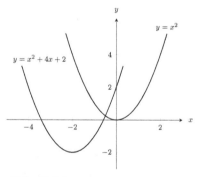

Abb. 3.14

$$y = x^2 + 4x + 2,$$

Quadratische Ergänzung:

$$y = (x + 2)^2 - 2$$

Der allgemeine Fall entsteht für $a_2 \neq 1$.

Der allgemeine Fall lässt sich als ein Produkt aus dem Parameter a_2 und der Normalform darstellen.

$$y = a_2 x^2 + a_1 x + a_0 = a_2 \left(x^2 + \frac{a_1}{a_2} x + \frac{a_0}{a_2} \right)$$

Da es sich um eine quadratische Funktion handelt, ist $a_2 \neq 0$.
Der Koeffizient a_2 bewirkt eine Formveränderung gegenüber der Normalparabel.
Für $a_2 > 1$ verläuft die Parabel steiler und für $0 < a_2 < 1$ flacher als die Normalparabel.
Ist a_2 negativ, so wird die Parabel an einer Parallelen zur x-Achse durch ihren Scheitel gespiegelt.

$$y = a_2 x^2 + a_1 x + a_0 \quad \text{ist eine Parabel mit dem Scheitel}$$

$$x_s = -\frac{a_1}{2a_2}, \qquad\qquad y_s = a_0 - \frac{a_1^2}{4a_2},$$

deren Achse parallel zur Achse der Normalparabel verläuft.
Ist $a_2 > 1$, so ist die Parabel in y-Richtung gestreckt.
Ist $0 < a_2 < 1$, so ist die Parabel in y-Richtung gestaucht.
Negative a_2 bedeuten, dass die Parabel nach unten geöffnet ist.

Beispiel 3.18

$$y = 3x^2 - 6x - 9$$

Produkt aus a_2 und Normalform:

$$y = 3(x^2 - 2x - 3)$$

Quadratische Ergänzung der Normalform:

$$y = 3[(x - 1)^2 - 4]$$

Scheitelkoordinaten: $x_s = 1, \quad y_s = -12$
Die Funktion verläuft 3-mal so steil wie eine Normalparabel, die den gleichen Scheitelpunkt hat, was daran zu erkennen ist, dass gleichen x-Werten mit Faktor 3 multiplizierte y-Werte entsprechen.

$$y = 3(x - 1)^2 - 12 \quad \text{(vgl. Abb. 3.15)}$$

Die Ermittlung der Nullstellen führt zur Lösung der zugehörigen quadratischen Gleichung (Bedingung $y = 0$).

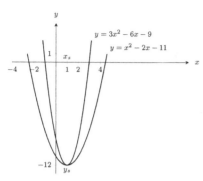

Abb. 3.15

■

3.5.3 Potenzfunktionen

Potenzfunktionen haben die Funktionsgleichung $y = x^n$.
Sie sind ganzrationale Funktionen für $n \in \mathbb{N}$ und gebrochenrationale Funktionen
für $n \in \mathbb{Z}$, $n < 0$.

1. Potenzfunktionen

$$y = x^n \qquad\qquad n \in \mathbb{N}, \qquad\qquad n > 1$$

Dazu vgl. Abbildungen 3.16 und 3.17.

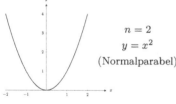

$n = 2$
$y = x^2$
(Normalparabel)

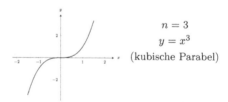

$n = 3$
$y = x^3$
(kubische Parabel)

Abb. 3.16   Abb. 3.17

Das Bild der Potenzfunktion $y = x^3$ verläuft im III. und I. Quadranten durch den
Koordinatenursprung und ist zentralsymmetrisch mit dem Koordinatenursprung
als Symmetriezentrum.
Die Potenzfunktionen mit geraden Exponenten werden als Parabeln dargestellt,
die symmetrisch zur y-Achse im I. und II. Quadranten verlaufen. Der Scheitelpunkt
der Parabeln ist stets der Koordinatenursprung. Weitere gemeinsame Punkte sind
$(-1, 1)$ und $(1, 1)$. Je größer der Exponent ist, umso flacher verlaufen die Parabeln
im Bereich $-1 < x < 1$ und umso steiler verlaufen sie für $|x| > 1$.

Potenzfunktionen mit ungeraden Exponenten sind ungerade Funktionen, deren Bilder ebenfalls Parabeln genannt werden. Sie verlaufen zentralsymmetrisch zum Ursprung des Koordinatensystems im III. und I. Quadranten.

Im Koordinatenursprung liegt ein Wendepunkt, in dem sich die Krümmung der Parabeln ändert. Weitere gemeinsame Punkte sind $(-1, -1)$ und $(1, 1)$. Je größer der Exponent ist, umso flacher verlaufen die Parabeln für $|x| < 1$ und umso steiler für $|x| > 1$.

Beispiel 3.19

   1. $y = x^6$ (vgl. Abb. 3.18a)

   2. $y = x^7$ (vgl. Abb. 3.18b)

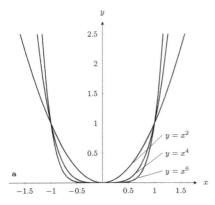 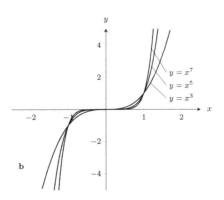

Abb. 3.18

■

2. Potenzfunktionen $y = x^{-n}$ $n \in \mathbb{N}$, $n > 0$, $x \neq 0$

Alle Potenzfunktionen mit negativen, ganzzahligen Exponenten sind für $x \neq 0$ nicht definiert.

Beispiel 3.20

Dazu vgl. Abbildungen 3.19 und 3.20.   ■

Die Bilder der Funktion $y = x^{-n}$, $n \in \mathbb{N}$, $n \neq 0$, sind Hyperbeln, deren Äste für gerade n im II. und I. Quadranten axialsymmetrisch zur y-Achse verlaufen (gerade Funktion) und deren Äste für ungerade Exponenten im III. und I. Quadranten zentralsymmetrisch zum Koordinatenursprung verlaufen.

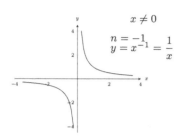
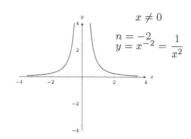

Abb. 3.19   **Abb. 3.20**

Hyperbeln mit geraden Exponenten gehen alle durch die Punkte $(-1, 1)$ und $(1, 1)$.
Hyperbeln mit ungeraden Exponenten gehen alle durch die Punkte $(-1, -1)$ und
$(1, 1)$. Im Punkt $x = 0$ ist die Funktion $y = x^{-n}$ nicht erklärt.
Sie hat dort eine Polstelle. Für wachsende Potenzen von x schmiegt sich die Hyper-
bel bei großen und kleinen x-Werten des Definitionsbereichs stärker an die x-Achse
und für Werte in der Nähe von $x = 0$ schwächer an die y-Achse an (vgl. Abb. 3.21).

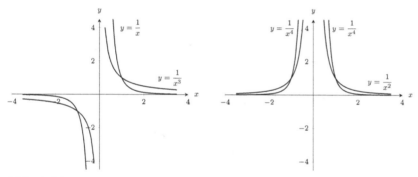

Abb. 3.21

3.5.4 Ganze rationale Funktionen (Hornerschema, Polynomdivision)

Die ganze rationale Funktion

$$y = a_n x^n + a_{n-1} x^{n-1} + \cdots + a_1 x + a_0$$

wird Polynom n-ten Grades genannt, wenn $a_n \neq 0$ ist.
Im Bereich der reellen Zahlen lässt sich ein Polynom n-ten Grades in ein Produkt
aus linearen und höchstens quadratischen Funktionen zerlegen.
Ein Produkt ist dann null, wenn ein Faktor null ist. Auf solche Weise können aus
der Faktorzerlegung die Nullstellen berechnet werden.
Ein Polynom n-ten Grades hat höchstens n reelle Nullstellen.

Ob in einem vorgegebenen Bereich des Definitionsbereichs eine Nullstelle liegt, kann mit Hilfe bestimmter mathematischer Kriterien bestimmt werden (Descartes'sche Zeichenregel – R. Descartes (1596–1650), Sturm'scher Satz – J.-Ch. Sturm (1803–1855)).

Ganze rationale Funktionen sind für alle reellen Zahlen definiert.

Wie sich die Funktionswerte für sehr große und sehr kleine Werte des Definitionsbereichs verhalten, wird durch a_n und den Exponenten bestimmt.

a_n	n	$x \to$	$y \to$
$a_n > 0$	gerade	$x \to +\infty$	$y \to +\infty$
	ungerade	$x \to +\infty$	$y \to +\infty$
	gerade	$x \to -\infty$	$y \to +\infty$
	ungerade	$x \to -\infty$	$y \to -\infty$
$a_n < 0$	gerade	$x \to +\infty$	$y \to -\infty$
	ungerade	$x \to +\infty$	$y \to -\infty$
	gerade	$x \to -\infty$	$y \to -\infty$
	ungerade	$x \to -\infty$	$y \to +\infty$

3.5.5 Gebrochenrationale Funktionen

Gebrochenrationale Funktionen sind Quotienten von zwei ganzen rationalen Funktionen. (Die Forderung, dass Zähler- und Nennerfunktion keine gemeinsamen Faktoren enthalten, kann, aber muss nicht gestellt werden.)

$$y = \frac{Z(x)}{N(x)}$$

Die Funktion ist nicht definiert für alle Nullstellen des Nennerpolynoms $N(x)$. Die Funktion hat in diesen Punkten Polstellen. Nullstellen des Zählerpolynoms sind Nullstellen der gebrochenrationalen Funktion. Wenn die Funktionen in Zähler und Nenner als teilerfremd vorausgesetzt werden, besitzen Zähler und Nenner keine gemeinsamen Nullstellen.

Die ganze rationale Nennerfunktion $N(x)$ lässt sich in ein Produkt von linearen Funktionen und gegebenenfalls quadratischen Funktionen zerlegen. Soll die gebrochenrationale Funktion in eine Summe von gebrochenrationalen Funktionen zerlegt werden, deren Nenner von den linearen und quadratischen Zerlegungsfaktoren bestimmt werden, so macht sich eine Partialbruchzerlegung erforderlich. Die Methode der unbestimmten Koeffizienten liefert die erforderlichen Zähler der Summanden.

Zuvor ist der ganze rationale Anteil einer unecht gebrochenrationalen Funktion durch Partialdivision von Zähler- durch Nennerpolynom abzuspalten.

3.5.6 Umkehrfunktionen

Funktionen sind Mengen geordneter Paare (x, y), wobei jedem x eindeutig ein y zugeordnet wird. Kann umgekehrt auch jedem y eindeutig ein x zugeordnet werden (das muss nicht bei allen Funktionen der Fall sein, z. B. $y = x^2$), so besitzt die Funktion eine Umkehrfunktion, die jedem $y \in Y$ (Wertebereich) eindeutig ein $x \in D$ (Definitionsbereich) zuordnet.

Nur streng monoton fallende oder streng monoton wachsende Funktionen sind eindeutige Funktionen und besitzen eine Umkehrfunktion. Ist eine Funktion nur in einem Intervall streng monoton wachsend oder streng monoton fallend, so gibt es nur für diese Monotonieintervalle Umkehrfunktionen.

Beispiel 3.21

$y = x^2$ besitzt

1. für $x \geq 0$ eine Umkehrfunktion, da sie in diesem Intervall streng monoton wachsend ist.
2. für $x < 0$ eine zweite Umkehrfunktion, da sie in diesem Intervall streng monoton fallend ist.

■

Umkehrfunktionen und Funktionen haben im gleichen Koordinatensystem das gleiche Bild. Es werden jedoch alle Größen entsprechend der Übersicht vertauscht.

	Funktion	Umkehrfunktion
Zuordnung	$x \to y$	$y \to x$
Argument	$x \in X$	$y \in Y$
Funktionswert	$y \in Y$	$x \in X$
Definitionsbereich	X	Y
Wertebereich	Y	X
Funktionselement	(x, y)	(y, x)

Die Umkehrfunktion oder inverse Funktion zu einer Umkehrfunktion ist die Ausgangsfunktion. Die Umkehrfunktion wird mit f^{-1} bezeichnet.

Um nicht von der gewohnten Weise der Zuordnung $x \to y$ abzuweichen, wird bei der Umkehrfunktion als spezieller Funktion eine Vertauschung der Bezeichnung vorgenommen.

$$x \to y$$

$$y \to x$$

Das hat für die grafische Darstellung, wo sich vor der Vertauschung die Bilder von Funktion und Umkehrfunktion nicht unterschieden haben, eine Spiegelung an der Geraden $y = x$ zur Folge, wenn x- und y-Achse im gleichen Maßstab geteilt sind.

Beispiel 3.22

$y = 2x - 1$ ist eine streng monoton wachsende Funktion im gesamten Definitionsbereich.

1. Schritt: Auflösung nach x und Bestimmung der Umkehrfunktion.

$$x = \frac{1}{2}y + \frac{1}{2}. \quad \text{Das Funktionsbild hat sich nicht geändert.}$$

2. Schritt: Vertauschung $x \leftrightarrow y$ (vgl. Abb. 3.22)
Das Funktionsbild wird an der Geraden $y = x$ gespiegelt.

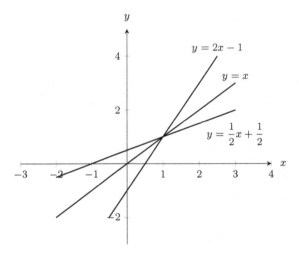

Abb. 3.22

3.5.7 Wurzelfunktionen

Wurzelfunktionen sind nur für solche Werte von x definiert, für die der Radikand eine nicht negative Zahl ist.

Wurzelfunktionen sind Umkehrfunktionen von Potenzfunktionen oder geeigneter Monotonieintervalle dieser Funktionen.

Beispiel 3.23

1. Die Funktion $y = x^2$, $\quad x \in \mathbb{R}$, $\quad y \geq 0$ hat zwei Monotonieintervalle

   a) für $x \geq 0$
   b) für $x < 0$

   Daraus ergeben sich zwei Umkehrfunktionen (vgl. Abb. 3.23).

2. $y = x^3$, $\quad x \in \mathbb{R}$, $\quad y \in \mathbb{R}$
   Die Funktion ist im gesamten Definitionsbereich monoton wachsend. Abb. 3.24 zeigt die Umkehrfunktion.

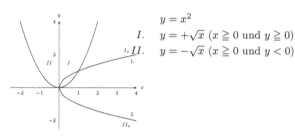

$$y = x^2$$
$$I. \quad y = +\sqrt{x} \ (x \geq 0 \text{ und } y \geq 0)$$
$$II. \quad y = -\sqrt{x} \ (x \geq 0 \text{ und } y < 0)$$

Abb. 3.23

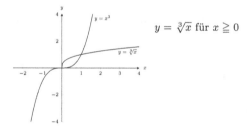

$$y = \sqrt[3]{x} \text{ für } x \geq 0$$

Abb. 3.24

Hierbei ist die Festlegung, die nichts mit der Bildung einer Umkehrfunktion zu tun hat, zu beachten, dass Wurzeln aus negativen Radikanden nicht bestimmt werden. Das Bild der Wurzelfunktion $y = \sqrt[n]{x}$ entsteht durch Spiegelung von Monotonie-intervallen der Potenzfunktion $y = x^n$ (gerader Wurzelexponent). Gerade Wurzel-funktionen (es sind keine geraden Funktionen), besitzen einen positiven Parabelast im I. und einen negativen Parabelast im IV. Quadranten.
Die ungeraden Wurzelfunktionen (ungerader Wurzelexponent) verlaufen im I. (und III.) Quadranten zentralsymmetrisch zum Koordinatenursprung. Dabei wird im Bereich der reellen Zahlen der im III. Quadranten verlaufende Ast gestrichen, denn nach der Wurzeldefinition darf der Radikand nicht negativ sein. ∎

Beispiel 3.24

Bilder von Wurzelfunktionen mit geradem oder ungeradem Wurzelexponenten sind in Abb. 3.25 dargestellt.

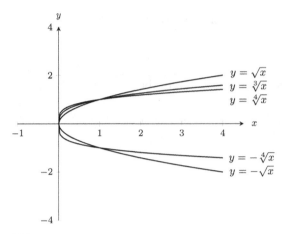

Abb. 3.25

3.5.8   Exponentialfunktionen

Exponentialfunktionen sind transzendente Funktionen, die für alle reellen Zahlen definiert sind.

$y = a^x$ für $a > 0$ und $x \in \mathbb{R}$

Die Funktionen verlaufen nur im I. und II. Quadranten, da a^x nie negativ werden kann ($a > 0$).

Die Funktion $y = a^x$ hat keinen Schnittpunkt mit der x-Achse, da es kein x gibt, so dass $a^x = 0$ wird.

Der Wertevorrat dieser Funktion ist folglich: $y > 0$.

Beispiel 3.25

In Abb. 3.26 verlaufen die Graphen aller Exponentialfunktionen durch den Punkt $(0, 1)$

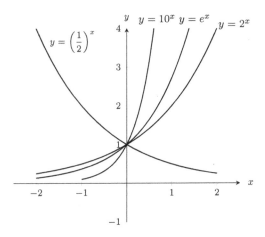

Abb. 3.26

$$a^0 = 1$$

und durch den Punkt $(1, a)$

$$a^1 = a.$$

Die x-Achse ist eine Asymptote der Funktion.
Die Exponentialfunktionen mit der Basis a und $\frac{1}{a}$ verlaufen symmetrisch zur y-Achse

$$a^{-x} = \left(\frac{1}{a}\right)^x \quad \text{und} \quad a^x = \left(\frac{1}{a}\right)^{-x}$$

■

Von besonderer Bedeutung ist in der Mathematik die Exponentialfunktion mit der Basis e $\approx 2{,}7182\ldots$ (irrationale Zahl). Sie ist auf den meisten Taschenrechnern programmiert.

3.5.9 Logarithmenfunktionen

Mit Ausnahme der speziellen Basis $a = 1$ sind die Exponentialfunktionen $y = a^x$ $(a > 0)$ für alle reellen Zahlen streng monotone Funktionen.
(Für $a < 1$ streng monoton fallend, für $a > 1$ streng monoton wachsend.)
Die Funktion $y = \log_a x$ mit $a > 0$, $a \neq 1$ ist die inverse Funktion zur Exponentialfunktion.
Haben Exponential- und Logarithmusfunktionen die gleiche Basis, so sind sie zueinander Umkehrfunktionen (vgl. Abb. 3.27).

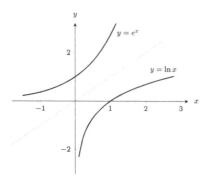

Abb. 3.27

	Gleichung	Beschränkung	Definitions-bereich	Werte-bereich	spezielle Punkte
Exponential-funktion	$y = a^x$	$a > 0$	$x \in \mathbb{R}$	$y > 0$	$(0,1)$ $(1,a)$
Logarithmus-funktion	$y = \log_a x$	$a > 0$ $a \neq 1$	$x > 0$	$y \in \mathbb{R}$	$(1,0)$ $(a,1)$

Die y-Achse ist Asymptote der Logarithmusfunktionen, die im IV. und I. Quadranten des Koordinatensystems verlaufen.
Logarithmusfunktionen, deren Basis sich wie

$$a \quad \text{zu} \quad \frac{1}{a}$$

verhalten, verlaufen axialsymmetrisch zur x-Achse. Die Logarithmusfunktion

$$y = \log_a x$$

steigt monoton, wenn $a > 1$, und fällt monoton, wenn $0 < a < 1$. Besondere Bedeutung hat die Umkehrfunktion zur natürlichen Exponentialfunktion, die Funktion des natürlichen Logarithmus,

$$y = \ln x.$$

Sie ist auf den meisten elektronischen Taschenrechnern programmiert und durch Tastendruck für alle Werte des Definitionsbereichs abrufbar.

3.5.10 Trigonometrische Funktionen

Wichtige transzendente Funktionen sind die trigonometrischen Funktionen oder Winkelfunktionen.

$$y = \sin x \qquad x \in \mathbb{R}$$

$$y = \cos x \qquad x \in \mathbb{R}$$

$$y = \tan x \qquad x \in \mathbb{R} \qquad x \neq (2n+1)\frac{\pi}{2} \qquad n \in \mathbb{Z}$$

$$y = \cot x \qquad x \in \mathbb{R} \qquad x \neq n \cdot \pi \qquad n \in \mathbb{Z}$$

Aus der Definition der Winkelfunktionen am Einheitskreis (Kreis mit Radius 1) lassen sich die Funktionsbilder der trigonometrischen Bilder punktweise konstruieren. Der Sinus ist das Verhältnis von Ordinate zu Radius (Maßzahl 1). Der Kosinus ist das Verhältnis von Abszisse zu Radius (Maßzahl 1).
Der Tangens ist das Verhältnis von Ordinate zu Abszisse. Der Cotangens ist das Verhältnis von Abszisse zu Ordinate.
Die zwei anderen Winkelfunktionen Sekans als Verhältnis von Radius zu Abszisse und der Cosekans als Verhältnis von Radius zu Ordinate spielen bei praktischen Aufgaben keine solche Rolle wie die 4 zuerst genannten trigonometrischen Funktionen. Zu beachten ist, dass die Abszissenachse eine Einteilung in Vielfache des im Bogenmaß angegebenen Winkels erhält.

$$\pi = 180° \approx 3{,}141\ldots$$

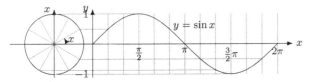

Abb. 3.28

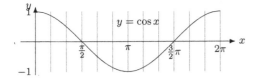

Abb. 3.29

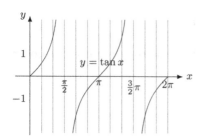 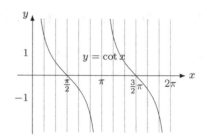

Abb. 3.30

Wird dieses nicht beachtet, so entstehen verzerrte Funktionsbilder. Die punktierte Linie entsteht, weil der Kreis mehrfach und entgegen der mathematischen Drehrichtung durchlaufen werden kann (vgl. Abbildungen 3.28 bis 3.30).
Die Sinus- und Kosinusfunktion sind periodische Funktionen mit der Periode 2π.

$$\sin x = \sin (x + 2k\pi) \qquad\qquad k \in \mathbb{Z}$$
$$\cos x = \cos (x + 2k\pi)$$

Die Tangens- und Cotangensfunktion sind periodische Funktionen mit der Periode π.

$$\tan x = \tan (x + k\pi)$$
$$\cot x = \cot (x + k\pi) \qquad\qquad k \in \mathbb{Z}$$

3.5.11   Arcusfunktionen

Zyklometrische oder Arcusfunktionen sind Umkehrfunktionen zu den trigonometrischen Funktionen. Sie gestatten es, zu einem gegebenen Wert der trigonometrischen Funktion den zugehörigen Winkel zu bestimmen. Durch die Periodizität und den nur intervallweise monotonen Verlauf der Funktionen ist die Beschränkung der Funktionen auf bestimmte Werte erforderlich. Damit muss der Definitionsbereich der trigonometrischen Funktionen auf ein Monotonieintervall beschränkt werden. Dieses führt zu einer Beschränkung des Wertebereichs der zyklometrischen Funktionen.

Trigonometrische Funktion			Zugehörige zyklometrische Funktion		
Gleichung	Definitions-bereich	Werte-bereich	Gleichung	Definitions-bereich	Werte-bereich
$y = \sin x$	$-\dfrac{\pi}{2} \leqq x \leqq \dfrac{\pi}{2}$	$-1 \leqq y \leqq 1$ (monoton wachsend)	$y = \arcsin x$	$-1 \leqq x \leqq 1$	$-\dfrac{\pi}{2} \leqq y \leqq \dfrac{\pi}{2}$
$y = \cos x$	$0 \leqq x \leqq \pi$	$-1 \leqq y \leqq 1$ (monoton fallend)	$y = \arccos x$	$-1 \leqq x \leqq 1$	$0 \leqq y \leqq \pi$
$y = \tan x$	$-\dfrac{\pi}{2} < x < \dfrac{\pi}{2}$	$-\infty < y < \infty$ (monoton wachsend)	$y = \arctan x$	$-\infty < x < \infty$	$-\dfrac{\pi}{2} < y < \dfrac{\pi}{2}$
$y = \cot x$	$0 < x < \pi$	$-\infty < y < \infty$ (monoton fallend)	$y = \text{arccot}\, x$	$-\infty < x < \infty$	$0 < y < \pi$

Bei der Darstellung der zyklischen Funktionen ist die y-Achse nach dem im Bogenmaß angegebenen Winkel einzuteilen (vgl. Abb. 3.31).

Die Beschränkung auf die angegebenen Monotonieintervalle ist willkürlich, obwohl sie als die Hauptwerte bezeichnet werden. Jedes andere Monotonieintervall wäre bei den Umkehrfunktionen zu vereinbaren.

Für $k \in \mathbb{Z}$ gelten folgende y-Werte:

$$y = k\pi + (-1)^k \arcsin x \qquad\qquad -1 \leqq x \leqq 1$$

$$y = 2k\pi \pm \arccos x \qquad\qquad -1 \leqq x \leqq 1$$

$$y = k\pi + \arctan x \qquad\qquad x \in \mathbb{R}$$

$$y = k\pi + \text{arccot}\, x \qquad\qquad x \in \mathbb{R}$$

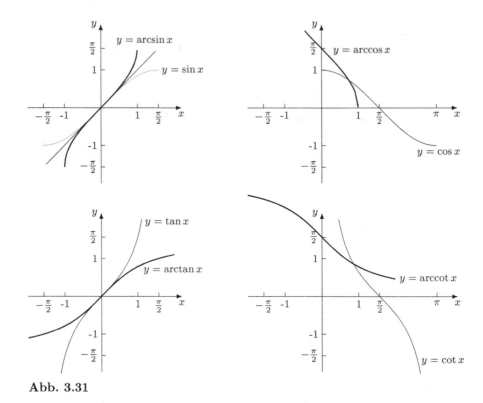

Abb. 3.31

In den Ausdrücken kommt die Periodizität der Funktionen zum Ausdruck. Aus der Definition für die Umkehrfunktion ist:

$$\sin(\arcsin x) = x \qquad\qquad \cos(\arccos x) = x$$
$$\tan(\arctan x) = x \qquad\qquad \cot(\text{arccot}\, x) = x$$

Wird auf beiden Seiten der Hauptwert genommen, so ist

$$\text{arccot}\, x = \arctan\frac{1}{x}, \quad \text{weil} \quad \tan x = \frac{1}{\cot x}.$$

Der Cotangens ist dort nicht definiert, wo der Tangens den Wert null hat.

Die Winkelfunktion $y = \cot x$ und die zyklometrische Funktion $y = \text{arccot}\, x$ sind meist nicht auf dem Taschenrechner programmiert. Mit der Taste $\boxed{1/x}$ und $\boxed{\frac{\arctan x}{\tan x}}$ lassen sich die Funktionen schnell realisieren.

Die folgenden Beziehungen dienen der Berechnung von trigonometrischen Funktionswerten (x dabei wieder nicht in Grad, sondern in Vielfachen von π).

$$\sin\left(\arccos x\right) = \sqrt{1 - x^2} \qquad\qquad \sin\left(\arctan x\right) = \frac{x}{\sqrt{1 + x^2}}$$

$$\cos\left(\arcsin x\right) = \sqrt{1 - x^2} \qquad\qquad \cos\left(\arctan x\right) = \frac{1}{\sqrt{1 + x^2}}$$

$$\tan\left(\arcsin x\right) = \frac{x}{\sqrt{1 - x^2}} \qquad\qquad \tan\left(\arccos x\right) = \frac{\sqrt{1 - x^2}}{x}$$

Die Euler'schen Formeln lassen sich unter Verwendung der Exponentialform komplexer Zahlen auch auf die Arcusfunktionen anwenden.

$$\arcsin x = -i\ln\left(xi + \sqrt{1 - x^2}\right) \qquad \arccos x = -i\ln\left(xi + \sqrt{x^2 - 1}\right)$$

$$\arctan x = -i\ln\sqrt{\frac{1 + xi}{1 - xi}} \qquad\qquad \operatorname{arccot} x = -i\ln\sqrt{\frac{xi - 1}{xi + 1}}$$

3.6 Funktionen mit mehreren unabhängigen Veränderlichen

Definition 3.7
Ein Element der Menge $M_1 \times M_2 \times \cdots \times M_n$ mit $x_1 \in M_1$, $x_2 \in M_2, \ldots, x_n \in M_n$
$(x_1; x_2; x_3; \ldots; x_n)$ wird als n-Tupel bezeichnet. ◆

Beispiel 3.26

$n = 2$	(x_1, x_2)	geordnetes Paar
$n = 3$	(x_1, x_2, x_3)	geordnetes Tripel
$n = 4$	(x_1, x_2, x_3, x_4)	geordnetes Quadrupel

■

Definition 3.8
Die Menge von geordneten $(n+1)$ Tupeln $(x_1, x_2, \ldots, x_n, y)$ wird als Funktion mit n unabhängigen Variablen bezeichnet, wenn jedem n-Tupel aus $x_1 \times x_2 \times x_3 \times \ldots \times x_n$ $(x_1, x_2, \ldots, x_n)$ eindeutig ein y zugeordnet wird. ◆

Der Definitionsbereich der Funktion ist die Menge:

$$X_1 \times X_2 \times \ldots \times X_n$$

der Wertebereich y und die Schreibweise

$$y = f(x_1, x_2, \ldots, x_n)$$

Für $n = 1$ geht die Definition in die der Funktionen mit einer unabhängigen Variablen über.

Beispiel 3.27

$n = 2$

Der Definitionsbereich besteht aus den geordneten Paaren (x_1, x_2), denen eindeutig ein Element y des Wertebereichs zugeordnet wird.   ∎

$y = f(x_1, x_2)$

x_1, x_2 sind unabhängige Variable. y ist die vom Paar (x_1, x_2) abhängige Variable. Der Definitionsbereich einer Funktion mit 2 unabhängigen Variablen lässt sich in der Ebene (zweidimensional) mit den Koordinaten x_1 und x_2 darstellen. Der Definitionsbereich kann aus dem gesamten Gebiet der Koordinatenebene, aus Teilgebieten oder auch nur aus isolierten Punkten der Ebene bestehen.

Zur Darstellung der 3. Variablen, der abhängigen Variablen y, ist die Einführung der 3. Dimension erforderlich (Höhe). Darstellungen der 3. Dimension werden in der Mathematik durch ein räumliches Koordinatensystem mit 3 Achsen anschaulich gemacht. Ein räumliches Koordinatensystem ist dann ein Rechtssystem, wenn bei der Drehung der x_1-Achse auf die x_2-Achse eine Drehbewegung simuliert wird, die eine Schraube mit Rechtsgewinde in Richtung der y-Achse bewegen würde (vgl. Abb. 3.32).

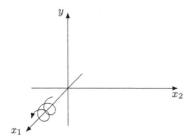

Abb. 3.32

Jedem Tripel der Funktion entspricht genau ein Punkt im Raum oder in der Darstellung durch ein räumliches Koordinatensystem. Das Bild der Funktion ist im Raum eine Fläche, wenn der Definitionsbereich ein zusammenhängendes Gebiet in der x_1, x_2-Ebene umfasst. Es gibt verschiedene Möglichkeiten, um sich ein anschauliches Bild von der Funktion zu machen.

1. Die Wertetabelle der Funktion (3 Spalten) wird räumlich modelliert, indem über jedem Punkt des Definitionsbereichs die zugehörige Höhe aufgetragen wird.
2. Wenn eine der Variablen konstant bleibt ($x_1 = 0$), so ergibt die Funktionsgleichung die Schnittkurve mit der y, x_2-Ebene (vgl. Abb. 3.33).

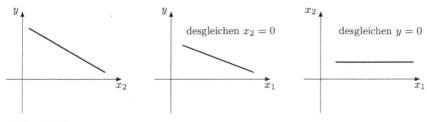

Abb. 3.33

Aus diesen drei Schnittkurven kann die Funktionsfläche zusammengesetzt werden.

3. Über der Definitionsebene werden die Funktionswerte als Höhenzahlen eingetragen. Die Punkte mit gleichem Höhenwert werden verbunden. Die so entstehenden Kurven heißen Höhenlinien oder Niveaulinien. Das entspricht der Darstellung auf Landkarten. Der Wert x_1, x_2-Ebene entspricht dem Niveau des Meeresspiegels auf der Landkarte.

Beispiel 3.28

zu 2.

$y = \sqrt{9 - x_1^2 - x_2^2}$ ist definiert, wenn Wertebereich: $y \leqq 3 \quad x_1^2 + x_2^2 \leqq 9$

a) Schnittkurve mit der x_1, x_2-Ebene

$$y = 0 \qquad\qquad 0 = 9 - x_1^2 - x_2^2$$

$$x_1^2 + x_2^2 = 9$$

Kreis mit dem Radius 3 um den Ursprung

b) Schnittkurve mit der x_1, y-Ebene

$$x_2 = 0 \qquad\qquad y = \sqrt{9 - x_1^2}$$

Halbkreis (da y nur positive Werte annimmt) um Ursprung mit Radius 3

c) Schnittkurve mit der x_2, y-Ebene

$$x_1 = 0 \qquad\qquad y = \sqrt{9 - x_2^2}$$

Halbkreis (da y nur positive Werte annimmt) um Ursprung mit Radius 3

Das Bild der Funktion $y = \sqrt{9 - x_1^2 - x_2^2}$ ist eine Halbkugel (obere Hälfte) mit dem Koordinatenursprung als Mittelpunkt (vgl. Abb. 3.34).

zu 3.

$y = x_1 \cdot x_2$ umfasst als Definitionsbereich die gesamte Definitionsbereichsebene $\mathbb{R} \times \mathbb{R}$.

Höhenlinien der Höhe c haben die Gleichung:

$$c = x_1 x_2$$

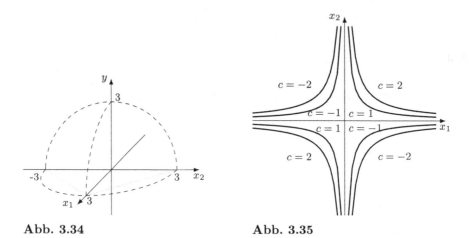

Abb. 3.34   **Abb. 3.35**

Das sind Hyperbeln in einem x_1, x_2-Koordinatensystem, aus denen sich Vorstellungen über die Gestalt des hyperbolischen Paraboloiden entwickeln lassen (vgl. Abb. 3.35).

Die Höhenlinien verlaufen nicht parallel.

Hat die Funktion $y = f(x_1, x_2, \ldots, x_n)$ mehr als zwei unabhängige Variable, so ist eine geometrische Darstellung in dieser Weise nicht mehr möglich. ∎

4 Algebra – Gleichungen und Ungleichungen

Übersicht

4.1 Terme und Begriffe bei Gleichungen und Ungleichungen

Grundbegriffe

Zahlen sind fest vorgegebene Elemente aus einem Zahlenbereich.

Konstanten sind Buchstaben, die für einen festen Zahlenwert stehen.

Variable sind Buchstaben, die stellvertretend für einen zu wählenden oder zu bestimmenden Zahlenwert stehen. Wird der Wert eingesetzt, so kann die Rechnung ausgeführt werden.

Definition 4.1

Ein Term ist die mathematische Verknüpfung von Zahlen, Konstanten und Variablen durch Rechenzeichen und Hilfszeichen (Klammern), der bei Einsetzen der Konstanten und Belegung der Variablen mit Werten aus dem Definitionsbereich des Termes einen festen Zahlenwert annimmt.

Werden nur ganze rationale Operationen (Addition, Multiplikation, Subtraktion und Potenzieren als spezielle Multiplikation) auf Variable angewandt, so heißt der Term ganzrational und kann als Polynom geschrieben werden. ◆

Beispiel 4.1

Polynom für eine Variable x

$$a_n x^n + a_{n-1} x^{n-1} + \cdots + a_1 x + a_0 \qquad a_i \in \mathbb{R} \quad \text{Konstante}$$

∎

© Springer-Verlag GmbH Deutschland, ein Teil von Springer Nature 2018
G. Höfner, *Mathematik-Fundament für Studierende aller Fachrichtungen*,
https://doi.org/10.1007/978-3-662-56531-5_4

Ganzrationale Terme sind für alle reellen Zahlen definiert. Sind alle Variablen im ganzrationalen Term darüber hinaus nur in der ersten Potenz enthalten, so heißt der Term linear.

$$a_1 x + a_2 y - 3 \qquad\qquad a_1, a_2 \quad \text{Konstante}$$

$$x, y \quad \text{Variable}$$

Gebrochenrationale Terme sind Quotienten aus zwei ganzen rationalen Termen. Sie sind nicht definiert für alle Belegungen der Variablen, die den Nennerterm mit dem Wert null versehen.

Algebraische Terme beinhalten alle rationalen Terme, gestatten aber die Verwendung von Variablen im Radikanden von Wurzeln. Algebraische Terme sind nur für solche Werte der Variablen definiert, die nichtnegative Radikanden ergeben.

Transzendente Terme enthalten Exponential-, Logarithmen-, trigonometrische, zyklometrische oder andere Funktionen.

Die hier angegebene Termbeschreibung kann präzisiert werden.

1. Alle reellen Zahlen sind Terme und ebenso alle Konstanten (Buchstaben, die für feste Zahlen stehen).
2. Alle Variablen sind Terme.
3. Die Summe, die Differenz und das Produkt von zwei Termen sind wieder Terme.
4. Werden für die Variablen eines Termes Zahlen oder andere Terme eingesetzt, so entsteht wieder ein Term.
5. Wird in einem Term eine Variable durch eine Funktion dargestellt, so entsteht ebenfalls ein Term.

Einstellige Terme enthalten eine Variable $T(x)$.

n-stellige Terme enthalten n Variable $T(x_1, x_2, \ldots, x_n)$.

Einen Ansatz aus einem verbal vorgegebenen Zusammenhang zu finden, heißt, die zugehörigen Terme aufzustellen.

Definition 4.2

Werden zwei Terme durch das Ungleichheitszeichen $<$ (auch $\leqq, >, \geqq$) miteinander verbunden, so entsteht eine Ungleichung.

Werden zwei Terme durch das Gleichheitszeichen $=$ miteinander verbunden, so entsteht eine Gleichung.

Lösen einer Ungleichung oder Gleichung heißt: Die Menge von Variablenbelegungen zu finden, die die Ungleichung oder Gleichung in eine wahre Aussage verwandeln.

Diese Menge wird als Lösungsmenge bezeichnet.

Bestimmungsgleichungen (-ungleichungen) sind Gleichungen (Ungleichungen) dann, wenn sie mindestens eine Variable enthalten.

Zunächst ist es erforderlich, den Definitionsbereich der Gleichung (Ungleichung) zu bestimmen. Es ist dieses die Durchschnittsmenge aus den Definitionsbereichen der Terme, aus denen sich die Gleichung (Ungleichung) zusammensetzt.   ◆

Beispiel 4.2
$$\frac{1}{2x - 2} < \sqrt{3x - 1}$$

Definitionsbereich des Termes auf der linken Seite:

$$x \in \mathbb{R} \wedge x \neq 1$$

Definitionsbereich des Termes auf der rechten Seite:

$$x \in \mathbb{R} \wedge x \geqq \frac{1}{3}$$

Damit ergibt sich der Definitionsbereich der Ungleichung für

$$x \in \mathbb{R}, \qquad x \geqq \frac{1}{3}, \qquad x \neq 1,$$

$$x = \frac{1}{3} \in \mathbb{D}, \qquad x = 0 \notin \mathbb{D}, \qquad x = -5 \notin \mathbb{D}. \qquad x = 1 \notin \mathbb{D}.$$

In Intervallschreibweise:

$$D = \left[\frac{1}{3}, 1\right) \cup (1, \infty)$$

■

Spiegelt der Term einen konkreten praktischen Sachverhalt wider, so kann es weitere Festlegungen für den Definitionsbereich geben. Die Zahl der Arbeitskräfte ist zum Beispiel immer eine natürliche Zahl.

Alle Lösungsverfahren für Gleichungen und Ungleichungen beruhen auf der Definition der Äquivalenz:

Definition 4.3
Gleichungen (Ungleichungen) werden bezüglich einer Menge M als äquivalent bezeichnet, wenn sie den gleichen Definitionsbereich und die gleiche Lösungsmenge besitzen.   ◆

Die Seiten einer Gleichung dürfen vertauscht werden:

$$T_1 = T_2 \rightarrow T_2 = T_1$$

Bei der Auflösung von Gleichungen und Ungleichungen gibt es nur die folgenden äquivalenten Umformungen.

1. Voraussetzung

$$T_1 = T_2 \quad \text{oder} \quad T_1 < T_2,$$

so ist

$$T_1 + T = T_2 + T \quad \text{oder} \quad T_1 + T < T_2 + T.$$

Auf beiden Seiten einer Gleichung (Ungleichung) kann der gleiche Term addiert werden. Die Subtraktion ist die Addition eines Terms mit negativem Vorzeichen.

2. Voraussetzung

$$T_1 = T_2 \quad \text{oder} \quad T_1 < T_2,$$

so ist

$$T_1 \cdot T = T_2 \cdot T \qquad \text{für} \quad T \neq 0 \quad T = 0 \text{ wird als Nullterm bezeichnet.}$$
$$T_1 \cdot T < T_2 \cdot T, \qquad \text{wenn} \quad T > 0.$$
$$T_1 \cdot T > T_2 \cdot T, \qquad \text{wenn} \quad T < 0.$$

Gleichungen dürfen auf beiden Seiten mit dem gleichen Term multipliziert werden (ungleich Nullterm).

Ungleichungen dürfen auf beiden Seiten mit dem gleichen Term (ungleich Nullterm) multipliziert werden.

Ist der Term negativ, so kehrt sich das Ungleichheitszeichen um.

Beispiel

$$3 < 4(\cdot(-1))$$
$$-3 > -4$$

Beispiel 4.3
Nichtäquivalent ist beispielsweise die folgende Umformung:

$$9x^2 = 36 \qquad \text{Lösungsmenge} \quad \{-2, +2\}$$
$$3x = 6 \qquad \text{Lösungsmenge} \quad \{+2\}$$

∎

Gleichungen (Ungleichungen) mit leerer Lösungsmenge heißen unerfüllbare Gleichungen (Ungleichungen).

Gleichungen (Ungleichungen), deren Lösungsmenge mit dem Definitionsbereich übereinstimmt, heißen allgemeingültige Gleichungen (Ungleichungen).

Die Variablen werden vorzugsweise mit den letzten Buchstaben des Alphabets bezeichnet. Das Wort „Unbestimmte" für Variable ist veraltet.

4.2 Einteilung der Gleichungen und Ungleichungen

Gleichungen und Ungleichungen werden grundsätzlich nach drei Gesichtspunkten unterteilt.

1. Nach der Zahl der in ihr enthaltenen Variablen

Beispiel 4.4

$x + y = 3$ Gleichung mit zwei Variablen

$$\bar{x} = \frac{\sum_{i=1}^{n} x_i}{n}$$ Gleichung mit $n + 1$ Variablen

■

2. Nach der Art des Aufbaus der Terme, die in der Gleichung enthalten sind
Gleichungen sind algebraisch oder nichtalgebraisch (transzendent). Algebraische Gleichungen sind Wurzelgleichungen oder rationale Gleichungen.
Rationale Gleichungen sind linear oder Gleichungen n-ten Grades ($n \in \mathbb{N}, n > 1$).

Beispiel 4.5

1. $x + \sqrt{\pi} = y$ lineare Gleichung mit 2 Variablen

2. $x^2 + 3x - 1 = 5$ quadratische Gleichung mit einer Unbekannten

                                        (ganzrationale Gleichung 2. Grades)

3. $2^x = 4 + y$ transzendente Gleichung (Exponentialgleichung)

4. $\sqrt{x - 4} = 3x$ algebraische Gleichung (Wurzelgleichung)

5. $\dfrac{1}{x} + \dfrac{1}{y} = 4$ gebrochenrationale Gleichung

■

3. Nach der in der Gleichung stehenden Aussage
3.1 Identische Gleichungen (Identitäten)
sind Gleichungen, die für jede Belegung der Variablen aus dem Definitionsbereich wahre Aussagen liefern (allgemeingültige Gleichungen).

Beispiel 4.6
1. $(a + b)^2 = a^2 + 2ab + b^2$

2. $3 + 4 = 4 + 3$

3. Im rechtwinkligen Dreieck (vgl. Abb. 4.1) gilt $c^2 = a^2 + b^2$.

■

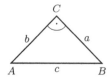

Abb. 4.1

3.2 Bestimmungsgleichungen
Sie enthalten mindestens eine Variable und liefern wahre Aussagen erst für zu
bestimmende Werte der Variablen. Diese Werte der Variablen werden Lösungen
oder Wurzeln der Gleichung genannt.
Werden die Lösungen in die Gleichung eingesetzt, so wird aus der Bestimmungsgleichung eine Identität (Probe).
Bei äquivalenten Umformungen ist die Probe mathematisch nicht notwendig. Sie
ist lediglich eine Kontrolle der durchgeführten Berechnungen.
Ermittlung der Lösungen einer Gleichung heißt Auflösen der Gleichung.

3.3 Funktionsgleichungen
Ist eine Variable abhängig von einer oder mehreren Variablen, so wird die, die
Abhängigkeit ausdrückende Gleichung, Funktionsgleichung genannt.
Die Nullstellen der Funktionsgleichung

$$y = f(x)$$

sind die Lösungen der Bestimmungsgleichung

$$f(x) = 0.$$

Diese Tatsache bildet die Grundlage für grafische Lösungsverfahren von Bestimmungsgleichungen mit einer Variablen.
Das dritte Einteilungsprinzip entfällt für Ungleichungen.

4.3   Lösung von speziellen Gleichungen und Ungleichungen

4.3.1   Lineare Gleichungen und Ungleichungen

4.3.1.1   Allgemeine Auflösungsregeln für lineare Gleichungen

Bis genügend Sicherheit beim Auflösen von Gleichungen vorhanden ist, sollten
folgende 3 Regeln beachtet werden.

1. Eine jede Umformung bedeutet eine neue Gleichungszeile.

2. Die Gleichheitszeichen der äquivalenten Gleichungen stehen alle untereinander.
3. Alle Rechenoperationen werden auf beiden Seiten hingeschrieben.

Beispiel 4.7

$$3x - 4 + 5x + 10 = -11 + 2x$$
$$3x - 4 + 5x + 10 - 2x = -11 + 2x - 2x$$
$$6x + 6 = -11$$
$$6x + 6 - 6 = -11 - 6$$
$$6x = -17$$
$$\frac{6x}{6} = -\frac{17}{6}$$
$$x = -\frac{17}{6}$$

∎

Bei der Lösung von Gleichungen wird die Tatsache genutzt, dass eine Operation durch ihre zugehörige Umkehroperation aufgehoben wird.
Ein Summand bei einer Variablen wird durch Subtraktion des Summanden aufgehoben.
Ein Subtrahend bei einer Variablen wird durch Addition des Subtrahenden aufgehoben.
Ein Faktor einer Variablen wird durch Division mit diesem Faktor aufgehoben.
Ein Divisor bei einer Variablen wird durch Multiplikation mit diesem Divisor aufgehoben.

Beispiel 4.8

$$x + 7 = 5$$
$$x + 7 - 7 = 5 - 7$$
$$x = -2$$

∎

Beispiel 4.9

$$x - 2 = 3$$
$$x - 2 + 2 = 3 + 2$$
$$x = 5$$

∎

Beispiel 4.10

$$3x = 7$$
$$\frac{3x}{3} = \frac{7}{3}$$
$$x = \frac{7}{3}$$

∎

Beispiel 4.11

$$\frac{x}{6} = 5$$
$$6\frac{x}{6} = 6 \cdot 5$$
$$x = 30$$

∎

Die Auflösung einer linearen Bestimmungsgleichung wird in 3 Schritten durchgeführt:

1. Zusammenfassen der Glieder mit der Variablen und der Glieder ohne Variablen auf jeder Seite.
2. Ordnen der Glieder mit Variablen auf der linken Seite und ordnen der Glieder ohne Variablen auf der rechten Seite der Gleichung. (Die Seiten einer Gleichung können beliebig vertauscht werden, da sie symmetrisch sind.)
3. Division durch den Faktor vor der Variablen. (Voraussetzung ist, dass dieser ungleich null ist.)

Beispiel 4.12

$$ax + b - c = cx + 2b$$
$$ax - cx = 2b - b + c$$
$$x(a - c) = 2b - b + c \qquad \text{Voraussetzung: } a - c \neq 0$$
$$x = \frac{b + c}{a - c}$$

Probe:

$$a\,\frac{b + c}{a - c} + b - c \overset{?}{=} c\,\frac{b + c}{a - c} + 2b$$

$$\frac{ab + ac + ab - bc - ac + c^2}{a - c} \overset{?}{=} \frac{cb + c^2 + 2ab - 2bc}{a - c}$$

(führt auf Identität)   ∎

Praktische Anwendung der Kenntnisse über die Auflösung von Gleichungen heißt vor allem, den praktischen Zusammenhang durch eine Gleichung ausdrücken zu können. Es entsteht ein mathematisches Modell der praktischen Situation. Das Vorgehen wird in zwei Beispielen gezeigt.

Beispiel 4.13
Die Summe einer Zahl und der um eins größeren Zahl, dividiert durch 7, ergibt das Doppelte der Zahl, vermindert um 41.
Wie heißt die Zahl?

Textaufgabe	Teilschrift
1. Die unbekannte Zahl ist zu bestimmen.	Die Textaufgabe wird durchgelesen. Es wird dabei festgestellt, welche Größe zu bestimmen ist.
2. Die unbekannte Zahl wird x genannt.	Die Variable wird möglichst genau gewählt und festgelegt.
3. x ist die unbekannte Zahl, dann ist $x + 1$ die um eins größere Zahl, $x + x + 1 = 2x + 1$ die Summe beider Zahlen, $\dfrac{2x + 1}{7}$ die Summe beider Zahlen geteilt durch 7, $2x$ ist das Doppelte der Zahl, $2x - 41$ das Doppelte der Zahl vermindert um 41, die Summe dividiert durch 7 ist gleich dem Doppelten vermindert um 41 $\dfrac{2x + 1}{7} = 2x - 41$	Die Verknüpfungen, die Beziehungen, die zwischen bekannten und unbekannten Größen bestehen, werden durch eine Gleichung ausgedrückt.
4. $x = 24$	Die Gleichung wird gelöst.
5. Die gesuchte Zahl heißt 24.	Der Antwortsatz schließt die Aufgabe in jedem Fall ab, denn er bedeutet die Rückübersetzung des mathematischen Modells in die zu lösende praktische Problematik.
6. Die Probe bestätigt das Ergebnis.	Die Probe muss in der verbalen Aufgabenstellung durchgeführt werden.

Beispiel 4.14
Eine Reparatur wird von zwei Monteuren durchgeführt. Der erste kann die Reparatur in 20 Tagen und der zweite in 28 Tagen durchführen. Welche Zeit benötigen sie für die Reparatur zusammen, wenn sie am gleichen Tag beginnen?

zu 1. Wie viele Tage werden bei gemeinsamer Arbeit für die Reparatur benötigt?

zu 2. x Tage arbeiten beide Monteure zusammen an der Reparatur.

zu 3. Wenn beide Monteure gleichzeitig arbeiten, werden x Tage für die Reparatur bebraucht.
Der erste Monteur kann die Reparatur allein in 20 Tagen durchführen, stellt also an einem Tag 1/20 der Reparatur fertig. Der erste Monteur arbeitet aber nicht nur einen Tag, sondern x Tage, so dass sein Anteil an der Reparatur $\dfrac{1}{20}x$ beträgt. Der zweite Monteur kann die Reparatur allein in 28 Tagen durchführen. Da er x Tage arbeitet, beträgt sein Anteil $\dfrac{1}{28}x$.
(Er arbeitet langsamer als der erste.)
Wenn beide Monteure zusammenarbeiten, so muss die Summe der beiden Anteile gleich 1 sein (1 = 100 %, Fertigstellung der Reparatur).

$$\frac{x}{20} + \frac{x}{28} = 1$$

zu 4.

$$28x + 20x = 560$$
$$x \approx 11{,}7$$

zu 5. Zusammen benötigen die Monteure bei gleichzeitigem Beginn knapp 12 Tage zur Behebung des Schadens.

zu 6. Nach den Angaben in der Aufgabe kann das Ergebnis akzeptiert werden. Das Ergebnis muss zwischen 10 und 14 Tagen liegen. (Hälfte der Zeit)　■

Beispiel 4.15
Abänderung der Aufgabe:
Wie viele Tage muss der zweite Monteur arbeiten, wenn der erste 3 Tage später mit der Arbeit beginnt? (Er ist der bessere.)
Der zweite arbeitet x Tage. Sein Anteil beträgt demzufolge ungeändert $\dfrac{1}{28}x$.
Der erste Monteur arbeitet aber nur $(x - 3)$ Tage. Demzufolge vermindert sich sein Anteil auf $\dfrac{1}{20}(x - 3)$.

Das Modell heißt:

$$\frac{x}{28} + \frac{x-3}{20} = 1$$
$$20x + 28(x - 3) = 560$$
$$48x = 644$$
$$x = 13{,}4$$

Der zweite Monteur arbeitet demzufolge 13 1/2 Tage, davon 10 und 1/2 Tag zusammen mit dem ersten Monteur. ∎

4.3.1.2 Produkt- und Quotientengleiche Zusammenhänge (Proportionen, Prozent- und Zinsrechnung)

Proportionen haben den „Dreisatz" oder die „Schlussrechnung" abgelöst.
Oft werden Größen mit der gleichen Maßeinheit „ins Verhältnis" gesetzt. Dieser Wert steht für die Quotientenbildung zwischen zwei Größen, z. B. Landkartenmaßstab 1 : 250 000.
„Zueinander ins Verhältnis setzen" von zwei gleichartigen Größen heißt, dass die zwei Größen miteinander verglichen werden sollen. Die entstehenden Quotienten können wie Brüche erweitert und gekürzt werden.
Werden zwei „Verhältnisse" oder besser Quotienten durch eine Gleichung verbunden, so entsteht eine Verhältnisgleichung oder besser eine **Proportionsgleichung**.
Proportionsgleichungen sind ohne Variable identische Gleichungen und mit einer Variablen lineare Bestimmungsgleichungen.
Bezeichnung bei einer Proportionengleichung vgl. Abb. 4.2

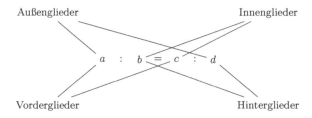

Abb. 4.2

Durch Erweitern der Proportionengleichung wird sie in eine Produktgleichung überführt.

$$\frac{a}{b} = \frac{c}{d} \Big| \cdot bd$$

$$a \cdot d = c \cdot b$$

Die Gleichung $a \cdot d = c \cdot b$ wird die zur Proportionengleichung $\frac{a}{b} = \frac{c}{d}$ gehörende Produktgleichung genannt.
Üblich ist der folgende Merksatz:

> In einer Proportionengleichung ist das Produkt der Außenglieder gleich dem Produkt der Innenglieder.

Während zu jeder Proportionengleichung genau eine Produktgleichung gehört (Kommutativgesetz der Multiplikation berücksichtigen!), gehören zu einer Produktgleichung stets acht Proportionen $a \cdot d = c \cdot b$.

1. $\dfrac{a}{b} = \dfrac{c}{d}$ 2. $\dfrac{d}{b} = \dfrac{c}{a}$ 3. $\dfrac{a}{c} = \dfrac{b}{d}$ 4. $\dfrac{d}{c} = \dfrac{b}{a}$

5. $\dfrac{b}{a} = \dfrac{d}{c}$ 6. $\dfrac{b}{d} = \dfrac{a}{c}$ 7. $\dfrac{c}{a} = \dfrac{d}{b}$ 8. $\dfrac{c}{d} = \dfrac{a}{b}$

In jeder Proportion können die Innenglieder miteinander, die Außenglieder miteinander, die Innenglieder gegen die Außenglieder und die Seiten miteinander vertauscht werden.

Alle acht angegebenen Proportionengleichungen führen auf die gleiche Produktgleichung.

Aus einer Proportion können durch die Verfahren der korrespondierenden Addition und Subtraktion abgeleitete Proportionengleichungen gewonnen werden.

Dabei werden aus den Vorder- oder Hintergliedern der Proportionengleichung Summen oder Differenzen gebildet und daraus neue Proportionengleichungen gebildet (vgl. Abb. 4.3).

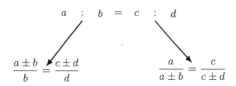

Abb. 4.3

Beim Umwandeln in eine Produktgleichung fallen die „korrespondierten" Glieder wieder weg.

Proportionen können auch als fortlaufende Proportionengleichung geschrieben werden.

$$a_1 : a_2 : a_3 : \ldots : a_n = b_1 : b_2 : b_3 : \ldots : b_n$$

Beispiel 4.16

In der fortlaufenden Proportionengleichung

$$\sin \alpha : \sin \beta : \sin \gamma = a : b : c$$

stehen grundsätzlich verschiedene Zusammenhänge. ∎

Bei der Verwendung von Proportionengleichungen ist genau darauf zu achten, dass bei allen Größen die gleichen Maßeinheiten verwendet werden.

Größen setzen sich aus der Maßzahl und der Einheit (Maßeinheit) zusammen. Die Maßzahl einer Größe wird auch als deren Zahlenwert bezeichnet. Größengleichungen sind dadurch gekennzeichnet, dass in beiden Termen die gleichen Maßeinheiten mitgeführt werden.

Eine Zahlenwertgleichung berücksichtigt nur die Maßzahlen der Größen, wobei vorausgesetzt wird, dass sie vor dem Vergleich in gleiche Maßeinheiten umgewandelt werden.

Gültig sind als gesetzliche Einheiten die SI-Einheiten.

Zwei Größen sind proportional, wenn sie sich im gleichen Verhältnis vergrößern (erweitern) oder verkleinern (kürzen). Dadurch lassen sich alle Beziehungen zwischen proportionalen Größen als Proportionengleichungen schreiben.

Beispiel 4.17
Ein PKW verbraucht auf einer Fahrt von 82 km 5,2 Liter Kraftstoff. Wie hoch ist sein Verbrauch auf 100 km.

$$82 : 100 = 5,2 : x$$

■

Zwei Größen sind produktgleich, wenn die eine Größe in dem Maße abnimmt, wie die andere zunimmt.

Beispiel 4.18
Aus 400 Bäumen können

- 4 Reihen mit 100 Bäumen
- 10 Reihen mit 40 Bäumen
- 20 Reihen mit 20 Bäumen
- 40 Reihen mit 10 Bäumen
- 50 Reihen mit 8 Bäumen usw.

gepflanzt werden.

Reihenzahl und Baumzahl je Reihe sind produktgleiche Größen, die in jedem Fall ein Produkt gleich der Gesamtbaumzahl ergeben. ■

Produktgleiche Größen sind umgekehrt oder indirekt proportional.

Beispiel 4.19
Eine Arbeit kann in 33 Stunden erledigt werden, wenn 4 Arbeiter eingesetzt werden.

Welche Zeit benötigen 6 Arbeiter?

$$4 \cdot 33 = 6 \cdot x$$
$$x = 22$$

Die Arbeit ist bei gleichem Einsatz in 22 Stunden erledigt.   ■

Die Anwendung der Proportionengleichung ist die Prozentrechnung.
Ein Verhältnis zwischen zwei Größen kann auch so interpretiert werden: Ein Verhältnis drückt den Anteil aus, den die eine Größe an der anderen hat.

Beispiel 4.20

$$24\,kg : 8\,kg = 24 : 8 = 3 : 1 \longrightarrow \quad 24\,kg \text{ sind das Dreifache von } 8\,kg.$$

$$\longrightarrow \quad 8\,kg \text{ sind } 1/3 \text{ von } 24\,kg.$$

Bei der Prozentrechnung wird eine Größe auf den Nenner 100 bezogen.
24 kg sind der 0,24te Teil von 100 kg oder 24 %.
Hundertstel werden als Prozent bezeichnet und durch das Symbol % geschrieben.
Tausendstel werden als Promille bezeichnet und durch das Symbol ‰ geschrieben.

   ■

Beispiel 4.21

Von einer Gesamtstrecke, die eine Länge von 82 km hat, sind 14,3 km zurückgelegt.
Das sind $\dfrac{14,3}{82} \approx 0,174$ oder etwa 17,4 %.   ■

Beispiel 4.22

Ein Blutalkoholgehalt von 1,5 ‰ bedeutet, dass 1 Liter Blut 0,0015 l Alkohol enthält.   ■

In der Prozentrechnung gibt es folgende Bezeichnungen:

G: Der Grundwert entspricht 100 % der Größe.

W: Der Prozentwert ist ein Teil des Grundwerts.

P: Der Prozentsatz gibt an, wie viel 100stel des Grundwertes durch den Prozentwert repräsentiert werden.

Für die gesamte Prozentrechnung gilt folgende Grundproportionengleichung:

$$W : G = P : 100$$

Bei praktischen Prozentaufgaben sind zwei der Größen G, W, P gegeben, so dass die dritte durch die angegebene Proportionengleichung bestimmt werden kann.
Berechnung des Prozentwerts:

$$W = \frac{G \cdot P}{100}$$

Berechnung der Grundwertes:

$$G = \frac{100 \cdot W}{P}$$

Berechnung des Prozentsatzes:

$$P = \frac{100 \cdot W}{G}$$

Beispiel 4.23

Von 5000 hergestellten Erzeugnissen ist 1,7 % der Produkte unbrauchbar. Das sind 85 Stück.

$$W = \frac{5000 \cdot 1,7}{100} = 85$$

Wie groß muss bei 1,7 % Ausschussanteil die produzierte Menge sein, um 120 Ausschussanteile zu erhalten?

$$G = \frac{100 \cdot 120}{1,7} \approx 7059$$

7059 Stück

In Wirklichkeit werden aber bei 8700 kontrollierten Erzeugnissen nur 82 Ausschussstücke selektiert, was eine Ausschussquote von

$$P = \frac{100 \cdot W}{G} = \frac{100 \cdot 82}{8700} \approx 0,94$$

0,94 % ergibt.   ∎

Abgewandelt sind Aufgaben, bei denen ein vermehrter oder verminderter Grundwert gesucht wird.

Beispiel 4.24

Auf eine Ware wird 15 % Preisnachlass gegeben. Sie kostet 54,40 Euro. Wie hoch ist der Preisnachlass?

$G - W$ ist der verminderte Grundwert.

Die Gleichung $W : (G - W) = P : (100 - P)$ wird aus der Grundgleichung durch korrespondierende Subtraktion abgeleitet.

$$W : G = P : 100$$
$$W = \frac{(G - W) \cdot P}{(100 - P)} = \frac{54,40 \cdot 15}{100 - 15} = 9,60$$

Der Preisnachlass beträgt 9,60 Euro.   ∎

Eine spezielle Anwendung der Prozentrechnung erfolgt bei der Berechnung von Aufgaben aus der Zinsrechnung.

Die Gegenüberstellung der Begriffe sichert auch hier die Anwendung der entsprechenden Proportionengleichung.

Prozentrechnung:

Grundwert	G
Prozentwert	W
Prozentsatz	P
Proportionengleichung	$W : G = P : 100$

Zinsrechnung:

Grundbetrag, Guthaben, auch Darlehen oder Kredit	G
Zinsen	Z
Zinssatz	P
Proportionengleichung	$Z : G = P : 100$
Zinsen für ein Jahr	$Z = \dfrac{P \cdot G}{100}$
Zinsen für n Jahre	$Z = \dfrac{P \cdot G}{100} \cdot n$
Zinsen für n Monate	$Z = \dfrac{P \cdot G \cdot n}{100 \cdot 12}$
Zinsen für n Tage	$Z = \dfrac{P \cdot G \cdot n}{100 \cdot 360}$

4.3.1.3 Gleichungen mit Klammern

Treten in einer Gleichung Klammern auf, so müssen diese zunächst aufgelöst werden. Daran anschließend erfolgt das Ordnen, Zusammenfassen und Auflösen nach der Variablen. Es gelten alle Regeln für das Auflösen von Klammern:

- Die Klammerglieder werden alle mit dem Faktor vor der Klammer multipliziert.
- Bei mehrgliedrigen Klammern wird jedes Glied der einen Klammer mit jedem Glied der anderen Klammer multipliziert und alle Produkte werden addiert.
- Steht ein positives Vorzeichen vor der Klammer, so kann die Klammer weggelassen werden.
- Steht ein negatives Vorzeichen vor der Klammer, so ändern sich alle Vorzeichen in der Klammer beim Auflösen.
- Treten mehrere Klammern auf, die ineinander geschachtelt sind, wird von „innen nach außen" aufgelöst.

Beispiel 4.25

$$8(3x - 2) - 7x - 5(12 - 3x) = 13x$$
$$24x - 16 - 7x - 60 + 15x = 13x$$
$$24x - 7x + 15x - 13x = 60 + 16$$
$$19x = 76$$
$$x = 4$$

∎

Beispiel 4.26

$$(9 - 4x)(9 - 5x) + 4(5 - x)(5 - 4x) = 36(2 - x)^2$$
$$81 - 45x - 36x + 20x^2 + 4(25 - 20x - 5x + 4x^2) = 36(4 - 4x + x^2)$$
$$81 - 45x - 36x + 20x^2 + 100 - 80x - 20x + 16x^2 = 144 - 144x + 36x^2$$
$$36x^2 - 181x + 181 = 144 - 144x + 36x^2$$
$$-181x + 144x = 144 - 181$$
$$-37x = -37$$
$$x = 1$$

∎

4.3.1.4 Bruchgleichungen

Enthalten die Terme einer Gleichung Brüche, so ist die Gleichung zunächst mit dem Hauptnenner zu multiplizieren. In der Regel werden so Bruchgleichungen auf Gleichungen zurückgeführt, die Klammern enthalten.
Dabei sind zwei wichtige Dinge zu beachten:

1. Ein Bruchstrich ersetzt gewöhnlich Klammern. Stehen also in einem Zähler Differenzen oder Summen, so sind bei der Multiplikation Klammern zu setzen. Das gilt natürlich auch, wenn der Hauptnenner selbst eine Summe oder Differenz ist.
2. Bruchgleichungen sind nur für solche Werte der Variablen definiert, für die alle Nenner ungleich null sind. Dieses ist nach Berechnung der Lösung vor der eigentlichen Probe zu prüfen. Diese Probe macht sich bei Bruchgleichungen in einem stärkeren Maße als bei einfachen linearen Gleichungen erforderlich.

Beispiel 4.27
$$\frac{x}{4x - 12} + \frac{x + 1}{2(x - 3)} = \frac{2x - 1}{x - 3} - \frac{5(x + 1)}{4x}$$

kleinstes gemeinsames Vielfaches (kgV):

$$4(x-3)$$
$$2(x-3)$$
$$x-3$$
$$2 \cdot 2 \cdot x$$

Hauptnenner (HN):

$$4x(x-3)$$

$$\frac{x4x(x-3)}{4(x-3)} + \frac{(x+1)4x(x-3)}{2(x-3)} = \frac{(2x-1)4x(x-3)}{x-3} - \frac{5(x+1)4x(x-3)}{4x}$$

$$x^2 + 2x(x+1) = 4x(2x-1) - 5(x+1)(x-3)$$

$$x^2 + 2x^2 + 2x = 8x^2 - 4x - 5(x^2 - 2x - 3)$$

$$3x^2 + 2x = 8x^2 - 4x - 5x^2 + 10x + 15$$

$$2x + 4x - 10x = 15$$

$$-4x = 15$$

$$x = -\frac{15}{4}$$

$$x \neq 0 \qquad\qquad\qquad\qquad x \neq 3$$

Diese Werte gehören nicht zum Definitionsbereich der Bruchgleichung.

Probe:

$$\frac{-\dfrac{15}{4}}{-15-12} + \frac{-\dfrac{15}{4}+1}{-\dfrac{15}{2}-6} \overset{?}{=} \frac{-\dfrac{15}{2}-1}{-\dfrac{15}{4}-3} - \frac{-\dfrac{75}{4}+5}{-15}$$

$$\frac{5}{36} + \frac{11}{54} \overset{?}{=} \frac{34}{27} - \frac{11}{12} \Bigg| \cdot 108$$

$$15 + 22 \overset{?}{=} 136 - 99$$

$$37 = 37$$

4.3.1.5 Formelumstellungen

In elementaren Gleichungen der Mathematik wird die Variable oft mit x bezeichnet. In anderen Anwendungen (auch Prozent- und Zinsrechnung) muss das nicht sein.

Enthält die Gleichung mehrere Variable, so ist die Größe anzugeben, die berechnet werden soll. Bei der Auflösung nach der angegebenen Größe ist genau so zu verfahren, wie das bei Gleichungen geschieht.

Beispiel 4.28

Die Formel

$$I = \frac{nU}{nR_i + R_a}$$

soll nach allen Größen umgestellt werden.

$$I(nR_i + R_a) = nU$$
$$nR_iI + R_aI = nU$$

$$U = \frac{nR_iI + R_aI}{n} = \frac{I(R_in + R_a)}{n}$$
$$R_a = \frac{nU - nR_iI}{I} = \frac{n(U - R_iI)}{I}$$
$$R_i = \frac{nU - R_aI}{nI}$$

$$n(R_iI - U) = -R_aI$$
$$n = \frac{R_aI}{U - R_iI}$$

■

4.3.1.6 Grafische Lösung von linearen Gleichungen

Gleichungen können grafisch gelöst, wenn die Variable nur mit Konstanten multipliziert wird. Dabei werden die linearen Gleichungen als lineare Funktionen betrachtet, deren Nullstelle zu bestimmen ist.

Beispiel 4.29

$$\frac{3}{5}x = \frac{4}{15}$$

Normalform: $\frac{3}{5}x - \frac{4}{15} = 0$

Zugehörige lineare Funktion:

$$y = \frac{3}{5}x - \frac{4}{15} \quad \text{vgl. Abb. 4.4}$$

$$x \approx 0{,}4$$

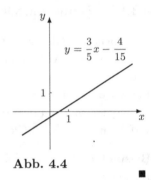

Abb. 4.4

Falls sich durch die Probe zeigt, dass der abgelesene Wert zu ungenau ist, so wird die Genauigkeit der grafischen Lösung durch Verwendung eines größeren Maßstabs verbessert.

4.3.1.7 Lineare Ungleichungen

Lineare Ungleichungen sind auf die gleiche Weise wie lineare Gleichungen zu behandeln. Dabei ist vor allem zu beachten, dass sich...

1. bei Multiplikation mit einer negativen Zahl das Ungleichheitszeichen umkehrt (bei der Multiplikation mit einem Hauptnenner, der die Variable enthält, ist meist eine Fallunterscheidung erforderlich),
2. in der Regel eine Lösungsmenge ergibt, die als Intervall geschrieben wird.

Beispiel 4.30

$$\frac{7}{4}x - \frac{7}{2} \geq \frac{23}{4}x + \frac{3}{2}$$

$$\frac{7}{4}x - \frac{23}{4}x \geq \frac{3}{2} + \frac{7}{2}$$

$$-4x \geq 5$$

$$x \leq -\frac{5}{4}$$

Lösungsmenge:

$$x \in \left(-\infty, -\frac{5}{4} \right]$$

Die größte ganze Zahl, die zur Lösungsmenge gehört, ist -2.

4.3.1.8 Ungleichungen, die sich auf lineare Gleichungen zurückführen lassen

Es sollen hier zwei Typen behandelt werden:

1. Ungleichungen mit Beträgen
2. Ungleichungen mit Quotienten

zu Typ 1: Der einfachste Fall ist

$|x| \leqq a$ **oder** $|x| > a$

Alle Zahlen x, deren Abstand vom   Alle Zahlen x, deren Abstand

Nullpunkt nicht größer als a ist   Nullpunkt größer als a ist.

(vgl. Abb. 4.5a).   (vgl. Abb. 4.5b).

Abb. 4.5

Beispiel 4.31

$$|3x - 2| \leqq 4$$

1. Fall:

$$3x - 2 \geqq 0 \qquad\qquad \textbf{oder} \qquad x \geqq \frac{2}{3}$$

In diesem Fall ist der Inhalt in den Betragsstrichen positiv, so dass sie weggelassen werden können:

$$3x - 2 \leqq 4 \qquad\qquad L_1 = \left[\frac{2}{3}, 2\right]$$
$$3x \leqq 6$$
$$x \leqq 2$$

2. Fall:

$$3x - 2 < 0 \qquad\qquad \textbf{oder} \qquad x < \frac{2}{3}$$

In diesem Fall ist der Inhalt in den Betragsstrichen negativ, so dass sie durch Klammern ersetzt werden, vor denen ein Minus steht:

$$-(3x - 2) \leqq 4$$

$$-3x + 2 \leqq 4$$

$$-3x \leqq 2 \qquad\qquad L_2 = \left[-\frac{2}{3}, \frac{2}{3}\right]$$

$$x \leqq -\frac{2}{3}$$

Die Lösungsmenge der Ungleichung ist die Vereinigungsmenge der beiden Lösungsintervalle

$$L = L_1 \cup L_2 = \left[-\frac{2}{3}, 2\right]$$

∎

zu Typ 2: Da bei Bruchgleichungen, in deren Nenner die Variable steht, mit einem Hauptnenner multipliziert wird, dessen Wert größer oder kleiner null sein kann, ist wieder eine Fallunterscheidung erforderlich.

Beispiel 4.32

$$\frac{2}{3x - 1} < \frac{4}{5x + 2} \qquad\qquad x \neq \frac{1}{3}$$

$$x \neq -\frac{2}{5}$$

$$(3x - 1) > 0 \quad \text{für} \quad x > \frac{1}{3}$$

$$(3x - 1) < 0 \quad \text{für} \quad x < \frac{1}{3} \qquad\qquad \text{1. Fall} \quad x < -\frac{2}{5}$$

$$(5x + 2) > 0 \quad \text{für} \quad x > -\frac{2}{5} \qquad\qquad \text{2. Fall} \quad -\frac{2}{5} < x < \frac{1}{3}$$

$$(5x - 2) < 0 \quad \text{für} \quad x < -\frac{2}{5} \qquad\qquad \text{3. Fall} \quad x > \frac{1}{3}$$

1. Fall: Wenn $x < -\frac{2}{5}$ ist, so ist auch $x < \frac{1}{3}$.
Beide Faktoren haben in dem Fall einen negativen Wert, was einen positiven Hauptnenner folgen lässt.

$$2(5x + 2) < 4(3x - 1)$$

$$10x + 4 < 12x - 4$$

$$-2x < -8$$

$$x > 4$$

Laut Voraussetzung ist aber $x < -\dfrac{2}{5}$.

Das ist in dem Fall ein Widerspruch.

$L_1 = \varnothing$ Die Lösungsmenge ist leer.

2. Fall: Wenn $-\dfrac{2}{5} < x < \dfrac{1}{3}$ ist, dann ist das Produkt der beiden Nenner negativ ($5x + 2$ ist positiv und $3x - 1$ ist negativ).

$$2(5x + 2) > 4(3x - 1)$$
$$10x + 4 > 12x - 4$$
$$-2x > -8$$
$$x < 4$$

Die Bedingung ist im untersuchten Definitionsbereich erfüllt.

$$L_2 = \left(-\frac{2}{5}, \frac{1}{3}\right)$$

3. Fall: Wenn $x > \dfrac{1}{3}$ ist, so ist das Produkt aus den beiden Nennern positiv.

$$2(5x + 2) < 4(3x - 1)$$
$$10x + 4 < 12x - 4$$
$$-2x < -8$$
$$x > 4$$

Das ist im Vergleich zur Voraussetzung eine echte Einschränkung des Lösungsbereichs, womit

$$L_3 = (4, \infty)$$
$$L = \left(-\frac{2}{5}, \frac{1}{3}\right) \cup \left(4, \infty\right)$$

Zu L gehören zum Beispiel: $-\dfrac{1}{3}, 0, \dfrac{1}{4}, 5, 10, \ldots$

Zu L gehören beispielsweise nicht: $-4, -\dfrac{2}{5}, \dfrac{1}{2}, 4, \ldots$ ∎

4.3.2 Systeme von linearen Gleichungen und Ungleichungen

4.3.2.1 Zwei lineare Gleichungen mit zwei Unbekannten

Zur eindeutigen Bestimmung von zwei Variablen x, y sind zwei Gleichungen erforderlich.

$$a_1 x + a_2 y = b_1$$
$$a_3 x + a_4 y = b_2$$

Die so dargestellte Form der Schreibweise wird Normalform des Gleichungssystems genannt. Linear abhängig sind zwei Gleichungen dann, wenn sich die eine durch Multiplikation mit einem konstanten Faktor in die andere umwandeln lässt. Das System ist nicht eindeutig lösbar, da in Wirklichkeit nur eine Gleichung für zwei Variable vorliegt.

Beispiel 4.33

$$2x = 4y + 5$$
$$3x = 6y + \frac{15}{2}$$

Die erste Gleichung wurde mit $\frac{3}{2}$ multipliziert.   ■

Zwei Gleichungen beinhalten einen Widerspruch, wenn in der Normalform die linken Seiten linear abhängig, aber auf der rechten Seite verschiedene absolute Werte stehen.
Die Gleichungen sind nicht erfüllbar. Die Lösungsmenge ist leer.

Beispiel 4.34

$$x - y = 3$$
$$\frac{2}{3}x - \frac{2}{3}y = 5$$

                                                                               ■

Satz 4.1
Ein lineares Gleichungssystem mit zwei Gleichungen, die nicht linear abhängig sind und die sich nicht widersprechen, haben ein eindeutiges Lösungspaar (x, y).

Verfahren zur Lösung von linearen Gleichungssystemen mit 2 Unbekannten:

1. Substitutionsverfahren   (Einsetzungsverfahren)

- Eine Gleichung wird nach einer Unbekannten aufgelöst.
- Der Term für die Variable wird in der anderen Gleichung immer dort eingesetzt (substituiert), wo die Variable steht.
- Das Ergebnis besteht aus einer linearen Gleichung mit einer Variablen, die gelöst wird.
- Die Lösung für die Variable wird in eine der gegebenen Gleichungen eingesetzt, so dass auch hier nur noch eine Variable steht, die berechnet werden kann.

Die Probe ist stets in beiden Gleichungen durchzuführen!

$$a_1 x + a_2 y = b_1 \qquad\qquad x = \frac{b_1 - a_2 y}{a_1}$$

$$a_3 x + a_4 y = b_2 \qquad \frac{a_3}{a_1}(b_1 - a_2 y) + a_4 y = b_2$$

$$y\left(a_4 - \frac{a_3 a_2}{a_1}\right) = b_2 - \frac{a_3 b_1}{a_1}$$

$$y = \frac{b_2 a_1 - a_3 b_1}{a_4 a_1 - a_3 a_2}$$

$$x = \frac{b_1 - a_2 \left(\dfrac{b_2 a_1 - a_3 b_1}{a_4 a_1 - a_3 a_2}\right)}{a_1}$$

$$x = \frac{b_1 a_4 a_1 - b_1 a_3 a_2 - a_2 b_2 a_1 + a_2 a_3 b_1}{a_1(a_4 a_1 - a_3 a_2)} = \frac{b_1 a_4 - b_2 a_2}{a_4 a_1 - a_3 a_2}$$

Beispiel 4.35

$$-y + x = 1 \qquad\qquad x = 1 + y$$

$$43y - 11x = 35 \qquad\qquad 43y - 11(1 + y) = 35$$

$$32y = 46$$

$$y = \frac{23}{16}$$

$$L = \left\{\left(\frac{39}{16}; \frac{23}{16}\right)\right\} \qquad\qquad x = 1 + \frac{23}{16} = \frac{39}{16}$$

∎

2. Gleichsetzungsverfahren

Das Gleichsetzungsverfahren ist ein spezielles Einsetzungsverfahren, bei dem beide Gleichungen nach der gleichen Variablen oder Vielfachen der Variablen aufgelöst werden.

Sind a, b, c Terme und ist $a = b$ sowie $a = c$, so folgt wegen der Transitivität der Terme $b = c$.

Nach der Gleichsetzung entsteht eine lineare Gleichung mit einer Variablen.

Die zweite Variable wird durch Einsetzen des berechneten Wertes in eine Ausgangslösung ermittelt.

$$a_1 x + a_2 y = b_1$$

$$a_3 x + a_4 y = b_2$$

$$x = \frac{b_1 - a_2 y}{a_1} \qquad\qquad \frac{b_1 - a_2 y}{a_1} = \frac{b_2 - a_4 y}{a_3}$$

$$x = \frac{b_2 - a_4 y}{a_3}$$

$$a_3 b_1 - a_2 a_3 y = a_1 b_2 - a_1 a_4 y$$

$$(a_1 a_4 - a_2 a_3) y = a_1 b_2 - a_3 b_1$$

$$y = \frac{a_1 b_2 - a_3 b_1}{a_1 a_4 - a_2 a_3}$$

$$a_1 x + a_2 \frac{a_1 b_2 - a_3 b_1}{a_1 a_4 - a_2 a_3} = b_1$$

$$a_1 x = \frac{b_1 (a_1 a_4 - a_2 a_3) - a_2 (a_1 b_2 - a_3 b_1)}{a_1 a_4 - a_2 a_3}$$

$$x = \frac{b_1 a_4 - a_2 b_2}{a_1 a_4 - a_2 a_3}$$

Beispiel 4.36

$$6x + y = 32 \qquad\qquad x = \frac{32 - y}{6}$$

$$10x - 2y = 15 \qquad\qquad x = \frac{15 + 2y}{10}$$

$$\frac{32 - y}{6} = \frac{15 + 2y}{10}$$

$$5(32 - y) = 3(15 + 2y)$$

$$-11y = -115 \qquad\qquad 6x + \frac{115}{11} = 32$$

$$y = \frac{115}{11} \qquad\qquad x = \frac{79}{22}$$

$$L = \left\{ \left(\frac{79}{22}, \frac{115}{11} \right) \right\}$$

∎

3. Verfahren der gleichen Koeffizienten (auch Additions- oder Subtraktionsverfahren)
Lösungsidee ist, die Koeffizienten einer Variablen in beiden Gleichungen betragsmäßig gleich zu machen. Das wird durch die Multiplikation der einen Gleichung mit einem geeigneten Faktor erreicht. Sind Koeffizienten gleich, werden beide Seiten der Gleichung subtrahiert, und haben sie unterschiedliche Vorzeichen, so werden beide Seiten der Gleichung addiert.

Das ergibt wieder eine lineare Gleichung mit einer Variablen, die gelöst und in eine Ausgangsgleichung eingesetzt wird.

$$a_1x + a_2y = b_1 \qquad\qquad | \cdot a_3$$
$$a_3x + a_4y = b_2 \qquad\qquad | \cdot a_1$$
$$a_1a_3x + a_2a_3y = b_1a_3 \qquad | +$$
$$a_1a_3x + a_1a_4y = b_2a_1 \qquad | -$$
$$(a_2a_3 - a_1a_4)y = b_1a_3 - b_2a_1$$
$$y = \frac{b_1a_3 - b_2a_1}{a_2a_3 - a_1a_4}$$
$$x = \frac{b_1a_4 - a_2b_2}{a_1a_4 - a_2a_3}$$

Beispiel 4.37

$$0,5x - 1,6y = -1,03 \qquad\qquad | \cdot 1,7$$
$$1,7x - 2,3y = -0,99 \qquad\qquad | \cdot 0,5$$
$$0,850x - 2,720y = -1,751 \qquad\quad | +$$
$$0,850x - 1,150y = -0,495 \qquad\quad | -$$
$$-1,570y = -1,256$$
$$y = 0,8 \qquad\qquad 0,5x = -1,03 + 1,28$$
$$x = 0,5$$

$$L = \{(0,5 , 0,8)\}$$

■

Alle drei Lösungsverfahren bestimmen bei richtiger Rechnung das Ergebnis. Von der speziellen Form der gegebenen Gleichungen hängt es ab, welches Verfahren mit dem geringsten Aufwand zum Ergebnis führt.

4. Grafisches Verfahren

Den beiden linearen Gleichungen des Systems entsprechen zwei lineare Funktionen, die als Geraden im Koordinatensystem dargestellt werden können (entweder Normal- oder Achsenabschnittsform). Der Schnittpunkt beider Funktionen hat die Koordinaten, die beide Gleichungen erfüllen, und stellt somit die Lösung des Gleichungssystems dar. Dabei gibt es 3 Möglichkeiten:

1. Die Geraden haben einen eindeutigen Schnittpunkt. Das Gleichungssystem ist eindeutig lösbar, da sich die zwei Gleichungen nicht widersprechen oder linear voneinander abhängen.

Beispiel 4.38

$$y = 2x - 2 \qquad \text{Normalform}$$

$$2y + \frac{4}{3}x = 12 \qquad \text{Achsenabschnittsform:} \qquad \frac{y}{6} + \frac{x}{9} = 1$$

(vgl. Abb. 4.6)

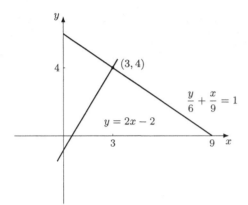

Abb. 4.6

■

2. Die Geraden laufen parallel, schneiden sich also in keinem Punkt mit endlichen Koordinaten. Das zugehörige Gleichungssystem beinhaltet einen Widerspruch, ist also überhaupt nicht lösbar.

Beispiel 4.39

$$2x + y = 1 \qquad \text{Normalform:} \qquad y = -2x + 1$$

$$3x = -\frac{3}{2}y + 3 \qquad \text{Achsenabschnittsform:} \qquad \frac{x}{1} + \frac{y}{2} = 1$$

(vgl. Abb. 4.7)

■

3. Die Geraden laufen parallel mit dem Abstand null. Das Gleichungssystem besitzt unendlich viele Lösungen, da die Gleichungen linear abhängig sind. Alle Koordinaten auf der Geraden erfüllen beide Gleichungen, die sich nur durch einen konstanten Faktor unterscheiden.

Beispiel 4.40

$$3x + 2y = 5 \qquad \text{Normalform:} \qquad y = -\frac{3}{2}x + \frac{5}{2}$$

$$12x + 8y = 20 \qquad \text{Normalform:} \qquad y = -\frac{3}{2}x + \frac{5}{2}$$

(vgl. Abb. 4.8)

■

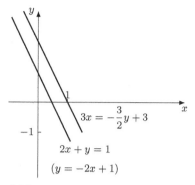

Abb. 4.7

Oft sind die Gleichungen des Systems so aufgebaut, dass lineare Abhängigkeit oder ein Widerspruch erst durch die grafische Darstellung oder im Laufe der Rechnung erkannt werden kann.

4.3.2.2 Gleichungen, die sich auf lineare zurückführen lassen

Durch entsprechende Umformungen oder Ersetzung von Variablen kann mitunter erreicht werden, dass zunächst nichtlineare Gleichungen auf lineare Gleichungen zurückgeführt werden. Bei der Substitution ist besonders auf die Definitionsbereiche zu achten.

Beispiel 4.41

$$\frac{x+2}{x-3} + \frac{y-1}{y+2} = 2 \qquad \text{definiert für} \qquad x \in \mathbb{R}\backslash\{3\} \quad y \in \mathbb{R}\backslash\{-2\}$$

$$\frac{5}{2}x + 2y = -\frac{1}{5}$$

Umformung der ersten Gleichung:

$$(x+2)(y+2) + (y-1)(x-3) = 2(x-3)(y+2)$$

$$xy + 2x + 2y + 4 + xy - 3y - x + 3 = 2xy + 4x - 6y - 12$$

$$-3x + 5y = -19 \qquad\qquad y = \frac{3}{5}x - \frac{19}{5}$$

$$\frac{5}{2}x + 2\left(\frac{3}{5}x - \frac{19}{5}\right) = -\frac{1}{5}$$

$$\frac{37}{10}x = \frac{37}{5}$$

$$x = 2 \qquad\qquad y = \frac{3}{5}\cdot 2 - \frac{19}{5} = -\frac{13}{5}$$

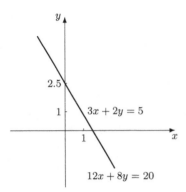

Abb. 4.8

$$L = \left\{ \left(2; -\frac{13}{5} \right) \right\},$$

da vom Definitionsbereich nur der Wert $(3; -2)$ ausgeschlossen werden musste.

∎

Beispiel 4.42

$$\frac{4}{x} + \frac{5}{y} = 3 \qquad\qquad x \neq 0 \qquad\qquad y \neq 0$$
$$\frac{7}{x} - \frac{1}{y} = 2$$

Substitution $\qquad \bar{x} = \dfrac{1}{x} \qquad\qquad\qquad \bar{y} = \dfrac{1}{y}$

$$4\bar{x} + 5\bar{y} = 3$$
$$7\bar{x} - \bar{y} = 2 \qquad\qquad \bar{y} = 7\bar{x} - 2$$

$$4\bar{x} + 5(7\bar{x} - 2) = 3$$
$$39\bar{x} = 13$$
$$\bar{x} = \frac{1}{3} \implies \qquad\qquad x = 3$$
$$\bar{y} = 7 \cdot \frac{1}{3} - 2 = \frac{1}{3} \implies \qquad\qquad y = 3$$

$$L = \{(3; 3)\}$$

Die Lösung gehört zum Definitionsbereich des Gleichungssystems.   ∎

Beispiel 4.43

$$3\sqrt{x} - 2\sqrt{y} = -4 \qquad\qquad x \geqq 0$$
$$-\sqrt{x} + 5\sqrt{y} = 23 \qquad\qquad y \geqq 0$$

Substitution

$$\bar{x} = \sqrt{x} \qquad\qquad\qquad \bar{y} = \sqrt{y}$$

$$3\bar{x} - 2\bar{y} = -4$$
$$-\bar{x} + 5\bar{y} = 23 \qquad\qquad \bar{x} = 5\bar{y} - 23$$

$$3(5\bar{y} - 23) - 2\bar{y} = -4$$
$$13\bar{y} = 65$$
$$\bar{y} = 5$$
$$\bar{x} = 2$$

$$L = \{(4; 25)\}$$

Die Lösung gehört zum Definitionsbereich des Gleichungssystems.   ■

4.3.2.3 *n* lineare Gleichungen mit *n* Unbekannten ($n \in \mathbb{N}, n > 2$), Gauß'scher Algorithmus zur Lösung linearer Gleichungssysteme

Zur Bestimmung von n Variablen sind n linear unabhängige und widerspruchsfreie Gleichungen erforderlich. Zur übersichtlichen Bezeichnung werden die Variablen grundsätzlich mit x bezeichnet und durch einen Index voneinander unterschieden.

$$x_i \qquad\qquad\qquad 1 \leqq i \leqq n$$

Da bei praktischen Rechnungen n sehr groß sein kann, ist diese Bezeichnung nicht nur sinnvoll, sondern auch die einzige Möglichkeit.

Die Koeffizienten vor den Variablen werden mit a bezeichnet, wobei sich eine doppelte Indizierung erforderlich macht. Der erste Index gibt die Nummer der Gleichung an und der zweite die Nummer der Variablen, bei der der Koeffizient steht.

$$a_{ij} \qquad\qquad\qquad 1 \leqq i \leqq n$$
$$1 \leqq j \leqq n$$

Beispiel 4.44

$$a_{12\ 3}$$

gelesen: „a zwölf drei"
steht in der zwölften Gleichung bei der dritten Variablen (x_3).   ∎

Die absoluten Glieder b haben einen einfachen Index, der die Nummer der Gleichung bezeichnet.
Somit hat die Normalform eines linearen Gleichungssystems mit n Variablen die folgende Gestalt.

$$a_{11}x_1 + a_{12}x_2 + \cdots + a_{1n}x_n = b_1$$
$$a_{21}x_1 + a_{22}x_2 + \cdots + a_{2n}x_n = b_2$$
$$\vdots \qquad \vdots \qquad \quad \vdots \qquad \vdots$$
$$a_{n1}x_1 + a_{n2}x_2 + \cdots + a_{nn}x_n = b_n$$

Prinzipiell kann dieses Gleichungssystem mit den Verfahren zur Lösung von linearen Systemen mit zwei Variablen gelöst werden.
C. F. Gauß gab den nach ihm benannten Algorithmus an, welcher ein systematisches Additionsverfahren ist.
Der Gauß'sche Algorithmus überführt die Normalform eines Gleichungssystems mit n Variablen in ein gestaffeltes System der Form

$$a_{11}x_1 + a_{12}x_2 + \cdots + a_{1n}x_n = b_1$$
$$a'_{22}x_2 + \cdots + a'_{2n}x' = b_2$$
$$\ddots \qquad \vdots \qquad \vdots$$
$$a'_{nn}x_n = b'_n,$$

aus welchen die Variablen rekursiv berechnet werden können.

Hinweis 4.1
Das gestaffelte System wird auch Dreiecksform genannt.

Zunächst wird aus der letzten Gleichung des gestaffelten Systems x_n berechnet, dieser Wert in die vorletzte Gleichung eingesetzt, wodurch sich x_{n-1} ergibt. Das Verfahren wird so lange „von hinten nach vorn" (rekursiv) fortgesetzt, bis alle Lösungskomponenten ermittelt sind.
Ein Beispiel zeigt das prinzipielle Vorgehen beim Gauß'schen Algorithmus und seine Kontrollmöglichkeit. Zu beachten ist, dass der Gauß'sche Algorithmus von der Normalform ausgeht.

Beispiel 4.45

$$2x_1 + 2x_2 + \ x_3 = 4$$
$$4x_1 + 2x_2 + \ x_3 = 6$$
$$-2x_1 + \ x_2 - 2x_3 = 4$$

	x_1	x_2	x_3		1		Probespalte	
	2	2	1		4		$2+2+1+4=9$	Tabelle 1
	4	2	1		6		13	
$k_1 = \dfrac{-4}{2} = -2$		-4	-4	-2		-8	-18	
$k_2 = \dfrac{2}{2} = 1$	-2	1	-2		4		1	
	2	2	1		4		9	
	2	2	1		4		9	Tabelle 2
	0	-2	-1		-2		-5	
$k_3 = \dfrac{-3}{-2} = \dfrac{3}{2}$	0	3	-1		8		10	
			-3	$-\dfrac{3}{2}$		-3	$-\dfrac{15}{2}$	
	2	2	1		4		9	Tabelle 3
	0	-2	-1		-2		-5	
	0	0	$-\dfrac{5}{2}$		5		$\dfrac{5}{2}$	

Erläuterung zur Tabelle 1: Das Gleichungssystem wird in die angegebene Tabelle übertragen. Dabei wird vereinbart, dass die Koeffizienten mit der darüber stehenden Variablen oder Zahl multipliziert und die Produkte addiert werden. Das Gleichheitszeichen wird durch den Doppelstrich symbolisiert.

Der Faktor k ergibt sich als Quotient, im Zähler steht der Koeffizient, der null werden soll, mit negativem Vorzeichen, im Nenner der Koeffizient der ersten Zeile. Mit dem so ermittelten Faktor k werden die entsprechenden Zahlen der ersten Zeile multipliziert. Die Produkte werden rechts versetzt unter die Koeffizienten geschrieben.

Erläuterung zur Tabelle 2: Diese wird genau wie die erste gelesen, unter der sie steht. Sie ergibt sich aus der Addition der Koeffizienten mit den rechts darunter geschriebenen Produkten. Die erste Zeile wird übernommen. Nun wird wieder der Koeffizient, der null werden muss, durch den darüber stehenden Koeffizienten dividiert. Mit dem negativen Zahlenwert (k_3) wird die zweite Gleichung multipliziert und das Produkt rechts versetzt unter die 3. Gleichung geschrieben.

Erläuterung zur Tabelle 3: Die erste und die zweite Zeile werden übernommen. Die dritte Zeile entsteht wieder durch Summenbildung aus der 3. Zeile in Tabelle 2. Damit ergibt sich aus der 3. Tabelle das gestaffelte System:

$$2x_1 + 2x_2 + x_3 = \ \ 4$$
$$-2x_2 - x_3 = -2$$
$$-\frac{5}{2}x_3 = \ \ 5$$

Woraus sich durch rekursive Berechnung als Lösung ergibt:

$$x_3 = -2$$
$$-2x_2 + 2 = -2$$
$$x_2 = 2$$
$$2x_1 + 4 - 2 = 4$$
$$x_1 = 1$$

$$L = \{(1, 2, -2)\}$$

Erläuterung zur Probespalte:

In der ersten Tabelle ist der Wert der Probespalte gleich der Summe aller Koeffizienten, die in der Zeile stehen.

Mit diesen Werten wird genauso verfahren, wie mit allen anderen Werten.

Die Probe besteht darin, dass die erneute Summenbildung in einer umgerechneten Zeile wieder auf den errechneten Wert führen muss. Ist das der Fall, kann ein Haken die Richtigkeit verdeutlichen. Ansonsten ist so lange zu suchen, bis der Fehler gefunden ist. Ein Weiterrechnen hat sonst keinen Sinn, da der Fehler mitgeschleppt wird. Die Probe, ob die rekursive Berechnung der Variablen aus dem gestaffelten System richtig ist, kann nur durch Einsetzen in alle Gleichungen der Normalform durchgeführt werden.   ∎

Bemerkung 4.1

Es gibt Anordnungen, die Schreibarbeit sparen, nicht aber den Rechenaufwand reduzieren.

Lineare Abhängigkeiten oder Widersprüche werden durch Zeilen im Laufe der Rechnung sichtbar, in denen links vom Gleichheitszeichen lauter Nullen stehen. In diesem Fall bricht die Rechnung ab.

4.3.2.4 *n* lineare Ungleichungen mit maximal 2 Unbekannten ($n \in \mathbb{N}, n > 2$)

Satz 4.2

Durch eine lineare Ungleichung mit einer oder zwei Variablen wird die kartesische Koordinatenebene in zwei Halbebenen geteilt. Die eine Halbebene enthält nur Punkte, deren Koordinaten die Ungleichung zu einer wahren Aussage machen.

Sie wird zulässige Halbebene genannt.

Die andere Halbebene enthält nur Punkte, deren Koordinaten die Ungleichung in eine falsche Aussage verwandeln.

Sie wird unzulässige Halbebene genannt.

Je nachdem, ob das Gleichheitszeichen in der Ungleichung zugelassen ist oder nicht, gehören die Punkte auf der Geraden selbst zur zulässigen oder unzulässigen Halbebene.

Anwendung findet diese grafische Lösung bei der Darstellung von Lösungsmengen linearer Optimierungsmodelle mit nicht mehr als zwei Entscheidungsvariablen.

Beispiel 4.46

$$\frac{x}{3} + \frac{y}{-2} \leqq 1$$

Zunächst wird der Gleichheitsfall betrachtet (unabhängig davon, ob er in der Ungleichung zugelassen ist oder nicht).

$$\frac{x}{3} + \frac{y}{-2} = 1$$

Die Gerade wird gezeichnet (dünn).
Die Achsenabschnittsform ist günstig (vgl. Abb. 4.9).
Mit einem „Testpunkt" wird die zulässige Halbebene bestimmt. Hierzu eignet sich jeder Punkt, der nicht auf der Geraden liegt. Seine Koordinaten werden in die Ungleichung eingesetzt.
Testpunkt $(0,0)$.

$$0 + 0 \leqq 1$$

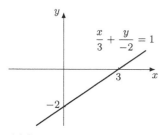

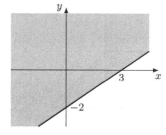

Abb. 4.9   **Abb. 4.10**

Somit liegt der Ursprung in der zulässigen Halbebene. Sie wird schraffiert und die Gerade dick nachgezogen, da sie zur Lösungsmenge gehört (vgl. Abb. 4.10). Ist das Gleichheitszeichen in der gegebenen Ungleichung nicht zugelassen, gehört die Gerade nicht mit zur Lösungsmenge – sie wird gestrichelt gezeichnet. ∎

Satz 4.3
Die Lösungsmenge für ein lineares Ungleichungssystem ist die Durchschnittsmenge der einzelnen Lösungsmengen.

Beispiel 4.47

(1) $y - x \leqq 1$ (3) $x \geqq 0$

(2) $\dfrac{y}{3} + \dfrac{x}{2} \leqq 1$ (4) $y \geqq 0$

Der Lösungsbereich umfasst die Menge der Punkte innerhalb des umrandeten Vierecks sowie die Punkte auf dem Rand selbst (vgl. Abb. 4.11).

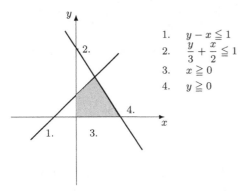

1. $y - x \leqq 1$
2. $\dfrac{y}{3} + \dfrac{x}{2} \leqq 1$
3. $x \geqq 0$
4. $y \geqq 0$

Abb. 4.11

∎

Das angegebene Gleichungssystem enthält weder überflüssige noch sich widersprechende Ungleichungen.

Überflüssig ist eine Ungleichung dann, wenn sie einen Bereich nicht einschränkt (vgl. Abb. 4.12).

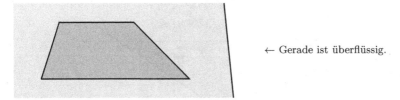

← Gerade ist überflüssig.

Abb. 4.12

Widersprechend ist eine Ungleichung dann, wenn sie sich nicht in einen bereits vorhandenen Bereich einordnen lässt. In dem Fall ist die Lösungsmenge der Ungleichungssysteme die leere Menge (vgl. Abb. 4.13).

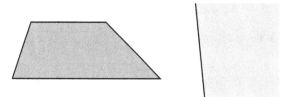

Gerade steht im Widerspruch
zu den anderen vier Geraden.

Abb. 4.13

4.3.3 Quadratische Gleichungen und Ungleichungen

Die quadratische Gleichung hat die allgemeine Form

$$Ax^2 + Bx + C = 0, \qquad A \in \mathbb{R},\ B \in \mathbb{R} \text{ und } C \in \mathbb{R}.$$

Es muss $A \neq 0$ vorausgesetzt werden, um die Existenz des quadratischen Glieds zu sichern.

Ax^2 ist das quadratische, Bx das lineare und C das Absolutglied.

Durch Division mit dem Koeffizienten vor dem quadratischen Glied entsteht aus der allgemeinen Form die Normalform

$$x^2 + \frac{B}{A}x + \frac{C}{A} = 0.$$

Es ist üblich, die Quotienten der Normalform mit neuen Bezeichnungen zu versehen.

$$\frac{B}{A} = p, \quad \frac{C}{A} = q \quad \rightarrow \quad x^2 + px + q = 0$$

Die quadratische Gleichung hat im Bereich der komplexen Zahlen genau zwei Lösungen, die verschieden, aber konjugiert komplex, oder reell und gleich oder verschieden sind.

Eine quadratische Gleichung hat im Bereich der reellen Zahlen keine oder zwei Lösungen, die verschieden oder gleich sind.

Bei der Probe sind mit Ausnahme von reellen Doppellösungen beide Lösungen in die allgemeine Gleichung einzusetzen. Durch das Zeichnen der zugehörigen quadratischen Funktion, deren Bild eine Parabel ist, lässt sich aus der quadratischen Darstellung erkennen, welcher Fall der Lösungsmöglichkeiten vorliegt.

$$Ax^2 + Bx + C = 0 \qquad \text{zugehörige Funktion:} \quad y = Ax^2 + Bx + C$$

1. Fall: zwei reelle, voneinander verschiedene Lösungen (vgl. Abb. 4.14)

$$x^2 - 4x + 3 = 0, \qquad\qquad y = x^2 - 4x + 3$$

Nullstellen der Funktionsgleichung: $x_1 = 1$, $x_2 = 3$.

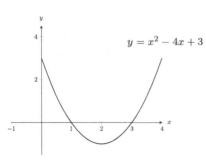

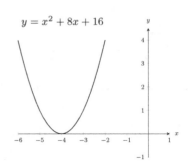

Abb. 4.14   **Abb. 4.15**

2. Fall: zwei reelle, aber gleiche Lösungen   (vgl. Abb. 4.15)

$$x^2 + 8x + 16 = 0, \qquad\qquad y = x^2 + 8x + 16$$

Nullstellen der Funktionsgleichung: $x_1 = -4$, $x_2 = -4$

3. Fall: keine reellen Lösungen   (vgl. Abb. 4.16)

$$x^2 + 8x + 17 = 0 \qquad\qquad y = x^2 + 8x + 17$$

Keine reellen Lösungen, da aus der Bestimmung des Scheitelpunkts und der Parabelöffnung keine Nullstellen erwartet werden können.

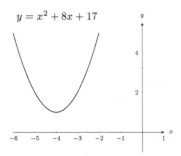

Abb. 4.16

Die Schnittpunkte der Parabel der zu einer quadratischen Gleichung gehörenden Funktion mit der x-Achse geben die Zahl und den Wert der Nullstellen an.

Schneidet ⎫
Berührt   ⎬ die zugehörige Parabel die x-Achse, so hat die quadratische
Meidet   ⎭

Bestimmungsgleichung ⎰ zwei verschiedene reelle Lösungen.
                     ⎨ zwei gleiche reelle Lösungen.
                     ⎩ keine reelle Lösung.

Bei der grafischen Lösung von quadratischen Gleichungen lassen sich nur die reellen Lösungswerte bestimmen. Es gibt dabei zwei Wege.

Beispiel 4.48

$$0,5x^2 - 3,5x + 5,0 = 0$$

Normalform: $\qquad x^2 - 7x + 10 = 0$

zugehörige Funktion: $\qquad y = x^2 - 7x + 10$

1. Weg (vgl. Abb. 4.17)

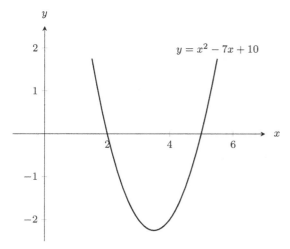

Abb. 4.17

2. Weg (vgl. Abb. 4.18)

Bestimmung des Scheitels, Anlegen der Schablone und Ablesen des Lösungen.	Aufspaltung der Normalform in eine quadratische und eine lineare Funktion
$S = \left[-\dfrac{p}{2}, -\left(\dfrac{p^2}{4} - q \right) \right]$	$x^2 = 7x - 10$
$S = \left(\dfrac{7}{2}, -\dfrac{9}{4} \right)$	Darstellung der Parabel und Geraden
$x_1 = 2$	
$x_2 = 5$	Der Schnittpunkt zwischen den beiden Kurven gibt die Lösungen an.

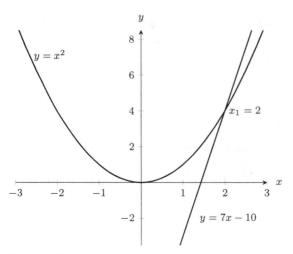

Abb. 4.18

Ausgang für die rechnerische Lösung ist wieder die Normalform.

$$x^2 + px + q = 0$$

Es sind zwei Sonderfälle möglich.

1. Wenn $q = 0$ ist (fehlendes Absolutglied), wird die quadratische Gleichung als gemischte quadratische ohne Absolutglied bezeichnet.
   Die Lösung:

   $$x^2 + px = 0$$
   $$x(x + p) = 0$$

   Ein Produkt ist nur dann gleich null, wenn ein Faktor null ist, woraus für diesen Spezialfall zwei voneinander verschiedene reelle Lösungen folgen:

   $$x_1 = 0$$
   $$x_2 + p = 0 \qquad\qquad x_2 = -p$$

2. Wenn $p = 0$ ist (fehlendes lineares Glied), dann wird die Gleichung als rein-quadratische bezeichnet.

   $$x^2 + q = 0$$
   $$x^2 = -q$$

1. Fall $q < 0$

2. Fall $q > 0$

Es folgt $-q > 0$

Es folgt $-q < 0$

Damit gibt es zwei reelle Lösungen, die sich durch das Vorzeichen unterscheiden.

Damit gibt es zwei imaginäre Lösungen, die sich durch das Vorzeichen unterscheiden.

$x_1 = +\sqrt{-q}$

$x_{1,2} = \sqrt{-q} = \sqrt{-1}\sqrt{q}$

$x_2 = -\sqrt{-q}$

$x_1 = \sqrt{q}i$

$x_2 = -\sqrt{q}i$

Die Radikanden sind in beiden Fällen positiv. ∎

Beispiel 4.49

$$4x^2 - 36 = 0 \qquad\qquad x^2 + 9 = 0$$
$$x^2 - 9 = 0 \qquad\qquad x_1 = \sqrt{9}i = 3i$$
$$x_1 = 3 \qquad\qquad x_2 = -\sqrt{9}i = -3i$$
$$x_2 = -3$$

∎

Die Zusammenfassung beider Spezialfälle $p = q = 0$ führt auf die Gleichung $x^2 = 0$ mit den Lösungen $x_1 = 0$ und $x_2 = 0$.

Der allgemeine Fall der gemischtquadratischen Bestimmungsgleichungen wird nach dem Verfahren der quadratischen Ergänzung behandelt.

$$x^2 + px + q = 0$$

$$x^2 + px + \underbrace{\left(\frac{p}{2}\right)^2 - \left(\frac{p}{2}\right)^2}_{} + q = 0$$

Addition einer Differenz mit dem Wert Null!

Nach der 1. binomischen Formel ergibt sich auf der linken Seite:

$$\left(x + \frac{p}{2}\right)^2 - \left(\frac{p}{2}\right)^2 + q = 0$$

$$\left(x + \frac{p}{2}\right)^2 = \left(\frac{p}{2}\right)^2 - q$$

$$x_{1,2} + \frac{p}{2} = \pm\sqrt{\left(\frac{p}{2}\right)^2 - q}$$

$$x_{1,2} = -\frac{p}{2} \pm \sqrt{\left(\frac{p}{2}\right)^2 - q}$$

Zu beachten ist, dass sich die vorliegende Lösungsformel nur dann anwenden lässt, wenn die Normalform einer quadratischen Gleichung Ausgang für die Lösung ist.

Beispiel 4.50

$$(2x - 5)^2 - (x - 6)^2 = 80$$

$$4x^2 - 20x + 25 - x^2 + 12x - 36 = 80$$

$$3x^2 - 8x - 91 = 0$$

$$x^2 - \frac{8}{3}x - \frac{91}{3} = 0 \qquad \text{Normalform}$$

$$x_{1,2} = -\left(\frac{-\dfrac{8}{3}}{2}\right) \pm \sqrt{\left(\frac{-\dfrac{8}{3}}{2}\right)^2 - \left(\frac{-91}{3}\right)}$$

$$x_{1,2} = \frac{4}{3} \pm \sqrt{\frac{16}{9} + \frac{273}{9}}$$

$$x_{1,2} = \frac{4}{3} \pm \sqrt{\frac{289}{9}}$$

$$x_1 = \frac{4}{3} + \frac{17}{3} = \frac{21}{3} = 7$$

$$x_2 = \frac{4}{3} - \frac{17}{3} = -\frac{13}{3}$$

■

Somit kann die allgemeine Lösungsformel zur Bestimmung der Lösungen von quadratischen Gleichungen in Normalform genutzt werden. Die Durchführung der quadratischen Ergänzung entfällt bei der Anwendung der Lösungsformel.

Einzig und allein der Radikand der Lösungsformel bestimmt die Art der Lösungen einer quadratischen Gleichung.

Der Radikand $\quad \left(\dfrac{p}{2}\right)^2 - q \quad$ wird Diskriminante

(lat. discrimen – Unterschied) genannt.

$$D = \left(\frac{p}{2}\right)^2 - q$$

1. $D > 0$ bedeutet: Es gibt zwei verschiedene reelle Lösungen:

$$\left(\frac{p}{2}\right)^2 > q \qquad x_1 = -\frac{p}{2} + \sqrt{\left(\frac{p}{2}\right)^2 - q}$$

$$x_2 = -\frac{p}{2} - \sqrt{\left(\frac{p}{2}\right)^2 - q}$$

2. $D = 0$ bedeutet: Es gibt zwei gleiche reelle Lösungen:

$$\left(\frac{p}{2}\right)^2 = q \qquad x_1 = -\frac{p}{2} \quad x_2 = -\frac{p}{2}$$

3. $D < 0$ bedeutet: Es gibt zwei zueinander konjugiert komplexe Lösungen:

$$\left(\frac{p}{2}\right)^2 < q \qquad x_{1,2} = -\frac{p}{2} \pm \sqrt{(-1)\left[q - \left(\frac{p}{2}\right)^2\right]}$$

$$x_1 = -\frac{p}{2} + \sqrt{q - \left(\frac{p}{2}\right)^2}\, i$$

$$x_2 = -\frac{p}{2} - \sqrt{q - \left(\frac{p}{2}\right)^2}\, i$$

In diesem Fall ist der Radikand ebenfalls positiv.

Aus den Koordinaten des Scheitelpunkts ist ersichtlich, welcher Lösungsfall vorliegt.
Ausgehend von der Normalform hat er die Koordinaten

$$x_s = -\frac{p}{2} \qquad\qquad y_s = -\left(\frac{p^2}{4} - q\right)$$

Bemerkung 4.2
Liegt die Parabel nicht in der Normalform vor, so kann der Scheitel durch Extremwertbestimmung ermittelt werden.

Die Koordinate y_s ist genau dann negativ, wenn die Diskriminante positiv ist. Das bedeutet die Übereinstimmung der gegebenen Lösungsaussagen.
Die nach dem französischen Mathematiker Viète (1540–1603) benannten Sätze geben einen Zusammenhang zwischen Lösungen und Koeffizienten der Normalform an.
Vieta'scher Wurzelsatz für quadratische Gleichungen in Normalform:

$$x_1 + x_2 = -p$$

$$x_1 x_2 = q$$

Die Summe der beiden Lösungen einer quadratischen Gleichung ergibt den negativen Koeffizienten des linearen Glieds der Normalform und das Produkt das absolute Glied.

Eingesetzt in die Normalform entsteht daraus die sogenannte Produktdarstellung einer quadratischen Gleichung.

$$x^2 + px + q = 0$$
$$x^2 - (x_1 + x_2)x + x_1 x_2 = 0$$
$$(x - x_1)(x - x_2) = 0$$

Die Faktoren auf der linken Seite heißen Wurzelfaktoren oder Linearfaktoren. Die Zerlegung ist nur im Fall von reellen Lösungen sinnvoll.

Beispiel 4.51
(vgl. Beispiel 4.50)   ■

$$x^2 - \frac{8}{3}x - \frac{91}{3} = (x - 7)\left(x + \frac{13}{3}\right)$$

Somit kann der Wurzelsatz von Viète zur Durchführung der Probe, zur Produktdarstellung der quadratischen Gleichung und zur Berechnung der quadratischen Gleichung, deren Lösungen gegeben sind, angewandt werden.

Beispiel 4.52
1. $x^2 + x - 20 = 0$ hat die Lösungen $x_1 = -5$, $x_2 = 4$, weil $(-5) \cdot 4 = -20$ und $-(-5 + 4) = 1$ ist.
2. $x^2 + x - 12 = 0$ hat die Produktdarstellung $(x + 4)(x - 3) = 0$, weil die Lösungen $x_1 = -4$ und $x_2 = 3$ sind.
3. Die Lösungen $x_1 = \dfrac{3}{5}$ und $x_2 = -2$ führen zu folgender zugehöriger quadratischen Gleichung:

   Produktform: $\left(x - \frac{3}{5}\right)(x + 2) = 0$

   Normalform: $x^2 + \frac{7}{5}x - \frac{6}{5} = 0$ ■

In einigen Fällen können zunächst nicht als quadratische Gleichungen erkennbare auf solche zurückgeführt werden. Hierbei ist wieder genau auf den Definitionsbereich der gegebenen Gleichung zu achten.

Beispiel 4.53
Biquadratische Gleichungen enthalten nur die Glieder x^4, x^2 und ein Absolutglied. Durch die Substitution von $z = x^2$ lassen sie sich auf quadratische Gleichungen zurückführen und die Lösungen durch die Rücksubstitution $x = \pm\sqrt{z}$ bestimmen.

Biquadratische Gleichungen haben stets 4 Lösungen; sie müssen aber nicht notwendigerweise verschieden sein.

$$x^4 - 13x^2 + 36 = 0$$
$$z^2 - 13z + 36 = 0$$

$z_1 = 9$	$x_1 = -3$	$x_2 = 3$
$z_2 = 4$	$x_3 = -2$	$x_4 = 2$

∎

Beispiel 4.54
Gleichungen, die neben x nur die Variable in der Form $\sqrt{x}$ enthalten, werden durch Substitution $z = \sqrt{x}$ gelöst.
Zu beachten ist, dass die Gleichung nur für $x \geq 0$ definiert ist.

$$x - 6\sqrt{x} + 9 = 0$$
$$z = \sqrt{x}$$
$$z^2 - 6z + 9 = 0$$

$z_1 = 3,$	$z_2 = 3,$	$x = 9$

Dieser Wert gehört zum Definitionsbereich der gegebenen Gleichung. ∎

Gerade im Beispiel 4.54 ist die Probe auszuführen.

4.3.4 Polynomgleichungen

Ganz rationale Gleichungen in der Darstellung

$$a_n x^n + a_{n-1} x^{n-1} + \dots + a_1 x + a_0 = 0 \qquad a_i \in \mathbb{R} \qquad \text{und} \qquad a_n \neq 0$$

sind Polynome n-ten Grades. C. F. Gauß gab 1799 in seiner Dissertation den ersten vollständigen Beweis des Fundamentalsatzes der Algebra.
Dieser besagt, dass ein Polynom n-ten Grades wenigstens eine Lösung im Bereich der komplexen Zahlen hat. Es sind, wie sich aus der Produktdarstellung eines Polynoms n-ten Grades zeigt, genau n Lösungen. Diese Lösungen können komplex oder reell sein.
Komplexe Lösungen treten immer paarweise auf. Mit jeder komplexen Lösung ist auch die zugehörige konjugiert komplexe Zahl eine Lösung. Zwei komplexe Zahlen bilden in der Produktdarstellung einen Quadratfaktor mit reellen Koeffizienten.

Reelle Lösungen werden in der Produktdarstellung als Linearfaktoren dargestellt. Reelle Lösungen können übereinstimmen. In diesem Fall entspricht einer k-fachen reellen Lösung x_i die Faktorpotenz

$$(x - x_i)^k.$$

Aus dem Wurzelsatz von Viète kann abgeleitet werden:

Satz 4.4

Hat eine Gleichung n-ten Grades in Normalform ($a_n = 1$) mit ganzzahligen Koeffizienten eine ganzzahlige Lösung, so ist sie als Teiler im absoluten Glied enthalten.

Die Gleichung 2. Grades (quadratische Gleichung), 3. Grades (kubische Gleichungen) und die Gleichung 4. Grades können durch geschlossene Wurzelterme angegeben werden.

Diese Darstellungen, die für die Gleichung 3. Grades von G. Cardano (1501–1576) veröffentlicht wurde und für die Gleichung 4. Grades von L. Ferrari (1522–1565) entdeckt wurde, haben aufgrund ihres Umfangs nur noch historische Bedeutung. Oft ist der genaue Wert der Lösungen auch gar nicht interessant, und so genügen (vor allem bei irrationalen Lösungen) nur hinreichend genaue Näherungswerte.

H. Abel (1802–1829) zeigte, dass die allgemeine Gleichung mit einer Gradzahl größer als 4 nicht mehr durch eine Formel mit Wurzelausdrücken zu lösen ist. Spezielle Typen von Gleichungen höheren Grades wurden durch E. Galois (1811–1832) in Gruppen eingeteilt, deren Struktur erkennen lässt, ob eine Gleichung durch Radikale lösbar ist.

Wichtig ist für die praktische Lösung, dass komplexe Lösungen immer paarweise auftreten. Daraus ergibt sich, dass Polynome mit ungerader Gradzahl mindestens eine reelle Lösung haben müssen.

Die zugehörige Funktion

$$y = a_n x^n + a_{n-1} x^{n-1} + \cdots + a_1 x + a_0$$

ist stetig.

Vorläufige und ungenaue Erläuterung des Begriffs stetig:

Das Kurvenbild einer stetigen Funktion lässt sich in einem durchgängigen Kurvenzug (keine Lücken) und ohne abzusetzen (keine Sprünge) zeichnen.

Aus diesem Sachverhalt folgt: Wenn zwei Funktionswerte $y(x_a)$ und $y(x_b)$ gefunden werden, die unterschiedliche Vorzeichen haben.

$$y(x_a) \cdot y(x_b) < 0,$$

so gibt es mindestens eine Stelle x mit $x_a < x < x_b$.

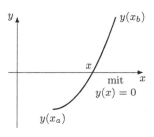 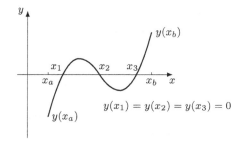

Abb. 4.19

Diese Stelle ist eine Lösung der Gleichung n-ten Grades (vgl. Abb. 4.19).
Bei der praktischen Berechnung zeigt sich das von G. Horner (1786–1837) entwickelte und nach ihm benannte Schema als sehr wirksam. Mit ihm können die Funktionswerte von ganzen rationalen Funktionen berechnet, die Partialdivision ersetzt und Nullstellen berechnet werden. Ebenfalls kann bei Nullstellen das im Grad um eine ganze Zahl reduzierte Polynom abgelesen werden.

Beispiel 4.55

1.

$$y = x^3 - 4x^2 + 7x - 6$$

$$x = 3 \qquad\qquad y(3) = 6$$

$$x^3 - 4x^2 + 7x - 6 = (x^2 - x + 4)(x - 3) + \frac{6}{x-3}$$

$$
\begin{array}{c|ccc|c}
 & 1 & -4 & 7 & -6 \\
 & - & 3 \;\;+ & -3 & 12 \\
\hline
3 & 1 & -1 & 4 & 6 \\
 & & & & \text{Rest}
\end{array}
$$

reduziertes Polynom
$(3 - 1) = 2.$ Grades

2.

$$y = x^3 - 4x^2 + 7x - 6$$

$$x = 2$$

$$
\begin{array}{c|cccc}
 & 1 & -4 & 7 & -6 \\
 & - & 2 & -4 & 6 \\
\hline
2 & 1 & -2 & 3 & 0 \\
 & & & & \text{Rest}
\end{array}
$$

$$x^3 - 4x^2 + 7x - 6 = (x^2 - 2x + 3)(x - 2)$$

reduziertes Polynom 2. Grades

∎

Das Prinzip des Hornerschemas beruht auf partiellem Ausklammern und dadurch Rückführung der Potenzrechnung auf Multiplikation und Addition.

Im 1. Beispiel: $y(3) = 3\{3[3 \cdot 1 + (-4)] + 7\} + (-6)$

Drei Bemerkungen zu der äußerst nützlichen Verwendung des Hornerschemas:

1. Es ist zu beachten, dass fehlende Potenzen der Variablen durch die Koeffizienten null in der Kopfzeile des Hornerschemas zu berücksichtigen sind.

Beispiel 4.56

$$x^7 + 4x^5 - x^2 + 2 = 0$$

Kopfzeile des Schemas

	x^7	x^6	x^5	x^4	x^3	x^2	x^1	x^0
	1	0	4	0	0	-1	0	2
	$-$	-2	4	-16	32	-64	130	-260
-2	1	-2	8	-16	32	-65	130	-258

∎

2. Es muss nicht von der Normalform der Gleichung n-ten Grades ausgegangen werden. In diesem Fall ist der erste Koeffizient in der Kopfzeile des Hornerschemas ungleich 1.

Beispiel 4.57

$$0{,}2x^4 - 0{,}1x^3 + 0{,}2x^2 - 4{,}6 = 0$$

	0,2	$-0,1$	0,2	0,0	$-4,6$
	$-$	$-0,4$	1,0	$-2,4$	4,8
-2	0,2	$-0,5$	1,2	$-2,4$	0,2

∎

3. Das Hornerschema ist hervorragend zur Rechnung mit dem Taschenrechner geeignet, wobei eine eventuell vorhandene Konstantenautomatik die Multiplikation zusätzlich vereinfacht. Auch der Speicher kann sehr dienlich eingesetzt werden.

Da Verfahren, die auf eine Formellösung von Polynomen n-ten Grades hinauslaufen, entweder zu unhandlich sind oder gar nicht existieren (Grad größer als 4), gibt es eine Reihe von Näherungsverfahren. Durch den Einsatz der Taschenrechner sind einfache, universell anwendbare Verfahren möglich, die allerdings einen relativ hohen Rechenaufwand bedingen.

1. Halbierungsmethode

Aus einer grafischen Darstellung (Wertetabelle wird mit dem Hornerschema berechnet) werden zwei x-Werte abgelesen, die Funktionswerte mit unterschiedlichem Vorzeichen ergeben. Das Intervall wird nun halbiert und zu dem mittleren x-Wert der Funktionswert bestimmt.

Dieser x-Wert und der Randwert, dessen Funktionswert dazu ein unterschiedliches Vorzeichen besitzt, bilden das neue Intervall, in dem die Halbierung fortgesetzt wird.

Von Schritt zu Schritt vermindert sich der Fehler der Lösung um die Hälfte. Die Näherungsverfahren gestatten es, den Anfangswert der Lösung so zu ermitteln, dass jeder Fehler unterschritten wird.

2. Sekantennäherungsverfahren

Der Kurvenbogen zwischen zwei Funktionswerten mit unterschiedlichen Vorzeichen wird durch die Sekante (Sehne) ersetzt (vgl. Abb. 4.20).

Die zwei Näherungswerte x_a und x_b mit ihren Funktionswerten ergeben die Gleichung der Sehne

$$\frac{y - y(x_a)}{x - x_a} = \frac{y(x_b) - y(x_a)}{x_b - x_a}.$$

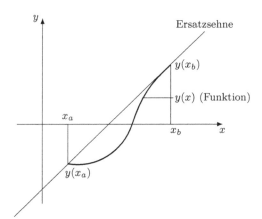

Abb. 4.20

Für $y = 0$ (Nullstelle der Sehne) ergibt sich der neue Näherungswert

$$x = x_a - y(x_a)\frac{x_b - x_a}{y(x_b) - y(x_a)}$$

oder $\qquad x = x_a - \dfrac{y(x_a)}{m} \qquad$ mit $\qquad m = \dfrac{y(x_b) - y(x_a)}{x_b - x_a} = \dfrac{\Delta y}{\Delta x}$

x_a oder x_b wird durch x ersetzt, so dass sich die zugehörigen Funktionswerte im Vorzeichen unterscheiden.

Das Verfahren wird so lange fortgesetzt, bis eine gegebene Genauigkeit erreicht ist.

Beispiel 4.58

$x^3 - 11x + 8 = 0$ ist ein Polynom 3. Grades, das mindestens eine reelle Nullstelle hat.

$$y(0) = 8$$
$$y(1) = -2$$

Zwischen $x_a = 0$ und $x_b = 1$ liegt eine reelle Nullstelle.

$$x = 0 - 8 \cdot \frac{1-0}{-2-8} = \frac{4}{5} = 0,8$$

	1	0	−11	8
−		0,8	0,64	−8,288
0,8	1	0,8	−10,36	−0,288

Dieser Wert ist negativ, so dass $x_b = 0,8$ wird.

$$y(0) = 8$$
$$y(0,8) = -0,288$$

Zwischen $x_a = 0$ und $x_b = 0,8$ liegt eine reelle Nullstelle.

$$x = 0 - 8 \cdot \frac{0,8 - 0}{-0,288 - 8} = 0 + 0,772 = +0,772$$

	1	0	−11	8
−		0,772	0,596	−8,032
0,772	1	0,772	−10,404	−0,032

Der Wert ist negativ, so dass $x_b = 0,772$ wird.

$$y(0) = 8$$
$$y(0,772) = -0,032$$

Zwischen $x_a = 0$ und $x_b = 0{,}772$ liegt eine reelle Nullstelle.

$$x = 0 - 8 \cdot \frac{0{,}772 - 0}{-0{,}032 - 8} = 0{,}769$$

	1	0	−11	8
−		0,769	0,591	−8,004
0,769	1	0,769	−10,409	−0,004

Der Wert ist negativ, so dass $x_b = 0{,}769$ wird.

$$y(0) = 8$$
$$y(0{,}769) = -0{,}004$$

Zwischen $x_a = 0$ und $x_b = 0{,}769$ liegt eine reelle Nullstelle.

$$x = 0 - 8 \cdot \frac{0{,}769 - 0}{-0{,}004 - 8} = 0{,}769$$

Die Verbesserung ist im Rahmen der zur Rechnung mitgeführten Kommastellung nicht mehr möglich.
Näherungswert für eine reelle Nullstelle (Lösung):

$$x = 0{,}769$$

∎

3. Tangentenverfahren – Newton'sches Verfahren
I. Newton (1643–1727)
In einer hinreichenden Nähe der Nullstelle wird eine Tangente an die Funktionskurve gelegt und der Schnittpunkt mit der x-Achse berechnet (vgl. Abb. 4.21).

Tangente (Ersatzfunktion)
Gleichung der Tangente:

$$y'(x_a) = \frac{y - y(x_a)}{x - x_a}$$

Nullstelle der Tangente:

$$x = x_a - \frac{y(x_a)}{y'(x_a)}$$

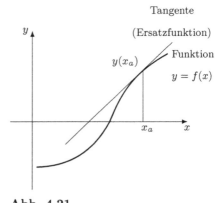

Abb. 4.21

Die Lösung x ist eine bessere Näherung als x_a, wenn das Verfahren konvergiert.

$$\text{Konvergenzbedingung} \qquad \left| \frac{f(x)f''(x)}{[f'(x)]^2} \right| < 1$$

x_a wird bei Konvergenz durch x ersetzt.

Im Unterschied zum Sekantenverfahren wird nur ein Näherungswert benötigt. Dafür sind Kenntnisse aus der Differenzialrechnung erforderlich. Allerdings kann der Wert für die Ableitung an der Stelle x ebenfalls aus dem Hornerschema abgelesen werden.

Beispiel 4.59

$$y = 4x^3 - 2x^2 + 4x - 5$$

Stelle $x = 5$

	4	-2	4	-5	
	$-$	20	90	470	
5	4	18	94	$465 = f(5)$
	$-$	20	190		
5	4	38	$284 = f'(5)$		

Beispiel 4.60

Es ist eine reelle Nullstelle der Gleichung $x^4 + x^2 - 7x - 11 = 0$ zu bestimmen. Da der Grad 4 eine gerade Zahl ist, muss es eine solche Nullstelle nicht geben. $x = 2$ (beliebiger Anfangswert, etwa aus der grafischen Darstellung entnommen)

	1	0	1	-7	-11
	$-$	2	4	10	6
2	1	2	5	3	$-5 = f(2)$
	$-$	2	8	26	
2	1	4	13	$29 = f'(2)$	

$$x = 2 - \frac{-5}{29} = 2{,}172$$

	1,000	0,000	1,000	−7,000	−11,000
	−	2,172	4,718	12,419	11,769
2,172	1,000	2,172	5,718	5,419	0,769
	−	2,172	9,435	32,912	
2,172	1,000	4,344	15,153	38,331	

$$x = 2{,}172 - \frac{0{,}769}{38{,}331} = 2{,}152$$

	1,000	0,000	1,000	−7,000	−11,000
	−	2,152	4,631	12,118	11,014
2,152	1,000	2,152	5,631	5,118	0,014
	−	2,152	9,262	32,050	
2,152	1,000	4,304	14,893	37,168	

$$x = 2{,}152 - \frac{0{,}014}{37{,}168} = 2{,}152$$

∎

Eine weitere Verbesserung ist möglich, würde aber wesentlich mehr Kommastellen erfordern.

Alle Bruchgleichungen können durch die Multiplikation mit dem Hauptnenner auf Polynomgleichungen n-ten Grades zurückgeführt werden.

Wurzelgleichungen können durch (eventuell mehrfaches) Quadrieren in Polynomgleichungen verwandelt werden. Dabei ist auf die Beschränkung des Definitionsbereichs durch die Radikanden zu achten.

4.3.5 Wurzelgleichungen

Gleichungen, in denen die Variablen im Radikanden von Wurzeln stehen, können durch Potenzieren auf Polynome n-ten Grades zurückgeführt werden.

Die Probe ist bei diesen Gleichungen unbedingt erforderlich, da sie nicht nur die Rechnungen überprüft, sondern auch zeigt, ob die Lösungen der Polynomgleichung auch Lösungen der Wurzelgleichung sind (eingeschränkter Definitionsbereich).

Beispiel 4.61

$$x + 2 - \sqrt{2x^2 - 2x + 12} = 0 \qquad \text{Wurzel isolieren}$$
$$x + 2 = \sqrt{2x^2 - 2x + 12} \qquad \text{Quadrieren}$$
$$(x + 2)^2 = 2x^2 - 2x + 12$$
$$x^2 + 4x + 4 = 2x^2 - 2x + 12 \qquad \text{quadratische Gleichung}$$
$$x^2 - 6x + 8 = 0 \qquad \text{Normalform}$$
$$x_{1,2} = 3 \pm \sqrt{9 - 8}$$
$$x_1 = 4$$
$$x_2 = 2$$

$$4 + 2 - \sqrt{32 - 8 + 12} = 6 - 6 = 0$$
$$2 + 2 - \sqrt{8 - 4 + 12} = 4 - 4 = 0$$

Beide Werte sind tatsächlich Lösungen der Gleichung, da sie zum Definitionsbereich der Gleichung gehören. ∎

Beispiel 4.62

$$\sqrt{2x - 1} - \sqrt{x - 4} = 2 \qquad \text{eine Wurzel isolieren}$$
$$\sqrt{2x - 1} = 2 + \sqrt{x - 4} \qquad \text{1. Quadrieren}$$
$$2x - 1 = 4 + 4\sqrt{x - 4} + x - 4 \qquad \text{Wurzel isolieren}$$
$$x - 1 = 4\sqrt{x - 4} \qquad \text{2. Quadrieren}$$
$$x^2 - 2x + 1 = 16(x - 4) \qquad \text{quadratische Gleichung}$$
$$x^2 - 18x + 65 = 0 \qquad \text{Normalform}$$
$$x_{1,2} = 9 \pm \sqrt{81 - 65}$$
$$x_1 = 13$$
$$x_2 = 5$$

$$\sqrt{26 - 1} - \sqrt{9} = \sqrt{25} - \sqrt{9} = 2 = 2$$
$$\sqrt{10 - 1} - \sqrt{5 - 4} = 3 - 1 = 2 = 2$$

Beide Werte sind tatsächlich Lösungen der Gleichung. ∎

Beispiel 4.63

$$\sqrt{x + 2 - \sqrt{2x - 6}} = 2 \qquad \text{1. Quadrieren}$$
$$x + 2 - \sqrt{2x - 6} = 4 \qquad \text{Wurzel isolieren}$$
$$x - 2 = \sqrt{2x - 6} \qquad \text{2. Quadrieren}$$
$$(x - 2)^2 = 2x - 6 \qquad \text{quadratische Gleichung}$$
$$x^2 - 6x + 10 = 0$$
$$x_{1,2} = 3 \pm \sqrt{9 - 10} \qquad \text{Es existiert keine reelle Lösung.}$$
$$x_{1,2} = 3 \pm \sqrt{-1}$$

∎

4.3.6 Transzendente Gleichungen

4.3.6.1 Vorbemerkungen

Transzendente Gleichungen lassen sich meist nur durch Näherungsverfahren lösen. Dazu kann beispielsweise das Newton'sche Näherungsverfahren herangezogen werden, wozu allerdings Kenntnisse aus der Differenzialrechnung nötig sind. Die Lösung durch Näherungsverfahren erfordert immer eine Anfangslösung, die meist auf grafischem Weg bestimmt wird.

1. Weg (vgl. Abb. 4.22): Aufstellen der Wertetafel und Ablesen der möglichen Nullstellen als Näherungswerte.

2. Weg (vgl. Abb. 4.23): Aufspalten der Gleichung in zwei gleiche Teile, die als Funktionsgleichung leicht gezeichnet werden können.

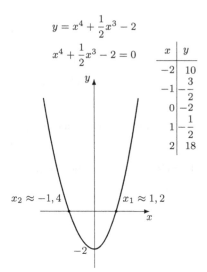

$$y = x^4 + \frac{1}{2}x^3 - 2$$

$$x^4 + \frac{1}{2}x^3 - 2 = 0$$

x	y
-2	10
-1	$-\dfrac{3}{2}$
0	-2
1	$-\dfrac{1}{2}$
2	18

$x_2 \approx -1,4$ $x_1 \approx 1,2$

Abb. 4.22

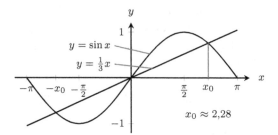

$y = \sin x$

$y = \frac{1}{3}x$

$x_0 \approx 2{,}28$

Abb. 4.23

	1	0,5	0	0	-2
	$-$	1,2	2,04	2,448	2,94
1,2	1	1,7	2,04	2,448	0,94

	1	0,5	0	0	-2
	$-$	$-1,4$	1,26	$-1,764$	2,4696
$-1,4$	1	$-0,9$	1,26	$-1,764$	0,4696

Dieser Weg wurde an einem Polynom gezeigt, um den Vorteil des Hornerschemas bei der Aufstellung der Wertetafel zu nutzen.

In Spezialfällen können die Lösungen von transzendenten Gleichungen durch Rückführung auf algebraische Gleichungen bestimmt werden. Einige Möglichkeiten werden in den Abschnitten 4.3.6.2, 4.3.6.3 und 4.3.6.4 angegeben.

4.3.6.2 Exponentialgleichungen

Bestimmungsgleichungen, bei denen die Variable mindestens einmal im Exponenten eine Potenz vorkommt, heißen Exponentialgleichungen.
Exponentialgleichungen werden im Regelfall durch Logarithmieren gelöst, da durch diese Rechenoperation der Exponent bestimmt wird.

Beispiel 4.64

$$3{,}24^x = 10{,}28$$

$$x \ln 3{,}24 = \ln 10{,}28$$
$$x = \frac{\ln 10{,}28}{\ln 3{,}24}$$
$$x \approx 1{,}98$$

■

Satz 4.5
Lassen sich beide Seiten einer Exponentialgleichung als Potenz der gleichen Basis darstellen, so müssen die Exponenten gleich sein (Exponentenvergleich).

$$a^x = a^b \to x = b$$

Beispiel 4.65

$$a^2 a^{3x-4} = a \sqrt[x]{a^3}$$
$$a^{2+3x-4} = a^1 a^{\frac{3}{x}}$$
$$a^{3x-2} = a^{1+\frac{3}{x}}$$

Exponentenvergleich: $3x - 2 = 1 + \dfrac{3}{x}$

$$3x^2 - 2x = x + 3$$

$$3x^2 - 3x - 3 = 0$$

$$x^2 - x - 1 = 0$$

$$x_{1,\,2} = \frac{1}{2} \pm \sqrt{\frac{1}{4} + 1}$$

$$x_1 = \frac{1 + \sqrt{5}}{2} \qquad\qquad x_2 = \frac{1 - \sqrt{5}}{2}$$

$$x_1 \approx 1{,}62 \qquad\qquad x_2 \approx -0{,}62$$

∎

4.3.6.3 Logarithmengleichungen

Bestimmungsgleichungen bei denen die Variable mindestens einmal im Argument eines Logarithmus auftritt, heißen Logarithmengleichungen.
Logarithmengleichungen werden im Regelfall durch Potenzieren gelöst.

Beispiel 4.66

$$\ln x^5 = \ln x^3 + 4$$

$$5\ln x = 3\ln x + 4$$

$$2\ln x = 4$$

$$\ln x = 2$$

$$x = e^2$$

$$x \approx 7{,}389$$

∎

Satz 4.6
Können beide Seiten einer Logarithmengleichung unter einen Logarithmus zur gleichen Basis zusammengefasst werden, so sind die Numeri gleich.

$$\log_a x = \log_a b \rightarrow x = b$$

Beispiel 4.67

$$3 \log_a x + \log_a 10 = 2 \log_a 5$$
$$\log_a x^3 = \log_a 25 - \log_a 10$$
$$\log_a x^3 = \log_a 2{,}5$$
$$x^3 = 2{,}5$$
$$x \approx 1{,}36$$

∎

4.3.6.4 Trigonometrische Gleichungen

In trigonometrischen Bestimmungsgleichungen tritt die Variable mindestens einmal im Argument einer trigonometrischen Funktion auf.

Bedingt durch die Periodizität der trigonometrischen Funktionen hat eine Bestimmungsgleichung dieser Art mit einer Variablen unendlich viele Lösungen, die durch Addition von ganzzahligen Vielfachen der Periodenzahl entstehen. Lösungen im Bereich $0 \leqq x < 2\pi$ heißen Hauptwerte der Lösung.

Aus der Vielzahl der möglichen trigonometrischen Gleichungen sollen hier nur einfachste Fälle gelöst werden.

1. Bestimmungsgleichungen mit nur einer trigonometrischen Funktionsart und einfachem Argument

Beispiel 4.68

$$\tan^2 x - \tan x + \frac{1}{4} = 0$$

Substitution $\tan x = z$

$$z^2 - z + \frac{1}{4} = 0$$
$$z_{1,2} = \frac{1}{2} \pm \sqrt{\frac{1}{4} - \frac{1}{4}}$$
$$z = \frac{1}{2}$$
$$x = \arctan \frac{1}{2}$$
$$x_1 \approx 26{,}57°$$
$$x_2 \approx 206{,}57°$$

x_1 und x_2 sind die Hauptwerte der Lösung.

Allgemeine Lösung: $x \approx 26{,}57° + k180°$ $\qquad k \in \mathbb{Z}$

Einsetzen in die Ausgangsgleichung bestätigt die Richtigkeit der Lösung.

∎

2. Bestimmungsgleichungen enthalten mehrere trigonometrische Funktionsarten, aber mit einfachem Argument.

Beispiel 4.69

$$-2\cos x + \sin x = 0 \quad |:\cos x, \quad \text{da} \quad \cos x \neq 0.$$

$$-2 + \frac{\sin x}{\cos x} = 0 \qquad\qquad \frac{\sin x}{\cos x} = \tan x$$

$$\left.\begin{array}{l} x = 90° \\ x = 270° \end{array}\right\} \quad \text{sind keine Lösungen}$$

$$\tan x = 2$$
$$x = \arctan 2$$
$$x_1 \approx 63{,}43°$$
$$x_2 \approx 243{,}43°$$

x_1 und x_2 sind die speziellen Lösungen.

$$x \approx 63{,}43° + k180° \in \mathbb{Z} \qquad \text{ist die allgemeine Lösung.}$$

■

3. Bestimmungsgleichungen enthalten mehrere trigonometrische Funktionsarten mit Summen und Differenzen im Argument.

Beispiel 4.70

$$\sin(30° + x) = \cos(30° - x)$$
$$\sin 30° \cos x + \cos 30° \sin x = \cos 30° \cos x + \sin 30° \sin x$$
$$\frac{1}{2}\cos x + \frac{1}{2}\sqrt{3}\sin x = \frac{1}{2}\sqrt{3}\cos x + \frac{1}{2}\sin x$$
$$(\sqrt{3} - 1)\sin x = (\sqrt{3} - 1)\cos x \qquad\qquad \cos x \neq 0$$
$$\frac{\sin x}{\cos x} = \tan x = 1 \qquad\qquad \sqrt{3} - 1 \neq 0$$

spezielle Lösungen: $x_1 = \dfrac{\pi}{4}$ $\quad x_2 = \dfrac{5}{4}\pi$

allgemeine Lösung: $x = \dfrac{\pi}{4} + k\pi$ $\quad k \in \mathbb{Z}$

■

Allgemeine Hinweise bei der Lösung trigonometrischer Gleichungen:

- Die Gleichung ist so umzuformen, dass alle Funktionen das gleiche Argument besitzen.
- Die Gleichung ist so umzuformen, dass nur noch eine trigonometrische Funktionsart auftritt.
- Um den Hauptwert (spezielle Lösungen) zu bestimmen, ist es notwendig, sich auf einen bestimmten Lösungsbereich zu beschränken (Hauptwert $0 \leqq x < 2\pi$).

Es kann der Fall eintreten, dass im Verlauf der Lösung Ergebnisse herauskommen, die im Bereich der reellen Zahlen möglich sind, aber beim Einsetzen in die trigonometrischen Gleichungen versagen.

Es gibt Lösungen, die zwar die trigonometrische Gleichung erfüllen, auf dem algebraischen Weg der Lösung jedoch weggefallen sind.

Bei trigonometrischen Gleichungen bleibt vielfach nur die Möglichkeit, eine Anfangslösung grafisch zu ermitteln, um damit das Näherungsverfahren zu beginnen.

5 Geometrie

Übersicht

5.1   Planimetrie

5.1.1   Begriffe und geometrische Grundelemente

Gegenstände aus unserer Umwelt haben setes drei Dimensionen: *Höhe, Breite, Länge.* Die Planimetrie (griech. Lehre von der Messung der Flächen) als Teilgebiet der Geometrie ermöglicht jedoch durch die Untersuchung von zweidimensionalen Gebilden ein tieferes Verstehen der dreidimensionalen Umwelt. Die Ebene (Zeichenebene) wird bei allen Untersuchungen der Planimetrie als gegeben vorausgesetzt.

Punkt und Geraden sind die Grundelemente der Geometrie. Für diese Grundbegriffe gibt es keine exakte mathematische Definition. Sie werden als primitive Ausdrücke bezeichnet. In den Grundlagen der Geometrie werden Beziehungen zwischen diesen beiden Begriffen hergestellt.

In den ersten 6 Bänden von Euklids Elementen (insgesamt 13 Bände) sind die Grundlagen der Planimetrie der Antike enthalten, wie sie bis in die jüngste Vergangenheit (bis Ende des 19. Jahrhunderts) alleinige Grundlagen für die Lösung planimetrischer Probleme darstellen. Es wird an dieser Stelle ein axiomatisch-deduktiver Aufbau der Geometrie vorgenommen.

Versuche, das 11. Axiom von Euklid zu beweisen (Parallelenaxiom), führten im vorigen Jahrhundert zur nichteuklidischen Geometrie.

Moderne Untersuchungen zeigen, dass die drei sogenannten „klassischen Probleme" der antiken Geometrie im Rahmen der euklidischen Geometrie mit Zirkel und Lineal nicht gelöst werden können.

Dieses sind:

© Springer-Verlag GmbH Deutschland, ein Teil von Springer Nature 2018
G. Höfner, *Mathematik-Fundament für Studierende aller Fachrichtungen,*
https://doi.org/10.1007/978-3-662-56531-5_5

1. Dreiteilung des Winkels (Trisektion des Winkels)
2. Verdoppelung des Würfelinhalts (Konstruktion eines Würfels mit doppeltem Rauminhalt)
3. Quadratur des Kreises (Konstruktion eines zu einem Kreis flächengleichen Quadrats)

Geometrische Begriffe werden nach ihren Dimensionen eingeteilt.

Dimension 0	Punkt
Dimension 1	Gerade begrenzt durch einen Punkt: Strecke
	allgemein: Linie
Dimension 2	Ebene begrenzt durch Linie: Figur
	allgemein: Fläche
Dimension 3	Raum begrenzt durch Fläche: Körper

In der Planimetrie werden geometrische Gebilde bis zur Dimension 2 behandelt. Die verwendeten Maßeinheiten sind m und m^2.
In der Stereometrie werden geometrische Gebilde der Dimension 3 behandelt. Die verwendete Maßeinheit ist m^3.
In der Geometrie können alle Begriffe auf Punkte, Linien und Flächen zurückgeführt werden.
Punkte werden mit großen lateinischen Buchstaben bezeichnet und durch einen kleinen Kreis (Nullkreis) oder als Schnittpunkt von zwei Geraden dargestellt (vgl. Abb. 5.1).

Abb. 5.1

Auch der Begriff der Geraden wird nicht weiter definiert. Aus der Erfahrung gilt als gesichert, dass

- zwischen zwei Punkten nur eine Gerade liegen kann,
- die kürzeste Verbindung zwischen zwei Punkten die Gerade ist.

Beziehungen zwischen Punkten und Geraden

Ein Punkt ist als Schnittpunkt von zwei Geraden bestimmt.

Eine Gerade ist als Verbindungslinie zwischen zwei Punkten bestimmt.

Durch einen Punkt lassen sich beliebig viele Geraden legen.

Auf einer Geraden lassen sich beliebig viele Punkte festlegen.

5.1.2 Geraden, Strecken und Winkel

Darstellung von Geraden, Strahlen und Strecken in Abb. 5.2. Jede Strecke hat eine Länge. Um diese Länge zu ermitteln, wird festgestellt, wie oft eine als verbindliche Maßeinheit vorgegebene Strecke in ihr enthalten ist. Diese verbindliche Maßeinheit ist:

> 1 Meter

Das Meter ist die Länge der Strecke, die Licht im Vakuum während der Dauer von $1/299\,792\,458$ Sekunden durchläuft.

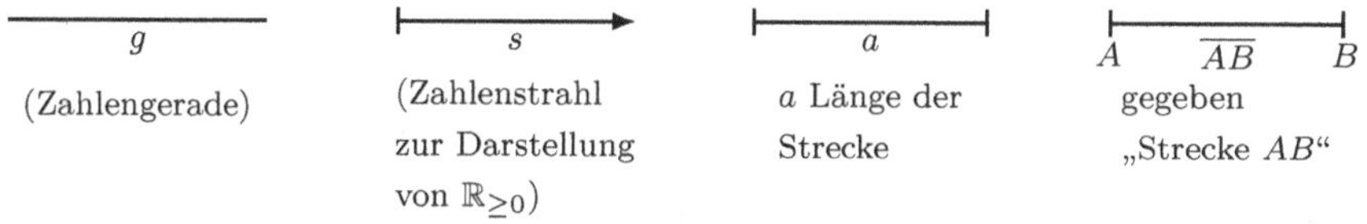

g	s	a	$A \quad \overline{AB} \quad B$
(Zahlengerade)	(Zahlenstrahl zur Darstellung von $\mathbb{R}_{\geq 0}$)	a Länge der Strecke	gegeben „Strecke AB"

Abb. 5.2

Kilometer	km	$1000\,\text{m}$	$=$	$10^3\,\text{m}$	$=$	$1\,\text{km}$
Hektometer	hm	$100\,\text{m}$	$=$	$10^2\,\text{m}$	$=$	$1\,\text{hm}$
Dekameter	dam	$10\,\text{m}$	$=$	$10^1\,\text{m}$	$=$	$1\,\text{dam}$
Dezimeter	dm	$0{,}1\,\text{m}$	$=$	$10^{-1}\,\text{m}$	$=$	$1\,\text{dm}$
Zentimeter	cm	$0{,}01\,\text{m}$	$=$	$10^{-2}\,\text{m}$	$=$	$1\,\text{cm}$
Millimeter	mm	$0{,}001\,\text{m}$	$=$	$10^{-3}\,\text{m}$	$=$	$1\,\text{mm}$
Mikrometer	µm	$0{,}000\,001\,\text{m}$	$=$	$10^{-6}\,\text{m}$	$=$	$1\,\text{µm}$
Nanometer	nm	$0{,}000\,000\,001\,\text{m}$	$=$	$10^{-9}\,\text{m}$	$=$	$1\,\text{nm}$
Pikometer	pm	$0{,}000\,000\,000\,001\,\text{m}$	$=$	$10^{-12}\,\text{m}$	$=$	$1\,\text{pm}$

Es gibt darüber hinaus Maßeinheiten, die nicht von der Maßeinheit Meter abgeleitet sind und umgerechnet werden müssen.

geografische Meile:

1 geografische Meile ist $\dfrac{1}{15}$ des Äquatorgrads, der $7421{,}5\,\text{m}$ entspricht.

1 Seemeile (1 sm) ist $\dfrac{1}{60}$ des Meridiangrades und entspricht 1852 Meter.

USA und Großbritannien: 1   statute mile (1 st mi) = 1609 m

1   km = 0,6215 st mi

1   fathom = 1,829 m (Tiefenmaß)

1   yard (1 yd) = 0,9144 m   1 m = 1,0936 yd

1   foot (1 ft) = 0,3048 m   1 ft = 12″

1   inch (1″) = 0,0254 m

Russland: 1   Sashen = 2,1335 m

1   Werst = 1,067 km

Astronomie:

Lichtjahr   1 Lichtjahr = 9 460 500 000 000 km = 9,4605 · 10^{15} m

Parsec   1 pc = 30 857 000 000 000 km = 30,857 · 10^{15} m

(Parallaxensekunde)

Astronomische Einheit: 1 AE = 149 598 000 km = 1,496 · 10^{11} m

Beim Zeichnen von Strecken besteht oft der Zwang, einen Maßstab anzuwenden. Das Verhältnis, um das die grafisch dargestellte Strecke vergrößert werden muss, sodass die wirkliche Strecke ermittelt werden kann, wird Maßstab genannt.

Beispiel 5.1
Eine Zeichenstrecke von 3,5 cm entspricht bei einem Maßstab von 1:1 einer Strecke von 35 m.

$$3,5 \, \text{cm} = 3,5 \cdot 10^{-2} \, \text{m}$$
$$3,5 \cdot 10^{-2} \, \text{m} \cdot 1000 = 35 \, \text{m}$$

■

Häufig verwendete Maßstäbe sind:

Anwendung	Maßstab	1 Zentimeter entspricht
Technische Zeichnungen	1 : 10	10 cm
Bauzeichnungen	1 : 100	1 m
Lageskizzen, Katasterplan	1 : 1000	10 m
Wanderkarte, Stadtplan	1 : 10 000	100 m
	1 : 100 000	1 km
Landkarten	1 : 1 000 000	10 km

Das Anfertigen von geometrischen Zeichnungen wird Konstruieren genannt. Konstruktionen erfordern die Verwendung von Zirkel, Bleistift und Lineal.

Konstruktion 5.1

Eine Strecke $\overline{AB} = a = 5\,cm$ ist zu zeichnen.

Dazu wird eine hinreichend lange Gerade gezeichnet, der Anfangspunkt A der Strecke festgelegt und die Streckenlänge von 5 cm mit dem Zirkel auf dem Lineal oder einem Stück Millimeterpapier abgegriffen. Diese Zirkelöffnung wird als Strecke a abgetragen, wobei mit dem Zirkel in A einzustechen ist (vgl. Abb. 5.3).

$$
\begin{array}{llll}
A & a & B & g
\end{array}
$$

Abb. 5.3

Zwei Geraden, die sich im Endlichen nicht schneiden, werden parallel genannt.

Schreibweise: $g_1 \parallel g_2$

gelesen: „Gerade g_1 verläuft parallel zu g_2."

Zwei Geraden, die senkrecht aufeinander stehen, werden orthogonal zueinander genannt.

Schreibweise: $g_1 \perp g_2$

gelesen: „Gerade g_1 steht senkrecht auf g_2 oder umgekehrt."

Eine Gerade wird waagerecht genannt, wenn sie parallel zum unteren Rand des Zeichenblatts verläuft, und senkrecht, wenn sie parallel zum linken Rand des Zeichenblatts verläuft.

Waagerecht verläuft eine Kante, wenn sie parallel zur Randoberfläche liegt, die als ebene Fläche angenommen wird. Festgestellt wird das in der Praxis beispielsweise durch die Verwendung einer Wasserwaage.

Lotrecht steht eine Kante dann (auch vertikal), wenn ein Ende auf den Erdmittelpunkt gerichtet ist. Das kann beispielsweise durch die Verwendung eines Lotes überprüft werden.

Konstruktion 5.2

Es ist eine Parallele zu einer gegebenen Geraden g durch den gegebenen Punkt P zu zeichnen.

Das Zeichendreieck wird genau an die gegebene Gerade g angelegt. Das Lineal wird dann an eine andere Seite des Dreiecks angelegt. Nun kann das Dreieck so lange (parallel) verschoben werden, bis die Seite, die an g anlag, durch den Punkt P geht. Das Lineal kann genauso an die andere Dreiecksseite angelegt werden (vgl. Abb. 5.4).

Konstruktion 5.3

Es soll zu einer Geraden g die Orthogonale konstruiert werden, die durch einen Punkt P geht, der auf der Geraden liegt.

Bezeichnung: Auf der Geraden wird in Punkt P die Senkrechte errichtet.
Das Dreieck wird mit der kürzeren Seite an die Gerade angelegt, sodass die zweite
kurze Seite nicht durch den Punkt P geht. An der längsten Seite des Dreiecks wird
die Richtung mit einem Lineal markiert. Das Zeichendreieck wird an dem Lineal
so lange verschoben, bis die zweite der kürzeren Seiten durch den Punkt P geht.
Die gesuchte Gerade wird an diese Seite gezeichnet (vgl. Abb. 5.5).

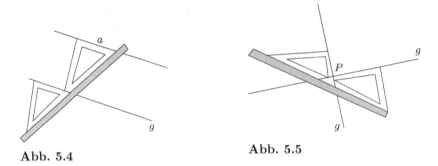

Abb. 5.4   **Abb. 5.5**

Konstruktion 5.4

Es soll zu einer Geraden g die Orthogonale konstruiert werden, die durch den
Punkt P geht, der nicht auf der Geraden liegt.
Bezeichnung: Vom Punkt P wird auf die Gerade g das Lot gefällt.
Das Dreieck wird mit einer der kürzeren Seiten so an die gegebene Gerade ge-
legt, dass der Punkt P verdeckt ist. Das Lineal markiert wieder die Richtung der
längsten Seite des Dreiecks. Das Zeichendreieck wird an dem Lineal so lange ver-
schoben, bis an der anderen kurzen Seite das Lot durch P gezeichnet werden kann
(vgl. Abb. 5.6).

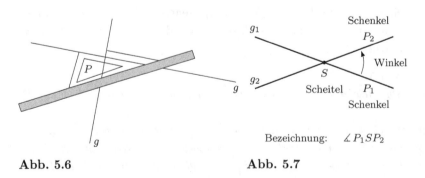

Bezeichnung: $\angle P_1 S P_2$

Abb. 5.6   **Abb. 5.7**

Konstruktion 5.5

Zur Geraden g ist im Abstand a eine Parallele zu zeichnen. Dazu wird in einem
beliebigen Punkt P auf der Geraden g die Senkrechte errichtet. Auf dieser Senk-
rechten wird vom Punkt P ausgehend die Entfernung a abgetragen. Da dieses in

zwei Richtungen erfolgen kann, gibt es zwei Geraden, die die Bedingungen der Aufgabe erfüllen. Durch Parallelverschiebung in die vom Zirkel abgetragenen Punkte werden die gesuchten Parallelen in der geforderten Entfernung konstruiert.

Ein Winkel entsteht, wenn sich zwei Geraden schneiden. Der Scheitel steht bei dieser Form der Winkelbezeichnung stets in der Mitte (vgl. Abb. 5.7).

Winkel werden meist mit kleinen griechischen Buchstaben bezeichnet.

Grenzwinkel: Wird der Schenkel auf g_1 (im Scheitel beginnend) so lange gegen die Uhrzeigerdrehsinnrichtung gedreht, bis er wieder die ursprüngliche Lage erreicht hat, so hat er eine volle Umdrehung durchgeführt. Dieser Winkel wird als Vollwinkel bezeichnet.

Fallen die Schenkel eines Winkels zusammen, so wird dieser als Nullwinkel bezeichnet. Mit dem Vollwinkel werden die Maßeinheiten des Winkels definiert.

Maßeinheit	Ist x-Teile des Vollwinkels		Zeichen	Abgeleitete Einheiten
Grad (Altgrad)	$x = \dfrac{1}{360}$		$1°$	$1° = 60'$ (Minuten) $1' = 60''$ (Sekunden)
Gon (Neugrad)	$x = \dfrac{1}{400}$	$1\,\mathrm{cgon} = \dfrac{1\,\mathrm{gon}}{100}$ $1\,\mathrm{mgon} = \dfrac{1\,\mathrm{gon}}{1000}$	$1\,\mathrm{gon}$	
Radiant (Bogenmaß)	$x = \dfrac{1}{2\pi}$		$1\,\mathrm{rad}$ oder 1	Dezimalteilung

Neben den Grenzwinkeln – Nullwinkel und Vollwinkel – werden die Winkel wie folgt eingeteilt:

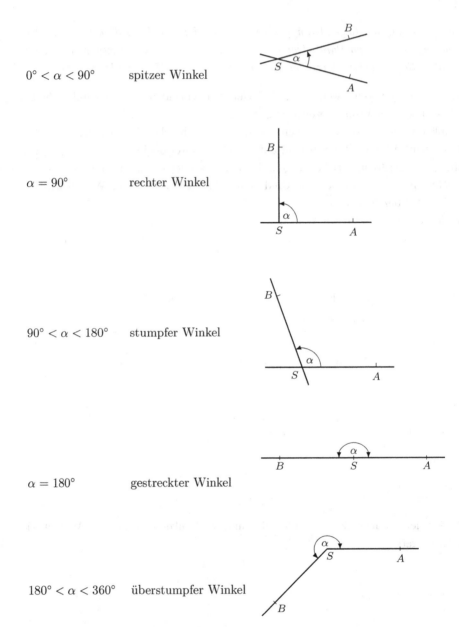

$0° < \alpha < 90°$ spitzer Winkel

$\alpha = 90°$ rechter Winkel

$90° < \alpha < 180°$ stumpfer Winkel

$\alpha = 180°$ gestreckter Winkel

$180° < \alpha < 360°$ überstumpfer Winkel

Winkel werden mit dem Winkelmesser gemessen, der eine Gradeinteilung besitzt. Winkel werden mit dem Zirkel übertragen.

Konstruktion 5.6

An eine gegebene Gerade g ist in einem festen Punkt S der gegebene Winkel α anzutragen.

Im Scheitel des gegebenen Winkels wird ein Kreisbogen geschlagen. Dieses wird mit gleichem Radius um den Punkt S wiederholt. Der Kreisbogen schneidet den gegebenen Winkel in den Schenkelpunkten S_1 und S_2. Diese Strecke wird mit dem Zirkel in den Schnittpunkt des Kreisbogens von S übertragen (vgl. Abb. 5.8).

Bei zwei sich schneidenden Geraden treten folgende Winkel auf:
Winkel mit gemeinsamem Scheitel und paarweise entgegengesetzt gerichteten Schenkeln werden Scheitelwinkel genannt.

α und γ

β und δ

Satz 5.1
Scheitelwinkel sind gleich groß (vgl. Abb. 5.9).

Nebenwinkel sind Winkel, die einen gemeinsamen Scheitel haben und ein Paar gemeinsamer sowie ein Paar entgegengesetzt verlaufender Schenkel besitzen. Nebenwinkel sind hierdurch in Abb. 5.9:

α und β

β und γ

γ und δ

δ und α

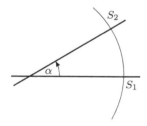

Abb. 5.8

Satz 5.2
Die Summe von zwei Nebenwinkel beträgt stets 180°.

Bezeichnungen:
Zwei Winkel, deren Winkelsumme 180° beträgt, heißen Supplementwinkel. Nebenwinkel sind demzufolge Supplementwinkel. Zwei Winkel, deren Winkelsumme 90° berätgt, heißen Komplementwinkel.

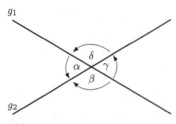

Abb. 5.9

Supplementwinkel (vgl. Abb. 5.10):
$\alpha + \beta = 180°$

Komplementwinkel (vgl. Abb. 5.11):
$\alpha + \beta = 90°$

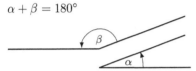

Abb. 5.10

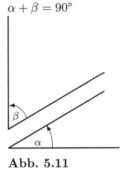

Abb. 5.11

Sind drei Geraden nicht parallel, so gibt es zwei Geraden, die von der dritten geschnitten werden. Wechselwinkel liegen auf verschiedenen Seiten der schneidenden Geraden g_3, entweder beide im Außen- oder beide im Innenbereich (vgl. Abb. 5.12).

α_1 und γ_2, β_1 und δ_2

γ_1 und α_2 δ_1 und β_2

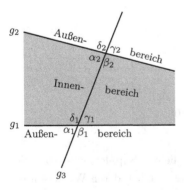

Abb. 5.12

Stufenwinkel liegen auf der gleichen Seite der schneidenden Geraden, der eine im Innen- und der andere im Außenbereich.

α_1 und α_2, β_1 und β_2

γ_1 und γ_2, δ_1 und δ_2

Entgegengesetzt liegende Winkel liegen beide innen oder außen an der geschnittenen Geraden, wenn sie an derselben Seite der schneidenden liegen, oder einer innen und der andere außen, wenn sie an verschiedenen Seiten der schneidenden Geraden liegen.

α_1 und δ_2

γ_1 und β_2

α_1 und β_2

γ_1 und δ_2

β_1 und γ_2

δ_1 und α_2

β_1 und α_2

δ_1 und γ_2

Ein Spezialfall liegt vor, wenn die geschnittenen Geraden parallel verlaufen (vgl. Abb. 5.13).

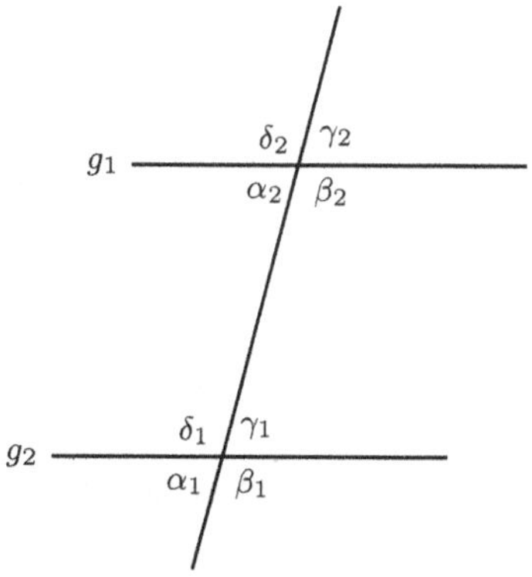

Abb. 5.13

Satz 5.3

Stufenwinkel an geschnittenen Parallelen sind gleich.

$\alpha_1 = \alpha_2$ $\beta_1 = \beta_2$

$\gamma_1 = \gamma_2$ $\delta_1 = \delta_2$

Satz 5.4

Wechselwinkel an geschnittenen Parallelen sind gleich.

$$\alpha_1 = \gamma_2 \qquad\qquad \beta_1 = \delta_2 \qquad\qquad \gamma_1 = \alpha_2 \qquad\qquad \delta_1 = \beta_2$$

Satz 5.5

Entgegengesetzt liegende Winkel an geschnittenen Parallelen sind Supplementwinkel (Summe beträgt 180°).

$$\alpha_1 + \delta_2 = 180° \qquad\qquad \beta_1 + \gamma_2 = 180°$$
$$\alpha_1 + \beta_2 = 180° \qquad\qquad \beta_1 + \alpha_2 = 180°$$
$$\gamma_1 + \delta_2 = 180° \qquad\qquad \delta_1 + \gamma_2 = 180°$$
$$\gamma_1 + \beta_2 = 180° \qquad\qquad \beta_1 + \alpha_2 = 180°$$

Satz 5.6 (Umkehrung)

Sind an zwei geschnittenen Geraden   Stufenwinkel gleich

oder   Wechselwinkel gleich

oder   entgegengesetzte Winkel Supplementwinkel,

so verlaufen die zwei Geraden parallel.

5.1.3 Symmetrie

Wenn beim Umklappen einer Ebene um eine Gerade alle markierten Punkte aufeinanderfallen, so heißen sie achsensymmetrisch.

Die Gerade heißt *Symmetrieachse* oder *Symmetrale*.

Durch das Verbinden der markierten Punkte auf beiden Seiten der Symmetrieachse in der gleichen Reihenfolge entstehen symmetrische Figuren (vgl. Abb. 5.14).

Transversale einer Figur wird die Strecke genannt, die durch eine Figur verläuft und durch den Umfang begrenzt wird (vgl. Abb. 5.15).

Geht die Transversale zudem durch zwei Ecken der Figur, so wird sie Ecktransversale genannt.

Eine Figur, die bezüglich einer Transversalen symmetrisch ist, heißt symmetrisch (vgl. Abb. 5.16).

Achsensymmetrische Figuren können mehrere (Rechteck) oder unendlich viele Symmetrieachsen haben (Kreis).

Die axiale Symmetrie wird auch als Spiegelsymmetrie bezeichnet.

Eigenschaften der Achsensymmetrie

1. Die Symmetrieachse (SA) halbiert die Verbindungsstrecke (VL) zwischen zwei symmetrisch gelegenen Punkten und steht senkrecht auf ihr (vgl. Abb. 5.17).

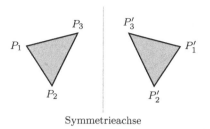

Symmetrieachse

Abb. 5.14

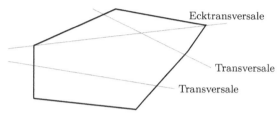

Ecktransversale

Transversale

Transversale

Abb. 5.15

Symmetrieachse

Abb. 5.16

2. Die Symmetrieachse halbiert den Winkel zwischen zwei in Bezug auf die symmetrisch gelegenen Geraden, die sich auf der Symmetrieachse schneiden (vgl. Abb. 5.18).

3. Der Umlaufsinn bei achsensymmetrisch gelegenen Figuren ist ungleichsinnig.

Für die geometrischen Grundkonstruktionen ist die Achsensymmetrie am Drachenviereck von besonderer Bedeutung.

Ein Drachenviereck entsteht durch die Verbindung von zwei symmetrisch gelegenen Punkten (P, P') mit zwei beliebigen Punkten A, B der Symmetrieachse (vgl. Abb. 5.19).

Das Drachenviereck hat zwei Symmetrieachsen

$$PP' \quad \text{und} \quad AB.$$

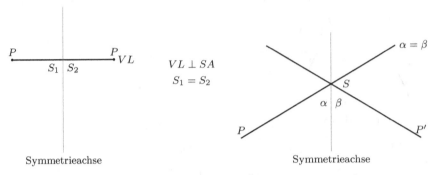

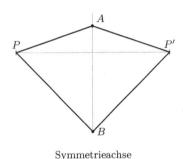

Symmetrieachse

Abb. 5.17   **Abb. 5.18**

Symmetrieachse

Abb. 5.19

Die Symmetrieachse AB ist Mittelsenkrechte der Verbindungsstrecke PP'. Sie halbiert die Winkel $\measuredangle\, PAP'$ und $\measuredangle\, PBP'$.

Zwei Figuren, die durch Drehung um einen Punkt mit dem Winkel 180° zur Deckung gebracht werden können, heißen einfach zentralsymmetrisch. Der Drehpunkt ist das Symmetriezentrum und der Winkel 180° der Symmetrieachsenwinkel.

n-fach zentralsymmetrisch ist eine Figur dann, wenn es eine natürliche Zahl n gibt, sodass der Symmetriewinkel

$$\frac{360°}{n} \quad \text{beträgt.}$$

Eigenschaften der Zentralsymmetrie

1. Entsprechende Punkte (zentralsymmetrische) haben vom Symmetriezentrum den gleichen Abstand.
2. Der Umlaufsinn von symmetrisch gelegenen Figuren verläuft gleichsinnig.
3. Symmetrisch gelegene Geraden verlaufen parallel zueinander.

5.1.4 Geometrische Grundkonstruktionen

Eine geometrische Bestimmungslinie umfasst die Menge der Punkte, die eine bestimmte geometrische Mengenbildungseigenschaft zu einer wahren Aussage machen.
Ein Punkt wird durch zwei Bestimmungslinien festgelegt, die nicht parallel verlaufen.

1. Ein Kreis ist die Bestimmungslinie für alle Punkte der Ebene, die von einem festen Punkt M der Ebene (Mittelpunkt genannt) die gleiche Entfernung r (Radius genannt) haben (vgl. Abb. 5.20).

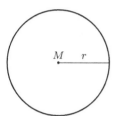

Abb. 5.20

2. Die Mittelsenkrechte der Strecke $\overline{AB}$ ist die Bestimmungslinie der Punkte der Ebene, die von zwei Punkten A und B der Ebene die gleiche Entfernung haben (vgl. Abb. 5.21).

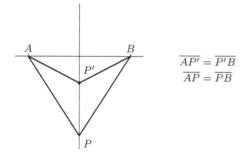

$$\overline{AP'} = \overline{P'B}$$
$$\overline{AP} = \overline{PB}$$

Abb. 5.21

3. Die Winkelhalbierende ist die Bestimmungslinie für alle Punkte der Ebene, die von den Schenkeln eines Winkels den gleichen Abstand haben (vgl. Abb. 5.22).
4. Das Paar der Winkelhalbierenden von zwei sich schneidenden Geraden ist die Bestimmungslinie für alle Punkte, die von den zwei schneidenden Geraden den gleichen Abstand haben (Erweiterung des in 3. angegebenen Sachverhalts).
5. Bestimmungslinie für alle Punkte der Ebene, die von einer Geraden g den Abstand a haben, sind die Parallelen (beiderseits) der Geraden g im Abstand a.

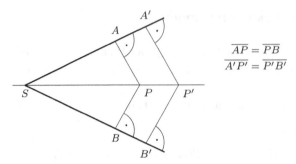

$$\overline{AP} = \overline{PB}$$
$$\overline{A'P'} = \overline{P'B'}$$

Abb. 5.22

6. Bestimmungslinie für alle Punkte, die von zwei Parallelen den gleichen Abstand haben, ist die Mittelparallele.

Unter den 4 geometrischen Grundkonstruktionen werden Aufgaben zusammengefasst (vgl. Konstruktion 5.7, Konstruktion 5.8, Konstruktion 5.9 und Konstruktion 5.10).

Konstruktion 5.7
Eine gegebene Strecke ist zu halbieren.
Um die beiden Endpunkte der Strecke werden Kreisbögen mit gleichen Radien geschlagen. Der Radius ist größer als die Hälfte der Streckenlänge. Die Schnittpunkte der zwei Kreisbögen werden verbunden. Der Schnittpunkt ist der Halbierungspunkt der Strecke (vgl. Abb. 5.23).

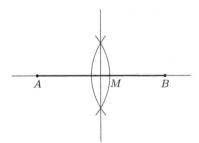

Abb. 5.23

Konstruktion 5.8
Ein gegebener Winkel ist zu halbieren.
Um den Winkelscheitel wird ein Kreisbogen geschlagen, um die Schenkel in P_1 und P_2 werden zwei gleiche Kreisbögen geschlagen, deren Radius größer als die Hälfte der Verbindungslinie P_1P_2 ist. Die Verbindung der Schnittpunkte dieser Kreisbögen ergibt die Winkelhalbierende (vgl. Abb. 5.24).

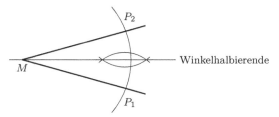

Abb. 5.24

Konstruktion 5.9

In einem Punkt P ist die Senkrechte zu g zu errichten.
Um P wird ein Kreis mit beliebigem Radius geschlagen. Die Schnittpunkte mit g
werden als A und B bezeichnet. In A und B werden gleiche Kreisbogen geschlagen,
deren Radius größer ist als die halbe Entfernung zwischen A und B. Die Verbin-
dung der Kreisbogenschnittpunkte geht durch P und steht senkrecht auf g (vgl.
Abb. 5.25).

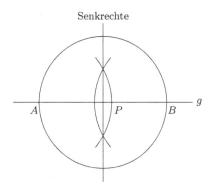

Abb. 5.25

Konstruktion 5.10

Von einem Punkt P aus, ist das Lot auf eine Gerade zu fällen.
Von P aus wird ein Kreisbogen geschlagen. Dieser schneidet die gegebene Gerade
in den Punkten A und B. In A und B werden zwei gleiche Kreisbogen geschlagen,
deren Radius beliebig, aber größer als die Hälfte der Strecke $\overline{AB}$ sein muss.
Der Schnittpunkt der Kreisbogen ist das gesuchte Lot, das durch den Punkt P geht
(vgl. Abb. 5.26).

Grundlage für alle geometrischen Grundkonstruktionen sind die Sätze von der
Symmetrie.
Geometrische Grundkonstruktionen werden nur mit Zirkel und Lineal ausgeführt.

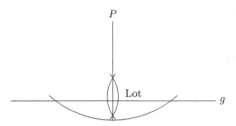

Abb. 5.26

5.1.5 Vielecke

5.1.5.1 Überblick über die Arten von Vielecken

Ein allgemeines n-Eck ($n \in \mathbb{N}$, $n \geq 3$) entsteht durch die Verbindung von jeweils 2 benachbarten Punkten der n vorgegebenen. Dabei müssen 3 Bedingungen erfüllt bleiben:

1. Die Figur muss konvex (von außen) verlaufen, darf keine einspringenden Ecken besitzen (vgl. Abb. 5.27).

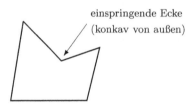

Abb. 5.27

2. Es dürfen sich keine Seiten schneiden (vgl. Abb. 5.28).

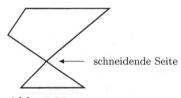

Abb. 5.28

3. Keine 3 benachbarten Ecken dürfen auf einer Geraden liegen.

Die Verbindungslinie zwischen zwei benachbarten Ecken ist eine Seite des n-Ecks und die von zwei nicht benachbarten eine Diagonale.
Allgemein gilt für jedes n-Eck:

1. Die Summe der Innenwinkel eines n-Ecks beträgt $(n-2) \cdot 180°$ (vgl. Abb. 5.29).

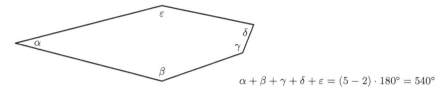

$$\alpha + \beta + \gamma + \delta + \varepsilon = (5 - 2) \cdot 180° = 540°$$

Abb. 5.29

Beispiel 5.2

$n = 3$	Dreieck	Innenwinkelsumme	180°
$n = 4$	Viereck	Innenwinkelsumme	360°

■

2. Die Summe der Außenwinkel eines n-Ecks beträgt 360° (vgl. Abb. 5.30).

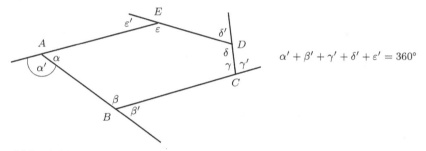

$$\alpha' + \beta' + \gamma' + \delta' + \varepsilon' = 360°$$

Abb. 5.30

3. Innenwinkel und zugehörige Außenwinkel sind Nebenwinkel und betragen zusammen 180°.
4. Die Winkelhalbierende eines Innenwinkels und die Winkelhalbierende des zugehörigen Außenwinkels stehen senkrecht aufeinander.

Regelmäßige n-Ecke besitzen gleich lange Seiten, Innen- und Außenwinkel.
Auf jedem Innenwinkel eines regelmäßigen n-Ecks entfallen somit

$$\frac{(n - 2)180°}{n} = 180° - \frac{360°}{n}.$$

Jedem regelmäßigen n-Eck kann ein Kreis umschrieben werden.

Beispiel 5.3

$n = 6$ regelmäßiges Sechseck (vgl. Abb. 5.31) ■

Größe der Innenwinkel

$$180° - \frac{360°}{6} = 120°$$

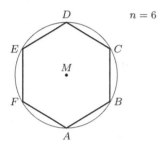

$n = 6$

Abb. 5.31

Konstruktion 5.11
*Da die Seiten des regelmäßigen Sechsecks und der Radius des Umkreises gleich
lang sind, wird der Radius 6-mal auf dem Umfang abgetragen.*

Das regelmäßige Viereck ist ein Quadrat.
Jeder Außenwinkel im regelmäßigen n-Eck beträgt

$$\frac{360°}{n}.$$

Wird der Mittelpunkt des Umkreises eines regelmäßigen n-Ecks mit den Ecken
verbunden, so entstehen n kongruente gleichschenklige Dreiecke, die Bestimmungs-
dreiecke des Vielecks genannt werden.
Der Mittelpunkt des Umkreises ist gleich dem Mittelpunkt des Innenkreises. Es
ist das Symmetriezentrum, denn ein regelmäßiges n-Eck ist n-fach zentralsymmetrisch.

5.1.5.2 Vierecke

Werden 4 Punkte der Ebene, von denen jeweils drei nicht auf einer Geraden liegen,
miteinander verbunden, so entstehen Vierecke.

Beispiel 5.4
In Abhängigkeit von der speziellen Lage der Punkte und der Reihenfolge der Verbindung entstehen konvexe Vierecke, wie in Abb. 5.32 a, und konkave Vierecke,
wie in Abb. 5.32 b und c.
Es werden, wie bei den n-Ecken, auch keine konkaven Vierecke (b) mit einspringenden Ecken und (c) mit sich schneidenden Begrenzungsgeraden betrachtet.   ∎

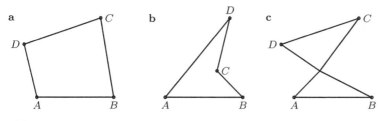

Abb. 5.32

Die Verbindungsstrecken zwischen zwei benachbarten Eckpunkten in einem konvexen Viereck sind die Seiten. Die Verbindungsstrecken zwischen zwei nicht benachbarten Eckpunkten heißen Diagonalen.
Die Innenwinkelsumme in jedem Viereck (Summe der Innenwinkel) beträgt 360°.
Besondere Vierecke sind:

1. Das Parallelogramm (vgl. Abb. 5.33) Ein Parallelogramm ist ein Viereck, bei dem je zwei Gegenseiten zueinander parallel verlaufen.

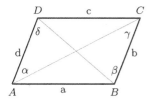

Abb. 5.33

- Durch jede Diagonale wird ein Parallelogramm in zwei kongruente Dreiecke zerlegt.
- Die gegenüberliegenden Seiten sind gleich.
- Die gegenüberliegenden Innenwinkel sind gleich.
- Die Diagonalen halbieren sich im Parallelogramm.

2. Der Rhombus (Raute) (vgl. Abb. 5.34).

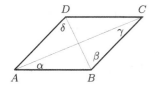

Abb. 5.34

Der Rhombus ist ein spezielles Parallelogramm, bei dem alle Seiten gleich lang sind. Ein Rhombus ist nicht nur ein spezielles Parallelogramm, sondern auch ein spezielles Drachenviereck.

- Im Rhombus werden durch die senkrecht aufeinander stehenden Diagonalen die Innenwinkel halbiert.

3. Das Rechteck (vgl. Abb. 5.35)

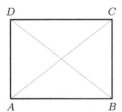

Abb. 5.35

Das Rechteck ist ein spezielles Parallelogramm mit gleich großen Innenwinkeln von 90°.

- Ein Rechteck hat gleich lange Diagonalen.

4. Das Quadrat

- Das Quadrat ist ein spezielles Rechteck, bei dem alle Seiten gleich lang sind.

5. Das Drachenviereck (vgl. Abb. 5.36)

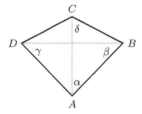

Abb. 5.36

Ein Viereck mit zwei aneinanderliegenden gleich langen Seiten ist ein Drachenviereck.

- Das Drachenviereck setzt sich aus zwei verschiedenen gleichschenkligen Dreiecken zusammen, die an der dritten gleich langen Seite zusammengefügt sind (Diagonale $\overline{BD}$).
- Das Drachenviereck ist achsensymmetrisch an einer Diagonalen, aber nicht zentralsymmetrisch.
- Die Diagonalen des Drachenvierecks stehen senkrecht aufeinander. Sie sind ungleich lang.
- Ein Paar Gegenwinkel sind im Drachenviereck gleich groß.

$$\beta = \delta$$

-   Das andere Paar Gegenwinkel, die nicht gleich groß sind, wird durch die Diagonalen halbiert.

6. Das Trapez (vgl. Abb. 5.37)

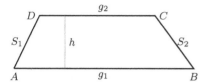

Abb. 5.37

-   Das Trapez ist ein Viereck mit mindestens einem parallelen Seitenpaar.
-   Damit sind Parallelogramm, Rhombus, Rechteck und Quadrat spezielle Trapeze.
-   Die parallelen Seiten eines Trapezes heißen Grundlinien und die nicht parallelen die Schenkel des Trapezes.
-   Werden die Parallelen von S_1 durch die Endpunkte des gegenüberliegenden Schenkels S_2 gezogen, so ergeben die Verbindungen der Schnittpunkte mit den (verlängerten) Grundlinien einen Schnittpunkt mit S_2 (S).
-   Zeichnet man durch diesen Punkt (S) eine Parallele zur Grundlinie, so ergibt sich die Mittellinie des Parallelogramms.
-   Die Mittellinie eines Trapezes hat die halbe Länge der Summe beider Grundlinien (vgl. Abb. 5.38).

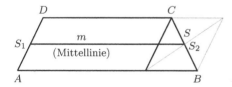

Abb. 5.38

Ein allgemeines Viereck kann aus 5 voneinander unabhängigen Bestimmungsstücken konstruiert werden. Jede Sonderforderung spezieller Vierecke reduziert die Zahl der Bestimmungsstücke um die Zahl eins.

Im abgebildeten allgemeinen Viereck sind 8 Bestimmungsstücke eingezeichnet. Sie sind (z. B. Innenwinkelsumme) nicht unabhängig voneinander (vgl. Abb. 5.39).

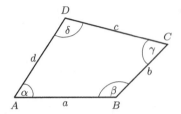

Abb. 5.39

Viereck	Bestimmungs-stücke für Konstruktion	Anzahl Sonder-bedin-gungen	Art der Sonderbedingungen	
			Seiten	Winkel
allgemein	5	0	—	$\alpha + \beta + \gamma + \delta = 360°$
Parallelo-gramm	3	2	$a = c \quad a \parallel c$ $b = d \quad b \parallel d$	$\alpha = \gamma$ $\beta = \delta$
Rhombus	2	3	$a = b = c = d$ $a \parallel c \quad b \parallel d$	$\alpha = \gamma$ $\beta = \delta$
Rechteck	2	3	$a = c \quad a \parallel c$ $b = d \quad b \parallel d$	$\alpha = \beta = \gamma = \delta = 90°$
Quadrat	1	4	$a = b = c = d \quad a \parallel c$ $b \parallel d$	$\alpha = \beta = \gamma = \delta = 90°$
Drachen-viereck	3	2	$a = b \quad c = d$	$\alpha = \gamma$
Trapez	4	1	$a \parallel c$	$\alpha + \delta = 180°$ $\beta + \gamma = 180°$

5.1.5.3 Dreiecke

Liegen 3 Punkte in der Ebene nicht auf einer Geraden, so bilden die 3 möglichen Verbindungslinien die Seiten eines Dreiecks und die Punkte die Eckpunkte. Die Seiten werden bei Dreiecken im Unterschied zu den Vielecken so bezeichnet, dass diese mit dem gegenüberliegenden Eckpunkt übereinstimmen (vgl. Abb. 5.40).

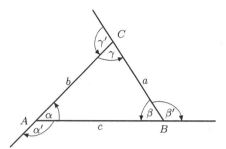

Abb. 5.40

Eigenschaften des allgemeinen Dreiecks

1. Die Winkelsumme der Innenwinkel beträgt im Dreieck 180°.

   $$\alpha + \beta + \gamma = 180°$$

2. Die Summe der Außenwinkel im Dreieck beträgt 360°.

   $$\alpha' + \beta' + \gamma' = 360°$$

3. Die Größe eines Außenwinkels ist gleich der Summe der nicht anliegenden Innenwinkel.

   $$\alpha' = \beta + \gamma \qquad\qquad \beta' = \gamma + \alpha \qquad\qquad \gamma' = \alpha + \beta$$

4. Im Dreieck liegt der größeren Seite stets der größere Winkel gegenüber.
5. Die Summe zweier Seiten ist im Dreieck stets größer als die dritte Seite und die Differenz stets kleiner als die dritte.

   $$a + b > c \qquad\qquad a - b < c$$
   $$b + c > a \qquad\qquad b - c < a$$
   $$c + a > b \qquad\qquad c - a < b$$

Aus dem Innenwinkelsatz im Dreieck ergeben sich allgemeine Forderungen:

- Durch zwei Winkel eines Dreiecks kann der dritte als Ergänzung zu 180° bestimmt werden.
- Ein Dreieck kann nur einen Winkel haben, der größer oder gleich 90° ist.
- Im Dreieck müssen mindestens zwei Winkel spitz sein.

Dreiecke werden nach zwei Gesichtspunkten eingeteilt:

1. Einteilung nach den Seiten

  a) keine Bedingung (3 verschieden lange Seiten) (vgl. Abb. 5.41)

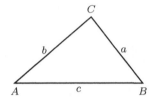

ungleichseitiges oder
schiefwinkliges Dreieck

Abb. 5.41

  b) 2 gleich lange Seiten

   Bezeichnungen:

   $\overline{AB}$:   Basis oder Grundlinie der gleichschenkligen Dreiecke

   a, b: Schenkel

   C: Spitze

   α, β: Basiswinkel

   - Ein gleichschenkliges Dreieck ist achsensymmetrisch. Die Symmetrieachse verbindet die Spitze mit der Mitte der Basis und halbiert den Winkel in der Spitze (vgl. Abb. 5.42).

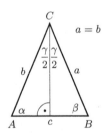

Abb. 5.42

   Sie steht senkrecht auf der Basis.

   - Die Basiswinkel sind gleich groß $\alpha = \beta$.

   $$\gamma = 180° - 2\alpha = 180° - 2\beta$$

  c) 3 gleich lange Seiten (vgl. Abb. 5.43)

   - Ein gleichseitiges Dreieck hat 3 Symmetrieachsen.
   - Ein gleichseitiges Dreieck ist dreifach zentralsymmetrisch.
   - Jeder Innenwinkel beträgt 60°,

   $$\alpha = \beta = \gamma = 60°.$$

2. Einteilung nach den Winkeln

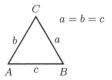

Abb. 5.43

a) Dreiecke mit 3 spitzen Winkeln heißen spitzwinklige Dreiecke (vgl. Abb. 5.44).

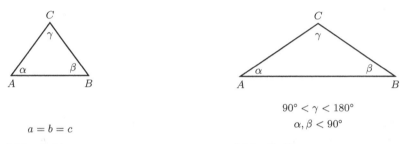

$$90° < \gamma < 180°$$
$$\alpha, \beta < 90°$$

$a = b = c$

Abb. 5.44   **Abb. 5.45**

b) Dreiecke mit 2 spitzen und einem stumpfen Winkel werden stumpfwinklig genannt (vgl. Abb. 5.45).
c) Dreiecke mit 2 spitzen und einem rechten Winkel heißen rechtwinklige Dreiecke (vgl. Abb. 5.46). Bezeichnungen:

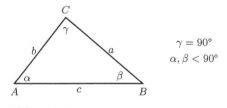

$$\gamma = 90°$$
$$\alpha, \beta < 90°$$

Abb. 5.46

c: Hypotenuse (liegt stets dem größeren Winkel

          – rechten Winkel – gegenüber)

a, b: Katheten

Dreiecke können eindeutig bestimmt werden (konstruiert), wenn 3 voneinander unabhängige Bestimmungsstücke gegeben sind. Drei Winkel reichen beispielsweise zur eindeutigen Konstruktion nicht aus, da der 3. Winkel über den Winkelsummensatz nicht unabhängig von den beiden anderen gewählt werden kann.
Eine Auswahl von Dreieckskonstruktionen soll die wichtigsten Möglichkeiten erfassen.

1. *Drei Seiten sind gegeben (SSS)*

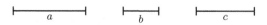

Abb. 5.47

    Konstruktion 5.12
    (vgl. Abb. 5.48)

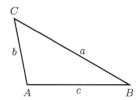

Abb. 5.48

    Die Seite c wird gezeichnet, wodurch sich die Dreieckspunkte A und B ergeben.
    Mit dem Zirkel wird in A eingestochen, ein Kreisbogen mit Radius b geschlagen.
    In B wird ein Kreisbogen mit Radius a geschlagen. Die Schnittpunkte beider
    Kreisbogen ergeben den Eckpunkt C.

2. *Zwei Seiten und der von ihnen eingeschlossene Winkel (SWS)* (vgl. Abb. 5.49)

Abb. 5.49

    Konstruktion 5.13
    (vgl. Abb. 5.50)

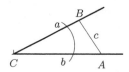

Abb. 5.50

    Die Seite a wird gezeichnet und die Punkte C und B festgelegt. In C wird der
    Winkel angetragen.
    Auf dem einen Schenkel wird b mit dem Zirkel übertragen. Der auf solche Weise
    markierte Punkt A wird mit B verbunden.

3. *Zwei Seiten und der Gegenwinkel zu einer dieser Seiten sind gegeben (SSW)*

Diese Konstruktion ist nur dann eindeutig ausführbar, wenn der Winkel der größeren Seite gegenüberliegt. Ansonsten gibt es zwei Möglichkeiten.

Konstruktion 5.14
(vgl. Abb. 5.51)

Abb. 5.51

Nachdem die Seite b gezeichnet ist, Wird der Winkel α in A angetragen. Der Schnittpunkt dieses Winkelschenkels mit dem in C angetragenen Kreisbogen von b ergibt den fehlenden Punkt B.

4. *Eine Seite und zwei Winkel (WSW und SWW)*
   Der Fall, dass eine Seite und die anliegenden Winkel gegeben sind, ist leicht konstruktiv zu bewältigen. Die Seite wird gezeichnet und die beiden Winkel in den entsprechenden Endpunkten angetragen. Der Schnittpunkt der Schenkel ergibt den 3. Eckpunkt des Dreiecks. Im Fall, dass nicht die anliegenden Winkel gegeben sind, kann diese Möglichkeit auf WSW zurückgeführt werden, indem durch Ergänzung der Winkelsumme aus den gegebenen Winkeln zum gestreckten Winkel der 3. Winkel konstruiert wird.

Besondere Linien des Dreiecks sind:

a) Die *Höhen* stehen senkrecht auf einer Dreiecksseite und gehen durch den gegenüberliegenden Eckpunkt, auch Lot vom Eckpunkt auf die gegenüberliegende Dreiecksseite (vgl. Abb. 5.52).

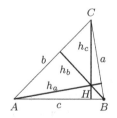

Abb. 5.52

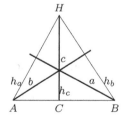

Abb. 5.53

Der Schnittpunkt der Höhen (alle drei Höhen schneiden sich in einem Punkt) liegt bei spitzwinkligen Dreiecken im Inneren und bei stumpfwinkligen Dreiecken außerhalb des Dreiecks (vgl. Abb. 5.53).

b) Die *Seitenhalbierenden* (Verbindung zwischen Mittelpunkt einer Seite und dem gegenüberliegenden Eckpunkt)

Die Seitenhalbierenden schneiden sich in einem Punkt. Dieser Punkt ist der Schwerpunkt S des Dreiecks (vgl. Abb. 5.54).

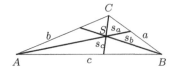

Abb. 5.54

c) Die *Winkelhalbierenden* (es ist die Strecke, die einen Innenwinkel halbiert und vom Eckpunkt bis zur gegenüberliegenden Seite geht)
Der Schnittpunkt der Winkelhalbierenden erfolgt in einem Punkt W. Dieser ist der Mittelpunkt des Inkreises (vgl. Abb. 5.55).

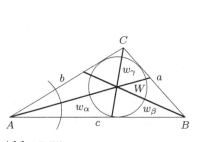
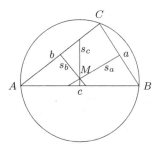

Abb. 5.55   **Abb. 5.56**

d) Die *Mittelsenkrechten* (stehen senkrecht auf dem Mittelpunkt einer jeden Dreiecksseite)
Der Schnittpunkt der Mittelsenkrechten erfolgt in einem Punkt M. Es ist der Mittelpunkt des Umkreises um das Dreieck (vgl. Abb. 5.56).

Auch Höhen, Winkelhalbierende, Mittelsenkrechte und Seitenhalbierende können zur Konstruktion eines Dreiecks verwendet werden.

5.1.5.4   Kongruenz von Dreiecken

Ebene Figuren können sich in Form und Größe unterscheiden. Stimmen sie in der Form überein, so werden sie ähnlich genannt (z. B. Modell eines Bauwerks und Original sind sich ähnlich).

Zwei planimetrische Gebilde mit dem gleichen Flächeninhalt werden inhaltsgleich genannt.

Figuren, die sowohl die gleiche Form wie auch die gleiche Größe haben, heißen kongruent oder deckungsgleich.

Das Zeichen für kongruent $\cong$ ergibt sich aus der Zusammenfügung des Zeichens für inhaltsgleich ($=$) und ähnlich ($\sim$). Zwei Kreise sind dann kongruent, wenn sie den gleichen Radius besitzen. Sie lassen sich dann so mit ihren Mittelpunkten verschieben, dass sie deckungsgleich werden. Dabei sind bei Vielecken oft noch Drehungen erforderlich.

Die Symmetrie von planimetrischen Gebilden ist ein Spezialfall der Kongruenz. Seiten und Winkel von Vielecken, die bei der Deckung aufeinanderfallen, werden als homologe Stücke bezeichnet. Besondere Bedeutung hat die Kongruenz bei Dreiecken.

In kongruenten Dreiecken sind alle gleichliegenden Stücke gleich.

Es gibt vier Kongruenzsätze, die es erlauben, die Kongruenz von zwei Dreiecken nachzuweisen (vgl. Dreieckskonstruktionen, die zu eindeutig festliegenden Dreiecken führen).

1. Stimmen Dreiecke in allen drei Seiten überein, so sind sie kongruent (SSS).
2. Stimmen Dreiecke in zwei Seiten und dem von ihnen eingeschlossenen Winkel überein, so sind sie kongruent (SWS).
3. Stimmen Dreiecke in zwei Seiten und in dem Winkel überein, der der größeren Seite gegenüberliegt, so sind sie kongruent (SSW).
4. Stimmen Dreiecke in einer Seite und zwei gleichliegenden Winkeln überein, so sind sie kongruent (WSW, SWW).

Mit Hilfe der Kongruenzsätze lassen sich unbekannte Stücke eines Dreiecks bestimmen.

Beispiel 5.5
Anwendung des Kongruenzsatzes SWS bei der Bestimmung einer unzugänglichen Entfernung, deren Endpunkte zugänglich sind (vgl. Abb. 5.57).

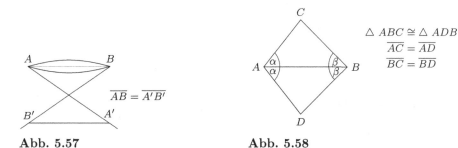

$$\overline{AB} = \overline{A'B'}$$

$$\triangle ABC \cong \triangle ADB$$
$$\overline{AC} = \overline{AD}$$
$$\overline{BC} = \overline{BD}$$

Abb. 5.57   Abb. 5.58

■

Beispiel 5.6
Anwendung des Kongruenzsatzes WSW zur Bestimmung der Entfernungen zu einem nicht erreichbaren Punkt (vgl. Abb. 5.57).

■

5.1.5.5 Ähnlichkeits- und Strahlensätze

Formen- und inhaltsgleiche geometrische Figuren werden kongruent genannt. Bei Dreiecken wird die Kongruenz durch vier Sätze nachgewiesen. Inhaltsgleiche Dreiecke und Parallelogramme lassen sich leicht konstruieren.

Stimmen planimetrische Figuren in der Gestalt oder Form überein, so werden sie ähnlich genannt.

Das Symbol für ähnlich ist: $\sim$

Vierecke sind nur dann ähnlich, wenn alle gleichliegenden Winkel übereinstimmen. Für die Ähnlichkeit ist die Lage der speziellen Figur ohne Bedeutung. Der Umlaufsinn von zwei ähnlichen Figuren entscheidet, ob bei gleichem Umlaufsinn eine gleichsinnige Ähnlichkeit oder bei ungleichem Umlaufsinn eine gleichsinnige Ähnlichkeit vorliegt.

Für Dreiecke gelten spezielle Ähnlichkeitssätze:

1. Zwei Dreiecke sind ähnlich, wenn sie in zwei gleichliegenden Winkeln übereinstimmen. (Nach dem Winkelsummensatz müssen sie dann auch im dritten Winkel übereinstimmen.) (WWW) (vgl. Abb. 5.59)

   Das ist der Hauptähnlichkeitssatz für Dreiecke.

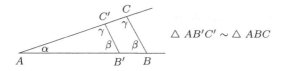

$$\triangle AB'C' \sim \triangle ABC$$

Abb. 5.59

2. Zwei Dreiecke sind ähnlich, wenn zwei Quotienten an zwei gleichliegenden Seiten konstant sind (vgl. Abb. 5.60).

$$a_1 : a_2 = b_1 : b_2 = c_1 : c_2 = k$$

k wird Maßstab oder Ähnlichkeitsverhältnis genannt.

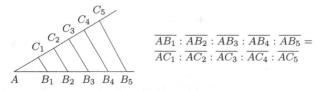

$$\overline{AB_1} : \overline{AB_2} : \overline{AB_3} : \overline{AB_4} : \overline{AB_5} =$$
$$\overline{AC_1} : \overline{AC_2} : \overline{AC_3} : \overline{AC_4} : \overline{AC_5}$$

Abb. 5.60

Beispiel 5.7

Höhenmessung an der Schattenlänge (vgl. Abb. 5.61)

$$\overline{B'C'} : \overline{AB'} = \overline{BC} : \overline{AB}$$

$$\overline{B'C'} = \frac{\overline{AB'} \cdot \overline{BC}}{\overline{AB}}$$

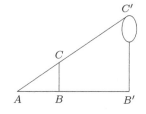

$\overline{BC}$	Stablänge
$\overline{B'C}$	unbekannte Baumlänge
$\overline{AB}$	Schattenlänge des Stabes
$\overline{AB'}$	Schattenlänge des Baumes

Abb. 5.61

■

3. Dreiecke sind ähnlich, wenn sie in einem Seitenverhältnis und dem eingeschlossenen Winkel übereinstimmen.
4. Dreiecke sind ähnlich, wenn sie in einem Seitenverhältnis und dem Gegenwinkel der größeren Seite übereinstimmen.

Aus der Tatsache, dass in ähnlichen Dreiecken alle entsprechenden Bestimmungsstücke, wie Winkelhalbierende, Seitenhalbierende, Höhen, Radien von In- und Umkreis, im gleichen Verhältnis stehen wie zwei Seiten, lassen sich Dreiecke konstruieren, wenn andere, als in den Kongruenzsätzen festgelegte Stücke gegeben sind. Insbesondere sind Winkel, deren Schenkel paarweise senkrecht aufeinander stehen, gleich oder ergänzen sich zu 180°.
In einem Dreieck verhalten sich je zwei Höhen wie der Kehrwert des Verhältnisses der zugehörigen Seiten.
Der Schnittpunkt der Seitenhalbierenden eines Dreiecks S (Schwerpunkt) teilt die Seitenhalbierenden im Verhältnis 2 : 1.
Die Umfänge von ähnlichen Dreiecken verhalten sich wie entsprechende Seiten.
Der Flächeninhalt von ähnlichen Dreiecken verhält sich wie das Quadrat des Verhältnisses von entsprechenden Seiten. Eine wichtige Anwendung findet die Lehre von den ähnlichen Dreiecken bei den Strahlensätzen (vgl. Abb. 5.62).

1. Werden zwei von einem Punkt ausgehende Strahlen von zwei Parallelen geschnitten, so verhalten sich die Abschnitte auf dem einen wie die entsprechenden Abschnitte auf dem anderen Strahl.

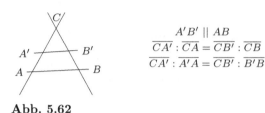

$$A'B' \parallel AB$$
$$\overline{CA'} : \overline{CA} = \overline{CB'} : \overline{CB}$$
$$\overline{CA'} : \overline{A'A} = \overline{CB'} : \overline{B'B}$$

Abb. 5.62

2. Werden zwei von einem Punkt ausgehende Strahlen von zwei Parallelen geschnitten, so verhalten sich die Abschnitte auf den Parallelen wie die vom Strahlenschnittpunkt bis zur Parallelen gemessenen Abschnitte der beiden Strahlen.

$$\overline{CA'} : \overline{A'B'} = \overline{CA} : \overline{AB}$$

Die Umkehrung der Strahlensätze ist richtig: Dieses wird genutzt, um die Parallelität von Geraden zu zeigen.

Anwendung der Strahlensätze:

- Teilung einer Strecke in einem gegebenen Verhältnis
- Teilung der Strecke in n gleiche Teile
- Messkeil zur Messung kleiner Abstände
- Fühlhebel zur Messung der Dicke
- Storchschnabel zur Vergrößerung oder Verkleinerung von ebenen Figuren
- Transversalmaßstab zur Streckenmessung
- Messtischaufnahme bei der kartografischen Aufnahme eines Gebäudestücks
- das Försterdreieck zur Bestimmung von Höhen
- Daumenbreite und Daumensprung zur Abschätzung von Längen
- Höhenmessung durch Bestimmung der Schattenlänge.

5.1.6 Kreise

Vielecke sind gradlinig begrenzte planimetrische Figuren. Der Kreis ist eine Figur, die krummlinig begrenzt wird und eine große Bedeutung in der Planimetrie hat. Das kommt vor allem durch seine allseitige Symmetrie.

Definition 5.1
Der Kreis ist die Menge aller Punkte, die von einem gegebenen Punkt den gleichen Abstand haben.   ♦

Bemerkung 5.1
Damit ist der Kreis durch seinen Umfang festgelegt. Mitunter ist mit dem Begriff Kreis auch die von ihm umschlossene Fläche gemeint.

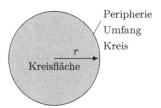

Abb. 5.63

Bezeichnung:
gegebener Punkt – Mittelpunkt des Kreises M
gleicher Abstand – Radius oder Halbmesser r
Kreis, auch Kreislinie, Peripherie oder Umfang des Kreises (vgl. Abb. 5.63)

Ein Teil des Kreisumfangs wird *Kreisbogen* genannt. Ein Kreisbogen wird durch eine Gerade abgeschnitten, die den Kreis in zwei Punkten schneidet. Der so entstehende Kreisflächenteil wird *Segment* genannt.
Durch eine *Sekante* (Gerade, die den Kreis in zwei Punkten schneidet) entstehen zwei Kreisbögen und zwei Kreissegmente. Der im Kreis verlaufende Teil der Sekante ist eine *Sehne* des Kreises (vgl. Abb. 5.64a).

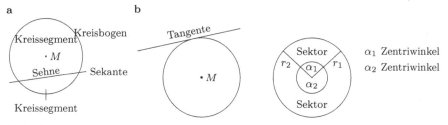

Abb. 5.64

Zwei Radien, die sich nicht decken, teilen die Kreisfläche in zwei Kreisausschnitte, die auch als *Sektoren* bezeichnet werden (vgl. Abb. 5.64b).
Der Winkel zwischen den Radien, die den Sektor bilden, wird Zentriwinkel genannt.
Kreise mit gleichem Mittelpunkt und unterschiedlichen Radien liegen zueinander konzentrisch. Die von ihren Peripherien eingeschlossene Kreisfläche bildet einen *Kreisring* (vgl. Abb. 5.65).
Die größte Sehne ist der Durchmesser. Er teilt den Kreisumfang und die Kreisfläche in zwei gleich große Kreisbögen oder zwei gleich große Sektoren (Kreissegmente). Diese Sektoren (Kreissegmente) bilden Halbkreise mit einem Zentriwinkel von 180°.

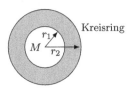

Abb. 5.65

Eine Gerade, die den Kreis genau in einem Punkt berührt, heißt *Tangente*. Die Tangente ist eine Sekante in Grenzlage, die dadurch erreicht werden kann, dass

- die Sekante parallel zu sich verschoben wird
- die Sekante um einen ihrer Kreisschnittpunkte in den anderen Schnittpunkt gedreht wird (vgl. Abb. 5.66).

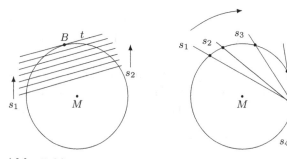

Abb. 5.66

Satz 5.7

Die Kreistangente steht senkrecht auf dem Radius, der zum Berührungspunkt führt.

(Dieser Satz gilt nicht allgemein für krummlinig begrenzte Flächen – z. B. nicht für Ellipsen.)

Konstruktion 5.15

In einem gegebenen Punkt P der Kreisperipherie ist eine Tangente anzulegen. Der Punkt wird mit dem Mittelpunkt des Kreises verbunden und auf der Geraden durch MP die Senkrechte im Punkt P errichtet (vgl. Abb. 5.67).

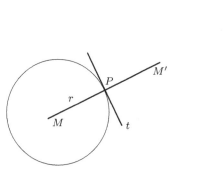

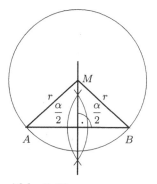

Abb. 5.67 **Abb. 5.68**

Satz 5.8
Die Mittelsenkrechte auf einer Kreissehne geht durch den Mittelpunkt des Kreises.

Da das $\triangle ABM$ gleichschenklig ist, wird der Zentriwinkel α durch die Mittelsenkrechte halbiert (vgl. Abb. 5.68).
Die Tatsache wird benutzt, um den unbekannten Mittelpunkt eines gegebenen Kreises zu konstruieren.

Konstruktion 5.16
Zu einem gegebenen Kreis ist der Mittelpunkt zu konstruieren.
Es werden zwei beliebige unterschiedliche Sehnen gezeichnet und auf beiden die Mittelsenkrechte errichtet. Ihr Schnittpunkt gibt den Mittelpunkt des Kreises an (vgl. Abb. 5.69).

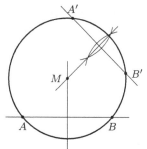

Abb. 5.69

Durch drei Punkte, die nicht alle auf einer Geraden liegen, sind Radius und Mittelpunkt eines Kreises eindeutig bestimmt. Es kann folglich konstruiert werden.

Konstruktion 5.17
Aus drei Punkten, die auf keiner gemeinsamen Geraden liegen, ist ein Kreis zu konstruieren.

Zwei Punkte werden jeweils verbunden. So entstehen zwei Sehnen, auf denen die Mittelsenkrechten errichtet werden. Ihr Schnittpunkt gibt den Mittelpunkt und den Abstand bis zu einem der drei Punkte, den Radius des Kreises, an (vgl. Abb. 5.70).

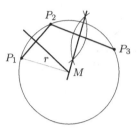
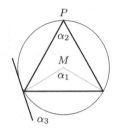

α_1 : Peripheriewinkel
α_2 : Zentriwinkel
α_3 : Sehnen-Tangenten-Winkel

Abb. 5.70   **Abb. 5.71**

Satz 5.9
Der Abstand vom Mittelpunkt ist für Sehnen mit gleicher Länge bei einem gegebenen Kreisradius konstant.

Neben dem Zentriwinkel wird noch der Peripheriewinkel im Kreis gekennzeichnet, dessen Scheitel auf dem Kreisumfang liegt (beliebiger Punkt auf dem Umfang).

Satz 5.10
Der Peripheriewinkel über der Sehne ist genau halb so groß wie der Zentriwinkel über der gleichen Sehne (vgl. Abb. 5.71).

$$\alpha_1 = 2\alpha_2$$

Der Scheitel des Sehnen–Tangenten-Winkels liegt ebenfalls auf der Kreisperipherie. Der eine Schenkel ist die Sehne durch den Punkt und der andere die Tangente in dem Punkt. Er ist genauso groß wie jeder zur gleichen Sehne gehörende Peripheriewinkel.
Neben dem Zentriwinkel wird noch der Peripheriewinkel im Kreis gekennzeichnet, dessen Scheitel auf dem Kreisumfang liegt (beliebiger Punkt auf dem Umfang).

Satz 5.11
Alle über der gleichen Sehne zu errichtenden Peripheriewinkel sind gleich groß (vgl. Abb. 5.72).

Satz 5.12
Die Summe der zwei Peripheriewinkel, die zur gleichen Sehne, aber zu unterschiedlichen Bögen gehört, beträgt 180° (vgl. Abb. 5.73).
Das von den Schenkeln der beiden Winkel α_1 und α_2 gebildete Viereck

$$AP'BP$$

wird Sehnenviereck genannt.

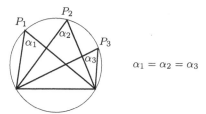

$$\alpha_1 = \alpha_2 = \alpha_3$$

Abb. 5.72

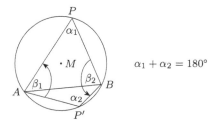

$$\alpha_1 + \alpha_2 = 180°$$

Abb. 5.73

Da die Summe der Innenwinkel in einem Viereck 360° beträgt, muss auch $\beta_1 + \beta_2 = 180°$ sein.

Ein wichtiger Spezialfall des Peripheriewinkelsatzes ist der nach Thales (um 624–547 v. u. Z.) benannte Satz.

Satz 5.13 (Thales)
Jeder Peripheriewinkel im Halbkreis muss ein rechter Winkel sein. Der Zentriwinkel wird durch den Durchmesser bestimmt und beträgt 180°, folglich ist die Hälfte jedes Peripheriewinkels mit 90° festgelegt (vgl. Abb. 5.74).

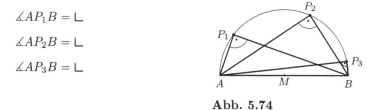

$$\angle AP_1B = \llcorner$$
$$\angle AP_2B = \llcorner$$
$$\angle AP_3B = \llcorner$$

Abb. 5.74

Der Satz des Thales wird genutzt, um von einem beliebigen Punkt außerhalb des Kreises die Tangente an den Kreis zu legen.

Diese Konstruktion ist nicht eindeutig und liefert zwei Tangenten.

Konstruktion 5.18
Von einem Punkt P sind die Tangenten an einen Kreis zu legen.

Der Punkt P wird mit dem Mittelpunkt des Kreises M verbunden. Die Strecke $\overline{PM}$ wird halbiert. Um die Mitte der Strecke wird ein Kreis mit dem Radius $\frac{\overline{PM}}{2}$ geschlagen.
Der Schnittpunkt

$$\frac{\overline{PM}}{2}$$

mit dem Kreis, an den die Tangente gelegt werden sollen, gibt die fehlenden Tangentenpunkte an, die mit P verbunden werden (vgl. Abb. 5.75).

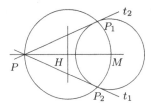

Abb. 5.75

5.1.7   Projektionen

Die Begriffe Kongruenz und Ähnlichkeit lassen sich nit Hilfe von Projektionsvorgängen erläutern.

Kongruente Figuren entstehen, wenn die Projektionsstrahlen parallel verlaufen und die Bildebene parallel zur Urbildebene steht (vgl. Abb. 5.76).

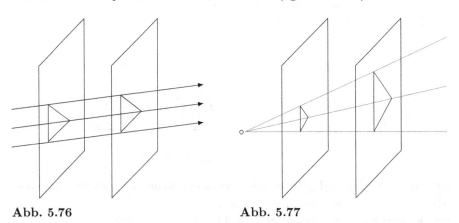

Abb. 5.76   **Abb. 5.77**

Ähnliche Figuren entstehen, wenn die Projektionsstrahlen von einem Projektionszentrum ausgehen, aber Bildebene und Urbildebene parallel stehen (vgl. Abb. 5.77).

Affine Figuren entstehen bei parallelen Projektionsstrahlen und nicht paralleler Bild- und Urbildebene (vgl. Abb. 5.78).

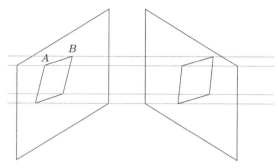

Abb. 5.78

Projektive Figuren entstehen, wenn die Projektionsstrahlen nicht parallel aus einem Projektionszentrum kommen und Bild- mit Urbildebene nicht parallel stehen (vgl. Abb. 5.79).

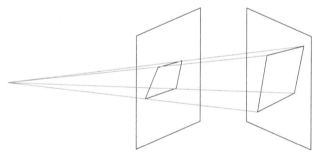

Abb. 5.79

5.1.8 Planimetrische Berechnungen

5.1.8.1 Flächenmaße

Zur Flächenberechnung von planimetrischen Figuren werden die allseitig umschlossenen Flächen mit der Fläche eines Quadrats der Seitenlänge 1 m verglichen. Die Fläche beträgt $A = 1\,\mathrm{m}^2$.
Flächenmaße sind:

Quadrat von	1 km	Länge hat die Fläche	$1\,km^2$.
Quadrat von	100 m	Länge hat die Fläche	1 ha (Hektar).
Quadrat von	10 m	Länge hat die Fläche	1 a (Ar).
Quadrat von	10 cm	Länge hat die Fläche	$1\,dm^2$.
Quadrat von	1 cm	Länge hat die Fläche	$1\,cm^2$.
Quadrat von	1 mm	Länge hat die Fläche	$1\,mm^2$.

Umrechnungen:

$$1\,km^2 = 100\,ha \quad = 10\,000\,a \quad = 1\,000\,000\,m^2$$
$$1\,m^2 = 100\,dm^2 \quad = 10\,000\,cm^2 \quad = 1\,000\,000\,mm^2$$

Die Umrechnungszahl zwischen zwei benachbarten Einheiten ist bei Flächenmaßen die Zahl 100.

5.1.8.2 Dreiecke

Rechtwinkliges Dreieck

Eine wichtige Spezialklasse bildet die Menge der rechtwinkligen Dreiecke (vgl. Abb. 5.80).

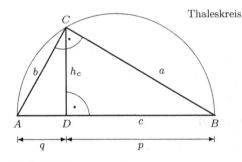

Thaleskreis

a, b	Katheten
c	Hypotenuse
p, q	Hypotenusenabschnitt
h_c	Höhe auf der Hypotenuse

Abb. 5.80

Satz 5.14
Durch die Höhe h_c wird das rechtwinklige Dreieck in 2 Teildreiecke zerlegt, die zueinander und zum ursprünglichen Dreieck ähnlich sind.

$$\triangle ABC \sim \triangle ADC \sim \triangle DBC$$

Satz 5.15 (Höhensatz)
Im rechtwinkligen Dreieck ist das Quadrat über der Höhe gleich dem Produkt aus den beiden Hypotenusenabschnitten.

$$h^2 = p \cdot q$$

Dieser Satz wird Höhensatz genannt.

Satz 5.16 (Kathetensatz oder Satz des Euklid)
Im rechtwinkligen Dreieck ist das Quadrat über jeder Kathete gleich dem Rechteck aus Hypotenuse und dem zugehörigen Hypotenusenabschnitt.

$$a^2 = p \cdot c$$
$$b^2 = q \cdot c$$

Dieser Satz wird Kathetensatz oder Satz des Euklid genannt.

Satz 5.17 (Satz des Pythagoras)
Im rechtwinkligen Dreieck ist das Quadrat über der Hypotenuse gleich der Summe der Quadrate über den Katheten.

$$c^2 = a^2 + b^2$$

Dieser Satz ist der Satz des Pythagoras.

Satz 5.18
Im rechtwinkligen Dreieck ist das Rechteck aus den beiden Katheten gleich dem Rechteck aus der Hypotenuse und der Höhe (auf der Hypotenuse).

$$a \cdot b = c \cdot h_c$$

Die Umkehrung der Sätze gilt ebenfalls und kann zum Nachweis der Rechtwinkligkeit eines rechtwinkligen Dreiecks genutzt werden.

Beispiel 5.8
Abstecken eines rechten Winkels in der Natur (vgl. Abb. 5.81)

Umfang des rechtwinkligen Dreiecks $U = a + b + c$

Fläche eines rechtwinkligen Dreiecks $A = \frac{1}{2}ab$

∎

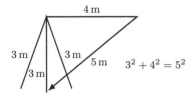

Abb. 5.81

Gleichseitiges Dreieck

Im gleichseitigen Dreieck mit der Seitenlänge a lassen sich alle Linien, Umfang und Fläche aus a berechnen.

Die Höhe, die Seitenhalbierenden und die Winkelhalbierenden stimmen in allen drei Fällen überein.

Höhe: $\qquad\qquad\qquad h = \frac{a}{2}\sqrt{3}$

Umfang: $\qquad\qquad\quad U = 3a$

Fläche: $\qquad\qquad\quad A = \frac{a^2}{4}\sqrt{3}$

Radius des Inkreises: $\quad r_i = \frac{a}{6}\sqrt{3}$

Radius des Umkreises: $\quad r_a = \frac{a}{3}\sqrt{3}$ $\qquad$ (vgl. Abb. 5.82)

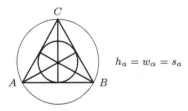

$$h_a = w_\alpha = s_a$$

Abb. 5.82

Allgemeines Dreieck

Satz 5.19
In einem Dreieck verhalten sich die Höhen umgekehrt proportional zu den zugehörigen Seiten (vgl. Abb. 5.83).

Satz 5.20
Der Schnittpunkt der Seitenhalbierenden teilt jede Seitenhalbierende im Verhältnis 2:1. Der größere Teil der Seitenhalbierenden ist die Strecke zwischen Schnitt- und Eckpunkt (vgl. Abb. 5.84).

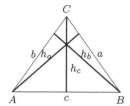

$$h_a : h_b : h_c = \frac{1}{a} : \frac{1}{b} : \frac{1}{c}$$

Abb. 5.83

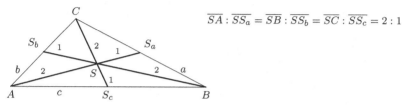

$$\overline{SA} : \overline{SS_a} = \overline{SB} : \overline{SS_b} = \overline{SC} : \overline{SS_c} = 2 : 1$$

Abb. 5.84

Satz 5.21

Umfang und Fläche eines Dreiecks berechnen sich nach den Formeln

$$U = a + b + c \qquad A = \frac{1}{2}ah_a = \frac{1}{2}bh_b = \frac{1}{2}ch_c \qquad oder \qquad A = \frac{g \cdot h}{2}$$

Die Dreiecksfläche ist gleich dem halben Produkt aus einer Seite (Grundlinie) und der zugehörigen Höhe.

5.1.8.3 Viereck

Viereck		Flächeninhalt	Umfang	Besondere Stücke
Quadrat		$A = a^2$	$U = 4a$	Diagonale $d = \sqrt{2}a$
Rechteck		$A = ab$	$U = 2a + 2b$	Diagonale $d = \sqrt{a^2 + b^2}$
Rhombus		$A = a \cdot h_a$	$U = 4a$	
Parallelo-gramm		$A = a \cdot h_a$	$U = 2a + 2b$	
Trapez		$A = m \cdot h = \frac{a+c}{2} h$	$U = a + b + c + d$	Mittelparallele $m = \frac{a+c}{2}$

5.1.8.4 Vieleck

Der Umfang eines Vielecks berechnet sich aus der Summe der Längen der einzelnen Begrenzungsstrecken.

Zur Bestimmung des Flächeninhalts ist das Vieleck in geeignete Trapeze und Dreiecke zu zerlegen, deren Flächeninhalt zu bestimmen und die Summe zu bilden. Die Zerlegung erfolgt durch das Ziehen von Diagonalen und dem Fällen des Lotes von den Eckpunkten auf die Diagonale.

Beispiel 5.9

$$U = \overline{AB} + \overline{BC} + \overline{CD} + \overline{DE} + \overline{EF} + \overline{FA}$$
$$A = A_1 + A_2 + A_3 + A_4 + A_5$$

A_1, A_2, A_5 sind Dreiecksflächen

A_3, A_4 sind Trapezflächen (vgl. Abb. 5.85)

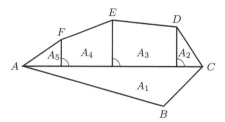

Abb. 5.85

Ein regelmäßiges n-Eck lässt sich in n gleichschenklige Dreiecke mit der Schenkel-
länge r (Radius des Umkreises) zerlegen (vgl. Abb. 5.86).
Der Winkel an der Spitze beträgt

$$\varphi = \frac{360°}{n}.$$

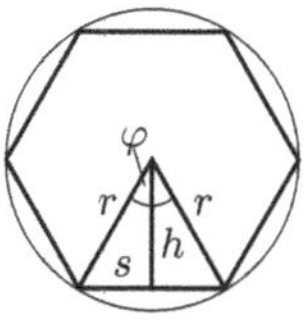

Abb. 5.86

s ist die Basis und h die Basishöhe (Radius des Inkreises)

$$U = n \cdot s$$

$$A = \frac{n}{2} s \cdot h = \frac{n}{2} s \sqrt{r^2 - \frac{s^2}{4}}$$

5.1.8.5 Kreis und Kreisteile

Kreisumfang und Kreisdurchmesser von verschiedenen Kreisen sind proportional
(vgl. Abb. 5.87).

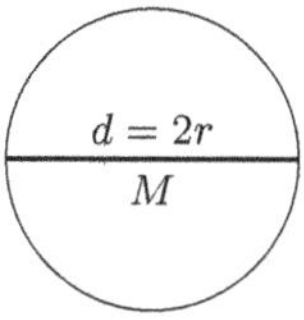

$d = 2r$
M

Kreisumfang $U = \pi d = 2\pi r$
Kreisfläche $A = \pi r^2 = \dfrac{\pi}{4} d^2$

Abb. 5.87

Als Proportionalitätsfaktor ergibt sich die irrationale Zahl (nicht abbrechbar,
nichtperiodischer Dezimalbruch)

$$\pi \approx 3{,}141\,592\,653\,589\,793\,238\dots$$

Kreisberechnungen sind demzufolge nie vollständig exakt, aber mit jeder beliebigen Genauigkeit auszuführen.

Für grobe Überschlagsrechnungen genügt 3. Für die meisten Rechnungen reicht 3,14 oder $\frac{22}{7}$ aus. Dabei ist zu beachten, dass $\frac{22}{7}$ ein besserer Näherungswert für π ist als 3,14.

Für größere Genauigkeit ist die entsprechende Zahl von Stellen nach dem Komma mitzuführen.

Kreisumfang und Kreisfläche lassen sich mit dem Taschenrechner, der meist eine Taste π hat, leicht berechnen. Der Kreisbogen und auch der Kreissektor sind proportional zur Größe des Zentriwinkels (vgl. Abb. 5.88).

$$b = \frac{\alpha}{360°}d\pi = \frac{\alpha}{180°}r\pi$$

$$A = \frac{\alpha}{360°}r^2\pi = \frac{\alpha}{360°}\frac{d^2}{4}\pi$$

$$A = \frac{1}{2}br = \frac{1}{4}bd$$

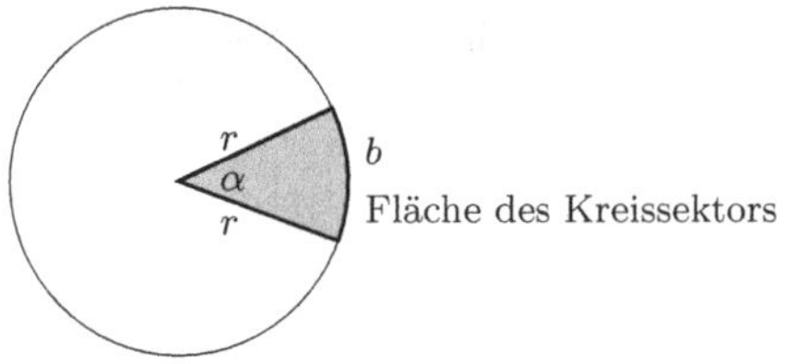

Fläche des Kreissektors

Abb. 5.88

Die Fläche eines Kreisrings ergibt sich aus der Differenz der Kreisflächen (vgl. Abb. 5.89).

$$A_{KR} = A_2 - A_1$$

$$A_{KR} = \pi r_2^2 - \pi r_1^2 = \pi(r_2^2 - r_1^2)$$

$$A_{KR} = \frac{\pi}{4}d_2^2 - \frac{\pi}{4}d_1^2 = \frac{\pi}{4}(d_2^2 - d_1^2)$$

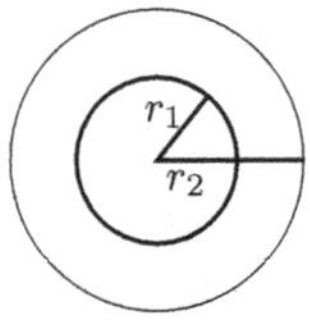

Abb. 5.89

5.2 Stereometrie

5.2.1 Grundbegriffe und Volumenmessung

Stereometrie heißt in der ursprünglichen Bedeutung „Körpermessung". Dazu zählt die Beschreibung von dreidimensionalen geometrischen Gebilden – Körper. Da Körper 3 Dimensionen (Länge, Breite Höhe) haben, ist ihre Darstellung auf der zweidimensionalen Zeichenebene kompliziert. Die Erfassung der Gebilde erfordert räumliches Vorstellungsvermögen. Die äußere Begrenzungsfläche eines Körpers ist seine Oberfläche. Der Rauminhalt oder das Volumen eines Körpers wird verglichen mit dem Volumen eines Würfels, dessen Höhe, Länge und Breite 1 Meter betragen.

Sein Volumen hat den Wert

$$V = 1\,\text{m}^3.$$

Abgeleitete Volumenmaße sind:
Würfel mit Kantenlänge 1 km hat das Volumen $1\,\text{km}^3$.
Würfel mit Kantenlänge 1 dm hat das Volumen $1\,\text{dm}^3$.
Würfel mit Kantenlänge 1 cm hat das Volumen $1\,\text{cm}^3$.
Würfel mit Kantenlänge 1 mm hat das Volumen $1\,\text{mm}^3$.
Umrechnung:

$$1\,\text{m}^3 = 1000\,\text{dm}^3 = 1\,000\,000\,\text{cm}^3 = 1\,000\,000\,000\,\text{mm}^3$$

Die Umrechnungszahl zwischen benachbarten Volumeneinheiten ist 1000.
Hohlmaße werden zur Messung von Flüssigkeits- und Gasvolumen verwendet.
Ein Liter (l) entspricht bei der Lösung praktischer Aufgaben $1\,\text{dm}^3$.

1 Hektoliter	= 100 Liter
1 hl	= 100 l
1000 Millimeter	= 1 Liter
1000 ml	= 1 l

Das Prinzip von Cavalieri (um 1598–1647) ist die Grundlage zur Herleitung der
Berechnungsformeln für das Volumen von Körpern.

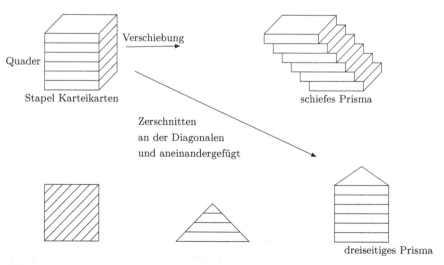

Abb. 5.90

Satz 5.22

Haben zwei Körper die gleichen Grundflächen und erzeugen in beliebigen Höhen parallel zur Grundfläche geführte Schnitte jeweils gleichgroße Schnittflächen, so haben die Körper das gleiche Volumen.

Dazu vgl. Abb. 5.90.

5.2.2   Einteilung der Körper

Körper werden nach den sie begrenzenden Flächen eingeteilt.

1. Ebenflächig begrenzte Flächen

Die Grundfläche ist eine ebene, gradlinig begrenzte Fläche (Vieleck).

Prismatische Körper

Gegenüberliegende Seitenflächen sind parallel, sodass die obere Begrenzungsfläche zur Grundfläche eine parallele kongruente Figur darstellt.

Pyramidenförmige Körper

Von der Grundfläche ausgehende Kanten verlaufen zentralsymmetrisch, sodass die obere Begrenzung eine zur Grundfläche ähnliche parallele Figur oder das Symmetriezentrum als Punkt selbst ist.

Prismatische Körper, Rechtecke, Quadrate oder Parallelogramme als Seitenflächen ergeben Würfel, Quader, n-seitige Prismen. Pyramidenförmige Körper haben Dreiecke oder Trapeze als Seitenflächen. Auf solche Weise entstehen Pyramiden (n-seitig), Pyramidenstumpf (n-seitig).

Prismatische Körper und pyramidenförmige Körper sind gerade, wenn die Seitenlinien senkrecht zur Grund- und Deckfläche verlaufen oder die Grundfläche eine zentralsymmetrische Figur ist und der Fußpunkt des von der Spitze gefällten Lotes im Symmetriezentrum der Grundfläche liegt.

2. Eben- und krummflächig begrenzte Körper

Die Grundfläche ist ein Kreis oder eine Ellipse.

Ist die Deckfläche zur Grundfläche parallel, so entstehen Zylinder.

Ist die Deckfläche zur Grundfläche ähnlich, also durch eine Zentralprojektion entstanden, so entstehen Kegelstumpf oder, wenn die Deckfläche im Symmetriezentrum liegt, ein Kegel. Die von der Grundfläche zur Deckfläche ausgehenden Geraden heißen Mantellinien.

Ihre Gesamtheit bildet den Mantel des Körpers,

Auf diese Weise entstehen nicht Kugelabschnitt und Kugelschicht. Sie gehören aber auch in die Gruppe der eben- und krummlinig begrenzten Körper.

3. Nur krummflächig begrenzte Körper
Beispiele sind Kugel, Ellipsoide und Kugelausschnitt.

5.2.3 Berechnung von prismatischen Körpern

5.2.3.1 Würfel

Ein Würfel wird von sechs kongruenten Quadraten begrenzt, die senkrecht aufeinander stehen und von denen jeweils zwei zueinander parallel laufen.
Durch Aufklappen aller Begrenzungsflächen in die Zeichenebene entsteht das Netz eines Würfels.
Eine durch die Begrenzungsfläche verlaufende Diagonale heißt Flächendiagonale d_A.
Eine durch den Körper verlaufende Diagonale heißt Raumdiagonale d_V (vgl. Abb. 5.91).
Die Flächendiagonalen (12 Stück) und die Raumdiagonalen des Würfels sind jeweils gleich groß

$$d_A = \sqrt{2}a,$$
$$d_V = \sqrt{3}a.$$

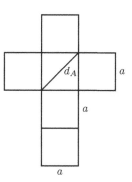

Abb. 5.91

Aus dem Netz des Würfels ergibt sich die Oberfläche des Würfels

$$A_O = 6a^2.$$

Das Volumen des Würfels

$$V = a^3.$$

Beispiel 5.10
Ein Bleiwürfel von 5 cm Kantenlänge wird mit einem Bleiwürfel von 9 cm Kantenlänge zu einem neuen Würfel zusammengegossen.
Die Oberfläche, das Volumen, die Flächen- und Raumdiagonalen des neuen Würfels sind zu berechnen!

Lösung:

$$V_n = 5^3 + 9^3 \qquad\qquad \text{Kantenlänge} \qquad a_n = \sqrt[3]{854}$$

$$V_n = 854\,\text{cm}^3 \qquad\qquad\qquad\qquad\qquad a_n \approx 9{,}48$$

$$A_O = 540{,}07\,\text{cm}^2$$

$$d_A = 13{,}41\,\text{cm}$$

$$d_V = 16{,}43\,\text{cm}$$

■

5.2.3.2 Quader

Ein Quader wird von sechs Rechtecken begrenzt, die senkrecht aufeinander stehen und bei dem gegenüberliegende kongruent sind sowie parallel verlaufen.

Die Netzfläche des Quaders und die Skizze der räumlichen Darstellung zeigen die wichtigsten Berechnungen am Quader (vgl. Abb. 5.92).

Die Oberfläche des Quaders: $A_O = 2lb + 2lh + 2bh$

$$A = 2\,(lb + lh + bh)$$

Das Volumen des Quaders: $V = lbh$

Alle vier Raumdiagonalen des Quaders sind gleich:

$$d_V = \sqrt{l^2 + b^2 + h^2}$$

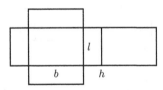

Abb. 5.92

Es gibt beim Quader drei verschiedene Flächendiagonalen:

Flächendiagonale der Grundfläche (Deckfläche): $d_{A1} = \sqrt{b^2 + l^2}$

Flächendiagonale der Vorderseite (Hinterseite): $d_{A2} = \sqrt{b^2 + h^2}$

Flächendiagonale der rechten und linken Fläche: $d_{A3} = \sqrt{l^2 + h^2}$

Beispiel 5.11

Wie viel laufende Meter Bretter erhält man aus einem Festmeter Holz bei 12 %
Schnittverlust, wenn die Bretter einen rechteckigen Querschnitt von 24 cm Breite
und 16 mm Stärke haben?

$$V = 1\,\text{m}^3 \qquad\qquad V = lbh \qquad\qquad V = 1000\,\text{dm}^3$$

$$l = \frac{V}{bh} \qquad\qquad V = 1\,000\,000\,\text{cm}^3$$

$$b = 24\,\text{cm} \qquad\qquad h = 1{,}6\,\text{cm}$$

$$l \approx 232\,\text{m}$$

Es können unter den gegebenen Bedingungen etwa 232 laufende Meter Bretter
geschnitten werden.   ■

Ein Spezialfall eines Quaders wird die quadratische Säule genannt (vgl. Abb. 5.93).
Es ist diese ein Quader mit quadratischer Grund- und Deckfläche der Länge a und
der Säulenhöhe h.

Volumen: $V = a^2 h$

Oberfläche: $A_O = 2a^2 + 4ah$

Raumdiagonale: $d_V = \sqrt{2a^2 + h^2}$

Flächendiagonale von Grund- und Deckfläche: $d_{A1} = \sqrt{2}a$

Flächendiagonale der Seitenflächen: $d_{A2} = \sqrt{a^2 + h^2}$

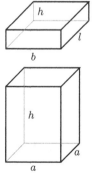

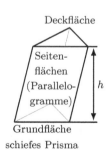

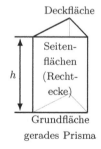

Deckfläche

Seiten-
flächen
(Parallelo- h
gramme)

Grundfläche

schiefes Prisma

Deckfläche

h Seiten-
flächen
(Recht-
ecke)

Grundfläche

gerades Prisma

Abb. 5.93   **Abb. 5.94**

5.2.3.3 Prisma

Ein Prisma ist ein ebenflächig begrenzter Körper mit zwei parallelen und kongruenten Grund- und Deckflächen. Das Prisma hat so viele Seitenflächen, wie die
Grundfläche Seiten besitzt. Die Seitenflächen sind Parallelogramme oder Rechtecke.

Der senkrechte Abstand zwischen Grund- und Deckfläche wird Höhe des Prismas genannt (beide Flächen laufen nach Voraussetzung parallel).
Beim schiefen Prisma ist die Höhe kleiner als die Länge der Seitenkanten. Beim geraden Prisma sind sie gleich. Dazu vgl. Abb. 5.94.
Ist die Grundfläche eines Prismas ein n-Eck, so wird von n-seitigen Prismen gesprochen.
Regelmäßige Prismen haben als Grundfläche ein regelmäßiges n-Eck.
Unregelmäßige Prismen haben unregelmäßige Vielecke als Grundfläche.
Quader, Würfel und Säulen sind spezielle Prismen.
Nach dem Prinzip des Cavalieri haben gerades und schiefes Prisma das gleiche Volumen, wenn sie in der Grundfläche und in der Höhe übereinstimmen.
Volumen eines Prismas:

$$V = Ah$$

A ist die Grundfläche, h die Höhe.
Die Oberfläche einen schiefen Prismas ergibt sich aus der Summe von Grund- und Deckfläche ($2A$) und den n Parallelogrammen.
(Grundfläche ist ein n-Eck, $n \in \mathbb{N}$, $n \geqq 3$.)

$$A_O = 2A + nA_P$$

A_P ist die Fläche der Seitenparallelogramme, die gleich sind, wenn ein regelmäßiges Vieleck gegeben ist. Ansonsten muss die Summe der Einzelparallelogramme gebildet werden.
Die Oberfläche eines geraden Prismas ergibt sich aus der Summe von Grund- und Deckfläche ($2A$) und den n Rechtecken, wenn von einem n-Eck als Grundfläche ausgegangen wird.

$$A_O = 2A + nA_R$$

A_R sind die Flächen der Seitenrechtecke, die bei regelmäßigen n-Ecken der Grundfläche gleich sind, sonst muss die Summe der Rechteckflächen mit n multipliziert werden.
In Abb. 5.95 sind die dargestellten Körper alle Prismen, deren Grundfläche schraffiert wurde.

Beispiel 5.12
Es ist das Fassungsvermögen des in Abb. 5.96 dargestellten Schachtes zu berechnen, der einen quadratischen Querschnitt hat.

$$V = Gh \qquad\qquad\qquad G = 0{,}3\,\text{m} \cdot 0{,}3\,\text{m}$$
$$V = 0{,}09\,\text{m}^2 \cdot 7\,\text{m} \qquad\qquad G = 0{,}09\,\text{m}^2$$
$$V = 0{,}63\,\text{m}^3$$

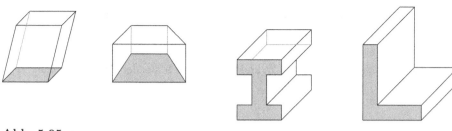

Abb. 5.95

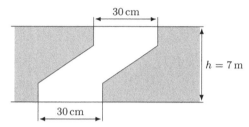

Abb. 5.96

Der Schacht fasst $0{,}63\,\mathrm{m}^3$.

■

5.2.3.4 Zylinder

Ein Zylinder (Kreiszylinder) besteht aus zwei kongruenten parallel liegenden Kreisflächen und einer regelmäßig gekrümmten Seitenfläche (vgl. Abb. 5.97). Es gibt noch elliptische Zylinder mit Ellipsen als Grund- und Deckfläche.
Steht die Zylinderachse senkrecht auf der Grundfläche, ist der Zylinder gerade, ansonsten ist er schief (vgl. Abb. 5.98).

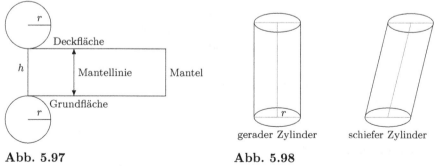

Abb. 5.97   **Abb. 5.98**

Das Bild der aufgewickelten Flächen gilt nur für gerade Zylinder. Bei schiefen Zylindern ergeben sich komplizierte Mantelflächen. Ein gerader Zylinder entsteht auch durch Rotation einer Rechteckfläche um eine Seite als Achse. Schnittflächen sind Rechtecke, wenn sie senkrecht erfolgen, und kongruente Kreise zum Grundkreis, wenn sie waagerecht durchgeführt werden.

Die Mantelfläche eines geraden Zylinders ergibt sich aus der Rechteckfläche.

$$A_M = 2\pi r h = \pi d h$$

Für ungerade Kreiszylinder lässt sich keine einfache Formel angeben, da sich beim Abwickeln eine Fläche mit gekrümmten Begrenzungslinien ergibt und zwei Mantellinien, deren Länge ungleich h ist (vgl. Abb. 5.99).

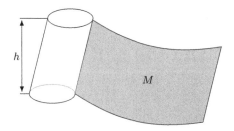

Abb. 5.99

Die Oberfläche eines geraden Kreiszylinders ist die Summe aus Deck-, Grund- und Mantelfläche

$$A_O = 2\pi r^2 + 2\pi r h$$
$$A_O = 2\pi r \left(r + h \right),$$

oder bei Verwendung des Durchmessers, der leicht mit einem Messschieber festgestellt werden kann,

$$A_O = \pi d \left(\frac{d}{2} + h \right).$$

Nach dem Satz des Cavalieri sind sie Volumina des geraden und ungeraden Kreiszylinders bei gleichem Grundkreisradius und gleicher Höhe gleich:

$$V = \pi r^2 h$$
$$V = \frac{\pi}{4} d^2 h.$$

Das Volumen eines Hohlzylinders ergibt sich aus der Differenz der beiden Zylindervolumen (vgl. Abb. 5.100):

$$V = \pi r_2^2 h - \pi r_1^2 h = \pi h \left(r_2^2 - r_1^2 \right) \qquad\qquad r_2 > r_1$$
$$V = \frac{\pi}{4} d_2^2 h - \frac{\pi}{4} d_1^2 h = \frac{\pi}{4} h \left(d_2^2 - d_1^2 \right) \qquad\qquad d_2 > d_1$$

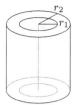

Abb. 5.100

Beispiel 5.13
Ein zylindrisches Gefäß mit einer lichten Weite von 80 mm soll mit 1 dm³ Wasser gefüllt werden.

1. Wie hoch steht die Flüssigkeit?
2. In welcher Entfernung müssen die Teilstriche angebracht werden, die 100 cm³ anzeigen?

$$V = \frac{\pi}{4}d^2 h \qquad\qquad h = \frac{4V}{\pi d^2}$$

$$V = 1\,\text{dm}^3 = 1000\,\text{cm}^3 \qquad h = 19{,}9\,\text{cm}$$

$$d = 8\,\text{cm} \qquad\qquad \frac{h}{10} \approx 2\,\text{cm}$$

Etwa alle 2 cm sind die Teilstriche für 100 cm³, 200 cm³, ... anzubringen. Der Teilstrich für 1 dm³ (1 Liter) befindet sich in einer Höhe von knapp 19,9 cm. ∎

5.2.4 Berechnung von pyramidenförmigen Körpern

5.2.4.1 Pyramide und Pyramidenstumpf

Die Grundfläche ist bei einer Pyramide ein beliebiges Vieleck, und die Seitenflächen sind Dreiecke. Die Spitze der Pyramide ist das Symmetriezentrum, mit dem die Seitenkanten von der Spitze auf die Ecken des Vielecks der Grundfläche projiziert werden.
Pyramiden werden n-seitig genannt, wenn sie n Seitenflächen besitzen ($n \geqq 3$).
n ist gleich der Anzahl der Grundkanten (Seiten des Vielecks der Grundfläche).
Pyramiden heißen regelmäßig, wenn ihre Grundfläche ein regelmäßiges Vieleck ist. Ansonsten sind die Pyramiden unregelmäßig (vgl. Abb. 5.101).
Sind alle Seitenkanten einer Pyramide gleich lang, so ist die Pyramide gerade, ansonsten ist sie schief (vgl. Abb. 5.102). Die Oberfläche einer Pyramide lässt sich aus dem Netz von Seiten- und Grundfläche der Pyramide bestimmen.
Allgemein gilt:

regelmäßige Pyramide   unregelmäßige Pyramide

Abb. 5.101

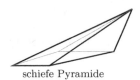

gerade Pyramide   schiefe Pyramide

Abb. 5.102

Grundfläche: n-Eck mit Flächeninhalt A_G

Länge des Umfangs U_G

Für die unregelmäßige Pyramide ist die Oberfläche gleich der Summe aus der Grundfläche und den n Dreiecksflächen. Für regelmäßige gerade Pyramiden ist die Oberfläche

$$A = A_G + \frac{1}{2}U_G \cdot h.$$

h ist die Länge der Höhe einer Pyramidenseitenfläche.

Satz 5.23
Jede Schnittfläche parallel zur Grundfläche einer Pyramide ist der Grundfläche ähnlich.

Satz 5.24
Pyramiden mit gleichem Flächeninhalt der Grenzfläche haben in gleicher Höhe liegende flächengleiche Schnittfiguren.

Nach dem Satz des Cavalieri folgt aus beiden Sätzen:

Satz 5.25
Pyramiden haben das gleiche Volumen, wenn sie die gleiche Grundfläche und die gleiche Höhe haben.

Jede n-seitige Pyramide kann zu einem n-seitigen Prisma mit gleicher Höhe und gleicher Grundfläche zusammengesetzt werden (vgl. Abb. 5.103).
Das Volumen einer n-seitigen Pyramide ist somit der dritte Teil des Volumens eines n-seitigen Prismas, da jedes n-seitige Prisma durch geeignete Schnitte in dreiseitige Pyramiden zerlegt werden kann.

Beispiel $n = 3$

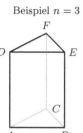 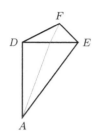 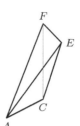 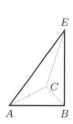

Abb. 5.103

Das Volumen einer Pyramide ist der dritte Teil des Produkts aus Grundfläche und Höhe.

(Diese Formel gilt für gerade und ungerade Pyramiden mit beliebigen Grundflächen.)

$$V = \frac{1}{3} A_G h$$

Beispiel 5.14

Wie viel m² Bretter sind zum Eindecken des Turmdachs mit der rechteckigen Grundfläche von 3 m Breite und 4 m Länge erforderlich? Die Höhe beträgt 2,5 m und der Verschnitt 18 %.

Höhe der Seitenfläche 1:

$$h_1 = \sqrt{2{,}50^2 + 2{,}00^2} = \sqrt{10{,}25} = 3{,}20$$

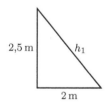

Höhe der Seitenfläche 2:

$$h_2 = \sqrt{2{,}50^2 + 1{,}50^2} = \sqrt{8{,}50} = 2{,}92$$

$$A = 2A_{D1} + 2A_{D2} = 2\left(\frac{g_1 h_1}{2} + \frac{g_2 h_2}{2}\right) = g_1 h_1 + g_2 h_2$$

$$g_1 = 3 \qquad g_2 = 4$$

$$A_O = 3 \cdot 3{,}20 + 4 \cdot 2{,}92 = 21{,}28$$

$$A_O + 0{,}18A = 1{,}18A = 25{,}11$$

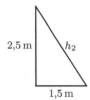

2,5 m h_2

1,5 m

Es werden 25,11 m² Bretter benötigt.   ∎

Beim Schneiden einer Pyramide mit einer zur Grundfläche parallelen Schnittfläche entsteht oberhalb eine Pyramide (Ergänzungspyramide) und unterhalb ein Pyramidenstumpf. Die Schnittfläche ist der Grundfläche ähnlich und heißt Deckfläche des Pyramidenstumpfs (vgl. Abb. 5.104).

 Ergänzungspyramide

 Pyramidenstumpf

Abb. 5.104

Die Schnitthöhe ist gleich der Höhe des Pyramidenstumpfs. Die Oberfläche eines Pyramidenstumpfs berechnet sich aus der Summe von Grund-, Deck- und Seitenflächen.

Das Volumen eines Pyramidenstumpfs ist die Differenz aus dem Volumen der Gesamtpyramide und dem Volumen der Ergänzungspyramide.

$V_{ST} = V_{GP} - V_{EP}$ V_{ST} Volumen des Pyramidenstumpfs

                                          V_{GP} Volumen der Gesamtpyramide

$V_{ST} = \frac{1}{3} A_G (h_{ST} + h_e) - \frac{1}{3} A_D \cdot h_e$

Da A_G und A_D ähnlich sind, gilt:

$h_e^2 : (h_{ST} + h_e)^2 = A_D : A_G,$ V_{EP} Volumen der Ergänzungspyramide

nach h_e aufgelöst A_G Grundfläche der Pyramide (gesamt)

$h_e = \dfrac{h_{ST}\sqrt{A_D}}{\sqrt{A_G} - \sqrt{A_D}}$ A_D Deckfläche des Pyramidenstumpfs

                                              h_{ST} Höhe des Pyramidenstumpfs

                                              h_e Höhe der Ergänzungspyramide

Somit ist das Volumen des Pyramidenstumpfs:

$$V_{ST} = \frac{h_{ST}}{3} \left(A_G + \sqrt{A_G A_D} + A_D \right)$$

Eine Formel zur näherungsweisen Berechnung des Volumens eines Pyramidenstumpfs ist:

$$V_{ST} \approx \frac{A_G + A_D}{2} \cdot h,$$

deren Wert umso weniger vom exakten Wert abweicht, wie sich A_G und A_D im Wert nähern.

Beispiel 5.15

Ein Teich mit der Grundfläche in der Form eines Rechtecks der Länge 10 m und der Breite 8 m hat als Oberfläche ein Rechteck mit 12 m Länge und 9 m Breite und ist 2,20 m tief. Wie viel Kubikmeter Wasser befinden sich im voll gefüllten Teich?

$$A_G = 12 \cdot 9 = 108$$
$$A_D = 10 \cdot 8 = 80 \qquad\qquad h = 2{,}20$$
$$V = \frac{2{,}20}{3}(108 + \sqrt{108 \cdot 80} + 80)$$
$$V = 206{,}031$$
$$V \approx \frac{108 + 80}{2} \cdot 2{,}20 = 206{,}8$$

Der Teich fasst 206,031 m³ Wasser. Nach der Näherungsformel ergeben sich knapp 207 m³ Wasser. ∎

Prismatoide sind Körper, deren Grund- und Deckflächen parallel verlaufende Vielecke sind, die im Unterschied zum Pyramidenstumpf jedoch nicht ähnlich sein müssen.

Spezielle Prismatoide mit ebenen Flächen sind *Obelisk* und der *Keil*, wo die Deckflächen zu einer Geraden geschrumpft sind.

Das Volumen eines Prismatoids kann berechnet werden, wenn der Inhalt des sogenannten Mittelschnitts bekannt ist (A_m) (vgl. Abb. 5.105).

$$V = \frac{h}{6} \left(A_G + 4A_m + A_D \right)$$

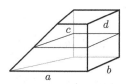

$\dfrac{a}{b} \neq \dfrac{c}{d}$

(nicht ähnlich)

Prismatoid

Abb. 5.105　　　　　　　　　　**Abb. 5.106**

Ein Pyramidenstumpf (mit rechteckiger Grund- und Deckfläche) zeichnet sich dadurch aus, dass das Verhältnis von Länge und Breite in Grund- und Deckfläche konstant ist (ähnliche Rechtecke). Ist das nicht der Fall, so heißt das spezielle Prismatoid **Obelisk** (vgl. Abb. 5.106).
Volumen des Obelisken:

$$V = \frac{h}{6}\left(2ab + ad + bc + 2dc\right)$$

Die Ergänzung des Obelisken mit dem Restkörper auf der Deckfläche ergibt einen **Keil** (ein auf beiden Seiten schief abgeschnittenes dreiseitiges Prisma) mit dem Volumen

$$V = \frac{bh}{6}\left(2a + c\right).$$

a, b sind die Grundkanten; h ist die Höhe und c ist die Sehne (vgl. Abb. 5.107).

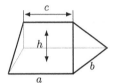

Abb. 5.107

5.2.4.2   Kegel und Kegelstumpf

Der gerade Kreiskegel entsteht durch Rotation eines Dreiecks um die Achse. Neben Kegeln und kreisförmiger Grundfläche gibt es noch elliptische Kegel (Grundfläche ist eine Ellipse, vgl. Abb. 5.108).

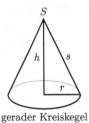 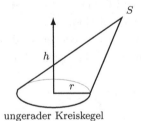

gerader Kreiskegel   ungerader Kreiskegel

Abb. 5.108

Der Kreiskegel ist gerade, wenn das von der Spitze gefällte Lot durch den Mittelpunkt des Grundkreises geht.
Beim geraden Kreiskegel kann die Mantelfläche des Kegels abgewickelt dargestellt werden.

Die Mantelfläche ergibt sich bei einem geraden Kreiskegel als Fläche des Sektors mit $b = 2\pi r$ (Umfang des Grundkreises) und einem Radius, der gleich der Mantellinie s ist (vgl. Abb. 5.109).

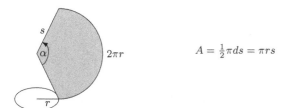

$$A = \tfrac{1}{2}\pi d s = \pi r s$$

Abb. 5.109

Der Mantel eines schiefen Kreiskegels lässt sich mit elementaren Mitteln nicht berechnen.
Wird der Winkel in der Spitze des abgewickelten Kegels mit α bezeichnet, so gilt folgende Proportion:

$$\alpha : 2\pi = r : s$$

Nur die Oberfläche eines geraden Kreiskegels lässt sich mit Mitteln der Elementarmathematik berechnen. Sie setzt sich aus dem Flächeninhalt des Mantels und des Grundkreises zusammen.

$$A_O = \pi r^2 + \pi r s = \pi r\,(r + s)$$
$$A_O = \pi \frac{d^2}{4} + \frac{d}{2}\pi s = \frac{\pi}{4} d\,(d + 2s)$$

Nach dem Prinzip des Cavalieri berechnet sich das Volumen eines geraden und schiefen Kreiskegels gleichermaßen nach der Formel:

$$V = \frac{1}{3}\pi r^2 h = \frac{1}{12}\pi d^2 h$$

Beispiel 5.16
Der Umfang eines kegelförmigen Sandhaufens beträgt 31,20 m bei einer Höhe von 3,20 m. Wie viel Kubikmeter Sand enthält der Haufen?

$$V = \frac{1}{3}\pi r^2 h \qquad\qquad h = 3{,}20$$
$$U = 2\pi r \qquad\qquad r = \frac{U}{2\pi} = 4{,}97$$
$$\tan \delta = \frac{h}{r}$$

Der Radius des Grundkreises beträgt 4,97 m.

$$V = \frac{4,97^2 \cdot \pi \cdot 3,20}{3} = 82,774$$

Der Sandhaufen enthält 82,774 m³ Sand.
Der Schüttwinkel δ beträgt 32,78°.   ■

Kegelstumpf

Der Fall, dass ein gerader Kreiskegel parallel zur Grundfläche geschnitten wird,
führt zu einem Kegelstumpf und einem Ergänzungskegel (vgl. Abb. 5.110). Der
Kegelstumpf entsteht auch durch Rotation einer Trapezfläche um die Symmetrieachse (vgl. Abb. 5.111). Der Matel eines geraden Kreiskegelstumpfs kann als
Ausschnitt eines Kreisrings berechnet werden (vgl. Abb. 5.112).

$$A = \pi r_1 \left(s + s_e\right) - \pi r_2 s_e$$

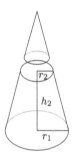

Abb. 5.110

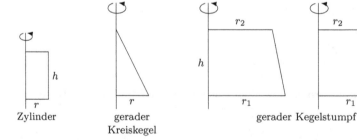

Abb. 5.111

s_e ist die Mantellinie des Ergänzungskegels

$$s_e : s = r_2 : \left(r_1 - r_2\right)$$
$$s_e = \frac{r_2 s}{r_1 - r_2}$$

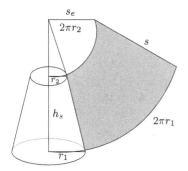

Abb. 5.112

Daraus ergibt sich für die Mantelfläche des geraden Kreiskegelstumpfes:

$$A = \pi s \left(r_1 + r_2 \right)$$
$$A = \frac{\pi}{2} s \left(d_1 + d_2 \right)$$

Nur die Mantelfläche eines geraden Kreiskegelstumpfes kann mit Mitteln der Elementarmathematik berechnet werden.

Bei schiefen Kreiskegelstümpfen versagen diese Methoden. Das gleiche gilt für die Oberfläche des Kreiskegelstumpfes, die für den Fall, dass er gerade ist, wie folgt berechnet wird (Summe aus Mantel-, Deck- und Grundkreisfläche):

$$A = \pi s \left(r_1 + r_2 \right) + \pi r_1^2 + \pi r_2^2$$
$$A = \pi \left[r_1^2 + r_2^2 + s \left(r_1 + r_2 \right) \right]$$

Nach dem Satz des Cavalieri ist das Volumen für einen geraden und einen schiefen Kreiskegelstumpf gleich.

Es hat den Wert:

$$V = \frac{\pi h_s}{3} \left(r_1^2 + r_1 r_2 + r_2^2 \right) = \frac{\pi h_s}{12} \left(d_1^2 + d_1 d_2 + d_2^2 \right)$$

Die Ableitung der Formel erfolgt, wie das beim Pyramidenstumpf angegeben wurde.

Eine Näherungsformel zur Berechnung des Kegelstumpfes ist:

$$V \approx \pi h_s \frac{r_1^2 + r_2^2}{2}$$

Nach dieser Näherungsformel wird der Festmeterwert Holz von einem Baumstamm berechnet.

Beispiel 5.17

Ein Wassereimer, der 10 Liter fassen soll, hat einen Bodendurchmesser von 18 cm und einen oberen Durchmesser von 28 cm.

Wie viel Material wird zu seiner Herstellung benötigt?

$A = A_G + A_M$ $\quad A_G \quad$ Grundfläche

$\qquad\qquad A_M \quad$ Mantelfläche

$$A_G = \frac{d_G^2}{4} \cdot \pi = 254{,}469 \qquad\qquad\qquad d_G = 18$$

$$A_M = \frac{\pi s}{2}(d_G + d_D) = 1749{,}861 \qquad\qquad d_D = 28$$

$$s = \sqrt{h_s^2 + \left(\frac{d_D - d_G}{2}\right)^2} = 24{,}2$$

h_s ist aus den gegebenen Volumen zu berechnen.

$$h_s = \frac{12V}{\pi\left(d_D^2 + d_D d_G + d_G^2\right)} = 23{,}7 \qquad\qquad V = 10\,000\,\text{cm}^3$$

Zur Herstellung des Eimers werden $2004{,}33\,\text{cm}^2$ Material gebraucht. $\qquad\blacksquare$

Beispiel 5.18

Ein 8 m langer Baumstamm hat am unteren Ende einen Durchmesser von 84 cm und am oberen Ende einen Durchmesser von 68 cm. Wie viel Festmeter Holz sind es?

Nach der exakten Formel eines geraden Kreiskegelstumpfes ergibt sich:

$$V = \frac{\pi h_s}{3}(r_G^2 + r_G r_D + r_D^2) \qquad\qquad h_s = 8\,\text{m}$$

$$\qquad\qquad\qquad\qquad\qquad\qquad\qquad\qquad r_G = 0{,}42\,\text{m}$$

$$V = 3{,}642 \qquad\qquad\qquad\qquad\qquad r_D = 0{,}34\,\text{m}$$

ein Volumen von etwa 3,7 Festmeter Holz.

Der durch die Näherungsformel

$$V \approx \frac{\pi}{2}h_s\left(r_1^2 + r_2^2\right)$$

ermittelte Volumenwert des geraden Kreiskegelstumpfes liegt immer über dem tatsächlichen Wert. $\qquad\blacksquare$

Eine zweite Näherungsformel

$$V \approx \frac{\pi}{4}h_s\left(r_1 + r_2\right)^2$$

liefert ein Volumen, das stets unter dem exakten Wert liegt.

5.2.5 Polyeder

Polyeder sind Körper, die ausschließlich von ebenen Flächen begrenzt werden. Polyeder sind konvex, wenn die Verbindungslinie zwischen zwei beliebigen Punkten auf der Oberfläche ganz im Inneren des Körpers verläuft.
Der nach L. Euler benannte Polyedersatz gibt einen Zusammenhang zwischen Ecken-, Flächen- und Kantenzahl eines konvexen Polyeders an. Es wird vermutet, dass schon Archimedes (um 287–212 v. u. Z.) diesen Satz kannte.

Satz 5.26
Wird von der Summe der Eckenzahl (E) und der Flächenzahl (F) die Anzahl der Kanten (K) subtrahiert, so ergibt sich für einen konvexen Polyeder der konstante Wert zwei.

$$E + F - K = 2$$

Beispiel 5.19

Polyeder	E	F	K	$E + F - K$
Würfel, Quader	8	6	12	2
Tetraeder	4	4	6	2
Quadratische Säule mit aufgesetzter Pyramide	9	9	16	2
Obelisk	8	6	12	2

■

Polyeder werden regelmäßig oder regulär genannt, wenn die Begrenzungsflächen regelmäßig und zueinander kongruente n-Ecken sind. Die Flächen sind an allen Stellen mit dem gleichen Winkel gegeneinander geneigt. Aus diesem Sachverhalt lässt sich zeigen, dass es nur fünf reguläre Polyeder gibt. Diese fünf regulären Polyeder werden Platon'sche (um 427–um 347 v. u. Z.) Körper genannt.

Begrenzungs- fläche	Anzahl, der in einer Ecke zusammenstoßenden Seitenflächen	Anzahl der Ecken, Flächen, Kanten			Name
		E	F	K	
gleichseitige Dreiecke	3	4	4	6	Tetraeder
gleichseitige Dreiecke	4	6	8	12	Oktaeder
gleichseitige Dreiecke	5	12	20	30	Ikosaeder
Quadrate	3	8	6	12	Hexaeder (Würfel)
regelmäßige Fünfecke	3	20	12	30	Pentagondo- dekaeder

Jedes reguläre Polyeder lässt sich durch eine Kugel so umschreiben, dass alle Ecken auf der Kugeloberfläche liegen. Die Eckkugel hat den Radius r_E.

Die Flächenkugel mit dem Radius r_F ist dem regulären Polyeder so einbeschrieben, dass alle Flächen im Mittelpunkt berührt werden.

Volumen und Oberfläche können aus der Kantenlänge berechnet werden. (Kantenlänge a)

	V	A_O	r_E	r_F
Tetraeder (Abb. 5.113)	$\dfrac{a^3\sqrt{2}}{12}$	$\sqrt{3}a^2$	$\dfrac{\sqrt{6}}{4}a$	$\dfrac{\sqrt{6}}{12}a$
Hexaeder (Abb. 5.114)	a^3	$6a^2$	$\dfrac{\sqrt{3}}{2}a$	$\dfrac{a}{2}$
Oktaeder (Abb. 5.115)	$\dfrac{\sqrt{2}}{3}a^3$	$2\sqrt{3}a^2$	$\dfrac{\sqrt{2}}{2}a$	$\dfrac{\sqrt{6}}{6}a$
Ikosaeder (Abb. 5.116)	$\dfrac{5}{12}a^3(3+\sqrt{5})$	$5a^2\sqrt{3}$	$\dfrac{\sqrt{2(5+\sqrt{5})}}{4}a$	$\dfrac{\sqrt{3}\,(3+\sqrt{5})}{12}a$
Pentagondo- dekaeder (Abb. 5.117)	$\dfrac{a^3}{4}(15+7\sqrt{5})$	$3a^2\sqrt{5(5+2\sqrt{5})}$	$\dfrac{\sqrt{3}(\sqrt{5}+1)}{4}a$	$\dfrac{\sqrt{10\,(25+11\sqrt{5})}}{20}a$

Abgestrumpfte Polyeder entstehen, wenn die Ecken eines regelmäßigen Polyeders so abgeschnitten werden, dass sich regelmäßige kongruente Schnitte ergeben. In der Natur treten bei Kristallen mathematische Körper auf.

Tetraeder   Flächennetz

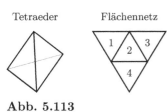

Abb. 5.113

Hexaeder (Würfel)   Flächennetz

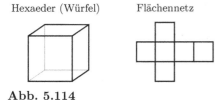

Abb. 5.114

Oktaeder   Flächennetz

Abb. 5.115

Ikosaeder   Flächennetz

Abb. 5.116

Pentagondodekaeder   Flächennetz

    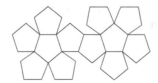

Abb. 5.117

5.2.6 Kugel und Kugelteile

Die Kugel wird begrenzt durch eine gleichmäßig gekrümmte Fläche. Sie wird gebildet von der Menge der Punkte des Raums, die von einem festen Punkt den gleichen Abstand haben.

Der feste Punkt ist der Mittelpunkt der Kugel und der Abstand der Kugelradius r (vgl. Abb. 5.118).

Die Kugel entsteht durch Rotation eines Halbkreises um eine Achse durch den Mittelpunkt.

    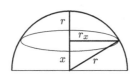   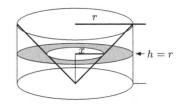

Abb. 5.118   **Abb. 5.119**

Die Kugel stellt den geometrischen Körper dar, der bei einem konstanten Volumen die kleinste Oberfläche hat. Nach dem Prinzip des Cavalieri ergibt sich das Volumen einer Kugel aus der Differenz des Volumens eines Kreiszylinders und des Volumens eines Kreiskegels mit gleichem Grundkreis. Das zeigt ein Schnittkreis, der parallel zu einem Kreis durch den Mittelpunkt der Kugel liegt (vgl. Abb. 5.119). Der Flächeninhalt ist $\pi r_x^2 = \pi r^2 - \pi x^2$ (Fläche des Kreisrings, Satz des Pythagoras). Die Höhe der Körper ist

$$h = r.$$

In gleicher Höhe sind die Schnittfiguren gleich groß. Das Kugelvolumen V ist:

$$\frac{V}{2} = \pi r^2 r - \frac{1}{3}\pi r^2 r$$

$$V = 2 \cdot \frac{2}{3}\pi r^3$$

$$V = \frac{4}{3}\pi r^3 \qquad\qquad \text{oder} \qquad V = \frac{\pi}{6}d^3$$

Das Volumen einer Hohlkugel mit dem Innenradius r_I und dem Außenradius r_A ($r_A > r_I$) ist die Differenz zwischen zwei Kugelvolumina:

$$V = V_A - V_I$$

$$V = \frac{4}{3}\pi\,(r_A^3 - r_I^3) \qquad \text{oder} \qquad V = \frac{\pi}{6}(d_A^3 - d_I^3)$$

Satz 5.27
Das Volumen von Kreiskegel zu Halbkugel zu Kreiszylinder verhält sich bei gleichem Grundkreisradius, der mit der Höhe übereinstimmt, wie

$$1 : 2 : 3.$$

Mit elementaren Methoden (d. h. ohne Grenzwertbetrachtungen) kann keine Formel für die Berechnung der Kugeloberfläche abgeleitet werden.

$$A_O = 4\pi r^2 = \pi d^2$$

Zwischen Volumen und Oberfläche einer Kugel besteht das Verhältnis:

$$\frac{V}{A_O} = \frac{1}{3}r$$

Beispiel 5.20
Eine Schöpfkelle von der Form einer halben Hohlkugel soll $1/2$ Liter Flüssigkeit fassen. Wie groß ist der Durchmesser der Kelle?

$$V = \frac{2}{3}\pi r^3 \qquad\qquad d = \sqrt[3]{\frac{12V}{\pi}} \qquad\qquad V = 500\,\text{cm}^3$$
$$V = \frac{\pi}{12}d^3$$
$$d = 12{,}4$$

Der Durchmesser der Kelle beträgt 12,4 cm.   ■

Durch Rotation von geeigneten Kreisteilen um eine Symmetrieachse entstehen die bekannten Kugelteile (vgl. Abbildungen 5.120 und 5.121).

Berechnung der Kugelteile

1. Rotation eines Kreissegments
   Name: Halbkugel als besonderer Kugelabschnitt

$$V = \frac{2}{3}\pi r^3 \qquad\qquad A_O = 2\pi r^2$$

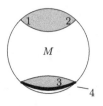

1 Kugelabschnitt; Kugelsegment; Sonderfall: Halbkugel
2 Oberfläche; Kugelkappe (auch Kalotte)
3 Kugelschicht
4 Mantel ist Kugelzone

Abb. 5.120

Kugelsektor oder Kugelausschnitt

Abb. 5.121

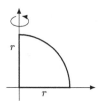

2. Rotation eines Kreissegments
Name: Kugelabschnitt oder Kugelsegment

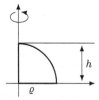

Name für den Teil der Kugeloberfläche: Kugelkappe oder Kugelkalotte
Da gilt:

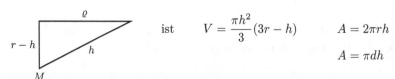

ist $\quad V = \dfrac{\pi h^2}{3}(3r - h) \qquad A = 2\pi r h$

$$A = \pi d h$$

3. Rotation eines Halbkreisstreifens zwischen zwei parallelen Sehnen

Name: Kugelschicht
Name des Teils der Kugeloberfläche: Kugelzone
Das Volumen ergibt sich aus der Differenz zwischen zwei Kugelabschnittvolumina.

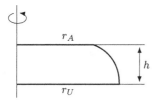

$$V = \frac{\pi h}{6}(3r_A^2 + 3r_U^2 + h^2)$$

Fläche der Kugelzone

$$A_O = 2\pi rh = \pi dh$$

4. Rotation eines Kreissektors

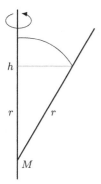

Name: Kugelausschnitt oder Kugelsektor
Volumen ergibt sich aus der Differenz des Kugelvolumens und des Kugelabschnitts

$$V = \frac{2}{3}\pi r^2 h = \frac{\pi}{6}d^2 h$$

h Höhe des Kugelsegments

5.3 Trigonometrie

5.3.1 Winkelmessung

Zwei nicht parallele Geraden der Ebene bilden einen ebenen Winkel. Der Schnittpunkt der Geraden ist der Winkelscheitel. Die vom Winkelscheitel ausgehenden Geraden werden Schenkel des Winkels genannt.

Von den beiden Winkeln, die sich zu einem gestreckten ergänzen, ist der Winkel definiert, der durch Drehung der ersten auf die zweite Gerade eine mathematisch positive Richtung angibt (gegenläufig zur Uhrzeigerdrehrichtung), vgl. Abb. 5.122.

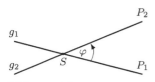

Abb. 5.122

Bezeichnung: $\angle P_1 S P_2$. Der Scheitel ist bei dieser Art der Bezeichnung in die Mitte zu schreiben.

Winkel werden meist mit kleinen griechischen Buchstaben bezeichnet. Winkel, deren Schenkel zusammenfallen, sind Nullwinkel. Wird der eine Schenkel gegen den Uhrzeigersinn so lange gedreht, bis er mit dem anderen zusammenfällt, so entspricht das einem Vollwinkel.

Vom Winkel ausgehend, werden die Maße für Winkel festgelegt.

1. Grad

   Ein Grad (1°) ist der 360ste Teil des Vollwinkels. Das Grad wird in Minuten und Sekunden unterteilt. Diese Unterteilung ist nicht dezimal, sondern sexagesimal.

   $$1° = 60' \quad \text{(Minuten)} \qquad 1' = 60'' \quad \text{(Sekunden)} \qquad 1° = 3600''$$

   Aus dem Zusammenhang wird klar, ob es sich um Zeit- oder Winkelmaßeinheiten handelt. Die Verwendung der Symbolik für Winkelminuten und -sekunden ist unzulässig, wenn Zeiteinheiten zu schreiben sind.

   $$45 \min \neq 45'$$

2. Gon

   Ein Gon (1 gon) ist der 400ste Teil des Vollwinkels.

3. Bogenmaß

   Ein Radiant ist der Winkel, für den das Verhältnis der Länge des zugehörigen Kreisbogens zu seinem Radius gleich eins ist.

   Um das Bogenmaß mit dem Vollwinkel in Beziehung zu setzen, wird von einem Kreis mit dem Radius 1 ausgegangen (Einheitskreis), vgl. Abb. 5.123. Sein Umfang beträgt

$$U = 2\pi \cdot 1$$

$$r = 1$$

$$\frac{b}{r} = 1$$

$$\varphi = 1\,\text{rad}$$

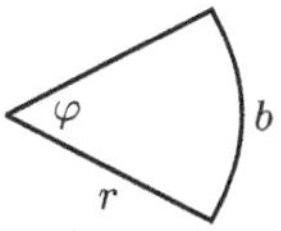

Abb. 5.123

Demzufolge hat ein Vollkreis das Bogenmaß 2π. Da es sich bei einem in Bogenmaß angegebenen Winkel um den Quotienten von Längen handelt, ist es dimensionslos. Die Einheit rad ist ohne Bedeutung für die Rechnung und wird deswegen oft weggelassen.

Ein in Bogenmaß angegebener Winkel wird zweckmäßig als Vielfaches von π ausgedrückt.

4. Rechter Winkel

Ein rechter Winkel ($1^{\llcorner}$) ist der vierte Teil eines Vollwinkels. Die Umrechnung wird nach Tabelle oder mit dem Taschenrechner vorgenommen, der meist die wahlweise Verwendung von $\boxed{\text{rad}}$, $\boxed{\text{grad}}$ (Neugrad) und Altgrad (ohne besondere Anzeige) gestattet.

Für die Umrechnungsfaktoren gilt Tab. 5.1:

Tab. 5.1 Umrechnungsfaktoren für Winkelmaße

von \ in	$1°$ (Grad)	1 gon	Radiant	$1^{\llcorner}$ (rechter Winkel)
$1°$	$1°$	$\left(\dfrac{10}{9}\right)$ gon $= 1{,}1111\ldots$ gon	$\dfrac{\pi}{180} = 0{,}0174\ldots$	$\left(\dfrac{1}{90}\right)^{\llcorner}$ $= 0{,}0111\ldots^{\llcorner}$
1 gon	$0{,}9°$	1 gon	$\dfrac{\pi}{200} = 0{,}0157$	$0{,}01^{\llcorner}$
rad	$\dfrac{180°}{\pi}$ $= 57{,}2957°$	$\left(\dfrac{200}{\pi}\right)$ gon $= 63{,}6619$ gon	1	$\left(\dfrac{2}{\pi}\right)^{\llcorner}$ $= 0{,}6366^{\llcorner}$
$1^{\llcorner}$	$90°$	100^{g}	$\dfrac{\pi}{2} = 1{,}5707\ldots$	$1^{\llcorner}$

Beispiel 5.21

$$24°6'18'' = 24{,}105° = 26{,}783^{\text{g}} = 0{,}4207\,(\text{rad}) = 0{,}2678^{\llcorner}$$

■

Häufig werden die in Tabelle 5.2 angegebenen Winkel gebraucht:

Tab. 5.2 Häufige Winkel

Winkel in Radiant	Grad	Gon	Teile des rechten Winkels
$\dfrac{\pi}{6}$	$30°$	$33{,}33\,\text{gon}$	$\left(\dfrac{1}{3}\right)^{\llcorner}$
$\dfrac{\pi}{4}$	$45°$	$50\,\text{gon}$	$\left(\dfrac{1}{2}\right)^{\llcorner}$
1	$57{,}2957°$	$63{,}6619\,\text{gon}$	$0{,}6366^{\llcorner}$
$\dfrac{\pi}{3}$	$60°$	$66{,}6666\,\text{gon}$	$\left(\dfrac{2}{3}\right)^{\llcorner}$
$\dfrac{\pi}{2}$	$90°$	$100\,\text{gon}$	1
π	$180°$	$200\,\text{gon}$	2
$\dfrac{3}{2}\pi$	$270°$	$300\,\text{gon}$	3
2π	$360°$	$400\,\text{gon}$	4

5.3.2 Polarkoordinaten

Ein Punkt der Ebene ist festgelegt durch seine kartesischen Koordinaten (x, y), vgl. Abb. 5.124.

Auf der Landkarte entsprechen diese Koordinaten der geografischen Länge und geografischen Breite.

Bei der Ortung durch ein Radargerät werden andere Größen bestimmt, um einen Punkt in der Ebene festzulegen. Es sind dies der Winkel, um den der Radarstrahl aus der Anfangslage (waagerechten) gedreht wurde, und die Entfernung von der Radarantenne (Ursprung).

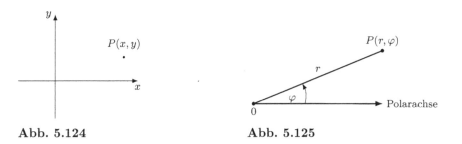

Abb. 5.124   **Abb. 5.125**

Die Koordinaten (r, φ) sind die Polarkoordinaten eines Punktes (vgl. Abb. 5.125). Andere Bezeichnungen für den Abstand r sind:

Radiusvektor, Leitstrahl, Modul.

Andere Bezeichnungen für den Winkel φ sind:

Richtungswinkel, Phase, Amplitude oder Argument.

Dem Ursprung des Polarkoordinatensystems wird als einzigem Punkt kein Winkel zugeordnet.

Definition 5.2
Ursprung des Polarkoordinatensystems und kartesischen Koordinatensystems als einen Punkt gezeichnet, gibt den Zusammenhang zwischen den Koordinatensystemen an, der durch formal eingeführte Funktionen bezeichnet wird (vgl. Abbildungen 5.126). ◆

$$\sin \varphi = \frac{y_k}{r} \qquad\qquad \cos \varphi = \frac{x_k}{r}$$

$$\tan \varphi = \frac{y_k}{x_k} \qquad\qquad \cot \varphi = \frac{x_k}{y_k}$$

Es sind die vier trigonometrischen Funktionen

$y = \sin x$ „y gleich Sinus x"

$y = \cos x$ „y gleich Kosinus x"

$y = \tan x$ „y gleich Tangens x"

$y = \cot x$ „y gleich Cotangens x".

Umrechnung von Polarkoordinaten in kartesische:

$x_k = r \cos \varphi$

$y_k = r \sin \varphi$

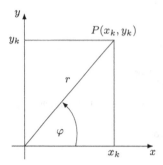

Abb. 5.126

Umrechnung von kartesischen Koordinaten in Polarkoordinaten:

$$r = \sqrt{x_k^2 + y_k^2} \qquad\qquad \arctan \varphi = \frac{y_k}{x_k}$$

Aus der Definition der Winkelfunktionen lassen sich wichtige Eigenschaften ableiten.

Definitions- und Wertebereich:

$$\sin \varphi = \frac{y_k}{\sqrt{x_k^2 + y_k^2}}, \qquad \text{da} \quad y_k \leqq \sqrt{x_k^2 + y_k^2} \qquad \text{ist} \quad -1 \leqq \sin x \leqq 1$$

$$\cos \varphi = \frac{x_k}{\sqrt{x_k^2 + y_k^2}}, \qquad \text{da} \quad x_k \leqq \sqrt{x_k^2 + y_k^2} \qquad \text{ist} \quad -1 \leqq \cos x \leqq 1$$

Für die Punkte ungleich dem Ursprung gilt:

$$x_k^2 + y_k^2 > 0$$

Aus diesem Grund sind Sinus- und Kosinusfunktionen für alle $x \in \mathbb{R}$ definiert. Der Wertebereich $|y| \leqq 1$.

$$\tan \varphi = \frac{y_k}{x_k}, \qquad$$ da sich die Koordinaten unabhängig voneinander beliebig ändern können: $-\infty < \tan x < \infty$

$$\cot \varphi = \frac{x_k}{y_k}, \qquad$$ da sich die Koordinaten unabhängig voneinander beliebig ändern können: $-\infty < \cot x < \infty$

Für Punkte, deren x-Koordinate null ist, ist der Tangens nicht definiert. $x_k = 0$ bedeutet, dass der Punkt auf der y-Achse liegt. Dieser Achse entspricht ein Winkel:

$$\varphi = 90°, 270°, 450°, \ldots$$

oder $\qquad \varphi = \frac{\pi}{2}, 3\frac{\pi}{2}, 5\frac{\pi}{2}, \ldots$

Die Funktion $y = \tan x$ ist definiert für alle $x \in \mathbb{R}$,

aber ungleich $\qquad (2n-1) \cdot 90° \qquad\qquad\qquad n \in \mathbb{Z}$

oder ungleich $\qquad (2n-1) \cdot \dfrac{\pi}{2} \qquad\qquad\qquad n \in \mathbb{Z}$

und hat einen Wertebereich, der die Menge $\mathbb{R}$ umfasst.
Für Punkte, deren y-Koordinate null ist, ist der Cotangens nicht definiert. $y_k = 0$
bedeutet, dass der Punkt auf der x-Achse liegt. Dieser Achse entspricht ein Winkel:

$$\varphi = 0°, 180°, 360°, 540°, \ldots$$

oder $\qquad \varphi = 0, \pi, 2\pi, 3\pi, \ldots$

Die Funktion $y = \cot x$ ist definiert für alle $x \in \mathbb{R}$,

aber ungleich $\qquad n\pi \qquad\qquad\qquad\qquad n \in \mathbb{Z}$

oder ungleich $\qquad n \cdot 180° \qquad\qquad\qquad n \in \mathbb{Z}$

und hat einen Wertebereich, der die Menge $\mathbb{R}$ umfasst.

Zusammenfassung:

	Definitionsbereich	Wertebereich	spezielle Werte
$y = \sin x$	$x \in \mathbb{R}$	$-1 \leqq y \leqq 1$	$\sin 90° = 1$
			$\sin 270° = -1$
			$\sin 0° = \sin 180° = 0$
$y = \cos x$	$x \in \mathbb{R}$	$-1 \leqq y \leqq 1$	$\cos 0° = 1$
			$\cos 180° = -1$
			$\cos 90° = \cos 270° = 0$
$y = \tan x$	$x \neq (2n-1)90°$	$y \in \mathbb{R}$	$\tan 0° = \tan 180° = 0$
	$x \neq (2n-1)\dfrac{\pi}{2}$		
	$n \in \mathbb{Z}$		
$y = \cot x$	$x \neq n\pi$	$y \in \mathbb{R}$	$\cot 90° = \cot 270° = 0$
	$x \neq n \cdot 180°$		
	$n \in \mathbb{Z}$		

Aus den Vorzeichen von x_k und y_k in den einzelnen Quadranten ergeben sich die Vorzeichen der Winkelfunktionen für Winkel φ in diesen Quadranten.
Der Radius $r = \sqrt{x_k^2 + y_k^2}$ ist als Abstand immer positiv.

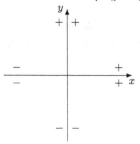

	I. Quadrant	II. Quadrant	III. Quadrant	IV. Quadrant
	$0° < \varphi < 90°$	$90° < \varphi < 180°$	$180° < \varphi < 270°$	$270° < \varphi < 360°$
	$0 < \varphi < \dfrac{\pi}{2}$	$\dfrac{\pi}{2} < \varphi < \pi$	$\pi < \varphi < \dfrac{3}{2}\pi$	$\dfrac{3}{2}\pi < \varphi < 2\pi$
$\sin\varphi$	+	+	−	−
$\cos\varphi$	+	−	−	+
$\tan\varphi$	+	−	+	−
$\cot\varphi$	+	−	+	−

Bei der Umrechnung von Polarkoordinaten in kartesische Koordinaten und umgekehrt sind die Werte der trigonometrischen Funktionen der Anzeige des Taschenrechners zu entnehmen. Da die Taste $\boxed{\text{cot}}$ fehlt, ist sie durch die Taste $\boxed{\text{tan}}$ und die Taste $\boxed{^1/_\text{x}}$ zu realisieren.

Aus der Definition ergibt sich:

$$\tan\varphi = \frac{y_k}{x_k} = \frac{1}{\dfrac{x_k}{y_k}} = \frac{1}{\cot\varphi}$$

$$\tan\varphi = \frac{1}{\cot\varphi} \qquad\qquad \text{oder} \qquad \cot\varphi = \frac{1}{\tan\varphi}$$

Beispiel 5.22

1. Welche Polarkoordinaten hat der Punkt mit den kartesischen Koordinaten $(-3, 4)$?

$$r = \sqrt{(-3)^2 + 4^2} = 5$$

$$\arctan \varphi = \frac{4}{-3} \qquad\qquad \varphi = 126{,}87° \qquad \text{(Punkt liegt im}$$

$$\text{II. Quadranten)}$$

$$P(5; 126{,}87°) \qquad\qquad P(5; 2{,}214)$$

2. Welche kartesischen Koordinaten hat der Punkt mit den Polarkoordinaten $(4, 4; 220°)$?

$$x_k = 4{,}4 \cdot \cos 220° = -3{,}371$$

$$y_k = 4{,}4 \cdot \sin 220° = -2{,}828$$

$$P(-3{,}371; -2{,}828) \qquad\qquad\qquad\qquad\qquad ■$$

Da feststeht, in welchem Quadranten der Punkt im kartesischen Koordinatensystem liegt, ist die Arcustangensfunktion zwischen $0°$ und $360°$ bei diesen Rechnungen eindeutig.

5.3.3   Winkelfunktionen

Definition 5.3

Die trigonometrischen Funktionen sind als Verhältnis definiert:

$$\sin \varphi = \frac{\text{Ordinate}}{\text{Länge des Radius}} \qquad\qquad \cos \varphi = \frac{\text{Abszisse}}{\text{Länge des Radius}}$$

$$\tan \varphi = \frac{\text{Ordinate}}{\text{Abszisse}} \qquad\qquad \cot \varphi = \frac{\text{Abszisse}}{\text{Ordinate}}$$

$$\blacklozenge$$

Hinweis 5.1

Dabei wird ein variabler Punkt auf einem Kreis betrachtet, dessen Mittelpunkt im Ursprung des Koordinatensystems liegt.

Wird ein Kreis mit dem Radius 1 (Einheitskreis) verwendet, so ist der Sinus eines Winkels gleich der Ordinate des Punktes auf dem Kreis, in dem der eine Schenkel ihn schneidet, der Kosinus gleich der Abszisse.

Tangens und Cotangens des Winkels φ sind gleich den Abschnitten auf der Vertikal- bzw. Horizontaltangente an dem Einheitskreis. Unter Berücksichtigung der Vorzeichen ergeben sich in den einzelnen Quadranten die folgenden Strecken, deren Länge gleich dem Wert der trigonometrischen Funktion für den Winkel φ ist. Die besonderen Werte der trigonometrischen Funktionen für die Achsen wurden im Abschnitt 5.3.2 genannt.

Aus der Bestimmung der Funktionswerte am Einheitskreis können die Bilder der
trigonometrischen Funktionen konstruiert werden (vgl. Abbildungen 5.127 bis
5.129). Zunächst erfolgt die Konstruktion für Winkel $x, 0 \leqq x < 360°$.

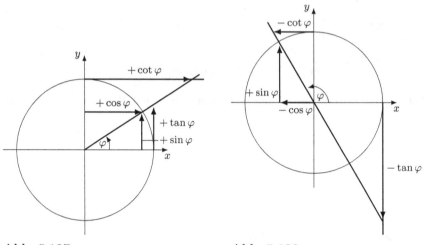

Abb. 5.127   **Abb. 5.128**

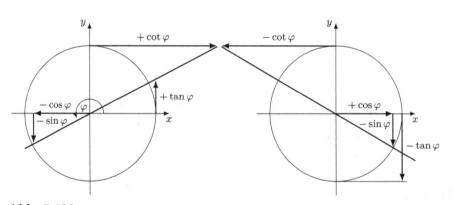

Abb. 5.129

Aufgrund der Periodizität, die gerade bei dieser Konstruktion zu erkennen ist,
lassen sich die Funktionsbilder nach beiden Seiten dieses Bereichs periodisch ergänzen.

Zu beachten ist allerdings, dass die Argumente im Verhältnis der durch den Bo-
genmaßwert angegebenen Winkel bestimmt werden (vgl. Abbildungen 5.130 bis
5.133). Ansonsten erfolgt eine verzerrte Darstellung der Funktion.

Werte von x, die nicht zum Definitionsbereich der Tangens- und Cotangensfunktion gehören, sind Polstellen der Funktionen (Unstetigkeitsstellen).

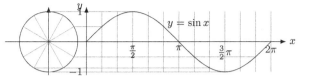

Abb. 5.130

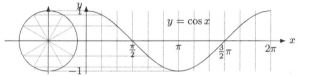

Abb. 5.131

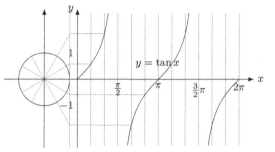

Abb. 5.132

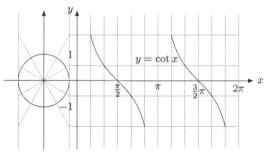

Abb. 5.133

Die Berechnung der trigonometrischen Funktionswerte für Winkel im II., III. und IV. Quadranten kann entweder mit richtigem Vorzeichen von der Anzeige des Taschenrechners abgelesen werden oder mithilfe der nachfolgenden Beziehungen auf Winkel zwischen 0° und 90° zurückgeführt werden. Die Zusammenhänge können unmittelbar aus den in diesem Abschnitt gegebenen Veranschaulichungen für die Quadranten abgelesen werden.

II. Quadrant $90° < x < 180°$ $\dfrac{\pi}{2} < x < \pi$

$\sin x = \sin (180° - x)$ $\tan x = -\tan (180° - x)$

$\cos x = -\cos (180° - x)$ $\cot x = -\cot (180° - x)$

III. Quadrant $180° < x < 270°$ $\pi < x < \dfrac{3}{2}\pi$

$\sin x = -\sin (x - 180°)$ $\tan x = \tan (x - 180°)$

$\cos x = -\cos (x - 180°)$ $\cot x = \cot (x - 180°)$

IV. Quadrant $270° < x < 360°$ $\dfrac{3}{2}\pi < x < 2\pi$

$\sin x = -\sin (360° - x)$ $\tan x = -\tan (360° - x)$

$\cos x = \cos (360° - x)$ $\cot x = -\cot (360° - x)$

Beispiel 5.23

1. $\cos 150° = -\cos (180° - 150°) = -\cos 30°$
2. $\tan 222° = \tan (222° - 180°) = \tan 42°$
3. $\cot 312° = -\cot (360° - 312°) = -\cot 48°$
4. $\cos x = -0{,}8480$ Winkel im II. oder III. Quadranten
   $x_1 = 148°$ $x_2 = 212°$
5. $\tan x = 0{,}4040$ Winkel im I. oder III. Quadranten
   $x_1 = 22°$ $x_2 = 202°$
6. $\cot x = -0{,}6745$ Winkel im II. oder IV. Quadranten
   $x_1 = 124°$ $x_2 = 304°$

$\blacksquare$

5.3.4   Zusammenhänge zwischen den Winkelfunktionen

Aus den Definitionen für die Winkelfunktionen lassen sich wichtige Zusammenhänge ableiten.

$$\tan x : \frac{\text{Ordinate}}{\text{Abszisse}} \qquad\qquad \cot x : \frac{\text{Abszisse}}{\text{Ordinate}}$$

$$\cot x = \frac{1}{\tan x} \qquad\qquad\qquad \tan x = \frac{1}{\cot x}$$

$$\sin x : \frac{\text{Ordinate } (y)}{\text{Radius}} \qquad\qquad \cos x : \frac{\text{Abszisse } (x)}{\text{Radius}}$$

Nach dem Satz des Pythagoras: $x^2 + y^2 = r^2$ (rechtwinkliges Koordinatensystem)

$$\sin^2 x + \cos^2 x = \frac{y^2}{r^2} + \frac{x^2}{r^2} = \frac{y^2 + x^2}{r^2} = \frac{r^2}{r^2} = 1$$

Schreibweise: $(\sin x)^2 = \sin^2 x$

Die Beziehung wird Pythagoras der Trigonometrie genannt:

$$\sin^2 x + \cos^2 x = 1$$

$$\frac{\sin x}{\cos x} = \frac{\frac{y}{r}}{\frac{x}{r}} = \frac{y}{x} = \tan x$$

$$\tan x = \frac{\sin x}{\cos x}$$

ebenso $\qquad \cot x = \dfrac{\cos x}{\sin x}$

Damit ist

$$\tan x \cot x = 1$$

Mit Hilfe dieser Zusammenhänge lassen sich alle vier Winkelfunktionen umrechnen.

von → in ↓	$\sin x$	$\cos x$	$\tan x$	$\cot x$
$\sin x$	$\sin x$	$\pm\sqrt{1-\cos^2 x}$	$\dfrac{\tan x}{\pm\sqrt{1+\tan^2 x}}$	$\dfrac{1}{\pm\sqrt{1+\cot^2 x}}$
$\cos x$	$\pm\sqrt{1-\sin^2 x}$	$\cos x$	$\dfrac{1}{\pm\sqrt{1+\tan^2 x}}$	$\dfrac{\cot x}{\pm\sqrt{1+\cot^2 x}}$
$\tan x$	$\dfrac{\sin x}{\pm\sqrt{1-\sin^2 x}}$	$\dfrac{\pm\sqrt{1-\cos^2 x}}{\cos x}$	$\tan x$	$\dfrac{1}{\cot x}$
$\cot x$	$\dfrac{\pm\sqrt{1-\sin^2 x}}{\sin x}$	$\dfrac{\cos x}{\pm\sqrt{1-\cos^2 x}}$	$\dfrac{1}{\tan x}$	$\cot x$

Über das Vorzeichen der Wurzel, von denen immer nur eines gilt, entscheidet der Quadrant, in dem der Winkel liegt (lt. Vorzeichentabelle). Komplementärwinkel sind Winkel, deren Summen sich zu 90° ergänzen. Für sie sind folgende Beziehungen gültig:

$$\sin x = \cos(90° - x) \qquad\qquad \tan x = \cot(90° - x)$$
$$\cos x = \sin(90° - x) \qquad\qquad \cot x = \tan(90° - x)$$

5.3.5   Werte der Winkelfunktionen für Winkel kleiner null und größer als 2π

Meist werden durch den Taschenrechner die negativen Winkelfunktionsargumente und die Größe 360° auf solche zwischen

$$0° \text{ und } 360° \quad 0 \text{ und } 2\pi$$

bei der Berechnung von Sinus und Kosinus, und auf solche zwischen

$$0° \text{ und } 180° \quad 0 \text{ und } \pi$$

bei der Berechnung von Tangens und Cotangens zurückgeführt. Dabei wird die Periodizität der Winkelfunktionen ausgenutzt und bei Sinus- und Kosinusfunktion im Fall von negativen Werten so lange 2π (360°) addiert, bis der Wert des Arguments zwischen 0 und 2π liegt. Bei Winkeln über 360° wird 2π subtrahiert (gegebenenfalls mehrfach). Da Tangens- und Cotangensfunktion die Periode π haben, genügt hier die Addition oder Subtraktion ganzzahliger Vielfacher von π, um auf einen Winkel im I. oder II. Quadranten zu gelangen.

Beispiel 5.24
1. $\sin(-432°) = \sin 288° = -0,9511$
2. $\cos(-10\,000°) = \cos 80° = 0,1736$
3. $\tan(-7,81) = \tan 1,61 = -25,4947$
4. $\cot(-3,42) = \cot 2,86 = -3,4569$
5. $\sin(10,24) = \sin 3,96 = -0,7279$
6. $\cos 24,36 = \cos 5,51 = 0,7160$
7. $\tan 82\,340° = \tan 260° = 5,6713$
8. $\cot 834° = \cot 114° = -0,4452$

■

Hinweis 5.2
Die Rechnung wird einfach, wenn die Eigenschaft gerader oder ungerader Funktionen berücksichtigt wird (vgl. 3.4.).

5.3.6 Trigonometrische Berechnungsformeln

1. Funktion von Winkelsummen und -differenzen

$$\sin{(\alpha + \beta)} = \sin\alpha\cos\beta + \cos\alpha\sin\beta$$

$$\cos{(\alpha + \beta)} = \cos\alpha\cos\beta - \sin\alpha\sin\beta$$

$$\sin{(\alpha - \beta)} = \sin\alpha\cos\beta - \cos\alpha\sin\beta$$

$$\cos{(\alpha - \beta)} = \cos\alpha\cos\beta + \sin\alpha\sin\beta$$

$$\tan{(\alpha + \beta)} = \frac{\tan\alpha + \tan\beta}{1 - \tan\alpha\tan\beta}$$

$$\tan{(\alpha - \beta)} = \frac{\tan\alpha - \tan\beta}{1 + \tan\alpha\tan\beta}$$

$$\cot{(\alpha + \beta)} = \frac{\cot\alpha\cot\beta - 1}{\cot\beta + \cot\alpha}$$

$$\cot{(\alpha - \beta)} = \frac{\cot\alpha\cot\beta + 1}{\cot\beta - \cot\alpha}$$

Diese Formeln werden Additionstheoreme genannt.

Die Anwendung erlaubt es, von Summen und Differenzen den Wert der trigonometrischen Funktionen zu berechnen, wenn der Wert der trigonometrischen Funktionen von den Summanden bekannt ist.

Zu beachten ist: $\sin{(\alpha + \beta)} \neq \sin\alpha + \sin\beta$

$$\sin{(\alpha - \beta)} \neq \sin\alpha - \sin\beta$$

Die trigonometrischen Funktionen sind nicht proportional dem Argument der Funktion (Winkel).

Beispiel 5.25

Bekannt ist

$$\sin 30° = \frac{1}{2} \qquad \sin 45° = \frac{1}{2}\sqrt{2}$$

$$\cos 30° = \frac{1}{2}\sqrt{3} \qquad \cos 45° = \frac{1}{2}\sqrt{2}$$

$$\cos 15° = \cos{(45° - 30°)} = \cos 45° \cos 30° + \sin 45° \cdot \sin 30°$$

$$= \frac{1}{2}\sqrt{2} \cdot \frac{1}{2}\sqrt{3} + \frac{1}{2}\sqrt{2} \cdot \frac{1}{2} = \frac{\sqrt{2}}{4}(\sqrt{3} + 1) = 0{,}9659 \qquad \blacksquare$$

Die Additionstheoreme gelten für beliebige Winkel, in denen die trigonometrischen Funktionen definiert sind.

2. Funktionen von Doppel- und Halbwinkeln

(Die angegebenen Formeln sind Folgerungen aus den Additionstheoremen.)

$$\sin 2\alpha = 2\sin\alpha\cos\alpha$$
$$\cos 2\alpha = \cos^2\alpha - \sin^2\alpha$$

Nach $\sin^2\alpha + \cos^2\alpha = 1$ ergibt sich aus der letzten Gleichung:

$$\cos 2\alpha = 2\cos^2\alpha - 1 \qquad \text{oder} \qquad \cos 2\alpha = 1 - 2\sin^2\alpha$$
$$\tan 2\alpha = \frac{2\tan\alpha}{1 - \tan^2\alpha}$$
$$\cot 2\alpha = \frac{\cot^2\alpha - 1}{2\cot\alpha}$$

Die Formeln für die doppelten Winkel folgen aus den Additionstheoremen, wobei

$$\beta = \alpha$$

gesetzt werden muss.

In den Formeln für den Doppelwinkel wird α durch $\frac{\alpha}{2}$ ersetzt (somit 2α durch α), um zu denen für den halben Winkel zu gelangen:

$$\sin\alpha = 2\sin\frac{\alpha}{2}\cos\frac{\alpha}{2} \qquad\qquad \cos\alpha = \cos^2\frac{\alpha}{2} - \sin^2\frac{\alpha}{2}$$

$$\text{oder}$$

$$\cos\alpha = 2\cos^2\frac{\alpha}{2} - 1$$

$$\text{oder}$$

$$\tan\alpha = \frac{2\tan\frac{\alpha}{2}}{1 - \tan^2\frac{\alpha}{2}} \qquad\qquad \cos\alpha = 1 - 2\sin^2\frac{\alpha}{2}$$

$$\cot\alpha = \frac{\cot^2\frac{\alpha}{2} - 1}{2\cot\frac{\alpha}{2}}$$

aber auch $\quad \sin 3\alpha = 3\sin\alpha - 4\sin^3\alpha$
$$\cos 3\alpha = 4\cos^3\alpha - 3\cos\alpha$$

3. Verwandlung von Summen und Differenzen in Produkte und umgekehrt
Aus den Additionstheoremen lassen sich folgende weitere Formeln ableiten:

Produkte in Summen (Differenzen)

$$\sin \alpha \sin \beta = \frac{1}{2}[\cos(\alpha - \beta) - \cos(\alpha + \beta)]$$

$$\sin \alpha \cos \beta = \frac{1}{2}[\sin(\alpha - \beta) + \sin(\alpha + \beta)]$$

$$\cos \alpha \cos \beta = \frac{1}{2}[\cos(\alpha - \beta) + \cos(\alpha + \beta)]$$

Summen (Differenzen) in Produkte

$$\sin \alpha + \sin \beta = 2 \sin \frac{\alpha + \beta}{2} \cos \frac{\alpha - \beta}{2}$$

$$\sin \alpha - \sin \beta = 2 \sin \frac{\alpha - \beta}{2} \cos \frac{\alpha + \beta}{2}$$

$$\cos \alpha + \cos \beta = 2 \cos \frac{\alpha + \beta}{2} \cos \frac{\alpha - \beta}{2}$$

$$\cos \alpha - \cos \beta = -2 \sin \frac{\alpha + \beta}{2} \sin \frac{\alpha - \beta}{2}$$

$$\tan \alpha + \tan \beta = \frac{\sin(\alpha + \beta)}{\cos \alpha \cos \beta}$$

$$\tan \alpha - \tan \beta = \frac{\sin(\alpha - \beta)}{\cos \alpha \cos \beta}$$

$$\cot \alpha + \cot \beta = \frac{\sin(\alpha + \beta)}{\sin \alpha \sin \beta}$$

$$\cot \alpha - \cot \beta = \frac{-\sin(\alpha - \beta)}{\sin \alpha \sin \beta}$$

Beispiel 5.26

Es ist in ein Produkt zu verwandeln!

$$\frac{\sin \alpha + \sin \beta}{\cos \alpha + \cos \beta} = \frac{2 \sin \frac{\alpha + \beta}{2} \cos \frac{\alpha - \beta}{2}}{2 \cos \frac{\alpha + \beta}{2} \cos \frac{\alpha - \beta}{2}} = \tan \frac{\alpha + \beta}{2}$$

∎

5.3.7 Berechnungen am rechtwinkligen Dreieck

Nach dem Satz des Thales ist der Winkel $\angle ACB$ ein rechter Winkel (vgl. Abb. 5.134).

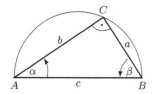

Abb. 5.134

c ist die Hypotenuse,

a, b sind Katheten,

a ist Gegenkathete des Winkels α und Ankathete des Winkels β,

b ist Ankathete des Winkels α und Gegenkathete des Winkels β.

Da die Winkel α und β kleiner als $90°$ sind, gelten die Definitionen der Winkelfunktionen am rechtwinkligen Dreieck nur für Winkel:

$$0° < x < 90°$$

Die Festlegungen folgen aus der Definition der Winkelfunktionen am Einheitskreis.
Der *Sinus* ist als Verhältnis von Gegenkathete zu Hypotenuse definiert.
Der *Kosinus* ist als Verhältnis von Ankathete zu Hypotenuse definiert.
Der *Tangens* ist als Verhältnis von Gegenkathete zu Ankathete definiert.
Der *Cotangens* ist als Verhältnis von Ankathete zu Gegenkathete definiert.
Im angegebenen Dreieck bedeutet dies:

$$\sin \alpha = \frac{a}{c} \qquad\qquad \tan \alpha = \frac{a}{b}$$

$$\cos \alpha = \frac{b}{c} \qquad\qquad \cot \alpha = \frac{b}{a}$$

$$\sin \beta = \frac{b}{c} \qquad\qquad \tan \beta = \frac{b}{a}$$

$$\cos \beta = \frac{a}{c} \qquad\qquad \cot \beta = \frac{a}{b}$$

Aus dem Winkelsummensatz ergibt sich für das rechtwinklige Dreieck:

$$\alpha + \beta + 90° = 180°$$
$$\alpha + \beta = 90°$$
$$\alpha = 90° - \beta$$

Im Allgemeinen können die trigonometrischen Funktionswerte nicht als algebraische Zahlen, die sich durch Grundrechenoperationen und Wurzeln aus ganzen Zahlen darstellen lassen, ausgedrückt werden.
Zur Herleitung werden zwei geometrische ebene Figuren genutzt.

Quadrat mit Seitenlänge a wird in zwei kongruente Dreiecke zerlegt

gleichseitiges Dreieck mit Seitenlänge a (vgl. Abb. 5.135)

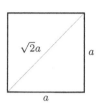 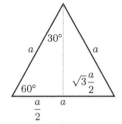

Abb. 5.135

	$\alpha = 0°$	$\alpha = 30°$	$\alpha = 45°$	$\alpha = 60°$	$\alpha = 90°$
$\sin\alpha$	0	$\frac{1}{2}$	$\frac{1}{2}\sqrt{2}$	$\frac{1}{2}\sqrt{3}$	1
	$\frac{1}{2}\sqrt{0}$	$\frac{1}{2}\sqrt{1}$	$\frac{1}{2}\sqrt{2}$	$\frac{1}{2}\sqrt{3}$	$\frac{1}{2}\sqrt{4}$
$\cos\alpha$	1	$\frac{1}{2}\sqrt{3}$	$\frac{1}{2}\sqrt{2}$	$\frac{1}{2}$	0
$\tan\alpha$	0	$\frac{1}{3}\sqrt{3}$	1	$\sqrt{3}$	nicht definiert
$\cot\alpha$	nicht definiert	$\sqrt{3}$	1	$\frac{1}{3}\sqrt{3}$	0

Durch die Winkelfunktionen können unbekannte Winkel oder Seiten an rechtwinkligen Dreiecken berechnet werden. Ebene Vierecke lassen sich durch geeignet eingezeichnete Lote in rechtwinklige Dreiecke zerlegen.

Beispiel 5.27

Wie hoch ist ein Mast, der von einem an der Spitze befestigten Seil mit der Länge 32,40 m gehalten wird, welches einen Winkel von 52° mit dem Boden bildet (vgl. Abb. 5.136).

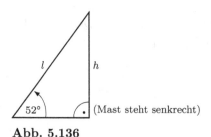

Abb. 5.136

$$\sin 52° = \frac{h}{l}$$

$$h = l \cdot \sin 52°$$

$$h = 25{,}53$$

Die Höhe des Mastes beträgt 25,53 Meter. ■

Das Verkehrsschild

besagt, dass auf einer Länge von einem Meter die Straße um 10 cm ansteigt.

$$\tan \varphi = \frac{h}{l} \qquad \text{(Abb. 5.137)}, \qquad\qquad \sin \varphi < \text{arc } \varphi < \tan \varphi$$

Während der Höhenunterschied leicht gemessen werden kann, ist die Strecke l einer Messung unzulänglich. Deswegen wird für sehr kleine Winkel, um die es sich bei diesen Anwendungen immer handelt, die Tangens- durch die Sinusfunktion ersetzt. Weitere Anwendungen: Anstiegswinkel von Schrauben, Keilen, Zapfen.

$$\tan \varphi \approx \sin \varphi \approx 0{,}1 \qquad\qquad \varphi \approx 5°44'$$

Für Winkel, die nicht größer als 6° sind, kann ersatzweise mit dem Sinus-, dem Tangens- oder dem in Bogenmaß ausgedrückten Winkel selbst gerechnet werden.

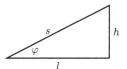

Abb. 5.137

Für $\varphi < 6°$ ist $\sin \varphi \approx \text{arc}\,\varphi \approx \tan \varphi$ (vgl. Abb. 5.137).

Winkel φ	arc φ	sin φ	tan φ
1°	0,0175	0,0175	0,0175
2°	0,0349	0,0349	0,0349
3°	0,0523	0,0523	0,0524
4°	0,0698	0,0698	0,0699
5°	0,0872	0,0872	0,0875
6°	0,1047	0,1045	0,1051

(Alle Zahlen in dieser Tabelle sind Näherungswerte.)

Beispiel 5.28
An einer Bahnstrecke steht ein Schild, welches angibt, dass auf 540 m Strecken-länge eine Steigung von 1:30 besteht. Wie groß ist der Höhenunterschied zwischen dem Punkt am Beginn und am Ende der Steigung?
540 m ist die Länge der Hypotenuse.
Zur praktischen Rechnung wird die Hypotenuse gleich der Ankathete gesetzt.

$$\sin \varphi \approx \tan \varphi$$
$$\tan \varphi = \frac{1}{30} \qquad h = 540\,\text{m} \cdot \sin \varphi \approx 540\,\text{m} \cdot \frac{1}{30} \qquad h = 18\,\text{m}$$

Der Höhenunterschied beträgt 18 m. ∎

Beispiel 5.29
Der Umfang des Rinnenquerschnitts ist durch die gegebenen Stücke auszudrücken (vgl. Abb. 5.138).

$$U = b + 2s \qquad (s \text{ ist die Länge der schrägen Seiten.})$$

$$\sin \alpha = \frac{h}{s}$$

$$s = \frac{h}{\sin \alpha}$$

$$U = b + \frac{2h}{\sin \alpha}$$

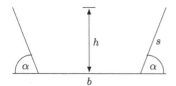

Abb. 5.138

■

5.3.8   Berechnungen am schiefwinkligen Dreieck

Ein schiefwinkliges Dreieck kann durch eine geeignete Höhe immer in zwei rechtwinklige Dreiecke zerlegt werden. Um das nicht in jedem Einzelfall durchführen zu müssen, werden wichtige Beziehungen allgemein abgeleitet, die für spitze und stumpfe Winkel gleichermaßen gültig sind. Die so abgeleiteten Beziehungen erlauben die Berechnung von unbekannten Stücken (Seiten, Winkeln, Flächen), Abb. 5.139.

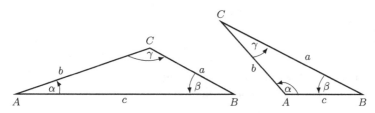

Abb. 5.139

Satz 5.28 (Sinussatz)
Das Verhältnis der Dreiecksseiten ist gleich dem Verhältnis der Sinuswerte der gegenüberliegenden Winkel.

$$\sin \alpha : \sin \beta : \sin \gamma = a : b : c$$

Der Kosinussatz stellt einen „Pythagoras für das schiefwinklige Dreieck" dar, wobei die bekannten Summanden durch ein Korrekturglied ergänzt werden.

Satz 5.29 (Kosinussatz)

$$a^2 = b^2 + c^2 - 2bc \cos \alpha$$

oder

$$b^2 = c^2 + a^2 - 2ca \cos \beta$$

oder

$$c^2 = a^2 + b^2 - 2ab \cos \gamma$$

Satz 5.30 (Projektionssatz)

$$c = a\cos\beta + b\cos\alpha$$

oder

$$a = b\cos\gamma + c\cos\beta$$

oder

$$b = c\cos\alpha + a\cos\gamma$$

Satz 5.31 (Flächensatz)

$$A = \frac{1}{2}bc\sin\alpha$$

oder

$$A = \frac{1}{2}ca\sin\beta$$

oder

$$A = \frac{1}{2}ab\sin\gamma$$

Satz 5.32 (Winkelsummensatz)

$$\alpha + \beta + \gamma = 180°$$

Mit diesen fünf Sätzen kann jede Berechnung am schiefwinkligen Dreieck ausgeführt werden.

Natürlich sind zu jeder Satzgruppe nicht drei Sätze zu schreiben. Durch zyklische Vertauschung gehen die Sätze ineinander über. Der Austausch erfolgt in folgender Reihenfolge:

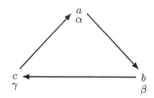

Beispiel 5.30
Sinussatz:

$$\frac{a}{b} = \frac{\sin\alpha}{\sin\beta} \qquad\qquad \frac{b}{c} = \frac{\sin\beta}{\sin\gamma} \qquad\qquad \frac{c}{a} = \frac{\sin\gamma}{\sin\alpha}$$

Nach den vier Kongruenzsätzen lassen sich Dreiecke eindeutig konstruieren, wenn drei voneinander unabhängige Stücke gegeben sind. Ebenso können aus drei voneinander unabhängigen Stücken die übrigen Stücke des Dreiecks berechnet werden.

■

Es gibt nach den Kongruenzsätzen vier Grundaufgaben der Dreiecksberechnung:

	gegeben	gesucht	zu verwendende Sätze
1. Grundaufgabe	SSS	WWW; A	Kosinussatz
			Sinussatz (eventuell)
			Winkelsummensatz (eventuell)
			Flächensatz
2. Grundaufgabe	SWS	WWS; A	Kosinussatz
			Sinussatz (eventuell)
			Winkelsummensatz (eventuell)
			Flächensatz
3. Grundaufgabe	SWW	WSS; A	Winkelsummensatz
	oder		Sinussatz
	WSW		Flächensatz
4. Grundaufgabe*	SSW	WWS; A	Sinussatz
Diese Aufgabe kann			Flächensatz
zwei Lösungen haben			Projektionssatz (eventuell)

*Auch die zugehörige Konstruktionsaufgabe ist nur dann eindeutig lösbar, wenn der gegebene Winkel der größeren Seite gegenüberliegt.

Beispiel 5.31
Grundaufgabe 1
a, b, c gegeben

$$a^2 = b^2 + c^2 - 2bc \cos \alpha$$

$$\cos \alpha = \frac{b^2 + c^2 - a^2}{2bc} \qquad\qquad \rightarrow \alpha$$

$$\frac{\sin \beta}{\sin \alpha} = \frac{b}{a}$$

$$\sin \beta = \frac{b}{a} \sin \alpha \qquad\qquad \rightarrow \beta$$

$$\alpha + \beta + \gamma = 180°$$

$$\gamma = 180° - \alpha - \beta \qquad\qquad \rightarrow \gamma$$

∎

Hinweis 5.3
Bei der Anwendung des Kosinussatzes ist mit der größeren der gegebenen Seiten zu beginnen. Dadurch ergibt sich der größte Winkel (liegt der größeren Seite

*gegenüber), sodass ohne Quadrantenprobleme mit dem Sinussatz weitergerechnet
werden kann.*

Beispiel 5.32

Grundaufgabe 2

a, c, β gegeben

$$b^2 = a^2 + c^2 - 2ac \cos \beta$$

$$b = \sqrt{a^2 + c^2 - 2ac \cos \beta} \qquad\qquad \rightarrow b$$

$$\frac{\sin \gamma}{\sin \beta} = \frac{c}{b}$$

$$\sin \gamma = \frac{c}{b} \sin \beta \qquad\qquad \rightarrow \gamma$$

$$\alpha + \beta + \gamma = 180°$$

$$\alpha = 180° - \beta - \gamma \qquad\qquad \rightarrow \alpha$$

■

Beispiel 5.33

Grundaufgabe 3

c, α, γ gegeben

$$\alpha + \beta + \gamma = 180°$$

$$\beta = 180° - \alpha - \gamma \qquad\qquad \rightarrow \beta$$

$$\frac{b}{c} = \frac{\sin \beta}{\sin \gamma} \qquad b = \frac{\sin \beta}{\sin \gamma} c \qquad\qquad \rightarrow b$$

$$\frac{a}{c} = \frac{\sin \alpha}{\sin \gamma} \qquad a = \frac{\sin \alpha}{\sin \gamma} c \qquad\qquad \rightarrow a$$

auch β, a, γ gegeben

$$\alpha + \beta + \gamma = 180°$$

$$\alpha = 180° - \beta - \gamma \qquad\qquad \rightarrow \alpha$$

$$\frac{b}{a} = \frac{\sin \beta}{\sin \alpha}$$

$$b = \frac{\sin \beta}{\sin \alpha} a \qquad\qquad \rightarrow b$$

$$\frac{c}{a} = \frac{\sin \gamma}{\sin \alpha}$$

$$c = \frac{\sin \gamma}{\sin \alpha} a \qquad\qquad \rightarrow c$$

■

Beispiel 5.34

Grundaufgabe 4

a, b, α gegeben

$$\frac{\sin \beta}{\sin \alpha} = \frac{b}{a}$$

$$\sin \beta = \frac{b}{a} \sin \alpha \qquad\qquad\qquad \to \beta$$

∎

Hier deutet sich das Problem an, da $\sin \beta = \sin (180° - \beta)$ ist.
Liegt der gegebene Winkel der größeren Seite gegenüber, so kann durch den Winkelsummensatz oder über den Satz, dass der größeren Seite der größere Winkel gegenüberliegt, entschieden werden, ob der Winkel stumpf- oder spitzwinklig ist.
Liegt der gegebene Winkel jedoch der kleineren Seite gegenüber, so gibt es zwei verschiedene Lösungen, bei 90° eine Lösung oder überhaupt keine Lösung.

$$\alpha + \beta + \gamma = 180°$$

$$\gamma = 180° - \alpha - \beta \qquad\qquad\qquad \to \gamma$$

$$\frac{c}{a} = \frac{\sin \gamma}{\sin \alpha} \qquad c = \frac{\sin \gamma}{\sin \alpha} \cdot a \qquad\qquad \to c$$

Zahlenbeispiele

gegeben:	$a = 32{,}2$	gegeben:	$a = 37{,}2$
	$c = 18{,}4$		$b = 19{,}4$
	$\alpha = 63{,}3°$		$\beta = 42{,}3°$

Der gegebene Winkel liegt der größeren Seite gegenüber.

(Aufgabe ist eindeutig lösbar.)

$$\frac{\sin \gamma}{\sin \alpha} = \frac{c}{a} \qquad \sin \gamma = \frac{c}{a} \cdot \sin \alpha$$

$$\sin \gamma = 0{,}5105$$

Da $\alpha + \gamma_2 > 180°$ ist, entfällt γ_2

$\gamma_1 = 30{,}7° \qquad \gamma_2 = 149{,}3°$

$\beta = 180° - \alpha - \gamma$

$\beta = 86°$

Der gegebene Winkel liegt der kleineren Seite gegenüber.

(Aufgabe ist nicht eindeutig lösbar.)

$$\frac{\sin \alpha}{\sin \beta} = \frac{a}{b} \qquad \sin \alpha = \frac{a}{b} \cdot \sin \beta$$

$$\sin \alpha = 1{,}2905$$

Problem hat keine Lösung.

$$\frac{b}{c} = \frac{\sin\beta}{\sin\gamma} \qquad b = \frac{\sin\beta}{\sin\gamma}c$$

$$b = 35{,}9$$

gegeben: $\qquad a = 20{,}1$

$$b = 18{,}7$$

$$\beta = 28{,}4°$$

$$\sin\alpha = \frac{a}{b}\sin\beta \quad \sin\alpha = 0{,}511$$

$$\alpha_1 = 30{,}7° \qquad \alpha_2 = 149{,}3°$$

Beide Winkel sind brauchbar.

$$\gamma_1 = 120{,}9° \qquad \gamma_2 = 2{,}3°$$

$$c_1 = \frac{\sin\gamma_1}{\sin\alpha_1}a \qquad c_2 = \frac{\sin\gamma_2}{\sin\alpha_2}a$$

$$c_1 = 33{,}8 \qquad c_2 = 1{,}6$$

Sind konkrete Zahlen gegeben, so lassen sich die zahlenmäßigen Lösungen der Aufgabe schnell mit dem Taschenrechner bestimmen. Um jedoch auch hier Rechenarbeit einzusparen, ist der Winkelsummensatz dem Sinussatz und dieser dem Kosinussatz vorzuziehen, wenn mehrere Lösungsmöglichkeiten gegeben sind.

Da die Sinusfunktion im ersten und zweiten Quadranten positiv ist, der Kosinus aber unterschiedliche Vorzeichen hat, kann durch den Kosinussatz der Winkel eindeutig bestimmt werden. Das ist bei Anwendung des Sinussatzes nicht immer der Fall.

Satz 5.33 (Sehnensatz)

In einem Dreieck ist der Umkreisdurchmesser gleich dem Quotienten aus einer Seite und dem Sinuswert des gegenüberliegenden Winkels.

$$\frac{a}{\sin\alpha} = \frac{b}{\sin\beta} = \frac{c}{\sin\gamma} = 2r$$

Hinweis 5.4

Es besteht ein enger Zusammenhang mit dem Sinussatz.

Berechnungen am schiefwinkligen Dreieck finden zahlreiche Anwendungen bei der Lösung von Problemen der Landvermessung (Geodäsie).

Beispiel 5.35

Um die Höhe eines Turmes zu bestimmen, wird mit dem Theodolit (Winkelmessgerät) von einer waagerechten Standlinie mit der Länge 60 m der höchste Punkt des Turmes unter einem Winkel von $\beta = 43°15'$ (Winkel in dem Punkt, der näher am Fuß des Turmes liegt) und $\alpha = 21°26'$ angepeilt. Wie hoch ist der Turm (vgl. Abb. 5.140)?

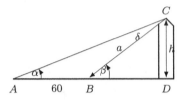

Abb. 5.140

$\triangle ABC$ Sinussatz

$$\frac{a}{60} = \frac{\sin \alpha}{\sin \delta} \qquad\qquad \alpha + \delta + (180° - \beta) = 180° \qquad \delta = \beta - \alpha$$

$$a = 60 \cdot \frac{\sin 21°26'}{\sin 21°49'}$$

$$a = 60 \cdot \frac{\sin 21{,}4°}{\sin 21{,}8°}$$

$$a = 58{,}95$$

$$\sin \beta = \frac{h}{58{,}95}$$

$$h = 58{,}95 \cdot \sin \beta$$

$$h = 40{,}39$$

Die Höhe des Turmes beträgt 40,4 Meter.   ∎

„Vorwärtseinschneiden" ist die Methode in der Landvermessung, die von zwei bekannten Punkten (Endpunkte einer Standlinie), durch Messung der Winkel die Lage mehrerer unbekannter Punkte bestimmt (vgl. Abb. 5.141).

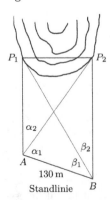

Abb. 5.141

gemessen: gesucht:

$s = 130\,\text{m}$ Länge des Tunnels $\overline{P_1 P_2} = x$

$\alpha_1 + \alpha_2 = 98{,}2°$

$\beta_1 + \beta_2 = 82{,}3°$

$\alpha_1 = 72{,}3°$

$\beta_1 = 34{,}5°$

$\alpha_2 = 98{,}2° - 72{,}3° = 25{,}9°$

$\beta_2 = 82{,}3° - 34{,}5° = 47{,}8°$

$\gamma_1 = \angle AP_2 B \quad \gamma_1 = 180° - \alpha_1 - (\beta_1 + \beta_2) = 25{,}4°$

$\gamma_2 = \angle AP_1 B \quad \gamma_2 = 180° - \beta_1 - (\alpha_1 + \alpha_2) = 47{,}3°$

$\dfrac{\overline{BP_2}}{s} = \dfrac{\sin \alpha_1}{\sin \gamma_1} \quad \overline{BP_2} = \dfrac{\sin \alpha_1}{\sin \gamma_1} \cdot s = 288{,}73\,\text{m}$

$\dfrac{\overline{BP_1}}{s} = \dfrac{\sin (\alpha_1 + \alpha_2)}{\sin \gamma_2} \quad \overline{BP_1} = \dfrac{\sin (\alpha_1 + \alpha_2)}{\sin \gamma_2} \cdot s = 175{,}08\,\text{m}$

$x^2 = \overline{BP_1}^2 + \overline{BP_2}^2 - 2\,\overline{BP_1} \cdot \overline{BP_2} \cdot \cos \beta_2$

$x = 214{,}72\,\text{m}$

Die Länge des Tunnels $\overline{P_1 P_2}$ beträgt 214,72 Meter.

Beispiel 5.36

Drei Kräfte greifen in einem Punkt an. Welchen Winkel müssen sie miteinander bilden, damit Gleichgewicht herrscht (vgl. Abbildungen 5.142 und 5.143)?
Gleichgewicht herrscht, wenn die zugehörigen Vektoren der Kräfte ein geschlossenes Dreieck bilden!

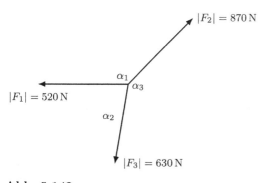

Abb. 5.142   **Abb. 5.143**

$$\cos \beta_1 = \frac{F_1^2 + F_2^2 - F_3^2}{2F_1 F_2} = \quad 0{,}6967 \qquad\qquad \beta_1 = 45{,}8°$$

$$\cos \beta_2 = \frac{F_1^2 + F_3^2 - F_2^2}{2F_1 F_3} = -0{,}1368 \qquad\qquad \beta_2 = 97{,}9°$$

$$\cos \beta_3 = \frac{F_2^2 + F_3^2 - F_1^2}{2F_2 F_3} = \quad 0{,}8059 \qquad\qquad \beta_3 = 36{,}3°$$

Die Außenwinkel des Dreiecks ergeben die gesuchten Winkel:

$\alpha_1 = \beta_2 + \beta_3 = 134{,}2°$

$\alpha_2 = \beta_1 + \beta_3 = 82{,}1°$

$\alpha_3 = \beta_1 + \beta_2 = 143{,}7°$

■

5.4 Analytische Geometrie der Ebene (Koordinatengeometrie, Kegelschnitte)

5.4.1 Grundlagen der analytischen Geometrie und Koordinatensysteme

Die Geometrie wird in die synthetische Geometrie (Planimetrie und Stereometrie) und in die analytische Geometrie eingeteilt. In der analytischen Geometrie werden geometrische Probleme auf rechnerischem Wege gelöst, wobei eine Einordnung in ein Koordinatensystem erfolgt. Zusammen mit der Durchsetzung der Infinitesimalrechnung zeigt die analytische Geometrie den Übergang zur modernen Mathematik. R. Descartes veröffentlichte 1637 die Grundlagen der analytischen Geometrie in seinem Werk „Discours de la méthode". Ein weiterer Begründer der analytischen Methode in der Geometrie ist P. de Fermat.

Grundlage der analytischen Geometrie ist, dass die geometrischen Figuren als Punktmengen aufgefasst werden. Jedem Punkt werden Zahlenwerte zugeordnet, welche Koordinaten genannt werden. Die Koordinaten gestatten eine algebraische (rechnerische) Untersuchung der Gebilde, die durch die Punktmenge dargestellt werden.

Koordinaten besitzen nur immer in einem Koordinatensystem Bedeutung.

Von besonderer Bedeutung ist in der analytischen Geometrie das System der rechtwinkligen Koordinaten (kartesisches Koordinatensystem) und das System der Polarkoordinaten.

Die Zuordnung zwischen Punkt und seinen Koordinaten muss immer eineindeutig sein.

Auf der Zahlengeraden ist die Lage eines Punktes eindeutig bestimmt, wenn sein Abstand vom Nullpunkt (Ursprung) gegeben ist. Umgekehrt kann aus der Lage des Punktes eindeutig ein Abstand festgelegt werden. Dabei ist die Richtung des Abstands von Bedeutung.

Der Betrag und die Richtung einer Zahl ergeben die Lage des Punktes auf der Zahlengeraden. Der Betrag drückt das Vielfache der Einheitsstrecke $\overline{01}$ cm aus (vgl. Abb. 5.144).

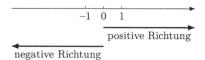

Abb. 5.144

Um die Lage eines Punktes in der Ebene festzulegen, sind zwei Zahlengeraden erforderlich, die beide eine Einheitsstrecke besitzen und einen Winkel miteinander

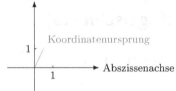

Abb. 5.145

bilden. Ist dieser Winkel ungleich 90°, so wird das Koordinatensystem als schief-
winklig bezeichnet.

Von besonderer Bedeutung ist das kartesische Koordinatensystem. Im kartesischen
Koordinatensystem stehen die Koordinatenachsen (Zahlengeraden) senkrecht aufeinander, und auf beiden Achsen ist derselbe Maßstab eingeteilt (vgl. Abb. 5.145).
Die waagerechte und senkrechte Linie (parallel zu den Koordinatenachsen) gibt
in ihrem Schnittpunkt mit den Koordinatenachsen die Koordinaten eines Punktes
an (vgl. Abb. 5.146).

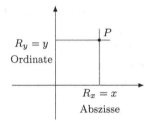

Abb. 5.146

Jeder Punkt der Ebene hat ein eindeutig bestimmtes Koordinatenpaar (x, y), und
umgekehrt bestimmt jedes Paar reeller Zahlen (x, y) eindeutig einen Punkt in
der kartesischen Koordinatenebene. Einer Wertetafel mit ausgewählten Wertepaa-
ren entspricht im Koordinatensystem eine Menge von diskreten, isoliert liegenden
Punkten und umgekehrt.

Einem analytischen Ausdruck einer stetigen Funktion entspricht im kartesischen
Koordinatensystem eine Kurve und umgekehrt. Das rechtwinklige kartesische Koordinatensystem besteht aus vier Quadranten. Punkte in den einzelnen Quadranten unterscheiden sich durch unterschiedliche Vorzeichen im Abszissen- oder Or-
dinatenwert (vgl. Abb. 5.147).

Punkte im	Vorzeichen von	
Quadrant	Abszisse	Ordinate
I.	$+$	$+$
II.	$-$	$+$
III.	$-$	$-$
IV.	$+$	$-$

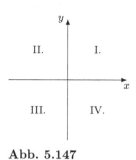

Abb. 5.147

Neben dem kartesischen Koordinatensystem ist das System der schiefwinkligen Parallelkoordinaten und das System der Polarkoordinaten von Bedeutung.

Name	Koordinatenachsen	Festlegung eines Punktes	
		geometrisch	analytisch
schiefwinkliges Parallelkoordinatensystem (Abb. 5.148)	haben Maßstab und sind unter einem Winkel $\alpha < 180°$ gegeneinander geneigt	zwei Strecken, die parallel zu den Achsen verlaufen und durch diese und den Punkt begrenzt werden	Zwei Maßzahlen (Koordinate) Abszisse x, Ordinate y
rechtwinkliges Parallelkoordinatensystem (Abb. 5.149)	haben gleichen Maßstab und sind unter einem Winkel $\alpha = 90°$ gegeneinander geneigt (Sonderfall)	Lote, die vom Punkt auf die Koordinatenachse gefällt werden	Maßzahlen für Länge der Lote Abszisse x Ordinate y
Polarkoordinaten (Abb. 5.150)	Strahl (Richtstrahl)	Strecke vom Strahlursprung zu P	durch Maßzahl für Länge des Radiusvektors r und Neigungswinkel des Radiusvektors gegen den Strahl f

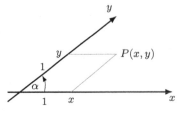

Abb. 5.148

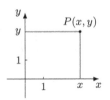

Abb. 5.149

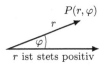

Abb. 5.150

Die Umrechnung von Polarkoordinaten in kartesische Koordinaten und umgekehrt erfolgt durch die Beziehungen:

$$x = r \cos \varphi \qquad x^2 + y^2 = r^2 \qquad \cos \varphi = \frac{x}{\sqrt{x^2 + y^2}}$$

$$y = r \sin \varphi \qquad r = \sqrt{x^2 + y^2} \qquad \sin \varphi = \frac{y}{\sqrt{x^2 + y^2}}$$

Hinweis 5.5
Polarkoordinaten werden in 5.3.2 eingeführt.

Bei Parallelverschiebung eines kartesischen Koordinatensystems (x', y') zu einem x, y-System muss der neue Koordinatenursprung fixiert sein. Haben diese Koordinaten x_m und y_m, so rechnen sich die Koordinaten wie folgt um (vgl. Abb. 5.151).

$$x' = x + x'_m$$
$$y' = y + y'_m$$

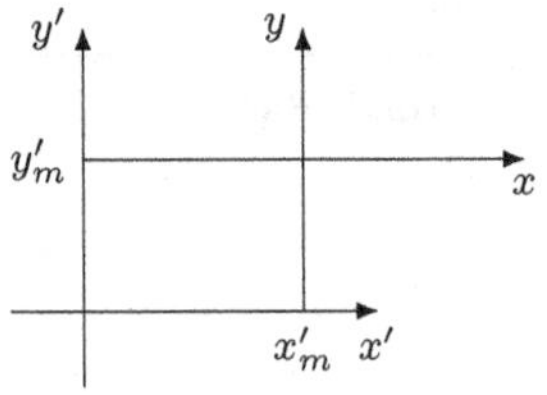

Abb. 5.151

Bei Drehung eines kartesischen Koordinatensystems (x', y') zu einem x, y-System muss der Drehwinkel fixiert sein. Die Umrechnung erfolgt durch folgende Gleichungen (vgl. Abb. 5.152):

$$x' = x \cos \varphi + y \sin \varphi$$
$$y' = -x \sin \varphi + y \cos \varphi$$

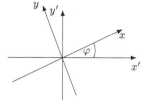

Abb. 5.152

Beispiel 5.37

Welche Koordinaten hat der Punkt $(3; -2)$, wenn der Ursprung des Systems in $P(-1; 2)$ verschoben und anschließend um den Winkel $30°$ gedreht wird?

1. Verschiebung

$$x_m = -1$$
$$y_m = 2$$

neue Koordinaten

$$P(4, -4)$$
$$x = 3 - (-1) = 4$$
$$y = -2 - 2 = -4$$

2. Drehung

$$x = 4\cos 30° + (-4)\sin 30° = 1{,}46$$
$$y = -4\sin 30° + (-4)\cos 30° = -5{,}46$$
$$P(1{,}46; -5{,}46) \hspace{4cm} \blacksquare$$

Die Darstellung von Kurven im Koordinatensystem und ihre algebraische Bearbeitung beruhen auf folgender eineindeutiger Zuordnung.

Punkte, deren Koordinaten die Gleichung $F(x, y) = 0$ erfüllen, liegen auf der Kurve, die dieser Gleichung in der grafischen Darstellung zugeordnet ist, und umgekehrt erfüllen die Punkte auf der zugeordneten Kurve mit ihren Koordinaten die Gleichung

$$F(x, y) = 0.$$

Beispiel 5.38

Der Punkt $(-3; 4)$ liegt auf der Kurve mit der Gleichung

$$x^2 + y^2 = 25,$$

denn $(-3)^2 + 4^2 = 25$, und der Punkt $(2; 4)$ liegt nicht auf der Kurve, da $4 + 16 = 20 \neq 25$. \hspace{2cm} $\blacksquare$

Ein Schnittpunkt zweier Kurven ist dadurch gekennzeichnet, dass seine Koordinaten (x_s, y_s) beide Kurvengleichungen erfüllen. Das bedeutet, dass das zugehörige Gleichungssystem zu lösen ist.

Beispiel 5.39

Der Schnittpunkt der beiden Kurven

$$y^2 - 2y + 10x + \frac{19}{2} = 0 \qquad \text{(Parabel) und}$$

$$4x - 3y + 5 = 0 \qquad \text{(Gerade) ist zu bestimmen.}$$

$$x = \frac{3y - 5}{4}$$

$$y^2 - 2y + \frac{5}{2}(3y - 5) + \frac{19}{2} = 0$$

$$y^2 + \frac{11}{2}y - 3 = 0$$

$$y_{1/2} = -\frac{11}{4} \pm \sqrt{\frac{121}{16} + 3}$$

$$y_{1/2} = -\frac{11}{4} \pm \frac{13}{4}$$

$$y_1 = \frac{1}{2}$$

$$y_2 = -6$$

$$x_1 = \frac{\frac{3}{2} - 5}{4} = -\frac{7}{8} \qquad\qquad S_1\left(-\frac{7}{8}, \frac{1}{2}\right)$$

$$x_2 = \frac{3(-6) - 5}{4} = -\frac{23}{4} \qquad\qquad S_2\left(-\frac{23}{4}, -6\right)$$

Der Schnittwinkel ergibt sich aus dem Winkel der Tangenten in einem Schnittpunkt. ∎

5.4.2 Strecken und Geraden

Zwei Punkte im kartesischen Koordinatensystem sind durch ihre Koordinaten festgelegt. Die Entfernung (der Abstand) zwischen den beiden Punkten kann aus den Koordinaten berechnet werden (vgl. Abb. 5.153).

Nach dem Satz des Pythagoras (unabhängig davon, in welchem Quadranten die Punkte liegen) ist:

$$d = \sqrt{(y_2 - y_1)^2 + (x_2 - x_1)^2}$$

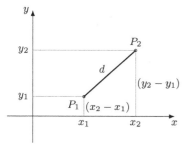

Abb. 5.153

Vorausgesetzt werden muss allerdings, dass beide Koordinatenachsen die gleiche Einheitslänge besitzen.

Beispiel 5.40
Die Punkte $(-2; 3)$ und $(5; -6)$ haben die Entfernung:

$$d = \sqrt{[5 - (-2)]^2 + (-6 - 3)^2} = 11{,}4 \quad \text{Koordinateneinheiten}$$

Der Anstieg einer Strecke, die durch die beiden Punkte $P_1(x_1, y_1)$ und $P_2(x_2, y_2)$ begrenzt wird, ist:

$$\tan\varphi = \frac{y_2 - y_1}{x_2 - x_1} \qquad \text{(Abb. 5.154)}$$

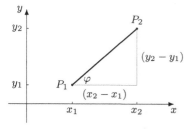

Abb. 5.154

Der Anstieg wird gegen die positive x-Achsenrichtung gemessen und ist kleiner als $180°$. ∎

Beispiel 5.41

Der Anstieg der Strecke zwischen den Punkten $P_1(-2;3)$ und $P_2(5;-6)$ beträgt:

$$\tan\varphi = \frac{-6-3}{5-(-2)} = -\frac{9}{7}, \qquad\qquad \varphi = 127{,}9°$$

Wird die durch $\overline{P_1P_2}$ festgelegte Strecke über beide Endpunkte hinaus verlängert, entsteht eine Gerade.

Der Durchlaufsinn der Gerade ist durch die Richtung festgelegt, die vom Punkt P_1 zum Punkt P_2 begangen werden muss.

Ist T ein beliebiger Punkt der Geraden, so ergeben sich zwei Strecken.　∎

Definition 5.4

Der Quotient

$$\lambda = \frac{\overline{P_1T}}{\overline{TP_2}}$$

heißt Teilungsverhältnis der Strecke $\overline{P_1P_2}$, das durch den Punkt T der Geraden bewirkt wird. λ ist eine dimensionslose Zahl (Quotient zweier Strecken). Wenn T zwischen P_1 und P_2 liegt, so sind Zähler und Nenner des Quotienten positiv. Liegt T außerhalb der Strecke $\overline{P_1P_2}$, so ist der Durchlaufsinn in Zähler oder Nenner negativ, und der Wert von λ ist ebenfalls negativ.　◆

Bezeichnungen:

$\lambda > 0$　　innere Teilung der Strecke

$\lambda < 0$　　äußere Teilung der Strecke

Die Werte des Teilungsverhältnisses in Abhängigkeit von den verschiedenen Lagemöglichkeiten des Punktes T werden in Abb. 5.155 veranschaulicht.

P_M ist der Punkt, der die Strecke $\overline{P_1P_2}$ halbiert.

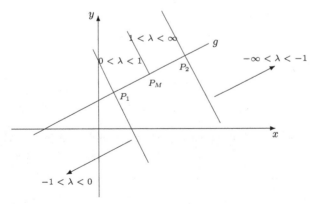

Abb. 5.155

Die Koordinaten eines Teilpunkts lassen sich bei gegebenem Teilungsverhältnis λ aus den Koordinaten von $P_1(x_1, y_1)$ und $P_2(x_2, y_2)$ berechnen.

$$\lambda = \frac{\overline{P_1 T}}{\overline{T P_2}}$$

$$\lambda = \frac{x_T - x_1}{x_2 - x_T} \qquad\qquad x_T = \frac{x_1 + \lambda x_2}{1 + \lambda}$$

$$\lambda = \frac{y_T - y_1}{y_2 - y_T} \qquad\qquad y_T = \frac{y_1 + \lambda y_2}{1 + \lambda}$$

Beispiel 5.42
Die Schwerpunktkoordinaten von einem durch die drei nicht auf einer Geraden liegenden Punkte

$$P_1(x_1, y_1) \qquad\qquad P_2(x_2, y_2) \qquad\qquad P_3(x_3, y_3)$$

gebildeten Dreieck sind zu berechnen (vgl. Abb. 5.156).

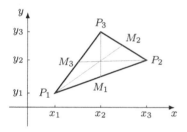

Abb. 5.156

■

Dazu ist die Kenntnis des Satzes aus der Planimetrie erforderlich, dass sich die drei Seitenhalbierenden im Schwerpunkt schneiden und jede Seitenhalbierende durch den Schwerpunkt im Verhältnis 2 : 1 geteilt wird, wobei der größere Teil zur Ecke des Dreieckes zeigt.

$$x_{M1} = \frac{x_2 + x_1}{2} \qquad\qquad y_{M1} = \frac{y_2 + y_1}{2}$$

Mit $\lambda = 2$ ist

$$x_T = \frac{x_3 + 2 x_{M1}}{1 + 2} \qquad\qquad y_T = \frac{y_3 + 2 y_{M1}}{1 + 2}$$

$$x_T = \frac{x_1 + x_2 + x_3}{3} \qquad\qquad y_T = \frac{y_1 + y_2 + y_3}{3}$$

Aus der Gleichung für die Koordinaten eines Teilpunktes ergibt sich bei variablem Wert von λ die Parameterdarstellung der Geraden, die für jeden Wert von λ einen Geradenpunkt anzeigt.

$$x\left(\lambda\right) = \frac{x_1 + \lambda x_2}{1 + \lambda} \qquad\qquad y\left(\lambda\right) = \frac{y_1 + \lambda y_2}{1 + \lambda}$$

Aus den Koordinaten der drei nicht auf einer Geraden gelegenen Punkte lässt sich der durch die Verbindungsstrecke gebildete Inhalt der Dreiecksfläche ausrechnen (vgl. Abb. 5.157).

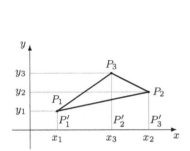 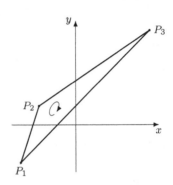

Abb. 5.157   **Abb. 5.158**

Beispiel 5.43

Der Inhalt der Dreiecksfläche mit den Eckpunktkoordinaten

$$P_1(-3,-2) \qquad\qquad P_2(-2,1) \qquad\qquad P_3(4,5)$$

ist zu berechnen.

$$A = \frac{1}{2}[-3\left(1-5\right) + \left(-2\right) \cdot \left(5 - \left(-2\right)\right) + 4\left(-2-1\right)]$$

$$A = -7$$

Die Dreiecksfläche beträgt 7 Quadratkoordinateneinheiten (vgl. Abb. 5.158). ∎

Die allgemeine Berechnungsformel lautet für die drei Punkte

$$(x_1, y_1) \quad (x_2, y_2) \quad (x_3, y_3)$$
$$A = [x_1(y_2 - y_3) + x_2(y_3 - y_1) + x_3(y_1 - y_2)]$$

Ein geradlinig begrenztes n-Eck $(n > 3)$ kann nach Zerlegung in Dreiecke berechnet werden.

Es ergibt sich, wie im Beispiel, immer dann ein negativer Flächeninhalt, wenn die Punkte P_1, P_2, P_3 nicht in mathematisch positiver Richtung durchlaufen werden.

Da sich die Vielecke in $(n-2)$ Dreiecke zerlegen lassen, kann der Flächeninhalt eines Vielecks ebenso berechnet werden.

Geraden sind bestimmt:

1. Durch einen Punkt auf der Geraden und die Richtung (Anstieg der Geraden gegen die Waagerechte).

   Ein beliebiger Punkt, der auf der Geraden liegt, muss folgende Gleichung erfüllen:

   $$m = \frac{y - y_1}{x - x_1}$$

   $m = \tan \alpha$ wird Richtungsfaktor der Geraden genannt (vgl. Abb. 5.159). Die Gleichung heißt Punkt-Richtungs-Gleichung der Geraden. Der Neigungswinkel der Geraden gegen die positive Richtung der Abszissenachse ist

   $$0° < \alpha \leqq 180°.$$

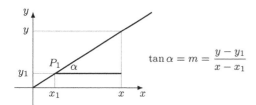

Abb. 5.159

Spezialfall

Liegt der Punkt P_1 auf der y-Achse, so heißt die Punkt-Richtungs-Gleichung mit $P_1(0, n)$

$$m = \frac{y - n}{x - 0}, \qquad\qquad y = mx + n.$$

Die Darstellung ist die bekannte Normalform der Geraden, wobei m den Anstieg und n den Schnittpunkt mit der y-Achse angibt.

2. Durch zwei Punkte auf der Geraden ist die Gleichung ebenfalls eindeutig festgelegt (vgl. Abb. 5.160).

   Für $P_1 \neq P_2$ ergibt diese Darstellung eine eindeutig bestimmte Geradengleichung, die als Zwei-Punkte-Gleichung bezeichnet wird.

   Spezialfall

   Liegt P_1 auf der x-Achse $(a, 0)$ und P_2 auf der y-Achse $(0, b)$, so ergibt sich mit

   $$\frac{-b}{a} = \frac{y}{x - a},$$

   $$-b(x - a) = ya, \qquad ya + xb = ab, \qquad \frac{y}{b} + \frac{x}{a} = 1$$

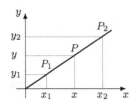

Für $m = \tan \alpha$ wird gesetzt:

$$\frac{y_2 - y_1}{x_2 - x_1} = \frac{y - y_1}{x - x_1}$$

Abb. 5.160

die Achsenabschnittsform der Geradengleichung, deren Summanden im Nenner die Abschnitte auf den im Zähler stehenden Achsen angeben und deren Summe eins ist.

Beispiel 5.44

Wie lautet die Gleichung der Geraden durch den Punkt $(-3; 4)$, die die positive x-Achsenrichtung mit einem Winkel vom $135°$ schneidet (vgl. Abb. 5.161)?

$$m = \tan 135° = -1$$

$$-1 = \frac{y - 4}{x - (-3)} \qquad\qquad y - 4 = -x - 3$$

$$y = -x + 1$$

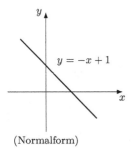

$y = -x + 1$

(Normalform)

Abb. 5.161

■

Beispiel 5.45

Wie lautet die Gleichung durch die Punkte $P_1(-1; 2)$ und $P_2(2; -3)$, Abb. 5.162?

$$\frac{y - 2}{x - (-1)} = \frac{-3 - 2}{2 - (-1)}$$

$$\frac{y - 2}{x + 1} = -\frac{5}{3}$$

$$y = -\frac{5}{3}x + \frac{1}{3} \qquad \text{(Normalform)}$$

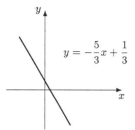

Abb. 5.162

Beispiel 5.46

Welchen Winkel bildet die Gerade mit der positiven x-Achsenrichtung, und wie lautet ihr Schnittpunkt mit der y-Achse (vgl. Abb. 5.163)?

$$3x - 2y + 6 = 0$$

$$y = \frac{3}{2}x + 3$$

$$\tan\alpha = \frac{3}{2} \qquad\qquad \alpha \approx 56{,}3° \qquad\qquad P(0;3)$$

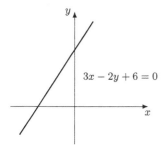

Abb. 5.163

Die allgemeine Form der Geradengleichung lautet:

$$Ax + By + C = 0 \qquad \text{(beide Variablen sind linear)} \qquad A,\ B,\ C \in \mathbb{R}$$

1. Sonderfall: $B = 0$

$$x = -\frac{C}{A} \qquad\qquad A \neq 0$$

Gerade parallel zur y-Achse im Abstand $-\dfrac{C}{A}$

Ist $C = 0$, so handelt es sich um die y-Achse.

2. Sonderfall: $A = 0$

$$y = -\frac{C}{B} \qquad\qquad\qquad B \neq 0$$

Gerade parallel zur x-Achse im Abstand $-\dfrac{C}{B}$

Ist $C = 0$, so handelt es sich um die x-Achse.

3. Sonderfall: $C = 0$

$$y = -\frac{A}{B}x \qquad\qquad\qquad B \neq 0$$

Gerade geht durch den Koordinatenursprung und bildet mit der positiven x-Achsenrichtung einen Winkel

$$\arctan \alpha = -\frac{A}{B} \qquad\qquad\qquad \arctan \alpha \leqq 180°$$

Eine weitere Form der Geradengleichung wird nach O. Hesse (1811–1874) benannt. Das von der gesuchten Geraden in den Ursprung des Koordinatensystems gefällte Lot liefert mit seinem Winkel φ gegen die positive x-Achsenrichtung und durch seine Länge a die gesuchten zwei Bestimmungsstücke für die Gerade g (vgl. Abb. 5.164).

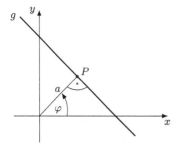

Abb. 5.164

Punkt-Richtungsgleichung

$$m = \frac{y - y_1}{x - x_1}$$

$$x_1 = a \cos \varphi \qquad\qquad\qquad y_1 = a \sin \varphi$$

$$m \tan \varphi = -1 \qquad \text{(ergibt sich aus der Tatsache, dass Lot und Gerade}$$
$$\text{senkrecht aufeinander stehen)}$$

$$\frac{-1}{\tan \varphi} = \frac{y - a \sin \varphi}{x - a \cos \varphi}$$

$$y \tan \varphi - a \sin \varphi \tan \varphi = -x + a \cos \varphi \quad | \cdot \cos \varphi$$
$$y \sin \varphi - a \sin^2 \varphi \quad = -x \cos \varphi + a \cos^2 \varphi$$
$$y \sin \varphi + x \cos \varphi \quad = \ a \left(\sin^2 \varphi + \cos^2 \varphi \right)$$
$$y \sin \varphi + x \cos \varphi \quad = \ a$$

Hinweis 5.6
Die zugehörige Gesetzmäßigkeit wird in diesem Abschnitt an späterer Stelle dargestellt.

Beispiel 5.47
Die allgemeine Form der Geradengleichung ist in die Hesse'sche Normalform zu verwandeln.

$$Ax + By + C = 0$$
$$x \cos \varphi + y \sin \varphi - a = 0 \qquad .$$

Die Koeffizienten der Summanden müssen proportional sein:

$$KA = \cos \varphi \qquad KB = \sin \varphi \qquad KC = -a$$
$$1 = \sin^2 \varphi + \cos^2 \varphi = K^2 (A^2 + B^2)$$

Daraus folgt:

$$K = \frac{1}{\pm \sqrt{A^2 + B^2}}$$

Da $KC = -a$ gilt, bestimmt das Vorzeichen von C das Vorzeichen der Wurzel eindeutig, wenn C zahlenmäßig vorliegt.

$$X \frac{A}{\pm \sqrt{A^2 + B^2}} \cos \varphi + Y \frac{B}{\pm \sqrt{A^2 + B^2}} \sin \varphi = \frac{C}{\mp \sqrt{A^2 + B^2}}$$

Aus der Hesse'schen Normalform lässt sich der Abstand d eines Punktes, der nicht auf der Geraden liegt, bestimmen.

$$d = |x_1 \cos \varphi + y_1 \sin \varphi - a|$$

Die Koordinaten des Punktes $P(x_1; y_1)$ werden in die Hesse'sche Normalform eingesetzt und der Abstand berechnet. Das Vorzeichen, welches durch die Betragsbildung kompensiert wird, zeigt, auf welcher Seite der Punkt liegt.
Für Punkte, die auf der Geraden liegen, ist $d = 0$. ■

Beispiel 5.48
Welchen Abstand hat $P(8; 5)$ von der Geraden

$$3x - 4y + 8 = 0?$$

Hesse'sche Normalform:

$$K = \frac{1}{\pm\sqrt{3^2 + (-4^2)}} = \frac{1}{\pm 5}$$

da $KC = -a$ und $C > 0$,   ist $K = -\frac{1}{5}$.

$$-\frac{3}{5}x + \frac{4}{5}y = \frac{8}{5}$$

$$d = \left| -\frac{3}{5} \cdot 8 + 5 \cdot \frac{4}{5} - \frac{8}{5} \right| = \frac{12}{5} = 2,4$$

Der Abstand des Punktes beträgt 2,4 Koordinateneinheiten.   ■

Um den Schnittpunkt zweier Geraden zu bestimmen, muss das durch sie gebildete lineare Gleichungssystem gelöst werden.

Das Gleichungssystem ist eindeutig lösbar, wenn die Geraden nicht parallel verlaufen.

Das Gleichungssystem hat keine Lösung, wenn die Geraden in einem endlichen Abstand zueinander parallel verlaufen.

Das Gleichungssystem hat unendlich viele Lösungen, wenn die Geraden im Abstand null parallel zueinander verlaufen.

Der Schnittwinkel zwischen beiden Geraden berechnet sich im Schnittpunkt aus den Anstiegswerten der beiden Geraden.

$$g_1 : m_1 \qquad g_2 : m_2$$

$$\tan \varphi = \frac{m_2 - m_1}{1 + m_1 m_2}$$

Wird g_1 auf g_2 in mathematisch positiver Richtung gedreht, so ergibt sich der hier berechnete Winkel.

Der Winkel zwischen g_2 und g_1 ist die Ergänzung zu 180° (vgl. Abb. 5.165).

Aus der Schnittwinkelbeziehung folgen zwei wichtige Bedingungen für die Lage zwischenzwei Geraden:

1. Parallelität

Schnittwinkel 0°

$$\tan 0° = 0$$

$$m_2 = m_1$$

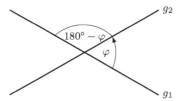

Abb. 5.165

2. Orthogonalität (Senkrechtstehen)
Schnittwinkel 90°
$\tan 90° =$ nicht definiert
Der Quotient ist nicht definiert, wenn

$$1 + m_1 m_2 = 0$$

$$m_1 = -\frac{1}{m_2} \qquad \text{oder} \qquad m_2 = -\frac{1}{m_1}$$

Beispiel 5.49
Schnittwinkel und Schnittpunkt zwischen der Geraden g_1

$$3y + x - 4 = 0$$

und der Geraden g_2 sind zu bestimmen (vgl. Abb. 5.166).
Die Gerade g_2 steht senkrecht auf $y = -\frac{1}{5}x + 4$ und geht durch den Punkt $(4; -2)$.
Zunächst muss die Gleichung von g_2 bestimmt werden.
Ihre Richtung $m_2 = -\dfrac{1}{-\frac{1}{5}} = 5$ (Orthogonalitätsbedingung)   ∎

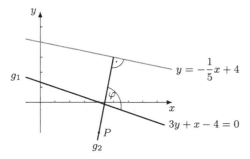

Abb. 5.166

Punkt-Richtungsgleichung

$$5 = \frac{y - (-2)}{x - 4}$$

$$y + 2 = 5x - 20$$

$$g_2: \quad y = 5x - 22$$

Die Normalform von g_1 lautet:

$$y = -\frac{1}{3}x + \frac{4}{3}$$

Der Schnittpunkt:

$$5x_s - 22 = -\frac{1}{3}x_s + \frac{4}{3}$$

$$\frac{16}{3}x_s = \frac{70}{3}$$

$$x_s = \frac{35}{8} \quad y_s = -\frac{1}{8}$$

Der Schnittwinkel:

$$m_1 = -\frac{1}{3} \quad m_2 = 5$$

$$\tan\varphi = \frac{5 + \frac{1}{3}}{1 + 5\left(-\frac{1}{3}\right)} = -\frac{16}{2} = -8 \quad \varphi = 97{,}13°$$

Im Schnittpunkt

$$S\left(\frac{35}{8}; -\frac{1}{8}\right)$$

beträgt der Schnittwinkel $\varphi = 97{,}13°$.

5.4.3 Kreis

Der Kreis ist die Menge der Punkte, die von einem festen Punkt (dem Mittelpunkt) einen konstanten Abstand (den Radius) haben.
(vgl. auch Definition in 5.1.6.)
Ein Punkt auf dem Kreisumfang erfüllt mit seinen Koordinaten die Gleichung:

$$x^2 + y^2 = r^2 \qquad \text{Satz des Pythagoras}$$

Kreisgleichung eines Kreises mit Radius r und Mittelpunkt im Ursprung.

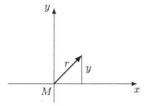

Für Punkte außerhalb des Kreises gilt:

$$x^2 + y^2 > r^2$$

Für Punkte innerhalb des Kreises gilt:

$$x^2 + y^2 < r^2$$

Die Gleichung eines Kreises mit den Mittelpunktkoordinaten (x_m, y_m) ergibt sich durch Parallelverschiebung des Koordinatensystems (vgl. Abb. 5.167).

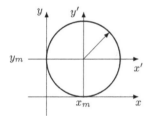

x', y'-System x, y-System

$x'^2 + y'^2 = r^2$ $(x - x_m)^2 + (y - y_m)^2 = r^2$

Ein Kreis mit dem Mittelpunkt im Ursprung ist durch einen Punkt bestimmt (r).

Abb. 5.167

Beispiel 5.50
Die Gleichung des Kreises durch den Punkt $(-4; 3)$ und dem Mittelpunkt im Ursprung heißt

$$(-4)^2 + 3^2 = r^2 \qquad\qquad r^2 = 25 \qquad\qquad (r = 5)$$
$$x^2 + y^2 = 25$$

■

Ein Kreis mit dem Mittelpunkt (x_m, y_m) und dem Radius r ist durch die Angabe von drei Punkten festgelegt.
Die Koordinaten der Punkte werden in die Kreisgleichung

$$(x - x_m)^2 + (y - y_m)^2 = r^2$$

für x und y eingesetzt. Aus dem Gleichungssystem für x_m, y_m, r können die erforderlichen drei Werte berechnet werden.

Die allgemeine Kreisgleichung heißt

$$x^2 + Ax + y^2 + By + C = 0$$

Die quadratischen Glieder der Gleichung haben beide den Koeffizienten eins.
Um Mittelpunkt und Radius eines Kreises ablesen zu können, ist die allgemeine Form der Kreisgleichung durch quadratische Ergänzungen in die Mittelpunktsgleichung zu verwandeln.

Beispiel 5.51

$$x^2 - 4x + y^2 + 6y + 2 = 0$$
$$(x-2)^2 - 4 + (y+3)^2 - 9 + 2 = 0$$
$$(x-2)^2 + (y+3)^2 = 11$$
$$\text{Kreis } M\ (2; -3) \qquad r = \sqrt{11}$$

∎

Damit die allgemeine Kreisgleichung einen reellen Radius erhält, muss $A^2 + B^2 > 4C$ sein.

Die Parameterdarstellung eines Kreises mit dem Radius r und dem Mittelpunkt $M(x_m, y_m)$ lautet:

$$x = x_m + r\cos t \qquad\qquad 0 \leqq t < 360°$$
$$y = y_m + r\sin t \qquad\qquad 0 \leqq t < 2\pi$$

Die Kreisgleichung ergibt kein Funktionsbild, da den x-Werten, bis auf zwei Ausnahmen, zwei y-Werte entsprechen.

Der Schnittpunkt zwischen einem Kreis und einer Geraden wird durch die Lösung des zugehörigen Gleichungssystems bestimmt.

$$(x_S - x_m)^2 + (y_S - y_m)^2 = r^2 \qquad\qquad S = (x_S; y_S)$$
$$y_S = mx_S + n$$
$$(x_S - x_m)^2 + (mx_S + n - y_m)^2 = r^2$$

1. Die quadratische Gleichung hat genau zwei reelle Lösungen. Die Gerade ist eine *Sekante*.
2. Die quadratische Gleichung hat eine reelle Doppellösung. Die Gerade ist eine *Tangente*.
3. Die quadratische Gleichung hat keine reelle Lösung. Die Gerade ist eine *Passante* (vgl. Abb. 5.168).

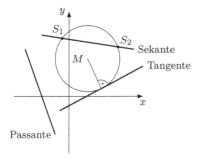

Abb. 5.168

Beispiel 5.52

Es ist das Schnittverhalten zwischen Kreis $x^2 + y^2 + 4x - 10y + 21 = 0$ und Gerade $2x - y - 1 = 0$ zu bestimmen.

$$y = 2x - 1$$
$$x^2 + (2x - 1)^2 + 4x - 10\,(2x - 1) + 21 = 0$$
$$5x^2 - 20x + 32 = 0$$
$$x^2 - 4x + \frac{32}{5} = 0 \qquad x_{1,2} = 2 \pm \sqrt{4 - \frac{32}{5}}$$

■

Da die Diskriminante negativ ist, gibt es keinen Schnittpunkt. Die Gerade ist eine Passante des Kreises.

Der Tangentenpunkt in einem Kreispunkt $P(x_0, y_0)$ erfüllt bei Mittelpunktslage des Kreises die Gleichung

$$xx_0 + yy_0 = r^2$$

und bei einem Mittelpunkt (x_m, y_m)

$$(x - x_m)(x_0 - x_m) + (y - y_m)(y_0 - y_m) = r^2$$

Hinweis 5.7

In den zugehörigen Kreisgleichungen wird ein x durch x_0 und ein y durch y_0 ersetzt, um zur Tangentengleichung zu gelangen.

Beispiel 5.53

Ein Kreis mit dem Mittelpunkt $M(-2; 4)$ geht durch den Punkt $(2; -1)$. Wie lautet die Gleichung der Tangente in dem Punkt (vgl. Abb. 5.169)?

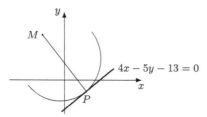

Abb. 5.169

$$r = \overline{MP} = \sqrt{(4+1)^2 + (-2-2)^2} = \sqrt{26+16}$$
$$r^2 = 41$$
$$(x+2)(2+2) + (y-4)(-5) = 41$$
$$4x - 5y - 13 = \ 0$$

∎

Ist die Gleichung der Tangente von einem Punkt $P_0(x_0, y_0)$, der außerhalb eines Kreises liegt, aufzustellen, so sind erst die Koordinaten der zwei Berührungspunkte zu bestimmen.

Die Berührungspunkte $B(x_B, y_B)$ erfüllen die Kreisgleichung

$$(x_B - x_m)^2 + (y_B - y_m)^2 = r^2$$

und die Tangentengleichung

$$(x_B - x_m)(x_0 - x_m) + (y_B - y_m)(y_0 - y_m) = r^2$$

Aus den beiden Gleichungen lassen sich die Berührungspunkte B_1 und B_2 berechnen.

Mit Hilfe der Zwei-Punkte-Gleichung können die zugehörigen Geradengleichungen (Tangentengleichungen) aufgestellt werden.

Zwei Kreise

$$(x_S - x_{m1})^2 + (y_S - y_{m1})^2 = r_1^2$$
$$(x_S - x_{m2})^2 + (y_S - y_{m2})^2 = r_2^2$$

haben zwei Schnittpunkte, berühren sich (von innen oder außen) in einem Punkt oder meiden sich in Abhängigkeit von den Lösungen des quadratischen Gleichungssystems.

Der Schnittwinkel zweier Kreise ist der Winkel, den die Tangenten im Schnittpunkt haben. Der Richtungsfaktor wird aus der zugehörigen Tangentengleichung bestimmt (Tangentengleichung in einem Punkt des Kreises).

Kreisgleichung	in $S(x_S; y_S)$ Tangentengleichung	Richtungsfaktor der Tangente
In Mittelpunktlage: $x^2 + y^2 = r^2$	$xx_S + yy_S = r^2$	$m = -\dfrac{x_S}{y_S}$
$M(x_m, y_m):$ $(x - x_m)^2 + (y - y_m)^2 = r^2$	$(x_S - x_m)(x - x_m)$ $+(y_S - y_m)(y - y_m) = r^2$	$m = -\dfrac{x_S - x_m}{y_S - y_m}$

Beispiel 5.54

Die Schnittpunkte und Schnittwinkel für zwei Kreise sind zu bestimmen.

$$x^2 + y^2 - 10x + 4y - 36 = 0$$
$$x^2 + y^2 + 6x - 4y - 12 = 0$$

Subtraktion der beiden Gleichungen ergibt:

$$-16x + 8y - 24 = 0$$
$$y = 2x + 3 \qquad \text{(Schnittpunkte liegen auf dieser Geraden.)}$$

Eingesetzt in eine der beiden Kreisgleichungen ergeben sich die Abszissen der Schnittpunkte:

$$x^2 + (2x + 3)^2 - 10x + 4(2x + 3) - 36 = 0$$
$$5x^2 + 10x - 15 = 0$$
$$x^2 + 2x - 3 = 0$$
$$x_{1,2} = -1 \pm \sqrt{1 + 3}$$
$$x_1 = 1$$
$$x_2 = -3$$

Die zugehörigen y-Werte werden aus der Differenzengleichung der beiden Kreisgleichungen (Gerade) einfach berechnet.

$$S_1(1; 5) \qquad\qquad S_2(-3; -3)$$

∎

Mittelpunktsdarstellung der Kreise:

$$(x - 5)^2 + (y + 2)^2 = 65$$
$$(x + 3)^2 + (y - 2)^2 = 25$$

Richtungsfaktoren der Tangenten:

$$m = -\frac{x_S - x_m}{y_S - y_m}$$

Für S_1 ergeben sich: $M_1(5; -2)$, $M_2(-3; 2)$

$$m_1 = -\frac{1 - 5}{5 - (-2)} = \frac{4}{7}$$
$$m_2 = -\frac{1 - (-3)}{5 - 2} = -\frac{4}{3}$$

Schnittwinkel:

$$\tan\varphi = \frac{m_2 - m_1}{1 + m_1 m_2} = \frac{-\dfrac{4}{3} - \dfrac{4}{7}}{1 + \left(\dfrac{4}{7}\right)\left(-\dfrac{4}{3}\right)} = -8$$

Der Schnittwinkel beträgt aus Symmetriegründen in beiden Schnittpunkten $\varphi = 97,1°$ ($\bar\varphi = 82,9°$).

5.4.4 Kegelschnitte

Ausgehend von einem Doppelkegel entstehen beim Schneiden mit einer Ebene die Kegelschnitte (vgl. Abb. 5.170).

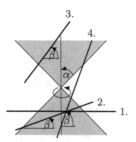

Abb. 5.170

Die Aussagen werden für den geraden Kreiskegel getroffen, der von der Ebene mit einem Winkel β ($0° \leq \beta \leq 90°$) zwischen ihr und der Kegelachse geschnitten wird. Ausgeartete Kegelschnitte entstehen:

- Schnitt waagerecht durch die Kegelspitze
  (Schnittgebilde: Punkt)
- Schnitt parallel zur Mantellinie, entlang der Linie
  (Schnittgebilde: Gerade)

Eigentliche Kegelschnitte sind:

1. Kreis	Neigungswinkel der Schnittebene gegen Kegelachse beträgt 90°.
2. Ellipse	Neigungswinkel der Schnittebene ist größer als der Winkel zwischen Mantellinie und Kegelachse α und kleiner als 90°.
3. Parabel	Neigungswinkel der Schnittebene ist gleich dem Winkel α.
4. Hyperbel	$0 \leqq \beta < \alpha$
	β Neigungswinkel der Schnittebene

Der Quotient

$$\frac{\cos\beta}{\cos\alpha} = \varepsilon$$

ist bei allen nicht kreisförmigen Kegelschnitten konstant und heißt numerische Exzentrizität des Kegelschnitts.

Definition 5.5

		Bezeichnung
Ellipse	Die Ellipse ist die Menge der Punkte in der Ebene, für die die Summe der Abstände von zwei festen Punkten konstant ist.	Brennpunkt
Parabel	Die Parabel ist die Menge der Punkte in der Ebene, deren Abstand von einer festen Geraden und einem festen Punkt konstant ist.	Brennpunkt Leitlinie
Hyperbel	Die Hyperbel ist die Menge der Punkte in der Ebene, für die die Differenz ihrer Abstände von zwei festen Punkten konstant ist.	Brennpunkt

♦

Die Definitionen wurden aus den Beziehungen an der Dandelin'schen Kugel abgeleitet (P. Dandelin, 1794–1847). Aus der konstanten numerischen Exzentrizität bei nicht kreisförmigen Kegelschnitten folgt:

Satz 5.34 (Fundamentalsatz der Kegelschnitte)
Bei nicht kreisförmigen Kegelschnitten ist der Quotient aus dem Abstand eines Punktes vom Brennpunkt und zur Leitlinie konstant (gleich der numerischen Exzentrizität).

Kreis	$\varepsilon = 0$	$\cos\beta = 0$
		$\beta = 90°$
Parabel	$\varepsilon = 1$	$\alpha = \beta$
Ellipse	$0 < \varepsilon < 1$	$\alpha < \beta < 90°$
Hyperbel	$\varepsilon > 1$	$\beta < \alpha$

Aus den Definitionen der Kegelschnitte ergeben sich die Vorschriften für die punktweise Konstruktion.

Konstruktion 5.19

der Parabel (vgl. Abb. 5.171)

Gegeben sind die Leitlinie und der Brennpunkt der Parabel. Parallel zur Leitlinie werden Geraden in beliebigen Abständen zur Leitlinie gezogen. Wo der um F geschlagene Kreisbogen mit dem gleichen Abstand als Radius die entsprechende Parallele schneidet, liegen zwei symmetrische Parabelpunkte. Der Mindestabstand ist der halbe Abstand zwischen Leitlinie und Brennpunkt. Die Parabelachse geht durch den Brennpunkt und steht senkrecht auf der Leitlinie.

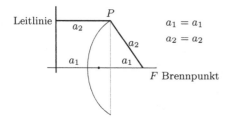

Abb. 5.171

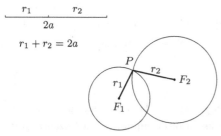

Abb. 5.172

Konstruktion 5.20

der Ellipse (vgl. Abb. 5.172)

Gegeben sind zwei Brennpunkte und eine konstante Streckenlänge 2a. Die Strecke 2a wird beliebig innen geteilt. Mit der einen Teilstrecke als Radius wird ein Kreis um den einen und mit der anderen ein Kreis um den anderen Brennpunkt geschlagen. Die Schnittpunkte beider Kreise sind die Punkte auf der Ellipse. Die Punkte liegen symmetrisch zur Brennpunktachse. Werden die Brennpunkte bei dem Vorgehen vertauscht, so entstehen zwei weitere Ellipsenpunkte.

Die gegebene Strecke $2a$ muss größer als der Brennpunktabstand $2e$ sein, da sich sonst keine Schnittpunkte der Kreise ergeben. Der Mittelpunkt der Ellipse liegt im Schnittpunkt der Hauptachse. Die Gerade durch die beiden Brennpunkte ist eine Hauptachse, und die zweite steht senkrecht auf ihr und geht durch den Halbierungspunkt von $\overline{F_1F_2}$. Beide Achsen sind Symmetrieachsen. Die Ellipsenpunkte auf den Hauptachsen werden Scheitelpunkte der Ellipse genannt.

Konstruktion 5.21

der Hyperbel (vgl. Abb. 5.173)

Gegeben sind zwei Brennpunkte und eine konstante Streckenlänge 2a. Die Strecke 2a wird beliebig geteilt. Die punktweise Konstruktion wird dann, wie bei der Ellipse gesehen, fortgesetzt.

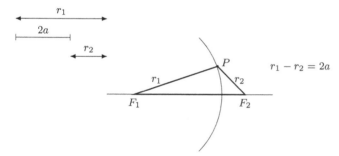

Abb. 5.173

Die Hyperbel hat nur eine Symmetrieachse, die Hyperbelpunkte besitzt. Auf der durch die Brennpunktachse senkrecht verlaufenden liegen keine Punkte der Hyperbel.

Der Mittelpunkt von Ellipse und Hyperbel ist der Halbierungspunkt zwischen $\overline{F_1F_2}$. Der Scheitelpunkt einer Parabel halbiert den Abstand des Brennpunktes von der Leitlinie.

Die zusammenfassende Darstellung aller Kegelschnitte ist in Tafel 1 zu finden.

Die Gleichung für einen Kegelschnitt mit Achsen parallel zu den Koordinatenachsen lautet:

$$Ax^2 + By^2 + Cx + Dy + E = 0$$

Das Fehlen des gemischten Gliedes xy bedeutet, dass die Achsen des Kegelschnitts parallel zu den Koordinatenachsen liegen.

Aus den Koeffizienten lassen sich die speziellen Kegelschnitte erkennen.

$AB \neq 0$

1.	$AB > 0$		
1.1	$A \neq B$		Ellipse
1.2	$A = B$		Kreis
2.	$AB < 0$		Hyperbel
3.	$AB = 0$		
3.1.	$A = 0$	$B \neq 0$	Parabel mit Achse parallel zur x-Achse
3.2.	$A \neq 0$	$B = 0$	Parabel mit Achse parallel zur y-Achse
3.3.	$A = B = 0$		Gerade

Um die konkrete Lage des Kegelschnitts zu bestimmen, ist durch quadratische Ergänzung die zugehörige Normalform zu ermitteln.

Tafel 1

Kegel-schnitt	Skizze	Mittelpunkt- oder Schnittpunkt-gleichung	Mittelpunkt- oder Scheitelpunkt-koordinate (x_m, y_m)	zur eindeutigen Bestimmung sind Punkte für die Parameter erforderlich – spez. Lage/allgem. Lage	Bezeichnungen
Ellipse		$\dfrac{x^2}{a^2} + \dfrac{y^2}{b^2} = 1$	$\dfrac{(x-x_m)^2}{a^2} + \dfrac{(y-y_m)^2}{b^2} = 1$	$2\,(a,b)$ $4\,(a,b,x_m,y_m)$	a große Halbachse b kleine Halbachse $e = \sqrt{a^2 - b^2}$ lineare Exzentrizität
Hyperbel		$\dfrac{x^2}{a^2} - \dfrac{y^2}{b^2} = 1$	$\dfrac{(x-x_m)^2}{a^2} - \dfrac{(y-y_m)^2}{b^2} = 1$	$2\,(a,b)$ $4\,(a,b,x_m,y_m)$	$e = \sqrt{a^2 + b^2}$ lineare Exzentrizität Gleichung der Asymptoten $y = \pm\dfrac{b}{a}x$ (bei Mittelpunktlage)
Parabel		$x^2 = 2py$	$(x - x_S)^2 = 2p(y - y_S)$	$1\,(p)$ $3\,(p, x_S, y_S)$	p: Halbmesser der Parabel (Entfernung des Brenn-punktes von der Leit-linie) $p > 0$ Öffnung nach oben $p < 0$ Öffnung nach unten
Parabel		$y^2 = 2px$	$(y - y_S)^2 = 2p(x - x_S)$	$1\,(p)$ $3\,(p, x_S, y_S)$	$p > 0$ Öffnung nach rechts $p < 0$ Öffnung nach links

Beispiel 5.55

$$3x^2 + 12x - 5y^2 + 10y - 4 = 0$$

Da $3 \cdot (-5) < 0$, handelt es sich um eine Hyperbel.

$$3(x^2 + 4x) - 5(y^2 + 2y) - 4 = 0$$
$$3(x + 2)^2 - 5(y + 1)^2 = 11$$
$$\frac{(x + 2)^2}{\dfrac{11}{3}} - \frac{(y + 1)^2}{\dfrac{11}{5}} = 1$$

Mittelpunkt der Hyperbel: $(-2; -1)$

Asymptotengleichung: $y = \pm \dfrac{3}{5} x$ ∎

Die Tangentengleichungen für Punkte auf den Kegelschnitten mit den Koordinaten $(x_0; y_0)$ lauten:

Ellipse: $\dfrac{(x - x_m)(x_0 - x_m)}{a^2} + \dfrac{(y - y_m)(y_0 - y_m)}{b^2} = 1$

Hyperbel: $\dfrac{(x - x_m)(x_0 - x_m)}{a^2} - \dfrac{(y - y_m)(y_0 - y_m)}{b^2} = 1$

Parabel: $(y - y_S)(y_0 - y_S) = p(x - x_S) + p(x_0 - x_S)$

oder: $(x - x_S)(x_0 - x_S) = p(y - y_S) + p(y_0 - y_S)$

Die Schnittpunkte zwischen Kegelschnitten oder Kegelschnitten und Geraden werden durch die Lösung der zugehörigen Gleichungssysteme bestimmt.

Der Schnittwinkel ergibt sich durch den Anstieg der beiden Tangenten im Schnittpunkt nach der Schnittwinkelbeziehung.

5.5   Darstellende Geometrie

5.5.1   Projektionsverfahren

Gegenstand der darstellenden Geometrie ist die Aufgabe, dreidimensionale Gebilde in der zweidimensionalen Zahlenebene darzustellen.

Die Gegenstände des Raums müssen durch die Bilder der Zeichenebene (Risse) eindeutig beschrieben werden. Dazu müssen die Risse drei Bedingungen erfüllen:

-   sie müssen anschaulich sein,
-   sie müssen maßgerecht sein,
-   die Konstruktion muss verständlich sein.

Diese drei Forderungen sind gleichzeitig nie optimal zu erfüllen, da sie sich im Allgemeinen wechselseitig widersprechen. Beispielsweise zieht eine hohe Anschaulichkeit Verzerrungen nach sich. Bilder, die mithilfe der Zentralprojektion entstehen, sind dem Sehvorgang ideal angepasst, also im höchsten Maße anschaulich, jedoch so wenig maßgerecht, dass sie in der Technik keine Anwendung findet. Konstruktions- oder Projektionsverfahren teilen sich nach den Projektionsstrahlen, die immer vom abzubildenden Objekt ausgehen und auf der Zeichenebene aufgefangen werden.

	senkrechte Parallelprojektion	schräge Parallelprojektion	Zentralprojektion
Lichtstrahlen verlaufen	parallel zueinander senkrecht zur Projektionsebene	parallel zueinander schräg zur Projektionsebene	von einem Punkt aus (Zentralperspektive)
Anschaulichkeit	schlecht	gut	sehr gut
Maßgerechtigkeit	sehr gut	gut	schlecht
Anwendung	technische Zeichnungen	Skizzen	Zeichnungen von Modellen

5.5.2 Senkrechte Parallelprojektion

Die Projektionsstrahlen fallen parallel und senkrecht auf eine waagerechte Bildtafel.

Nur wenn die abzubildende Strecke parallel zur Grundrisstafel liegt, wird sie in der wahren Größe abgebildet. Das Bild der Strecke, die senkrecht auf der Bildtafel steht, entspricht einem Punkt. Er wird als Spurpunkt der Geraden bezeichnet. Strecken, die gegen die Grundrisstafel geneigt sind, werden verkürzt abgebildet (vgl. Abb. 5.174).

Ebenso wird eine Fläche auf der Grundrisstafel kongruent abgebildet, wenn sie parallel zur Grundrisstafel liegt. Ist sie geneigt, so wird sie verkleinert abgebildet. Die Fläche wird zur Strecke, wenn sie senkrecht auf der Tafel steht. Parallele Linien auf der Fläche bleiben auch im Bild parallel (vgl. Abb. 5.175).

Der Grundriss entsteht durch senkrechte Parallelprojektion von oben auf eine waagerechte Bildtafel. Strecken und Geraden, die parallel zur Grundrisstafel liegen, werden in wahrer Größe abgebildet. Linien werden als Linien oder, wenn sie senkrecht auf der Grundrisstafel stehen, als Punkt abgebildet. Parallelen bleiben auch

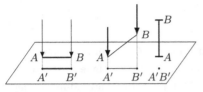

Abb. 5.174

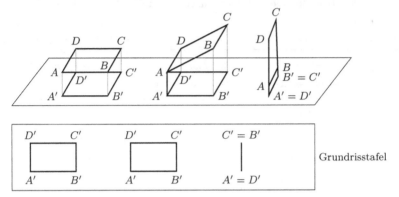

Grundrisstafel

Abb. 5.175

im Grundriss parallel. Ebenen, die auf der Grundrisstafel senkrecht stehen, werden als Linien abgebildet.

Beispiel 5.56

Abbildung des Grundrisses eines Pyramidenstumpfs (vgl. Abb. 5.176).

Alle Kanten sind sichtbar, deswegen werden sie voll ausgezogen. Das Bild bei der senkrechten Eintafelprojektion ist eindeutig (Grundriss), aber nicht umkehrbar eindeutig. Dazu fehlen die Höhenangaben. Diese können durch Höhenmaßstab, Bezifferung oder durch Höhenlinien angegeben werden (vgl. Abbildungen 5.177 und 5.178).

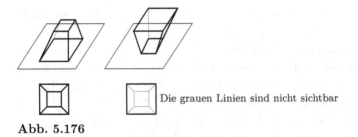

Die grauen Linien sind nicht sichtbar

Abb. 5.176

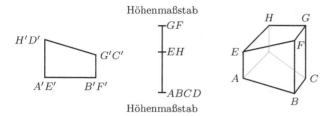

Abb. 5.177

kotierte Projektion für ein Haus

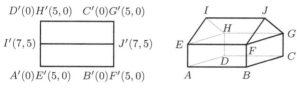

| Gesamthöhe | 7,5 m (Kote 7,5) |
| Höhe bis zum Dach | 5,0 m (Kote 5,0) |

Abb. 5.178

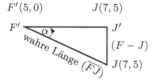

Abb. 5.179

Durch den Höhenmaßstab oder durch die Koten kann der Neigungswinkel α gegen die Risstafel und die wahre Größe einer Strecke konstruktiv ermittelt werden (vgl. Abb. 5.179).

Die senkrechte Parallelprojektion, die durch Höhenmaßstab oder Angabe von Koten eindeutig wird, kann erweitert werden zu einer Projektion auf eine oder zwei weitere Risstafeln, die nicht parallel zur Grundrisstafel liegen. Im Unterschied zum Eintafelverfahren, welches zum Grundriss führt, ergibt sich aus dem Zwei- oder Dreitafelverfahren der Aufriss bzw. der Seitenriss (Kreuzriss). Damit soll der geringen Anschaulichkeit des Eintafelverfahrens mit Höhenangaben entgegengewirkt werden.

Senkrechte Zweitafelprojektion und Aufriss

Der Erfinder der Zweitafelprojektion ist G. Monge (1746–1818). Die Aufrisstafel steht senkrecht zur Grundrisstafel. Die senkrechte Parallelprojektion auf die Aufrisstafel liefert die Vorderansicht des abgebildeten Gegenstands.

Die Bildpunkte in der Grundrisstafel werden mit einem und die in der Aufrisstafel mit zwei Strichen versehen (vgl. Abb. 5.180).

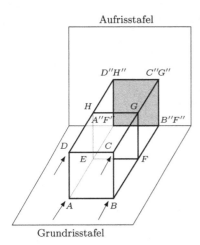

Abb. 5.180

Für den Aufriss gilt wie für den Grundriss, dass

- jedem Punkt genau ein Bildpunkt entspricht. Einem Bildpunkt können allerdings unendlich viele Originalpunkte entsprechen – Senkrechtstehen.
- parallel zur Risstafel liegende Strecken in wahrer Größe abgebildet werden.
- im Falle der Nichtparallelität die Bildstrecke gegenüber der Originalstrecke verkürzt dargestellt wird (im Extremfall – Senkrechtstehen – zum Punkt degeneriert).
- einem Winkel ein Winkel in der Rissebene entspricht, oder wenn er parallel zu den Projektionsstrahlen verläuft, ihm ein Strahl oder eine Gerade entspricht. In Frontlage, wenn die Winkelebene parallel zur Rissebene liegt, wird der Winkel in gleicher Größe abgebildet, ansonsten verzerrt (bis zum Grenzfall 180° oder 0°).
- eine Figur einer Figur entspricht, wenn sie nicht parallel zu den Projektionsstrahlen liegt.
- Parallelität von Geraden erhalten bleibt.

Dazu siehe Abb. 5.181.

Dort, wo die senkrecht aufeinanderstehende Grundriss- und Aufrisstafel sich schneiden, liegt die Rissachse.

Da die Projektionsstrahlen senkrecht aufeinander stehen, ergibt sich aus dem Punkt P und seinem Bildpunkt P' im Grundriss, seinem Bildpunkt P'' im Aufriss und seinem Lot auf die Rissachse ein Rechteck (vgl. Abb. 5.182).

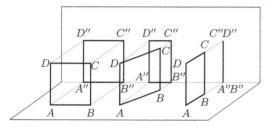

Abb. 5.181

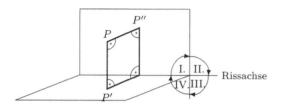

Abb. 5.182

Durch die beiden Rissebenen wird der Raum in vier Quadranten geteilt.

I.   Quadrant vor und oberhalb der Rissachse

II. Quadrant hinter und oberhalb der Rissachse

III. Quadrant hinter und unterhalb der Rissachse

IV. Quadrant vor und unterhalb der Rissachse

Um die volle Darstellungsmöglichkeit in die Zeichenebene zu erreichen, wird die Grundrissebene um 90° nach hinten gedreht, sodass sie an den unteren Teil der Aufrissebene grenzt.

Die Ordnungslinie eines Punktes ist die Verbindungslinie von Grundriss und Aufriss. Sie steht stets senkrecht auf der Rissachse. Je nach Lage in den vier Quadranten ergeben sich die in Abb. 5.183 gezeigten Möglichkeiten.

Satz 5.35 (Fundamentalsatz der senkrechten Zweitafelprojektion)

Wenn sich ein Grundriss- und ein Aufrisspunkt nicht durch eine Ordnungslinie verbinden lassen, so sind sie nicht der Grund- und Aufriss von dem gleichen Originalpunkt.

Grundriss (P') und Aufriss (P'') des gleichen Punktes P liegen stets auf einer Ordnungslinie (vgl. Abb. 5.184).

Spezielle Lagen von P' und P''

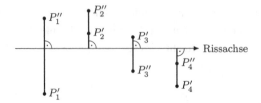

P_1 Punkt im I. Quadranten P_3 Punkt im III. Quadranten
P_2 Punkt im II. Quadranten P_4 Punkt im IV. Quadranten

Abb. 5.183

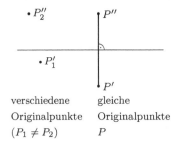

verschiedene	gleiche
Originalpunkte	Originalpunkte
$(P_1 \neq P_2)$	P

Abb. 5.184

Wenn der Grundriss oder Aufriss eines Punktes auf der Rissachse liegt, so liegt der Originalpunkt auf einer der beiden Risstafeln.

Wenn der Grund- und Aufriss eines Punktes zusammenfallen, so liegt der Originalpunkt auf der Ebene, die den II. und IV. Quadranten halbiert.

Liegt der Punkt im I. Quadranten, so wird die Höhe über der Grundrisstafel durch den Abstand des Punktes P'' (Aufrisspunkt) von der Rissachse dargestellt. Der Abstand von der Aufrisstafel wird durch den Abstand des Grundrisses (P') von der Rissachse angegeben.

Für die anderen drei Quadranten gelten die gleichen Zusammenhänge.

Die folgenden Betrachtungen gehen davon aus, dass die darzustellenden Punkte, Strecken, Geraden, Flächen und Körper in eine geeignete Lage gebracht werden. Ohne Einschränkung der Allgemeinheit sollen sie demzufolge stets im I. Quadranten des Projektionsraums liegen.

Die Risse einer Strecke in der senkrechten Zweitafelprojektion sind durch die Bilder ihrer Endpunkte in den Projektionsebenen festgelegt. Dadurch werden

-   senkrecht zu einer Risstafel liegende Strecken als Punkte in der Risstafel abgebildet, während das Bild in der anderen Risstafel senkrecht auf der Rissachse steht.

-   parallel zur Risstafel liegende Strecken in der anderen Risstafel als parallel liegend zur Rissachse abgebildet.

- parallel zur Rissachse liegende Strecken in beiden Rissebenen als Parallelen zur Rissachse abgebildet (vgl. Abb. 5.185).

Durch diese Zusammenhänge wird die Abbildung von Strecken auf die Abbildung von Endpunkten zurückgeführt. Auf gleiche Weise wird die Darstellung von Körpern auf die von Flächen und diese auf die Darstellung von Strecken zurückgeführt. Das Grundriss-Aufriss-Bild eines Körpers lässt sich am einfachsten zeichnen, wenn eine Körperkante parallel zur Rissachse läuft. Um die Anschaulichkeit der Bilder zu erhöhen, wird der Körper so aus der einfachsten Lage heraus gedreht, dass die Körperkanten mit der Rissachse keinen Winkel von 0° oder 90° bilden.

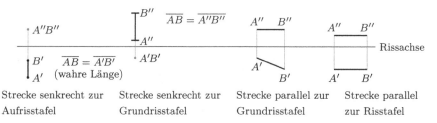

| Strecke senkrecht zur Aufrisstafel | Strecke senkrecht zur Grundrisstafel | Strecke parallel zur Grundrisstafel | Strecke parallel zur Risstafel |

Abb. 5.185

Beispiel 5.57
1. Darstellung einer Fläche (Dreieck) durch Projektion der Eckpunkte (vgl. Abb. 5.186).
2. Drehung eines Würfels um eine Achse zur Erhöhung der Anschaulichkeit (vgl. Abb. 5.187).
3. Darstellung zweier Strecken (vgl. Abb. 5.188).

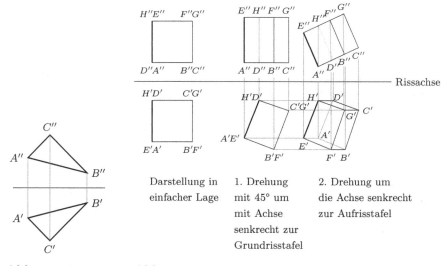

| Darstellung in einfacher Lage | 1. Drehung mit 45° um mit Achse senkrecht zur Grundrisstafel | 2. Drehung um die Achse senkrecht zur Aufrisstafel |

Abb. 5.186   **Abb. 5.187**

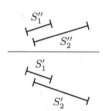 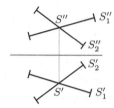 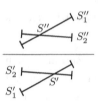

S_1 und S_2 liegen S_1 und S_2 schneiden S_1 und S_2 laufen
parallel   sich im Punkt S zueinander windschief

Abb. 5.188   ■

1. Zwei Strecken im Raum können parallel liegen, dann ist die Lage in Grund-
   und Aufriss parallel.
2. Zwei Strecken im Raum können sich in einem Punkt schneiden, so liegen die
   Bilder des Schnittpunktes im Grund- und Aufriss auf der gleichen Ordnungslinie.
3. Zwei Strecken im Raum können windschief zueinander liegen, dann schneiden
   sich die Projektionen in den Rissebenen zwar in einem Punkt, jedoch liegen
   die Schnittpunktbilder in Grund- und Aufrissebene nicht auf der gleichen Ordnungslinie.

Liegt eine Strecke nicht parallel zur Risstafel, so entspricht ihre Bildlänge nicht
der wahren Größe.
Die wahre Länge einer Strecke kann aus dem Rissbild durch Drehen oder
Umklappen bestimmt werden.

Bestimmung der wahren Länge einer Strecke durch Drehen

Konstruktion 5.22
Gegeben sind die Rissdarstellungen in Grund- und Aufriss (S'', S'), Abb. 5.189.
Um einen Endpunkt von S' wird mit der Länge von S' ein Kreisbogen geschlagen
und sein Schnittpunkt mit einer Parallelen zur Rissachse durch den Mittelpunkt
des Kreises bestimmt. Wo die Ordnungslinie dieses Punktes eine Parallele des
Endpunktes der Strecke zur Rissachse in der zweiten Rissebene schneidet, liegt der
Endpunkt der Strecke S, die im anderen Endpunkt in dieser Rissebene beginnt.

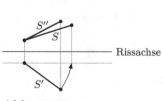

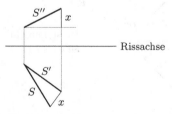

Abb. 5.189   **Abb. 5.190**

Bestimmung der wahren Länge einer Strecke durch Umklappen

Konstruktion 5.23

Gegeben sind die Bilder der Strecke S im Grund- und Aufriss (S', S''), Abb. 5.190. Der Abstand, den eine Parallele zur Rissachse durch den einen Aufrissendpunkt zum anderen Aufrissendpunkt hat (x), wird senkrecht im entsprechenden Endpunkt des Grundrisses angetragen. Die Verbindung mit dem anderen Endpunkt im Grundriss ergibt die wahre Streckenlänge s.

Die Konstruktion der wahren Länge erübrigt sich, wenn die Strecke zu einer Risstafel parallel verläuft, da das Bild dann die wahre Länge angibt.

Die Konstruktionen zur Ermittlung der wahren Streckenlänge können gleichberechtigt sowohl im Aufriss als auch im Grundriss durchgeführt werden.

Auf ähnliche Weise wird die wahre Größe und Gestalt einer ebenen Figur bestimmt (Drehung und Umklappung).

Jede nichtparallel zur Rissachse verlaufende Gerade durchstößt die beiden Risstafeln in einem Punkt. Es sind die Spurpunkte der Geraden

S_1 Spurpunkt auf der Grundrisstafel,

S_2 Spurpunkt auf der Aufrisstafel (vgl. Abb. 5.191).

Die beiden Bilder der Spurpunkte in der anderen Ebene liegen auf der Rissachse. Dadurch sind die beiden Risse der Geraden in den Projektionsebenen festgelegt.

Nicht zu einer Projektionsebene parallele Originalebenen schneiden beide in einer Spurgeraden. Der Schnittpunkt beider Spurgeraden liegt auf der Rissachse (vgl. Abb. 5.192).

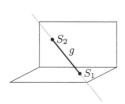
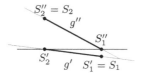

Abb. 5.191

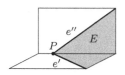

Abb. 5.192

Beispiel 5.58

Mögliche Lagen der Spuren einer Ebene sind in Abb. 5.193 dargestellt. ∎

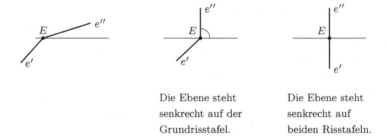

Die Ebene steht
senkrecht auf der
Grundrisstafel.

Die Ebene steht
senkrecht auf
beiden Risstafeln.

Abb. 5.193

Parallel zueinander liegende Ebenen haben parallele Spuren. Die Spurpunkte der Schnittgeraden von zwei nichtparallelen Ebenen liegen im Schnittpunkt der Spuren beider Ebenen. Eine Parallelebene zur Risstafel schneidet eine Ebene E in der Hauptlinie.

Bei einem Schnitt parallel zu $\left\{ \begin{array}{c} \text{Grundrisstafel} \\ \text{Aufrisstafel} \end{array} \right\}$ liegt die Schnittgerade parallel

zur $\left\{ \begin{array}{l} \text{Grundrisstafel und zur Spur in dieser Tafel} \\ \text{Aufrisstafel und zur Spur in dieser Tafel} \end{array} \right\}$ und wird $\left\{ \begin{array}{l} \text{Höhenlinie } h \\ \text{Frontlinie } f \end{array} \right\}$ genannt (vgl. Abb. 5.194).

Schnitt parallel zur
Grundrisstafel

Schnitt parallel zur
Aufrisstafel

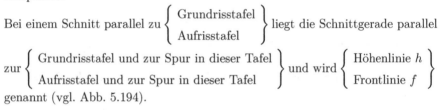

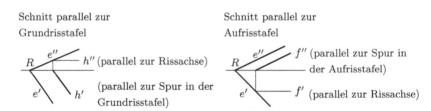

Abb. 5.194

Satz 5.36

Ein Punkt liegt genau dann in einer Ebene, wenn seine Bilder in den Rissebenen auf den Schnittpunkten der Spuren der Hauptlinien liegen (damit liegt das Original auf einer Hauptlinie der Ebene) (vgl. Abb. 5.195).

Satz 5.37

Eine Gerade liegt in einer Ebene, wenn ihre Spurpunkte auf den entsprechenden Spurgeraden der Ebene liegen (vgl. Abb. 5.196).

Liegen alle Strecken und Punkte einer Figur in einer Ebene, so liegt die Figur vollständig in der Ebene.

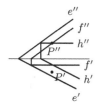 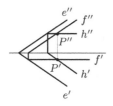

P liegt nicht in der   P liegt in der Ebene E
Ebene E mit den   mit den Spurgeraden
Spurgeraden e' und e''. e' und e''.

Abb. 5.195

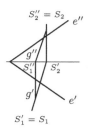 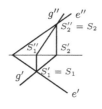

Abb. 5.196

Daraus lassen sich für ebene Figuren aus der Aufriss- und Grundrissdarstellung
die Spuren konstruieren.

Beispiel 5.59

Konstruktion der Spuren für ein Dreieck aus Grund- und Aufriss (vgl. Abb. 5.197).

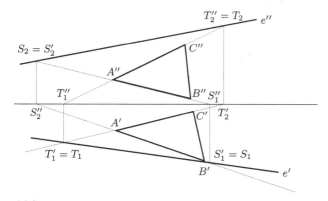

Abb. 5.197

Zunächst werden für zwei Seiten die Spurpunkte konstruiert.

Bezeichnungen:

Spurpunkte der Geraden AB : S_1 und S_2

Spurpunkte der Geraden $AC : T_1$ und T_2
Die Verbindung von S_2T_2 ergibt e'' und die von S_1T_1 ergibt e'. Durch die Hinzunahme eines weiteren Risses entsteht der Kreuzriss. Die Kreuzrisstafel steht auf Grund- und Aufriss senkrecht. Bei technischen Zeichnungen ist als Bezeichnung für den Grundriss Draufsicht, für den Aufriss Vorderansicht und für den Kreuzriss Seitenansicht üblich. Der dritte Riss lässt sich stets aus den beiden anderen konstruieren und dient nur der Erhöhung der Anschaulichkeit.   ■

Beispiel 5.60
Darstellung eines Gebäudes mit Walmdach im Kreuzriss (vgl. Abb. 5.198).

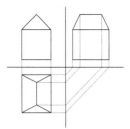

Abb. 5.198

■

5.5.3 Schräge Parallelprojektion

Im Unterschied zur senkrechten Parallelprojektion sollen die parallelen Projektionsstrahlen nun schräg auf die Projektionsebene auftreffen. Eine senkrecht zur Risstafel stehende Strecke s wird in Abhängigkeit vom Einfallswinkel β des Projektionsstrahls unterschiedlich lang als Strecke s' in der Risstafel abgebildet. Ist der Einfallswinkel $\beta = 45°$, so erscheint s in der Risstafel in der wahren Länge (für $\beta > 45°$ ist s' gegenüber s verkürzt und für $\beta < 45°$ ist s' gegenüber s verlängert), Abb. 5.199.

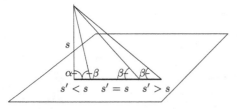

Abb. 5.199

Der Quotient aus s' und s charakterisiert die schräge Parallelprojektion. Er wird *Verkürzungsverhältnis* genannt. Das Verkürzungsverhältnis wird stets für Strecken

angegeben, die auf der Risstafel senkrecht stehen. Diese werden Tiefenstrecken genannt. Als Verzerrungswinkel α einer schrägen Parallelprojektion wird der Winkel bezeichnet, mit dem die Bilder der Tiefenstrecke von einer als waagerecht angenommenen Geraden in einer lotrechten Risstafel abweichen.
Verkürzungsverhältnis und Verzerrungswinkel können bei der schrägen Parallelprojektion beliebig gewählt werden. Aus den beiden Strecken lässt sich der zugehörige Einfallswinkel berechnen.
Ist das Verkürzungsverhältnis 1 und beträgt der Einfallswinkel 90°, so handelt es sich um eine Parallelperspektive mit kongruentem Grundriss. Von besonderer Bedeutung ist das Verkürzungsverhältnis 1 : 2 und der Einfallswinkel 45°. Diese Darstellung wird Kavalierperspektive genannt.

Beispiel 5.61
Darstellung eines Würfels mit verschiedenen Verkürzungsverhältnissen und Verkürzungswinkeln (vgl. Abbildungen 5.200 und 5.201). ∎

Enthält die Figur keine Tiefenstrecken, müssen geeignete Hilfslinien als Tiefenstrecken gezeichnet werden, um Verkürzung und Verzerrung durchzuführen.

Verkürzungs-
verhältnis $\dfrac{2}{5}$
Verzerrungs-
winkel 30°(α)

Verkürzungs-
verhältnis $\dfrac{1}{2}$
Verzerrungs-
winkel 45°(α)

Abb. 5.200

Beispiel 5.62
Darstellung eines Dreieckes mit $\alpha = 45°$ und Verkürzungsverhältnis $\dfrac{1}{2}$ (vgl. Abb. 5.203). ∎

Die Frontstrecke wird parallel und in gleicher Länge abgebildet.
Die Hilfsstrecke $\overline{HC}$ wird auf die Hälfte verkürzt und in dem Winkel $\alpha = 45°$ an die Projektion der Grundlinie angetragen. Enthält die abzubildende Figur keine Front- und keine Tiefenstrecken, so müssen eine waagerechte Frontstrecke und dazu die senkrechten Tiefenstrecken die Konstruktion ermöglichen.

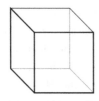

Verkürzungs- verhältnis $\frac{1}{2}$ Verzerrungs- winkel 90°(α)	Verkürzungs- verhältnis $\frac{1}{2}$ Verzerrungs- winkel 135°(α)	Verkürzungs- verhältnis $\frac{1}{2}$ Verzerrungs- winkel 180°(α)

Abb. 5.201

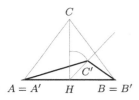

Abbildung eines Kreises
$\alpha = 30°$
Verkürzungs-
verhältnis $\frac{1}{2}$

Abb. 5.202

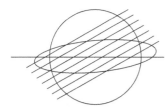

Abb. 5.203

Beispiel 5.63
Dazu siehe Abb. 5.203.

■

5.5.4 Axonometrie

Sehr anschauliche Bilder werden durch Parallelprojektion eines Körpers auf ein räumliches Koordinatensystem, dessen Achsen senkrecht aufeinander stehen, erhalten (vgl. Abb. 5.204).
Bei der allgemeinen Axonometrie entsteht das Bild durch schräge und bei der senkrechten Axonometrie durch senkrechte Parallelprojektion auf die Bildtafel. Dabei wird der abzubildende räumliche Körper zusammen mit dem Achsenkreuz auf die Bildebene projiziert.

Abb. 5.204

Bei axonometrischen Abbildungen werden alle Strecken im gleichen Verhältnis wie die Einheiten auf den Koordinatenachsen verkürzt abgebildet.

Spezialfälle

1. *Isometrische* Darstellungen bilden die Winkel zwischen den Achsen mit je 120° ab. Das Verkürzungsverhältnis beträgt bei der isometrischen Projektion für alle Achsen

$$\sqrt{\frac{2}{3}} \approx 0{,}8165.$$

Werden die Strecken in Originalgröße im Bild dargestellt, so sind sie um

$$\frac{1}{0{,}8165} \approx 1{,}22$$

vergrößert.

Beispiel 5.64
Isometrische Darstellung eines Quaders mit der Kantenlänge $l = 2$, $b = 3$, $h = 4$ (vgl. Abb. 5.205).
Da die Kantenlängen in der wahren Länge abgetragen werden, ist das Bild um den Faktor 1,22 vergrößert. ∎

2. *Dimetrische* Darstellungen werden verwendet, wenn die Ansicht des darzustellenden Objekts besonders betont werden soll.

Abb. 5.205

Bei der standardisierten dimetrischen Projektion wird die x-Achse mit einem windschief von 42° gegen die Waagerechte nach unten und die y-Achse gegen einen Winkel von 7° gegen die Waagerechte nach unten eingetragen. Die z-Achse steht senkrecht auf der Waagerechten (vgl. Abb. 5.206).

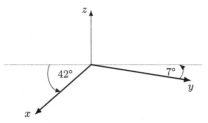

Die Strecken werden in
x-Richtung bezogen zu
den anderen Strecken
auf die Hälfte gekürzt
$x : y : z = 1 : 2 : 2$

Abb. 5.206

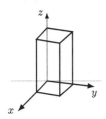

Abb. 5.207

Aus den Winkeln der Achsen zueinander ergibt sich für die y- und z-Achse ein Verkürzungsfaktor von 0,9428 und für die x-Achse ein Faktor von 0,4714.
Bei der praktischen Durchführung werden Höhen und Breiten in der wahren Größe gezeichnet und die Tiefen auf die Hälfte verkürzt. Dadurch ist das dimetrische Bild um den Faktor 1,06 linear vergrößert.

Beispiel 5.65
Darstellung eines Würfels in der standardisierten dimetrischen Projektion $l = 2$, $b = 3$, $h = 4$ (vgl. Abb. 5.207). ■

6 Folgen und endliche Reihen

6.1 Grundbegriffe

Definition 6.1
Eine Zahlenfolge ist eine spezielle Funktion, deren Definitionsbereich die Menge oder eine Teilmenge der natürlichen Zahlen ist.   ♦

Bezeichnungen:

1. Das Element n des Definitionsbereichs gibt eine Gliednummer der Zahlenfolge an.
   Da die Null ebenfalls eine natürliche Zahl ist, beginnen einige Folgen mit einem nullten Glied.
2. Die Funktionswerte sind die Glieder der Zahlenfolge.

Beispiel 6.1

1. Glied	2. Glied	3. Glied	...	100. Glied	...
↓	↓	↓		↓	
2;	4;	6;	...	200;	...

■

Die Glieder der Zahlenfolge werden durch Semikolon oder Komma voneinander getrennt.

Beispiel 6.2
1. Folge der ungeraden, positiven, ganzen Zahlen

   $1; 3; 5; \ldots$

© Springer-Verlag GmbH Deutschland, ein Teil von Springer Nature 2018
G. Höfner, *Mathematik-Fundament für Studierende aller Fachrichtungen*,
https://doi.org/10.1007/978-3-662-56531-5_6

2. Folge der Stammbrüche

$$1; \frac{1}{2}; \frac{1}{3}; \ldots$$

3. Folge der Zahlen 3

$$3; 3; 3; \ldots$$

■

Die Pünktchen sollen bedeuten, dass die Folge durch eine unendliche Anzahl von Gliedern beliebig fortgesetzt werden kann. Sie werden gelesen: „Und so weiter und so fort."

Zahlenfolgen, deren Definitionsbereich die Menge der natürlichen Zahlen oder eine unendliche Teilmenge ist, werden unendliche Zahlenfolgen genannt. Ist der Definitionsbereich eine endliche Teilmenge der natürlichen Zahlen, so ist die Zahlenfolge endlich. Bei endlichen Zahlenfolgen kann das erste und letzte Glied angegeben werden.

$$x_1, x_2, \ldots, x_n$$

Die Darstellung der Folge durch die Verwendung der drei Pünktchen ist nur dann zulässig, wenn alle weiteren Glieder eindeutig angegeben oder berechnet werden können.

Hinweis 6.1
Es gibt auch Zahlenfolgen, für die keine Zuordnungsvorschrift angegeben werden kann (z. B. Folge der Primzahlen).

Satz 6.1
Eine Zahlenfolge wird durch die Angabe eines allgemeinen Gliedes x_n eindeutig bestimmt.
Möglichkeiten zur Darstellung der Zahlenfolge durch ein allgemeines Glied:

1. independente *(unabhängige) Darstellung*
   Die Darstellung entspricht der expliziten Form einer analytischen Funktionsdarstellung. Das Glied x_n kann aus der Gliednummer n und ohne Kenntnis der vorangegangenen Glieder berechnet werden. Der Definitionsbereich ist dabei zur eindeutigen Kennzeichnung mit anzugeben.

$$x_n = f(n) \qquad mit \qquad n \in \mathbb{N}$$

2. rekursive *Darstellung*
   Es ist eine Funktionsgleichung gegeben, die aus den vorangegangenen (oder dem vorangegangenen) Gliedern das n-te Glied zu berechnen erlaubt.

$$x_n = f(x_{n-1})$$

Das n-te Glied kann bei der rekursiven Darstellung nur dann berechnet werden, wenn alle vorangegangenen Glieder bekannt sind. Um die Berechnung überhaupt in Gang zu bringen, ist die Angabe von einem (oder mehreren) Anfangsgliedern erforderlich.

Die Gesamtmenge der Glieder einer Zahlenfolge wird dadurch angegeben, dass das allgemeine Glied in geschweifte Klammern gesetzt wird. Falls mehrere Deutungen möglich sind, ist der spezielle Definitionsbereich anzugeben.

Beispiel 6.3

1. $\{2n\} = 2, 4, 6. \ldots, 2n, \ldots$ $n \in \mathbb{N} \backslash \{0\}$
   Folge der positiven, ganzen, geraden Zahlen in unabhängiger Darstellung
2. $\{a_{n-1} + 2\}$ mit $a_1 = 1$
   Folge der positiven, ganzen, ungeraden Zahlen in rekursiver Darstellung

∎

Aus der unabhängigen oder rekursiven Darstellung der Zahlenfolge lassen sich die ausführlichen Darstellungen der Zahlenfolge durch Angabe ihrer Glieder realisieren. Es ist im Allgemeinen recht schwierig, aus den Gliedern einer Zahlenfolge eine Darstellung zu entwickeln oder eine Darstellung in die andere überzuleiten. Ist eine Darstellung gefunden, so muss sie noch nach der Beweismethode der vollständigen Induktion bewiesen werden. In manchen Fällen ist eine Darstellung ganz unmöglich.

Beispiel 6.4

$$2; 3; 5; 7; 11; 13; 17; \ldots$$

Für die Folge der Primzahlen ist bis heute noch keine Darstellung gefunden worden. ∎

Wichtige Eigenschaften der Zahlenfolgen werden in einer Definition zusammengefasst.

Definition 6.2

Eine Zahlenfolge x_n heißt:

$$\left.\begin{array}{l} \text{monoton wachsend} \\ \text{monoton fallend} \\ \text{alternierend} \\ \text{konstant} \end{array}\right\}, \text{ wenn für alle } n \text{ (Gliednummern) gilt:} \left\{\begin{array}{l} x_n \geqq x_{n-1} \\ x_n \leqq x_{n-1} \\ x_n x_{n-1} < 0 \\ x_n = x_{n-1} \end{array}\right.$$

◆

Ergänzung: Streng monoton sind Folgen, wenn das Gleichheitszeichen nicht zugelassen ist.

Beispiel 6.5

1. (eigentlich) monoton wachsend ist die Folge der Kubikzahlen

$$\{n^3\} = 0; 1; 8; 27; 64; \ldots$$

2. (eigentlich) monoton fallend ist die Folge

$$\{3 - 2n\} = 3; 1; -1; -3; \ldots \qquad\qquad n \in \mathbb{N}$$

3. alternierend ist die Folge

$$\left\{(-1)^n \frac{1}{n^2}\right\} = -1; \frac{1}{4}; -\frac{1}{9}; \frac{1}{16}; \ldots \qquad\qquad n \in \mathbb{N}\backslash\{0\}$$

4. konstant ist die Folge

$$\{10\} = 10; 10; 10; \ldots$$ ∎

Definition 6.3

Eine Zahlenfolge heißt $\left\{\begin{array}{c} \text{oben} \\ \text{unten} \end{array}\right\}$ beschränkt, wenn es eine Zahl $\left\{\begin{array}{c} S \\ s \end{array}\right\}$ gibt,

sodass für alle Glieder der Folge gilt: $\left\{\begin{array}{c} x_n \leqq S \\ x_n \geqq s \end{array}\right\}$

$\left\{\begin{array}{c} S \\ s \end{array}\right\}$ wird $\left\{\begin{array}{c} \text{obere} \\ \text{untere} \end{array}\right\}$ Schranke der Zahlenfolge genannt.

In Übereinstimmung mit der Anordnung der Glieder auf der Zahlengeraden heißt
die Folge rechts oder links beschränkt.   ◆

6.2 Arithmetische und geometrische Zahlenfolgen

arithmetische Zahlenfolge	geometrische Zahlenfolge
Definition	
Die aus der Zahlenfolge $\{x_n\}$ gebildete Folge $\{\Delta x_n\}$ wird Differenzfolge genannt.	Die aus der Zahlenfolge $\{x_n\}$ gebildete Folge $\{q x_n\}$ wird Quotientenfolge genannt.
$\Delta x_n = x_{n+1} - x_n$	$q x_n = \dfrac{x_{n+1}}{x_n} \qquad x_n \neq 0$

arithmetische Zahlenfolge	geometrische Zahlenfolge

Beispiel

$\{2n\}n \in \mathbb{N}$ ∥ $\left\{\dfrac{1}{2^n}\right\}n \in \mathbb{N}$

$\{\Delta x_n\} = 2; 2; 2; \dots$ ∥ $\{qx_n\} = \dfrac{1}{2}; \dfrac{1}{2}; \dfrac{1}{2}; \dots$

Definition

Eine Zahlenfolge wird arithmetisch genannt, wenn sie eine konstante Differenzenfolge besitzt.

Eine Zahlenfolge wird geometrisch genannt, wenn sie eine konstante Quotientenfolge besitzt.

Mit anderen Worten:

Die Differenz zwischen zwei benachbarten Gliedern einer arithmetischen Zahlenfolge ist konstant. Die konstante Differenz wird grundsätzlich mit d bezeichnet. Daraus ergibt sich bei Kenntnis des ersten Gliedes x_1 die rekursive Darstellung:

Der Quotient zwischen zwei benachbarten Gliedern einer geometrischen Zahlenfolge ist konstant. Der konstante Quotient wird grundsätzlich mit q bezeichnet. Daraus ergibt sich bei Kenntnis des ersten Gliedes x_1 die rekursive Darstellung:

$x_n - x_{n-1} = d$ (konstant) ∥ $\dfrac{x_n}{x_{n-1}} = q$ (konstant)

$x_n = x_{n-1} + d$ ∥ $x_n = qx_{n-1}$

Die unabhängige Darstellung der arithmetischen Zahlenfolge ergibt sich aus dem Bildungsgesetz der Folge:

Die unabhängige Darstellung der geometrischen Zahlenfolge ergibt sich aus dem Bildungsgesetz der Folge:

1. Glied, 2. Glied, 3. Glied, 4. Glied ∥ 1. Glied, 2. Glied, 3. Glied, 4. Glied

$x_1, \quad x_2, \quad x_3, \quad x_4 \dots$ ∥ $x_1, \quad x_2, \quad x_3, \quad x_4 \dots$

$x_1 + d, \quad x_2 + d, \quad x_3 + d, \dots$ ∥ $qx_1, \quad qx_2, \quad qx_3, \dots$

$x_1 + 2d, x_1 + 3d, \dots$ ∥ $q^2 x_1, \quad q^3 x_1, \dots$

$x_n = x_1 + (n-1)d$ ∥ $x_n = q^{n-1}x_1$

Der Beweis dieser Darstellung muss durch vollständige Induktion geführt werden.

Der Beweis dieser Darstellung muss durch vollständige Induktion geführt werden.

Für $d > 0$ ist die Folge eigentlich monoton wachsend.
Für $d < 0$ ist die Folge eigentlich monoton fallend.

Für $x_1 > 0$ ist die Folge eigentlich monoton wachsend, wenn $q > 1$, und eigentlich monoton fallend, wenn $0 < q < 1$ ist. Alternierende Folgen ergeben sich, wenn $q < 0$ ist.

Beispiel

1. $x_1 = 4 d = -2 n = 50$

$x_{50} = 4 + (50 - 1)(-2)$

$x_{50} = -94$

2. $x_1 = 5 x_{24} = 488$

$d = \dfrac{x_n - x_1}{n - 1}$

$d = \dfrac{483}{23} = 21$

1. $x_1 = 3 q = 2 n = 5$

$x_5 = 3 \cdot 2^{5-1}$

$x_5 = 48$

2. $x_1 = 1 x_6 = \dfrac{1}{243}$

$q = \sqrt[n-1]{\dfrac{x_n}{x_1}}$

$q = \sqrt[5]{\dfrac{1}{243}} = \dfrac{1}{3}$

arithmetische Zahlenfolge	geometrische Zahlenfolge

3. $x_{52} = 32 d = -2$

$$x_1 = x_n - (n-1)d$$

$$x_1 = 32 + 102$$

$$x_1 = 134$$

3. $x_8 = \dfrac{1}{\sqrt{2}} \, q = \sqrt{2}$

$$x_1 = \frac{x_n}{q^{n-1}}$$

$$x_1 = \frac{x_8}{q^7} = \frac{1}{\sqrt{2} \cdot \sqrt{2^7}}$$

$$x_1 = \frac{1}{2^4} = \frac{1}{16}$$

Der Name „arithmetische" Zahlenfolge kommt von der Eigenschaft, dass sich ein Glied der Folge aus dem arithmetischen Mittel der Nachbarglieder ergibt.

$$x_n = \frac{x_{n-1} + x_{n+1}}{2}$$

mit
$$x_{n-1} = x_1 + (n-2)d$$
$$x_{n+1} = x_1 + nd$$
$$x_n \quad = \frac{x_1 + (n-2)d + x_1 + nd}{2}$$
$$x_n \quad = x_1 + (n-1)d$$

Das ist die angegebene Darstellung des n-ten Gliedes der arithmetischen Zahlenfolge.

Der Name „geometrische" Zahlenfolge kommt von der Eigenschaft, dass sich ein Glied der Folge aus dem geometrischen Mittel der Nachbarglieder ergibt.

$$x_n = \sqrt{x_{n-1} x_{n+1}}$$

mit
$$x_{n-1} = x_1 q^{n-2}$$
$$x_{n+1} = x_1 q^n$$
$$x_n \quad = \sqrt{x_1^2 q^{n-2} q^n}$$
$$x_n \quad = x_1 q^{n-1}$$

Das ist die angegebene Darstellung des n-ten Gliedes der geometrischen Zahlenfolge.

6.3 Endliche arithmetische und geometrische Partialsummenfolgen

Die Partialsummenfolge $\{s_n\}$ wird aus der Folge $\{x_n\}$ durch die Bildungsvorschrift

$$s_n = \sum_{i=1}^{n} x_i$$

abgeleitet.

Die Partialsummenfolge $\{s_n\}$ wird als eine Reihe bezeichnet. Da hier zunächst nur endliche Partialsummenfolgen untersucht werden, gibt s_n die Gesamtsumme aller Glieder der Folge $\{x_n\}$ an.

Das Glied s_n wird als Reihensumme bezeichnet.

Reihen mit unendlich vielen Gliedern werden durch Grenzwertbestimmung untersucht.

Zahlenfolgen sind demzufolge immer der Ausgangspunkt für Zahlenreihen, woraus diese abgeleitet werden.

Beispiel 6.6

allgemein $\{x_n\} = x_1, x_2, x_3, \ldots$

zugehörige (endliche) Zahlenreihe

$$s_1 = x_1$$

$$s_2 = x_1 + x_2$$

$$s_3 = x_1 + x_2 + x_3$$

$$\vdots$$

$$s_n = \sum_{i=1}^{n} x_i$$

speziell

$$\{n^2\} = 1; 4; 9; 16; 25; \ldots; n^2; \ldots \qquad\qquad n \in \mathbb{N}\backslash\{0\}$$

$$\{s_n\} = 1; 5; 14; 30; 55; \ldots; \frac{n(n+1)(2n+1)}{6}$$

Das allgemeine Glied der Partialsummenfolge muss durch vollständige Induktion bewiesen werden.

1. Induktionsanfang

   Die Formel gilt für $n = 1$

   $$1 = \frac{1 \cdot 2 \cdot 3}{6} = 1$$

2. Induktionsannahme

   Die Formel gilt für ein festes $n = k$

   $$s_k = \frac{k(k+1)(2k+1)}{6}$$

3. Aus dieser Annahme kann die Gültigkeit für $k + 1$ gefolgert werden, was zu beweisen war.

   $$s_{k+1} = s_k + x_{k+1} = \frac{k(k+1)(2k+1)}{6} + (k+1)^2$$

   $$s_{k+1} = \frac{k(k+1)(2k+1) + 6(k+1)^2}{6}$$

   $$s_{k+1} = \frac{(k+1)[k(2k+1) + 6(k+1)]}{6} = \frac{(k+1)[2k^2 + 7k + 6]}{6}$$

   $$s_{k+1} = \frac{(k+1)(k+2)(2k+3)}{6} = \frac{(k+1)[(k+1)+1][2(k+1)+1]}{6}$$

Somit gilt die Formel (allgemeines Glied der Partialsummenfolge) für alle n.   ∎

endliche arithmetische Reihe	endliche geometrische Reihe
Unabhängige Darstellung des n-ten Gliedes der Partialsummenfolge:	Unabhängige Darstellung des n-ten Gliedes der Partialsummenfolge:

$$s_n = \frac{n}{2}(x_1 + x_n)$$

$$s_n = x_1 \frac{q^n - 1}{q - 1} \quad q \neq 1$$

Beweis: vollständige Induktion

Beweis: vollständige Induktion

1. Induktionsanfang
   Für $n = 1$ ist die Formel eine wahre Aussage.

$$s_1 = \frac{1}{2}(x_1 + x_1) = x_1$$

1. Induktionsanfang
   Für $n = 1$ ist die Formel eine wahre Aussage

$$s_1 = x_1 \frac{q^1 - 1}{q - 1} = x_1$$

2. Induktionsannahme
   Die Darstellung ist für ein festes $n = k$ richtig.

$$s_k = \frac{k}{2}(x_1 + x_k)$$

2. Induktionsannahme
   Die Darstellung ist für ein festes $n = k$ richtig.

$$s_k = x_1 \frac{q^k - 1}{q - 1}$$

3. Induktionsschluss

$$s_{k+1} = s_k + x_{k+1}$$

$$s_{k+1} = \frac{k}{2}(x_1 + x_k) + x_1 + kd$$

$$s_{k+1} = \frac{k}{2}[x_1 + x_1 + (k-1)d] + x_1 + kd$$

$$s_{k+1} = kx_1 + x_1 + \frac{k}{2}(k-1)d + kd$$

$$s_{k+1} = x_1(k+1) + d\left(\frac{k^2}{2} + \frac{k}{2}\right)$$

$$s_{k+1} = \frac{k+1}{2}(2x_1 + dk)$$

$$s_{k+1} = \frac{k+1}{2}[x_1 + (x_1 + kd)]$$

$$s_{k+1} = \frac{k+1}{2}(x_1 + x_{k+1})$$

3. Induktionsschluss

$$s_{k+1} = s_k + x_{k+1}$$

$$s_{k+1} = x_1 \frac{q^k - 1}{q - 1} + q^k x_1$$

$$s_{k+1} = x_1 \frac{q^k - 1 + (q-1)q^k}{q - 1}$$

$$s_{k+1} = x_1 \frac{q^k - 1 + q^{k+1} - q^k}{q - 1}$$

$$s_{k+1} = x_1 \frac{q^{k+1} - 1}{q - 1}$$

Somit gilt die Darstellung:

$$s_n = x_1 \frac{q^n - 1}{q - 1} \quad q \neq 1 \text{ für alle } n.$$

Ist $q = \dfrac{x_n}{x_{n-1}} = 1$, so ist die geometrische Zahlenfolge konstant.
In dem Fall ergibt sich s_n aus der Summe der n gleichen Glieder x_1.

$$s_n = nx_1$$

Somit gilt die Darstellung:

$$s_n = \frac{n}{2}(x_1 + x_n)$$

für alle n.

Ein anderer Beweis der unabhängigen Darstellung der arithmetischen Reihe geht auf C. F. Gauß zurück:

$$s_n = [x_1] + [x_1 + d] + [x_1 + 2d] + \dots$$
$$+ [x_1 + (n-1)d]$$
$$s_n = [x_1 + (n-1)d] + [x_1 + (n-2)d]$$
$$+ [x_1 + (n-3)d] + \dots + [x_1]$$

Es gibt einen Beweis der Partialsummenfolge für eine geometrische Zahlenfolge ohne vollständige Induktion (direkter Beweis):

$$s_n = x_1 + (x_1 q) + (x_1 q^2) + \dots$$
$$+ \frac{x_1 q^{n-1}}{q}$$
$$qs_n = (qx_1) + (x_q q^2) + \dots$$
$$+ x_1 q^{n-1} + x_1 q^n$$

endliche arithmetische Reihe	endliche geometrische Reihe
Gliedweise Addition der beiden Gleichungsseiten: $$2s_n = [2x_1 + (n-1)d] + [2x_1 + (n-1)d]$$ $$+[2x_1 + (n-1)d] + \ldots$$ $$+[2x_1 + (n-1)d]$$ $$2s_n = n[x_1 + x_1 + (n-1)d]$$ mit: $$x_n = x_1 + (n-1)d$$ $$2s_n = n(x_1 + x_n)$$ $$s_n = \frac{n}{2}(x_1 + x_n)$$	Die obere Gleichung wird von der unteren subtrahiert: $$qs_n - s_n = -x_1 + x_1 q^n$$ $$s_n(q-1) = x_1(q^n - 1)$$ $$s_n = x_1 \frac{q^n - 1}{q - 1}$$ Erweitern mit -1 führt zur gleichwertigen Formel: $$s_n = x_1 \frac{1 - q^n}{1 - q} \text{ mit } q \neq 1$$

arithmetische Zahlenfolgen	geometrische Zahlenfolgen
Für Probleme, die eine arithmetische Folge beinhalten, gibt es zwei Formeln: $$x_n = x_1 + (n-1)d$$ $$s_n = \frac{n}{2}(x_1 + x_n)$$ In den Formeln gibt es 5 Variablen: x_1, x_n, n, d, s_n Aus einem Text müssen 3 Größen abgelesen werden, um die restlichen zwei mit Hilfe der Formel berechnen zu können.	Für Probleme, die eine geometrische Folge beinhalten, gibt es zwei Formeln: $$x_n = q^{n-1} x_1$$ $$s_n = x_1 \frac{q^n - 1}{q - 1} \text{ für } q \neq 1$$ In den Formeln gibt es 5 Variablen: x_1, x_n, n, q, s_n Aus einem Text müssen 3 Größen abgelesen werden, um die restlichen zwei mit Hilfe der Formel berechnen zu können.

Beispiel

Bei Brunnenbohrarbeiten kostet der erste Meter 22 Euro. Für jeden weiteren Meter werden von der Firma jeweils 18 Euro mehr als für den vorangegangenen Meter verlangt.	In einer 0,7-Liter-Flasche befindet sich Weinbrand mit einem Alkoholgehalt von 40 %. Wie oft können 0,02 Liter entnommen und jeweils mit Wasser nachgefüllt werden, sodass der Alkoholgehalt nicht unter 32 % sinkt?

1. Was kostet der 16te Meter Tiefe?
2. Wie hoch sind die Kosten für 20 Meter Grabung?
3. Wie tief kann der Brunnen gebohrt werden, wenn der Bauherr genau 10 000 Euro für die Bohrung zur Verfügung stellt? Wieviel Geld bleibt von dieser Summe übrig?

arithmetische Zahlenfolgen	geometrische Zahlenfolgen

Da die Kostenzunahme pro laufendem Meter Tiefe konstant ist, handelt es sich im angegebenen Problem um eine arithmetische Zahlenfolge (Differenz zwischen zwei Gliedern ist konstant).

$d = 18$

$x_1 = 22$

$n = 16$

zu 1:

$x_{16} = x_1 + (16 - 1)d$

$x_{16} = 22 + 15 \cdot 18$

$x_{16} = 292$

Der 16te Meter Tiefe (Bohrung von 15 auf 16 Meter Tiefe) kostet 292 Euro.

zu 2:

$n = 20$

$x_{20} = x_1 + (n - 1)d$

$x_{20} = 22 + 19 \cdot 18$

$x_{20} = 364$

$s_{20} = \dfrac{n}{2}(x_1 + x_{20})$

$s_{20} = 10(22 + 364)$

$s_{20} = 3860$

Eine Bohrung von 20 Meter Tiefe verursacht Gesamtkosten von 3860 Euro.

zu 3:

$s_n \leqq 10\,000$

$s_n = \dfrac{n}{2}(x_1 + x_n)$

$x_n = x_1 + (n - 1)d$

$s_n = \dfrac{n}{2}[2x_1 + (n - 1)d]$

$10\,000 = 22n + (18n - 18)\dfrac{n}{2}$

$9n^2 + 13n - 10\,000 = 0$

$n^2 + \dfrac{13}{9}n - \dfrac{10\,000}{9} = 0$

$n_{1/2} = -\dfrac{13}{18} \pm \sqrt{\dfrac{169 + 360\,000}{324}}$

$n_{1/2} = -\dfrac{13}{18} \pm \dfrac{600}{18}$

Um die Zahl der Entnahmen mit der Gliednummer in Übereinstimmung zu bringen, wird das ursprüngliche Maß (0,7 Liter zu 40 %) als x_0 festgelegt.

Es ist eine fallende geometrische Zahlenfolge ($q < 1$), wobei die Glieder der Zahlenfolge den Alkoholgehalt in der 0,7-Liter-Flasche angeben.

$x_n \geqq 32\,\%$

$q = \dfrac{V - 0,02}{V}$

$x_n \leqq 40\,\% \left(\dfrac{0,7 - 0,02}{0,7}\right)^n$

Die Formel

$x_n = x_1 q^{n-1}$

geht durch Ersatz von

$x_1 = x_0 q$

in $x_n = x_0 q^n$ über.

$0,32 \leqq 0,40 \left(\dfrac{0,7 - 0,02}{0,7}\right)^n$

$n(\lg 0,68 - \lg 0,7) \geqq \lg 0,32 - \lg 0,40$

da $\lg 0,68 - \lg 0,70 < 0$

$n \leqq \dfrac{\lg 0,32 - \lg 0,40}{\lg 0,68 - \lg 0,70}$

$n \leqq 7,7$

Nach 7-maliger Entnahme und jeweiliger Nachfüllung mit Wasser liegt der Alkoholgehalt des Weinbrands noch knapp über 32 %.

arithmetische Zahlenfolgen	geometrische Zahlenfolgen
Der negative Wert von n entfällt, da nur natürliche Zahlen definiert sind. $n = 32$ $s_{32} = 9632$ Der Brunnen kann 32 Meter tief gebohrt werden, wobei ein Betrag von 368 Euro übrig bleibt.	

Die Lösung von angewandten Aufgaben ist durch folgende Schritte zu realisieren:

1. Feststellung, welche Folge vorliegt.
2. Herausschreiben der zwei zugehörigen Formeln.
3. Herausschreiben der gesuchten Größen.
4. Herausschreiben der gegebenen Größen.
5. Berechnungen ausführen.
6. Sachlogische Prüfung der Ergebnisse durchführen.
7. Antwortsatz nach Text formulieren.

6.4 Vorzugszahlen, Zinseszinsrechnung, Wachstumsgeschwindigkeit und Rentenrechnung

Vorzugszahlen

Eine Verbindung des gebräuchlichen Dezimalsystems mit den Gliedern einer geometrischen Zahlenfolge erfolgt durch die sogenannten Vorzugszahlen. Nach ihnen sind beispielsweise die Rohrabmessungen (Kaliber) von Rohren gestuft. Der Abstand zwischen zwei Zehnerpotenzen kann dadurch in $5, 10, 20$ oder 40 Stufen eingeteilt werden.

5er-Stufung: $\quad x_5 = q^5 x_0$

$$q = \sqrt[5]{\frac{x_5}{x_0}} = \sqrt[5]{10} = 1{,}585$$

10er-Stufung: $\quad q = \sqrt[10]{10} = 1{,}259$

20er-Stufung: $\quad q = \sqrt[20]{10} = 1{,}122$

40er-Stufung: $\quad q = \sqrt[40]{10} = 1{,}059$

Die Quotienten q der einzelnen Stufungen sind konstant und werden in der Technik in Tabellen zusammengefasst, sodass bei der konkreten Anwendung nur noch mit den entsprechend vorbereiteten Faktoren zu multiplizieren ist, um den gewünschten Wert zu erhalten.

5er-Stufung	10er-Stufung	20er-Stufung	40er-Stufung
1,00	1,00	1,00	1,00
			1,06
		1,12	1,12
			1,18
	1,25	1,25	1,25
			1,32
		1,40	1,40
			1,50
1,60	1,60	1,60	1,60
			1,70
		1,80	1,80
			1,90
	2,00	2,00	2,00
			2,12
		2,24	2,24
			2,36
2,50	2,50	2,50	2,50
			2,65
		2,80	2,80
			3,00
	3,15	3,15	3,15
			3,35
		3,55	3,55
			3,75
4,00	4,00	4,00	4,00
			4,25
		4,50	4,50
			4,75

5er-Stufung	10er-Stufung	20er-Stufung	40er-Stufung
	5,00	5,00	5,00
			5,30
		5,60	5,60
			6,00
6,30	6,30	6,30	6,30
			6,70
		7,10	7,10
			7,50
	8,00	8,00	8,00
			8,50
		9,00	9,00
			9,50
10,00	10,00	10,00	10,00

Beispiel 6.7

Die lichten Durchmesser von Rohren zwischen $x_0 = 100\,\text{mm}$ und $x_{10} = 1000\,\text{mm}$ ergeben sich bei konstantem Stufensprung nach 10-er Stufung zu:

100 mm, 125 mm, 160 mm, 200 mm, 250 mm, 315 mm, 400 mm, 500 mm, 630 mm, 800 mm, 1000 mm.   ∎

Zinseszinsrechnung

Die Zinsen eines Sparguthabens werden diesem in der Regel nach einem Jahr zugeschlagen. Verbleiben sie auf dem Konto, so ergeben sie im Folgejahr selbst wieder Zinsen. Die Zinsen der Zinsen werden Zinseszinsen genannt.

Beispiel 6.8

Zinssatz 5 %

Jahr	Guthaben am Jahresanfang	Zinsen im Jahr	Guthaben am Jahresende ist Guthaben am Jahresanfang plus Zinsen
1	1000 Euro	50 Euro	1050 Euro
2	1050 Euro	52,50 Euro	1102,50 Euro
3	1102,50 Euro	55,13 Euro	1157,63 Euro
4	1157,63 Euro	57,88 Euro	1215,51 Euro
5	1215,51 Euro	60,78 Euro	1276,25 Euro
usw.	usw.	usw.	usw.

Die spezielle Rechnung geht in eine allgemeine über, wenn vom Guthaben G_0 (am Anfang des ersten Jahres) ausgegangen wird, das zum Zinssatz von $p\,\%$ auf Zinseszins steht.

Jahr	Guthaben am Jahresanfang	Zinsen in Jahr	Guthaben am Jahresende
1	G_0	$G_0 \dfrac{p}{100}$	$G_0 + G_0 \dfrac{p}{100}$
2	$G_0 \left(1 + \dfrac{p}{100}\right)$	$G_0 \left(1 + \dfrac{p}{100}\right) \dfrac{p}{100}$	$G_0 \left(1 + \dfrac{p}{100}\right)$ $+ G_0 \left(1 + \dfrac{p}{100}\right) \dfrac{p}{100}$
3	$G_0 \left(1 + \dfrac{p}{100}\right)^2$	$G_0 \left(1 + \dfrac{p}{100}\right)^2 \dfrac{p}{100}$	$G_0 \left(1 + \dfrac{p}{100}\right)^2$ $+ G_0 \left(1 + \dfrac{p}{100}\right)^2 \dfrac{p}{100}$
4	$G_0 \left(1 + \dfrac{p}{100}\right)^3$	$G_0 \left(1 + \dfrac{p}{100}\right)^3 \dfrac{p}{100}$	$G_0 \left(1 + \dfrac{p}{100}\right)^3$ $+ G_0 \left(1 + \dfrac{p}{100}\right)^3 \dfrac{p}{100}$
5	$G_0 \left(1 + \dfrac{p}{100}\right)^4$	$G_0 \left(1 + \dfrac{p}{100}\right)^4 \dfrac{p}{100}$	$G_0 \left(1 + \dfrac{p}{100}\right)^4$ $+ G_0 \left(1 + \dfrac{p}{100}\right)^4 \dfrac{p}{100}$
$\vdots$	$\vdots$	$\vdots$	$\vdots$
n	$G_0 \left(1 + \dfrac{p}{100}\right)^{n-1}$	$G_0 \left(1 + \dfrac{p}{100}\right)^{n-1} \dfrac{p}{100}$	$G_0 \left(1 + \dfrac{p}{100}\right)^{n-1}$ $+ G_0 \left(1 + \dfrac{p}{100}\right)^{n-1} \dfrac{p}{100}$

Es ist üblich, den Faktor

$$\left(1 + \frac{p}{100}\right)$$

als Zinsfaktor k zu bezeichnen. ∎

Beispiel 6.9

Bei einem Zinssatz von $5\,\%$ beträgt der Zinsfaktor:

$$k = 1{,}05$$

∎

Satz 6.2

Ein Guthaben G_0, das n Jahre auf Zinseszins steht, hat bei einem Zinsfaktor

$$k = 1 + \frac{p}{100} \qquad \text{(p ist der Zinssatz)}$$

einen Barwert G_n:

$$G_n = k^n G_0$$

Bemerkung 6.1

Das ist die unabhängige Darstellung des n-ten Gliedes einer geometrischen Folge, in der das erste Glied durch $G_1 = kG_0$ ersetzt wurde.

Es ist im Bankenwesen üblich, Berechnung von Zinsen auf den Zeitraum von einem Jahr festzulegen. Statt $n = 1$ Jahr kann jedoch jeder andere Zeitraum zugrunde gelegt werden. In dem Fall ist der Zinssatz $p\%$, aus dem sich der Zinsfaktor ergibt, der auf diesen Zeitraum bezogene Zinssatz.

Beispiel 6.10

Nach welcher Zeit verdoppelt sich ein Guthaben, das zum Zinssatz von $p\%$ auf Zinseszins steht?

$$G_n = 2G_0$$

$$2G_0 = \left(1 + \frac{p}{100}\right)^n G_0$$

Zunächst ist zu erkennen, dass eine Verdopplung des Guthabens unabhängig davon erfolgt, wie hoch es am Beginn der Verzinsung ist. Der Betrag von 1000 Euro verdoppelt sich bei gleichem Zinssatz in der gleichen Zeit wie ein Betrag von 1 000 000 Euro

$$2 = \left(1 + \frac{p}{100}\right)^n \qquad n \lg\left(1 + \frac{p}{100}\right) = \lg 2 \qquad n = \frac{\lg 2}{\lg\left(1 + \frac{p}{100}\right)}$$

Das wären bei einem Zinssatz von $p = 5\%$:

$$n = \frac{\lg 2}{\lg 1{,}05} = 14{,}2$$

Das heißt, dass sich ein Guthaben (unabhängig von seiner Höhe) bei einem Zinssatz von 5 % nach 15 Jahren verdoppelt hat (14 Jahre reichen dazu nicht ganz aus).   ∎

Eine wichtige Anwendung der Zinseszinsrechnung erfolgt durch die Rentenrechnung. Je nachdem, ob die Zahlung (Raten der Zeitrente) am Ende des betrachteten Zeitabschnitts oder in Ausnahmefällen am Anfang in vereinbarter Höhe geleistet wird, ist die Zeitrente nachschüssig oder vorschüssig.

Endwert einer nachschüssigen Zeitrente:

$$s_n = b\frac{k^n - 1}{k - 1}$$

b Betrag der am Ende des Jahres gezahlten Rente

n Anzahl der Jahre

k Zinsfaktor

Barwert einer nachschüssigen Zeitrente:

$$a = \frac{b}{k^n}\frac{k^n - 1}{k - 1}$$

Beispiel 6.11

Wenn 15 Jahre eine nachschüssige Rente von 500 Euro gezahlt werden soll, ist der Endwert bei einem Zinssatz von 4,5 % am Ende des 15. Jahres:

$$s_{15} = 500\frac{1{,}045^{15} - 1}{1{,}045 - 1} = 10\,392{,}03 \, \text{Euro}$$

Die hierbei zu zahlende Rente kann durch die Ablösesumme a ersetzt werden:

$$a = \frac{500}{1{,}045^{15}}\frac{1{,}045^{15} - 1}{1{,}045 - 1} = 5369{,}77 \, \text{Euro}$$

∎

Beispiel 6.12

Eine nachschüssige Zeitrente von 250 Euro hat bei 5 % Zinseszins nach n Jahren den Endwert 3000 Euro.

$$s_n = b\frac{k^n - 1}{k - 1} \qquad k^n - 1 = \frac{s_n(k - 1)}{b} \qquad k^n = \frac{s_n(k - 1)}{b} + 1$$

$$n = \frac{\ln\left(\frac{s_n(k-1)}{b} + 1\right)}{\ln k} = 9{,}6$$

Nach knapp 10 Jahren ist der vorgegebene Endwert erreicht. ∎

Wachstumsgeschwindigkeit

Beispiel 6.13

In der Bilanz eines Betriebes stehen folgende Produktionswerte für ein ausgewähltes Erzeugnis:

	hergestellte Stückzahl	Wachstum auf:
Bezugsjahr	1000	
1. Jahr	1030	$\dfrac{1030}{1000} \cdot 100\,\% = 103\,\%$
2. Jahr	1040	$\dfrac{1040}{1030} \cdot 100\,\% = 101\,\%$
3. Jahr	1070	$\dfrac{1070}{1040} \cdot 100\,\% = 103\,\%$
4. Jahr	1100	$\dfrac{1100}{1070} \cdot 100\,\% = 103\,\%$

Das durchschnittliche Wachstumstempo der Produktion wird, wie bei allen zeitlichen Entwicklungen, nicht nach dem arithmetischen, sondern nach dem geometrischen Mittel berechnet.

$$q = \sqrt[4]{\frac{1030}{1000} \cdot \frac{1040}{1030} \cdot \frac{1070}{1040} \cdot \frac{1100}{1070}} = \sqrt[4]{\frac{1100}{1000}} = \sqrt[4]{1{,}10} \approx 1{,}024$$

In den 4 Jahren verzeichnete der Betrieb bei dem ausgewählten Erzeugnis einen Zuwachs von durchschnittlich 2,4 % pro Jahr. Im 5. Jahr wäre demzufolge, ein gleichbleibendes Wachstum vorausgesetzt, eine Produktion von

$$x_5 = 1100 \cdot 1{,}024 = 1126{,}4$$

1126 Stück zu erwarten. ∎

Auch hierbei handelt es sich wieder um die Anwendung der geometrischen Folge, denn der Faktor k, der nach dem geometrischen Mittel berechnet wurde, ist weiter nichts als die nach q aufgelöste unabhängige Darstellung des n-ten Gliedes in Abhängigkeit von x_0 (Bezugsjahr).

$$x_n = x_0 q^n \qquad\qquad q = \sqrt[n]{\frac{x_n}{x_0}}$$

Zuwachsrate: $r = q \cdot 100\,\% - 100\,\% = (q - 1)100\,\%$

Wachstumstempo: $w = q \cdot 100\,\%$

7 Infinitesimalrechnung

Übersicht

7.1 Grenzwert und Stetigkeit

7.1.1 Grenzwert von Zahlenfolgen

Jede endliche Zahlenfolge hat eine obere und untere Schranke. Bei unendlichen Zahlenfolgen interessiert besonders, ob eine monoton wachsende Folge obere und eine monoton fallende Folge untere Schranken besitzt.

Ist das der Fall, so wird die kleinste obere Schranke bei monoton wachsenden und die größte untere Schranke bei monoton fallenden Zahlenfolgen bestimmt.

Eine Schranke, die eine solche Eigenschaft besitzt, wird Grenzwert der Folge genannt. Allgemein wird der Grenzwert wie folgt definiert:

Definition 7.1
Eine Zahlenfolge $\{x_n\}$ hat den Grenzwert g, wenn sich zu jedem noch so kleinen vorgegebenen Abstand ($\varepsilon > 0$) die Nummer eines Gliedes N der Zahlenfolge finden lässt, sodass alle Glieder mit größerer Nummer einen Abstand kleiner als ε von g haben.

$$\text{Für} \quad n \geqq N \quad \text{ist} \quad |x_n - g| < \varepsilon, \quad \varepsilon > 0 \quad \text{aber beliebig klein vorgegeben.}$$

◆

© Springer-Verlag GmbH Deutschland, ein Teil von Springer Nature 2018
G. Höfner, *Mathematik-Fundament für Studierende aller Fachrichtungen*,
https://doi.org/10.1007/978-3-662-56531-5_7

Schreibweise:

$$\lim_{n\to\infty} x_n = g$$

gelesen: „Limes von x_n für n gegen unendlich ist gleich g" (limes lat. – Grenze)

Beispiel 7.1

$$\lim_{n\to\infty} \frac{1}{n} = 0$$

Es ist zu zeigen, dass es für jedes $\varepsilon > 0$ ein N gibt, woraus

$$\left|\frac{1}{n} - 0\right| < \varepsilon \qquad \text{folgt, wenn} \qquad n \geq N \qquad \text{ist!}$$

Analyse: $\left|\dfrac{1}{n} - 0\right| < \varepsilon$

$\qquad\qquad \left|\dfrac{1}{n}\right| < \varepsilon \qquad\qquad n > 0 \qquad\qquad n \in \mathbb{N}$

$\qquad\qquad \dfrac{1}{n} < \varepsilon$

$\qquad\qquad n > \dfrac{1}{\varepsilon}$ ■

Für $N > \dfrac{1}{\varepsilon}$ unterschreitet jedes Glied x_n mit der Nummer $n \geq N$ den vorgegebenen Mindestabstand $\varepsilon > 0$.

Wird zum Beispiel $\varepsilon = \frac{1}{1\,000\,000}$ vorgegeben, so unterschreitet ab 1 000 001tem Glied der Zahlenfolge jedes Glied mit größerer Nummer den vorgegebenen Abstand.

Das ist mit $N > \dfrac{1}{\varepsilon}$ **für jeden** gegebenen Abstand möglich.

Redeweise:

Unendlich viele Glieder der Zahlenfolge liegen in einer ε-Umgebung des Grenzwerts. Bei oszillierenden Zahlenfolgen ist die Umgebung des Grenzwerts zwei-, ansonsten nur einseitig (vgl. Abb. 7.1).

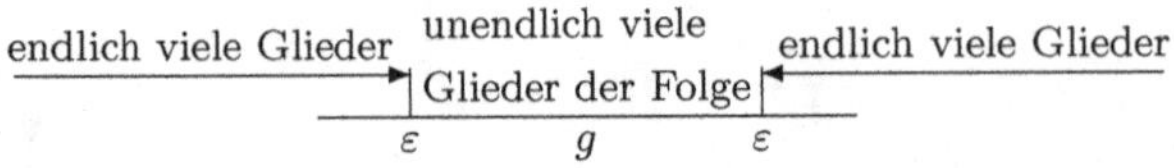

Abb. 7.1

Bezeichnung:

1. Zahlenfolgen, die einen Grenzwert haben, werden konvergente Zahlenfolgen genannt.
   Spezielle konvergente Zahlenfolgen mit dem Grenzwert null heißen Nullfolgen.

Beispiel 7.2

$$\left\{ \frac{1}{n} \right\} \quad \text{ist Nullfolge, denn} \quad \lim_{n \to \infty} \frac{1}{n} = 0$$

∎

2. Zahlenfolgen, die keinen Grenzwert haben, werden divergente Zahlenfolgen genannt.
   Bestimmte Divergenz liegt dann vor, wenn monoton wachsende Folgen jede vorgegebene obere Schranke von einer Stelle an überschreiten oder monoton fallende Folgen jede vorgegebene untere Schranke von einer Stelle an unterschreiten. Die Schreibweise bei bestimmter Divergenz wird aus dem Beispiel sichtbar.

Beispiel 7.3

$$\lim_{n \to \infty} n^2 = \infty \qquad\qquad \lim_{n \to \infty} (-n) = -\infty$$

∎

In den anderen Fällen liegt unbestimmte Divergenz vor.

Beispiel 7.4

$$\lim_{n \to \infty} (-1)^n n \qquad \text{nicht definierbar}$$

∎

Zwei Bemerkungen zum Grenzwert (konvergente Zahlenfolgen):

1. Es ist nicht erforderlich, dass ein Glied der Zahlenfolge den Grenzwert annimmt

   $(\varepsilon = 0)$.

2. Die gesuchte Gliednummer N ist bei einer vorgegebenen Folge nur vom Wert ε abhängig.

   $$N = f(\varepsilon)$$

Ist ε klein, so ist N im Allgemeinen groß.
Der Nachweis des Grenzwerts durch eine ε-Abschätzung ist oft kompliziert, sodass dafür geeignete Sätze und Zahlenfolgen, deren Grenzwert bekannt ist, herangezogen werden.
Wichtige Nullfolgen sind:

1. $\lim\limits_{n \to \infty} x^n = 0$, wenn $|x| < 1$ ist.

2. $\lim\limits_{n \to \infty} \frac{1}{n^a} = 0$, wenn $a > 0$ ist.

3. $\lim\limits_{n \to \infty} n x^n = 0$, wenn $|x| < 1$ ist.

Die Euler'sche Zahl e (Basis des natürlichen Logarithmus) ist als Grenzwert einer Zahlenfolge definiert:

$$\left\{ \left(1 + \frac{1}{n}\right)^n \right\} = 2; 2,25; 2,37; \ldots; 2,70; \ldots \qquad n \geqq 1$$

Gliednummer	Wert des Gliedes	maximale Abweichung von e $|x_n - e| < \varepsilon$
3	2,370 371	0,357 912
10	2,593 743	0,125 000
50	2,691 588	0,027 000
100	2,704 814	0,015 000
200	2,711 517	0,006 800
500	2,715 568	0,003 000
1000	2,716 924	0,001 500
10 000	2,718 146	0,000 140

$$\lim\limits_{n \to \infty} \left(1 + \frac{1}{n}\right)^n = e$$

Hinweis 7.1

Die Rechnungen in der Tabelle dienen der Veranschaulichung der später benötigten, wichtigen Problematik und besitzen keine Beweiskraft.

Die unendliche geometrische Partialsummenfolge

$$\left\{ s_n = x_1 \frac{1 - q^n}{1 - q} \right\}$$

konvergiert, wenn $|q| < 1$, und divergiert, wenn $|q| > 1$. Die arithmetische Partialsummenfolge ist für $n \to \infty$ immer bestimmt divergent.

Für $|q| < 1$ gilt:

$$\lim\limits_{n \to \infty} x_1 \frac{1 - q^n}{1 - q} = \frac{x_1}{1 - q}$$

Schreibweise: für $|q| < 1$

$$s_\infty = \frac{x_1}{1 - q}$$

Dieser Grenzwert wird zur Umwandlung von periodischen Dezimalzahlen in gemeine Brüche genutzt.

Jede rationale Zahl ist entweder als gemeiner oder periodischer bzw. abbrechender Dezimalbruch darstellbar.

Die Umwandlung eines gemeinen Bruches in eine Dezimalzahl ist durch Ausführung der zugehörigen Division möglich. Die Dezimalbruchentwicklung bricht entweder ab oder es stellt sich eine Periode ein (eventuell nach einer gewissen Vorperiode).

Die Umwandlung einer endlichen Dezimalzahl in einen gemeinen Bruch erfolgt durch Division mit der entsprechenden negativen Zehnerpotenz.

Beispiel 7.5

$$2{,}436\,81 = \frac{243\,681}{100\,000}$$

Die Umwandlung einer periodischen Dezimalzahl in einen gemeinen Bruch nutzt den Grenzwert der unendlichen geometrischen Reihe für $|q| < 1$. ∎

Beispiel 7.6
Umwandlung einer periodischen Dezimalzahl (Periodenlänge 1) in einen gemeinen Bruch:

$$0{,}\overline{7} = \frac{7}{10} + \frac{7}{100} + \frac{7}{1000} + \cdots + \frac{7}{10^n} + \cdots = \sum_{n=1}^{\infty} \frac{7}{10^n}$$

$$x_1 = \frac{7}{10} \quad q = \frac{1}{10}$$

$$s = \frac{7}{10} \cdot \frac{1}{1 - \frac{1}{10}} = \frac{7}{10} \cdot \frac{10}{9} = \frac{7}{9}$$

∎

Beispiel 7.7
Umwandlung einer periodischen Dezimalzahl (Periodenlänge $k > 1$) in einen gemeinen Bruch:

$$0{,}\overline{163} = \frac{163}{1000} + \frac{163}{1\,000\,000} + \frac{163}{1\,000\,000\,000} + \cdots + \frac{163}{10^{3n}} + \cdots = \sum_{n=1}^{\infty} \frac{163}{10^{3n}}$$

$$x_1 = \frac{163}{1000} \quad q = \frac{1}{1000}$$

$$s = \frac{163}{1000} \cdot \frac{1}{1 - \frac{1}{1000}} = \frac{163}{999}$$

∎

Satz 7.1

Unter der Voraussetzung, dass zwei konvergente Zahlenfolgen gegeben sind, ist die Summe, die Differenz, das Produkt und der Quotient dieser Zahlenfolgen wieder eine konvergente Folge mit den Grenzwerten:

$$\lim_{n\to\infty} x_n = x \qquad \lim_{n\to\infty} y_n = y$$

1. $\lim\limits_{n\to\infty} (x_n + y_n) = \lim\limits_{n\to\infty} x_n + \lim\limits_{n\to\infty} y_n = x + y$

2. $\lim\limits_{n\to\infty} (x_n - y_n) = \lim\limits_{n\to\infty} x_n - \lim\limits_{n\to\infty} y_n = x - y$

3. $\lim\limits_{n\to\infty} (x_n \cdot y_n) = \lim\limits_{n\to\infty} x_n \cdot \lim\limits_{n\to\infty} y_n = x \cdot y$

4. $\lim\limits_{n\to\infty} \dfrac{x_n}{y_n} = \dfrac{\lim\limits_{n\to\infty} x_n}{\lim\limits_{n\to\infty} y_n} = \dfrac{x}{y}$

Zusatzvoraussetzung zu 4.:

$$y_n \neq 0 \quad \text{für alle } n \text{ und} \quad y \neq 0$$

Mit diesen Grenzwertsätzen lassen sich ohne ε-Abschätzung durch die Verwendung des bekannten Grenzwerts

$$\lim_{n\to\infty} \frac{k}{n^a} = 0 \quad \text{für} \quad k \in \mathbb{R}, \quad a > 0$$

die Grenzwerte von komplizierten Zahlenfolgen berechnen.

Beispiel 7.8

1. $\lim\limits_{n\to\infty} \dfrac{n^2 - n}{n^4 + 3n^2 - 2} = \lim\limits_{n\to\infty} \dfrac{\dfrac{1}{n^2} - \dfrac{1}{n^3}}{1 + \dfrac{3}{n^2} - \dfrac{2}{n^4}} = \dfrac{\lim\limits_{n\to\infty}\left(\dfrac{1}{n^2} - \dfrac{1}{n^3}\right)}{\lim\limits_{n\to\infty}\left(1 + \dfrac{3}{n^2} - \dfrac{2}{n^4}\right)}$

$$= \dfrac{\lim\limits_{n\to\infty}\dfrac{1}{n^2} - \lim\limits_{n\to\infty}\dfrac{1}{n^3}}{\lim\limits_{n\to\infty} 1 + \lim\limits_{n\to\infty}\dfrac{3}{n^2} - \lim\limits_{n\to\infty}\dfrac{2}{n^4}}$$

$$= \dfrac{0 - 0}{1 + 0 - 0} = 0$$

2. $\lim\limits_{n\to\infty} \dfrac{3n - 4}{2n + 1} = \lim\limits_{n\to\infty} \dfrac{3 - \dfrac{4}{n}}{2 + \dfrac{1}{n}} = \dfrac{3}{2}$

3. $\lim\limits_{n\to\infty} \dfrac{n^2 + 4n - 5}{n - 2} = \lim\limits_{n\to\infty} \dfrac{n + 4 - \dfrac{5}{n}}{1 - \dfrac{2}{n}} = +\infty$

Durch die Erweiterung mit dem Kehrwert der höchsten Potenz von n im Nenner wird die Konvergenz der Teilfolgen gesichert (soweit das möglich ist) und damit die Voraussetzung zur Anwendung der Grenzwertsätze geschaffen.

$$4. \quad \lim_{n \to \infty} \left(\frac{1}{1 + \dfrac{1}{n}} \right)^n = \frac{\displaystyle\lim_{n \to \infty} 1^n}{\displaystyle\lim_{n \to \infty} \left(1 + \frac{1}{n} \right)^n} = \frac{1}{e}$$

∎

Weitere Grenzwertsätze für konvergente Zahlenfolgen (Auswahl):

Satz 7.2
Ist $\displaystyle\lim_{n \to \infty} x_n = x$ *und gilt für alle* n: $x_n > 0$, *so ist für jede reelle Zahl* k

$$\lim_{n \to \infty} (x_n)^k = x^k.$$

Da k auch gebrochene Zahlenwerte annehmen kann, werden mit dem Satz auch Aussagen für Wurzeln getroffen.

Satz 7.3
Ist $\displaystyle\lim_{n \to \infty} x_n = x$ *und* $c > 0$, *so ist*

$$\lim_{n \to \infty} c^{x_n} = c^x.$$

Satz 7.4
Ist $\displaystyle\lim_{n \to \infty} x_n = x > 0$ *und für alle* n: $x_n > 0$, *so ist für* $k > 0$ *und* $k \neq 1$

$$\lim_{n \to \infty} (\log_k x_n) = \log_k x.$$

7.1.2 Grenzwert von Funktionen

Bei Grenzwertuntersuchungen von Funktionen gilt es, das Verhalten für solche x-Werte zu ermitteln, die sich auf irgendeine Weise einem Berechnen des zugehörigen y-Wertes entziehen. Dabei ist es nur erforderlich, dass die Werte in einer rechtsseitigen und in einer linksseitigen Umgebung von x zum Definitionsbereich gehören. Für x selbst muss die Bedingung nicht erfüllt sein (vgl. Abb. 7.2).

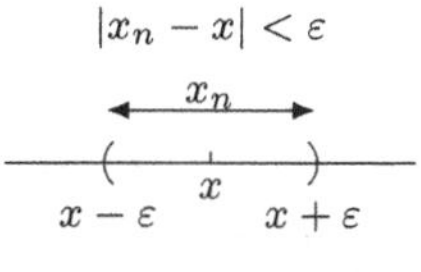

$$|x_n - x| < \varepsilon$$

Abb. 7.2

Beispiel 7.9

Die Umgebung von 4 mit einem Abstand der Punkte, der 0,2 nicht überschreitet, umfasst die reellen Zahlen x_u

$$3{,}8 < x_u < 4{,}2 \quad \text{oder} \quad |x_u - 4| < 0{,}2.$$

Bei der Grenzwertbestimmung von Funktionen wird eine Folge aufgestellt, die von rechts und links gegen den Punkt konvergiert, in dem der Grenzwert untersucht werden soll. Haben die zugehörigen Folgen der Funktionswerte von rechts und von links einen Grenzwert und stimmen diese beiden Grenzwerte überein, so hat die Funktion an dieser Stelle einen Grenzwert.   ∎

Definition 7.2

Ist die Funktion f in einer rechtsseitigen Umgebung (linksseitigen Umgebung) von x_g definiert, so hat sie den Grenzwert g für $x \to x_g$, wenn...

1. für jede Folge $\{x_n\}$, die von rechts (links) gegen x_g konvergiert, die Folge der Funktionswerte $\{y(x_n)\}$ gegen g^+ – rechtsseitiger Grenzwert – (gegen g^- – linksseitiger Grenzwert) konvergiert:

$$\text{linksseitiger Grenzwert} \quad \lim_{x \to x_g^-} f(x) = g^-$$

$$\text{rechtsseitiger Grenzwert} \quad \lim_{x \to x_g^+} f(x) = g^+$$

2. rechtsseitiger und linksseitiger Grenzwert übereinstimmen.

$$\lim_{x \to x_g^-} f(x) = \lim_{x \to x_g^+} f(x) = \lim_{x \to x_g} f(x) = g$$

Die Umkehrung ist ebenfalls richtig.   ◆

Satz 7.5

Hat die Funktion f, die in der Umgebung des Wertes x_g definiert ist, den Grenzwert g, so existieren links- und rechtsseitige Grenzwerte und stimmen überein.

$$\lim_{x \to x_g} f(x) = g$$

heißt: es gibt

$$\lim_{x \to x_g^-} f(x) = g$$

$$\lim_{x \to x_g^+} f(x) = g$$

Bei gebrochenrationalen Funktionen interessieren in besonderem Maße die Grenzwerte für x-Werte, in denen die Nennerfunktion null wird. Die Funktionen sind in diesen Stellen nicht definiert.

Beispiel 7.10

$$y = \frac{x+1}{x^2-1}$$

Stellen $x_1 = 1$ $x_2 = -1$

Skizze der Funktion $y = \dfrac{x+1}{x^2-1}$ (vgl. Abb. 7.3)

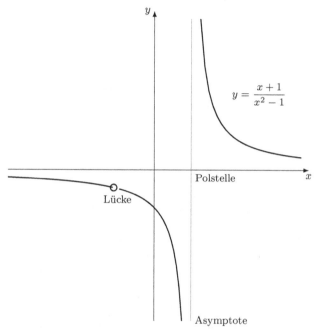

$$y = \frac{x+1}{x^2-1}$$

Polstelle

Lücke

Asymptote

Abb. 7.3

Grenzwertuntersuchungen für gebrochene rationale Funktionen:

$$f(x) = \frac{Z(x)}{N(x)}$$

Von besonderem Interesse sind die Stellen $x = x_0$, in denen die Nennerfunktion $N(x_0) = 0$ ist.

1. Ist in diesen Stellen der Wert der Zählerfunktion verschieden von null, so handelt es sich um eine Polstelle

mit $\quad \lim\limits_{x \to x_0} f(x) = \pm\infty$

oder $\quad \lim\limits_{x \to x_0} f(x) = \infty$

(bzw. symmetrisch verlaufende Bilder), Abb. 7.4.

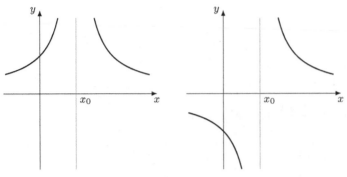

Abb. 7.4

2. Ist in diesen Stellen der Wert der Zählerfunktion gleich null, so kann es sich um eine Lücke handeln, was durch eine Grenzwertuntersuchung gezeigt werden muss (vgl. Abb. 7.5).

$$\lim_{x \to x_0} f(x) = g$$

Ein wichtiger Grenzwert ist:

$$\lim_{x \to 0} \frac{\sin x}{x} = 1$$

Abb. 7.5

∎

In Analogie zu den Grenzwertsätzen für Folgen gelten die gleichen Sätze auch für Funktionen, da die Grenzwertbestimmung auf die von speziellen Folgen zurückgeführt wurde. Dabei ist jedoch zu beachten, dass sich das Limeszeichen immer auf eine Stelle (x-Wert) der Funktion bezieht. Bei Folgen war die Sache durch $n \to \infty$ immer eindeutig.

Satz 7.6

Ist $\lim\limits_{x \to a} f(x) = f$ *und* $\lim\limits_{x \to a} g(x) = g$ *so ist ...*

1. $\lim\limits_{x \to a} [f(x) + g(x)] = \lim\limits_{x \to a} f(x) + \lim\limits_{x \to a} g(x) = f + g$

2. $\lim\limits_{x \to a} [f(x) - g(x)] = \lim\limits_{x \to a} f(x) - \lim\limits_{x \to a} g(x) = f - g$

3. $\lim\limits_{x \to a} [f(x) \cdot g(x)] = \lim\limits_{x \to a} f(x) \cdot \lim\limits_{x \to a} g(x) = f \cdot g$

4. $\lim\limits_{x \to a} \dfrac{f(x)}{g(x)} = \dfrac{\lim\limits_{x \to a} f(x)}{\lim\limits_{x \to a} g(x)} = \dfrac{f}{g}$

Zusatzvoraussetzung zu 4.: $g(x) \neq 0 \; g \neq 0$

Bemerkung 7.1

Die Grenzwertsätze für Funktionen sind gleichermaßen für unbegrenzt wachsende
$(x \to \infty)$ *und unbegrenzt fallende Argumente* $(x \to -\infty)$ *gültig.*

Beispiel 7.11

$$\lim_{x \to 4} \frac{x^2 - x - 12}{x - 4} = \lim_{x \to 4} (x + 3) = 7$$

■

Bemerkung 7.2

Bei der Grenzwertbestimmung ist zu beachten, dass der Faktor $(x - 4)$ *nie gleich*
null wird, da x zwar der 4 von beiden Seiten beliebig nahe kommt, aber nie diesen
Wert annimmt. Erst nach dem Kürzen des Faktors $(x - 4) \neq 0$ *kann der Grenz-*
wertsatz zur Bestimmung des Grenzwerts eines Quotienten angewandt werden, da
der Grenzwert der Nennerfunktion (1) ungleich null ist.

Satz 7.7
Voraussetzung:

$$f(x) > 0 \quad und \quad \lim_{x \to a} f(x) = f > 0$$

Es gilt für jede reelle Zahl k:

$$\lim_{x \to a} [f(x)]^k = \left[\lim_{x \to a} f(x) \right]^k = f^k$$

Satz 7.8
Voraussetzung:

$$\lim_{x \to a} f(x) = f \quad und \quad k > 0$$

Es gilt

$$\lim_{x \to a} k^{f(x)} = k^{\lim_{x \to a} f(x)} = k^f$$

Satz 7.9
Voraussetzung:

$$f(x) > 0 \quad und \quad \lim_{x \to a} f(x) = f > 0$$

Es gilt für $k > 0$ *und* $k \neq 1$

$$\lim_{x \to a} \log_k f(x) = \log_k \lim_{x \to a} f(x) = \log_k f$$

Satz 7.10 (Einschließungssatz)

Voraussetzung:

$$\lim_{x \to a} f(x) = \lim_{x \to a} g(x) = g$$

und gilt für alle x in der Umgebung von a

$$f(x) \leqq h(x) \leqq g(x)$$

oder $g(x) \leqq h(x) \leqq f(x)$

so ist $\lim_{x \to a} h(x)$ $= g$

Beispiel 7.12

Beweis: $\lim_{x \to 0} \dfrac{\sin x}{x} = 1$

Zunächst ist $\lim_{x \to 0} \cos x = \lim_{x \to 0} \dfrac{1}{\cos x} = 1.$ $*$

In einer rechtsseitigen Umgebung von x ist nach Formeln der Trigonometrie (Einheitskreis) $\left(0 < x < \dfrac{\pi}{2} \right)$

Dreiecksfläche OAD < Kreissektor OBD < Dreiecksfläche OBC (vgl. Abb. 7.6)

$$\frac{1}{2} r^2 \sin x \cos x < \frac{1}{2} r^2 x < \frac{1}{2} r^2 \tan x \quad \Big| : \frac{r^2}{2} > 0$$

$$\sin x \cos x < x \quad\quad < \tan x$$

$$\cos x < \frac{x}{\sin x} < \frac{1}{\cos x} \quad \text{(Einschließung)}$$

Daher gilt nach $*$ $1 \leq \lim_{x \to 0} \dfrac{x}{\sin x} \leq 1$

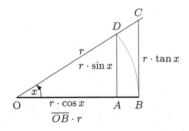

Abb. 7.6

7.1.3 Stetigkeit von Funktionen

Die grafische Darstellung einer Funktion aus dem analytischen Ausdruck geschieht über die tabellarische Darstellung (Wertetabelle), das Eintragen der diskreten Punkte in ein x, y-Koordinatensystem und Verbindung der Punkte. Dabei wird beim letzten Schritt stillschweigend vorausgesetzt, dass sich die Punkte zu einem stetigen Kurvenzug verbinden lassen. Das kann zu Fehlern führen, da die Stetigkeit strenge Forderungen stellt.

Definition 7.3
Eine Funktion $y = f(x)$ ist im Punkt $x = x_0$ stetig, wenn ...

1. die Funktion für $x = x_0$ definiert ist.
2. die Funktion für $x = x_0$ einen Grenzwert hat

$$\lim_{x \to x_0} f(x) = g.$$

3. der Grenzwert g gleich dem Funktionswert ist

$$y = f(x_0) = g.$$

Ein Verstoß gegen Punkt 1. entspricht einer Lücke im Funktionsbild oder einer Polstelle.
Ein Verstoß gegen Punkt 2. oder 3. entspricht z.B. einem Sprung.
Zunächst ist die Stetigkeit nur für einen Punkt definiert. Funktionen, die in allen Punkten eines Intervalls stetig sind, heißen in diesem Intervall stetige Funktionen. Funktionen, die in allen Punkten des Definitionsbereichs stetig sind, werden als stetige Funktionen bezeichnet.
Die Verbindung der isoliert liegenden Punkte aus der Wertetabelle ist somit nur bei stetigen Funktionen problemlos durchzuführen. Unstetigkeitsstellen einer Funktion (Lücken, Sprünge, Polstellen) verdienen besondere Aufmerksamkeit. ♦

Satz 7.11 (Forderung aus den Grenzwertsätzen für Funktionen)
Ganzrationale Funktionen sind für alle $x \in \mathbb{R}$ stetige Funktionen.
Gebrochenrationale Funktionen sind in den Punkten unstetig, in denen die Nennerfunktion gleich null ist (Lücke oder Polstelle).
Exponentialfunktionen sind in allen Punkten ihres Definitionsbereichs stetig $(x \in \mathbb{R})$. Logarithmusfunktionen sind in allen Punkten ihres Definitionsbereichs stetig $(x > 0)$.
Ist eine Funktion in einem Punkt nicht definiert und hat sie in diesem Punkt einen Grenzwert, so ist ihre Unstetigkeit in diesem Punkt dadurch behebbar, dass der Grenzwert (nachträglich) für dieses x als Funktionswert festgesetzt wird.

Beispiel 7.13

$$y = \frac{x+1}{x^2-1} \quad \text{(Beispiel 7.10)}$$

ist für $x_1 = +1$ und $x_2 = -1$ zunächst unstetig (Polstelle, Lücke).
Im Punkt x_1 ist die Unstetigkeit nicht zu beheben, da kein Grenzwert existiert (Polstelle).
Anders im Punkt $x_2 = -1$, wo die Unstetigkeit durch Definition behoben werden kann:

$$y = \begin{cases} \dfrac{x+1}{x^2-1} & \text{für } |x| \neq 1 \\ -\dfrac{1}{2} & \text{für } x = -1 \end{cases}$$

■

7.2 Differenzialrechnung

7.2.1 Differenzenquotient

I. Newton gelangte über die Lösung des Problems der Momentangeschwindigkeit und W. Leibniz über die Lösung des Tangentenproblems zur Differenzialrechnung. Beide entdeckten die gleichen mathematischen Zusammenhänge auf unterschiedlichem Weg und unabhängig voneinander.

Geschwindigkeitsproblem:
Bei einer geradlinig gleichförmigen Bewegung ist die Geschwindigkeit gleich den Quotienten aus dem zurückgelegten Weg dividiert durch die dafür benötigte Zeit. In jedem Moment hat der sich geradlinig gleichförmig bewegende Körper die gleiche Geschwindigkeit.
Die Geschwindigkeit, die ein sich geradlinig, ungleichförmig bewegender Körper in einem Moment hat, ist auf diese Weise nicht zu berechnen.

Beispiel 7.14
Weg-Zeit-Gesetz beim freien Fall

$$s = \frac{g}{2}t^2 \qquad\qquad g \approx 9{,}81$$

	zurückgelegter Weg	Geschwindigkeit
1. Sekunde	4,91 m	4,91 m/s
2. Sekunde	14,71 m	14,71 m/s
3. Sekunde	24,53 m	24,53 m/s
4. Sekunde	34,33 m	34,33 m/s
5. Sekunde	44,15 m	44,15 m/s

∎

Die Geschwindigkeit steigt gleichmäßig mit dem Wachsen der Fallzeit. Die Geschwindigkeit in der vierten Sekunde berechnet sich aus dem Quotienten der Wegdifferenzen durch die Zeitdifferenzen.

$$v_4 = \frac{s_4 - s_3 - s_2 - s_1}{4 - 1 - 1 - 1} = 34{,}33\,\text{m/s}$$

Auch das ist nur eine Durchschnittsgeschwindigkeit (in der bestimmt kleinen Zeitdifferenz von einer Sekunde) und keine Momentangeschwindigkeit. Die Momentangeschwindigkeit im Zeitpunkt t (Fallzeit) ist

$$v = \lim_{t \to t_0} \frac{s - s_0}{t - t_0}$$

Tangentenproblem:
In einem beliebigen Kurvenpunkt P_0 einer Funktion $y = f(x)$ ist der Anstieg der Tangente zu bestimmen ($\tan \alpha_0$), vgl. Abb. 7.7.
Die Formeln der Trigonometrie versagen für den Fall der Tangente, denn Ankathete und Gegenkathete haben den Wert Null.

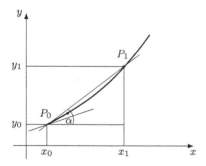

Abb. 7.7

Bemerkung 7.3
Hat die Funktion eine Lücke, so ist in diesem Punkt die Untersuchung der Tangente von vornherein sinnlos.

Für einen zweiten Punkt $(P_1 \neq P_0)$ lässt sich jedoch der Anstieg der Sekante bestimmen $(\tan \alpha)$.

$$\tan \alpha = \frac{y_1 - y_0}{x_1 - x_0} = \frac{\Delta y}{\Delta x}$$

Der Quotient aus der Differenz der y-Werte durch die Differenz der zugehörigen x-Werte wird **Differenzenquotient** genannt. Er gibt den Anstieg der Sekante durch die Kurvenpunkte P_0 und P_1 an.

Der Anstieg der Tangente wird als *Grenzwert des Differenzenquotienten* bezeichnet, indem der Punkt P_1 immer näher an P_0 heranrückt.

Dieses wird erreicht, indem der Abstand der x-Werte (Δx) gegen null geht.

Beispiel 7.15

Der Anstieg der Funktion $y = \dfrac{1}{x^2}$ ist im Punkt $x_0 = -2$ zu bestimmen.

1. Anschauliche (unexakte) Lösung

   Δx durchläuft die endliche Folge von Werten

   $1,5; 1; 0,5; 0,2; 0,1; 0,01; 0,001; 0,0001$

x_0	x_1	Δx	$f(x_0)$	$f(x_1)$	Δy	$\dfrac{\Delta y}{\Delta x} = \tan \alpha$	
-2	$-0,5$	$1,5$	$0,25$	4	$3,75$	$2,5$	$68,2°$
-2	$-1,0$	$1,0$	$0,25$	1	$0,75$	$0,75$	$36,9°$
-2	$-1,5$	$0,5$	$0,25$	$0,44$	$0,19$	$0,38$	$21,3°$
-2	$-1,8$	$0,2$	$0,25$	$0,31$	$0,058$	$0,29$	$16,3°$
-2	$-1,9$	$0,1$	$0,25$	$0,277$	$0,027$	$0,27$	$15,1°$
-2	$-1,99$	$0,01$	$0,25$	$0,253$	$0,0025$	$0,2518$	$14,1°$
-2	$-1,999$	$0,001$	$0,25$	$0,2503$	$0,000\,250\,2$	$0,250\,18$	$14,05°$
-2	$-1,9999$	$0,0001$	$0,25$	$0,250\,025$	$0,000\,025\,0$	$0,250\,018$	$14,04°$

Wenn Δx sich noch stärker der Null nähert, ist zu vermuten, dass der Differenzenquotient $\dfrac{\Delta y}{\Delta x}$ gegen $0,25$ strebt.

$\tan \alpha_0 = 0,25$ (Anstieg der Funktion $y = \dfrac{1}{x^2}$ im Punkt $x_0 = -2$)

2. Exakte Lösung durch Grenzwertbildung des Differenzenquotienten

$$\tan \alpha_0 = \lim_{\Delta x \to 0} \frac{\dfrac{1}{(-2+\Delta x)^2} - \dfrac{1}{(-2)^2}}{\Delta x} = \lim_{\Delta x \to 0} \frac{[4 - (-2+\Delta x)^2]}{(-2+\Delta x)^2 \cdot 4\Delta x}$$

$$= \lim_{\Delta x \to 0} \frac{+4\Delta x - \Delta x^2}{(16 - 16\Delta x + 4\Delta x^2)\Delta x} = \lim_{\Delta x \to 0} \frac{+4 - \Delta x}{16 - 16\Delta x + 4\Delta x^2} = \frac{1}{4}$$

$$\tan \alpha_0 = 0{,}25$$

∎

Definition 7.4
Eine Funktion $y = f(x)$ ist an der Stelle x_0 differenzierbar, wenn der Grenzwert des Differenzenquotienten existiert.   ◆

$$\lim_{\Delta x \to 0} \frac{f(x) - f(x_0)}{\Delta x}$$

Bezeichnung: Der Grenzwert des Differenzenquotienten ist die Ableitung der Funktion $y = f(x)$ an der Stelle x_0.

$$f'(x_0) = \lim_{\Delta x \to 0} \frac{f(x) - f(x_0)}{\Delta x}$$

gelesen: „f Strich von x_0"
Geometrisch bedeutet $f'(x_0)$ den Anstieg der Tangente im Punkt x_0 an die Funktion $y = f(x)$.

$$\tan \alpha_0 = \lim_{\Delta x \to 0} \frac{f(x) - f(x_0)}{\Delta x}$$

Bezeichnung: Das Bestimmen der Ableitung heißt differenzieren (Differenziation). Die Ableitung einer Funktion kann auch an einer beliebigen Stelle x ihres Definitionsbereichs bestimmt werden. Sie ist:

$$\lim_{\Delta x \to 0} \frac{f(x + \Delta x) - f(x)}{\Delta x}$$

Beispiel 7.16

$y = \dfrac{1}{x^2}$ Ableitung an der Stelle $x \neq 0$

$$f'(x) = \lim_{\Delta x \to 0} \frac{f(x + \Delta x) - f(x)}{\Delta x} = \lim_{\Delta x \to 0} \frac{\dfrac{1}{(x+\Delta x)^2} - \dfrac{1}{x^2}}{\Delta x}$$

$$= \lim_{\Delta x \to 0} \frac{x^2 - (x+\Delta x)^2}{x^2(x+\Delta x)^2 \Delta x}$$

$$= \lim_{\Delta x \to 0} \frac{(-2x - \Delta x)\Delta x}{(x^4 + 2x^3\Delta x + x^2\Delta x^2)\Delta x} = \lim_{\Delta x \to 0} \frac{-2x - \Delta x}{x^4 + 2x^3\Delta x + x^2\Delta x^2}$$

$$= -\frac{2x}{x^4} = -\frac{2}{x^3}$$

An der Stelle $x = -2$ ergibt sich in Übereinstimmung mit dem Ergebnis des Beispiels 7.15 $f'(-2) = \frac{1}{4}$. ∎

Ergebnis: Für $y = \frac{1}{x^2}$ $x \neq 0$ ist die

Ableitung: $y' = f'(x) = -\frac{2}{x^3}$

Anmerkung:

An der Stelle von $f'(x)$ kann einfach y' (gelesen „y Strich") geschrieben werden. Diese Schreibweise wurde von J. L. Lagrange (1736–1812) eingeführt.

Die Ableitung an einem beliebigen Punkt wird als Ableitungsfunktion bezeichnet. Sie ermöglicht es, den Anstieg der Tangente in jedem beliebigen Punkt des Definitionsbereichs zu bestimmen. Dafür ist es jedoch erforderlich, dass sich der Begriff der Differenzierbarkeit, der sich zunächst auf die Differenzierbarkeit in einem Punkt erstreckt, auf alle Punkte des Definitionsbereichs ausdehnen lässt.

Definition 7.5

Eine Funktion ist in einem Intervall des Definitionsbereichs differenzierbar, wenn sie in jedem Punkt des Intervalls differenzierbar ist (in jedem Punkt der Grenzwert des Differenzenquotienten existiert). ♦

Definition 7.6

Eine Funktion ist im gesamten Definitionsbereich differenzierbar, wenn sie in jedem Punkt differenzierbar ist. Sie besitzt dann eine Ableitungsfunktion, die für den gesamten Definitionsbereich der Funktion gilt.

Eine Funktion, die Unstetigkeitsstellen besitzt, ist in diesen Punkten auch nicht differenzierbar. Pole, Lücken und Sprungstellen können keinen Tangentenanstieg haben.

Es gibt aber stetige Funktionen, die nicht in allen Punkten differenzierbar sind. Die Differenzierbarkeit einer Funktion ist also eine strengere Forderung als die Stetigkeit. ♦

Beispiel 7.17

1. Die Funktion $y = |x|$ ist in allen $x \in \mathbb{R}$ stetig.

   Die Funktion $y = |x|$ ist im Punkt $x = 0$ nicht differenzierbar, da der rechts- und linksseitige Grenzwert des Differenzenquotienten ein unterschiedliches Vorzeichen hat, und somit die Existenz eines Grenzwerts nicht gegeben ist. Die Funktion $y = |x|$ hat im Punkt $x = 0$ eine Ecke und ist nicht in allen Punkten differenzierbar (wohl aber stetig), vgl. Abb. 7.8.

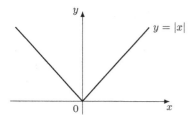

Abb. 7.8

2. An welcher Stelle hat die Funktion $y = x^2 + 3x - 5$ eine waagerechte Tangente?
   Waagerechte Tangente heißt: $\tan 0° = 0 = y'$

$$0 = \lim_{\Delta x \to 0} \frac{f(x + \Delta x) - f(x)}{\Delta x}$$

$$0 = \lim_{\Delta x \to 0} \frac{[(x + \Delta x)^2 + 3(x + \Delta x) - 5] - [x^2 + 3x - 5]}{\Delta x}$$

$$0 = \lim_{\Delta x \to 0} \frac{2x\Delta x + \Delta x^2 + 3\Delta x}{\Delta x}$$

$$0 = \lim_{\Delta x \to 0} (2x + 3 + \Delta x)$$

$$0 = 2x + 3, \ x = -\frac{3}{2}$$

Im Punkt $\left(-\dfrac{3}{2}; -\dfrac{29}{4}\right)$ hat die Funktion $y = x^2 + 3x - 5$ eine waagerechte Tangente.

3. Wie groß ist der Parameter p zu wählen, damit die Tangente an die Funktion $y = x^2 + px + 6$ im Punkt $x = 2$ mit der positiven x-Achsenrichtung einen Winkel von $45°$ bildet?

$$\tan 45° = 1 \quad \text{für} \quad x = 2$$

$$1 = \lim_{\Delta x \to 0} \frac{(2 + \Delta x)^2 + p(2 + \Delta x) + 6 - (2^2 + 2p + 6)}{\Delta x}$$

$$1 = \lim_{\Delta x \to 0} \frac{(4 + \Delta x + p)\Delta x}{\Delta x}$$

$$1 = \lim_{\Delta x \to 0} (4 + p + \Delta x)$$

$$1 = 4 + p$$

$$p = -3$$

Die Funktion heißt: $y = x^2 - 3x + 6$

7.2.2 Ableitungsregeln für elementare Funktionen

Die Bestimmung der Ableitungsfunktion von differenzierbaren Funktionen durch die Grenzwertbildung des Differenzenquotienten ist eine umständliche Angelegenheit. Deswegen wurden allgemeine Differenziationsregeln zusammengestellt und über den Grenzwert des Differenzenquotienten bewiesen, mit denen Funktionen schnell und sicher differenziert werden können.

1. Ableitung einer konstanten Funktion

$$y = c$$
$$y' = 0$$

Bemerkung 7.4
Das Bild der Funktion $y = c$ ist eine Parallele zur x-Achse. Selbstverständlich ist der Anstieg in jedem Punkt gleich null.

2. Ableitung einer Potenzfunktion

$$y = x^n$$
$$y' = nx^{n-1}$$

Bemerkung 7.5
Nach dieser Regel können auch Wurzelfunktionen und Potenzfunktionen mit negativen ganzen Exponenten differenziert werden.

Beispiel 7.18

$$y = x^{10} \qquad\qquad x \in \mathbb{R} \qquad\qquad y' = 10x^9$$

$$y = \frac{1}{x} = x^{-1} \qquad\qquad x \neq 0 \qquad\qquad y' = -x^{-2} = -\frac{1}{x^2}$$

$$y = \sqrt[3]{x} = x^{\frac{1}{3}} \qquad\qquad x \geq 0 \qquad\qquad y' = \frac{1}{3\sqrt[3]{x^2}}$$

$$y = \frac{1}{\sqrt{x}} = x^{-\frac{1}{2}} \qquad\qquad x > 0 \qquad\qquad y' = -\frac{1}{2x\sqrt{x}}$$

$$y = \frac{1}{\sqrt[5]{x^3}} = x^{-\frac{3}{5}} \qquad\qquad x > 0 \qquad\qquad y' = -\frac{3}{5x\sqrt[5]{x^3}}$$

∎

3. Ableitung einer Funktion mit konstantem Faktor
(Nicht zu verwechseln mit der Ableitung einer konstanten Funktion, die Null ergibt.)

$$y = af(x)$$
$$y' = af'(x)$$

Der konstante Faktor bleibt beim Differenzieren erhalten.

Beispiel 7.19

$$y = 3x^4 \qquad x \in \mathbb{R} \qquad y' = 3 \cdot 4x^{4-1} = 12x^3$$

$$y = \frac{-2}{x^3} = -2x^{-3} \qquad x \neq 0 \qquad y' = 6x^{-4} = \frac{6}{x^4}$$

$$y = 2\sqrt{x} = 2x^{\frac{1}{2}} \qquad x \geq 0 \qquad y' = x^{-\frac{1}{2}} = \frac{1}{\sqrt{x}}$$

$$y = \frac{3}{\sqrt[6]{x}} = 3x^{-\frac{1}{6}} \qquad x > 0 \qquad y' = -\frac{1}{2}x^{-\frac{7}{6}} = -\frac{1}{2x\sqrt[6]{x}}$$

∎

4. Ableitung von Summen, Differenzen, Produkten und Quotienten der Funktion
4.1. Summen werden gliedweise differenziert
  (Das ergibt sich aus dem entsprechenden Grenzwertsatz.)

$$y = f_1(x) + f_2(x)$$
$$y' = f_1'(x) + f_2'(x)$$

Beispiel 7.20
Die lineare Funktion $y = mx + n$ (Normalfunktion) wird durch die Parameter m (Anstieg) und n (Schnittpunkt mit der y-Achse) festgelegt.
Die Ableitung einer Summe ist die Summe der Ableitungen beider Summanden. Der erste Summand ist eine Potenzfunktion mit einem konstanten Faktor, der beim Differenzieren erhalten bleibt.

$$y = x = x^1 \qquad\qquad y' = 1x^0 = 1$$

∎

Der zweite Summand ist eine konstante Funktion, deren Ableitung null ist. Somit ist:

$$y = mx + n \qquad\qquad y' = m$$

Das ist das erwartete Ergebnis (Anstieg einer Geraden ist m).

4.2. Differenzen werden gliedweise differenziert

$$y = f_1(x) - f_2(x)$$
$$y' = f_1'(x) - f_2'(x)$$

Damit lassen sich alle Polynome (ganzrationale Funktion) differenzieren.

Beispiel 7.21

$$y = 4x^3 - 3x^2 + 5x - 6 \qquad\qquad y' = 12x^2 - 6x + 5$$

∎

4.3. Ableitung eines Produkts – Produktregel

$$y = f_1(x)f_2(x)$$
$$y' = f_1'(x)f_2(x) + f_1(x)f_2'(x)$$

Ein Produkt wird differenziert, indem der erste Faktor differenziert und mit dem zweiten undifferenzierten Faktor multipliziert wird, dann wird der zweite Faktor differenziert und mit dem undifferenzierten ersten Faktor multipliziert. Die entstehenden Produkte werden addiert.

Die verallgemeinerte Produktregel heißt:

$$y = f_1(x)f_2(x)f_3(x)\ldots f_n(x) \qquad\qquad n \in \mathbb{N}$$
$$n > 2$$

$$y' = f_1'(x)f_2(x)f_3(x)\ldots f_n(x) + f_1(x)f_2'(x)f_3(x)\ldots f_n(x)$$
$$+ f_1(x)f_2(x)f_3'(x)\ldots f_n(x) + \ldots + f_1(x)f_2(x)f_3(x)\ldots f_n'(x)$$

Insgesamt hat die Ableitungsfunktion n Summanden, die aus den Produkten der Funktion bestehen, wobei die Funktionen der Reihe nach (in jedem Summanden eine) abgeleitet werden.

4.4. Ableitung eines Quotienten – Quotientenregel

$$y = \frac{f_1(x)}{f_2(x)} \quad f_2(x) \neq 0 \quad \text{für alle} \quad x \in \mathbb{D}$$

$$y' = \frac{f_2(x)f_1'(x) - f_1(x)f_2'(x)}{[f_2(x)]^2}$$

Die Ableitung des Quotienten von zwei Funktionen ist der Quotient aus der Differenz von undifferenzierter Nenner- mal differenzierter Zählerfunktion minus undifferenzierter Zähler- mal differenzierter Nennerfunktion und der undifferenzierten Nennerfunktion zum Quadrat.

Beispiel 7.22

$$y = \frac{3x^2 - 2x + 5}{x^2 + 1}$$
$$y' = \frac{(x^2 + 1)(6x - 2) - (3x^2 - 2x + 5)2x}{(x^2 + 1)^2} = \frac{2x^2 - 4x - 2}{(x^2 + 1)^2}$$

∎

5. *Ableitung der trigonometrischen Funktion*

$$y = \sin x \qquad\qquad y' = \cos x$$

$$y = \cos x \qquad\qquad y' = -\sin x$$

$$y = \tan x \qquad\qquad y' = \frac{1}{\cos^2 x}$$

$$y = \cot x \qquad\qquad y' = -\frac{1}{\sin^2 x}$$

Beispiel 7.23

Die Tangensfunktion kann mithilfe der Quotientenregel differenziert werden.

$$y = \tan x = \frac{\sin x}{\cos x} \qquad\qquad y' = \frac{\cos x \cos x - \sin x(-\sin x)}{\cos^2 x}$$

$$y' = \frac{\sin^2 x + \cos^2 x}{\cos^2 x}$$

Da $\sin^2 x + \cos^2 x = 1$ (Pythagoras der Trigonometrie), ergibt sich:

$$y' = \frac{1}{\cos^2 x}$$

∎

6. *Ableitung der zyklometrischen Funktion*

$$y = \arcsin x \qquad |x| < 1 \qquad y' = \frac{1}{\sqrt{1 - x^2}}$$

$$y = \arccos x \qquad |x| < 1 \qquad y' = -\frac{1}{\sqrt{1 - x^2}}$$

Für $|x| = 1$ ist die Ableitung von $y = \arcsin x$ und $y = \arccos x$ nicht definiert. Die Ableitungen in den anderen Monotonieintervallen können sich im Vorzeichen unterscheiden.

Für $\quad y = k\pi + (-1)^k \arcsin x \quad |x| < 1$

ergibt sich $\quad y' = \dfrac{(-1)^k}{\sqrt{1 - x^2}}, \quad$ wenn $\quad (2k - 1)\dfrac{\pi}{2} < y < (2k + 1)\dfrac{\pi}{2} \quad k \in \mathbb{Z}$

Für $\quad y = 2k\pi \pm \arccos x \quad |x| < 1$

ergibt sich $\quad y' = -\dfrac{1}{\sqrt{1 - x^2}} \quad$ im Wertebereich $2k\pi < y < (2k + 1)\pi, \ k \in \mathbb{Z}$

und $\quad y' = \dfrac{1}{\sqrt{1 - x^2}} \quad$ im Wertebereich $\quad (2k - 1) < y < 2k\pi \quad k \in \mathbb{Z}$

$$y = \arctan x + k\pi \qquad x \in \mathbb{R} \qquad y' = \frac{1}{1 + x^2}$$

Wertebereich

$$(2k - 1)\frac{\pi}{2} < y < (2k + 1)\frac{\pi}{2} \quad k \in \mathbb{Z}$$

$$y = \operatorname{arccot} x + k\pi \qquad x \in \mathbb{R} \qquad y' = -\frac{1}{1 + x^2}$$

Wertebereich

$$k\pi < y < (k + 1)\pi \quad k \in \mathbb{Z}$$

7.2.3 Höhere Ableitungen

Die Ableitung einer Funktion ist präziser ausgedrückt ihre erste Ableitung. Wird diese Funktion wieder abgeleitet (vorausgesetzt, dass es sich um eine differenzierbare Funktion handelt), so entsteht die 2. Ableitung der Funktion als Ableitung der 1. Ableitung. Fortgesetztes Differenzieren (n-mal) führt zur n-ten Ableitung einer Funktion.

Bezeichnung:

$$y = f(x) \qquad\qquad\qquad \text{Funktion}$$
$$y' = f'(x) \qquad\qquad\qquad \text{1. Ableitung}$$
$$y'' = f''(x) \qquad\qquad\qquad \text{2. Ableitung}$$
$$y''' = f'''(x) \qquad\qquad\qquad \text{3. Ableitung}$$
$$y^{(4)} = f^{(4)}(x) \qquad\qquad\qquad \text{4. Ableitung}$$
$$\vdots$$
$$y^{(n)} = f^{(n)}(x) \qquad\qquad n\text{-te Ableitung } (n \in \mathbb{N}, n \geqq 1)$$

Beispiel 7.24

$$y = a_n x^n + a_{n-1} x^{n-1} + a_{n-2} x^{n-2} + \cdots + a_2 x^2 + a_1 x + a_0$$
$$y' = n a_n x^{n-1} + (n - 1)a_{n-1} x^{n-2} + (n - 2)a_{n-2} x^{n-3} + \cdots + 2a_2 x + a_1$$
$$y'' = n(n - 1)a_n x^{n-2} + (n - 1)(n - 2)a_{n-1} x^{n-3}$$
$$+ (n - 2)(n - 3)a_{n-2} x^{n-4} + \cdots + 2a_2$$
$$y''' = n(n - 1)(n - 2)a_n x^{n-3} + (n - 1)(n - 2)(n - 3)a_{n-1} x^{n-4}$$
$$+ (n - 2)(n - 3)(n - 4)a_{n-2} x^{n-5} + \cdots + 3 \cdot 2a_3$$
$$\vdots$$
$$y^{(n)} = n(n - 1)(n - 2)(n - 3)\cdots 3 \cdot 2 \cdot 1 a_n = n! a_n$$
$$y^{(n+1)} = 0$$

■

Die n-te Ableitung einer ganzrationalen Funktion n-ten Grades ist eine Konstante, sodass die $(n + 1)$-te und jede Ableitung höherer Ordnung gleich null ist.

Beispiel 7.25

$$y = x^6 - 3x^5 + 3x^4 - 2x^2 + 3x - 10$$

$$y' = 6x^5 - 15x^4 + 12x^3 - 4x + 3$$

$$y'' = 30x^4 - 60x^3 + 36x^2 - 4$$

$$y''' = 120x^3 - 180x^2 + 72x$$

$$y^{(4)} = 360x^2 - 360x + 72$$

$$y^{(5)} = 720x - 360$$

$$y^{(6)} = 720$$

$$y^{(7)} = 0$$

■

7.2.4 Bestimmung der Ableitungen ganzrationaler Funktionen nach dem Hornerschema

Nach B. Taylor (1685–1731) lassen sich ganzrationale Funktionen für Werte ihres Definitionsbereichs x_0 in eine endliche Funktionsreihe entwickeln.

$$f(x) = a_n x^n + a_{n-1} x^{n-1} + \cdots + a_2 x^2 + a_1 x + a_0$$

zugehörige Funktionsreihe nach Taylor an der Stelle x_0:

$$f(x) = f(x_0) + \frac{f'(x_0)}{1!}(x - x_0) + \frac{f''(x_0)}{2!}(x - x_0)^2 + \cdots + \frac{f^{(n)}(x_0)}{n!}(x - x_0)^n$$

Die Koeffizienten $\dfrac{f^{(n)}(x_0)}{n!}$ können aus einem mehrzeiligen Hornerschema bestimmt werden, woraus sich die Ableitungen beliebig hoher Ordnung an einer Stelle x_0 ermitteln lassen (Multiplikation mit $n!$).

Beispiel 7.26

Die Funktion $y = 2x^5 - x^4 + 3x^3 - 4x + 10$ ist für $x = 2$ in einer Taylorreihe zu entwickeln.

2		−1		3	0	−4	10

$$
\begin{array}{rl}
2 & \quad -1 \quad\; 3 \quad\; 0 \quad -4 \quad\; 10 \\
- & \quad 4 \;+\; 6 \quad 18 \quad 36 \quad 64 \\
2\cdot\;\; 2 & \quad 3 \quad\;\; 9 \quad 18 \quad 32 \\
& \qquad\qquad\qquad\qquad 74 = \dfrac{f(2)}{0!} \\
- & \quad 4 \;+\; 14 \quad 46 \quad 128 \\
2\cdot\;\; 2 & \quad 7 \quad 23 \quad 64 \\
& \qquad\qquad\qquad 160 = \dfrac{f'(2)}{1!} \\
- & \quad 4 \;+\; 22 \quad 90 \\
2\cdot\;\; 2 & \quad 11 \quad 45 \\
& \qquad\qquad 154 = \dfrac{f''(2)}{2!} \\
- & \quad 4 \;+\; 30 \\
2\cdot\;\; 2 & \quad 15 \\
& \qquad 75 = \dfrac{f'''(2)}{3!} \\
- & \quad 4 \\
2\cdot\;\; 2 & \\
& \quad 19 = \dfrac{f^{(4)}(2)}{4!} \\
- & \\
2 & \\
& \quad 2 = \dfrac{f^{(5)}(2)}{5!}
\end{array}
$$

$$f(2) = 74$$
$$f'(2) = 160$$
$$f''(2) = 2 \cdot 154 = 308$$
$$f^{(4)}(2) = 24 \cdot 19 = 456$$
$$f^{(5)}(2) = 120 \cdot 2 = 240$$
$$y = f(x) = 74 + 160(x - 2) + 154(x - 2)^2 + 75(x - 2)^3$$
$$+ \, 19(x - 2)^4 + 2(x - 2)^5$$

∎

7.2.5 Differenzial und Differenzialquotient (Fehlerrechnung)

Die Änderung von x um Δx bedeutet eine Änderung des Funktionswerts um Δy.
Damit ist Δy die wahre Änderung des Funktionswerts $y = f(x)$.
Wird die Funktion im Punkt P durch ihre Tangente ersetzt (Linearisierung der
Kurve), so ändert sich der y-Wert um $\mathrm{d}y$, wenn x eine Änderung von $\Delta x = \mathrm{d}x$
erfährt (Abb. 7.9). Diese Änderung der Tangente kann leicht mithilfe der
1. Ableitung (Tangentenanstieg in dem Punkt) berechnet werden.

$$\tan \alpha_0 = f'(x) = \frac{\mathrm{d}y}{\mathrm{d}x}$$

Bezeichnung: $\mathrm{d}y = f'(x)\,\mathrm{d}x$ ist das Differenzial der Funktion $y = f(x)$.
Durch das Differenzial kann die Änderung des Funktionswerts näherungsweise
berechnet werden, wenn die Änderung des Arguments hinreichend klein genug
ist. Dazu sind die Funktionsgleichung, die Argumentänderung und die Größe der
Argumente erforderlich.

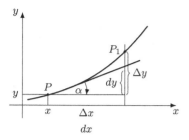

Abb. 7.9

Aus dem Differenzial einer Funktion lässt sich der Differenzialquotient bestimmen.

$$f'(x) = \frac{\mathrm{d}y}{\mathrm{d}x}$$

gelesen: „f Strich von x ist gleich $\mathrm{d}y$ durch $\mathrm{d}x$." Somit gilt: Der Grenzwert des Differenzenquotienten (Ableitung) ist gleich dem Differenzialquotienten.

Anwendung von Differenzialquotienten und Differenzial

1. Zur genauen Kennzeichnung, welche Variable nach welcher Variablen abgeleitet wird. Die Schreibweise y' darf nur dann angewandt werden, wenn die Ableitung des Funktionswerts mit der Bezeichnung y nach dem Argument x gekennzeichnet wird.

$$\frac{\mathrm{d}y}{\mathrm{d}x} = f'(x) = y'$$

Ein Punkt über einer Variablen bedeutet die Ableitung dieser Größe nach der Zeit. Diese Schreibweise, die auch nur bei Ableitungen nach der Zeit angewandt werden darf, ist in der Physik üblich. In allen anderen Fällen sind die Ableitungen durch die Verwendung der Differenzialquotientenschreibweise zu kennzeichnen.

Beispiel 7.27

$$y' = \frac{\mathrm{d}y}{\mathrm{d}x} \qquad y'' = \frac{\mathrm{d}^2 y}{\mathrm{d}x^2} \qquad y''' = \frac{\mathrm{d}^3 y}{\mathrm{d}x^3} \quad \ldots \quad y^{(n)} = \frac{\mathrm{d}^{(n)} y}{\mathrm{d}x^n}$$

$$\dot{s} = \frac{\mathrm{d}s}{\mathrm{d}t} \qquad \ddot{s} = \frac{\mathrm{d}^2 s}{\mathrm{d}t^2}$$

■

Hinweis 7.2

Auch die 3. Ableitung des Weges nach der Zeit hat eine physikalische Bedeutung. In der Fahrdynamik wird sie „Ruck" genannt. Dieser tritt beim Übergang einer geraden Straße in einen Kreisbogen auf.

Beispiel 7.28
Welche Momentangeschwindigkeiten und Momentanbeschleunigung ergeben sich aus den durch die Weg-Zeit-Gleichungen dargestellten Bewegungen?

1. $s = \dfrac{g}{2}t^2$ (freier Fall)

   $\dot{s} = gt$

   $\ddot{s} = g$ (gleichmäßig beschleunigte Bewegung)

2. $s = t + 3$

   $\dot{s} = 1$ (gleichförmige Bewegung –

            Geschwindigkeit konstant)

   $\ddot{s} = 0$ (Beschleunigung gleich null)

3. $s = t^3 + 0{,}02t - 40$

   $\dot{s} = 3t^2 + 0{,}02$

   $\ddot{s} = 6t$ (zeitabhängige Beschleunigung –

            ungleichmäßig beschleunigte Bewegung)

■

2. Bei physikalischen und technischen Vorgängen ändern sich die Werte der unabhängigen Veränderlichen oft geringfügig. Wie sich die Änderungen auf den Funktionswert (abhängige Größe) auswirken, kann mit Hilfe des Differenzials leichter berechnet werden, als das durch die Differenzenbildung aus den Funktionswerten möglich ist (Δy). Für kleine Änderungen kann die wahre Änderung des Funktionswerts durch das Differenzial abgeschätzt werden.

Beispiel 7.29
In einem Gleichstromkreis beträgt die Spannung 110 V. Der Widerstand von 500 Ω ändert sich um 2 %. Wie ändert sich dadurch die Stromstärke?

1. Wahre Änderung $I = \dfrac{U}{R}$

$$\Delta I = I_2 - I_1 = \frac{U}{R_2} - \frac{U}{R_1} = U\left(\frac{1}{R_2} - \frac{1}{R_1}\right) = -0{,}0044 \quad \text{(stets}$$

    aufrunden!)

    $500\,\Omega + 2\,\% = 510\,\Omega$

Die Stromstärke sinkt um 4,4 Milliampere.

2. Abschätzung der Änderung durch das Differenzial

$$dI = -\frac{U}{R^2}dR = -\frac{110}{500^2} \cdot 10 = -0{,}0044$$

Die Stromstärke sinkt etwa um 4,4 Milliampere.

■

Beispiel 7.30

Bei einem Kreis mit dem Radius von 18,00 m gibt es Änderungen des Radius um 10 cm, 1 cm, 1 mm. Welche Flächeninhaltsveränderungen werden dadurch hervorgerufen?

$$A = \pi r^2 \qquad\qquad \frac{\mathrm{d}A}{\mathrm{d}r} = 2\pi r \qquad\qquad \mathrm{d}A = 2\pi r \mathrm{d}r$$

$$\Delta A = \pi(r_2^2 - r_1^2)$$

r	$\Delta r = \mathrm{d}r$	$\dfrac{\Delta r}{r}$	ΔA	$\mathrm{d}A$	Abweichung
					$\lvert \Delta A - \mathrm{d}A \rvert$
m	m		m²	m²	m²
18	0,100	0,56 %	11,341	11,309	0,033 (0,28 %)
18	0,010	0,056 %	1,131	1,131	0,000
18	0,001	0,0056 %	0,113	0,113	0,000

∎

7.2.6 Weitere Ableitungsregeln

Oft ist es notwendig, mehrere Operationen mit x durchzuführen, bis die abhängige Variable y bestimmt ist. Dabei werden die Operationen von „innen nach außen" ausgeführt.

Beispiel 7.31

$$y = \mathrm{e}^{\sqrt{x^2-1}} \qquad\qquad |x| \geqq 1$$

$$y(1{,}9) = 5{,}031 \qquad 1.\,\text{Schritt} \qquad 1{,}9^2 - 1 = 2{,}61$$
$$2.\,\text{Schritt} \qquad \sqrt{1{,}9^2 - 1} = 1{,}616$$
$$3.\,\text{Schritt} \qquad \mathrm{e}^{\sqrt{1{,}9^2 - 1}} = 5{,}031$$

∎

Definition 7.7

Bei mittelbaren Funktionen werden die $y \in Y$ aus Werten $z \in Z$ berechnet, die sich ihrerseits aus den $x \in X$ ergeben.

$$y = f_1(f_2(x))$$

◆

Bezeichnung:

$z = f_2(x)$ innere Funktion

$y = f_1(z)$ äußere Funktion

$y = f(x)$ mittelbare Funktion

Bemerkung 7.6
Die mittelbare Funktion kann n innere Funktionen haben.

Beispiel 7.32

Mittelbare Funktion $y = f(x)$	Innere Funktion $z = f_2(x)$	Äußere Funktion $y = f_1(z)$
1. $y = \cos(x^2 + 1)$	$z = x^2 + 1$	$y = \cos z$
2. $y = \sqrt[3]{2x - 4}$	$x \geq 2$ $z = 2x - 4$	$y = \sqrt[3]{z}$
3. $y = \sin^2 x$	$z = \sin x$	$y = z^2$
4. $y = \tan x^2$	$z = x^2$	$y = \tan z$
	$x \neq (2k - 1)\dfrac{\pi}{2}$	
	$k \in \mathbb{Z}$	

∎

Die innerste Funktion ist immer der Term, der bei der Berechnung zuerst berücksichtigt wird. Mittelbare Funktionen werden nach der Kettenregel differenziert.

$$y = f_1(f_2(x)) = f_1(z)$$
$$\frac{dy}{dx} = \frac{dy}{dz}\frac{dz}{dx}.$$

Kettenregel: Eine mittelbare Funktion wird differenziert, indem die Ableitung der äußeren Funktion mit der Ableitung der inneren Funktion multipliziert wird. Das Ableiten der inneren Funktion wird als Nachdifferenzieren bezeichnet. Es wird so lange nachdifferenziert, bis der Wert der Ableitung einer inneren Funktion 1 ergibt.

Beispiel 7.33

1. $y = \cos(x^2 + 1)$ $\dfrac{dy}{dx} = [-\sin(x^2 + 1)]2x$

2. $y = \sqrt[3]{2x - 4}$ $\dfrac{dy}{dx} = \dfrac{2}{3\sqrt[3]{(2x - 4)^2}}$

3. $y = \sin^2 x$ $\dfrac{dy}{dx} = 2\sin x \cos x$

4. $y = \sin x^2 \qquad \dfrac{dy}{dx} = \cos x^2 [2x]$

■

Beispiel 7.34 (mehrere innere Funktionen)

1. $y = \sqrt[3]{x^2 + \sin^2 x}$

$$\frac{dy}{dx} = \frac{1}{3\sqrt[3]{(x^2 + \sin^2 x)^2}}(2x + 2\sin x \cos x)$$

2. $y = \dfrac{x \sin x^2}{\sqrt{x^2 - 1}}$ (zunächst Quotientenregel)

$$\frac{dy}{dx} = \frac{\sqrt{x^2 - 1}(\sin x^2 + 2x^2 \cos x^2) - x \sin x^2 \dfrac{2x}{2\sqrt{x^2 - 1}}}{x^2 - 1}$$

■

Dieser Ausdruck soll nicht weiter vereinfacht werden, was bei weiterer Verwendung natürlich erforderlich wäre.

Beim Differenzieren erfolgt die Reihenfolge von außen nach innen, umgekehrt zur Berechnung, wo die Reihenfolge der Operationen von innen nach außen ausgeführt wird.

Die Kettenregel kann genutzt werden, um die Ableitungen von Funktionen zu bestimmen, die in impliziter Darstellung (nicht nach y aufgelöst) gegeben sind. Hierbei ist y als Funktion von x ebenfalls nachzudifferenzieren.

Beispiel 7.35

Welchen Anstieg haben die Tangenten an den Kreis $x^2 + y^2 = 100$ im Punkt $x = 8$ (Symmetrie $x = -8$)

$$F(x, y) = x^2 + y^2 - 100 = 0$$

$$\frac{dF}{dx} = 2x + 2yy' = 0$$

$$y' = -\frac{x}{y}$$

$$x = 8 \qquad 64 + y^2 = 100$$

$$y^2 = 36 \qquad\qquad y_1 = 6$$

$$y_2 = -6$$

$$y'(8) = -\frac{8}{6} = -1,\overline{3} \qquad\qquad \alpha_1 = 126{,}87°$$

$$y'(-8) = \frac{8}{6} = 1,3 \qquad\qquad \alpha_2 = 53{,}13°$$

■

Beispiel 7.36

$$F(x, y) = y \sin x + x^2 \sin y = 0$$

Produktregel bei Differenziation der Summanden unter Berücksichtigung der Kettenregel.

$$\frac{\mathrm{d}F(x,y)}{\mathrm{d}x} = y' \sin x + y \cos x + 2x \sin y + x^2 y' \cos y = 0$$

$$y'(\sin x + x^2 \cos y) = -y \cos x - 2x \sin y$$

$$y' = -\frac{y \cos x + 2x \sin y}{\sin x + x^2 \cos y}$$

∎

Differenziation der Umkehrfunktion:

Ist die Ableitung einer Funktion $y = f(x)$ oder die ihrer Umkehrfunktion $x = g(y)$ bekannt, so ergibt das Produkt gleich eins.

Beispiel 7.37

$$\frac{\mathrm{d}y}{\mathrm{d}x} \frac{\mathrm{d}x}{\mathrm{d}y} = 1$$

1. $y = \sqrt[3]{2x - 1} \quad x \geq \dfrac{1}{2} \quad x = \dfrac{1}{2}y^3 + \dfrac{1}{2} \quad x \in \mathbb{R}$

   Für $x \geq \dfrac{1}{2}$ gilt: $\quad \dfrac{\mathrm{d}y}{\mathrm{d}x} = \dfrac{2}{3\sqrt[3]{(2x-1)^2}} \quad \dfrac{\mathrm{d}x}{\mathrm{d}y} = \dfrac{3}{2}y^2$

   Beweis:

   $$\frac{\mathrm{d}y}{\mathrm{d}x} \frac{\mathrm{d}x}{\mathrm{d}y} = \frac{2}{3\sqrt[3]{(2x-1)^2}} \cdot \frac{3}{2}\sqrt[3]{(2x-1)^2} = 1$$

2. $y = \sin x \quad x \in \mathbb{R} \quad$ Umkehrfunktion $x = \arcsin y \quad |y| \leq 1 \quad \dfrac{\mathrm{d}y}{\mathrm{d}x} = \cos x.$

   Es ist:

   $$\frac{\mathrm{d}y}{\mathrm{d}x} \frac{\mathrm{d}x}{\mathrm{d}y} = 1$$

   $$\frac{\mathrm{d}x}{\mathrm{d}y} = \frac{1}{\cos x} = \frac{1}{\sqrt{1 - \sin^2 x}} = \frac{1}{\sqrt{1 - y^2}} \quad \text{für} \quad |y| < 1$$

(Beweis der Ableitungsregel für $x = \arcsin y$)

∎

Ableitung der Logarithmusfunktion:

$$y = \log_a x \qquad x > 0$$
$$a > 0 \qquad a \neq 1$$

Der Grenzwert des Differenzenquotienten ist:

$$\frac{dy}{dx} = \lim_{\Delta x \to 0} \frac{\log_a(x + \Delta x) - \log_a x}{\Delta x} \qquad \log_a(x + \Delta x) - \log_a x = \log_a \frac{x + \Delta x}{x}$$

$$= \lim_{\Delta x \to 0} \frac{\log_a \dfrac{x + \Delta x}{x}}{\Delta x}$$

$$= \lim_{\Delta x \to 0} \frac{x}{\Delta x} \frac{1}{x} \log_a \frac{x + \Delta x}{x} \qquad \text{Erweitern mit } x$$

$$= \lim_{\Delta x \to 0} \frac{1}{x} \log_a \left(1 + \frac{\Delta x}{x}\right)^{\frac{x}{\Delta x}} \qquad \frac{x}{\Delta x} \log_a \frac{x + \Delta x}{x} = \log_a \left(1 + \frac{\Delta x}{x}\right)^{\frac{x}{\Delta x}}$$

$$= \frac{1}{x} \log_a e \qquad \text{Mit } \frac{x}{\Delta x} = n, \text{ ist}$$

$$\left(1 + \frac{1}{n}\right)^n$$

$$\frac{dy}{dx} = \frac{1}{x} \log_a e = \frac{1}{x \ln a} \qquad \text{Für } \Delta x \to 0 \text{ ist } n \to \infty$$

$$\lim_{n \to \infty} \left(1 + \frac{1}{n}\right)^n = e$$

Spezialfall: $a = e$

$$y = \ln x \qquad\qquad x > 0$$
$$\frac{dy}{dx} = \frac{1}{x}$$

Da die Ableitung der Logarithmusfunktion mit der Basis e so einfach ist, wird diese Basis in der Mathematik bevorzugt. Für $a = 10$ ist die Ableitung durch ln 10 zu dividieren.

$$y = \lg x \qquad \frac{dy}{dx} = \frac{1}{x \ln 10}$$

Beispiel 7.38

1. $y = \ln(x^2 - 1)$ $|x| > 1$ $\dfrac{dy}{dx} = \dfrac{2x}{x^2 - 1}$ (Kettenregel)

2. $y = \lg \sin x$ $0 < x < \pi$ $\dfrac{dy}{dx} = \dfrac{\cos x}{\sin x \cdot \ln 10} = \dfrac{\cot x}{\ln 10}$ (Kettenregel)

3. $y = \dfrac{\ln x}{x}$ $x > 0$ $\dfrac{dy}{dx} = \dfrac{x \cdot \dfrac{1}{x} - \ln x}{x^2}$ (Quotientenregel)

$$\frac{dy}{dx} = \frac{1 - \ln x}{x^2}$$

■

Ableitung der Exponentialfunktion:

Die Funktion $y = a^x$ und $x = \log_a y$,

$$x \in \mathbb{R} \qquad\qquad y > 0$$

sind Umkehrfunktionen.

$$\frac{\mathrm{d}x}{\mathrm{d}y} = \frac{1}{y \ln a}$$

Da $\dfrac{\mathrm{d}y}{\mathrm{d}x} \cdot \dfrac{\mathrm{d}x}{\mathrm{d}y} = 1$, ist $\dfrac{\mathrm{d}y}{\mathrm{d}x} = y \ln a$ oder $\dfrac{\mathrm{d}y}{\mathrm{d}x} = a^x \ln a$.

Spezialfall: $a = \mathrm{e}$

$$y = \mathrm{e}^x \qquad x \in \mathbb{R} \qquad \frac{\mathrm{d}y}{\mathrm{d}x} = \mathrm{e}^x$$

Die Exponentialfunktion mit der Basis e ist die einzige Funktion, deren Ableitung gleich der Funktion ist.

Beispiel 7.39

1. $y = \mathrm{e}^{x^2-1}$ $x \in \mathbb{R}$ $\dfrac{\mathrm{d}y}{\mathrm{d}x} = \mathrm{e}^{x^2-1} \cdot 2x$ (Kettenregel)

2. $y = 2^{\sin x}$ $0 \leq x \leq \pi$ $\dfrac{\mathrm{d}y}{\mathrm{d}x} = 2^{\sin x} \ln 2 \cos x$ (Kettenregel)

3. $y = \mathrm{e}^{\frac{x+1}{x-1}}$ $x \neq 1$ $\dfrac{\mathrm{d}y}{\mathrm{d}x} = \mathrm{e}^{\frac{x+1}{x-1}} \dfrac{(x-1)-(x+1)}{(x-1)^2} = -\dfrac{2}{(x-1)^2} \mathrm{e}^{\frac{x+1}{x-1}}$

Kettenregel und nachdifferenzieren nach Quotientenregel

∎

Logarithmieren und Differenzieren:

Funktionen der Gestalt $y = f(x)^{g(x)}$

sind weder Potenzfunktionen noch Exponentialfunktionen, da sowohl die Basis als auch der Exponent eine Funktion von x ist.

Die Regeln des Differenzierens lassen sich nicht zur Bestimmung der Ableitung anwenden. Aus diesem Grund wird erst logarithmiert und dann differenziert (implizite Funktion). Zweckmäßig, da die Ableitungsregeln besonders einfach sind, wird der natürliche Logarithmus verwendet.

$$\ln y = \ln f(x)^{g(x)}$$

$$\ln y = g(x) \ln f(x) \quad \text{(Logarithmus einer Potenz)}$$

$$\frac{1}{y} y' = g'(x) \ln f(x) + \frac{g(x)}{f(x)} f'(x) \quad \text{(Differenzieren einer impliziten Funktion)}$$

$$\text{Produktregel}$$

$$y' = y \left[g'(x) \ln f(x) + \frac{g(x) f'(x)}{f(x)} \right] \quad \text{eingesetzt für } y$$

$$y' = f(x)^{g(x)} \left[g'(x) \ln f(x) + \frac{g(x) f'(x)}{f(x)} \right]$$

Beispiel 7.40

1. $y = x^x \qquad x \neq 0 \qquad \ln y = x \ln x \qquad \frac{1}{y} y' = \ln x + \frac{x}{x}$

   $$x > 0 \qquad\qquad\qquad y' = x^x (\ln x + 1)$$

2. $y = \left(1 + \dfrac{1}{x} \right)^x \qquad x \neq 0 \qquad \ln y = x \ln \left(1 + \dfrac{1}{x} \right)$

   $$\frac{1}{y} y' = \ln \left(1 + \frac{1}{x} \right) + x \frac{-\dfrac{1}{x^2}}{1 + \dfrac{1}{x}}$$

   $$y' = \left(1 + \frac{1}{x} \right)^x \left[\ln \left(1 + \frac{1}{x} \right) - \frac{1}{x+1} \right]$$

3. $y = x^{x \sin x} \qquad 0 < x \leqq \pi \qquad \ln y = x \sin x \ln x$

   $$\frac{1}{y} y' = \sin x \ln x + x \cos x \ln x + \sin x$$

   $$y' = x^{x \sin x} (\sin x \ln x + x \cos x \ln x + \sin x)$$

■

7.2.7 Zusammenfassung der Ableitungsregeln

1. Ein konstanter Faktor bleibt beim Differenzieren erhalten.

   $$\frac{\mathrm{d}}{\mathrm{d}x} a f(x) = a \frac{\mathrm{d}}{\mathrm{d}x} f(x)$$

2. Summen und Differenzen werden gliedweise differenziert.

$$\frac{\mathrm{d}}{\mathrm{d}x} \sum_{i=1}^{n} f_i(x) = \sum_{i=1}^{n} \frac{\mathrm{d}f_i(x)}{\mathrm{d}x}$$

3. Produktregel

$$\frac{\mathrm{d}}{\mathrm{d}x}(f_1(x)f_2(x)) = \frac{\mathrm{d}f_1(x)}{\mathrm{d}x}f_2(x) + f_1(x)\frac{\mathrm{d}f_2(x)}{\mathrm{d}x}$$

Eine Verallgemeinerung für n Faktoren bedeutet, dass die Ableitung aus n Summanden besteht, die alle das Produkt der n Funktionen enthalten, wobei jeweils (der Reihe nach) eine Funktion differenziert wird.

4. Quotientenregel

$$\frac{\mathrm{d}}{\mathrm{d}x}\frac{f_1(x)}{f_2(x)} = \frac{f_2(x)f_1'(x) - f_1(x)f_2'(x)}{[f_2(x)]^2}$$

5. Kettenregel

$$\frac{\mathrm{d}}{\mathrm{d}x}f_1(f_2(x)) = \frac{\mathrm{d}f_1(z)}{\mathrm{d}z} \underbrace{\frac{\mathrm{d}f_2(x)}{\mathrm{d}x}}$$

Nachdifferenzieren

(Ableitung der inneren Funktion)

Sind mehrere innere Funktionen vorhanden, muss mehrfach nachdifferenziert werden.

6. Ableitung der Umkehrfunktion $x = g(y)$ von $y = f(x)$

$$\frac{\mathrm{d}y}{\mathrm{d}x}\frac{\mathrm{d}x}{\mathrm{d}y} = 1$$

Ableitung spezieller Funktionen

1. $y = x^n$ $n \in \mathbb{R}$

                                   $x \neq 0$

$$\frac{\mathrm{d}y}{\mathrm{d}x} = nx^{n-1}$$

Bemerkung 7.7

1. *Für $n = 0$ ergibt sich die Ableitungsregel eines konstanten Summanden.*

$$\frac{d}{dx}c = \frac{d}{dx}cx^0 = 0$$

$$x^0 = 1$$

2. *Die n-te Ableitung der Potenzfunktion $y = x^n$ mit $n \in \mathbb{N}$ ist eine Konstante. Alle Ableitungen höherer Ordnung sind null. Das gleiche gilt für ganzrationale Funktionen n-ten Grades.*

Für $n \in \mathbb{N}$ gilt

$$\frac{d^n}{dx^n} a_n x^n = n! a_n$$

$$\frac{d^{n+1}}{dx^{n+1}} a_n x^n = 0$$

3. *Ist $n < 0, n \in \mathbb{Z}$, so ergibt die Ableitung wieder eine Potenzfunktion mit negativem Exponenten, wo der Grad im Nenner um eins erhöht ist.*

$$y = x^{-n} \qquad\qquad n \in \mathbb{N} \qquad\qquad \frac{dy}{dx} = -\frac{n}{x^{n+1}}$$

Die Anwendung der Quotientenregel führt zum gleichen Resultat. Potenzfunktionen mit negativem ganzzahligem Exponenten werden auch in den höheren Ableitungen nie konstant oder gleich null.

2. Die Ableitung von gebrochenrationalen Funktionen erfolgt nach der Quotientenregel und ergibt wieder eine gebrochenrationale Funktion.

Bei echt gebrochenrationalen Funktionen (Grad des Zählerpolynoms ist kleiner als der Grad des Nennerpolynoms – ansonsten durch Polynomdivision ganzrationalen Term abspalten) ist nach der Ableitung der Grad vom Zähler- und Nennerpolynom größer als bei der gegebenen Funktion (eventuelle Zählerdifferenz zusammenfassen).

Von Ableitung zu Ableitung nimmt die Differenz zwischen dem Grad des Nenner- und Zählerpolynoms um eins ab, sodass bei hinreichend oft ausgeführter Differenziation der Grad von Zähler- und Nennerpolynom übereinstimmen.

3. Wurzelfunktionen werden innerhalb ihres Definitionsbereichs wie Potenzfunktionen (Potenz mit gebrochenen Exponenten) differenziert, wobei der Radikand nach der Kettenregel nachzudifferenzieren ist.

4. Exponential- und Logarithmusfunktionen

$$y = a^x \quad \text{speziell:} \quad y = e^x \qquad y = \log_a x \quad \text{speziell:} \quad y = \ln x$$

$$\frac{dy}{dx} = \ln a \cdot a^x \qquad \frac{dy}{dx} = e^x \qquad \frac{dy}{dx} = \frac{1}{x \ln a} \qquad \frac{dy}{dx} = \frac{1}{x}$$

$$\frac{d^2 y}{dx^2} = (\ln a)^2 a^x \qquad \frac{d^2 y}{dx^2} = e^x \qquad \frac{d^2 y}{dx^2} = -\frac{1}{x^2 \ln a} \qquad \frac{d^2 y}{dx^2} = -\frac{1}{x^2}$$

$$\vdots \qquad\qquad \vdots \qquad\qquad \vdots \qquad\qquad \vdots$$

$$\frac{d^n y}{dx^n} = (\ln a)^n a^x \qquad \frac{d^n y}{dx^n} = e^x \qquad \frac{d^n y}{dx^n} = \frac{(-1)^{n+1}(n-1)!}{x^n \ln a} \qquad \frac{d^n y}{dx^n} = \frac{(-1)^{n+1}(n-1)!}{x^n}$$

Der Exponent und der Nenner von Exponential- und Logarithmusfunktionen sind, falls erforderlich, nach der Kettenregel nachzudifferenzieren. Die

Ableitungen der Logarithmusfunktionen sind stets echt gebrochenrationale
Funktionen.

5. Trigonometrische und zyklometrische Funktionen

$$\frac{d}{dx}\sin x = \cos x \qquad\qquad \frac{d}{dx}\cos x = -\sin x$$

$$\frac{d^2}{dx^2}\sin x = -\sin x \qquad\qquad \frac{d^2}{dx^2}\cos x = -\cos x$$

$$\frac{d^3}{dx^3}\sin x = -\cos x \qquad\qquad \frac{d^3}{dx^3}\cos x = \sin x$$

$$\frac{d^4}{dx^4}\sin x = \sin x \qquad\qquad \frac{d^4}{dx^4}\cos x = \cos x \sin x$$

Nach jeweils 4 Ableitungen beginnt bei der Sinus- und Consinusfunktion ein
neuer Ableitungszyklus.

Für $n \in \mathbb{N}$ gilt:

$$\frac{d^{4n+1}}{dx^{4n+1}}\sin x = \cos x \qquad\qquad \frac{d^{4n+1}}{dx^{4n+1}}\cos x = -\sin x$$

$$\frac{d^{4n+2}}{dx^{4n+2}}\sin x = -\sin x \qquad\qquad \frac{d^{4n+2}}{dx^{4n+2}}\cos x = -\cos x$$

$$\frac{d^{4n+3}}{dx^{4n+3}}\sin x = -\cos x \qquad\qquad \frac{d^{4n+3}}{dx^{4n+3}}\cos x = \sin x$$

$$\frac{d^{4n+4}}{dx^{4n+4}}\sin x = \sin x \qquad\qquad \frac{d^{4n+4}}{dx^{4n+4}}\cos x = \cos x$$

$$\frac{d}{dx}\arcsin x = \frac{(-1)^k}{\sqrt{1-x^2}} \quad |x| < 1$$

Wertebereich $\quad (2k-1)\dfrac{\pi}{2} < y < (2k+1)\dfrac{\pi}{2}$

$k \in \mathbb{Z} \quad |x| < 1$

$$\frac{d}{dx}\arccos x = \frac{-1}{\sqrt{1-x^2}} \quad$$ Wertebereich $\quad 2k\pi < y < (2k+1)\pi$

$k \in \mathbb{Z} \quad |x| < 1$

$$\frac{d}{dx}\arccos x = \frac{1}{\sqrt{1-x^2}} \quad$$ Wertebereich $\quad (2k-1)\pi < y < 2k\pi$

$k \in \mathbb{Z} \quad |x| < 1$

$$\frac{d}{dx}\arctan x = \frac{1}{1+x^2} \quad$$ Wertebereich $\quad (2k-1)\pi < y < (2k+1)\dfrac{\pi}{2}$

$k \in \mathbb{Z} \quad x \in \mathbb{R}$

$$\frac{\mathrm{d}}{\mathrm{d}x}\mathrm{arccot}\,x = -\frac{1}{1+x^2} \quad \text{Wertebereich} \quad k\pi < y < (k+1)\pi$$

$$k \in \mathbb{Z} \quad x \in \mathbb{R}$$

7.2.8 Grafische Differenziation

Liegt eine Funktion nicht in analytischer Darstellung vor, sondern nur das grafische Bild, so führt die grafische Differenziation zum Bild der Ableitungsfunktion, die punktweise konstruiert werden kann.

Die Ableitung der grafisch gegebenen Funktion im angegebenen Punkt:

Im Punkt P wird an die Funktion die Tangente gelegt, diese wird parallel in den Punkt $(-1; 0)$ (Pol) verschoben. Der Schnittpunkt mit der y-Achse gibt den Wert der Ableitung an, der in die Abszisse des Punktes übertragen wird (vgl. Abb. 7.10).

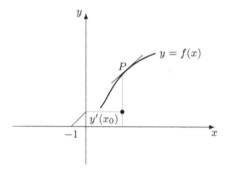

Abb. 7.10

Durch hinreichend viele Punkte der punktweisen grafischen Differenziation lässt sich das Bild der Ableitungsfunktion konstruieren.

Beispiel 7.41

Die grafische Differenziation kann mit geeigneten Geräten ausgeführt werden (vgl. Abb. 7.11).

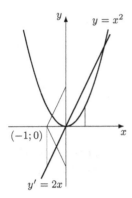

Abb. 7.11

■

7.2.9 Sätze zur Differenzialrechnung

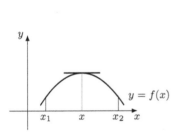

Abb. 7.12

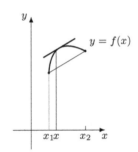

Abb. 7.13

Satz 7.12 (von Rolle)
(M. Rolle 1652–1719)
Ist eine Funktion in dem offenen Intervall (x_1, x_2) differenzierbar, im geschlossenen Intervall $[x_1, x_2]$ stetig und ist

$$f(x_1) = f(x_2) = 0,$$

so gibt es ein $x \in (x_1, x_2)$ mit $f'(x) = 0$ (vgl. Abb. 7.12).

Satz 7.13 (Mittelwertsatz)
Ist eine Funktion in dem offenen Intervall (x_1, x_2) differenzierbar und im geschlossenen Intervall $[x_1, x_2]$ stetig, so gibt es ein $x \in (x_1; x_2)$ mit

$$f'(x) = \frac{f(x_2) - f(x_1)}{x_2 - x_1} \quad \text{(vgl. Abb. 7.13)}.$$

Folgerungen aus dem Mittelwertsatz

1. Eine Funktion, die zwischen zwei Nullstellen differenzierbar ist, hat zwischen den beiden Nullstellen mindestens eine Stelle, in der die 1. Ableitung null ist.
2. Eine Funktion, die in einem offenen Intervall differenzierbar ist, ist konstant, wenn für alle x aus diesem Intervall die erste Ableitung null ist.
3. Sind die beiden Funktionen $y_1 = f_1(x)$ und $y_2 = f_2(x)$ in einem Intervall differenzierbar und stimmen ihre 1. Ableitungen in allen Punkten des Intervalls überein, so unterscheiden sich die beiden Funktionen nur durch einen konstanten Summanden.

$$f_1(x) - f_2(x) = c \qquad c \text{ Konstante}$$

7.2.10 Anwendung der Differenzialrechnung

7.2.10.1 Grafische Bedeutung der Ableitung

Eine Funktion $y = f(x)$, ihre 1., 2. und 3. Ableitung sind in der Abbildung skizziert, wie es durch das Verfahren der grafischen Differenziation überprüfbar ist (vgl. Abb. 7.14).

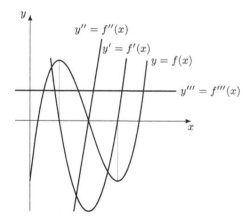

Abb. 7.14

grafisches Bild der Funktion $[x_1; x_2]$	Bedingung für $f'(x)$ $x \in [x_1; x_2]$	$f''(x)$	Bemerkung
monoton wachsend (progressiv) konvex von unten	positiv	positiv	
monoton wachsend (degressiv) konkav von unten	positiv	negativ	
monoton fallend (degressiv) konvex von unten	negativ	positiv	
monoton fallend (progressiv) konkav von unten	negativ	negativ	
Extrempunkt	Null[1]		[1]notwendig
Maximum	Null[2]	negativ	[2]hinreichend
Minimum	Null[3]	positiv	[3]hinreichend
Wendepunkt		Null[4]	[4]nur notwendig und hinreichend, wenn $f'''(x) \neq 0$

7.2.10.2 Extremwerte

In angewandten Aufgaben ist oft ein Extremum (Maximum oder Minimum) für eine abhängige Variable zu bestimmen, wobei an die unabhängige(n) Variable(n) gewisse Bedingungen gestellt werden können.

Beispiel 7.42
Mit einer Rolle von 100 m Maschendraht soll eine möglichst große Gartenfläche eingezäunt werden. Wie sind die Seiten des Rechtecks zu wählen?
(Zwar ist die Kreisfläche die bei einem gegebenen Umfang größte Fläche, jedoch scheidet die Lösung aus praktischen Gesichtspunkten aus.) ∎

Lösungsweg	allgemein
1. Erkennen des Extremums	**1.** Erkennen des Extremums
1.1. Die Fläche A soll optimal werden.	**1.1.** Welche Größe soll optimal werden?
1.2. A: MAX	**1.2.** Welcher Art soll das Extremum sein?
2. Funktion für extremale Größen aufstellen (Abb. 7.15)	**2.** Funktion für extremale Größe aufstellen
	Nach Möglichkeit wird durch eine Skizze das Problem grafisch dargestellt, und die Variablen werden festgelegt.
2.1. $A = A(l; b)$	**2.1.** Von welchen Größen ist die zu optimierende abhängig?
2.2. $A = lb$	**2.2.** Die Funktion (Formel für die zu optimierende Größe) wird angegeben. Dabei ist die Verwendung einer Formelsammlung oft sehr dienlich.
3. $U = 2l + 2b$ $l = 50 - b$ $A = (50 - b)b$ $A = 50b - b^2$	**3.** Hängt die zu optimierende Größe von mehreren Variablen (hier l und b) ab, so sind Beziehungen zwischen gegebenen und gesuchten Größen aufzustellen. Auf solche Weise sind so viele Variablen in der Extremwertfunktion zu ersetzen, dass diese nur noch von einer Variablen abhängt.
4. $\dfrac{\mathrm{d}A}{\mathrm{d}b} = 50 - 2b$ $\dfrac{\mathrm{d}^2 A}{\mathrm{d}b^2} = -2$	**4.** Die erste und zweite Ableitung sind zu bilden und durch den Differenzialquotienten zu bezeichnen.
5. $50 - 2b = 0$ $b = 25$	**5.** Die erste Ableitung wird gleich null gesetzt, um mögliche Extremwerte zu bestimmen (notwendige Bedingung).
6. $\dfrac{\mathrm{d}^2 A}{\mathrm{d}b^2} = -2 < 0$ für alle Werte von b Damit ist auch für $b = 25$ ein maximaler Flächenwert zu erhalten.	**6.** Durch Einsetzen in die zweite Ableitung wird nachgeprüft, ob in diesem Punkt ein Extremwert der gesuchten Art vorliegt (hinreichende Bedingung und Entscheidung, ob Minimum oder Maximum).

Lösungsweg	allgemein
7. $l = 50 - b$ $l = 25$ $A = 625$	7. Die anderen Variablen werden berechnet. Die zugehörigen Formeln stehen unter 3. und 2.
8. Damit ist das gesuchte Rechteck ein Quadrat, was mit der Erfahrung übereinstimmt.	8. Die Ergebnisse werden sachlogisch überprüft.
9. Mit 100 m Maschendraht kann ein Quadrat mit der Seitenlänge 25 m eingezäunt werden, das einen maximalen Flächeninhalt von 625 m² hat.	9. Im Antwortsatz werden die Ergebnisse des mathematischen Modells der Aufgabe auf die praktische Problemstellung übertragen.

7.2.10.3 Kurvenuntersuchungen

Bereits in Abschnitt 3.2 wurden Vor- und Nachteile der drei wichtigsten Funktionsdarstellungen (Tabelle, Formel, Graph) angegeben. Zwischen der grafischen und der analytischen (formelmäßigen) Darstellung steht erfahrungsgemäß die Wertetabelle. Auf der einen Seite wird aus geeigneten Funktionstabellen (z. B. in einer Messreihe) durch geeignete Verfahren eine Funktion approximiert (z. B. nach der Methode der „minimalen Quadratsumme"). Auf der anderen Seite wird versucht, aus speziellen Eigenschaften der Funktionsklasse und entsprechenden Punkten den Funktionsgraph zu skizzieren, um die Forderung nach Vollständigkeit, Anschaulichkeit und Genauigkeit gleichermaßen zu erfüllen. Die breite Verwendung von grafikfähigen Taschenrechnern zu einem akzeptablen Preis scheint der sogenannten „Kurvendiskussionen" die Bedeutung genommen zu haben. Doch diese Ansicht ist genauso falsch wie die, dass der Taschenrechner das Rechnen überflüssig macht. Die Überschlagsrechnung ist auch oder gerade beim Taschenrechner als vorausgestellte Abschätzung der Größe des Ergebnisses genauso wichtig, wie es die Kenntnis grundsätzlicher theoretischer Gesetzmäßigkeiten bei den bekanntesten Funktionstypen ist, um grobe Fehler (z. B. Eingabefehler) selbst feststellen zu können.

Grundsätzliche Betrachtungen bei Vorliegen eines analytischen Funktionsausdrucks, um zu einem groben Verlauf des Funktionsgraphen zu gelangen, sind:

1. Definitionsbereichsbestimmungen

− Ganzrationale Funktionen sind für alle reellen Zahlen definiert.
− Gebrochenrationale Funktionen sind in den Punkten nicht definiert, in denen der Nenner null wird.
− Wurzelfunktionen sind für solche x nicht definiert, die negative Radikanden ergeben.

– Exponentialfunktionen sind für alle reellen Zahlen definiert, und Tangens- bzw. Cotangensfunktionen haben spezielle Werte, in denen sie nicht definiert sind.

Bei Summen, Differenzen und Produkten von Funktionen ergibt sich der gemeinsame Definitionsbereich als Durchschnittsmenge der einzelnen Definitionsbereiche.

2. Wertebereichsbestimmung
Die Bestimmung des Wertebereichs einer Funktion ist nur in den Fällen vorzunehmen, in denen sich daraus leicht sichtbare und wesentliche Einschränkungen ergeben.

3. Verhalten für x, die an den Rändern des Definitionsbereichs liegen

– Ganzrationale Funktionen erfordern die Untersuchung

$$x \to \pm\infty$$

Das Verhalten der y-Werte hängt von der höchsten Potenz in x (definiert den Grad) und dem Koeffizienten davor ab.

Grad	a_n	$\lim y$ $x \to -\infty$	$\lim y$ $x \to +\infty$	Verlauf im Koordinatensystem
gerade	+	$+\infty$	$+\infty$	von links oben nach rechts oben
gerade	–	$-\infty$	$-\infty$	von links unten nach rechts unten
ungerade	+	$-\infty$	$+\infty$	von links unten nach rechts oben
ungerade	–	$+\infty$	$-\infty$	von links oben nach rechts unten

– Gebrochenrationale Funktionen erfordern die Untersuchung $x \to \pm\infty$.

$$y = f(x) = \frac{a_n x^n + a_{n-1} x^{n-1} + \ldots + a_1 x + a_0}{b_m x^m + b_{m-1} x^{m-1} + \ldots + b_1 x + b_0}$$

Allgemein gilt:

1. Für $m > n$ (echt gebrochene rationale Funktion)

$$\lim_{x \to \pm\infty} f(x) = 0$$

Die x-Achse ist Asymptote der Funktionswerte für sehr kleine und große Argumente.

2. Für $m = n$ (Grad in Zähler- und Nennerpolynom gleich)

$$\lim_{x \to \pm\infty} f(x) = \frac{a_n}{b_m}$$

Die Parallele zur x-Achse $y = \dfrac{a_n}{b_m}$ ist Asymptote der Funktionswerte für sehr kleine und große Argumente.

3. Für $n > m$ lässt sich durch Polynomdivision eine ganzrationale Funktion abspalten, die dann eine Grenzkurve der Funktion darstellt.

Beispiel 7.43

$$y = \frac{6x^3 + 3x^2 - 3x + 7}{2x - 5} = 3x^2 + 9x + 21 + \frac{112}{2x - 5}$$

Die Kurve, der sich die Funktionswerte für sehr große und sehr kleine x asymptotisch nähern, ist eine Parabel 2. Grades: $y_A = 3x^2 + 9x + 21$.

Für $n > m$ nähern sich die Funktionswerte für $x \to \pm\infty$ Geraden oder Parabeln, die sich aus Abspaltung des ganzrationalen Terms ergeben, asymptotisch.

Die anderen Funktionen erfordern Untersuchungen mithilfe der Grenzwertbildung.

■

4. Symmetrieeigenschaften der Funktion

Funktionen sind gerade, wenn für alle x gilt: $f(x) = f(-x)$. Gerade Funktionen verlaufen axialsymmetrisch zur y-Achse. Funktionen sind ungerade, wenn für alle x gilt: $f(x) = -f(-x)$. Ungerade Funktionen verlaufen zentralsymmetrisch zum Koordinatenursprung.

Symmetrische Funktionen müssen demzufolge nur für eine Hälfte des Koordinatensystems untersucht werden.

Produkt, Quotient, Summe und Differenz von zwei geraden Funktionen ergeben eine gerade Funktion.

Produkt und Quotient von ungeraden Funktionen ergibt eine gerade und Summe sowie Differenz eine ungerade Funktion. Produkt und Quotient von ungerader und gerader Funktion ergibt eine ungerade Funktion.

5. Unstetigkeitsstellen der Funktion

Hier werden alle Lücken, Sprungstellen und vor allem die Polstellen von gebrochenrationalen Funktionen erfasst. Sie haben wesentlichen Einfluss auf den Funktionsverlauf. Gebrochenrationale Funktionen haben Polstellen für die x-Werte, in denen die Nennerfunktion null und die Zählerfunktion verschieden von null ist.

Aus diesen 5 Punkten (globaler Verlauf der Funktion) muss sich ein grobes Funktionsbild zusammenstellen lassen. Nachfolgend genannte Untersuchungen können diesen globalen Verlauf nur präzisieren und bestätigen.

Lokale Eigenschaften der Funktion
6. Schnittpunkt mit der y-Achse

Bedingung: $x = 0$

7. Schnittpunkt(e) mit der x-Achse – Nullstellen
Bedingung: $y = 0$
Die Auflösung der zugehörigen Gleichung ist oft gar nicht einfach durchzuführen.

8. Bestimmung möglicher Extrempunkte und Monotonieintervalle
Bedingung: (streng) monoton wachsend $y' > 0$

   (streng) monoton fallend $y' < 0$

Der Zusammenstoß zweier Monotonieintervalle führt zu einem Extrempunkt.
notwendige Bedingung: $y'(x_E) = 0$
hinreichende Bedingung für ein Maximum: $y''(x_E) < 0$
hinreichende Bedingung für ein Minimum: $y''(x_E) > 0$

Bemerkung 7.8
Diese Extrempunkte sind im Allgemeinen keine absoluten Extremstellen der Funktion, sondern relativ größte oder kleinste Funktionswerte in einer hinreichend gewählten Umgebung (lokale Extremstellen).

9. Der Zusammenstoß von konvex und konkav gekrümmten Kurvenbögen führt zu einem Wendepunkt.

notwendige Bedingung: $y''(x_W) = 0$
hinreichende Bedingung: $y'''(x_W) \neq 0$

Bei Kurvendiskussionen ist jedes schematische Vorgehen zu vermeiden. Die gefundenen Aussagen sind sofort und widerspruchsfrei in ein zuvor angefertigtes Koordinatensystem einzutragen oder mit dem Bild auf dem Display des grafikfähigen Taschenrechners zu vergleichen.

Beispiel 7.44

$y = x^3 + 4x^2 - 11x - 30$,   vgl. Abb. 7.15

$x \in \mathbb{R}$ (ganzrationale Funktion 3. Grades)

$y \in \mathbb{R}$

$\lim_{x \to -\infty} (x^3 + 4x^2 - 11x - 30) = -\infty$

$\lim_{x \to \infty} (x^3 + 4x^2 - 11x - 30) = \infty$

Schnittpunkt mit der y-Achse: $y = -30$

Schnittpunkt mit der x-Achse: $x_1 = 3$

$x_2 = -2$

$x_3 = -5$

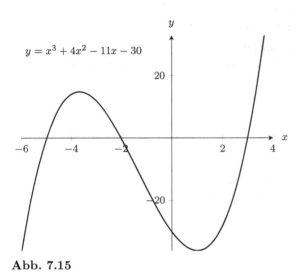

$y = x^3 + 4x^2 - 11x - 30$

Abb. 7.15

	1	4	-11	-30
	$-$	3	21	30
3	1	7	10	
	$-$	-2	-10	
-2	1	5		

$$y = (x - 3)(x + 2)(x + 5)$$

$$\frac{dy}{dx} = 3x^2 + 8x - 11 \qquad 3x^2 + 8x - 11 = 0$$

$$\frac{d^2y}{dx^2} = 6x + 8 \qquad x^2 + \frac{8}{3}x - \frac{11}{3} = 0$$

$$\frac{d^3y}{dx^3} = 6 \neq 0 \qquad x_{1/2} = -\frac{4}{3} \pm \sqrt{\frac{16}{9} + \frac{11}{3}}$$

$$x_{1/2} = -\frac{4}{3} \pm \sqrt{\frac{49}{9}}$$

$$x_1 = 1$$

$$x_2 = -\frac{11}{3}$$

$$P_{\text{Min}}(1; -36) \qquad \frac{d^2y}{dx^2}(1) = 14 > 0 \quad \text{Minimum}$$

$$P_{\text{Max}}\left(-\frac{11}{3}; \frac{400}{27}\right) \approx (-3{,}7; 14{,}8) \qquad \frac{d^2y}{dx^2}\left(-\frac{11}{3}\right) = -14 < 0 \quad \text{Maximum}$$

$$6x + 8 = 0$$

$$P_{\text{Wdpkt}}\left(-\frac{4}{3}; -\frac{286}{27}\right) \approx (-1{,}3; -10{,}6) \qquad x = -\frac{4}{3}$$

∎

Beispiel 7.45

$$y = \frac{x + 2}{x^2 - 1}, \quad \text{vgl. Abb. 7.16}$$

$$x \in \mathbb{R}/\{-1; 1\}$$

$$\text{Polstellen} \quad x_1 = -1$$

$$x_2 = 1$$

$$\lim_{x \to \pm\infty} \frac{x + 2}{x^2 - 1} = 0$$

Schnittpunkt mit der y-Achse: $y = -2$

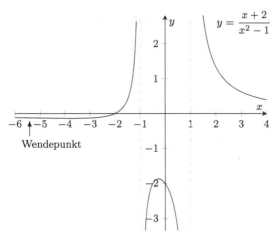

Abb. 7.16

Schnittpunkt mit der x-Achse: $x = -2$

$$\frac{dy}{dx} = \frac{(x^2 - 1) - (x + 2)2x}{(x^2 - 1)^2} = \frac{-x^2 - 4x - 1}{(x^2 - 1)^2}$$

$$\frac{d^2y}{dx^2} = \frac{(x^2 - 1)^2(-2x - 4) - 2(x^2 - 1)2x(-x^2 - 4x - 1)}{(x^2 - 1)^4}$$

$$= \frac{2x^3 + 12x^2 + 6x + 4}{(x^2 - 1)^3}$$

$$x^2 + 4x + 1 = 0 \qquad\qquad x_{1/2} = -2 \pm \sqrt{4 - 1} \qquad\qquad x_1 = -0{,}27$$

$$x_2 = -3{,}73$$

$$\frac{d^2y}{dx^2}(-0{,}27) < 0 \Rightarrow \text{MAX} \qquad\qquad P_{\text{MAX}}(-0{,}27; -1{,}87)$$

$$\frac{d^2y}{dx^2}(-3{,}73) > 0 \Rightarrow \text{MIN} \qquad\qquad P_{\text{MIN}}(-3{,}73; -0{,}13)$$

$$P_{\text{Wdpkt}}(-5{,}5; -0{,}1)$$

∎

Beispiel 7.46

$$y = e^{-x^2}, \quad \text{vgl. Abb. 7.17}$$

$$x \in \mathbb{R} \qquad\qquad\qquad\qquad y > 0$$

$$\lim_{x \to \pm\infty} e^{-x^2} = \lim_{x \to \pm\infty} \frac{1}{e^{x^2}} = 0$$

axialsymmetrisch zur y-Achse (gerade Funktion)

Schnittpunkt mit y-Achse: $y = 1$

$$\frac{dy}{dx} = -2xe^{-x^2} \qquad P_{\text{MAX}}(0;1)$$

$$\frac{d^2y}{dx^2} = -2e^{-x^2}(1 - 2x^2) \qquad P_{\text{Wdpkt}}\left(\frac{\sqrt{2}}{2}; \frac{1}{\sqrt{e}}\right) \approx (0{,}71, 0{,}61)$$

$$\frac{d^3y}{dx^3} = -4xe^{-x^2}(-3 + 2x^2) \qquad P_{\text{Wdpkt}}\left(-\frac{\sqrt{2}}{2}; \frac{1}{\sqrt{e}}\right) \approx (-0{,}71, 0{,}61)$$

■

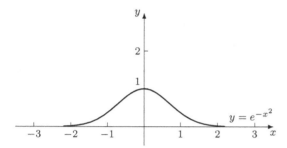

Abb. 7.17

7.2.10.4 Newton'sches Iterationsverfahren

Nur für spezielle Polynomgleichungen, deren Grad $n = 4$ übersteigt, gibt es Lösungsverfahren, mit denen die Lösungen im „direkten Angriff" bestimmen lassen. Die sogenannten Cardano'schen Formelsätze nach Cardano (1501–1576) funktionieren zwar für Polynomgleichungen mit dem Grad drei und vier, ermitteln die Lösungen jedoch mit einem unvertretbar hohem Zeitaufwand. Bei nichtrationalen Gleichungen ist man in den meisten Fällen auf Näherungsverfahren angewiesen. Besondere Bedeutung haben dabei die sogenannten Iterationsverfahren (Näherungsverfahren), die von einer Anfangslösung ausgehend, diese schrittweise verbessern. Dabei kann von Schritt zu Schritt abgeschätzt werden, ob die geforderte Genauigkeit der Lösung erreicht ist oder weitere und vor allem verbesserte Lösungen (das Verfahren konvergiert – zu der exakten Lösung) bestimmt werden müssen. Von besonderer Bedeutung ist dabei das Iterationsverfahren von Newton. Die Gleichung wird gleich der Funktion y gesetzt, deren Nullstellen zu bestimmen sind. Da das beispielsweise bei der Funktion

$$y = x^2 \ln(x) - 1$$

direkt nicht möglich ist, hat Newton die Funktion im Punkt $(x_0; y_0)$ (Anfangswert der Lösung) durch ihre Tangente ersetzt und deren Schnittpunkt mit der x-Achse (ersatzweise für die Funktion) bestimmt. Es ist dieses die erste Näherung (x_1) für die gesuchte Lösung, nach der Formel

$$y'(x_0) = \frac{y - y_0}{x_1 - x_0} \quad \text{(Gleichung der Tangente im Punkt $(x_0; y_0)$}$$

$$\text{auf der Funktion)}$$

$$x_1 = x_0 - \frac{f(x_0)}{f'(x_0)} \quad \text{(mit $y_0 = f(x_0)$ und $y = 0$)}$$

Aus dem Bild der Funktion $y = x^2 \cdot \ln(x) - 1$ ist erkennbar, dass es eine Nullstelle der Funktion zwischen 1 und 2 gibt (vgl. Abb. 7.18). Die Anfangslösung für das Iterationsverfahren wird dem grafischen Bild oder bei stetigen Funktionen einem Zwischenwert zwischen zwei Abszissenwerten entnommen, die einen Funktionswert mit einem unterschiedlichen Vorzeichen besitzen.

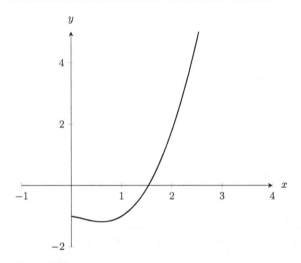

Abb. 7.18

Hier
$$y(1) = 1^2 \ln(1) - 1 = 0 - 1 = -1$$
$$y(2) = 2^2 \ln(2) - 1 \approx 4 \cdot 0{,}69 - 1 = 1{,}77$$

$y = x^2 \ln(x) - 1 \quad y' = 2x \ln(x) + x^2 \cdot \dfrac{1}{x} = 2x \ln(x) + x$

Startwert ist $x_0 = 1$:

$$y(1) = -1 \qquad\qquad\qquad y'(1) = 0 + 1$$

$$x_1 = x_0 - \frac{f(x_0)}{f'(x_0)} = 1 - \frac{(-1)}{1} = 2$$

1. Näherung: $x_1 = 2$:

$$y(2) = 4\ln(2) - 1 = \ln(2^4) - 1 = \ln(16) - 1 \approx 1{,}7726$$
$$y'(2) = 2 \cdot 2\ln(2) + 2 \approx 4{,}7726$$

$$x_2 = x_1 - \frac{f(x_1)}{f'(x_1)} = 2 - \frac{1{,}7726}{4{,}7726} \approx 1{,}6286$$

2. Näherung $x_2 = 1{,}6286$:

$$y(1{,}6286) = 1{,}6286^2 \ln(1{,}6286) - 1 = 0{,}2936$$

$$y'(1{,}6286) = 2 \cdot 1{,}6286 \ln(1{,}6286) + 1{,}6286 \approx 3{,}2172$$

$$x_3 = x_2 - \frac{f(x_2)}{f'(x_2)} = 1{,}6286 - \frac{0{,}2936}{3{,}2172} \approx 1{,}5373$$

3. Näherung $x_3 = 1{,}5373$:

$$y(1{,}5373) \approx 0{,}0163 \qquad\qquad y'(1{,}5373) \approx 2{,}8595$$

$$x_4 = x_3 - \frac{f(x_3)}{f'(x_3)} = 1{,}5373 - \frac{0{,}0163}{2{,}8595} \approx 1{,}5316$$

4. Näherung $x_4 = 1{,}5316$:

$y(1{,}5316) \approx 0{,}000\,044\,2$ (eine Verbesserung in der 4. Stelle nach dem Komma gibt es nicht mehr)

Genauigkeit der Lösung $|x - 1{,}5316| < 10^{-4}$.

7.2.11 Iterationen

Gesucht sind die Lösungen oder gesucht ist eine Lösung der Gleichung $f(x) = 0$ (Nullstelle der Funktion in einem gewissen Intervall).

Die Gleichung $f(x) = 0$ wird in die Gestalt $x = \varphi(x)$ gebracht (iterationsfähige Form).

Prinzip: Aus einer Näherung x_n für eine Lösung wird durch Einsetzen in $\varphi(x)$ eine neue (verbesserte) Näherung für die Lösung gewonnen (x_{n+1}).

$$x_{n+1} = \varphi(x_n)$$

Gleichungen dieser Form werden Rekursionsformeln genannt, deren algebraische Struktur den Einsatz von programmierbaren Rechnern möglich und sehr vorteilhaft macht.

Die Umformung von $f(x) = 0$ in $x = \varphi(x)$ ist durch verschiedene Möglichkeiten vorzunehmen, wobei die Gleichungen $f(x) = 0$ und $x = \varphi(x)$ selbstverständlich die gleichen Lösungen haben müssen.

Beispiel 7.47

Newton-Verfahren

$$x_{n+1} = x_n - \frac{f(x_n)}{f'(x_n)} \qquad \text{mit} \qquad f'(x_n) \neq 0.$$

Damit ist

$$x_{n+1} = \varphi(x_n) \qquad \text{mit} \qquad \varphi(x_n) = x_n - \frac{f(x_n)}{f'(x_n)}. \tag{7.1}$$

Ist x_L eine Lösung von $f(x)$, also
$f(x_\mathrm{L}) = 0$,
so ist

$$\varphi(x_\mathrm{L}) = x_\mathrm{L} - \frac{f(x_\mathrm{L})}{f'(x_\mathrm{L})} = x_\mathrm{L} \qquad \text{für} \qquad f'(x_\mathrm{L}) \neq 0,$$

und ebenso folgt aus

$$\varphi(x_\mathrm{L}) = x_\mathrm{L}$$

$$\varphi(x_\mathrm{L}) - x_\mathrm{L} = \frac{f(x_\mathrm{L})}{f'(x_\mathrm{L})} = 0 \qquad \text{für} \qquad f'(x_\mathrm{L}) \neq 0,$$

somit haben $f(x)$ und $x = \varphi(x)$ die gleiche Lösung x_L.
Die Folge der Näherungen $x_0, x_1, x_2, \ldots$ strebt dann gegen x_L

$$\lim_{n \to \infty} x_n = x_\mathrm{L},$$

wenn die x_n zusammen mit der Lösung in einem Intervall liegen, in dem $\varphi(x)$ stetig und differenzierbar ist und gilt

$$|\varphi'(x)| < 1.$$

Diese Bedingung ist hinreichend, aber nicht notwendig.   ∎

Beispiel 7.48
Für die Newton'sche Rekursionsformel lässt sich ableiten, dass Konvergenz vorliegt, wenn für die Näherung x gilt:

$$|\varphi'(x)| = \left| \frac{f(x)f''(x)}{[f'(x)]^2} \right| < 1$$

∎

Beispiel 7.49

$$2{,}861x^3 - 4{,}812x^2 + 1{,}561x - 6{,}321 = 0$$

$x = 3$ (Startlösung für Iteration)   ∎

$$
\begin{array}{c|cccc}
 & 2{,}861 & -4{,}812 & 1{,}561 & -6{,}321 \\
 & - & 8{,}583 & 11{,}313 & 38{,}622 \\
\hline
3 & 2{,}861 & 3{,}771 & 12{,}874 & 32{,}301 \quad = f(3) \\
 & - & 8{,}583 & 37{,}062 & \\
\hline
3 & 2{,}861 & 12{,}354 & 49{,}936 & = f'(3) \\
 & - & 8{,}583 & & \\
\hline
3 & 2{,}861 & 20{,}937 & = \dfrac{f''(3)}{2} & \\
\end{array}
$$

Prüfung der Konvergenz: $\left| \dfrac{41{,}874 \cdot 32{,}301}{49{,}936^2} \right| < 1$

Für $x = 3$ als Startwert konvergiert das Verfahren.

$$x_1 = 3 - \frac{32{,}301}{49{,}936} = 2{,}353$$

$$
\begin{array}{c|cccc}
 & 2{,}861 & -4{,}812 & 1{,}561 & -6{,}321 \\
 & - & 6{,}732 & 4{,}518 & 14{,}303 \\
\hline
2{,}353 & 2{,}861 & 1{,}920 & 6{,}079 & 7{,}982 \\
 & - & 6{,}732 & 20{,}358 & \\
\hline
2{,}353 & 2{,}861 & 8{,}652 & 26{,}437 & \\
\end{array}
$$

$$x_2 = 2{,}353 - \frac{7{,}982}{26{,}437} = 2{,}051$$

$$
\begin{array}{c|cccc}
 & 2{,}861 & -4{,}812 & 1{,}561 & -6{,}321 \\
 & - & 5{,}868 & 2{,}166 & 7{,}643 \\
\hline
2{,}051 & 2{,}861 & 1{,}056 & 3{,}727 & 1{,}322 \\
 & - & 5{,}868 & 14{,}201 & \\
\hline
2{,}051 & 2{,}861 & 6{,}924 & 17{,}928 & \\
\end{array}
$$

$$x_3 = 2{,}051 - \frac{1{,}322}{17{,}928} = 1{,}977$$

$$
\begin{array}{c|cccc}
 & 2{,}861 & -4{,}812 & 1{,}561 & -6{,}321 \\
 & - & 5{,}656 & 1{,}669 & 6{,}386 \\
\hline
1{,}977 & 2{,}861 & 0{,}844 & 3{,}230 & 0{,}065 \\
 & - & 5{,}656 & 12{,}851 & \\
\hline
1{,}977 & 2{,}861 & 6{,}500 & 16{,}081 & \\
\end{array}
$$

$$x_4 = 1{,}977 - \frac{0{,}065}{16{,}081} = 1{,}973$$

	2,861	−4,812	1,561	−6,321
	−	5,645	1,644	6,322
1,973	2,861	0,833	3,205	0,001
	−	5,645	12,781	
1,973	2,861	6,478	15,986	

Die Korrektur $\dfrac{0,001}{15,986}$ ist kleiner als $\dfrac{1}{10^4}$.

7.2.12 Funktionen mit mehreren unabhängigen Variablen

7.2.12.1 Begriff

Wird die Menge

$$D = D_1 \times D_2 \times \ldots \times D_n$$

eindeutig auf eine Menge y abgebildet, so bilden die $(n + 1)$-Tupel

$$(x_1, x_2, \ldots, x_n, y)$$

eine Funktion mit n unabhängigen Variablen.

$$y = f(x_1, x_2, \ldots, x_n)$$

7.2.12.2 Partielle Ableitung

Vorgegeben ist eine Funktion mit n unabhängigen Variablen

$$y = f(x_1, x_2, \ldots, x_n)$$

Definition 7.8
Die erste partielle Ableitung $\dfrac{\partial y}{\partial x_i}$ (gelesen: „dy partiell nach dx_i") ist der Grenzwert des Differenzenquotienten:

$$\frac{\partial y}{\partial x_i} = \lim_{\Delta x \to 0} \frac{f(x_1, x_2, \ldots, x_i + \Delta x, \ldots, x_n) - f(x_1, x_2, \ldots, x_n)}{\Delta x}$$

Praktisch wird die partielle Ableitung nach dx_i so gebildet, dass alle Variablen bis auf x_i als Konstante betrachtet werden. Bei der Ableitung sind alle Regeln der Differenziation gültig.
Eine Funktion mit n unabhängigen Variablen hat demzufolge n partielle Ableitungen 1. Ordnung. ♦

Beispiel 7.50

$$y = x_1 \sin x_2 + e^{x_3} - x_2 x_3^2$$

$$\frac{\partial y}{\partial x_1} = \sin x_2$$

$$\frac{\partial y}{\partial x_2} = x_1 \cos x_2 - x_3^2$$

$$\frac{\partial y}{\partial x_3} = e^{x_3} - 2x_2 x_3$$

Da die partiellen Ableitungen wieder differenzierbare Funktionen sind, lassen sich auch partielle Ableitungen höherer Ordnung bilden. ∎

Beispiel 7.51

$$z = \sqrt{r^2 - x^2 - y^2} \qquad\qquad z = f(x, y)$$

$$\frac{\partial z}{\partial x} = \frac{-x}{\sqrt{r^2 - x^2 - y^2}} \qquad\qquad \frac{\partial^2 z}{\partial x^2} = \frac{y^2 - r^2}{(r^2 - x^2 - y^2)\sqrt{r^2 - x^2 - y^2}}$$

$$\textit{Quotientenregel}$$

$$\frac{\partial z}{\partial y} = \frac{-y}{\sqrt{r^2 - x^2 - y^2}} \qquad\qquad \frac{\partial^2 z}{\partial y^2} = \frac{x^2 - r^2}{(r^2 - x^2 - y^2)\sqrt{r^2 - x^2 - y^2}}$$

Partielle Ableitungen 2. Ordnung sind auch die gemischten Ableitungen:

$$\frac{\partial^2 z}{\partial x \partial y} = \frac{-xy}{(r^2 - x^2 - y^2)\sqrt{r^2 - x^2 - y^2}}$$

$$\frac{\partial^2 z}{\partial y \partial x} = \frac{-xy}{(r^2 - x^2 - y^2)\sqrt{r^2 - x^2 - y^2}}$$

∎

Satz 7.14

von A. Schwarz (1843–1921)
Sind Funktionen und ihre partiellen Ableitungen stetig, so ist die Reihenfolge der partiellen Differenziation bei Ableitungen höherer Ordnung beliebig.

7.2.12.3 Totales Differenzial

Definition 7.9

Das totale Differenzial der Funktion

$$y = f(x_1, x_2, \ldots, x_n)$$

ist die Summe

$$dy = \frac{\partial y}{\partial x_1} dx_1 + \frac{\partial y}{\partial x_2} dx_2 + \ldots + \frac{\partial y}{\partial x_n} dx_n$$

Die n Summanden sind Produkte aus den 1. partiellen Ableitungen der Funktion multipliziert mit den zugehörigen Differenzialen. ◆

Beispiel 7.52

$$\varrho = f(m, l, b, h) \qquad \frac{\partial \varrho}{\partial m} = \frac{1}{lbh} \qquad \frac{\partial \varrho}{\partial b} = -\frac{m}{hlb^2}$$

$$\varrho = \frac{m}{lbh} \qquad \frac{\partial \varrho}{\partial l} = -\frac{m}{bhl^2} \qquad \frac{\partial \varrho}{\partial h} = -\frac{m}{lbh^2}$$

$$d\varrho = \frac{dm}{lbh} - \frac{mdl}{bhl^2} - \frac{mdb}{hlb^2} - \frac{mdh}{lbh^2}$$

∎

7.2.12.4 Fehlerrechnung

Fehler werden nach der Ursache ihres Entstehens eingeteilt.

Fehler 1. Art (systematische Fehler) haben ihre Ursache in der Verwendung von ungenauen Messwerkzeugen. Sie sind entweder alle positiv oder alle negativ in ihrem Abweichen vom wahren Wert der zu messenden Größe.

Fehler 2. Art haben psychische oder physische Ursachen, die bei dem Messenden liegen. Kurz werden sie auch als *Ablesefehler* bezeichnet. Die Abweichungen der gemessenen Größen vom wahren Wert sind positiv oder negativ.

Nur Fehler der 2. Art (Ablesefehler) werden in der Fehlerrechnung betrachtet.

1. Es werden Größen gemessen, die mit einem Messfehler belastet sind. Aus diesen gemessenen Größen sollen neue Größen berechnet werden.
   Die Fehlerrechnung untersucht, wie sich die Fehler der gemessenen Größen auf die zu berechnenden Größen auswirken.

2. Wenn die Genauigkeit der Rechnung vorgeschrieben ist (eine gewisse Fehlergrenze soll nicht überschritten werden), so bestimmen die Methoden der Fehlerrechnung, welche Genauigkeit bei der Messung unbedingt eingehalten werden muss, um diesen Fehler nicht zu überschreiten.

Der wahre Wert einer Größe sei X.

Gemessen wird der Wert x.

Der wahre Fehler ε ergibt sich zu $\varepsilon = x - X$.

Da es nur die eine Gleichung gibt, jedoch zwei Größen unbekannt sind (X, ε), wird der wahre Fehler abgeschätzt (in Abhängigkeit vom verwendeten Messgerät).

$$\varepsilon \approx \Delta x$$

Somit liegt der wahre Wert X im Intervall:

$$x - |\Delta x| < X < x + |\Delta x|$$

Δx wird als absoluter Fehler bezeichnet.

Bezogen auf den Messwert und in Prozent ausgedrückt, ergibt sich der relative Fehler, der die Güte einer Messung einschätzt.

Beispiel 7.53

Welche Messung ist genauer?

1. 800 m mit einer Genauigkeit von 2 m
2. 90 cm mit einer Genauigkeit von 1 mm

$$\frac{\Delta x_1}{x_1} = \frac{2}{800} = 0,25\,\%$$

$$\frac{\Delta x_2}{x_2} = \frac{0,1}{90} = 0,12\,\%$$

Die zweite Messung ist wesentlich genauer! ∎

Um die Fortpflanzung des wahren Fehlers in der Rechnung einschätzen zu können, wird die zu berechnende Größe als Funktion von n Messgrößen aufgefasst.

$$y = f(x_1, x_2, \ldots, x_n),$$

die alle mit dem wahren Fehler $\varepsilon_1, \varepsilon_2, \ldots, \varepsilon_n$ behaftet sind.

Da Fehler in Bezug auf die Größen x_i relativ klein sind, wird die Änderung der Funktion Δy durch $\mathrm{d}y$ ausgedrückt. Es ist dieses der Fehler ε_y der zu berechnenden Größe, der nach dem totalen Differenzial der Funktion berechnet wird:

$$y = \frac{\partial y}{\partial x_1}\varepsilon_1 + \frac{\partial y}{\partial x_2}\varepsilon_2 + \ldots + \frac{\partial y}{\partial x_n}\varepsilon_n$$

Spezialfall

$$y = f(x)$$
$$\mathrm{d}y = \varepsilon_y = f'(x)\mathrm{d}x = f'(x)\varepsilon_x$$

Es ist bei der Fortpflanzung des Fehlers vom ungünstigsten Fall auszugehen. Der tritt ein, wenn alle Summanden positiv (oder alle Summanden negativ) sind. Der wahre Fehler der Messgröße ε_i wird durch Δx_i abgeschätzt.

Daraus ergibt sich die Formel für den absoluten Maximalfehler einer Größe als:

$$\Delta y_{\max} = \left|\frac{\partial y}{\partial x_1}\Delta x_1\right| + \left|\frac{\partial y}{\partial x_2}\Delta x_2\right| + \ldots + \left|\frac{\partial y}{\partial x_n}\Delta x_n\right|$$

Der zugehörige relative Maximalfehler ist der Quotient aus dem absoluten Maximalfehler und der berechneten Größe ausgedrückt in Prozent.

$$\frac{\Delta y_{\max}}{y} = \Delta y_{\mathrm{rel}}$$

Zwei Hinweise für die praktische Durchführung der Fehlerrechnung:

Hinweis 7.3

1. In der Fehlerrechnung sind alle Rundungsregeln außer Kraft gesetzt. Es ist stets aufzurunden.

2. *In der Fehlerrechnung ist übertriebene Genauigkeit zu vermeiden, da sonst Ergebnisse vorgetäuscht werden, die nie erreicht werden können.*

Bei der direkten Rechnung ist bei Produkten, Quotienten und Potenzen zunächst der relative Maximalfehler zu berechnen, da so die Rechnung oft wesentlich vereinfacht abläuft.

Aus dem Fehlerfortpflanzungsgesetz (totales Differenzial) lassen sich für die wichtigsten Rechenoperationen allgemeine Formeln herleiten.

Die Größen x_1 und x_2 werden mit den Fehlern Δx_1 und Δx_2 gemessen.

	absolut	relativ
Der Fehler der Summe	$\lvert\Delta x_1\rvert + \lvert\Delta x_2\rvert$	$\dfrac{\lvert\Delta x_1\rvert + \lvert\Delta x_2\rvert}{\lvert x_1 + x_2\rvert}$
Der Fehler der Differenz	$\lvert\Delta x_1\rvert + \lvert\Delta x_2\rvert$	$\dfrac{\lvert\Delta x_1\rvert + \lvert\Delta x_2\rvert}{\lvert x_1 - x_2\rvert}$
Der Fehler des Produkts	$\lvert\Delta x_1 x_2\rvert + \lvert\Delta x_2 x_1\rvert$	$\left\lvert\dfrac{\Delta x_1}{x_1}\right\rvert + \left\lvert\dfrac{\Delta x_2}{x_2}\right\rvert$
Der Fehler des Quotienten	$\dfrac{\lvert\Delta x_1 x_2\rvert + \lvert\Delta x_2 x_1\rvert}{x_2^2}$	$\left\lvert\dfrac{\Delta x_1}{x_1}\right\rvert + \left\lvert\dfrac{\Delta x_2}{x_2}\right\rvert$
Der Fehler der Potenz x_1^n	$\lvert n\Delta x_1 x_1^{n-1}\rvert$	$\lvert n\rvert\left\lvert\dfrac{\Delta x_1}{x_1}\right\rvert$

Beispiel 7.54

$b = (0{,}30 \pm 0{,}005)\,\mathrm{m}, \quad$ vgl. Abb. 7.19

$\varrho = \dfrac{m}{lbh}$

$h = (0{,}06 \pm 0{,}002)\,\mathrm{m}$

$l = (0{,}80 \pm 0{,}01)\,\mathrm{m} \qquad \Delta\varrho = \left\lvert\dfrac{\partial\varrho}{\partial m}\cdot\Delta m\right\rvert + \left\lvert\dfrac{\partial\varrho}{\partial l}\Delta l\right\rvert + \left\lvert\dfrac{\partial\varrho}{\partial b}\Delta b\right\rvert + \left\lvert\dfrac{\partial\varrho}{\partial h}\Delta h\right\rvert$

$m = (20{,}0 \pm 0{,}1)\,\mathrm{kg}$

$$\Delta\varrho_{\max} = \frac{\Delta m}{lbh} + \frac{m\Delta l}{bhl^2} + \frac{m\Delta b}{hlb^2} + \frac{m\Delta h}{lbh^2}$$

$$\frac{\Delta\varrho_{\max}}{\varrho} = \frac{\Delta m}{m} + \frac{\Delta l}{l} + \frac{\Delta b}{b} + \frac{\Delta h}{h} = \frac{0,1}{20} + \frac{0,01}{0,80} + \frac{0,005}{0,300} + \frac{0,002}{0,060}$$

$$\frac{\Delta\varrho_{\max}}{\varrho} = 0,005 + 0,013 + 0,017 + 0,034 = 0,069 \mathrel{\widehat{=}} 6,9\,\%$$

$$\Delta\varrho_{\max} = \varrho \cdot 0,069 = 0,096$$

$$\varrho = (1,389 \pm 0,096)\,\frac{\mathrm{kg}}{\mathrm{dm}^3}$$

∎

Abb. 7.19

Beispiel 7.55
Welchen Fehler hat die Fläche des Dreiecks? Es gilt:

$$b = (20,3 \pm 0,2)\,\mathrm{cm}$$

$$a = (18,6 \pm 0,1)\,\mathrm{cm}$$

$$\gamma = 15° \pm 9' \qquad 9' = 0,15° \approx 0,003\,62 \quad \text{(dimensionslos)}$$

$$A = \frac{1}{2}ab\sin\gamma$$

$$\mathrm{d}A = \frac{\partial A}{\partial a}\mathrm{d}a + \frac{\partial A}{\partial b}\mathrm{d}b + \frac{\partial A}{\partial \gamma}\mathrm{d}\gamma$$

$$\mathrm{d}A = \frac{1}{2}b\sin\gamma\,\mathrm{d}a + \frac{1}{2}a\sin\gamma\,\mathrm{d}b + \frac{1}{2}ab\cos\gamma\,\mathrm{d}\gamma$$

$$\frac{\mathrm{d}A}{A} = \frac{\mathrm{d}a}{a} + \frac{\mathrm{d}b}{b} + \frac{\cos\gamma}{\sin\gamma}\mathrm{d}\gamma$$

Zu beachten ist, dass $\mathrm{d}\gamma$ in Bogenmaß eingesetzt werden muss ($9' = 0,15° \approx 0,002\,62$ – dimensionslos).

$$\frac{\mathrm{d}A}{A} = 0,0054 + 0,0099 + 2,9715 \cdot 0,0027 = 0,025\,4 \mathrel{\widehat{=}} 2,54\,\%$$

$$\mathrm{d}A = A \cdot 0,0254 = 1,2412\,\mathrm{cm}^2$$

$$A = (48,86 \pm 1,25)\,\mathrm{cm}^2$$

∎

7.3 Integralrechnung

7.3.1 Unbestimmte Integrale und Grundintegrale

Jede differenzierbare Funktion $F(x)$ hat genau eine Ableitungsfunktion:

$$\frac{\mathrm{d}F(x)}{\mathrm{d}x} = f(x)$$

Ist jedoch die Ableitungsfunktion gegeben und die ursprüngliche Funktion $F(x)$ gesucht (Stammfunktion), so gibt es unendlich viele Funktionen, die abgeleitet $f(x)$ ergeben. Da die Ableitung eines konstanten Summanden null ist, kann ein solcher beliebig hinzugefügt werden. Mit $F(x)$ ist demzufolge auch $F(x)+c$ (c Konstante) Stammfunktion, deren Ableitung $f(x)$, die gegebene Ableitungsfunktion, ist.

$$\frac{\mathrm{d}[F(x) + c]}{\mathrm{d}x} = f(x)$$

Alle Funktionen, deren Ableitungen gleich einer gegebenen Funktion $f(x)$ sind, bilden eine Menge. Sie wird als Menge der unbestimmten Integrale bezeichnet.

Die Aufgabe der Integralrechnung besteht darin, zu einer gegebenen Funktion $f(x)$ die Funktion $F(x)$ zu bestimmmen, sodass deren Ableitung die gegebene Funktion $f(x)$ ist.

Beispiel 7.56

$$f(x) = x$$

$$F_1(x) = \frac{x^2}{2}, \qquad \text{denn} \quad \frac{\mathrm{d}F_1(x)}{\mathrm{d}x} = x$$

$$\text{oder} \quad F_2(x) = \frac{x^2}{2} + 5, \quad \text{denn} \quad \frac{\mathrm{d}F_2(x)}{\mathrm{d}x} = x$$

$$\text{oder} \quad F_3(x) = \frac{x^2}{2} - \pi, \quad \text{denn} \quad \frac{\mathrm{d}F_3(x)}{\mathrm{d}x} = x$$

Allgemein (unbestimmtes Integral von $f(x)$):

$$F(x) = \frac{x^2}{2} + c$$

∎

Bezeichnung: $\int f(x)\mathrm{d}x = F(x) + c$ gelesen: „Integral klein f von $x\mathrm{d}x$ ist gleich groß F von x plus c."

Die linke Seite der Gleichung ist das bestimmte Integral der Funktion klein f von x. Diese Funktion $f(x)$ wird Integrand genannt, x ist die Integrationsvariable, $F(x)$ eine Stammfunktion und c die Integrationskonstante.

Nach dem Integralzeichen steht also nicht allein die Ableitung der Stammfunktion, sondern derer Differenzial $\mathrm{d}F(x) = f(x)\mathrm{d}x$.

Satz 7.15

Eine Funktion besitzt eine Stammfunktion – kann also integriert werden – wenn sie in einem abgeschlossenen Intervall stetig ist.

7.3.2 Integrationsregeln

Durch Umkehrung der Differenziationsregeln, soweit diese überhaupt einfach umkehrbar sind, ergeben sich die Integrationsregeln.

Zusammenstellung der wichtigsten Grundintegrale (mit zugehörigen Differenziationsregeln)

$$\frac{\mathrm{d}}{\mathrm{d}x}c = 0 \qquad \int 0\ \mathrm{d}x = c$$

$$\frac{\mathrm{d}}{\mathrm{d}x}x = 1 \qquad \int 1\ \mathrm{d}x = \int \mathrm{d}x = x + c$$

allgemein:

$$\frac{\mathrm{d}}{\mathrm{d}x}x^n = nx^{n-1} \qquad \int x^n\ \mathrm{d}x = \frac{x^{n+1}}{n+1} + c \qquad n \neq -1$$

$$n \in \mathbb{R}$$

Integration (Differenziation) einer Potenzfunktion:

Für $n \neq -1$ wird der Exponent der zu integrierenden Funktion (differenzierenden Funktion) um **eine ganze Zahl erhöht** (um **eine ganze Zahl erniedrigt**) und **durch den neuen Exponenten dividiert** (**mit dem alten Exponenten multipliziert**).

Diese Regel unterstreicht noch einmal nachdrücklich, dass die Differenziation und unbestimmmte Integration sich zueinander wie Umkehroperationen verhalten.

$$\frac{\mathrm{d}[F(x) + c]}{\mathrm{d}x} = f(x) \qquad \int f(x)\mathrm{d}x = F(x) + (x)c$$

$$\frac{\mathrm{d}}{\mathrm{d}x}\ln x = \frac{1}{x} \qquad \int \frac{1}{x}\mathrm{d}x = \int \frac{\mathrm{d}x}{x} = \ln |x| + c \qquad x \neq 0$$

Hinweis 7.4

Die Betragsstriche ergeben sich aus dem Definitionsbereich der Logarithmusfunktion

$$\frac{d}{dx}\log_a x = \frac{1}{x \ln a} \qquad a > 0$$

$$a \neq 1$$

$$\frac{d}{dx}e^x = e^x \qquad \int e^x\,dx = e^x + c$$

Die Funktion e^x ändert sich bei der Differenziation nicht, bleibt folglich auch bei der Integration ungeändert.

$$\frac{d}{dx}a^x = a^x \ln a \qquad \int a^x dx = \frac{a^x}{\ln a} + c \qquad a > 0$$

$$a \neq 1$$

$$\frac{d}{dx}\sin x = \cos x \qquad \int \cos x\, dx = \sin x + c$$

$$\frac{d}{dx}\cos x = -\sin x \qquad \int \sin x\, dx = -\cos x + c$$

$$\frac{d}{dx}\tan x = \frac{1}{\cos^2 x} \qquad \int \frac{dx}{\cos^2 x} = \int \frac{1}{\cos^2 x}dx = \tan x + c$$

$$x \neq (2n+1)\frac{\pi}{2} \qquad n \in \mathbb{Z}$$

$$\frac{d}{dx}\cot x = \frac{-1}{\sin^2 x} \qquad \int \frac{dx}{\sin^2 x} = \int \frac{1}{\sin^2 x}dx = -\cot x + c$$

$$x \neq n\pi \qquad n \in \mathbb{Z}$$

$$\frac{d}{dx}\arcsin x = \frac{1}{\sqrt{1-x^2}} \qquad \int \frac{dx}{\sqrt{1-x^2}} = \arcsin x + c$$

$$\frac{d}{dx}\arccos x = -\frac{1}{\sqrt{1-x^2}} \qquad \int \frac{dx}{\sqrt{1-x^2}} = -\arccos x + c$$

$$x \in (-1;1)$$

$$\frac{d}{dx}\arctan x = \frac{1}{1+x^2} \qquad \int \frac{dx}{1+x^2} = \arctan x + c$$

$$\frac{d}{dx}\text{arccot}x = -\frac{1}{1+x^2} \qquad \int \frac{dx}{1+x^2} = -\text{arccot}x + c$$

Die unbestimmten Integrale unterscheiden sich nur in der durch Addition hinzugefügten Konstanten. Diese unterschiedlichen Konstanten bewirken eine Verschiebung der Kurve in Richtung der y-Achse. Die Konstante c gibt den Abschnitt auf der y-Achse an, den die zugehörige Kurve abschneidet.

Die Kurven laufen parallel und sind mit gleichem Abstand in y-Richtung verschoben.

Beispiel 7.57
dazu vgl. Abb. 7.20.

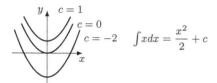

$$\int x\,dx = \frac{x^2}{2} + c$$

Abb. 7.20

■

Nur wenige Integrale stellen Grundintegrale dar und lassen sich sofort integrieren. Einige Integrale sind durch einfache Integrationsregeln zu lösen. Durch geeignete Integrationsverfahren werden die Integranden vereinfacht und möglichst auf Grundintegrale zurückgeführt. Die meisten unbestimmten Integrale lassen sich jedoch auf diese Weise überhaupt nicht in geschlossener Form integrieren.
Zwei einfache Integrationsregeln

1. Integration einer Summe oder Differenz

$$\int [f_1(x) \pm f_2(x)]\mathrm{d}x = \int f_1(x)\mathrm{d}x \pm \int f_2(x)\mathrm{d}x$$

Da Summen und Differenzen von Funktionen gliedweise differenziert werden, erfolgt die Integration ebenfalls gliedweise.

Beispiel 7.58

$$\int \left(x^7 + \frac{1}{x^8} - \sin x + \frac{1}{\sqrt{x}} \right) \mathrm{d}x = \int x^7 \mathrm{d}x + \int \frac{\mathrm{d}x}{x^8} - \int \sin x \mathrm{d}x + \int \frac{\mathrm{d}x}{\sqrt{x}}$$

$$= \frac{x^8}{8} - \frac{1}{7x^7} + \cos x + 2\sqrt{x} + c$$

■

Bemerkung 7.9
Jedes der 4 Teilintegrale bewirkt eine Integrationskonstante, die addiert wird.

Die Summe von 4 konstanten Zahlen ist wieder eine Konstante, die mit c bezeichnet wird.

$$c_1 + c_2 + c_3 + c_4 = c$$

Die Regel lässt sich auf die Integration von n Summanden erweitern:

$$\int \sum_{i=1}^{n} f_i(x)\mathrm{d}x = \sum_{i=1}^{n} \int f_i(x)\mathrm{d}x$$

2. Integration eines konstanten Faktors

$$\int kf(x)\mathrm{d}x = k \int f(x)\mathrm{d}x \qquad\qquad k \neq 0$$

Ein konstanter Faktor darf vor das Integralzeichen geschrieben werden.
Da der konstante Faktor beim Differenzieren erhalten bleibt, muss das auch
für die Integration gelten.

Beispiel 7.59

$$\int 4x^3 \mathrm{d}x = 4 \int x^3 \mathrm{d}x = 4\frac{x^4}{4} + c = x^4 + c$$

■

7.3.3 Integrationsverfahren

Nur Übung sichert Routine bei der Lösung von unbestimmten Integralen. Soweit
es sich nicht um Grundintegrale handelt, wird versucht, die Integrale durch
Integrationsverfahren zu vereinfachen oder aufgrundintegrale zurückzuführen.

1. Integration durch Substitution (Einführung einer neuen Integrationsvariablen)
Die Grundlage dieser Regel hat ihren Ursprung in der Kettenregel, mit der mittelbare Funktionen differenziert werden.

Prinzip: $\displaystyle\int f(x)\mathrm{d}x = \int f[\varphi(z)]\varphi'(z)\mathrm{d}z$

Substitution: $\quad x = \varphi(z)$

$$\frac{\mathrm{d}x}{\mathrm{d}z} = \varphi'(z)$$

Beispiel 7.60

$$\int e^{3x+4}\mathrm{d}x = \int e^z \frac{\mathrm{d}z}{3} = \frac{1}{3}\int e^z \mathrm{d}z = \frac{1}{3}e^z + c$$

Substitution: Rücksubstitution ergibt das Ergebnis:

$z = 3x + 4$ $\qquad \int e^{3x+4}\mathrm{d}x = \frac{1}{3}e^{3x+4} + c$

$\dfrac{\mathrm{d}z}{\mathrm{d}x} = 3 \quad \mathrm{d}x = \dfrac{\mathrm{d}z}{3}$

Die Substitutionsmethode kann bei folgenden Typen der Integranden erfolgreich
angewandt werden. ■

1. Typ
Der Integrand ist eine mittelbare Funktion, deren innere Funktion linear ist. Ist die
äußere Funktion des Integranden in der Tafel der Grundintegrale enthalten (z. B.
Potenzfunktion, Exponentialfunktion, Sinus- und Kosinusfunktion), so lässt sich
die Integration geschlossen ausführen, wenn die innere Funktion gleich z gesetzt
wird. Ansonsten wird der Integrand vereinfacht.

$$\int f(ax+b)\mathrm{d}x = \frac{1}{a}\int f(z)\,\mathrm{d}z$$

Substitution:

$$z = ax + b$$
$$\frac{\mathrm{d}z}{\mathrm{d}x} = a \qquad\qquad\qquad \mathrm{d}x = \frac{\mathrm{d}z}{a}$$

Beispiel 7.61

$$\textbf{1.}\ \int \sqrt[4]{3x-2}\,\mathrm{d}x = \int \sqrt[4]{z}\frac{\mathrm{d}z}{3} = \frac{1}{3}\int \sqrt[4]{z}\,\mathrm{d}z$$
$$= \frac{1}{3}\frac{z^{\frac{5}{4}}}{\frac{5}{4}} + c$$
$$= \frac{4}{15}z\sqrt[4]{z} + c$$

Substitution:

$$z = 3x - 2$$
$$\frac{\mathrm{d}z}{\mathrm{d}x} = 3 \qquad\qquad\qquad \mathrm{d}x = \frac{\mathrm{d}z}{3}$$

Rücksubstitution führt zur Lösung:

$$\int \sqrt[4]{3x-2}\,\mathrm{d}x = \frac{4}{15}(3x-2)\sqrt[4]{3x-2} + c$$

$$\textbf{2.}\ \int \ln|4x-5|\mathrm{d}x = \frac{1}{4}\int \ln|z|\mathrm{d}z$$

$$z = 4x - 5$$
$$\frac{\mathrm{d}z}{\mathrm{d}x} = 4 \qquad\qquad\qquad \mathrm{d}x = \frac{\mathrm{d}z}{4}$$

■

Integrand wurde vereinfacht, stellt jedoch kein Grundintegral dar.

2. Typ

Der Integrand ist ein Quotient, dessen Zähler eventuell bis auf einen konstanten Faktor gleich der Ableitung des Nenners ist.

$$\int \frac{f'(x)}{f(x)}\mathrm{d}x = \int \frac{f'(x)}{z}\frac{\mathrm{d}z}{f'(x)} = \int \frac{\mathrm{d}z}{z} = \ln|z| + c \qquad = \ln|f(x)| + c$$

Substitution:

$$z = f(x)$$
$$\frac{\mathrm{d}z}{\mathrm{d}x} = f'(x) \qquad\qquad \mathrm{d}x = \frac{\mathrm{d}z}{f'(x)}$$

Beispiel 7.62

1.

$$\int \frac{6x^2 - 16x + 10}{-x^3 + 4x^2 - 5x + 3}\mathrm{d}x = \int \frac{6x^2 - 16x + 10}{z}\frac{\mathrm{d}z}{-3x^2 + 8x - 5}$$
$$= -2\int \frac{-3x^2 + 8x - 5}{z}\frac{\mathrm{d}z}{-3x^2 + 8x - 5} = -2\int \frac{\mathrm{d}z}{z} = -2\ln|z| + c$$

Substitution:

$$z = -x^3 + 4x^2 - 5x + 3$$
$$\frac{\mathrm{d}z}{\mathrm{d}x} = -3x^2 + 8x - 5$$
$$\mathrm{d}x = \frac{\mathrm{d}z}{-3x^2 + 8x - 5}$$

Rücksubstitution führt zur Lösung:

$$\int \frac{6x^2 - 16x + 10}{-x^3 + 4x^2 - 5x + 3}\mathrm{d}x = -2\ln|-x^3 + 4x^2 - 5x + 3| + c$$

2.

$$\int \tan x\,\mathrm{d}x = \int \frac{\sin x}{\cos x}\mathrm{d}x = -\int \frac{\sin x}{z}\frac{\mathrm{d}z}{\sin x} = -\int \frac{\mathrm{d}z}{z}$$
$$= -\ln|z| + c$$
$$= -\ln|\cos x| + c$$

$$z = \cos x$$

$$\frac{\mathrm{d}z}{\mathrm{d}x} = -\sin x$$

$$\mathrm{d}x = -\frac{\mathrm{d}z}{\sin x}$$

■

3. Typ

Der Integrand ist ein Produkt aus einer mittelbaren Funktion und der Ableitung der inneren Funktion.
Die innere Funktion wird durch die Variable z substituiert.

$$\int f(\varphi(x))\varphi'(x)\mathrm{d}x = \int f(z)\varphi'(x)\frac{\mathrm{d}z}{\varphi'(x)} = \int f(z)\mathrm{d}z$$

$$z = \varphi(x)$$

$$\frac{\mathrm{d}z}{\mathrm{d}x} = \varphi'(x) \qquad\qquad \mathrm{d}x = \frac{\mathrm{d}z}{\varphi'(x)}$$

Es ist von $f(z)$ abhängig, ob die unbestimmte Integration ausgeführt werden kann.

Beispiel 7.63

$$\int \sin^6 x \cos x\,\mathrm{d}x = \int z^6 \cos x\frac{\mathrm{d}z}{\cos x} = \int z^6\mathrm{d}z$$

$$= \frac{z^7}{7} + c$$

Substitution:

$$z = \sin x$$

$$\frac{\mathrm{d}z}{\mathrm{d}x} = \cos x \qquad\qquad \mathrm{d}x = \frac{\mathrm{d}z}{\cos x}$$

Rücksubstitution:

$$\int \sin^6 x \cos x\,\mathrm{d}x = \frac{1}{7}\sin^7 x + c$$

Es gibt weiter spezielle Substitutionstypen, um die Integration durchführen bzw. den Integranden vereinfachen zu können. ■

2. Integration durch partielle Integration

Das Verfahren der partiellen Integration entsteht aus der Umkehrung der Produktregel.

$$\frac{\mathrm{d}}{\mathrm{d}x} f_1(x) f_2(x) = f_2(x) \frac{\mathrm{d}}{\mathrm{d}x} f_1(x) + f_1(x) \frac{\mathrm{d}}{\mathrm{d}x} f_2(x)$$

$$f_2(x) \frac{\mathrm{d}}{\mathrm{d}x} f_1(x) = \frac{\mathrm{d}}{\mathrm{d}x} f_1(x) f_2(x) - f_1(x) \frac{\mathrm{d}}{\mathrm{d}x} f_2(x) \qquad \Big| \mathrm{d}x$$

$$f_2(x) \frac{\mathrm{d}f_1(x)}{\mathrm{d}x} \mathrm{d}x = \mathrm{d}[f_1(x) f_2(x)] - f_1(x) \frac{\mathrm{d}}{\mathrm{d}x} f_2(x) \mathrm{d}x$$

$$\int f_2(x) \frac{\mathrm{d}f_1(x)}{\mathrm{d}x} \mathrm{d}x = \int \mathrm{d}[f_1(x) f_2(x)] - \int f_1(x) \frac{\mathrm{d}f_2(x)}{\mathrm{d}x} \mathrm{d}x$$

$$\int f_2(x) f_1'(x) \mathrm{d}x = f_1(x) f_2(x) - \int f_1(x) f_2'(x) \mathrm{d}x$$

Integration durch Substitution ist dann sinnvoll, wenn der Integrand ein Produkt aus zwei Funktionen ist, in dem sich ein Faktor leicht integrieren lässt und der andere sich durch Differenzieren vereinfachen lässt.

Beispiel 7.64

1.

$$\int x\mathrm{e}^x \mathrm{d}x = x\mathrm{e}^x - \int \mathrm{e}^x \mathrm{d}x = x\mathrm{e}^x - \mathrm{e}^x + c = \mathrm{e}^x(x-1) + c$$

$f_1'(x) = \mathrm{e}^x$ lässt sich gut integrieren

$f_2(x) = x$ vereinfacht sich durch Differenzieren

2.

$$\int \ln|x|\mathrm{d}x = \int 1 \cdot \ln|x|\mathrm{d}x = x\ln|x| - \int x\frac{1}{x}\mathrm{d}x \qquad = x\ln|x| - \int \mathrm{d}x$$

$f_1'(x) = 1 \quad f_1(x) = x \qquad\qquad\qquad\qquad\qquad = \ln|x| - x + c$

$f_2(x) = \ln x \quad f_2'(x) = \dfrac{1}{x} \qquad\qquad\qquad\qquad = x(\ln|x| - 1) + c$

3.

$$\int \sin x \cos x \mathrm{d}x = -\cos^2 x - \int \sin x \cos x \mathrm{d}x$$

$f_1'(x) = \sin x \quad f_1(x) = -\cos x$

$f_2(x) = \cos x \quad f_2'(x) = -\sin x$

∎

Umstellen der Gleichung nach dem Integral, das auf beiden Seiten steht:

$$2 \int \sin x \cos x \mathrm{d}x = -\cos^2 x$$

$$\int \sin x \cos x \mathrm{d}x = -\frac{1}{2}\cos^2 x + c$$

Mitunter ist es erforderlich, das Verfahren der partiellen Integration mehrfach anzuwenden, um einen Potenzfaktor abzuarbeiten. Die Verwendung von geeigneten Reduktionsformeln, die Integraltafeln zu entnehmen sind, ist jedoch zweckmäßiger.

3. Integration nach Partialbruchzerlegung
Ganzrationale Funktionen lassen sich in jedem Fall auf Grundintegrale zurückführen und integrieren.
Zuvor sind gegebenenfalls noch vorhandene Produkte auszumultiplizieren und auf Summen zurückzuführen.
Auch gebrochenrationale Funktionen sind immer geschlossen integrierbar.
Durch Polynomdivision kann eine unecht gebrochenrationale Funktion in eine Summe aus einer ganzrationalen und echt gebrochenrationalen Funktion zerlegt werden. Die Integration des ganzrationalen Anteils ist leicht möglich:

$$\int (a_n x^n + a_{n-1} x^{n-1} + \ldots + a_1 x + a_0) \mathrm{d}x$$

$$= \frac{a_n x^{n+1}}{n+1} + \frac{a_{n-1} x^n}{n} + \ldots + \frac{a_1 x^2}{2} + a_0 x + c$$

Die echt gebrochenrationale Funktion lässt sich als Quotient von zwei ganzrationalen Funktionen schreiben:

$$\frac{Z(x)}{N(x)} = \frac{a_n x^n + a_{n-1} x^{n-1} + \ldots + a_1 x + a_0}{b_m x^m + b_{m-1} x^{m-1} + \ldots + b_1 x + b_0}$$

wobei $n < m$.
Zunächst müssen gemeinsame Linearfaktoren, die noch im Zähler und Nenner vorhanden sind, gekürzt werden. Anschließend wird die Nennerfunktion in Linearfaktoren (reelle Nullstellen) und Quadratfaktoren (komplexe Nullstelle) zerlegt. Nach der Methode der unbestimmten Koeffizienten wird die echt gebrochene rationale Funktion in eine Summe von Partialbrüchen zerlegt, deren Nenner erste oder höhere Potenzen (je nach Vielfachheit der Lösung) von nicht weiter zerlegbaren linearen oder quadratischen Faktoren enthalten. Die Partialbrüche können dann mithilfe der Grundintegrale integriert werden (Potenz-, natürliche Logarithmen- und Arcustangensfunktion).

Im Beispiel 7.65 wird das Verfahren gezeigt, wobei im Nennerpolynom nur reelle Nullstellen auftreten.

Beispiel 7.65

$$\int \frac{x^6 + 3x^4 - x^3 + 2x - 5}{x^4 - 9x^2 + 4x + 12}\,dx$$

Polynomdivision zur Abspaltung des ganzrationalen Anteil

$$(x^6 + 3x^4 - x^3 + 3x - 5) : (x^4 - 9x^2 + 4x + 12) = x^2 + 12 + \frac{-5x^3 + 96x^2 - 46x - 149}{x^4 - 9x^2 + 4x + 12}$$

$$\frac{-(x^6 - 9x^4 + 4x^3 + 12x^2)}{12x^4 - 5x^3 - 12x^2 + 2x - 5}$$

$$\frac{-(12x^4 - 108x^2 + 48x + 144)}{-5x^3 + 96x^2 - 46x - 149}$$

Integration der ganzrationalen Funktion

$$\int \left(x^2 + 12 + \frac{-5x^3 + 96x^2 - 46x - 149}{x^4 - 9x^2 + 4x + 12} \right) dx = \frac{x^3}{3} + 12x$$

$$+ \int \frac{-5x^3 + 96x^2 - 46x - 149}{x^4 - 9x^2 + 4x + 12}\,dx$$

Die Partialbruchzerlegung der echt gebrochenen rationalen Funktion (in Zähler- und Nennerfunktion gibt es keine gemeinsamen Nullstellen):

$$\frac{-5x^3 + 96x^2 - 46x - 149}{x^4 - 9x^2 + 4x + 12} = \frac{-5x^3 + 96x^2 - 46x - 149}{(x-2)^2(x+3)(x+1)}$$

∎

Hinweis 7.5

Der Nenner des Bruches auf der rechten Seite ist durch Zerlegung des Nennerpolynoms in Linearfaktoren entstanden (4 reelle Nullstellen).

Ansatz:

$$\frac{-5x^3 + 96x^2 - 46x - 149}{(x-2)^2(x+3)(x+1)} = \frac{A_1}{(x-2)} + \frac{A_2}{(x-2)^2} + \frac{B}{x+3} + \frac{C}{x+1}$$

$$-5x^3 + 96x^2 - 46x - 149 = A_1(x-2)(x+3)(x+1) + A_2(x+3)(x+1)$$
$$+ B(x-2)^2(x+1) + C(x-2)^2(x+3)$$

$$-5x^3 + 96x^2 - 46x - 149 = (A_1 + B + C)x^3 + (2A_1 + A_2 - 3B - C)x^2$$
$$+ (-5A_1 + 4A_2 - 8C)x - 6A_1 + 3A_2 + 4B$$
$$+ 12C$$

Koeffizientenvergleich führt zu 4 linearen Gleichungen:

$$x^3: \quad A_1 \qquad + B + \quad C = -5$$
$$x^2: \quad 2A_1 + \quad A_2 - 3B - \quad C = \quad 96$$
$$x^1: \quad -5A_1 + 4A_2 \qquad - 8C = -46$$
$$x^0: \quad -6A_1 + 3A_2 + 4B + 12C = -149$$

Die Lösung:

$$A_1 = \frac{3346}{225} \qquad A_2 = \frac{103}{15} \qquad B = -\frac{494}{25} \qquad C = -\frac{1}{9}$$

Somit ist:

$$\int \frac{-5x^3 + 96x^2 - 46x - 149}{(x-2)^2(x+3)(x+1)} \, dx = \int \frac{3346}{225(x-2)} \, dx + \int \frac{103}{15(x-2)^2} \, dx$$
$$- \int \frac{494}{25(x+3)} \, dx - \int \frac{1}{9(x+1)} \, dx$$
$$= \frac{3346}{225} \ln|x-2| - \frac{103}{15(x-2)}$$
$$- \frac{494}{25} \ln|x+3| - \frac{1}{9} \ln|x+1|$$

Und die gesamte Lösung:

$$\int \frac{x^6 + 3x^4 - x^3 + 2x - 5}{x^4 - 9x^2 + 4x + 12} \, dx = \frac{x^3}{3} + 12x + \frac{3346}{225} \ln|x-2| - \frac{103}{15(x-2)}$$
$$- \frac{494}{25} \ln|x+3| - \frac{1}{9} \ln|x+1| + c$$

In c wurden wieder die Integrationskonstanten aller 5 Teilintegrationen zusammengefasst.

Bei einfachen und mehrfachen komplexen Wurzeln des Nennerpolynoms wird in ähnlicher Weise verfahren, um die Partialbruchzerlegung zu erhalten, die gliedweise integriert werden kann.

Die Grundintegrale, zwei Integrationsregeln und die dargestellten drei Integrationsverfahren reichen oft nicht aus, um die Nennerfunktion bei allgemeinem Integranden in geschlossener Form zu bestimmen. Es sei deswegen auf die Verwendung von Integraltafeln hingewiesen, die Typen von Integralen zusammen mit der entsprechenden Lösung anbieten.

7.3.4 Bestimmte Integrale

Die unbestimmte Integration führt zu einer unendlichen Menge von Stammfunktionen, die sich durch eine additive Konstante voneinander unterscheiden. Wird für die Stammfunktion ein Punkt festgelegt, durch den sie verlaufen soll, so ergibt das eine Bedingung für die Integrationskonstante, was sie eindeutig bestimmt. Es entsteht aus dem unbestimmten Integral ein partikulares Integral.

Bedingung: Die Stammfunktion $F(x)$ hat eine Nullstelle im Punkt $(x_1, 0)$.

$$F(x_1) + c = 0$$
$$c = -F(x_1)$$

somit ist: $\int\limits_{x_1}^{x} f(x)\mathrm{d}x = F(x) - F(x_1)$

gelesen: „Integral über f von $x\mathrm{d}x$ in den Grenzen von x_1 bis x ist gleich groß F von x minus groß F von x_1."

$\int\limits_{x_1}^{x} f(x)\mathrm{d}x$ wird bestimmtes Integral genannt, wobei x_1 die untere und x die obere Grenze des bestimmten Integrals angibt. Die obere Grenze ist hier variabel.

Beispiel 7.66

$$\int\limits_{0}^{x} \sin x = -\cos x \big|_0^x = -\cos x - (-\cos 0) = -\cos x + 1$$

Für die feste obere Grenze $x = x_2$ ergibt sich

$$\int\limits_{x_1}^{x_2} f(x)\mathrm{d}x = F(x_2) - F(x_1)$$

Das bestimmte Integral mit einer festen oberen Grenze ist keine Funktion, sondern eine Konstante. Es ist der Wert der Stammfunktion, die bei x_1 durch die x-Achse geht, an der Stelle $x = x_2$.

Zur Berechnung eines bestimmten Integrals muss zunächst die Stammfunktion durch unbestimmte Integration ermittelt werden. Die Integrationskonstante kann dabei weggelassen werden. Dann wird der Wert an der unteren Grenze ermittelt, den die Stammfunktion hat. Dieser wird vom Wert der Stammfunktion an der oberen Grenze subtrahiert. ∎

Beispiel 7.67

$$\int\limits_{\frac{\pi}{4}}^{\frac{\pi}{2}} \cos x\,\mathrm{d}x = \sin x \bigg|_{\frac{\pi}{4}}^{\frac{\pi}{2}} = \sin\frac{\pi}{2} - \sin\frac{\pi}{4} = 1 - \frac{\sqrt{2}}{2}$$

∎

Satz 7.16

Die Vertauschung von oberer und unterer Integrationsgrenze kehrt das Vorzeichen des bestimmten Integrals um.

$$\int\limits_{x_1}^{x_2} f(x)\,dx = -\int\limits_{x_2}^{x_1} f(x)\,dx$$

Beispiel 7.68

$$\int\limits_0^1 x^2 \mathrm{d}x = \frac{x^3}{3}\bigg|_0^1 = \frac{1}{3} - 0 = \frac{1}{3}$$

$$\int\limits_1^0 x^2 \mathrm{d}x = \frac{x^3}{3}\bigg|_1^0 = 0 - \frac{1}{3} = -\frac{1}{3}$$

∎

Satz 7.17

Ist $x_1 \leqq x_2 \leqq x_3$, so gilt:

$$\int\limits_{x_1}^{x_3} f(x)\, dx = \int\limits_{x_1}^{x_2} f(x)\, dx + \int\limits_{x_2}^{x_3} f(x)\, dx$$

Das Integrationsintervall lässt sich auf solche Weise in Teilintervalle zerlegen. Insbesondere ist:

$$\int\limits_{x_1}^{x_1} f(x)\, dx = 0$$

7.3.5 Anwendung der Integralrechnung

7.3.5.1 Flächenberechnungen (Quadraturen)

Nichtgeradlinige Flächen können in der Planimetrie mit Ausnahme der Kreisfläche nicht berechnet werden. Die bestimmte Integration ist eine Möglichkeit, um dieses Problem lösen zu können.

Eine beliebige stetige Funktion im Intervall $[a, b]$ begrenzt mit Parallelen zur y-Achse durch a, b und der x-Achse eine Fläche. Vorausgesetzt sei, dass die Funktionswerte im Intervall $[a, b]$ immer positiv sind (vgl. Abb. 7.21). Die Abszisse wird nun in n gleichbreite Teilintervalle der Breite $\dfrac{b-a}{n} = \Delta x$ zerlegt.

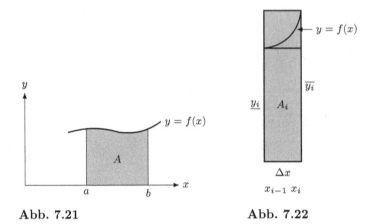

Abb. 7.21   **Abb. 7.22**

Genau wie die Gesamtfläche mit planimetrischen Methoden nicht zu berechnen ist, kann auch die Fläche eines Teilstücks ΔA_i nicht angegeben werden.

Dem Flächenstreifen ΔA_i kann ein Rechteck einbeschrieben werden mit der Fläche

$$A_\mathrm{e} = \Delta x \underline{y_i}$$

($\underline{y_i}$ ist der kleinere der beiden y-Werte)
und ein Rechteck umschrieben werden mit der Fläche

$$A_\mathrm{u} = \Delta x \overline{y_i}$$

($\overline{y_i}$ ist der größere der beiden y-Werte), vgl. Abb. 7.22.

Die Summe der einbeschriebenen Rechtecke (Untersumme) ist eine untere Grenze für die Gesamtfläche A und die Summe der umbeschriebenen Rechtecke (Obersumme) ist eine obere Grenze für die Gesamtfläche A.

$$\sum_{i=1}^{n} \underline{y_i} \Delta x \leqq A \leqq \sum_{i=1}^{n} \overline{y_i} \Delta x$$

Wenn $n \to \infty$ (bedeutet $\Delta x \to 0$), ist die Differenz zwischen Ober- und Untersumme eine Nullfolge, sodass die Grenzwerte zu dem gesuchten Flächeninhalt A streben.

$$A = \lim_{n \to \infty} \sum_{i=1}^{n} \underline{y_i} \Delta x = \lim_{n \to \infty} \sum_{i=1}^{n} \overline{y_i} \Delta x$$

Dieser Grenzwert wird definiert als bestimmtes Integral der Funktion $f(x)$ in den Grenzen von a bis b.

$$A = \int_{a}^{b} f(x)\mathrm{d}x$$

Die Berechnung erfolgt durch unbestimmte Integration (ohne Integrationskonstante) und Differenzenbildung zwischen Wert der Stammfunktion an der oberen Grenze minus Wert der Stammfunktion an der unteren Grenze.

Die Definition der Berechnung eines bestimmten Integrals und die Festsetzung als Grenzwert von Ober- und Untersumme sind gleichwertig.

Das bestimmte Integral ist somit der Grenzwert einer Summe von Produkten, deren Anzahl gegen unendlich und ein Faktor gegen null geht.

Beispiel 7.69

Die Fläche unter der gestauchten Normalparabel $y = \frac{1}{10}x^2$ ist in den Grenzen von $a = 0$ bis $b = 10$ zu bestimmen (vgl. Abb. 7.23).

$$n = 10 \quad \Delta x = \frac{10 - 0}{10} = 1$$

$$A_e = 1 \sum_{i=0}^{9} \frac{1}{10}x^2 = \frac{1}{10} \sum_{i=0}^{9} x^2 = \frac{285}{10}$$

$$A_u = 1 \sum_{i=1}^{10} \frac{1}{10}x^2 = \frac{1}{10} \sum_{i=1}^{10} x^2 = \frac{385}{10}$$

Die Fläche liegt zwischen: $\frac{57}{2} < A < \frac{77}{2}$ ∎

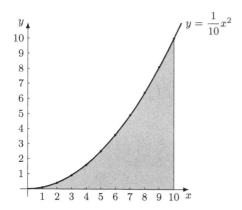

Abb. 7.23

Allgemein: n gleiche Teilintervalle mit der Länge

$$\Delta x = \frac{10 - 0}{n} = \frac{10}{n}$$

Die linken Abszissenwerte sind:

$$x_0 = 0 \qquad x_1 = \Delta x \qquad x_2 = 2\Delta x \quad \dots \quad x_{n-1} = (n-1)\Delta x$$

Die rechten Abszissenwerte sind:

$$x_1 = \Delta x \qquad x_2 = 2\Delta x \quad \ldots \quad x_{n-1} = (n-1)\Delta x \qquad x_n = n\Delta x$$

Für die Summe der einbeschriebenen Rechtecke ist:

$$A_e = 0 + \frac{1}{10}\Delta x^2 \Delta x + \frac{1}{10}2^2\Delta x^2 \Delta x + \cdots + \frac{1}{10}(n-1)^2\Delta x^2 \Delta x$$

$$A_e = \frac{1}{10}\Delta x^3[1^2 + 2^2 + \cdots + (n-1)^2]$$

Für die Folge $\{n^2\}$ ist

$$s_n = \frac{n(n+1)(2n+1)}{6}$$

oder

$$s_{n-1} = \frac{(n-1)n(2n-1)}{6},$$

also

$$A_e = \frac{1}{10}\Delta x^3 \frac{(n-1)n(2n-1)}{6} \qquad\qquad \Delta x^3 = \frac{10^3}{n^3}$$

$$A_e = \frac{1}{10}\frac{10^3}{n^3}\frac{(n-1)n(2n-1)}{6}$$

$$A_e = \frac{100}{6}\left(1 - \frac{1}{n}\right)1\left(2 - \frac{1}{n}\right)$$

Für $n \to \infty$ ist:

$$A = \lim_{n\to\infty}\frac{100}{6}\left(1 - \frac{1}{n}\right)1\left(2 - \frac{1}{n}\right) = \frac{100}{6}\lim_{n\to\infty}\left(1 - \frac{1}{n}\right)1\left(2 - \frac{1}{n}\right) = \frac{100}{3}$$

Für die Summe der umbeschriebenen Rechtecke ist

$$A_u = \frac{1}{10}1^2\Delta x^2 \Delta x + \frac{1}{10}2^2\Delta x^2 \Delta x + \ldots + \frac{1}{10}n^2\Delta x^2 \Delta x$$

$$A_u = \frac{1}{10}\Delta x^3[1^2 + 2^2 + \ldots + n^2]$$

$$A_u = \frac{1}{10}\Delta x^3 \frac{n(n+1)(2n+1)}{6} \qquad\qquad \Delta x^3 = \frac{10^3}{n^3}$$

$$A_u = \frac{1}{10}\frac{10^3}{n^3}\frac{n(n+1)(2n+1)}{6}$$

$$A_u = \frac{100}{6}1\left(1 + \frac{1}{n}\right)\left(2 + \frac{1}{n}\right)$$

Für $n \to \infty$ ist:

$$A = \lim_{n \to \infty} \frac{100}{6} \cdot 1 \left(1 + \frac{1}{n}\right) \left(2 + \frac{1}{n}\right) = \frac{100}{3}$$

$$A = \int\limits_0^{10} \frac{1}{10} x^2 \mathrm{d}x = \frac{1}{10} \int\limits_0^{10} x^2 \mathrm{d}x = \frac{1}{10} \frac{x^3}{3} \Big|_0^{10} = \frac{1}{10} \left(\frac{1000}{3} - \frac{0}{3}\right) = \frac{100}{3}$$

Die Schreibweise des Integralzeichens geht auf G. W. Leibniz zurück, der ein lang-gezogenes s (für Summe) einführte.

Da der Wert des bestimmten Integrals nur von den Grenzen und der Funktion f abhängt, ist er unabhängig von der jeweiligen Integrationsvariablen.

Beispiel 7.70

$$\int f(x)\mathrm{d}x = \int f(z)\mathrm{d}z = \int f(t)\mathrm{d}t$$

∎

Satz 7.18

Mittelwertsatz der Integralrechnung

Ist $f(x)$ eine im abgeschlossenen Intervall $[a,b]$ stetige Funktion, dann gibt es eine Stelle ξ mit $a < \xi < b$ derart, dass

$$\int\limits_a^b f(x)\,\mathrm{d}x = (b-a)f(\xi).$$

$f(\xi)$ gibt den Mittelwert der Funktionswerte im Intervall $[a,b]$ an.

$$f(\xi) = \frac{1}{b-a} \int\limits_a^b f(x)\,\mathrm{d}x$$

Geometrische Veranschaulichung

Es gibt stets eine Stelle ξ, sodass die Fläche des Rechtecks mit der Seitenlänge $(b-a)$ und $f(\xi)$ gleich der Fläche ist, die von der Funktion $f(x)$, der x-Achse und den beiden Parallelen zur y-Achse durch a und b gebildet wird (vgl. Abb. 7.24).

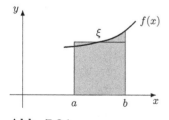

Abb. 7.24

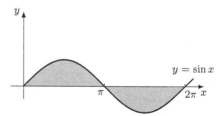

Abb. 7.25

Bislang galt die Voraussetzung, dass alle Funktionswerte der zu integrierenden Funktion im Integrationsintervall positiv sind.

Beispiel 7.71

$$\int\limits_{0}^{2\pi} \sin x\,dx = -\cos x\big|_{0}^{2\pi} = -\cos 2\pi + \cos 0 = -1 + 1 = 0$$

Dieses Ergebnis spiegelt nicht den Flächeninhalt wider, der von der Sinusfunktion und der x-Achse im Interval $[0, 2\pi]$ eingeschlossen wird (vgl. Abb. 7.25).   ∎

Beispiel 7.72

$$A_1 = \int\limits_{0}^{\pi} \sin x\,dx = -\cos x\big|_{0}^{\pi} = -\cos \pi + \cos 0 = -(-1) + 1 = 2$$

$$A_2 = \int\limits_{\pi}^{2\pi} \sin x\,dx = -\cos x\big|_{\pi}^{2\pi} = -\cos 2\pi + \cos \pi = -1 - 1 = -2$$

Zunächst wird das Ergebnis der Integration von 0 bis 2π klar. Die Summe A_1 und A_2 ist null.

Die Fläche A_2 ist negativ. Bei der Integralrechnung sind die Flächen vorzeichenbehaftet. Durch die Bewegung von der unteren Grenze auf der x-Achse zur oberen Grenze und der Funktion zurück wird eine Drehrichtung festgelegt, die mathematisch positiv (gegen Uhrzeigerdrehrichtung) oder mathematisch negativ (mit der Uhrzeigerdrehrichtung) sein kann. In Abhängigkeit von der so festgelegten Drehrichtung ergibt sich ein positiver oder negativer Wert der Fläche nach Ausführung der bestimmten Integration (vgl. Abbildungen 7.26 bis 7.29).

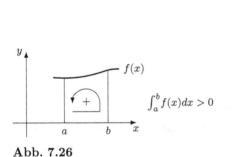

Abb. 7.26

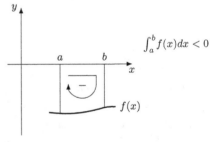

Abb. 7.27

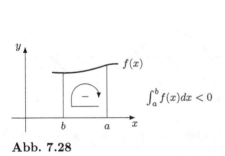

Abb. 7.28

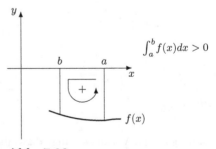

Abb. 7.29

Somit setzt die Berechnung der Fläche zwischen dem Bild einer Funktion und der x-Achse voraus, dass alle Nullstellen im Integrationsintervall einer Funktion bekannt sind. Über Nullstellen darf nie hinwegintegriert werden, da sich dann nicht die Fläche, sondern eine Differenz von verschiedenen Teilflächen ergibt. Es ist von unterer Grenze bis zur ersten Nullstelle zu integrieren, von dort bis zur nächsten oder zur oberen Grenze, wenn alle Nullstellen beachtet werden. Die Gesamtfläche ergibt sich dann aus der Summe aller absoluten Beträge der so ermittelten Teilflächen. ∎

Beispiel 7.73

1.

$$A = \int\limits_0^{2\pi} \sin x \mathrm{d}x = |\int\limits_0^{\pi} \sin x \mathrm{d}x| + |\int\limits_{\pi}^{2\pi} \sin x \mathrm{d}x|$$

$$= |2| + |-2| = 4$$

Die Flächenzahl beträgt 4 (Maßeinheit: Koordinateneinheiten zum Quadrat).

2. Es ist die Fläche zwischen der x-Achse und der Funktion $y = x^2 - x - 6$ in den Grenzen von $a = -3$ und $b = 4$ zu bestimmen (vgl. Abb. 7.30).
Nullstellen der Funktion: $x_1 = -2$

$$x_2 = 3$$

$$A_1 = \int\limits_{-3}^{-2} (x^2 - x - 6)\mathrm{d}x = \frac{x^3}{3} - \frac{x^2}{2} - 6x \Big|_{-3}^{-2}$$

$$= \left(-\frac{8}{3} - \frac{4}{2} + 12\right) - \left(-\frac{27}{3} - \frac{9}{2} + 18\right)$$

$$= \frac{19}{3} + \frac{5}{2} - 6 = \frac{17}{6}$$

$$A_2 = \int\limits_{-2}^{3} (x^2 - x - 6)\mathrm{d}x = \frac{x^3}{3} - \frac{x^2}{2} - 6x \Big|_{-2}^{3}$$

$$= \left(\frac{27}{3} - \frac{9}{2} - 18\right) - \left(-\frac{8}{3} - \frac{4}{2} + 12\right)$$

$$= \frac{35}{3} - \frac{5}{2} - 30 = -\frac{125}{6}$$

$$A_3 = \int\limits_{3}^{4} (x^2 - x - 6)\mathrm{d}x = \frac{x^3}{3} - \frac{x^2}{2} - 6x \Big|_{3}^{4}$$

$$= \left(\frac{64}{3} - \frac{16}{2} - 24 \right) - \left(\frac{27}{3} - \frac{9}{2} - 18 \right)$$

$$= \frac{37}{3} - \frac{7}{2} - 6 = \frac{17}{6}$$

$$A = |A_1| + |A_2| + |A_3| = \frac{53}{2}$$

Die Masszahl der Fläche ist 26,5.

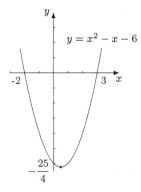

Abb. 7.30

Entsprechend wird die Fläche zwischen einer Funktion und der y-Achse bestimmt. Dabei ist die Umkehrfunktion des Integranden zu bilden, denn die Grenzen beziehen sich auf die y-Werte (vgl. Abb. 7.31).

$$A_y = \int\limits_{y_1}^{y_2} g(y)\mathrm{d}y$$

∎

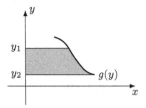

Abb. 7.31

Beispiel 7.74

Für $A_x = \int\limits_0^{10} \frac{1}{10}x^2\mathrm{d}x$ (vgl. Abb. 7.32) wurde $A_x = \frac{100}{3}$ ermittelt (vgl. Beispiel 7.69). Die Umkehrfunktion heißt: $x = \sqrt{10y}$

$$y(10) = \frac{1}{10} \cdot 100 = 10$$

$$A_y = \int\limits_0^{10} \sqrt{10y}\,\mathrm{d}y = \frac{1}{10} \int\limits_0^{100} \sqrt{z}\,\mathrm{d}z = \frac{1}{10}\left.\frac{2z\sqrt{z}}{3}\right|_0^{100}$$

$$= \frac{1}{10}\frac{2 \cdot 100 \cdot 10}{3} = \frac{200}{3}$$

Umrechnung der Grenzen: $y = 0$ $z = 0$

                                      $y = 10$ $z = 100$

$$z = 10y$$
$$\frac{\mathrm{d}z}{\mathrm{d}y} = 10$$
$$\mathrm{d}y = \frac{\mathrm{d}z}{10}$$

■

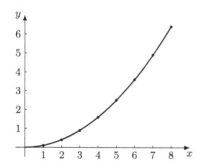

Abb. 7.32

Bemerkung 7.10

Da bei der bestimmten Integration die unbestimmte Integration nach Einführung einer neuen Integrationsvariablen ausgeführt werden muss, sind die Grenzen ebenfalls auf die neue Integrationsvariable umzuschreiben (vgl. Beispiel 7.74). In dem Fall ist die Rücksubstitution überflüssig.

Es gibt jedoch noch eine andere Möglickeit. Dabei werden die Integrationsgrenzen erst nach erfolgter Rücksubstitution für alle Variablen eingesetzt. So lange müssen sie jedoch in Klammern gesetzt werden, um ein vorzeitiges Einsetzen zu vermeiden. Die Gesamtfläche $A_x + A_y = 100$ (Quadrat mit den Seitenlängen 10).

Oft ist es möglich, wegen der Symmetrie der Flächen, vereinfachte Rechnungen durchzuführen.

Beispiel 7.75
Kreisfläche eines Kreises mit Radius r (vgl. Abb. 7.33).

$$x^2 + y^2 = r^2$$

$$y = \sqrt{r^2 - x^2} \qquad\qquad |x| \leq r$$

■

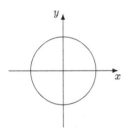

Abb. 7.33

Wegen der Symmetrie genügt es, die Fläche eines Viertelkreises mit 4 zu multiplizieren. Hier soll auch die 2. Möglichkeit (Einsetzen der ungeänderten Integrationsgrenzen nach erfolgter Rücksubstitution) gezeigt werden.

$$A_K = 4 \int\limits_0^r \sqrt{r^2 - x^2}\,\mathrm{d}x$$

1. Substitution:

$$x = r \sin z \qquad\qquad z = \arcsin \frac{x}{r}$$

$$\frac{\mathrm{d}x}{\mathrm{d}z} = r \cos z \qquad\qquad \mathrm{d}x = r \cos z\,\mathrm{d}z$$

$$A_\mathrm{K} = 4 \int\limits_{(0)}^{(r)} \sqrt{r^2 - r^2 \sin^2 z} \; r \cos z \, \mathrm{d}z$$

$$= 4r^2 \int\limits_{(0)}^{(r)} \sqrt{1 - \sin^2 z} \cos z \, \mathrm{d}z$$

$$= 4r^2 \int\limits_{(0)}^{(r)} \cos^2 z \, \mathrm{d}z \qquad\qquad \cos^2 z = \frac{\cos 2z + 1}{2}$$

$$= 2r^2 \int\limits_{(0)}^{(r)} (\cos 2z + 1) \, \mathrm{d}z$$

2. Substitution

$$t = 2z$$

$$\frac{\mathrm{d}t}{\mathrm{d}z} = 2 \qquad\qquad\qquad\qquad \mathrm{d}z = \frac{\mathrm{d}t}{2}$$

$$A_\mathrm{K} = \frac{2r^2}{2} \int\limits_{((0))}^{((r))} (\cos t + 1) \, \mathrm{d}t = r^2 \left. \sin t + t \right|_{((0))}^{((r))}$$

1. Rücksubstitution

$$A_\mathrm{K} = r^2 \left. \sin 2z + 2z \right|_{(0)}^{(r)}$$

2. Rücksubstitution

$$A_\mathrm{K} = r^2 \left. \sin 2 \arcsin \frac{x}{r} + 2 \arcsin \frac{x}{r} \right|_0^r$$

$$A_\mathrm{K} = r^2 \left[\left(\sin 2 \arcsin \frac{r}{r} + 2 \arcsin \frac{r}{r} \right) - \left(\sin 2 \arcsin \frac{0}{r} + 2 \arcsin \frac{0}{r} \right) \right]$$

$$A_\mathrm{K} = r^2 \left[\left(\sin 2 \frac{\pi}{2} + 2 \frac{\pi}{2} \right) - (\sin 2 \cdot 0 + 2 \cdot 0) \right]$$

$$A_\mathrm{K} = r^2 (\sin \pi + \pi - 0)$$

$$A_\mathrm{K} = \pi r^2$$

Die Fläche zwischen zwei Funktionen berechnet sich aus der Differenz der beiden bestimmten Integrale.

In der Abb. 7.34 ist:

$$A = \int_a^b f_2(x)\mathrm{d}x - \int_a^b f_1(x)\mathrm{d}x$$

$$A = \int_a^b [f_2(x) - f_1(x)]\mathrm{d}x$$

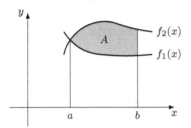

Abb. 7.34

Eventuelle Nullstellen der Funktion sind hierbei ohne Bedeutung. Schneiden sich jedoch beide Funktionen im Integrationsintervall, so kann nicht über diese Schnittpunkte hinwegintegriert werden, wenn der absolute Flächenwert zwischen beiden Funktionen bestimmt werden muss.

Beispiel 7.76
Es ist die Fläche zwischen $y = \sin x$ und $y = \cos x$ im Intervall $[0, 2\pi]$ zu bestimmen (vgl. Abb. 7.35). ∎

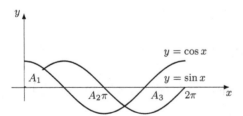

Abb. 7.35

Würde über die Schnittpunkte der Funktion hinweg integriert, so käme die Flächenzahl 0 heraus, was falsch ist.

$$\int_0^{2\pi} (\sin x - \cos x)\mathrm{d}x = \Big| -\cos x - \sin x \Big|_0^{2\pi} = -1 - 0 + 1 + 0 = 0$$

Integration unter Einbeziehung der Kurvenschnittpunkte

$$A_1 = \int\limits_0^{\frac{\pi}{4}} (\cos x - \sin x)\mathrm{d}x = \Big| \sin x + \cos x \Big|_0^{\frac{\pi}{4}}$$

$$= \frac{\sqrt{2}}{2} + \frac{\sqrt{2}}{2} - 1 = \sqrt{2} - 1$$

$$A_2 = \int\limits_{\frac{\pi}{4}}^{\frac{5}{4}\pi} (\sin x - \cos x)\mathrm{d}x = \Big| -\cos x - \sin x \Big|_{\frac{\pi}{4}}^{\frac{5}{4}\pi}$$

$$= \frac{\sqrt{2}}{2} + \frac{\sqrt{2}}{2} + \frac{\sqrt{2}}{2} + \frac{\sqrt{2}}{2} = 2\sqrt{2}$$

$$A_3 = \int\limits_{\frac{5}{4}\pi}^{2\pi} (\cos x - \sin x)\mathrm{d}x = \Big| \sin x + \cos x \Big|_{\frac{5}{4}\pi}^{2\pi}$$

$$= 0 + 1 + \frac{\sqrt{2}}{2} + \frac{\sqrt{2}}{2} = 1 + \sqrt{2}$$

$$A = A_1 + A_2 + A_3 = 4\sqrt{2}$$

Durch die geschickte Wahl der oberen Begrenzungsfunktion in den Integrationsintervallen werden negative Teilflächen vermieden, was bei der Bestimmung der Gesamtfläche die Betragsbildung überflüssig macht.

7.3.5.2 Volumenberechnungen (Kubaturen)

Volumenberechnungen führen im Allgemeinen zu Doppelintegralen. Die Probleme können dann mit einfachen bestimmten Integralen gelöst werden, wenn die Flächenabschnitte parallel zu einer der räumlichen Koordinatenebenen berechnet werden. Die Querschnittsfunktion $q(x)$ muss bekannt sein, um die Volumenberechnung durchführen zu können (vgl. Abb. 7.36).

$$V_x = \int\limits_{x_1}^{x_2} q(x)\mathrm{d}x$$

Die Querschnittsfunktion muss darüber hinaus stetig sein, um die Volumenberechnung durchführen zu können.

Beispiel 7.77
Berechnung des Pyramidenvolumens (Grundfläche A_G, Höhe h (vgl. Abb. 7.37)

A_G: Grundfläche der Pyramide

$q(x)$:   Flächenparallele zur y, z-Ebene für $0 \leqq x \leqq h$

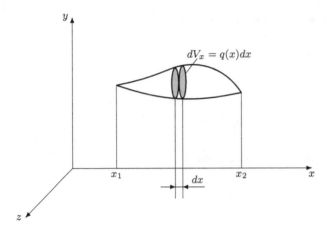

Abb. 7.36

$$\frac{q(x)}{A_{\mathrm{G}}} = \frac{x^2}{h^2}$$

$$q(x) = \frac{x^2}{h^2} A_{\mathrm{G}}$$

$$V = \int\limits_0^h \frac{x^2}{h^2} A_{\mathrm{G}} \mathrm{d}x = \frac{x^3}{3h^2} A_{\mathrm{G}} \bigg|_0^h = \frac{h^3}{3h^2} A_{\mathrm{G}} = \frac{1}{3} h A_{\mathrm{G}}$$

∎

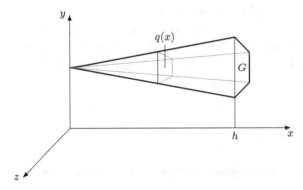

Abb. 7.37

Beispiel 7.78

Pyramide mit quadratischer Grundfläche der Höhe h (vgl. Abb. 7.38)

$$q(x) = (2y)^2 = 4y^2$$

$$\frac{y}{x} = \frac{\frac{a}{2}}{h} \qquad\qquad y = \frac{a}{2h}x \qquad\qquad q(x) = \frac{a^2}{4h^2}x^2 \cdot 4$$

$$V = \int\limits_0^h \frac{a^2}{h^2}x^2\mathrm{d}x = \frac{a^2}{h^2}\frac{x^3}{3}\bigg|_0^h = \frac{1}{3}a^2h$$

Zwei Körper haben bei unterschiedlicher Gestalt das gleiche Volumen, wenn sie die gleiche Querschnittsfläche und die gleiche Höhe besitzen.

$$\int\limits_0^{h_1} q_1(x)\mathrm{d}x = \int\limits_0^{h_2} q_2(x)\mathrm{d}x, \quad \text{wenn} \quad h_1 = h_2 \quad \text{und} \quad q_1(x) = q_2(x)$$

■

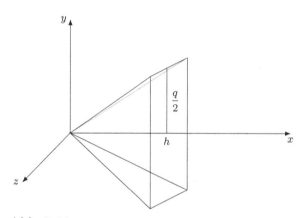

Abb. 7.38

Satz 7.19

von Cavalieri

(behandelt in Abschnitt 5.2.1.)

Sind alle Querschnitte flächengleich, die in gleichen Höhen bei zwei gleich hohen Körpern ausgeführt werden, so sind die Volumina der Körper gleich.

Folgerung:

Da auch der Schnitt bei $h = 0$ eingeschlossen ist, müssen die Körper folglich gleichgroße Grundflächen haben.

Ein Spezialfall bei der Ermittlung des Volumens ist die Bestimmung des Volumens von Rotationskörpern.

Rotationskörper entstehen, wenn Flächen um eine Koordinatenachse rotieren. Die Querschnittsflächen parallel zur y, z-Ebene sind somit Kreise, deren Radien durch die Funktionswerte der begrenzenden Funktion bestimmt werden (vgl. Abb. 7.39).

$$q(x) = [f(x)]^2 \pi \quad \text{Kreisfläche}$$

$$V_x = \int_{x_1}^{x_2} y^2 \pi \, \mathrm{d}x$$

$$V_x = \pi \int_{x_1}^{x_2} y^2 \, \mathrm{d}x$$

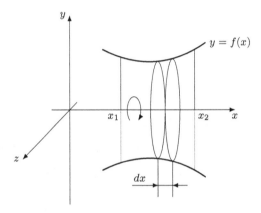

Abb. 7.39

Bei Rotation um die y-Achse sind die Grenzen auf der y-Achse festzulegen und als Begrenzungsfunktion für die rotierende Fläche die Umkehrfunktion von $y = f(x)$ einzusetzen.

$$V_y = \pi \int_{y_1}^{y_2} x^2 \, \mathrm{d}y$$

Beispiel 7.79

1. Volumen eines Zylinders (Kreisfläche mit Radius r) und der Höhe h (vgl. Abb. 7.40).

   Begrenzende Funktion der rotierenden Fläche:

   $$y = r \quad (\text{konstant})$$

   $$V_x = \pi \int_0^h r^2 \, \mathrm{d}x = \pi r^2 x \Big|_0^h = \pi r^2 h$$

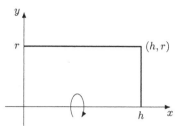

Abb. 7.40

2. Volumen eines Kreiskegels (Radius der Grundfläche r) (vgl. Abb. 7.41)
   Begrenzende Funktion der rotierenden Fläche:

$$y = \frac{r}{h}x$$

$$V_x = \pi \int\limits_0^h \frac{r^2}{h^2}x^2\,\mathrm{d}x = \pi \frac{r^2}{h^2}\frac{x^3}{3}\bigg|_0^h = \frac{\pi}{3}\frac{r^2}{h^2}h^3 = \frac{\pi}{3}r^2 h$$

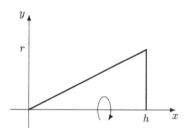

Abb. 7.41

3. Kegelstumpf
   Begrenzende Funktion der rotierenden Fläche (vgl. Abb. 7.42)

$$y = \frac{r_2 - r_1}{h}x + r_1$$

$$V_x = \pi \int\limits_0^h \left(\frac{r_2 - r_1}{h}x + r_1\right)^2 \mathrm{d}x$$

$$= \pi \int\limits_0^h \left[\left(\frac{r_2 - r_1}{h}\right)^2 x^2 + 2\frac{r_2 - r_1}{h}r_1 x + r_1^2\right] \mathrm{d}x$$

$$V_x = \pi \left|\left(\frac{r_2 - r_1}{h}\right)^2 \frac{x^3}{3} + 2\frac{r_2 - r_1}{h}r_1 \frac{x^2}{2} + r_1^2 x\right|_0^h$$

$$V_x = \pi \left[\frac{(r_2 - r_1)^2}{3}h + 2\frac{(r_2 - r_1)r_1}{2}h + r_1^2 h\right]$$

$$V_x = \frac{\pi h}{3}(r_2^2 - 2r_2 r_1 + r_1^2 + 3r_1 r_2 - 3r_1^2 + 3r_1^2)$$

$$V_x = \frac{\pi h}{3}(r_1^2 + r_1 r_2 + r_2^2)$$

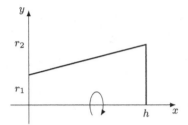

Abb. 7.42

4. Kugelvolumen (vgl. Abb. 7.43)

Begrenzende Funktion der rotierenden Fläche:

$$y^2 + x^2 = r^2$$

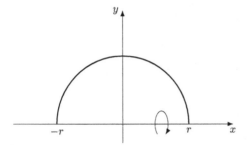

Abb. 7.43

Symmetrie der Fläche ermöglicht, die Integration von $-r$ bis r auf die Integration von 0 bis r zu reduzieren.

$$V_x = \pi \int_{-r}^{r} (r^2 - x^2)\mathrm{d}x = 2\pi \int_{0}^{r} (r^2 - x^2)\mathrm{d}x = 2\pi \left| r^2 x - \frac{x^3}{3} \right|_0^r$$

$$V_x = 2\pi \left(r^3 - \frac{r^3}{3} \right) = \frac{4}{3}\pi r^3$$

∎

7.3.5.3 Länge von Kurvenbögen (Rektifikationen)

Gesucht ist die Länge einer Funktionskurve zwischen zwei Punkten (vgl. Abb. 7.44). Die Aufgabe ist dann sinnvoll, wenn die Funktion im Intervall $[x_1, x_2]$ stetig ist. Diese Voraussetzung ist allerdings nicht hinreichend.

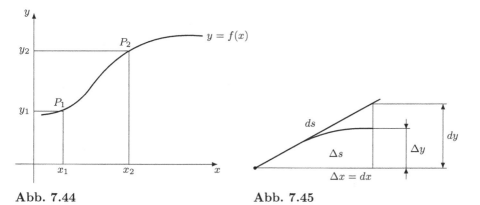

Abb. 7.44   **Abb. 7.45**

Die Kurve wird in n Stücke unterteilt, die gleiche Abszissenlänge haben (Δx).
Die Funktionsstücke werden durch Tangenten ersetzt, die im unteren Teilpunkt
angelegt werden (vgl. Abb. 7.45).
Die Länge des Teilkurvenstücks Δs wird durch das sogenannte Bogendifferenzial
ersetzt.

$$\Delta s \approx \mathrm{d}s = \sqrt{(\mathrm{d}x)^2 + (\mathrm{d}y)^2} = \sqrt{1 + \left(\frac{\mathrm{d}y}{\mathrm{d}x}\right)}\,\mathrm{d}x$$

Die Unterteilung wird umso feiner, je kleiner $\mathrm{d}x$ wird. Für $n \to \infty$ oder $\mathrm{d}x \to 0$
ist

$$s = \int\limits_{x_1}^{x_2} \sqrt{1 + \left(\frac{\mathrm{d}y}{\mathrm{d}x}\right)^2}\,\mathrm{d}x$$

Voraussetzung: $y = f(x)$ ist im Intervall $[x_1, x_2]$ stetig und differenzierbar.
Mitunter, die Eineindeutigkeit der Funktion vorausgesetzt, ist es günstiger, die
Bogenlänge durch Integration über die Umkehrfunktion zu bestimmen.

$$s = \int\limits_{y_1}^{y_2} \sqrt{1 + \left(\frac{\mathrm{d}x}{\mathrm{d}y}\right)^2}\,\mathrm{d}y$$

$x = g(y)$ stetig und differenzierbar im Intervall $[y_1, y_2]$

Wie aus den Formeln ersichtlich, ergibt der Integrand meist Funktionen, die mit
elementaren Methoden nicht oder gar nicht geschlossen zu integrieren sind.

Beispiel 7.80
Berechnung des Kreisumfangs (Kreis mit Radius r) (vgl. Abb. 7.46)
Aus der Symmetrie folgt, dass die Länge des Viertelkreisbogens mit 4 multipliziert
den Umfang ergibt.

$$y^2 + x^2 = r^2$$

$$y = \sqrt{r^2 - x^2}$$

$$\frac{dy}{dx} = \frac{-x}{\sqrt{r^2 - x^2}}$$

$$s = 4 \int_0^r \sqrt{\frac{r^2}{r^2 - x^2}}\, dx$$

$$s = 4 \int_0^r \sqrt{1 + \frac{x^2}{r^2 - x^2}}\, dx$$

$$s = 4r \int_0^r \frac{dx}{\sqrt{r^2 - x^2}} = 4 \int_0^r \frac{dx}{\sqrt{1 - \left(\frac{x}{r}\right)^2}} = 4r \int_{(0)}^{(r)} \frac{dz}{\sqrt{1 - z^2}}$$

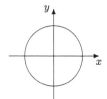

Abb. 7.46

Substitution $z = \dfrac{x}{r}$

$$s = 4r \arcsin z \Big|_{(0)}^{(r)} = 4r \arcsin \frac{x}{r} \Big|_0^r = 4r \arcsin 1 = 4r \frac{\pi}{2}$$

$$= 2\pi r = U$$

$$\frac{dz}{dx} = \frac{1}{r}$$

$$dx = r\, dz$$

∎

7.3.5.4 Mantelflächenberechnung von Rotationskörpern (Komplanationen)

Der Rotationskörper wird zunächst in Scheiben der Breite Δx parallel zur y, z-Ebene zerschnitten (vgl. Abb. 7.47).

Die Oberfläche der Scheibe wird näherungsweise durch die Oberfläche einer Kugelschicht angegeben. ($r_1 = y \quad r_2 = y + \mathrm{d}y$)

$$\Delta A_\mathrm{M} \approx \mathrm{d}A_\mathrm{M} = \pi[y + (y + \mathrm{d}y)]\mathrm{d}s$$

$$\Delta A_\mathrm{M} = \pi\sqrt{1 + \left(\frac{\mathrm{d}y}{\mathrm{d}x}\right)^2}\,[y + (y + \mathrm{d}y)]\mathrm{d}x$$

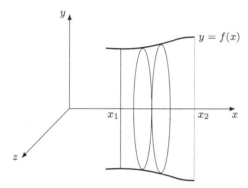

Abb. 7.47

Für $\Delta x \to 0$ $(n \to \infty)$ und Summation der Oberfläche ergibt sich

$$A_{\mathrm{M}_x} = 2\pi \int\limits_{x_1}^{x_2} y\sqrt{1 + \left(\frac{\mathrm{d}y}{\mathrm{d}x}\right)^2}\,\mathrm{d}x \qquad\qquad y = f(x)$$

Voraussetzung: $y = f(x)$ ist im Intervall $[x_1, x_2]$ stetig und differenzierbar. Bei Rotation um die y-Achse

$$A_{\mathrm{M}_y} = 2\pi \int\limits_{y_1}^{y_2} x\sqrt{1 + \left(\frac{\mathrm{d}x}{\mathrm{d}y}\right)^2}\,\mathrm{d}y$$

$$x = g(y) \quad \text{stetig und differenzierbar im Intervall } [y_1, y_2]$$

Beispiel 7.81
Oberfläche einer Kugel vom Radius r

$$y^2 + x^2 = r^2$$

$$y = \sqrt{r^2 - x^2}$$

$$\frac{\mathrm{d}y}{\mathrm{d}x} = \frac{-x}{\sqrt{r^2 - x^2}}$$

$$A_{\mathrm{M}_x} = 2\pi \int\limits_{-r}^{r} \sqrt{r^2 - x^2}\sqrt{1 + \frac{x^2}{r^2 - x^2}}\,\mathrm{d}x$$

Symmetrie:

$$A_{M_x} = 4\pi \int_0^r \sqrt{r^2 - x^2} \sqrt{\frac{r^2}{r^2 - x^2}}\,\mathrm{d}x$$

$$A_{M_x} = 4\pi r \int_0^r \frac{\sqrt{r^2 - x^2}}{\sqrt{r^2 - x^2}}\,\mathrm{d}x$$

$$A_{M_x} = 4\pi r x \Big|_0^r$$

$$A_{\hat{M}_x} = 4\pi r^2$$

■

Beispiel 7.82
Berechnung der Oberfläche einer Kegelschicht – Kugelzone (vgl. Abb. 7.48)

$$y = \sqrt{r^2 - x^2}$$
$$\frac{\mathrm{d}y}{\mathrm{d}x} = \frac{-x}{\sqrt{r^2 - x^2}}$$
$$x_2 - x_1 = h$$

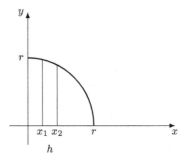

Abb. 7.48

$$A_{M_x} = 2\pi \int_{x_1}^{x_2} \sqrt{r^2 - x^2} \sqrt{1 + \frac{x^2}{r^2 - x^2}}\,\mathrm{d}x$$

$$A_{M_x} = 2\pi r \int_{x_1}^{x_2} \mathrm{d}x$$

$$A_{M_x} = 2\pi r x \Big|_{x_1}^{x_2}$$

$$A_{M_x} = 2\pi r (x_2 - x_1)$$

$$A_{M_x} = 2\pi r h$$

Auch das Integral zur Mantelfächenberechnung eines Rotationskörpers lässt sich im Allgemeinen sehr schwer oder gar nicht geschlossen integrieren, sodass für die praktische Berechnung Näherungsverfahren verwendet werden.   ■

7.3.5.5 Schwerpunktbestimmungen

Für ein homogenes Kurvenstück, für eine homogene, von der Funktion $y = f(x)$ begrenzte Fläche und für einen homogenen Rotationskörper ergibt sich die Schwerpunktkoordinate aus dem statischen Moment dividiert durch die Gesamtlänge der Kurve, Gesamtfläche, Gesamtvolumen.

Schwerpunkt eines homogen mit Masse belegten Kurvenstücks (vgl. Abb. 7.49):

$$x_s = \frac{M_y}{s} = \frac{\int\limits_{x_1}^{x_2} x\sqrt{1 + \left(\frac{\mathrm{d}y}{\mathrm{d}x}\right)^2}\,\mathrm{d}x}{\int\limits_{x_1}^{x_2} \sqrt{1 + \left(\frac{\mathrm{d}y}{\mathrm{d}x}\right)^2}\,\mathrm{d}x}$$

$$y_s = \frac{M_x}{s} = \frac{\int\limits_{x_1}^{x_2} y\sqrt{1 + \left(\frac{\mathrm{d}y}{\mathrm{d}x}\right)^2}\,\mathrm{d}x}{\int\limits_{x_1}^{x_2} \sqrt{1 + \left(\frac{\mathrm{d}y}{\mathrm{d}x}\right)^2}\,\mathrm{d}x}$$

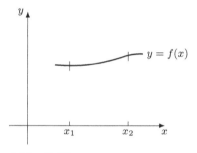

Abb. 7.49

Schwerpunkt einer homogen mit Masse belegten Fläche (vgl. Abb. 7.50):

$$x_s = \frac{M_y}{A} = \frac{\int\limits_{x_1}^{x_2} xy\,\mathrm{d}x}{\int\limits_{x_1}^{x_2} y\,\mathrm{d}x}$$

$$y_s = \frac{M_x}{A} = \frac{\frac{1}{2}\int\limits_{x_1}^{x_2} y^2\,\mathrm{d}x}{\int\limits_{x_1}^{x_2} y\,\mathrm{d}x}$$

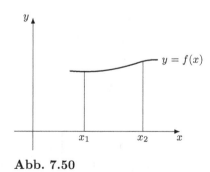

Abb. 7.50

Schwerpunkt eines homogenen Rotationskörpers (x-Achse ist Rotationsachse) (vgl. Abb. 7.51):

$$x_s = \frac{M}{V} = \frac{\int\limits_{x_1}^{x_2} xy^2 \mathrm{d}x}{\int\limits_{x_1}^{x_2} y^2 \mathrm{d}x} \qquad\qquad y_s = z_s = 0$$

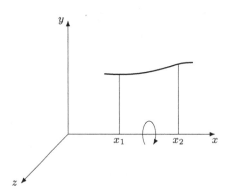

Abb. 7.51

Beispiel 7.83

1. Es sind die Schwerpunktkoordinaten des Flächenstücks zu berechnen, das von der Parabel $y = -x^2 + 5x$ und der x-Achse eingeschlossen wird (vgl. Abb. 7.52).

$$A = \int\limits_0^5 (-x^2 + 5x)\mathrm{d}x = -\frac{x^3}{3} + \frac{5x^2}{2}\bigg|_0^5 = -\frac{125}{3} + \frac{125}{2} = \frac{125}{6}$$

$$M_y = \int\limits_0^5 x(-x^2 + 5x)\mathrm{d}x = \int\limits_0^5 (-x^3 + 5x^2)\mathrm{d}x = -\frac{x^4}{4} + \frac{5x^3}{3}\bigg|_0^5$$

$$= -\frac{625}{4} + \frac{625}{3} = \frac{625}{12}$$

$$M_x = \frac{1}{2}\int\limits_0^5 (-x^2 + 5x)^2\mathrm{d}x = \frac{1}{2}\int\limits_0^5 (x^4 - 10x^3 + 25x^2)\mathrm{d}x$$

$$= \frac{1}{2}\left|\frac{x^5}{5} - \frac{10x^4}{4} + \frac{25x^3}{3}\right|_0^5$$

$$= \frac{1}{2}\left(+625 - \frac{3125}{2} + \frac{3125}{3}\right) = \frac{1}{2}\left(625 - \frac{3125}{6}\right) = \frac{625}{12}$$

$$x_s = \frac{625 \cdot 6}{12 \cdot 125} = \frac{5}{2} \qquad \text{(folgt aus der Symmetrie der Parabel)}$$

$$y_s = \frac{625 \cdot 6}{12 \cdot 125} = \frac{5}{2} \quad S(2,5; 2,5)$$

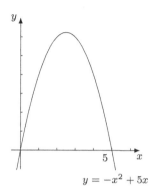

$$y = -x^2 + 5x$$

Abb. 7.52

2. Der Schwerpunkt eines Kreiskegels mit Grundkreisradius (vgl. Abb. 7.53) r und Höhe h ist:

$$V_x = \pi \int\limits_0^h \frac{r^2}{h^2} x^2 \mathrm{d}x = \frac{\pi r^2}{3} h$$

$$M = \pi \int\limits_0^h x \frac{r^2}{h^2} x^2 \mathrm{d}x = \pi \frac{r^2}{h^2} \frac{x^4}{4} \Big|_0^h = \frac{\pi}{4} r^2 h^2$$

$$x_S = \frac{\frac{\pi}{4} r^2 h^2}{\frac{\pi}{3} r^2 h} = \frac{3}{4} h$$

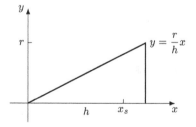

$$y = \frac{r}{h} x$$

Abb. 7.53

■

7.3.5.6   Guldin'sche Regeln

P. Guldin (1577–1643) fand Zusammenhänge zwischen der Oberfläche eines Rotationskörpers, der Länge eines rotierenden Kurvenstücks sowie der Weglänge des

Schwerpunkts, welche dieser bei der Rotation zurücklegt, und dem Volumen des Rotationskörpers, der Größe des rotierenden Flächenstücks sowie der Weglänge des Schwerpunkts bei der Rotation.

Für die y-Koordinate des Schwerpunkts eines Kurvenstücks ergab sich:

$$y_s = \frac{\displaystyle\int\limits_{x_1}^{x_2} y\sqrt{1+\left(\frac{dy}{dx}\right)^2}\,dx}{\displaystyle\int\limits_{x_1}^{x_2}\sqrt{1+\left(\frac{dy}{dx}\right)^2}\,dx}$$

$$\int\limits_{x_1}^{x_2} y\sqrt{1+\left(\frac{dy}{dx}\right)^2}\,dx = y_s \int\limits_{x_1}^{x_2}\sqrt{1+\left(\frac{dy}{dx}\right)^2}\,dx \quad\Bigg|\ \cdot 2\pi$$

$$2\pi\int\limits_{x_1}^{x_2} y\sqrt{1+\left(\frac{dy}{dx}\right)^2}\,dx \qquad = 2\pi y_s \qquad \int\limits_{x_1}^{x_2}\sqrt{1+\left(\frac{dy}{dx}\right)^2}\,dx$$

Oberfläche eines rotierenden   Weglänge   Länge des rotierenden
Kurvenstücks, die durch   des Schwer-   Kurvenstücks
Drehen der Kurve $y = f(x)$ punkts bei
in dem Intervall $[x_1; x_2]$ um   der Rotation
die x-Achse entsteht.

Satz 7.20

$$A_M = 2\pi y_s s$$

Die Mantelfläche eines Rotationskörpers ist gleich dem Produkt aus dem Weg des Schwerpunkts und der Länge des rotierenden Kurvenstücks.

Für die y-Koordinate des Schwerpunkts eines Flächenstücks ergab sich:

$$y_s = \frac{\dfrac{1}{2}\displaystyle\int\limits_{x_1}^{x_2} y^2\,dx}{\displaystyle\int\limits_{x_1}^{x_2} y\,dx}$$

$$\int\limits_{x_1}^{x_2} y^2\,dx = 2y_s \int\limits_{x_1}^{x_2} y\,dx \quad\Bigg|\ \cdot \pi$$

$$\pi \int\limits_{x_1}^{x_2} y^2 \mathrm{d}x \qquad = 2\pi y_s \qquad \int\limits_{x_1}^{x_2} y\,\mathrm{d}x$$

Volumen des	Weglänge des	Flächeninhalt
Rotations-	Flächenschwer-	des rotierenden
körpers	punkts bei der	Flächenstücks
	Rotation	

$$V_x = 2\pi y_s A$$

Das Volumen eines Rotationskörpers ergibt sich aus dem Weg des Schwerpunkts der erzeugenden Fläche und deren Inhalt.

Beispiel 7.84

1. Die Oberfläche und das Volumen eines zylindrischen Ringes (Torus) ist nach den Guldin'schen Regeln zu berechnen (vgl. Abb. 7.54).

$$A = \pi r^2 \qquad\qquad U = 2\pi r$$

Fläche des rotierenden Kurvenstücks \qquad Länge des rotierenden Kurvenstücks

$$A_{\mathrm{M}} = 2\pi R \cdot 2\pi r$$
$$A_{\mathrm{M}} = 4\pi^2 R r$$
$$V_x = 2\pi R \pi r^2$$
$$V_x = 2\pi^2 R r^2$$

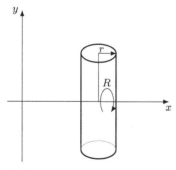

Abb. 7.54

2. Bestimmung der Schwerpunktordinate eines Halbkreises mit dem Radius r (vgl. Abb. 7.55)

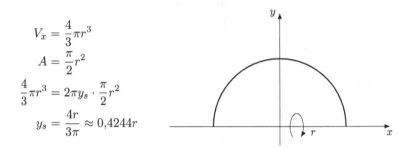

$$V_x = \frac{4}{3}\pi r^3$$

$$A = \frac{\pi}{2}r^2$$

$$\frac{4}{3}\pi r^3 = 2\pi y_s \cdot \frac{\pi}{2}r^2$$

$$y_s = \frac{4r}{3\pi} \approx 0{,}4244r$$

Abb. 7.55

3. Mantelfläche eines Kreiskegels (Radius r und Höhe h), Abb. 7.56

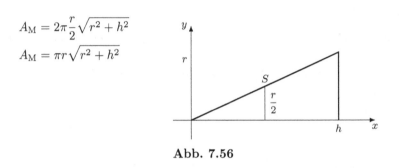

$$A_M = 2\pi\frac{r}{2}\sqrt{r^2 + h^2}$$

$$A_M = \pi r\sqrt{r^2 + h^2}$$

Abb. 7.56

7.3.5.7   Beispiele für Anwendungen in der Physik

Trägheitsmomente:

Das Trägheitsmoment eines Massenpunkts bezogen auf eine Achse ist das Produkt aus der Masse des Punktes und dem Quadrat des Abstands.

Liegt die Achse in der Ebene einer Fläche, so ergibt sich das axiale (äquatoriale) Flächenträgheitsmoment der Fläche unter der Gleichung $y = f(x)$ im Intervall $[x_1, x_2]$ zu

$$J_x = \frac{1}{3}\int_{x_1}^{x_2} y^3\,\mathrm{d}x$$

$$J_y = \int_{x_1}^{x_2} x^2 y\,\mathrm{d}x$$

Beim polaren Flächenträgheitsmoment steht die Bezugsachse senkrecht auf der Ebene des Flächenstücks.

Das Massenträgheitsmoment J ist das Produkt aus der im Schwerpunkt vereinigten Masse multipliziert mit dem Quadrat seines Abstands von der Bezugsachse. Die Bezugsachse ist bei Rotationskörpern die Rotationsachse.

Rotiert eine stetige Funktion $y = f(x)$ im Intervall $[x_1, x_2]$ um die x-Achse, so ergibt sich ein Massenträgheitsmoment bezogen auf die Rotationsachse (homogene Massenverteilung wird vorausgesetzt).

$$J = \frac{1}{2}\pi\varrho \int\limits_{x_1}^{x_2} y^4 \mathrm{d}x \qquad \varrho \quad \text{Dichte des Körpers}$$

Die Arbeit ist definiert als das Wegintegral der Kraft, da die Kraft längs des Weges nicht immer als konstant vorausgesetzt werden kann (z. B. Ausdehnung einer Schraubfeder)

$$W = \int\limits_{s_1}^{s_2} F \mathrm{d}s$$

Beispiel 7.85
Arbeit bei Ausdehnung einer Schraubfeder

$$F = \kappa s$$

κ ist eine Federkonstante, die einen materialbedingten Wert hat (Proportionalität ist in einem gewissen Bereich voraussetzbar).

Bei Ausdehnung von null zur Länge l wird die Arbeit geleistet:

$$W = \int\limits_0^l F \mathrm{d}s = \int\limits_0^l \kappa s \mathrm{d}s = \kappa \frac{l^2}{2}$$

∎

Beispiel 7.86

$$\text{Mit} \quad F = ma = m\frac{\mathrm{d}v}{\mathrm{d}t}$$

folgt:

$$W = \int m\frac{\mathrm{d}v}{\mathrm{d}t}\mathrm{d}s = m\int v\mathrm{d}v = m\frac{v^2}{2} + c \quad \text{(Formel für die kinetische Energie)}$$

Es gibt vielfältige Möglichkeiten zur Anwendung der Integralrechnung in der Physik.

∎

7.3.5.8 Beispiel für Anwendung in der Wirtschaft

Die Integralrechnung findet in der Wirtschaftsmathematik immer dann Anwendung, wenn die Summe von Produkten zu bilden ist. Durchschnittskosten, Durchschnittsprofite, optimale Nutzungsdauer, Anlaufkurven sind derartige Anwendungsfälle. Zu allen Problemen gibt es spezielle Modelle, sodass die Anwendung nicht schwer ist, wenn die spezielle Funktion aus statistischen Untersuchungen erschlossen werden kann.

Beispiel:

Aus der Kostenfunktion

$$K = f(t) = 2 + 4t - 0{,}3t^2$$

sind die Gesamtkosten zu berechnen, die vom zweiten bis zum vierten Jahr anfallen.

$$K = \int_2^4 (2 + 4t - 0{,}3t^2)\mathrm{d}t = 2t + 2t^2 - 0{,}1t^3 \Big|_2^4$$

$$= 8 + 32 - 6{,}4 - (4 + 8 - 0{,}8) = 28 - 5{,}6 = 22{,}4 \quad \text{Kosteneinheiten}$$

7.3.6 Numerische Integration

Durch die Verfahren der numerischen Integration wird der Wert des bestimmten Integrals

$$\int_{x_1}^{x_2} f(x)\mathrm{d}x$$

zahlenmäßig berechnet.

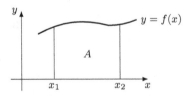

Abb. 7.57

Der Wert des Integrals kann geometrisch als Inhalt der Fläche zwischen der Funktion, der x-Achse und zwei Parallelen zur y-Achse im Abstand x_1 und x_2 gedeutet werden (vgl. Abb. 7.57). Verfahren der numerischen Integration müssen dann angewandt werden, wenn

- die explizite Form der analytischen Funktion nicht gegeben ist, und die Funktion als Wertetafel (z. B. im Ergebnis einer Messreihe) vorliegt oder in Form eines grafischen Bildes, aus dem die Wertetabelle mit hinreichender Genauigkeit durch eine Funktionsgleichung $y = f(x)$ zu approximieren (anzugleichen) ist.

- die Stammfunktion aus $f(x)$ nur mithilfe von sehr schwierigen Integrationsverfahren oder gar nicht in geschlossener Form zu ermitteln ist.

Während zu allen differenzierbaren Funktionen eine Ableitung mit Hilfe der Differenziationsregeln gefunden werden kann, gestaltet sich die Integration in geschlossener Form sehr aufwendig und erweist sich in den meisten Fällen als nicht durchführbar. Die Integration ist aus der Grenzwertbildung einer Summe von Produkten entstanden, bei denen ein Faktor immer kleiner wird und die Anzahl entsprechend wächst.

Produkt- und Summenbildung sind numerisch problemlos, während die Umkehroperationen (Subtraktion führt zu Auslöschung von wesentlichen Ziffern bei dicht beieinanderliegenden Zahlen, und Division durch sehr kleine Werte führt zu hoher Ungenauigkeit) numerisch sehr anfällig sind. Aus diesem Grund gibt es für die numerische Differenziation auch keine vergleichbar guten Verfahren.

In vielen Fällen bleibt nur die Möglichkeit der numerischen Integration, die mit dem Taschenrechner, einen Speicher vorausgesetzt, sehr gut zu realisieren ist.

Schon bei der Begriffsbestimmung der Flächenberechnung durch das bestimmte Integral wurde die Fläche A durch parallel zur y-Achse verlaufende Geraden in n gleichbreite Streifen zerlegt.

Die Summe der einbeschriebenen Rechtecke (Untersumme) und die Summe der umbeschriebenen Rechtecke (Obersumme) stellt eine obere und untere Grenze für die Fläche A dar.

In einem Grenzprozess, bei dem die Anzahl der Streifen gegen unendlich bzw. die Streifenbreite Δx gegen null geht, konvergieren die Ober- und Untersumme gegen A, wobei die Stetigkeit der Begrenzungsfunktion im Intervall $[x_1, x_2]$ vorausgesetzt wird.

Die Näherungsverfahren der numerischen Integration gehen dazu im Unterschied immer von einer endlichen Streifenzahl mit einer von null verschiedenen Streifenbreite aus. Dabei wird die Funktion $f(x)$ durch eine Polynomfunktion (ganzrationale Funktion) ersetzt.

Ersatzfunktion:

$$y_E = a_n x^n + a_{n-1} x^{n-1} + \ldots + a_1 x + a_0, \qquad n \in \mathbb{N}, \qquad a \in \mathbb{R}$$

Die Ersatzfunktion lässt sich sehr leicht integrieren.

Beispiel zur Demonstration des Prinzips bei Verwendung einer Ersatzfunktion ersten Grades (vgl. Abb. 7.58).

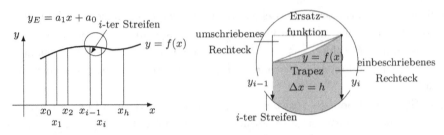

Abb. 7.58

Der Fehler der Fläche ist umso größer, je stärker die Funktion $y = f(x)$ durch Krümmung von den Sehnen abweicht (Verfahrensfehler). Er wächst auch in dem Maße, wie sich n verkleinert, also die Streifenbreite Δx vergrößert (Diskretisierungsfehler).

Die Anzahl der Streifen n und die Breite Δx stehen im Zusammenhang

$$\frac{\Delta x}{n} = \frac{x_n - x_0}{n},$$

wobei x_n die obere und x_0 die untere Integrationsgrenze darstellt.

1. Wird als Ersatzfunktion eine Gerade verwendet, die zwei benachbarte Funktionswerte miteinander verbindet (Sehne), so entstehen als Flächenstreifen Trapeze, deren Summe einen Näherungswert für die Fläche angibt.

Es entsteht so die Sehnen-Trapez-Regel der numerischen Integration (vgl. Abb. 7.59).

$$A_i = \frac{y_{i-1} + y_i}{2} h$$

$$A \approx \sum_{i=1}^{n} A_i$$

$$A \approx h\left(\frac{y_0}{2} + y_1 + y_2 + \ldots + y_{n-1} + \frac{y_n}{2}\right)$$

Beispiel 7.87

$$\int_0^1 e^x dx \quad \text{(vgl. Abb. 7.60)}$$

$$n = 10 \qquad\qquad \Delta x = \frac{1 - 0}{10} = 0,1$$

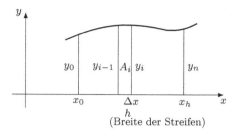

h
(Breite der Streifen)

Abb. 7.59

x	y (Taschenrechner)	Summanden der Sehnen-Trapez-Regel
0,0	1,0000	0,5000
0,1	1,1051	1,1051
0,2	1,2214	1,2214
0,3	1,3498	1,3498
0,4	1,4918	1,4918
0,5	1,6487	1,6487
0,6	1,8221	1,8221
0,7	2,0137	2,0137
0,8	2,2255	2,2255
0,9	2,4596	2,4596
1,0	2,7182	1,3591
		$\overline{17{,}1968}$

Die Summe wird zweckmäßig schon bei der Berechnung der Funktionswerte im Speicher des Taschenrechners gebildet.

$$A \approx 0{,}1 \cdot 17{,}1968 = 1{,}719\,68$$

Zum Vergleich kann diese Funktion exakt integriert werden:

$$A = \int\limits_0^1 \mathrm{e}^x \mathrm{d}x = \mathrm{e}^x \Big|_0^1 = \mathrm{e}^1 - \mathrm{e}^0 = 2{,}718\,28 - 1{,}000\,00 = 1{,}718\,28$$

Die relative Abweichung zwischen Näherungswert und exaktem Wert beträgt nicht einmal 1 Prozent.

$$\frac{\Delta A}{A} = \frac{1{,}719\,68 - 1{,}718\,28}{1{,}718\,28} = \frac{0{,}001\,40}{1{,}718\,28} = 0{,}082\,\%$$

Die Genauigkeit bei Verwendung der Sehnen-Trapez-Regel ist zufriedenstellend, wenn die Streifenzahl n hinreichend groß ist. Ihre Vergrößerung bewirkt eine Erhöhung des Rechenaufwands, die jedoch bei Verwendung des mit Speicher ausgestatteten elektronischen Taschenrechners nicht allzusehr ins Gewicht fällt.

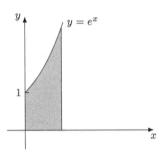

Abb. 7.60

Durch die Verfahren der numerischen Integration lassen sich durch Additionen und Multiplikationen auch solche Funktionen integrieren, von denen keine geschlossene analytische Form vorliegt oder die nicht über Integrationsverfahren geschlossen integriert werden können.

Beispiel 7.88

Die in Abb. 7.61 angegebene Fläche zwischen Straße und Bach ist zu berechnen. Nach der Sehnen-Trapez-Regel ergibt sich für die Fläche:

$$A = 5(7{,}00 + 14{,}10 + 14{,}20 + 14{,}30 + 14{,}50 + 14{,}60 + 14{,}80 + 15{,}30$$
$$+ 15{,}00 + 15{,}10 + 15{,}40 + 15{,}40 + 15{,}30 + 15{,}30 + 15{,}40 + 15{,}40$$
$$+ 15{,}50 + 7{,}80)$$
$$= 5 \cdot 254{,}40$$
$$= 1272{,}00$$

Die Fläche beträgt $1272 \, \text{m}^2$. ∎

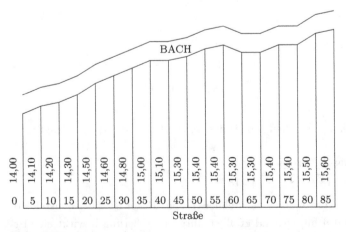

Abb. 7.61

2. Werden als Ersatzfunktionen Parabeln verwendet, die durch 3 benachbarte Punkte auf $y = f(x)$ gehen, so entstehen gleichbreite Doppelstreifen, die oben von einer leicht zu integrierenden Parabel begrenzt werden. Die Parabel wird deswegen als Ersatzfunktion gewählt, da sie zu einer Erhöhung der Genauigkeit bei der numerischen Integration führt, ohne dass der Rechenaufwand durch eine Vergrößerung der Streifenzahl erhöht wird.

$$y_E = a_0 + a_1 x + a_2 x^2$$

Es versteht sich von selbst, dass dieser Ersatzfunktion eine Anpassung an eine gekrümmte Kurve möglich ist, was bei einer Geraden nicht der Fall ist.

Zur Bestimmung der Parabelgleichung (Parameter a_0, a_1, a_2) sind drei Punkte notwendig, die auf der Funktion und damit auch auf der Ersatzfunktion liegen.

Bei Aufstellung der Parabelgleichung (Bestimmung der Parameter a_0, a_1, a_2) wird das Koordinatensystem zunächst so verschoben, dass $x_i = 0$ wird (Abszisse des mittleren Funktionswerts im Doppelstreifen), Abb. 7.62.

Anschließende Integration der Ersatzfunktion ergibt einen Näherungswert für die Fläche eines Doppelstreifens

$$\Delta A = \frac{h}{3}(y_{i-1} + 4y_i + y_{i+1}).$$

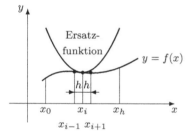

Abb. 7.62

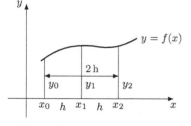

Abb. 7.63

Bereits J. Kepler (1571–1630) hat 1615 in einem Aufsatz zu einer „neuen Raum-
lehre von Weinfässern" diese Formel veröffentlicht.

$$A \approx \frac{h}{3}(y_0 + 4y_1 + y_2) \quad \text{(vgl. Abb. 7.63)}$$

Mit $2h = x_2 - x_0$

$$\text{ist} \quad h = \frac{x_2 - x_0}{2} \quad \text{und} \quad A = \frac{x_2 - x_0}{6}(y_0 + 4y_1 + y_2)$$

Beispiel 7.89

$$\int\limits_0^1 \mathrm{e}^x \mathrm{d}x \approx \frac{1-0}{6}(1{,}0000 + 4 \cdot 1{,}6487 + 2{,}7182) = 1{,}718\,83$$

Der hier ermittelte Wert ist bei Verwendung von nur 2 Streifen (ein Doppelstreifen)
genauer als der Wert, der mit der Sehnen-Trapez-Regel ermittelt wurde, wobei von
10 Streifen ausgegangen wurde. ∎

Bei 5 äquidistanten (gleichabständigen) Funktionswerten ergeben sich 2 Doppelstreifen und analog dazu die Näherungsformel.

$$A \approx \frac{h}{3}(y_0 + 4y_1 + y_2) + \frac{h}{3}(y_2 + 4y_3 + y_4)$$

$$A \approx \frac{h}{3}(y_0 + 4y_1 + 2y_2 + 4y_3 + y_4)$$

Th. Simpson (1710–1761) hat diese Regel verallgemeinert. Es ergibt sich die Fläche
nach der Simpson'schen Regel auf der Grundlage von n gleichbreiten Streifen,
deren Anzahl als gerade vorausgesetzt werden muss (Doppelstreifen), Abb. 7.64.

$$A \approx \frac{h}{3}\left(y_0 + 4\sum_{i=1}^{\frac{n}{2}} y_{2i-1} + 2\sum_{i=1}^{\frac{n}{2}-1} y_{2i} + y_n\right)$$

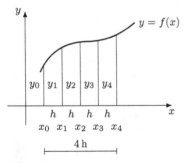

Abb. 7.64

Bei einer geraden Streifenzahl mit gleicher Breite h werden der nullte und letzte Funktionswert einfach, alle Funktionswerte mit einem geraden Argumentindex doppelt und mit ungeradem Argumentindex vierfach bewertet. Die aus den auf solche Weise bewerteten Funktionswerten gebildete Summe wird mit $\dfrac{h}{3}$ multipliziert.

$$h = \frac{x_n - x_0}{n} \quad (n \text{ Anzahl der Streifen mit Breite } h)$$

∎

Beispiel 7.90

$\int\limits_0^1 e^x \mathrm{d}x$		x	y	Bewertungs-zahl	Bewerteter Funktionswert
		0,0	1,0000	1	1,0000
Ende des	1. Streifens	0,1	1,1051	4	4,4204
Ende des	2. Streifens	0,2	1,2214	2	2,4428
Ende des	3. Streifens	0,3	1,3498	4	5,3992
Ende des	4. Streifens	0,4	1,4918	2	2,9836
Ende des	5. Streifens	0,5	1,6487	4	6,5948
Ende des	6. Streifens	0,6	1,8221	2	3,6442
Ende des	7. Streifens	0,7	2,0137	4	8,0548
Ende des	8. Streifens	0,8	2,2255	2	4,4510
Ende des	9. Streifens	0,9	2,4596	4	9,8384
Ende des	10. Streifens	1,0	2,7182	1	2,7182
					51,5474

Diese Summe entsteht zweckmäßig während der Multiplikation der einzelnen Funktionswerte im Speicher des Taschenrechners

$$A \approx \frac{0,1}{3} \cdot 51,5474 = 1,718\,25$$

∎

Die relative Abweichung vom exakten Wert ist vernachlässigbar gering:

$$\frac{\Delta A}{A} = \frac{1,718\,28 - 1,718\,25}{1,718\,28} = \frac{0,000\,03}{1,718\,28} = 0,0018\,\%$$

Es ist nicht zweckmäßig, die Genauigkeit durch Ersatzfunktionen mit höherem Grad verbessern zu wollen. Bei Verwendung des Taschenrechners kann durch eine höhere Streifenzahl (kleinere Breite h) die Genauigkeit beliebig verbessert werden, ohne dass der Rechenaufwand ins Unermessliche wächst.

Doch auch hier ist immer nur die notwendige und nicht die größtmögliche Genauigkeit anzustreben. Werte, die eine Genauigkeit vortäuschen, wie sie eventuell nicht einmal durch die eingeschränkte Messgenauigkeit erreicht werden können, sind unsinnig.

Auch bei Verwendung des Taschenrechners müssen Aufwand und Nutzen in einem gesunden Verhältnis stehen.

Beispiel 7.91

$$\int\limits_{-1}^{1} e^{-x^2}\,dx = 2\int\limits_{0}^{1} e^{-x^2}\,dx$$

■

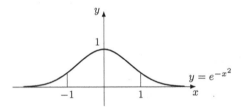

Abb. 7.65

Da es sich um eine gerade Funktion handelt, liegt die Fläche symmetrisch zur y-Achse (vgl. Abb. 7.65).

Bemerkung 7.11

Diese Funktion ist durch Integrationsverfahren nicht geschlossen zu integrieren.

x	e^{-x^2}	Sehnen-Trapez-Regel	Bewertung nach „Simpson"	bewertete Funktion
0,0	1,000 000 0	0,500 000 0	1	1,000 000 0
0,1	0,990 049 8	0,990 049 8	4	3,960 199 3
0,2	0,960 789 4	0,960 789 4	2	1,921 578 9
0,3	0,913 931 2	0,913 931 2	4	3,655 724 7
0,4	0,852 143 8	0,852 143 8	2	1,704 287 6
0,5	0,778 800 8	0,778 800 8	4	3,115 203 1
0,6	0,697 676 3	0,697 676 3	2	1,395 352 7
0,7	0,612 626 4	0,612 626 4	4	2,450 505 6
0,8	0,527 292 4	0,527 292 4	2	1,054 584 8
0,9	0,444 858 1	0,444 858 1	4	1,779 432 3
1,0	0,367 879 4	0,183 939 7	1	0,367 879 4
		7,462 107 9		22,404 748 4

Fläche nach der Sehnen-Trapez-Regel:

$$A = 2 \cdot 0{,}1 \cdot 7{,}462\,107\,3 = 1{,}492\,421\,5$$

Fläche nach der Simpson'schen Formel:

$$A = 2 \cdot \frac{0{,}1}{3} \cdot 22{,}404\,748\,4 = 1{,}493\,650\,0$$

7.3.7 Grafische Integration

Die grafische Integration kann ausgeführt werden, wenn eine grafische Darstellung der Funktion $y = f(x)$ in einem Intervall vorliegt.

Dabei wird die grafische Integration auf die Anwendung der Integralrechnung zur Berechnung von Flächen bezogen und die Methode der grafischen Differenziation umgekehrt.

Auf der vorgegebenen Kurve werden n Teilpunkte (beliebig) festgelegt, durch die Parallelen zu beiden Koordinatenachsen gezogen werden. Die sich dabei auf der y-Achse ergebenden Schnittpunkte werden markiert. Danach wird die Kurve so in eine Treppenkurve zerlegt, dass die (nach Augenmaß) gewählten Zwischenpunkte beiderseits der Kurve flächengleiche Stücke abschneiden. Durch die Zwischenpunkte werden ebenfalls Parallelen zur y-Achse gezogen. Die Schnittpunkte der Parallelen zur x-Achse mit den ursprünglich festgelegten Kurvenpunkten werden mit dem Polpunkt $(-1, 0)$ verbunden. Es sind dieses die Tangentenrichtungen für die gesuchte Stammfunktion. Diese werden dann in einen Punkt auf der Parallelen zur

y-Achse durch den ursprünglichen Punkt verschoben. Die Parallelen zur y-Achse durch die Zwischenpunkte geben dabei den Schnittpunkt der verschobenen Tangenten an. Der Anfangspunkt für die Integralkurve kann beliebig gewählt werden (in y-Richtung), da die Integrationskonstante nicht festliegt (vgl. Abb. 7.66).

Beispiel 7.92
Die Funktion $y = x$ ist im Intervall $[0, 5]$ grafisch zu integrieren (vgl.Abb. 7.67).
Die Punkte Z_i liegen genau zwischen den P_i, da flächengleiche Dreiecke entstehen müssen.
Der Wert für $F(0) = c = -2$ wurde willkürlich festgelegt. Die Punkte K_0 bis K_5 liegen auf der speziellen Stammfunktion $F(x) = \dfrac{x^2}{2} - 2$.

Die anderen Stammfunktionen liegen parallel zu der Funktion.   ■

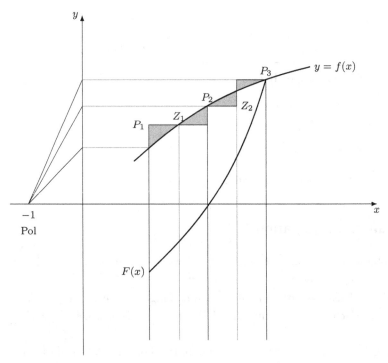

Abb. 7.66

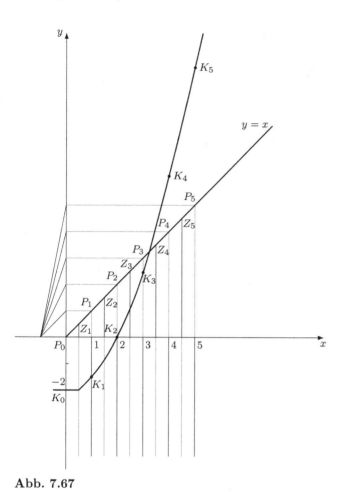

Abb. 7.67

7.4   Differenzialgleichungen (DGL)

7.4.1   Begriff der DGL

Sind Ableitungen (Ableitung) mit den Variablen y oder (und) x durch Gleichheitszeichen verbunden, so ergibt das eine Differenzialgleichung (DGL). Ist die Funktion nur von einer unabhängigen Variablen abhängig (hier und in der Physik ist das meist die Zeit), dann handelt es sich um eine gewöhnliche DGL im Unterschied zu den partiellen DGL, bei der die Funktion von mehreren unabhängigen Variablen abhängig ist. Zum Beispiel: Wärmeleitungsgleichungen in einer ebenen Platte sind partielle DGL.

Hier wird nur auf ganz spezielle gewöhnliche DGL eingegangen, wofür in der Mathematik auch eine abgeschlossene Theorie existiert. Die Theorie der partiellen DGL ist noch nicht abgeschlossen. Lösungen einer DGL sind Funktionen, die zusammen mit ihren Ableitungen in die DGL eingesetzt eine Identität ergeben.

Beispiel 7.93
(Weg–Zeit–Gleichung beim freien Fall) :

$$s = -\frac{g}{2}t^2 + v_0 t + s_0$$

$$\frac{\mathrm{d}s}{\mathrm{d}t} = -gt + v_0$$

$$\frac{\mathrm{d}^2 s}{\mathrm{d}t^2} = -g \quad \text{oder} \quad \frac{\mathrm{d}^2 s}{\mathrm{d}t^2} + g = 0$$

Die höchste Ableitung in der DGL bestimmt die Ordnung der Gleichung. Im Beispiel handelt es sich um eine Gleichung zweiter Ordnung. Eine DGL n-ter Ordnung muss demzufolge n-mal integriert werden, um eine Lösung zu erhalten. Demzufolge enthält die allgemeine Lösung einer DGL n-ter Ordnung n frei wählbare Parameter (n Integrationskonstanten). Daraus folgt, dass n Bedingungen gegeben sein müssen (Anfangsbedingungen), um eine spezielle oder partikuläre Lösung der DGL angeben zu können. Die allgemeine Lösung der DGL des senkrechten Wurfes nach oben

$$\frac{\mathrm{d}^2 s}{\mathrm{d}t^2} + g = 0$$

hat zwei Parameter, die durch die Anfangsbedingungen

$$t = 0 : \quad s = s_0 \quad \text{und} \quad v = v_0$$

festgeschrieben werden. ∎

7.4.2   Einteilung der DGL

1. Gewöhnlich heißen DGL, wenn sie keine partiellen Ableitungen enthalten (andernfalls werden sie als partielle DGL bezeichnet).

2. Die höchste Ableitung, die in der DGL vorkommt, bestimmt deren Ordnung.

3. Eine DGL ist linear, wenn alle Glieder $y, y', ..., y^{(n)}$ jeweils linear sind. Eine lineare DGL n-ter Ordnung lässt sich wie folgt darstellen:

$$f_n(x)y^{(n)} + f_{n-1}(x)y^{(n-1)} + \cdots + f_1(x)y' + f_0(x) = S(x)$$

4. Sind die Funktionen f_0 bis f_n alle konstant, das heißt von x unabhängig, dann bezeichnet man die DGL als eine solche mit konstanten Koeffizienten.

5. $S(x)$ ist das Glied (ein Term), das weder y noch Ableitungen von y enthält. $S(x)$ wird als Störglied der DGL bezeichnet. $S(x) = 0$ – die DGL ist homogen. $S(x) \neq 0$ – die DGL ist inhomogen.

Beispiele zur Einteilung von DGL:

	$s'' + g = 0$	$x + y' = y'''$	$y'y = e^x$	$y' - xy = x$	$xy' - \dfrac{y}{x+1} = 0$
gewöhnlich	×	×	×	×	×
Ordnung	2.	3.	1.	1.	1.
konstante	×	×	×		
nicht konstante				×	×
inhomogene	×	×	×	×	
homogene					×
lineare	×	×		×	×
nicht lineare			×		

7.4.3   Trennung der Variablen

Wenn eine DGL 1. Ordnung so nach y' aufgelöst werden kann (explizite Form der DGL), dass auf der linken Seite ein Produkt von zwei Termen steht, wobei jeder Faktor entweder nur x oder nur y enthält, dann können die Variablen getrennt und die DGL nach Trennung der Variablen integriert werden (falls die Integration möglich ist!).

$$y' = f(x)g(y)$$

In differenzieller Schreibweise

$$\frac{dy}{dx} = f(x) \cdot g(y)$$

und nach der Trennung

$$\frac{dy}{g(y)} = f(x) \cdot dx$$

Beispiel 7.94

$$y'y = -x$$

$$\frac{dy}{dx} \cdot y = -x$$

$$ydy = -xdx$$

$$\frac{y^2}{2} = -\frac{x^2}{2} + c^* \qquad\qquad 2c^* = c = r^2$$

$$y^2 + x^2 = 2c^*$$

$$y^2 + x^2 = r^2$$

r: Kreisradius

■

Beispiel 7.95

Beim freien Fall des Körpers mit der Masse m ist der Luftwiderstand

a) bei geringer Geschwindigkeit proportional zur Geschwindigkeit,
b) bei größerer Geschwindigkeit proportional zur Geschwindigkeit zum Quadrat,
c) bei hoher Geschwindigkeiten höheren Potenzen der Geschwindigkeit proportional.

Die beschleunigende Kraft ist die Gravitationskraft (gleichgerichtet) und die entgegengesetzte Kraft der Luftwiderstand. ■

$$F = F_G - F_L$$

Im Fall b) ist:

$$F = m \cdot g - c \cdot v^2,$$

wobei g die Erdbeschleunigung und c ein Proportionalitätsfaktor ist.

$$m \cdot a = m \cdot g - c \cdot v^2$$

$$a = \frac{dv}{dt}$$

$$m\frac{dv}{dt} = mg - cv^2$$

Aufgelöst nach $\dfrac{dv}{dt}$ lautet die DGL (explizite Form):

$$\frac{dv}{dt} = g - \frac{c}{m}v^2$$

Trennung der Variablen

$$\frac{\mathrm{d}v}{g - \dfrac{c}{m}v^2} = \mathrm{d}t \qquad\qquad v \neq \sqrt{\frac{m}{c}g}$$

ist gelungen, auch wenn das Grundintegral auf der linken Seite (Umkehrfunktion des Tangenshyperbolikus – Areafunktion) nicht zum Standard der Schulausbildung gehört. Für $t = 0$ und $v = 0$ ergibt sich die partikuläre Lösung der DGL.

7.4.4 Inhomogene DGL 1. Ordnung

Lineare DGL 1. Ordnung haben die Form (linear!)

$$f_1(x)y' + f_2(x)y = S(x) \qquad f_1(x) \neq 0$$

Ist

$$S(x) \neq 0,$$

dann ist die DGL inhomogen. $S(x)$ wird als Störglied bezeichnet.

Nun gilt der folgende Satz: **Die allgemeine Lösung einer inhomogenen DGL n-ter Ordnung ist die Summe aus der allgemeinen Lösung der zugehörigen homogenen und einer partikulären Lösung der inhomogenen DGL.** Für die Bestimmung der allgemeinen Lösung der inhomogenen DGL ist also erforderlich:

1. Die allgemeine Lösung der zugehörigen homogenen DGL – bei einer DGL 1. Ordnung ist diese immer durch Trennung der Variablen zu bestimmen.

$$f_1(x)y' + f_2(x)y = 0$$

$$\frac{\mathrm{d}y}{\mathrm{d}x} = -\frac{f_2(x)}{f_1(x)}y$$

$$\frac{\mathrm{d}y}{y} = -\frac{f_2(x)}{f_1(x)}\mathrm{d}x$$

$$\ln|y_H| = -\int \frac{f_2(x)}{f_1(x)}\mathrm{d}x + \ln|c^*|$$

$$y_H = c \cdot \mathrm{e}^{-\int \frac{f_2(x)}{f_1(x)}\mathrm{d}x}$$

2. Die Idee, eine partikuläre Lösung der inhomogenen Gleichung durch Variation der Integrationskonstanten c aus der allgemeinen Lösung der homogenen DGL zu bestimmen, hatte Lagrange (1736–1812).

$$y_H = c \cdot \mathrm{e}^{-\int \frac{f_2(x)}{f_1(x)}\mathrm{d}x} \qquad y'_H = c'(x)\mathrm{e}^{-\int \frac{f_2(x)}{f_1(x)}\mathrm{d}x} - c(x)\frac{f_2(x)}{f_1(x)}\mathrm{e}^{-\int \frac{f_2(x)}{f_1(x)}\mathrm{d}x}$$

(Produktregel)

Einsetzen in die inhomogene DGL* ergibt:

$$f_1(x)\left(c'(x)\mathrm{e}^{-\int \frac{f_2(x)}{f_1(x)}\mathrm{d}x} - c(x)\frac{f_2(x)}{f_1(x)}\mathrm{e}^{-\int \frac{f_2(x)}{f_1(x)}\mathrm{d}x}\right)$$

$$+ f_2(x)c(x)\mathrm{e}^{-\int \frac{f_2(x)}{f_1(x)}\mathrm{d}x} = S(x)$$

$$f_1(x) \neq 0$$

$$c'(x)f_1(x)\mathrm{e}^{-\int \frac{f_2(x)}{f_1(x)}\mathrm{d}x} = S(x)$$

$$c'(x) = \frac{S(x)\mathrm{e}^{\int \frac{f_2(x)}{f_1(x)}\mathrm{d}x}}{f_1(x)}$$

$$c(x) = \int \frac{S(x)}{f_1(x)}\mathrm{e}^{\int \frac{f_2(x)}{f_1(x)}\mathrm{d}x}\mathrm{d}x$$

In den Ansatz nach Lagrange eingesetzt:

$$y_P = \int \frac{S(x)}{f_1(x)}\mathrm{e}^{\int \frac{f_2(x)}{f_1(x)}\mathrm{d}x}\mathrm{d}x \cdot \mathrm{e}^{-\int \frac{f_2(x)}{f_1(x)}\mathrm{d}x}$$

Damit ergibt sich die allgemeine Lösung der inhomogenen DGL nach dem hier angegebenen Satz als Summe:

$$y_A = \mathrm{e}^{-\int \frac{f_2(x)}{f_1(x)}\mathrm{d}x}\left(c + \int \frac{S(x)}{f_1(x)}\mathrm{e}^{\int \frac{f_2(x)}{f_1(x)}\mathrm{d}x}\mathrm{d}x\right)$$

Beispiel 7.96

$$y' + \frac{y}{x} = \sin(x)$$

Die zugehörige homogene DGL:

$$y' + \frac{y}{x} = 0$$

1. Lösung durch Trennung der Variablen

$$\frac{\mathrm{d}y}{\mathrm{d}x} = -\frac{y}{x}$$

$$\frac{\mathrm{d}y}{y} = -\frac{\mathrm{d}x}{x}$$

$$\ln|y| = -\ln|x| + \ln|c|$$

$$\ln|y| = \ln\left|\frac{c}{x}\right|$$

$$y_H = \frac{c}{x}$$

2. Variation der Konstanten

$$y = \frac{c(x)}{x} \qquad\qquad y' = \frac{xc'(x) - c(x)}{x^2}$$

$$\text{(Quotientenregel)}$$

Eingesetzt in die inhomogene DGL:

$$\frac{xc'(x) - c(x)}{x^2} + \frac{c(x)}{x^2} = \sin(x)$$

Trennung der Variablen

$$\frac{c'(x)}{x} = \sin(x)$$
$$\frac{\mathrm{d}c(x)}{\mathrm{d}x} = x \cdot \sin(x)$$

Nebenrechnung:

$$\int x \cdot \sin(x)\mathrm{d}x = -x\cos(x) + \int \cos(x)\mathrm{d}x = -x\cos(x) + \sin(x)$$

$$u = x \qquad\qquad u' = 1$$
$$v' = \sin(x) \qquad\qquad v = -\cos(x)$$

$$c(x) = -x \cdot \cos(x) + \sin(x)$$

Eingesetzt in den Ansatz:

$$y_P = \frac{-x\cos(x) + \sin(x)}{x}$$

Ergibt die allgemeine Lösung der inhomogenen DGL:

$$y_A = y_H + y_P = \frac{c}{x} + \frac{-x\cos(x) + \sin(x)}{x} = \frac{c - x\cos(x) + \sin(x)}{x} \qquad \blacksquare$$

7.4.5 Lineare homogene DGL mit konstanten Koeffizienten

Zum Lösen einer homogenen linearen DGL mit konstanten Koeffizienten wird der Ansatz

$$y = \mathrm{e}^{kx}$$

gewählt und k so bestimmt, dass die homogene DGL erfüllt ist.

Beispiel 7.97

Eine homogene DGL 2. Ordnung mit konstanten Koeffizienten:

$$y'' + a_1 y' + a_0 y = 0$$

Ansatz:

$$y = e^{kx}$$
$$y' = k e^{kx}$$
$$y'' = k^2 e^{kx}$$

$$e^{kx}(k^2 + a_1 k + a_0) = 0 \qquad\qquad e^{kx} \neq 0$$

charakteristische Gleichung:

$$k^2 + a_1 k + a_0 = 0$$

mit den Lösungen:

$$k_{1/2} = -\frac{a_1}{2} \pm \sqrt{\frac{a_1^2}{4} - a_0}$$

ohne Beweis:

1.

$$\frac{a_1^2}{4} - a_0 > 0$$

Die charakteristische Gleichung hat zwei reelle voneinander verschiedene Lösungen k_1 und k_2.
Die allgemeine Lösung der homogenen DGL lautet:

$$y_A = c_1 e^{k_1 x} + c_2 e^{k_2 x}$$

2.

$$\frac{a_1^2}{4} - a_0 = 0$$

Die charakteristische Gleichung hat zwei reelle aber gleiche Lösungen k.
Die allgemeine Lösung der homogenen DGL lautet:

$$y_A = (c_1 + c_2 x)e^{kx} \quad \text{(Beweis durch „Variation der Konstanten")}$$

3.

$$\frac{a_1^2}{4} - a_0 < 0$$

Die charakteristische Gleichung hat keine reelle Lösung.

Die allgemeine Lösung der homogenen DGL ist eine Linearkombination aus Sinus-, Kosinus- und Exponentialfunktion.

$$y = e^{-ax}(A\cos(bx) + B\sin(bx)) \quad (a = -\mathrm{Re}(k),\ b = \mathrm{Im}(k))$$

∎

Beispiel 7.98

$$y'' + 4y' - 12y = 0$$

charakteristische Gleichung durch den Ansatz: $y = e^{kx}$

$$k^2 + 4k - 12 = 0$$
$$k_{1/2} = -2 \pm \sqrt{4 + 12}$$
$$k_1 = -6$$
$$k_2 = 2$$

$$y_A = c_1 e^{-6x} + c_2 e^{2x}$$

∎

Beispiel 7.99

$$y'' + 4y' + 4y = 0$$

charakteristische Gleichung:

$$k^2 + 4k + 4 = 0$$
$$k_{1/2} = -2 \pm \sqrt{4 - 4} = -2$$

$$y_A = (c_1 + c_2 x)e^{-2x}$$

∎

7.4.6 Lineare inhomogene DGL mit konstanten Koeffizienten

Für den Fall, dass es sich bei dem Störglied um das Produkt aus einem Polynom m-ten Grades und einer natürlichen Exponentialfunktion handelt:

$$S(x) = p_m(x)e^{\lambda x},$$

kann eine partikuläre Lösung durch den Lösungsansatz

a)

$$y_P = q_m(x)e^{\lambda x}$$

mit

$$q_m(x) = q_0 + q_1 x + \dots + q_m x^m$$

und Koeffizientenvergleich bestimmt werden, wenn λ nicht Lösung k der charakteristischen Gleichung ist,

b) durch $x^l q_m(x)e^{\lambda x}$, wenn λ der Wert einer l-fachen Lösung der charakteristischen Gleichung ist.

Beispiel 7.100

$$y'' + 4y' - 12y = x^2 + 2x - 3$$

$$y_H = c_1 e^{-6x} + c_2 e^{2x}$$
$$y_P = q_0 + q_1 x + q_2 x^2,$$

denn $\lambda = 0$ ist nicht eine der Lösungen der charakteristischen Gleichung ($k_1 = -6$
$k_2 = 2$).

$$y'_P = q_1 + 2q_2 x$$
$$y''_P = 2q_2$$

In die inhomogene DGL eingesetzt:

$$2q_2 + 4(q_1 + 2q_2 x) - 12(q_0 + q_1 x + q_2 x^2) = x^2 + 2x - 3$$

Der Koeffizientenvergleich ergibt:
Potenz x^2:

$$-12q_2 = 1 \qquad\qquad q_2 = -\frac{1}{12}$$

Potenz x^1:

$$8q_2 - 12q_1 = 2$$
$$-\frac{2}{3} - 12q_1 = 2$$
$$-12q_1 = \frac{8}{3}$$
$$q_1 = -\frac{2}{9}$$

Potenz $x^0 = 1$:

$$2q_2 + 4q_1 - 12q_0 = -3$$

$$-\frac{1}{6} - \frac{8}{9} - 12q_0 = -3$$

$$-\frac{19}{18} - 12q_0 = -3$$

$$-12q_0 = -\frac{35}{18}$$

$$q_0 = \frac{35}{216}$$

$$y_P = \frac{35}{216} - \frac{2}{9}x - \frac{1}{12}x^2$$

$$y_A = y_H + y_P = c_1 e^{-6x} + c_2 e^{2x} + \frac{35}{216} - \frac{2}{9}x - \frac{1}{12}x^2$$

■

Beispiel 7.101

$$y'' + 4y' + 4y = e^{-2x}$$

Die allgemeine Lösung der homogenen Gleichung lautete:

$$y_H = (c_1 + c_2 x)e^{-2x}$$

Hier ist $\lambda = -2$
zweifache Lösung der charakteristischen Gleichung. Demzufolge lautet der Ansatz hier nach b) (der Grad des Polynoms ist $m = 0$):

$$y_P = x^2 q_0 e^{-2x}$$

$$y'_P = 2x q_0 e^{-2x} - 2x^2 q_0 e^{-2x}$$

$$y''_P = 2q_0 e^{-2x} - 4x q_0 e^{-2x} - 4x q_0 e^{-2x} + 4x^2 q_0 e^{-2x}$$

$$2q_0 e^{-2x} - 4x q_0 e^{-2x} - 4x q_0 e^{-2x} + 4x^2 q_0 e^{-2x} + 8x q_0 e^{-2x}$$

$$+ 8x^2 q_0 e^{-2x} + 4x^2 q_0 e^{-2x} = e^{-2x}$$

$$2q_0 - 4x q_0 - 4x q_0 + 4x^2 q_0 + 8x q_0 - 8x^2 q_0 + 4x^2 q_0 = 1$$

$$2q_0 = 1 \qquad\qquad q_0 = 0{,}5$$

$$y_P = \frac{1}{2}x^2 e^{-2x}$$

$$y_A = y_H + y_P = e^{-2x}(0{,}5x^2 + c_2 x + c_1)$$

■

7.4.7 Aufstellen von DGL

Wenn eine DGL n-ter Ordnung (n-mal) unbestimmt integriert wird, so enthält die allgemeine DGL n Parameter; umgekehrt – ist eine Kurvenschar mit n Parametern vorgegeben, so kann diese $(n-1)$-mal differenziert werden, um alle Parameter herauslösen zu können. Auf diese Weise entsteht eine DGL $(n-1)$-ter Ordnung.

Beispiel 7.102
Wie heißt die DGL der Kurvenschar?

1.

$$y = Y - ke^{-\frac{x}{l}}$$
$$ly' + y = Y$$

Y, l sind Konstanten, k ist der Kurvenparameter.

2.

$$y = \frac{x^2}{2} + c$$
$$y' - x = 0$$

3. Die Menge aller Geraden durch den Ursprung.

$$y = mx$$
$$y = y'x$$

■

7.5 Zusammenfassung

Ein Wert, dem man sich beliebig nähern kann (ohne ihn erreichen zu müssen), wird in der Mathematik als Grenzwert bezeichnet. Natürlich hält eine solche Formulierung der streng mathematischen Fassung (Definition) nicht statt. Beliebig nähern heißt, dass es bei jedem vorgegebenen Abstand (in der Idee beliebig kleinen positiven Abstand ($\varepsilon > 0$)) eine Stelle der x-Werte (unabhängige Variable) gibt, ab dem die Funktionswerte diesen Abstand vom Grenzwert unterschreiten. Der Grenzwert von Funktionen ist die Grundlage in der Infinitesimalrechnung (Differenzialrechnung und Integralrechnung).

Differenziation: Bilden des Grenzwerts von Quotienten aus Differenzen, wobei der Nenner (Δx) gegen null geht.

$$\lim_{(x-x_0)\to 0} \frac{f(x) - f(x_0)}{x - x_0} \qquad x - x_0 = \Delta x$$

Integration: Bilden des Grenzwerts einer Summe von Produkten, wobei ein Faktor (Δx) gegen null geht.

$$\lim_{n \to \infty} \sum_{i=1}^{n} f(x_i)\Delta x$$

8 Lineare Algebra

Übersicht

8.1 Lineare Gleichungssysteme und Determinanten

Im Abschnitt 4.3.2.3. wurde bereits dargestellt, dass Systeme linearer Gleichungen aus der Normalform durch den Algorithmus von Gauß in ein gestaffeltes System verwandelt werden können. Die Unbekannten werden aus diesem Gleichungssystem in Dreiecksgestalt rekursiv Zug um Zug bestimmt.

Lineares System in Normalform (aufgelöst nach den absoluten Gliedern auf der rechten Seite):

$$
\begin{array}{ccccccccc}
a_{11}x_1 & + & a_{12}x_2 & + & \dots & + & a_{1n}x_n & = & b_1 \\
a_{21}x_1 & + & a_{22}x_2 & + & \dots & + & a_{2n}x_n & = & b_2 \\
\dots & & \dots & & \dots & & \dots & & \\
\dots & & \dots & & \dots & & \dots & & \\
\dots & & \dots & & \dots & & \dots & & \\
a_{n1}x_1 & + & a_{n2}x_2 & + & \dots & + & a_{nn}x_n & = & b_n
\end{array}
$$

$$
\boxed{
\begin{array}{c}
\text{ALGORITHMUS} \\
\text{VON} \\
\text{GAUSS}
\end{array}
}
$$

$$
\begin{array}{ccccccccc}
a_{11}x_1 & + & a_{12}x_2 & + & \dots & + & a_{1n}x_n & = & b_1 \\
 & + & a'_{22}x_2 & + & \dots & + & a'_{2n}x_n & = & b'_2 \\
 & & & & & & & & \\
 & & & & & & & & \\
 & & & & & + & a'_{nn}x_n & = & b'_n
\end{array}
$$

© Springer-Verlag GmbH Deutschland, ein Teil von Springer Nature 2018
G. Höfner, *Mathematik-Fundament für Studierende aller Fachrichtungen*,
https://doi.org/10.1007/978-3-662-56531-5_8

a_{ij}:   Koeffizienten vor x_i

i: Nummer der Gleichung

$\quad i = 1, \ldots, n$

j: Nummer der Unbekannten

$\quad j = 1, \ldots, n$

b_i: absolute Glieder

Die a_{ij} sind bestimmt durch ihre Stellung (Zeile oder Nummer der Gleichung und Spalte oder Nummer der Unbekannten) und ihren Zahlenwert. Sie bestimmen aber zusammen mit den absoluten Gliedern b_i das Gleichungssystem bei bekannter Größe n (Anzahl der unbekannten und Gleichungen). Anordnung und Zahlenwert der Koeffizienten können übersichtlich und mit vermindertem Schreibaufwand in einer Determinante beschrieben werden (in der Praxis werden die Zahlenwerte der Koeffizienten in einer Tabelle eingetragen).

$$\begin{vmatrix} a_{11} & a_{12} & \cdots & a_{1n} \\ a_{21} & a_{22} & \cdots & a_{2n} \\ \cdot & \cdot & \cdots & \cdot \\ \cdot & \cdot & \cdots & \cdot \\ \cdot & \cdot & \cdots & \cdot \\ a_{n1} & a_{n2} & \cdots & a_{nn} \end{vmatrix}$$

Da der Wert einer Determinante auch durch die Stellung des Elements in der Determinante bestimmt wird, ist es i.A. nicht möglich, die Reihenfolge einzelner Zahlen zu vertauschen. Das schließt aber nicht aus, dass Zeilen und Spalten in einer Determinante vertauscht werden können, was mitunter sehr wichtige rechentechnische Vorteile bringen kann (Division durch eins).

8.1.1 Zweireihige Determinante

Wer versucht, mit dem Additionsverfahren Gleichungssysteme mit mehr als zwei Variablen zu lösen, der sucht nach einem systematischen Verfahren oder einer Möglichkeit, die besser geeignet ist, die Übersichtlichkeit zu erhalten.

$$a_{11}x_1 + a_{12}x_2 = b_1 \,|(+a_{22})$$

$$a_{21}x_1 + a_{22}x_2 = b_2 \,|(-a_{12}) +$$

$$(a_{11}a_{22} - a_{12}a_{21})x_1 + (a_{12}a_{22} - a_{22}a_{12})x_2 = b_1a_{22} - b_2a_{12}$$

$$x_1 = \frac{a_{22}b_1 - a_{12}b_2}{a_{11}a_{22} - a_{12}a_{21}},$$

$$\text{wenn} \quad (a_{11}a_{22} - a_{12}a_{21}) \neq 0$$

$$a_{11}x_1 + a_{12}x_2 = b_1 \,|(-a_{21})$$

$$a_{21}x_1 + a_{22}x_2 = b_2 \,|(+a_{11})\,+$$

$$(-a_{11}a_{21} + a_{11}a_{21})x_1 + (-a_{12}a_{21} + a_{11}a_{22})x_2 = -b_1a_{21} + b_2a_{11}$$

$$x_2 = \frac{a_{11}b_2 - a_{21}b_1}{a_{11}a_{22} - a_{12}a_{21}},$$

$$\text{wenn} \quad (a_{11}a_{22} - a_{12}a_{21}) \neq 0$$

Die für beide Variable gleiche Nennerdifferenz wird als Determinante (Koeffizientendeterminante) geschrieben.

$$D = \begin{vmatrix} a_{11} & a_{12} \\ a_{21} & a_{22} \end{vmatrix}$$

Bei zwei Variablen in einem Gleichungssystem mit zwei Gleichungen besteht die Determinante aus zwei Zeilen (waagerecht) und zwei Spalten (senkrecht). Der Wert der Determinante ergibt sich, indem vom Produkt der Elemente auf der Hauptdiagonalen ($a_{11} \cdot a_{22}$ von links oben nach rechts unten) das Produkt der Elemente der Nebendiagonalen ($a_{21} \cdot a_{12}$ von rechts oben nach links unten) subtrahiert wird.

$$\begin{vmatrix} a_{11} & a_{12} \\ a_{21} & a_{22} \end{vmatrix} = a_{11}a_{22} - a_{21}a_{12}$$

Im Zähler steht eine zweireihige (Reihen sind Zeilen oder Spalten) Determinante, in der die Koeffizienten der zu berechnenden Variablen durch die Zahlen auf der rechten Seite der Normalform (absolute Glieder – Glieder ohne Variable) ersetzt wurden (Ersatz in der **gesamten Spalte**).

$$D_{x_1} = \begin{vmatrix} b_1 & a_{12} \\ b_2 & a_{22} \end{vmatrix} = b_1a_{22} - b_2a_{12} \qquad D_{x_2} = \begin{vmatrix} a_{11} & b_1 \\ a_{21} & b_2 \end{vmatrix} = b_2a_{11} - b_1a_{21}$$

Somit ergibt sich für die Variablen, wenn $D \neq 0$ ist:

$$x_1 = \frac{D_{x_1}}{D} \quad \text{und} \quad x_2 = \frac{D_{x_2}}{D}$$

Beispiel 8.1

$$-x + 2y = 2$$
$$-2x + 3y = 1$$ ∎

$$D = \begin{vmatrix} -1 & 2 \\ -2 & 3 \end{vmatrix} = -3 - (-2) \cdot 2 = 1$$

$$D_x = \begin{vmatrix} 2 & 2 \\ 1 & 3 \end{vmatrix} = 6 - 2 = 4$$

$$D_y = \begin{vmatrix} -1 & 2 \\ -2 & 1 \end{vmatrix} = -1 - (-2) \cdot 2 = 3$$

$$x = \frac{D_x}{D} = \frac{4}{1} = 4 \qquad\qquad y = \frac{D_y}{D} = \frac{3}{1} = 3$$

Dieser Formelsatz zur Lösung von linearen Gleichungssystemen mit Determinanten wird als Cramer'sche Regel bezeichnet (Gabriel Cramer 1704–1752).

8.1.2 Dreireihige Determinante

Dreireihige Determinanten können nach der Regel von Sarrus[1] berechnet werden. Praktische Ausführung der Rechenvorschrift zur Berechnung des Wertes einer dreireihigen Determinante: Neben die Determinante werden die ersten beiden Spalten (senkrecht) geschrieben. So entstehen drei Hauptdiagonalen und drei Nebendiagonalen. Die Produkte der Elemente auf den Hauptdiagonalen werden addiert und von der Summe der Produkte auf den Nebendiagonalen (jeweils drei Produkte) subtrahiert.

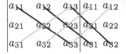

Beispiel 8.2

$$2x - 3y + z = 12$$
$$-x + 5y - 2z = -11$$
$$3x - 8y + 5z = 39$$

$$D = \begin{vmatrix} 2 & -3 & 1 \\ -1 & 5 & -2 \\ 3 & -8 & 5 \end{vmatrix} = 2 \cdot 5 \cdot 5 + (-3)(-2) \cdot 3 + (-1)(-8) \cdot 1 -$$

$$[3 \cdot 5 \cdot 1 + (-8)(-2) \cdot 2 + (-1)(-3) \cdot 5]$$

$$D = 50 + 18 + 8 - 15 - 32 - 15 = 14$$

$$D_x = \begin{vmatrix} 12 & -3 & 1 \\ -11 & 5 & -2 \\ 39 & -8 & 5 \end{vmatrix} = 12 \cdot 5 \cdot 5 + (-3)(-2) \cdot 39 + (-11)(-8) \cdot 1 -$$

$$[39 \cdot 5 \cdot 1 + (-8)(-2) \cdot 12 + (-11)(-3) \cdot 5]$$

$$D_x = 300 + 234 + 88 - 195 - 192 - 165 = 70$$

$$D_y = \begin{vmatrix} 2 & 12 & 1 \\ -1 & -11 & -2 \\ 3 & 39 & 5 \end{vmatrix} \begin{pmatrix} 2 & 12 & 1 \\ -1 & -11 & -2 \\ 3 & 39 & 5 \end{pmatrix} \begin{matrix} 2 & 12 \\ -1 & -11 \\ 3 & 39 \end{matrix}$$

$$D_y = 2 \cdot (-11) \cdot 5 + 12 \cdot (-2) \cdot 3 + 1 \cdot (-1) \cdot 39 - [3 \cdot (-11) \cdot 1$$
$$+ 39 \cdot (-2) \cdot 2 + 5 \cdot (-1) \cdot 12]$$

$$D_y = -110 - 72 - 39 + 33 + 156 + 60 = 28$$

$$D_z = \begin{vmatrix} 2 & -3 & 12 \\ -1 & 5 & -11 \\ 3 & -8 & 39 \end{vmatrix} \begin{matrix} 2 & -3 \\ -1 & 5 \\ 3 & -8 \end{matrix} = 2 \cdot 5 \cdot 39 + (-3)(-11) \cdot 3 + 12 \cdot (-1) \cdot (-8)$$

$$- [3 \cdot 5 \cdot 12 + (-8) \cdot (-11) \cdot 2 + 39 \cdot (-1) \cdot (-3)]$$

$$D_z = 390 + 99 + 96 - 180 - 176 - 117 = 112$$

$$D = 14 \qquad\qquad\qquad D_x = 70$$

$$x = \frac{70}{14} = 5$$

Die Berechnung der Variablen erfolgt nach der Regel von Cramer[2], die bereits bei der Berechnung der Variablen in einem Gleichungssystem mit zwei Gleichungen erläutert wurde.

$$x = \frac{D_x}{D} = \frac{70}{14} = 5 \qquad y = \frac{D_y}{D} = \frac{28}{14} = 2 \qquad z = \frac{D_z}{D} = \frac{112}{14} = 8$$

8.1.3 Determinantengesetze für n-reihige Determinanten

Obwohl Determinanten mit mehr als drei Reihen im $\mathbb{R}^2$ (Ebene) oder $\mathbb{R}^3$ (Raum) nicht benötigt werden, sind die Determinantengesetze bei der Berechnung gültig, auch wenn die Zahl der Reihen (Spalten- oder Zeilenzahl) den Wert von drei überschreitet. Die Berechnung des Wertes von vierreihigen Determinanten wird nach einem Entwicklungssatz auf die Summe von vier Determinanten mit drei Reihen zurückgeführt.

Allgemein: Die Berechnung einer n-reihigen Determinante kann als Summe von n Determinanten mit $(n - 1)$ Reihen zurückgeführt werden.

Vor der Entwicklung einer Determinante ist es vorteilhaft, die Anwendung der folgenden Determinantengesetze zu prüfen.

1. Eine Determinante ändert ihren Wert nicht, wenn entsprechende Zeilen und Spalten miteinander vertauscht werden (Spiegelung an der Hauptdiagonalen der Determinante).

   Deswegen müssen Zeilen und Spalten auch keine unterschiedliche Bezeichnung erhalten, sie werden einheitlich als Reihen bezeichnet.

2. Der Wert einer Determinante wechselt das Vorzeichen, wenn zwei Reihen miteinander vertauscht werden.

3. Der Wert einer Determinante ist null, wenn eine Reihe nur Nullen enthält.

4. Eine Determinante wird mit einem Faktor multipliziert, indem alle Elemente in einer Reihe multipliziert werden. Umgekehrt kann ein gemeinsamer Faktor ausgeklammert werden, indem er aus allen Elementen einer Reihe ausgeklammert wird.

5. Wird zu den Elementen in einer Reihe ein beliebiges Vielfache der Elemente einer Parallelreihe addiert, so ändert sich der Wert der Determinante nicht.

6. Sind zwei Parallelreihen gleich oder proportional, so ist der Wert der Determinante null.

---

[1]Pierre Frederic Sarrus (1798–1861) – französischer Mathematiker
[2]Gabriel Cramer (1704–1752) – schweizerischer Mathematiker

7. Steht in einer Reihe der Determinante die Summe von Elementen, so ist ihr Wert gleich der Summe von zwei Determinanten, die in der Reihe einen Summanden und in den übrigen Reihen die gleichen Elemente haben.

8.1.4 Lösbarkeitskriterien $n > 3$

Im Allgemeinen wird bei der Lösung von angewandten Aufgabenstellungen vorausgesetzt, dass für die Bestimmung von n unbekannten Größen auch n Gleichungen gefunden werden, die sich nicht widersprechen und voneinander linear unabhängig sind. Somit stimmen die Zeilenzahl (Zahl der Gleichungen) und die Spaltenzahl (Zahl der Unbekannten) des in Normalform gegebenen Gleichungssystems überein. Bei der Lösung gibt es grundsätzlich zwei Fälle:

1. D (Koeffizientendeterminante) ungleich null – das lineare Gleichungssystem hat eine eindeutig bestimmte Lösung. Die n Gleichungen sind voneinander unabhängig und widersprechen sich nicht.

Beispiel 8.3

$$2x_1 - x_2 + 3x_3 = 9$$
$$x_1 + 2x_2 - 4x_3 = -7$$
$$3x_1 - 4x_2 + 2x_3 = 1$$
$$L = (1; 2; 3)$$

∎

2. D (Koeffizientendeterminante) gleich null – das lineare Gleichungssystem hat keine oder unendlich viele Lösungen (also keine eindeutig bestimmbare Lösung).

2.1 Das System hat keine Lösung – in dem Fall widersprechen sich mindestens zwei Gleichungen – die linken Seiten von zwei oder mehreren Gleichungen lassen sich durch Multiplikation oder Addition von entsprechenden Koeffizienten ineinander überführen – der Wert des absoluten Gliedes (rechte Seite) stimmt dabei jedoch nicht überein, was den Widerspruch (null gleich etwas verschieden von null) deutlich macht.

Beispiel 8.4
$$(1)\, 2x_1 - x_2 + 3x_3 = 9$$
$$(2)\, x_1 + 2x_2 - 4x_3 = -7$$
$$(3)\, 3x_1 - 4x_2 + 10x_3 = 27$$

∎

Wird die erste Gleichung mit zwei multipliziert

$$+(4x_1 - 2x_2 + 6x_3 = 18)$$

und die zweite von der so veränderten Gleichung subtrahiert

$$-(x_1 + 2x_2 - 4x_3 = -7),$$

so entsteht

$$3x_1 - 4x_2 + 10x_3 = 25.$$

Verglichen mit der Gleichung (3) ist der Widerspruch ersichtlich oder bei Subtraktion der beiden Gleichungen müsste

$$0 = 2$$

sein.

Das System besitzt keine Lösungen, wenn die Koeffizientendeterminante null und die im Zähler stehenden Determinanten (Cramer'sche Regel) verschieden von null sind.

$$D = \begin{vmatrix} 2 & -1 & 3 \\ 1 & 2 & -4 \\ 3 & -4 & 10 \end{vmatrix} = 0$$

$$D_{x_1} = \begin{vmatrix} 9 & -1 & 3 \\ -7 & 2 & -4 \\ 27 & -4 & 10 \end{vmatrix} = -4 \quad D_{x_2} = \begin{vmatrix} 2 & 9 & 3 \\ 1 & -7 & -4 \\ 3 & 27 & 10 \end{vmatrix} = 22$$

$$D_{x_3} = \begin{vmatrix} 2 & -1 & 9 \\ 1 & 2 & -7 \\ 3 & -4 & 27 \end{vmatrix} = 10$$

2.2 Das System hat unendlich viele Lösungen – in dem Fall sind mindestens zwei Gleichungen linear abhängig – zwei Gleichungen lassen sich durch Multiplikation oder Addition von einander entsprechenden Koeffizienten ineinander überführen – in jeder Zählerdeterminante ist eine Zeile mit Nullen vorhanden, so dass neben der Nenner- auch jede Zählerdeterminante den Wert Null hat.

Beispiel 8.5

(1) $2x_1 - x_2 + 3x_3 = 9$

(2) $x_1 + 2x_2 - 4x_3 = -7$

(3) $3x_1 - 4x_2 + 10x_3 = 25$
(vgl. Beispiel 2.1)

$$(2x_1 - x_2 + 3x_3 = 9) \cdot 2$$

$$4x_1 - 2x_2 + 6x_3 = 18$$

$$-(x_1 + 2x_2 - 4x_3 = -7)$$

$$\underline{3x_1 - 4x_2 + 10x_3 = 25} \quad \text{(siehe Gleichung (3) } 0 = 0!)$$

■

Das System besitzt unendlich viele Lösungen, wobei eine der Unbekannten $(x_1; x_2; x_3)$ frei gewählt werden muss, um die Werte der anderen beiden eindeutig bestimmen zu können. Eine der zweireihigen (neun mögliche) Koeffizientendeterminanten muss einen von null verschiedenen Wert besitzen. Es sind:

$$D = \begin{vmatrix} 2 & -1 & 3 \\ 1 & 2 & -4 \\ 3 & -4 & 10 \end{vmatrix} = 0$$

$$D_{x_1} = \begin{vmatrix} 9 & -1 & 3 \\ -7 & 2 & -4 \\ 25 & -4 & 10 \end{vmatrix} = 0 \quad D_{x_2} = \begin{vmatrix} 2 & 9 & 3 \\ 1 & -7 & -4 \\ 3 & 25 & 10 \end{vmatrix} = 0 \quad D_{x_3} = \begin{vmatrix} 2 & -1 & 9 \\ 1 & 2 & -7 \\ 3 & -4 & 25 \end{vmatrix} = 0$$

Ein Lösungsbeispiel – für:

$$2x_1 - x_2 = 9 - 3x_3$$

$$x_1 + 2x_2 = -7 + 4x_3 \quad \text{ist die Koeffizientendeterminante} \quad \begin{vmatrix} 2 & -1 \\ 1 & 2 \end{vmatrix} = 5$$

Wenn $x_3 = 2$ gesetzt wird, dann ist

$$2x_1 - x_2 = 3$$

$$x_1 + 2x_2 = 1 \quad \text{und} \quad x_1 = \frac{\begin{vmatrix} 3 & -1 \\ 1 & 2 \end{vmatrix}}{5} = \frac{7}{5} = 1{,}4 \quad x_2 = \frac{\begin{vmatrix} 2 & 3 \\ 1 & 1 \end{vmatrix}}{5} = -\frac{1}{5} = -0{,}2$$

8.1.5 Homogene Gleichungssysteme

Ein lineares Gleichungssystem mit m linearen Gleichungen und n Unbekannten

$$
\begin{array}{ccccccccc}
a_{11}x_1 & + & a_{12}x_2 & + & \ldots & + & a_{1n}x_n & = & b_1 \\
a_{21}x_1 & + & a_{22}x_2 & + & \ldots & + & a_{2n}x_n & = & b_2 \\
\vdots & & \vdots & & \vdots & \vdots & & \vdots \\
a_{m1}x_1 & + & a_{m2}x_2 & + & \ldots & + & a_{mn}x_n & = & b_m
\end{array}
$$

heißt homogen, wenn alle absoluten Glieder (in der Normalform auf der rechten Seite) gleich null sind.

$$
\begin{array}{ccccccccc}
a_{11}x_1 & + & a_{12}x_2 & + & \ldots & + & a_{1n}x_n & = & 0 \\
a_{21}x_1 & + & a_{22}x_2 & + & \ldots & + & a_{2n}x_n & = & 0 \\
\vdots & & \vdots & & \vdots & \vdots & & \vdots \\
a_{m1}x_1 & + & a_{m2}x_2 & + & \ldots & + & a_{mn}x_n & = & 0
\end{array}
$$

Eine Lösung ist jedem homogenen Gleichungssystem absolut sicher:

$$x_1 = x_2 = \ldots = x_n = 0$$

Das ist die triviale Lösung des homogenen Gleichungssystems. Auch für homogene Gleichungen gelten die beiden Regeln zur Umformung von Gleichungen:

$$T_1 = T_2$$

1.

$$T_1 \cdot T = T_2 \cdot T$$

Jede Seite eines homogenen Gleichungssystems kann mit einer festen Zahl multipliziert werden.

2.

$$T_1 + T = T_2 + T$$

Die Summe zweier Lösungen eines homogenen Gleichungssystems ist wieder Lösung des Systems.
Sind also

$$(x_1; x_2; \ldots; x_n)$$

und

$$(y_1; y_2; \ldots; y_n)$$

Lösungen, dann sind alle Lösungen durch

$$r(x_1; x_2; \ldots; x_n) + s(y_1; y_2; \ldots; y_n) \quad \text{mit } r; s \in \mathbb{R}$$

erfasst.

Beispiel 8.6

$$x_1 - 2x_2 + x_3 + x_4 = 0$$
$$\underline{x_1 + 3x_2 - x_3 + 2x_4 = 0} \quad |+$$
$$2x_1 + x_2 + 3x_4 = 0$$

■

mit den frei wählbaren Parametern

$$x_1 = r \quad \text{und} \quad x_4 = s$$

ist

$$x_2 = -2r - 3s$$
$$x_3 = r + 3(-2r - 3s) + 2s = -5r - 7s$$

8.1.6 Inhomogene Gleichungssysteme

Wenn nicht alle absoluten Glieder eines linearen Gleichungssystems null sind, dann ist das System inhomogen.

Beispiel 8.7

$$x_1 - 2x_2 + x_3 + x_4 = 7$$
$$\underline{x_1 + 3x_2 - x_3 + 2x_4 = -3} \quad |+$$
$$2x_1 + x_2 + 3x_4 = 4$$

mit den frei wählbaren Parametern

$$x_1 = r \quad \text{und} \quad x_4 = s$$

ist

$$x_2 = 4 - 2r - 3s$$
$$x_3 = x_1 + 3x_2 + 2x_4 + 3 = r + 3(4 - 2r - 3s) + 2s + 3 = 15 - 5r - 7s$$

■

9 Vektorrechnung und vektorielle Geometrie

Übersicht

9.1 Grundbegriffe

Die Vektorrechnung wurde unabhängig voneinander durch H. Grassmann (1809–1877) und W. R. Hamilton (1805–1865) begründet.

Skalare Größen (Skalare) sind durch die Angabe einer reellen Maßzahl eindeutig bestimmt (vorausgesetzt, dass die Maßeinheit festgelegt wurde). Skalare Größen lassen sich durch einen Punkt der Zahlengeraden (reelle Zahlen) eindeutig darstellen. Skalare werden mit großen oder kleinen lateinischen Buchstaben (auch griechische Buchstaben) bezeichnet, die indiziert sein können.

Beispiel 9.1

    1. $\varrho_{Fe} = 7{,}86\,\text{kg/dm}^3$ **2.** $t = 6{,}3\,\text{s}$ **3.** $W = 44\,\text{J}$

Vektorielle Größen (Vektoren) sind durch die Angabe einer reellen Maßzahl nicht eindeutig festgelegt. Erst durch die Angabe einer Richtung sind derartige Größen zusammen mit ihrer Maßzahl (Betrag) bestimmt. Vektorielle Größen lassen sich durch gerichtete Strecken (Pfeile) eindeutig darstellen. Vektoren werden mit einem Pfeil über kleinen lateinischen oder kleinen deutschen Buchstaben bezeichnet. ■

© Springer-Verlag GmbH Deutschland, ein Teil von Springer Nature 2018
G. Höfner, *Mathematik-Fundament für Studierende aller Fachrichtungen*,
https://doi.org/10.1007/978-3-662-56531-5_9

Beispiel 9.2

Geschwindigkeit, Kraft, Beschleunigung, Ortsvektor eines Punktes im Raum.

Ein Ortsvektor eines Punktes im räumlichen Koordinatensystem kann eineindeutig durch einen Zeilen-(Spalten-)vektor mit 3 Spalten (Zeilen) dargestellt werden (vgl. Abb. 9.1).

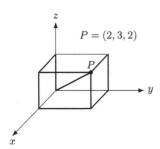

Abb. 9.1

■

Definition 9.1

Zwei Vektoren sind genau dann gleich, wenn sie den gleichen Betrag und die gleiche Richtung besitzen.   ♦

Beispiel 9.3

Der Betrag eines Vektors ist gleich der positiven Maßzahl des ihn darstellenden Pfeils (vgl. Abb. 9.2)

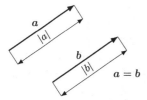

Abb. 9.2

■

Definition 9.2

1. Gleichgerichtete Vektoren haben die gleiche Richtung (liegen parallel) $a \uparrow\uparrow b$ (Unterschied im Betrag).

2. Entgegengesetzt gerichtete Vektoren bilden einen Winkel von 180° miteinander $a \uparrow\downarrow b$ (Unterschied in Richtung und Betrag).

3. Komplanar sind Vektoren, die in einer Ebene liegen oder zu dieser Ebene parallel verlaufen.

♦

9.2   Operationen mit Vektoren

9.2.1   Addition und Subtraktion von Vektoren

Die Addition zweier Vektoren lässt sich als resultierende Translation aus den zwei
Translationen a und b definieren.
Verschiebung von a und b ist gleich der Verschiebung um c (vgl. Abb. 9.3).

Abb. 9.3

Definition 9.3
Die Summe der beiden Vektoren a und b ist grafisch durch die Verschiebung des
Anfangspunkts von b in den Endpunkt von a zu bestimmen. Der Anfangspunkt
von a und der Endpunkt des so verschobenen Vektors b legen den Summenvektor
c fest.   ◆

Beispiel 9.4
Aus der Möglichkeit, dieses Dreieck zum Parallelogramm zu ergänzen
(vgl. Abb. 9.4), ergibt sich die Kommutativität der Vektoraddition
(vgl. Abb. 9.5).

$$a + b = b + a$$

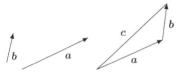

Abb. 9.4   **Abb. 9.5**

Das assoziative Gesetz ist nur im Raum zu erklären, da 3 Vektoren im Allgemeinen
nicht in einer Ebene liegen. Dazu bedient man sich als Vorstellungshilfe einer
Zimmerecke (vgl. Abb. 9.6).
Die Summe aus drei Vektoren ergibt sich als Raumdiagonale eines sogenannten
Spats.   ■

Ergibt sich als Darstellung der Summe ein in sich geschlossenes (räumliches) Vek-
toreck (der Endpunkt des letzten Summanden fällt mit dem Anfangspunkt des
ersten Summanden zusammen), so ist die Summe gleich dem Nullvektor. Der
Nullvektor hat den Betrag Null und besitzt keine spezielle Richtung.

$$(a + b) + c = a + (b + c)$$

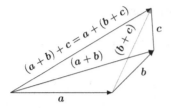

Abb. 9.6

Beispiel 9.5
Darstellung in der Ebene (vgl. Abb. 9.7)
Aus der Darstellung in Abb. 9.8 folgt:
Der Differenzvektor c ergibt zusammen mit b den Vektor a. Wenn $a - b = 0$, so ist $a = b$. Die Subtraktion eines Vektors lässt sich auch als Addition des zu einem Vektor entgegengesetzt gerichteten Vektors mit dem gleichen Betrag erklären.

$$a \uparrow\downarrow -b \qquad a - b = c$$
$$a + (-b) = c$$

■

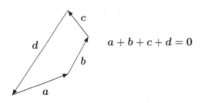

$$a + b + c + d = 0$$

Abb. 9.7

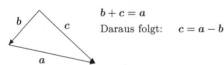

$$b + c = a$$
Daraus folgt: $c = a - b$

Abb. 9.8

Beispiel 9.6
Zwei Kräfte mit den Beträgen 2000 N und 500 N bilden einen Winkel von 135°. Die resultierende Kraft (Summe der beiden Kräfte) ist grafisch zu bestimmen (vgl. Abb. 9.9).
Die resultierende Kraft hat einen Betrag von 1684 N und schließt mit F_1 einen Winkel von 12,1° ein. Die Prüfung der grafischen Lösung ist durch den Kosinussatz und Sinussatz auf rechnerischem Wege möglich.   ■

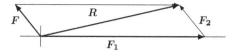

Abb. 9.9

9.2.2 Skalare Multiplikation

Ist die skalare Größe eine ganze Zahl, so handelt es sich bei dem angegebenen Problem um eine spezielle Addition von gleichgerichteten Vektoren mit dem gleichen Betrag (gleiche Vektoren).

$$b = \underbrace{a + a + \cdots + a}_{n \text{ Summanden}} = n \cdot a$$

Die Definition trägt dem zwangsläufig Rechnung.

Definition 9.4
Der Vektor $b = n \cdot a$ ist ein Vektor, der zu a gleichgerichtet verläuft oder entgegengesetzt gerichtet ist und der den $|n|$-fachen Betrag von a besitzt.
Für $n > 0$ ist $b = na \uparrow\uparrow a$.
Für $n < 0$ ist $b = na \uparrow\downarrow a$.
Für $n = 0$ ist $b = na = 0$ (Nullvektor).
Vektoren, die sich als reelles Vielfaches eines anderen Vektors darstellen lassen, sind zueinander kollineare Vektoren (parallel oder entgegengesetzt parallel verlaufende Vektoren). Viele Gesetze der Physik stellen eine Multiplikation von Skalaren mit vektoriellen Größen dar. ◆

Beispiel 9.7
$F = m \cdot a$ (Grundgesetz der Dynamik oder zweites Newton'sches Axiom)

Gesetze für die Multiplikation von Skalaren und Vektoren:

1. $na = an$ (kommutatives Gesetz)
2. $m \cdot (n \cdot a) = (m \cdot n) \cdot a$ (assoziatives Gesetz)

3a. $m \cdot (a + b) = m \cdot a + m \cdot b$ (distributives Gesetz)

3b. $(m + n) \cdot a = m \cdot a + n \cdot a$ (distributives Gesetz)

■

Vektorgleichungen, die nur Rechenoperationen der ersten Stufe zwischen Vektoren und Multiplikationen von reellen Zahlen mit Vektoren enthalten, werden wie normale Zahlengleichungen gelöst, da sich die Rechenoperationen bis zu dieser Stelle nicht unterscheiden.

Beispiel 9.8

In welchem Verhältnis schneiden sich die Seitenhalbierenden eines Dreiecks? Die Summe der Seitenvektoren ist 0 (vgl. Abb. 9.10).

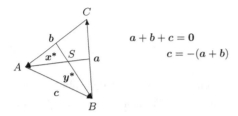

$$a + b + c = 0$$
$$c = -(a + b)$$

Abb. 9.10

Die Seitenhalbierenden halbieren die Seite und zeigen zum gegenüberliegenden Eckpunkt. x und y werden durch die zugehörigen Seiten ausgedrückt.

$$\frac{1}{2} \cdot a + x + c = 0 \qquad\qquad \frac{1}{2} \cdot b + y + a = 0$$

$$x = -\left(c + \frac{1}{2} \cdot a\right) \qquad\qquad y = -\left(a + \frac{1}{2} \cdot b\right)$$

x^* ist der Vektor von S nach A: $x^* = \lambda_1 \cdot x$.
y^* ist der Vektor von S nach B: $y^* = \lambda_2 \cdot y$.

$$c - y^* + x^* = 0$$

$$c - \lambda_2 \cdot y + \lambda_1 \cdot x = 0$$

$$c + \lambda_2 \cdot (a + \frac{1}{2} \cdot b) - \lambda_1 \cdot (c + \frac{1}{2} \cdot a) = 0$$

$$-a - b + \lambda_2 \cdot (a + \frac{1}{2} \cdot b) - \lambda_1 \cdot (-a - b + \frac{1}{2} \cdot a) = 0$$

$$-a - b + \lambda_2 (a + \frac{1}{2} \cdot b) + \lambda_1 \cdot (\frac{1}{2}a + b) = 0$$

$$(-1 + \lambda_2 + \frac{1}{2} \cdot \lambda_1)a = (1 - \frac{1}{2} \cdot \lambda_2 - \lambda_1)b$$

Da im Dreieck die Seiten a und b nicht parallel sind, kann die Gleichung nur stimmen, wenn die Faktoren null sind (Nullvektor).

$$-1 + \lambda_2 + \frac{1}{2}\lambda_1 = 0$$

$$1 - \frac{1}{2}\lambda_2 - \lambda_1 = 0$$

Die Lösungen für λ_1 und λ_2 ergeben sich aus dem linearen Gleichungssystem:

$$\lambda_1 = \lambda_2 = \frac{2}{3}$$

Damit ist gezeigt, dass sich die Seitenhalbierenden im Verhältnis $(1 - \lambda_1) : \lambda_1 = 1 : 2$ schneiden, wobei die größere Seite zur Ecke zeigt. ∎

9.3 Basis, Koordinaten und Ortsvektoren

Aus der Definition der Multiplikation zwischen Vektoren und einer reellen Zahl ergibt sich, dass sich jeder Vektor als Produkt einer reellen Zahl und einem Grundvektor (e) darstellen lässt.

$$a = \lambda \cdot e \qquad \lambda \text{ reelle Zahl}$$
$$e \text{ Grundvektor}$$

Definition 9.5
Der zu a gehörende Einsvektor a^0 ist gleichgerichtet zu a und hat den Betrag 1.

$$a = |a| \cdot a^0$$
$$a^0 = \frac{a}{|a|}$$

Zerlegung von Vektoren der Ebene:
In Umkehrung zur Addition von Vektoren lässt sich jeder ebene Vektor in zwei Summanden a_1, a_2 zerlegen, wenn deren Richtung (nichtparallel zueinander) vorgegeben ist. ♦

Beispiel 9.9
Aus dem Weg eines Schwimmers durch einen Fluss in einer bestimmten Zeit kann die Strömungsgeschwindigkeit und die Fortbewegungsgeschwindigkeit des Schwimmers berechnet werden (vgl. Abb. 9.11).

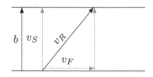

v_R	resultierende Geschwindigkeit
v_S	Geschwindigkeit des Schwimmers ohne Strömung
v_F	Strömungsgeschwindigkeit des Flusses

Abb. 9.11

Jeder Vektor der Ebene lässt sich in zwei komplanare nichtparallele Komponenten zerlegen.

Im Beispiel ist: $\quad y_R = y_F + y_S$

Da: $\qquad\qquad y_F = \lambda_1 \cdot a$

und $\qquad\qquad y_S = \lambda_2 \cdot b$

gilt: $\qquad\qquad y_R = \lambda_1 \cdot a + \lambda_2 \cdot b$ ∎

Satz 9.1
Drei komplanare Vektoren a, b, c, die nicht sämtlich kollinear verlaufen, stehen im Zusammenhang.

$c = \lambda_1 \cdot a + \lambda_2 \cdot b$, *wobei λ_1 und λ_2 reelle Zahlen sind und bestimmt werden können. Stehen insbesondere die Vektoren a und b senkrecht aufeinander, so ergeben sich zwei Komponenten. Die zu a parallel verlaufende wird Parallelkomponente genannt, und die senkrecht stehende heißt Normalkomponente.*

Die zu den Komponenten gehörenden Einheitsvektoren werden in der Ebene mit i und j bezeichnet. Die Einheitsvektoren haben einen gemeinsamen Anfangspunkt und bestimmen somit ein rechtwinkliges Koordinatensystem (vgl. Abb. 9.12).

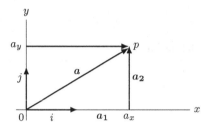

Abb. 9.12

Zerlegung des Vektors a in zwei Vektoren, deren Richtungen parallel zur i- und j-Richtung verlaufen.

$$a = a_1 + a_2$$

Als Vielfache der Einheitsvektoren ausgedrückt:

$$a = |a_1| \cdot i + |a_2| \cdot j = a_x \cdot i + a_y \cdot j$$

Die Vektoren i, j werden auch Basisvektoren genannt. Die Basisdarstellung von a (Darstellung in Abhängigkeit von den Basisvektoren) lässt sich durch die Komponenten in einer Matrix angeben (Koordinaten).

$$a = \begin{pmatrix} a_x \\ a_y \end{pmatrix}$$

Zerlegung von Vektoren des Raumes:

Satz 9.2

Drei nichtkomplanare Vektoren a, b, c spannen im Raum einen Parallelflächner (Spat) auf, dessen Raumdiagonale sich als Summe der 3 Vektoren ergibt (vgl. Abb. 9.13).

$$d = a + b + c$$

Die Vektoren a, b, c lassen sich in ein Produkt aus Betrag mal zugehörigen Einheitsvektor zerlegen.

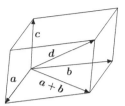

Abb. 9.13

Einheitsvektoren mit der Länge 1, die im Raum ein kartesisches Koordinatensystem aufspannen, werden mit i, j, k bezeichnet.

Die Einheitsvektoren i, j, k bilden ein Rechtssystem, wenn bei der Drehung von i in kürzester Entfernung auf j die Richtung k angegeben wird (Drehung einer Schraube mit Rechtsgewinde). i, j, k bilden ein sogenanntes Dreibein.

Die Zerlegung des Vektors in 3 Komponenten ergibt (vgl. Abb. 9.14)

$$a = a_1 + a_2 + a_3$$

$$a = a_x \cdot i + a_y \cdot j + a_z \cdot k$$

$$a = a_x \cdot i + a_y \cdot j + a_z \cdot k = \begin{pmatrix} a_x \\ a_y \\ a_z \end{pmatrix}$$

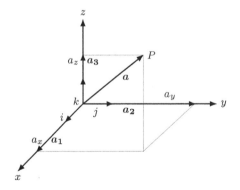

Abb. 9.14

a_x, a_y und a_z sind die Koordinaten von a bezüglich der Einheitsvektoren i, j, k, die durch eine Matrix vom Typ $(1, 3)$ eindeutig dargestellt werden können.

Zwischen Ortsvektoren der Punkte des dreidimensionalen Raumes und den Vektoren vom Typ $(1, 3)$ besteht eine eineindeutige Abbildung.

Satz 9.3

Ein Ortsvektor der Ebene (des Raumes) ist genau dann Nullvektor, wenn alle 2 (3) Koordinaten null sind.

Satz 9.4

Zwei Ortsvektoren sind bei gleicher Basis genau dann gleich, wenn die Koordinaten paarweise gleich sind.
Somit bedeutet eine Vektorgleichung des Raumes 3 und eine der Ebene 2 Zahlengleichungen.

9.4 Rechnen mit Vektoren in Komponentendarstellung

Durch die Möglichkeit, einen Vektor in Koordinatendarstellung zu verwandeln, kann die bislang nur grafisch auszuführende Vektoraddition und -subtraktion auch rechnerisch durchgeführt werden.

$$a_1 \pm a_2 = (a_{1x} \pm a_{2x}) \cdot i + (a_{1y} \pm a_{2y}) \cdot j + (a_{1z} \pm a_{2z}) \cdot k$$

oder

$$\begin{pmatrix} a_{1x} \\ a_{1y} \\ a_{1z} \end{pmatrix} \pm \begin{pmatrix} a_{2x} \\ a_{2y} \\ a_{2z} \end{pmatrix} = \begin{pmatrix} a_{1x} \pm a_{2x} \\ a_{1y} \pm a_{2y} \\ a_{1z} \pm a_{2z} \end{pmatrix}$$

(in der Ebene $k = 0$)

Multiplikation mit einem Skalarfaktor heißt in Koordinatendarstellung:

$$na = n \cdot a_x i + n \cdot a_y j + n \cdot a_z k$$

oder

$$n \begin{pmatrix} a_x \\ a_y \\ a_z \end{pmatrix} = \begin{pmatrix} na_x \\ na_y \\ na_z \end{pmatrix}$$

Beispiel 9.10

$$a_1 = -2i + j + 5 \cdot k \qquad a_2 = 5 \cdot i - 4 \cdot j - 2 \cdot k$$

$$3 \cdot \boldsymbol{a_1} - 2 \cdot \boldsymbol{a_2} = -16 \cdot \boldsymbol{i} + 11 \cdot \boldsymbol{j} + 19 \cdot \boldsymbol{k}$$

Der Betrag eines Ortsvektors (Länge) ergibt sich nach dem Satz des Pythagoras

$$a = |\boldsymbol{a}| = \sqrt{a_x^2 + a_y^2 + a_z^2} = \sqrt{x^2 + y^2 + z^2}$$

Für einen Ortsvektor der Ebene ist $z = 0$.
a^2 wird als Norm des Vektors bezeichnet.   ■

Beispiel 9.11
Abstand zweier Punkte A und B im Raum. Die zugehörigen Ortsvektoren sind $\boldsymbol{a}$
und $\boldsymbol{b}$.
Der Betrag des Vektors $\boldsymbol{c} = \boldsymbol{b} - \boldsymbol{a}$ (Vorzeichen unwesentlich) ist die gesuchte Länge.

$$\overline{AB} = |\boldsymbol{b} - \boldsymbol{a}| = \sqrt{(b_x - a_x)^2 + (b_y - a_y)^2 + (b_z - a_z)^2}$$

$$A(3; -2; 1) \qquad B(4; 2; -5)$$

$$\overline{AB} = \sqrt{(4 - 3)^2 + (2 + 2)^2 + (-5 - 1)^2}$$

$$\overline{AB} = \sqrt{1^2 + 4^2 + 6^2} = \sqrt{53} = 7{,}3$$

Die Winkel eines Vektors zwischen den Koordinaten (a_x, a_y, a_z) und den Einheitsvektoren $\boldsymbol{i}, \boldsymbol{j}, \boldsymbol{k}$ sind:

$$\cos(\boldsymbol{a}, \boldsymbol{i}) = \cos\alpha = \frac{a_x}{|\boldsymbol{a}|} = \frac{a_x}{a} = \frac{x}{a}$$

$$\cos(\boldsymbol{a}, \boldsymbol{j}) = \cos\beta = \frac{a_y}{|\boldsymbol{a}|} = \frac{a_y}{a} = \frac{y}{a}$$

$$\cos(\boldsymbol{a}, \boldsymbol{k}) = \cos\gamma = \frac{a_z}{|\boldsymbol{a}|} = \frac{a_z}{a} = \frac{z}{a} \qquad \text{(vgl. Abb. 9.15)}$$

$\cos\alpha, \cos\beta, \cos\gamma$ werden als die Richtungskosinus von $\boldsymbol{a}$ bezeichnet (in der Ebene
ist $\cos\gamma = 0$).
Somit ergibt sich die Vektordarstellung:

$$\boldsymbol{a} = a \cdot (\boldsymbol{i} \cdot \cos\alpha + \boldsymbol{j} \cdot \cos\beta + \boldsymbol{k} \cdot \cos\gamma)$$

Die Koordinaten des Einheitsvektors sind gleich der Summe der Richtungskosinus:

$$\boldsymbol{a^0} = \boldsymbol{i} \cos\alpha + \boldsymbol{j} \cos\beta + \boldsymbol{k} \cos\gamma$$

                                                                           ■

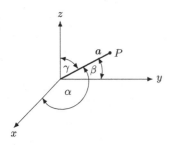

Abb. 9.15

Beispiel 9.12

$$a = 2 \cdot i + 3 \cdot j - 6 \cdot k$$

$$|a| = \sqrt{2^2 + 3^2 + (-6)^2} = \sqrt{49} = 7 \qquad \text{Norm von } a : 49$$

Einheitsvektor: $a^0 = \dfrac{2}{7} \cdot i + \dfrac{3}{7} \cdot j - \dfrac{6}{7} \cdot k$

$$\cos \alpha = \frac{2}{7} \qquad\qquad \cos \beta = \frac{3}{7} \qquad\qquad \cos \gamma = -\frac{6}{7}$$

Es gilt:

$$\cos^2 \alpha + \cos^2 \beta + \cos^2 \gamma = 1.$$

Diese Beziehung ist durch $a \cdot a$ aus der Vektordarstellung sofort ersichtlich.   ∎

9.5   Vektorraum

Ein Vektor der Ebene lässt sich durch zwei Koordinaten (x, y) als spezielle Matrix und ein Vektor des Raumes durch drei Koordinaten als spezielle Matrix (x, y, z) eindeutig darstellen. Diese Vektoren lassen sich auch grafisch darstellen. Durch sich aus praktischen Problemen erforderlich machende Abstraktionen entsteht die Menge der n-dimensionalen Vektoren, die sich durch die Angabe von n Koordinaten eineindeutig darstellen lässt:

$$a = (x_1 \quad x_2 \ldots x_n) \in \mathbb{V} \qquad \text{oder}$$
$$b = (y_1 \quad y_2 \ldots y_n) \in \mathbb{V}$$

Es lassen sich formal zwei Operationen definieren, deren Resultate ebenfalls Elemente von $\mathbb{V}$ sind.

$$a + b = (x_1 + y_1 \quad x_2 + y_2 \ldots x_n + y_n) \in \mathbb{V}$$
$$n \cdot a = (n \cdot x_1 \quad n \cdot x_2 \ldots n \cdot x_n) \qquad \in \mathbb{V}, \ n \in \mathbb{R}$$

Für die so definierten Operationen (vgl. Matrizenaddition und Multiplikation mit einer reellen Zahl) gelten folgende Rechengesetze:

1. $a + b = b + a$ kommutatives Gesetz für Addition
2. $(a + b) + c = a + (b + c)$ assoziatives Gesetz für Addition
3. $a + b = a$, wenn $b = 0 = (0\,0\,0\ldots0)$ ist Nullvektor
4. $a + (-a) = 0$ (Es gibt zu jedem Vektor einen entgegengesetzten Vektor.)
5. $1 \cdot a = a$ gilt für alle Vektoren
6. $k_1 \cdot (k_2 \cdot a) = (k_1 \cdot k_2) \cdot a \quad k_1, k_2 \in \mathbb{R}$
7. $k \cdot (a + b) = k \cdot a + k \cdot b \quad k \in \mathbb{R}$ $\left.\vphantom{\begin{array}{c}1\\2\\3\end{array}}\right\}$ distributive Gesetze
8. $(k_1 + k_2) \cdot a = k_1 \cdot a + k_2 \cdot a$

Ein Element von $\mathbb{V}$ wird Vektor genannt. Die Menge aller Vektoren ($\mathbb{V}$), die eine Definition der bezeichneten Operationen mit den angegebenen Eigenschaften ermöglicht, heißt Vektorraum.

Beispiel 9.13
Matrizen des gleichen Typs bilden einen Vektorraum. ∎

9.6 Lineare Unabhängigkeit von Vektoren

Definition 9.6
a ist eine Linearkombination der Vektoren $a_1, a_2, \ldots, a_n$, wenn es reelle Zahlen $\lambda_1, \lambda_2, \ldots, \lambda_n$ gibt, sodass gilt:

$$a = \lambda_1 \cdot a_1 + \lambda_2 \cdot a_2 + \ldots + \lambda_n \cdot a_n$$

$\lambda_1, \lambda_2, \ldots, \lambda_n$ heißen Koeffizienten der Linearkombination. ◆

Satz 9.5
1. *Zu zwei nichtparallelen Vektoren a_1 und a_2 gibt es im Raum einen Vektor a_3 (ungleich dem Nullvektor), der keine Linearkombination von a_1 und a_2 ist.*
2. *Drei Raumvektoren a_1, a_2, a_3, von denen sich keiner als Linearkombination der beiden anderen darstellen lässt, eignen sich zur eindeutigen Darstellung eines beliebigen Vektors a als Linearkombination der 3 Vektoren in der Form*

$$a = \lambda_1 \cdot a_1 + \lambda_2 \cdot a_2 + \lambda_3 \cdot a_3$$

Definition 9.7
Die Vektoren $a_1, a_2, \ldots, a_n$ sind linear unabhängig, wenn die Gleichung
$$\lambda_1 \cdot a_1 + \lambda_2 \cdot a_2 + \cdots + \lambda_n \cdot a_n = 0$$
nur für $\lambda_1 = \lambda_2 = \ldots = \lambda_n = 0$ richtig ist.
Ist ein $\lambda_i \neq 0$, so sind $a_1, a_2, \ldots, a_n$ linear abhängig.

n linear unabhängige Vektoren $a_1, a_2, \ldots, a_n$ bilden die Basis eines n-dimensionalen Vektorraums, wenn sich jeder Vektor als Linearkombination von $a_1, a_2, \ldots, a_n$ darstellen lässt.

$$a = \lambda_1 \cdot a_1 + \lambda_2 \cdot a_2 + \ldots + \lambda_n \cdot a_n$$

$a_1, a_2, \ldots, a_n$ bilden die Basis, und $\lambda_1, \lambda_2, \ldots, \lambda_3$ werden Koordinaten des Vektors genannt.   ◆

Beispiel 9.14
Basis des dreidimensionalen Vektorraums i, j, k
Die kartesischen Koordinaten ergeben $\lambda_1, \lambda_2, \lambda_3$.   ■

9.7 Produkte mit Vektoren

9.7.1 Skalarprodukt

Definition 9.8
Das skalare oder innere Produkt der Vektoren a und b ist das Produkt aus $|a|$, $|b|$ und dem Kosinus des Winkels, der von den Vektoren a und b gebildet wird.

$$a \cdot b = |a| \cdot |b| \cdot \cos(a, b)$$

gelesen: „Vektor a skalar mal Vektor b ist ...“
Diese Definition ist unabhängig vom verwendeten Koordinatensystem. Das Skalarprodukt von zwei Vektoren ergibt eine Zahl (skalare Größe).
Der Winkel zwischen zwei Vektoren berechnet sich als Folgerung aus dieser Definition:

$$\cos(a, b) = \frac{a \cdot b}{|a| \cdot |b|}$$

Auch in der Physik ist es möglich, dass das Produkt aus zwei Vektoren eine skalare Größe ergibt.   ◆

Beispiel 9.15

$$W = F \cdot s$$

Die skalare Größe Arbeit ist das Produkt aus der Kraft und dem Weg (vektorielle Größen).
Das Skalarprodukt ist genau dann null, wenn ein Faktor der Nullvektor ist oder beide Vektoren senkrecht aufeinander stehen.   ■

Folgerung:

$$a \cdot a = |a||a| \cdot \cos 0^0 = a \cdot a = a^2 \quad \text{(Norm des Vektors)}$$

$$|a| = a = \sqrt{a^2} \quad \text{(Betrag des Vektors)}$$

Die Definition des Skalarproduktes unterscheidet sich wesentlich von der Multiplikation skalarer Größen. Aus diesem Grund sind alle Gesetze der Multiplikation streng auf ihre Gültigkeit bei der Bildung des Skalarproduktes zu prüfen.

1. Das Kommutativgesetz gilt für das Skalarprodukt

$$a \cdot b = b \cdot a$$

2. Das Assoziativgesetz gilt **nur** bei Multiplikation des skalaren Produkts mit einer reellen Zahl

$$a \cdot (\lambda \cdot b) = \lambda \cdot (a \cdot b) = (\lambda \cdot a) \cdot b = \lambda \cdot a \cdot b;$$

im Allgemeinen ist

$$a \cdot (b \cdot c) \neq (a \cdot b) \cdot c.$$

Es ist also nicht gleichgültig, ob das Produkt des zweiten und dritten Faktors mit dem ersten Faktor oder das Produkt des ersten und zweiten mit dem dritten Faktor multipliziert wird.

3. Es gilt das distributive Gesetz für das Skalarprodukt

$$a \cdot (b + c) = a \cdot b + a \cdot c,$$

auch

$$a \cdot (b - c) = a \cdot b - a \cdot c.$$

Aus dem distributiven Gesetz für das Skalarprodukt ergeben sich die binomischen Formeln für Vektoren.

$$(a + b) \cdot (a + b) = a \cdot a + 2a \cdot b + b \cdot b$$
$$(a + b) \cdot (a - b) = a \cdot a - 2a \cdot b + b \cdot b$$
$$(a - b) \cdot (a - b) = a \cdot a - b \cdot b$$

als Spezialfall von:

$$(a + b) \cdot (c + d) = a \cdot (c + d) + b \cdot (c + d)$$
$$= a \cdot c + a \cdot d + b \cdot c + b \cdot d$$

Das Skalarprodukt von Vektoren besitzt keine Umkehroperation.

Für Vektoren der Ebene und des Raumes kann aus der Koordinatendarstellung für die Basisvektoren i, j, k das skalare Produkt berechnet werden, ohne dass der Winkel zwischen den beiden Vektoren bekannt ist.

$$a = a_1 \cdot i + a_2 \cdot j + a_3 \cdot k$$

$$b = b_1 \cdot i + b_2 \cdot j + b_3 \cdot k$$

$$a \cdot b = (a_1 \cdot i + a_2 \cdot j + a_3 \cdot k) \cdot (b_1 \cdot i + b_2 \cdot j + b_3 \cdot k)$$

$$= a_1 \cdot b_1 \cdot i^2 + a_1 \cdot b_2 \cdot ij + a_1 \cdot b_3 \cdot ik + a_2 \cdot b_1 \cdot ji + a_2 \cdot b_2 \cdot j^2$$

$$+ a_2 \cdot b_3 \cdot j \cdot k + a_3 \cdot b_1 \cdot k \cdot i + a_3 \cdot b_2 \cdot k \cdot j + a_3 \cdot b_3 \cdot k^2$$

Das Skalarprodukt ist null, wenn Vektoren senkrecht aufeinander stehen. Die Basisvektoren eines rechtwinkligen Koordinatensystems stehen paarweise senkrecht aufeinander. Deswegen ist

$$i \cdot j = j \cdot i = i \cdot k = k \cdot i = j \cdot k = k \cdot j = 0$$

und die Norm der Basisvektoren ist gleich eins.

$$i^2 = j^2 = k^2 = 1$$

Somit gilt für das Produkt zweier Raumvektoren in Koordinatendarstellung:

$$a \cdot b = a_1 \cdot b_1 + a_2 \cdot b_2 + a_3 \cdot b_3$$

oder

$$\begin{pmatrix} a_x \\ a_y \\ a_z \end{pmatrix} \cdot \begin{pmatrix} b_x \\ b_y \\ b_z \end{pmatrix} = a_x b_x + a_y b_y + a_z b_z$$

Zu beachten ist hier die grundsätzliche Übereinstimmung mit der Matrizenmultiplikation, wobei der erste Vektor als Zeilen- und der zweite als Spaltenvektor geschrieben werden muss. Dadurch ist die Kommutativität des ansonsten kommutativen Skalarproduktes eingeschränkt.

$$a = (a_1\, a_2\, a_3) \qquad\qquad b = \begin{pmatrix} b_1 \\ b_2 \\ b_3 \end{pmatrix}$$

a_i Koordinaten des Raumvektors a

b_j Koordinaten des Raumvektors b

$$a \cdot b = (a_1\, a_2\, a_3) \cdot \begin{pmatrix} b_1 \\ b_2 \\ b_3 \end{pmatrix} = (a_1 \cdot b_1 + a_2 \cdot b_2 + a_3 \cdot b_3)$$

Typ $(1;\ \boxed{3)\ (3;}\ 1) = (1; 1)$ skalare Größe

Beispiel 9.16

Wie lang sind die Seiten und wie groß sind die Innenwinkel eines Dreiecks mit den Eckpunkten $A(-1, 3, 1), B(2, -3, -1), C(1, 2, 3)$, Abb. 9.16?

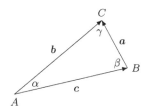

Abb. 9.16

c ergibt sich aus der Differenz der Ortsvektoren zum Punkt B und zum Punkt A.

$$c = 3 \cdot i - 6 \cdot j - 2 \cdot k \qquad\qquad -c = -3 \cdot i + 6 \cdot j + 2 \cdot k$$

$$|c| = \sqrt{9 + 36 + 4} = 7 \qquad\qquad \text{Länge der Seite } c$$

$$b = 2 \cdot i - j + 2 \cdot k \qquad\qquad -b = -2 \cdot i + j - 2 \cdot k$$

$$|b| = \sqrt{4 + 1 + 4} = 3 \qquad\qquad \text{Länge der Seite } b$$

$$a = -i + 5 \cdot j + 4 \cdot k \qquad\qquad -a = i - 5 \cdot j - 4 \cdot k$$

$$|a| = \sqrt{1 + 25 + 16} = \sqrt{42} \qquad\qquad \text{Länge der Seite } a$$

$$\cos\alpha = \frac{c \cdot b}{|c| \cdot |b|} = \frac{6 + 6 - 4}{7 \cdot 3} = \frac{8}{21} \qquad\qquad \alpha = 67{,}61°$$

$$\cos\beta = \frac{a \cdot (-c)}{|a| \cdot |c|} = \frac{3 + 30 + 8}{7\sqrt{42}} = \frac{41}{7\sqrt{42}} \qquad\qquad \beta = 25{,}34°$$

$$\cos\gamma = \frac{(-b) \cdot (-a)}{|b| \cdot |a|} = \frac{-2 - 5 + 8}{3\sqrt{42}} = \frac{1}{3\sqrt{42}} \qquad\qquad \gamma = 87{,}05°$$

Probe: $\alpha + \beta + \gamma = 180°$ ∎

9.7.2 Vektorprodukt

Definition 9.9

Das Vektorprodukt $a \times b$ gelesen: „a kreuz b"

                   oder   „Vektorprodukt aus a und b."

ist definiert als Vektor mit den Eigenschaften:

1. $a \times b$ steht senkrecht auf a und b
2. $a, b, a \times b$ bilden in der angegebenen Reihenfolge ein Rechtssystem.
3. $|a \times b| = |a| \times |b| \cdot \sin(a, b)$,

wobei

$$0 \le \angle(\boldsymbol{a}, \boldsymbol{b}) \le \pi.$$

♦

Folgerung: Der Betrag des Vektorproduktes ist gleich null, wenn mindestens ein Vektorfaktor der Nullvektor ist oder wenn beide Vektorfaktoren parallel sind. Die Umkehrung der Folgerung ist ebenfalls richtig: Ist das Produkt von zwei Vektoren, die ungleich dem Nullvektor sind, gleich null, so verlaufen die Vektoren parallel. Das Vektorprodukt ergibt einen Vektor.

Hinweis 9.1
Die Definition des Vektorproduktes wird durch das Drehmoment aus der Physik nahegelegt.
Geometrische Veranschaulichung (vgl. Abb. 9.17):

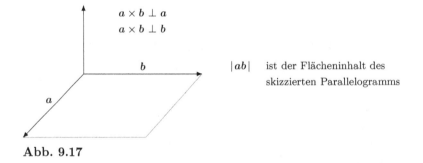

$\boldsymbol{a} \times \boldsymbol{b} \perp \boldsymbol{a}$
$\boldsymbol{a} \times \boldsymbol{b} \perp \boldsymbol{b}$

$|\boldsymbol{ab}|$ ist der Flächeninhalt des skizzierten Parallelogramms

Abb. 9.17

Beim Vektorprodukt, welches mit der Multiplikation von Zahlen oder mit dem Skalarprodukt nicht verglichen werden kann, gelten besondere Rechengesetze:

1. Das Kommutativgesetz gilt nicht für das Vektorprodukt. Zwar hat $\boldsymbol{a} \times \boldsymbol{b}$ und $\boldsymbol{b} \times \boldsymbol{a}$ den gleichen Betrag, jedoch sind die Vektoren entgegengesetzt gerichtet.

$$\boldsymbol{a} \times \boldsymbol{b} = -(\boldsymbol{b} \times \boldsymbol{a})$$

2. Bei der Multiplikation mit einer skalaren Größe gilt das assoziative Gesetz

$$k \cdot (\boldsymbol{a} \times \boldsymbol{b}) = (k \cdot \boldsymbol{a}) \times \boldsymbol{b} = \boldsymbol{a} \times (k \cdot \boldsymbol{b}) \quad k \in \mathbb{R}$$

3. Obwohl mehrfache Vektorprodukte gebildet werden können, ist das Assoziativgesetz für das Vektorprodukt nicht allgemeingültig.

$$\boldsymbol{a} \times (\boldsymbol{b} \times \boldsymbol{c}) \ne (\boldsymbol{a} \times \boldsymbol{b}) \times \boldsymbol{c}$$

4. Das Distributivgesetz ist allgemeingültig

$$a \times (b + c) = a \times b + a \times c$$

5. Die vektorielle Multiplikation ist genau wie die skalare nicht umkehrbar.

Die Multiplikation von Ortsvektoren in Ebene und Raum ist durch die Koordinatendarstellung unabhängig von der Kenntnis des Winkels. Für die Basisvektoren gilt:

$$i \times i = j \times j = k \times k = 0$$

Aus dem geforderten Rechtssystem des Vektorproduktes ergibt sich insbesondere:

$$i \times j = k \qquad\qquad j \times k = i \qquad\qquad k \times i = j$$
$$j \times i = -k \qquad\qquad k \times j = -i \qquad\qquad i \times k = -j$$

Somit stellt sich das Vektorprodukt in Koordinatendarstellung dar:

$$a = a_1 \cdot i + a_2 \cdot j + a_3 \cdot k$$
$$b = b_1 \cdot i + b_2 \cdot j + b_3 \cdot k$$
$$a \times b = (a_2 \cdot b_3 - a_3 \cdot b_2)i + (a_3 \cdot b_1 - a_1 \cdot b_3)j + (a_1 \cdot b_2 - a_2 \cdot b_1) \cdot k$$

Für die praktische Berechnung eignet sich gut eine dreireihige Determinante, die entwickelt nach den Koordinatenvektoren in den drei zweireihigen Determinanten die Koordinatenwerte angeben.

$$a \times b = \begin{vmatrix} i & j & k \\ a_x & a_y & a_z \\ b_x & b_y & b_z \end{vmatrix} = i \begin{vmatrix} a_y & a_z \\ b_y & b_z \end{vmatrix} - j \begin{vmatrix} a_x & a_z \\ b_x & b_z \end{vmatrix} + k \begin{vmatrix} a_x & a_y \\ b_x & b_y \end{vmatrix}$$

$$= (a_y b_z - a_z b_y)i + (a_z b_x - a_x b_z)j + (a_x b_y - a_y b_x)k$$

Beispiel 9.17

Der Flächeninhalt des Dreiecks mit den Eckpunkten

$$A(-1, 3, 1), \quad B(2, -3, -1), \quad C(1, 2, 3)$$

ist zu berechnen (vgl. Beispiel 9.16 im Abschnitt 9.7.1).

$$c \times b = (3 \cdot i - 6 \cdot j - 2 \cdot k) \times (2 \cdot i - j + 2 \cdot k) = -14 \cdot i - 10 \cdot j + 9 \cdot k$$

$$A = \frac{1}{2}c \times b$$

$$A = \frac{1}{2}\sqrt{14^2 + 10^2 + 9^2} = \frac{1}{2}\sqrt{377} = 9{,}7$$

∎

9.7.3 Spatprodukt

Wird der Vektor (Ergebnis eines Vektorproduktes) mit einem Vektor skalar multipliziert, so ist das Ergebnis ein Zahlenwert (skalare Größe). Allgemein:

$$a = a_x i + a_y j + a_z k$$

$$b = b_x i + b_y j + b_z k$$

$$c = c_x i + c_y j + c_z k$$

$$a \times b = \begin{pmatrix} a_y b_z - a_z b_y \\ a_z b_x - a_x b_z \\ a_x b_y - a_y b_x \end{pmatrix}$$

$$(a \times b) \cdot c = a_y b_z c_x - a_z b_y c_x + a_z b_x c_y - a_x b_z c_y + a_x b_y c_z - a_y b_x c_z$$

Die praktische Berechnung erfolgt durch eine dreireihige Determinante, deren Resultat durch die Sarrus'sche Regel erhalten wird:

$$\begin{vmatrix} a_x & a_y & a_z \\ b_x & b_y & b_z \\ c_x & c_y & c_z \end{vmatrix} = a_x b_y c_z + a_y b_z c_x + a_z b_x c_y - a_z b_y c_x - a_x b_z c_y - a_y b_x c_z$$

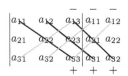

Beispiel 9.18

Zu berechnen ist das Volumen eines von den drei Vektoren gebildeten Spats:

$$a = 2i - 3j + k$$

$$b = 4j - k$$

$$c = -i + j - 3k$$

$$a \times b = \begin{pmatrix} -1 \\ 2 \\ 8 \end{pmatrix} \qquad (a \times b) \cdot c = \begin{pmatrix} -1 \\ 2 \\ 8 \end{pmatrix} \cdot \begin{pmatrix} -1 \\ 1 \\ -3 \end{pmatrix} = 1 + 2 - 24 = -21$$

$$V_{SPAT} = 21 \, \text{VE}$$

■

9.8 Vektorielle Geometrie

9.8.1 Koordinatensystem

Jeder Punkt in der Ebene ist durch die Angabe seiner zwei kartesischen Koordinaten eindeutig bestimmt (vgl. Abb. 9.18).

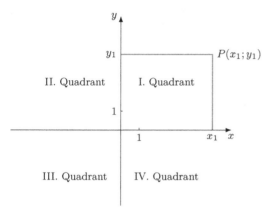

Abb. 9.18

Durch Polarkoordinaten können die Punkte der Ebene ebenso eindeutig festgelegt werden. In einem Punkt (es ist sinnvoller Weise der Ursprung O) steht ein Radargerät, welches den Winkel gegenüber einer waagerechten Linie und den Abstand misst(vgl. Abb. 9.19).

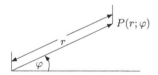

Abb. 9.19

Kartesische Koordinaten und Polarkoordinaten können mit beliebiger Genauigkeit ineinander umgerechnet und grafisch dargestellt werden. Ein Punkt im Raum ($\mathbb{R}^3$) hat die Koordinaten

$$P(x; y; z)$$

oder die Polarkoordinaten, die um einen weiteren Winkel ergänzt werden müssen

$$P(\varphi; \psi; r)$$

Von der z-Achse bleibt nur ein Punkt (vgl. Abb. 9.20). Zeigt der Pfeil nun nach vorn oder nach hinten – jedenfalls bedeutet kartesisch auch hier wieder senkrecht

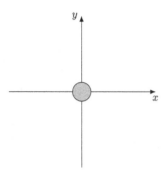

Abb. 9.20

für die Achse. Die z-Achse und die y-Achse werden in der Ebene wirklichkeitsgetreu als kartesisches Koordinatensystem dargestellt (Winkel 90° und Einheitslänge; vgl. Abb. 9.21).

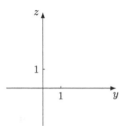

Abb. 9.21

Wir betrachten nun eine perspektivische Darstellung:
Die x-Achse, die bei 90° zu z-Achse und y-Achse zum Punkt verkümmerte, wird mit einem Winkel von 135° eingezeichnet, dadurch sichtbar und zur Darstellung der Perspektive mit der Einheitslänge markiert, die $\dfrac{\sqrt{2}}{2}$ also ungefähr 0,71 Teile der Einheitslänge entspricht (Verkürzungsfaktor) (vgl. Abb. 9.22).

Somit sind alle Tiefenlinien um den Faktor $\dfrac{\sqrt{2}}{2}$ verkürzt und aus dem wirklichen Kantenwinkel von Tiefen- und Breitenkanten (90°) wird ein Winkel von 135°. Zeigt x nach vorn und wird x auf dem kürzesten Weg nach y gedreht, so würde sich eine Schraube (mit Rechtsgewinde) nach oben drehen (vgl. Abb. 9.23).

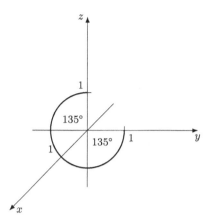

Abb. 9.22

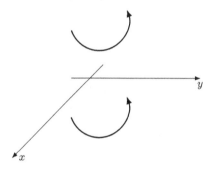

Abb. 9.23

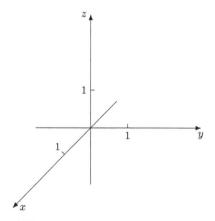

Abb. 9.24

Die Orientierungen des angegebenen räumlichen Koordinatensystems bilden ein Rechtssystem.

Das räumliche Koordinatensystem besitzt somit drei Ebenen, die von den drei Achsen bestimmt werden (vgl. Abb. 9.24).

x-y-Ebene (waagerecht verzerrt),

x-z-Ebene (senkrecht zum Blatt – nach vorn verzerrt),

y-z-Ebene (Blatt – unverzerrt sichtbar).

Der Koordinatenursprung ist wieder der Schnittpunkt der (drei) Koordinatenachsen.

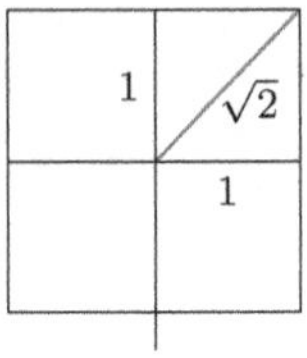

Abb. 9.25

9.8.2 Punkte und Geraden im $\mathbb{R}^2$ und $\mathbb{R}^3$

Die kartesischen Koordinaten eines Punktes im $\mathbb{R}^3$ werden in der Reihenfolge

$$P(x; y; z)$$

dargestellt und in einem Koordinatensystem abgebildet.

Beispiel 9.19

1. $P(3; -1; -2)$ hat die Koordinaten

$$x = 3 \qquad y = -1 \qquad z = -2$$

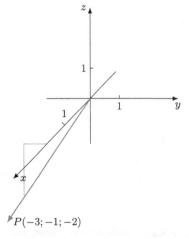

$P(-3; -1; -2)$

Abb. 9.26

und den Ortsvektor (vgl. Abb. 9.26)

$$x = 3i - j - 2k = \begin{pmatrix} 3 \\ -1 \\ -2 \end{pmatrix}$$

2. Der Punkt hat die Koordinaten $P(-1; 2; 1)$ und den Ortsvektor

$$x = -i + 2j + k = \begin{pmatrix} -1 \\ 2 \\ 1 \end{pmatrix}$$

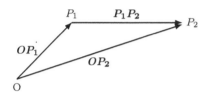

Abb. 9.27

3. Jede Strecke (Kante) lässt sich als Differenz zweier Ortsvektoren bestimmen.

$$P_1P_2 \quad \text{mit} \quad OP_1 = \begin{pmatrix} 2 \\ -1 \\ 3 \end{pmatrix} \quad \text{und} \quad OP_2 = \begin{pmatrix} -1 \\ -2 \\ 1 \end{pmatrix}$$

Prinzipskizze (vgl. Abb. 9.28):

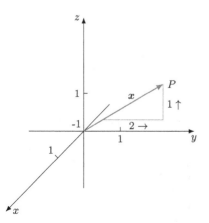

Abb. 9.28

$$OP_1 + P_1P_2 = OP_2$$

$$P_1P_2 = OP_2 - OP_1 = \begin{pmatrix} -1 \\ -2 \\ 1 \end{pmatrix} - \begin{pmatrix} 2 \\ -1 \\ 3 \end{pmatrix} = \begin{pmatrix} -3 \\ -1 \\ -2 \end{pmatrix}$$

Der Pfeil zeigt also immer auf den Minuenden (vgl. Abb. 9.29).

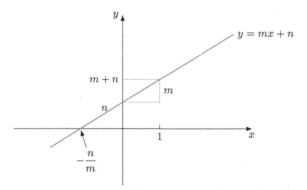

Abb. 9.29

■

9.8.3 Länge einer Strecke und Winkel im $\mathbb{R}^3$

Beispiel 9.20

Die Ortsvektoren von zwei Punkten lauten

$$OA = \begin{pmatrix} 2 \\ -1 \\ 3 \end{pmatrix} \qquad\qquad OB = \begin{pmatrix} -3 \\ 4 \\ -3 \end{pmatrix}.$$

Somit wird die Sterecke AB als Differenz der Ortsvektoren OB und OA dargestellt.

$$AB = OB - OA = \begin{pmatrix} -3 \\ 4 \\ -3 \end{pmatrix} - \begin{pmatrix} 2 \\ -1 \\ 3 \end{pmatrix} = \begin{pmatrix} -5 \\ 5 \\ -6 \end{pmatrix}$$

Die Länge eines Vektors (Länge einer Strecke) ist der Betrag. Aus den Komponenten $(x; y; z)$ berechnet sich die Länge – Skalarprodukt:

$$\sqrt{AB \cdot AB} = |AB| = \sqrt{x^2 + y^2 + z^2}$$

somit ist

$$|AB| = \sqrt{5^2 + (-5)^2 + 6^2} = \sqrt{86} \, \text{LE (Längeneinheiten)}$$

Für die Bestimmung des Winkels wird die Definition des Skalarproduktes von Vektoren verwendet und über den Arcuskosinus der Winkel berechnet.

$$a \cdot b = |a| \cdot |b| \cos(\angle(a; b))$$
$$\cos(\angle(a; b)) = \frac{a \cdot b}{|a| \cdot |b|}.$$

■

Beispiel 9.21
1. Die Vektoren $OA = \begin{pmatrix} 2 \\ 3 \\ 1 \end{pmatrix}$ und $OB = \begin{pmatrix} -1 \\ 3 \\ 1 \end{pmatrix}$ bilden einen Winkel von

$$\cos(\angle(OA; OB)) = \frac{\begin{pmatrix} 2 \\ 3 \\ 1 \end{pmatrix} \cdot \begin{pmatrix} -1 \\ 3 \\ 1 \end{pmatrix}}{\sqrt{4 + 9 + 1} \cdot \sqrt{1 + 9 + 1}} = \frac{-2 + 9 + 1}{\sqrt{14} \cdot \sqrt{11}} = \frac{8}{\sqrt{154}}$$
$$= \frac{8 \cdot \sqrt{154}}{154} = \frac{4}{77} \sqrt{154}$$
$$\angle(OA; OB) \approx 49{,}86°$$

2. Der Vektor $OA = \begin{pmatrix} 3 \\ 4 \\ -2 \end{pmatrix}$ bildet mit der z-Achse $\begin{pmatrix} 0 \\ 0 \\ 1 \end{pmatrix}$ einen Winkel

$$\cos(\angle(OA; k)) = \frac{\begin{pmatrix} 3 \\ 4 \\ -2 \end{pmatrix} \cdot \begin{pmatrix} 0 \\ 0 \\ 1 \end{pmatrix}}{\sqrt{9 + 16 + 4} \cdot \sqrt{1}} = -\frac{2}{\sqrt{29}} = -\frac{2 \cdot \sqrt{29}}{29}$$
$$\angle(OA; k) \approx 111{,}8°$$

3. Wie heißt die Koordinate z, wenn

$$OA = \begin{pmatrix} 2 \\ 3 \\ -4 \end{pmatrix} \quad \text{senkrecht auf} \quad OB = \begin{pmatrix} -1 \\ 2 \\ z \end{pmatrix}$$

stehen soll?

$$\cos(\angle(OA;OB)) = \cos(90°) = 0$$

$$0 = \frac{\begin{pmatrix} 2 \\ 3 \\ -4 \end{pmatrix} \cdot \begin{pmatrix} -1 \\ 2 \\ z \end{pmatrix}}{\sqrt{29} \cdot \sqrt{5 + z^2}} \Rightarrow \begin{pmatrix} 2 \\ 3 \\ -4 \end{pmatrix} \cdot \begin{pmatrix} -1 \\ 2 \\ z \end{pmatrix} = 0$$

$$-2 + 6 - 4z = 0$$

$$-4z = -4$$

$$z = 1$$

$$OB = \begin{pmatrix} -1 \\ 2 \\ 1 \end{pmatrix} \quad \text{steht senkrecht auf} \quad OA = \begin{pmatrix} 2 \\ 3 \\ -4 \end{pmatrix}$$

■

9.8.4 Teilverhältnis

Definition des Teilverhältnisses:
Ist C ein Punkt auf der Geraden durch A und B und gilt

$$AC = t \cdot CB \quad \text{skalare Multiplikation,}$$

dann heißt t das Teilverhältnis des Punktetripels $(A; C; B)$. Es wird dieses kurz geschrieben:

$$TV(ACB) = t$$

Beispiel 9.22

$$A(3; -1; 5) \quad B(2; 3; -1) \quad C(5; 3; 3)$$

Es ist das Teilverhältnis

a) $|AB| : |BC|$ und b) $|AC| : |CB|$ zu berechnen.

$$|AB| = \sqrt{1 + 16 + 36} = \sqrt{53} \qquad AB = \begin{pmatrix} 2 \\ 3 \\ -1 \end{pmatrix} - \begin{pmatrix} 3 \\ -1 \\ 5 \end{pmatrix} = \begin{pmatrix} -1 \\ 4 \\ -6 \end{pmatrix}$$

$$|AC| = \sqrt{4 + 16 + 4} = \sqrt{24} \qquad AC = \begin{pmatrix} 5 \\ 3 \\ 3 \end{pmatrix} - \begin{pmatrix} 3 \\ -1 \\ 5 \end{pmatrix} = \begin{pmatrix} 2 \\ 4 \\ -2 \end{pmatrix}$$

$$|BC| = \sqrt{9 + 0 + 16} = \sqrt{25} = 5 \qquad BC = \begin{pmatrix} 5 \\ 3 \\ 3 \end{pmatrix} - \begin{pmatrix} 2 \\ 3 \\ -1 \end{pmatrix} = \begin{pmatrix} 3 \\ 0 \\ 4 \end{pmatrix}$$

$$TV(ABC) = \frac{|AB|}{|BC|} = \frac{\sqrt{53}}{5}$$

$$TV(BAC) = \frac{\sqrt{53}}{\sqrt{24}} = \frac{\sqrt{318 \cdot 4}}{24} = \frac{1}{12}\sqrt{318}$$

$$TV(ACB) = \frac{\sqrt{24}}{5} = \frac{2}{5}\sqrt{6}$$

$$TV(CBA) = \frac{5}{\sqrt{53}} = \frac{5}{53}\sqrt{53}$$

$$TV(CAB) = \frac{\sqrt{24}}{\sqrt{53}} = \frac{2}{53}\sqrt{318}$$

$$TV(BCA) = \frac{5}{\sqrt{24}} = \frac{10}{24}\sqrt{6} = \frac{5}{12}\sqrt{6}$$

daraus ergibt sich die Lösung des Beispiels zu:

a) $\quad |AB| : |BC| = \dfrac{\sqrt{53}}{5}$

b) $\quad |AC| : |CB| = \dfrac{\sqrt{24}}{5}$

$\blacksquare$

9.8.5 Geradengleichungen

Die explizite Form der analytischen Darstellung einer linearen Funktion

$$y = f(x)$$

lautet

$$y = mx + n$$

und wird als Normalform bezeichnet.

Der Parameter m gibt den Anstieg und n die Schnittstelle mit der y-Achse an.

$$y(0) = m \cdot 0 + n = n$$

$$s_y(0; n)$$

s_x ist der Schnittpunkt mit der x-Achse (Bedingung: $y = 0$)

$$mx + n = 0$$

$$x = -\frac{n}{m} \qquad\qquad s_x\left(-\frac{n}{m}; 0\right)$$

Durch zwei Punkte im $\mathbb{R}^2$ wird eine Gerade eindeutig bestimmt.

Ein beliebiger Punkt muss, um auf der Gerade zu liegen, folgende Bedingung erfüllen (vgl. Abb. 9.30):

$$\frac{y - y_1}{x - x_1} = \frac{y_2 - y_1}{x_2 - x_1}$$

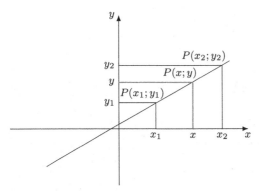

Abb. 9.30

Beispiel 9.23

A: $x_1 = 2$

  $y_1 = -2$

B: $x_2 = -1$

  $y_2 = 3$

$$\frac{y - (-2)}{x - 2} = \frac{3 - (-2)}{-1 - 2}$$

$$\frac{y + 2}{x - 2} = -\frac{5}{3}$$

$$y + 2 = -\frac{5}{3}x + \frac{10}{3}$$

$$y = -\frac{5}{3}x + \frac{4}{3} \qquad \text{(vgl. Abb. 9.31)}$$

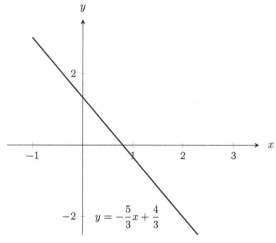

Abb. 9.31

∎

Eine Gerade im $\mathbb{R}^2$ ist nicht durch zwei Punkte, sondern auch durch einen Punkt und den Anstieg festgelegt.
(Zwei-Punkte-Gleichung):

$$\frac{y - y_1}{x - x_1} = \frac{y_2 - y_1}{x_2 - x_1} = m$$

$$\frac{y - y_1}{x - x_1} = m = \tan(\alpha) \qquad \text{(vgl. Abb. 9.32)}$$

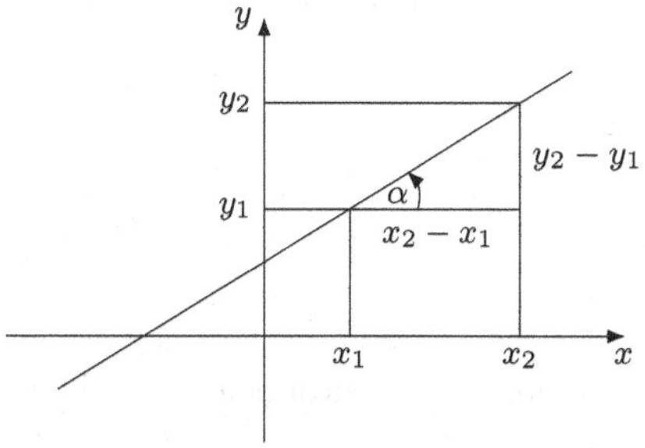

Abb. 9.32

Beispiel 9.24

$$m = -2 \qquad x_1 = -2 \qquad y_1 = 3$$

$$-2 = \frac{y - 3}{x - (-2)}$$

$$y - 3 = -2x - 4$$

$$y = -2x - 1$$

Geraden im $\mathbb{R}^3$:
Prinzipskizze (vgl. Abb. 9.33):

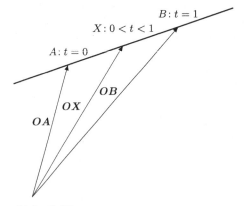

Abb. 9.33

$$\boldsymbol{AB = OB - OA} \qquad\qquad \boldsymbol{OX = OA + t \cdot AB}$$

$$\boldsymbol{OB = OA + AB} \qquad\qquad t \in \mathbb{R}$$

$0 < t < 1$ (x zwischen A und B)
$t < 0$ (x links von A)
$t > 0$ (x rechts von B)
Ein beliebiger Punkt auf der Geraden durch die Punkte A und B hat im $\mathbb{R}^3$ die
Gleichung

$$g: \begin{pmatrix} x \\ y \\ z \end{pmatrix} = \begin{pmatrix} x_A \\ y_A \\ z_A \end{pmatrix} + t \begin{pmatrix} x_B - x_A \\ y_B - y_A \\ z_B - z_A \end{pmatrix} \quad \text{für} \quad t \in \mathbb{R}$$

zu erfüllen.
Umgekehrt – erfüllen die Koordinaten eines Punktes die Vektorgleichung, dann
liegt der Punkt auf der Geraden.
Bezeichnungen:

g: ist die Parameterdarstellung der Geraden durch die Punkte A und B im $\mathbb{R}^3$,

OA: ist der Stützvektor,

AB: ist der Richtungsvektor der Parametergleichung.

Die Parametergleichung der durch die Punkte

$$OA = \begin{pmatrix} -1 \\ 2 \\ 3 \end{pmatrix} \quad \text{und} \quad OB = \begin{pmatrix} -2 \\ -3 \\ 4 \end{pmatrix}$$

gehenden Gleichung lautet:

$$OA = \begin{pmatrix} -1 \\ 2 \\ 3 \end{pmatrix} \qquad AB = \begin{pmatrix} -2 \\ -3 \\ 4 \end{pmatrix} - \begin{pmatrix} -1 \\ 2 \\ 3 \end{pmatrix} = \begin{pmatrix} -1 \\ -5 \\ 1 \end{pmatrix}$$

$$\begin{pmatrix} x \\ y \\ z \end{pmatrix} = \begin{pmatrix} -1 \\ 2 \\ 3 \end{pmatrix} + t \begin{pmatrix} -1 \\ -5 \\ 1 \end{pmatrix}$$

Für die vier Parameter $x; y; z$ und t gibt es drei Gleichungen:

$$x = -1 - t$$
$$y = 2 - 5t$$
$$z = 3 + t$$

Somit gibt es im $\mathbb{R}^3$ keine parameterfreie Darstellung einer Geraden.

Im Raum $\mathbb{R}^2$ ist das anders:

$$A(3; -1) \quad B(2; -3)$$

$$\begin{pmatrix} x \\ y \end{pmatrix} = OA + t \cdot AB = \begin{pmatrix} 3 \\ -1 \end{pmatrix} + t \begin{pmatrix} -1 \\ -2 \end{pmatrix}$$

Herauslösung (Elimination) des Parameters:

$$x = 3 - t$$
$$y = -1 - 2t \longrightarrow \qquad t = 3 - x$$
$$\qquad\qquad\qquad\qquad y = -1 - 2(3 - x) = 2x - 1 - 6 = 2x - 7$$
$$\qquad\qquad\qquad\qquad y = 2x - 7$$

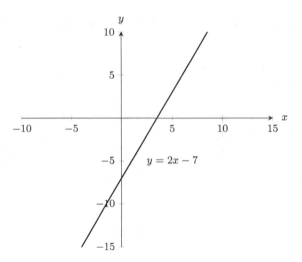

Abb. 9.34

Das gleiche Resultat erhält man auch nach der Zwei-Punkte-Gleichung:

$$\frac{y - (-1)}{x - 3} = \frac{-3 - (-1)}{2 - 3}$$

$$\frac{y + 1}{x - 3} = \frac{-2}{-1}$$

$$y + 1 = 2x - 6$$

$$y = 2x - 7$$

Die bereits angegebene Vektorgleichung:

$$\begin{pmatrix} x \\ y \\ z \end{pmatrix} = \boldsymbol{OA} + t \cdot \boldsymbol{AB},$$

bei der neben dem Stützvektor $\boldsymbol{OA}$ nun auch der Richtungsvektor $\boldsymbol{AB}$ gegeben ist und nicht aus der Differenz zweier Ortsvektoren bestimmt werden muss, lautet wie folgt:

$$\begin{pmatrix} x \\ y \\ z \end{pmatrix} = \boldsymbol{OA} + t \cdot \boldsymbol{a} \quad \boldsymbol{a}\ \text{Stützvektor oder Richtungsvektor}$$

Beispiel 9.25

$$\begin{pmatrix} x \\ y \\ z \end{pmatrix} = \begin{pmatrix} -2 \\ 1 \\ -3 \end{pmatrix} + t \cdot \begin{pmatrix} 2 \\ 3 \\ -4 \end{pmatrix}$$

Für $t = 1$ ergibt sich ein zweiter Punkt auf der Geraden:

$$OB = \begin{pmatrix} -2 \\ 1 \\ -3 \end{pmatrix} + \begin{pmatrix} 2 \\ 3 \\ -4 \end{pmatrix} = \begin{pmatrix} 0 \\ 4 \\ -7 \end{pmatrix}$$

Lage von Punkten zu Geraden (Inzidenz):
Es wurde festgestellt, dass sich für jedes $t \in \mathbb{R}$ ein Punkt auf der Geraden

$$g\colon \begin{pmatrix} x \\ y \\ z \end{pmatrix} = \begin{pmatrix} x_0 \\ y_0 \\ z_0 \end{pmatrix} + t \begin{pmatrix} x_1 - x_0 \\ y_1 - y_0 \\ z_1 - z_0 \end{pmatrix}$$

durch $P_0(x_0; y_0; z_0)$ und $P_1(x_1; y_1; z_1)$ lokalisieren lässt.
Umgekehrt muss sich für jeden Punkt auf der Geraden jedoch auch ein eindeutig
bestimmter Parameterwert von t finden lassen.
Für $t = 0$ ergibt sich $P_0(x_0; y_0; z_0)$
und
für $t = 1$ ergibt sich $P_1(x_1; y_1; z_1)$
und in der Mitte von P_0 und P_1
für $t = 0{,}5$ ergibt sich

$$\begin{pmatrix} x \\ y \\ z \end{pmatrix} = \begin{pmatrix} x_0 \\ y_0 \\ z_0 \end{pmatrix} + \frac{1}{2} \begin{pmatrix} x_1 - x_0 \\ y_1 - y_0 \\ z_1 - z_0 \end{pmatrix} = \frac{1}{2} \begin{pmatrix} x_1 + x_0 \\ y_1 + y_0 \\ z_1 + z_0 \end{pmatrix}$$

∎

Beispiel 9.26
Welche Punkte liegen auf der Geraden

$$g\colon \begin{pmatrix} x \\ y \\ z \end{pmatrix} = \begin{pmatrix} -1 \\ 2 \\ 8 \end{pmatrix} + t \begin{pmatrix} 1 \\ -1 \\ -3 \end{pmatrix}$$

$$P_1(1; 0; 2), \quad P_2(4; -3; 9), \quad P_3(-2; 3; 11)? :$$

a)

$$P_1 \quad \begin{pmatrix} 1 \\ 0 \\ 2 \end{pmatrix} = \begin{pmatrix} -1 \\ 2 \\ 8 \end{pmatrix} + t \begin{pmatrix} 1 \\ -1 \\ -3 \end{pmatrix}$$

ergibt:

$$
\begin{aligned}
1 &= -1 + t & t &= 2 \\
0 &= 2 - t & t &= 2 \qquad P_1 \in \boldsymbol{g} \\
2 &= 8 - 3t & t &= 2
\end{aligned}
$$

b)

$$P_2 \quad \begin{pmatrix} 4 \\ -3 \\ 9 \end{pmatrix} = \begin{pmatrix} -1 \\ 2 \\ 8 \end{pmatrix} + t \begin{pmatrix} 1 \\ -1 \\ -3 \end{pmatrix}$$

ergibt:

$$
\begin{aligned}
4 &= -1 + t & t &= 5 \\
-3 &= 2 - t & t &= 5 \qquad P_2 \in \boldsymbol{g} \\
9 &= 8 - 3t & t &= -\frac{1}{3}
\end{aligned}
$$

c)

$$P_3 \quad \begin{pmatrix} -2 \\ 3 \\ 11 \end{pmatrix} = \begin{pmatrix} -1 \\ 2 \\ 8 \end{pmatrix} + t \begin{pmatrix} 1 \\ -1 \\ -3 \end{pmatrix}$$

ergibt:

$$
\begin{aligned}
-2 &= -1 + t & t &= -1 \\
3 &= 2 - t & t &= -1 \qquad P_3 \in \boldsymbol{g} \\
11 &= 8 - 3t & t &= -1
\end{aligned}
$$

■

9.8.6 Anstieg

Der Anstieg m, den die Gerade

$$y = mx + n$$

im $\mathbb{R}^2$ hat, ist gleich dem Tangens des Anstiegwinkels, der stets gegen die positive Richtung der x-Achse gemessen wird (vgl. Abb. 9.35).

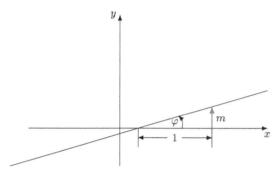

Abb. 9.35

Beispiel 9.27

$$\tan(\alpha) = \frac{m}{1} = m$$
$$\tan(\alpha) = -2$$
$$\alpha \approx 116{,}57°$$

■

9.8.7 Hesse'sche Normalform

Eine Geradengleichung wurde durch einen Punkt (Stützvektor) und eine Richtung (Richtungsvektor) festgelegt.

Mitunter ist es notwendig, in der Ebene die Gerade durch einen Stützvektor und den zum Richtungsvektor senkrecht stehenden Vektor zu bestimmen. Dieser senkrechte Vektor mit

$$\boldsymbol{n} \cdot \boldsymbol{a} = 0 \quad (\text{Skalarprodukt} - \cos(90°) = 0)$$

wird als **Normalenvektor** bezeichnet.

$$\boldsymbol{n} = \begin{pmatrix} n_x \\ n_y \end{pmatrix}$$

Der Normaleneinheitsvektor n_0 ist der Normalenvektor mit der Länge eins.

$$n_0 = \frac{1}{\sqrt{n_x^2 + n_y^2}} \begin{pmatrix} n_x \\ n_y \end{pmatrix}$$

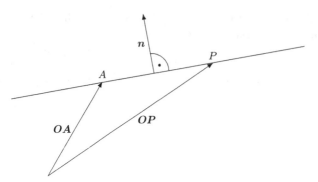

Abb. 9.36

$$(OP - OA) \cdot n_0 = 0 \qquad *$$

Die Gleichung $*$ wird als die **Normalengleichung** einer Geraden bezeichnet (vgl. Abb. 9.36).

Beispiel 9.28
Die Geradengleichung

$$\begin{pmatrix} x \\ y \end{pmatrix} = \begin{pmatrix} 1 \\ -2 \end{pmatrix} + t \begin{pmatrix} 3 \\ 4 \end{pmatrix}$$

ist in der Hesse'schen Normalform darzustellen.
Der Normalenvektor ergibt **eine Gleichung** mit zwei Variablen.

$$\begin{pmatrix} 3 \\ 4 \end{pmatrix} \cdot \begin{pmatrix} n_x \\ n_y \end{pmatrix} = 3n_x + 4n_y = 0$$

Um Brüche zu vermeiden, wird

$$n_x = 4$$

gesetzt.
Somit ergibt sich für $n_y = -3$ und ein Normalenvektor

$$n = \begin{pmatrix} 4 \\ -3 \end{pmatrix}$$

Probe:

$$\begin{pmatrix} 3 \\ 4 \end{pmatrix} \cdot \begin{pmatrix} 4 \\ -3 \end{pmatrix} = 12 - 12 = 0$$

Der Normaleneinheitsvektor lautet (Betrag gleich eins):

$$n_0 = \frac{1}{\sqrt{16+9}} \begin{pmatrix} 4 \\ -3 \end{pmatrix} = \frac{1}{5} \begin{pmatrix} 4 \\ -3 \end{pmatrix}$$

Dieser Normaleneinheitsvektor wird nun in die Normalengleichung $*$ eingesetzt:

$$\frac{1}{5} \left[\begin{pmatrix} x \\ y \end{pmatrix} - \begin{pmatrix} 1 \\ -2 \end{pmatrix} \right] \cdot \begin{pmatrix} 4 \\ -3 \end{pmatrix} = 0$$

$$\frac{1}{5}(x-1) \cdot 4 + \frac{1}{5}(y+2) \cdot (-3) = 0$$

$$\frac{4}{5}x - \frac{4}{5} - \frac{3}{5}y - \frac{6}{5} = 0$$

$$\frac{4}{5}x - \frac{3}{5}y - 2 = 0$$

Bemerkung 9.1
1. *Eine Hesse'sche Normalform gibt es auch für die Ebenengleichung.*
2. *Für die Berechnung von Abständen bietet diese Form der Geradengleichung eine einfache Möglichkeit.*

■

9.8.8 Zwei Geraden

Zwei Geraden

$$g_1: \begin{pmatrix} x \\ y \\ z \end{pmatrix} = \begin{pmatrix} x_1 \\ y_1 \\ z_1 \end{pmatrix} + t_1 \begin{pmatrix} a_{x_1} \\ a_{y_1} \\ a_{z_1} \end{pmatrix}$$

und

$$g_2: \begin{pmatrix} x \\ y \\ z \end{pmatrix} = \begin{pmatrix} x_2 \\ y_2 \\ z_2 \end{pmatrix} + t_2 \begin{pmatrix} a_{x_2} \\ a_{y_2} \\ a_{z_2} \end{pmatrix}$$

verlaufen

a) parallel

oder

b) nicht parallel.

zu a): Parallele Geraden haben Richtungsvektoren, deren Linearkombination den Nullvektor ergibt.

$\lambda_1 \boldsymbol{a_1} + \lambda_2 \boldsymbol{a_2} = \boldsymbol{0}$ ohne, dass $\lambda_1 = \lambda_2 = 0$ ist.

Liegt nun der Stützpunkt der einen auf der anderen Geraden, dann ist der Abstand der Geraden gleich null – die Geraden sind identisch (sind nur in einer anderen von unendlich vielen Darstellungen aufgeschrieben worden).

zu b): Nichtparallele Geraden haben in der Ebene $\mathbb{R}^2$ stets einen eindeutig bestimmten Schnittpunkt.

Im $\mathbb{R}^3$ gibt es zwei Möglichkeiten

1. Die Geraden schneiden sich in einem Punkt.
2. Die Geraden verlaufen windschief (nichtparallel und kein Schnittpunkt ist nachweisbar!).

Beispiel 9.29

Bestimmt werden sollen a und b, damit die Geraden

$$\begin{pmatrix} x \\ y \\ z \end{pmatrix} = \begin{pmatrix} 1 \\ 2 \\ a \end{pmatrix} + t \begin{pmatrix} 3 \\ b \\ -2 \end{pmatrix} \quad \text{und} \quad \begin{pmatrix} x \\ y \\ z \end{pmatrix} = \begin{pmatrix} 3 \\ 3 \\ 4 \end{pmatrix} + t \begin{pmatrix} -2 \\ -1 \\ \dfrac{4}{3} \end{pmatrix}$$

a) windschief verlaufen,
b) einen Schnittpunkt haben,
c) parallel verlaufen,
d) identisch sind.

Im Falle der Parallelität muss sein:

$$\lambda_1 \begin{pmatrix} 3 \\ b \\ -2 \end{pmatrix} + \lambda_2 \begin{pmatrix} -2 \\ -1 \\ \dfrac{4}{3} \end{pmatrix} = \begin{pmatrix} 0 \\ 0 \\ 0 \end{pmatrix}$$

$$3\lambda_1 - 2\lambda_2 = 0$$

$$b\lambda_1 - \lambda_2 = 0$$

$$-2\lambda_1 + \frac{4}{3}\lambda_2 = 0$$

$$\begin{vmatrix} 3 & -2 \\ b & -1 \end{vmatrix} = 0$$

$$-3 + 2b = 0$$

$$b = \frac{3}{2}$$

Für $b = 1{,}5$ sind die beiden Geraden parallel (Fall a) und für $b \neq 1{,}5$ sind die Geraden nicht parallel. Für $b = 1{,}5$ (Parallelität) liegt P_2 von $\boldsymbol{g_2}$ (für $t_2 = 0$)

$P_2(3; 3; 4)$ für folgenden Wert von a auf der Geraden g_1:

$$\begin{pmatrix} 3 \\ 3 \\ 4 \end{pmatrix} = \begin{pmatrix} 1 \\ 2 \\ a \end{pmatrix} + t_1 \begin{pmatrix} 3 \\ \frac{3}{2} \\ -2 \end{pmatrix}$$

$$3 = 1 + 3t_1 \qquad\qquad\qquad t_1 = \frac{2}{3}$$

$$3 = 2 + \frac{3}{2}t_1 \qquad\qquad\qquad t_1 = \frac{2}{3}$$

$$4 = a + \frac{2}{3}(-2)$$

$$4 = a - \frac{4}{3}$$

$$a = \frac{16}{3}$$

Die Gerade

$$\begin{pmatrix} x \\ y \\ z \end{pmatrix} = \begin{pmatrix} 1 \\ 2 \\ \frac{16}{3} \end{pmatrix} + t_1 \begin{pmatrix} 3 \\ \frac{3}{2} \\ -2 \end{pmatrix}$$

ist identisch zu

$$\begin{pmatrix} x \\ y \\ z \end{pmatrix} = \begin{pmatrix} 3 \\ 3 \\ 4 \end{pmatrix} + t_2 \begin{pmatrix} -2 \\ -1 \\ \frac{4}{3} \end{pmatrix}$$

also

a) parallel für $b = 1{,}5$:

    1. nicht identisch für $a \neq \dfrac{16}{3}$

    2. identisch für $a = \dfrac{16}{3}$

b) nicht parallel für $b \neq 1{,}5$:

Der Ansatz zur Bestimmung eines Schnittpunkts lautet:

$$\begin{pmatrix} 1 \\ 2 \\ a \end{pmatrix} + t_1 \begin{pmatrix} 3 \\ b \\ -2 \end{pmatrix} = \begin{pmatrix} 3 \\ 3 \\ 4 \end{pmatrix} + t_2 \begin{pmatrix} -2 \\ -1 \\ \dfrac{4}{3} \end{pmatrix}$$

Das ergibt die drei Gleichungen der Komponenten:

$$1 + 3t_1 = 3 - 2t_2$$
$$2 + bt_1 = 3 - t_2$$
$$a - 2t_1 = 4 + \frac{4}{3}t_2$$

oder in der Normalform:

$$3t_1 + 2t_2 = 2 \qquad\qquad (1)$$
$$bt_1 + t_2 = 1 \qquad\qquad (2)$$
$$-2t_1 - \frac{4}{3}t_2 = 4 - a \qquad\qquad (3)$$

Aus (1) und (2)

$$t_2 = 1 - bt_1$$
$$3t_1 + 2(1 - bt_1) = 2$$
$$3t_1 + 2 - 2bt_1 = 2$$
$$t_1(3 - 2b) = 0 \quad \text{für } b \neq \frac{3}{2} \text{ (laut Voraussetzung!)}$$

ist:

$$t_1 = 0$$

und

$$t_2 = 1 - 0 \cdot b = 1.$$

Eingesetzt in (3):

$$-2 \cdot 0 - \frac{4}{3} \cdot 1 = 4 - a$$
$$a = 4 + \frac{4}{3}$$
$$a = \frac{16}{3}$$

Für

$$a \neq \frac{16}{3}$$

sind die Geraden windschief $\left(b \neq \dfrac{3}{2} \right)$ und für $a = \dfrac{16}{3}$ heißt der Schnittpunkt S:

$$S: \begin{pmatrix} x \\ y \\ z \end{pmatrix} = \begin{pmatrix} 1 \\ 2 \\ \dfrac{16}{3} \end{pmatrix} + 0 \cdot \begin{pmatrix} 3 \\ \dfrac{3}{2} \\ -2 \end{pmatrix} \neq \begin{pmatrix} 3 \\ \dfrac{3}{2} \\ -2 \end{pmatrix} = \begin{pmatrix} 1 \\ 2 \\ \dfrac{16}{3} \end{pmatrix}$$

oder durch $\boldsymbol{g_2}$ (mit t_2):

$$S: \begin{pmatrix} x \\ y \\ z \end{pmatrix} = \begin{pmatrix} 3 \\ 3 \\ 4 \end{pmatrix} + 1 \cdot \begin{pmatrix} -2 \\ -1 \\ \dfrac{4}{3} \end{pmatrix} = \begin{pmatrix} 1 \\ 2 \\ \dfrac{16}{3} \end{pmatrix}$$

Schnittwinkel von Geraden:
Wenn sich zwei Geraden schneiden (im $\mathbb{R}^2$ oder $\mathbb{R}^3$), dann gibt es zwei Winkel (vgl. Abb. 9.37). ■

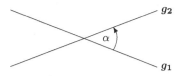

Abb. 9.37

$$\angle(\boldsymbol{g_1}; \boldsymbol{g_2} = \alpha)$$
$$\angle(\boldsymbol{g_2}; \boldsymbol{g_1}) = 180° - \alpha$$

Aus dem Skalarprodukt der Richtungsvektoren ergibt sich über den Kosinus der Schnittwinkel.
Es wird vereinbart, dass stets der kleinere Winkel genommen wird und wir bilden deswegen im Zähler den Betrag des Kosinus.

$$\cos(\angle \boldsymbol{g_1}; \boldsymbol{g_2}) = \frac{|\boldsymbol{g_1} \cdot \boldsymbol{g_2}|}{\sqrt{\boldsymbol{g_1^2} + \boldsymbol{g_2^2}}} > 0$$

somit:

$$0 < \angle(\boldsymbol{g_1}; \boldsymbol{g_2}) < 90°$$

Beispiel 9.30

Welchen Winkel bilden die beiden Geraden miteinander?

$$g_1: \begin{pmatrix} x \\ y \\ z \end{pmatrix} = \begin{pmatrix} -1 \\ 2 \\ 2 \end{pmatrix} + t_1 \begin{pmatrix} 3 \\ -4 \\ -2 \end{pmatrix} \quad \text{und} \quad g_2: \begin{pmatrix} x \\ y \\ z \end{pmatrix} = \begin{pmatrix} 3 \\ -1 \\ 4 \end{pmatrix} + t_2 \begin{pmatrix} -2 \\ -2 \\ -8 \end{pmatrix}$$

$$\boldsymbol{a_1} = \begin{pmatrix} 3 \\ -4 \\ -2 \end{pmatrix} \qquad\qquad \boldsymbol{a_2} = \begin{pmatrix} -2 \\ -2 \\ -8 \end{pmatrix}$$

Zunächst muss geprüft werden, ob sich die Geraden schneiden:

$$x: -1 + 3t_1 = 3 - 2t_2 \qquad\qquad 3t_1 + 2t_2 = 4$$
$$y: \ 2 - 4t_1 = -1 - 2t_2 \qquad\qquad -4t_1 + 2t_2 = -3$$
$$z: \ 2 - 2t_1 = 4 - 8t_2 \qquad\qquad -2t_1 + 8t_2 = 2$$

$$t_1 - 4t_2 = -1$$
$$3(-1 + 4t_2) + 2t_2 = 4$$
$$14t_2 - 3 = 4$$
$$t_2 = \frac{1}{2}$$
$$t_1 = 1$$

$$S: \begin{pmatrix} x \\ y \\ z \end{pmatrix} = \begin{pmatrix} 3 \\ -1 \\ 4 \end{pmatrix} + \frac{1}{2}\begin{pmatrix} -2 \\ -2 \\ -8 \end{pmatrix} = \begin{pmatrix} 2 \\ -2 \\ 0 \end{pmatrix}$$

$$\cos(\varphi) = \frac{\left| \begin{pmatrix} 3 \\ -4 \\ -2 \end{pmatrix} \cdot \begin{pmatrix} -2 \\ -2 \\ -8 \end{pmatrix} \right|}{\sqrt{9 + 16 + 4}\sqrt{4 + 4 + 64}} = \frac{|-6 + 8 + 16|}{\sqrt{29}\sqrt{72}} = \frac{18}{\sqrt{29}\sqrt{72}}$$

$$= \frac{18}{\sqrt{29}\sqrt{4 \cdot 18}} = \frac{18}{2 \cdot 3 \cdot \sqrt{29} \cdot \sqrt{2}} = \frac{3}{\sqrt{58}}$$

$$\varphi \approx 66{,}8°$$

9.8.9 Flächeninhalt

Die Vektorrechnung bietet eine ganz schnelle Lösung durch Anwendung des Vektorproduktes.
Der Inhalt der Fläche, die von den drei Punkten $A(1; -2; 4)$ $B(-3; 1; -2)$ $C(-2; 2; 2)$ eingeschlossen wird, ist zu bestimmen.

Prinzipskizze (vgl. Abb. 9.38):

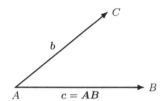

Abb. 9.38

Eine Dreiecksfläche kann aus dem Produkt zweier Seiten mal dem Sinus des eingeschlossenen Winkels berechnet werden. Dieser Wert ergibt die Fläche eines Parallelogramms aus zwei kongruenten Dreiecken.

$$|\boldsymbol{b} \times \boldsymbol{c}| = |\boldsymbol{b}| \cdot |\boldsymbol{c}| \cdot \sin(\angle \boldsymbol{b}; \boldsymbol{c})$$

$$A = \frac{1}{2} |\boldsymbol{b}| \cdot |\boldsymbol{c}| \cdot \sin(\angle \boldsymbol{b}; \boldsymbol{c})$$

oder

$$A = \frac{1}{2} |\boldsymbol{b} \times \boldsymbol{c}|$$

$$\boldsymbol{AC} = \begin{pmatrix} -2 \\ 2 \\ 2 \end{pmatrix} - \begin{pmatrix} 1 \\ -2 \\ 4 \end{pmatrix} = \begin{pmatrix} -3 \\ 4 \\ -2 \end{pmatrix} \qquad \boldsymbol{AB} = \begin{pmatrix} -3 \\ 1 \\ -2 \end{pmatrix} - \begin{pmatrix} 1 \\ -2 \\ 4 \end{pmatrix} = \begin{pmatrix} -4 \\ 3 \\ -6 \end{pmatrix}$$

$$\boldsymbol{b} \times \boldsymbol{c} = \begin{vmatrix} \boldsymbol{i} & \boldsymbol{j} & \boldsymbol{k} \\ -3 & 4 & -2 \\ -4 & 3 & -6 \end{vmatrix} \begin{matrix} -3 & 4 \\ -4 & 3 \end{matrix} = -18\boldsymbol{i} - 10\boldsymbol{j} + 7\boldsymbol{k}$$

$$|\boldsymbol{b} \times \boldsymbol{c}| = \sqrt{18^2 + 10^2 + 7^2} = \sqrt{324 + 100 + 49} = \sqrt{473}$$

$$A = \frac{1}{2} |\boldsymbol{b} \times \boldsymbol{c}| = \frac{1}{2} \sqrt{473} \, \text{FE (Flächeneinheiten)}$$

oder über das Skalarprodukt:

Winkel zwischen b und c:

$$b \cdot c = |b| \cdot |c| \cdot \cos(\angle b; c)$$

$$\cos(\angle b; c) = \frac{b \cdot c}{|b| \cdot |c|} = \frac{\begin{pmatrix} -3 \\ 4 \\ -2 \end{pmatrix} \cdot \begin{pmatrix} -4 \\ 3 \\ -6 \end{pmatrix}}{\sqrt{3^2 + 4^2 + 2^2}\sqrt{4^2 + 3^2 + 6^2}} = \frac{12 + 12 + 12}{\sqrt{29} \cdot \sqrt{61}} = \frac{36}{\sqrt{1769}}$$

Der Pythagoras der Trigonometrie:

$$\sin^2(\alpha) = 1 - \cos^2(\alpha)$$

$$\sin^2(\alpha) = 1 - \frac{1296}{1769}$$

$$\sin(\alpha) = \sqrt{\frac{473}{1769}}$$

$$A = \frac{1}{2}|b| \cdot |c| \cdot \sin(\alpha) = \frac{1}{2}\sqrt{29}\sqrt{61}\frac{\sqrt{473}}{\sqrt{1769}} = \frac{1}{2}\sqrt{473}\,\text{FE}$$

Beispiel 9.31

Welche Koordinaten hat der Punkt D, um das Dreieck ABC zu einem Parallelogramm mit der Fläche

$$\sqrt{473}\,\text{FE}$$

zu ergänzen (Reihenfolge beachten!)?

Prinzipskizze (vgl. Abb. 9.39):

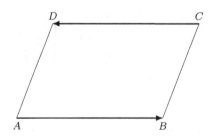

Abb. 9.39

$$OD = OC + CD$$

Parallelogramm $AB = -CD$

eingesetzt:

$$\mathbf{OD} = \mathbf{OC} - \mathbf{AB}$$

$$\mathbf{OD} = \begin{pmatrix} -2 \\ 2 \\ 2 \end{pmatrix} - \begin{pmatrix} -4 \\ 3 \\ -6 \end{pmatrix} = \begin{pmatrix} 2 \\ -1 \\ 8 \end{pmatrix}$$

$D(2; -1; 8)$

9.8.10 Ebenen

Drei Punkte legen im $\mathbb{R}^3$ eine Ebene fest.

$$\mathbf{OA} = \begin{pmatrix} a_x \\ a_y \\ a_z \end{pmatrix} \quad \mathbf{OB} = \begin{pmatrix} b_x \\ b_y \\ b_z \end{pmatrix} \quad \mathbf{OC} = \begin{pmatrix} c_x \\ c_y \\ c_z \end{pmatrix}$$

$$\varepsilon: \begin{pmatrix} x \\ y \\ z \end{pmatrix} = \begin{pmatrix} a_x \\ a_y \\ a_z \end{pmatrix} + r \begin{pmatrix} b_x - a_x \\ b_y - a_y \\ b_z - a_z \end{pmatrix} + s \begin{pmatrix} c_x - a_x \\ c_y - a_y \\ c_z - a_z \end{pmatrix}$$

Voraussetzung:
$\mathbf{AB}$ und $\mathbf{AC}$ sind linear unabhängig.
Die angegebene Gleichung enthält die zwei Parameter r und s ($r; s \in \mathbb{R}$). Sie wird als Parametergleichung oder Parameterdarstellung der Ebene durch die Punkte A, B, C bezeichnet.
$\mathbf{OA}$ ist der Stützvektor, $\mathbf{AB}$ und $\mathbf{AC}$ sind die Spannvektoren der Ebene.

Beispiel 9.32
Wie heißt die (Parameter) Gleichung der Ebene, die durch die Punkte $A(3; -2; -1)$; $B(-2; 2; 4)$ und $C(-1; -3; -5)$ festgelegt wird?

$$\mathbf{OA} = \begin{pmatrix} 3 \\ -2 \\ -1 \end{pmatrix}$$

$$\mathbf{AB} = \begin{pmatrix} -2 \\ 2 \\ 4 \end{pmatrix} - \begin{pmatrix} 3 \\ -2 \\ -1 \end{pmatrix} = \begin{pmatrix} -5 \\ 4 \\ 5 \end{pmatrix}$$

$$AC = \begin{pmatrix} -1 \\ -3 \\ -5 \end{pmatrix} - \begin{pmatrix} 3 \\ -2 \\ -1 \end{pmatrix} = \begin{pmatrix} -4 \\ -1 \\ -4 \end{pmatrix}$$

$$\varepsilon: \begin{pmatrix} x \\ y \\ z \end{pmatrix} = \begin{pmatrix} 3 \\ -2 \\ -1 \end{pmatrix} + r \begin{pmatrix} -5 \\ 4 \\ 5 \end{pmatrix} + s \begin{pmatrix} -4 \\ -1 \\ -4 \end{pmatrix}$$

Punkt $P_1(5; 9; 21)$ liegt auf der Ebene ε, denn

$x: 5 = \quad 3 - 5r - 4s$

$y: 9 = -2 + 4r - s$

$\quad 2 = -5r - 4s$

$\underline{\quad 11 = 4r - s \quad | \cdot (-4)}$

$-42 = -21r$

$r = 2$

$s = -3$

$z: -1 + 10 + 12 = 21 \quad (z - \text{Koordinate des Punktes})$

Der Punkt $P_2(6; 4; -3)$ liegt **nicht** auf der Ebene ε, denn

$x: 6 = \quad 3 - 5r - 4s$

$y: 4 = -2 + 4r - s$

$\quad 3 = -5r - 4s$

$\underline{\quad 6 = 4r - s| \cdot (-4)}$

$-21 = -21r$

$r = 1$

$4s = -8$

$s = -2$

$z: -1 + 5 - 2(-4) = 12 \neq -3$

Durch die lineare Gleichung mit den drei Variablen $x; y; z$

$$ax + by + cz = d$$

wird in $\mathbb{R}^3$ eine Ebene beschrieben, wenn nicht alle Koeffizienten $a; b; c$ gleich null sind.
Diese Ebenengleichung heißt **Koordinatengleichung** der Ebene.
Vereinbarungsgemäß soll immer $d \geq 0$ sein. ∎

Beispiel 9.33
Die Parameterdarstellung der Ebene durch Punkte $A(3; -2; -1)$ $B(-2; 2; 4)$ $C(-1; -3; -5)$ heißt (siehe voriges Beispiel):

$$\begin{pmatrix} x \\ y \\ z \end{pmatrix} = \begin{pmatrix} 3 \\ -2 \\ -1 \end{pmatrix} + r \begin{pmatrix} -5 \\ 4 \\ 5 \end{pmatrix} + s \begin{pmatrix} -4 \\ -1 \\ -4 \end{pmatrix}$$

Aus den Gleichungen für x und y werden die Parameter r und s berechnet.

$$x = 3 - 5r - 4s$$
$$\underline{y = -2 + 4r - s| \cdot (-4)}$$
$$x - 4y = 11 - 21r$$
$$21r = 11 - x + 4y$$

$$r = \frac{1}{21}(11 - x + 4y) \quad s = -2 + \frac{4}{21}(11 - x + 4y) - y = \frac{1}{21}(2 - 4x - 5y)$$

und in die Gleichung für z eingesetzt:

$$z = -1 + \frac{5}{21}(11 - x + 4y) - \frac{4}{21}(2 - 4x - 5y)$$
$$21z = -21 + 55 - 5x + 20y - 8 + 16x + 20y$$

$$-11x - 40y + 21z = 26$$

Die Parametergleichung (sie ist nicht eindeutig bestimmt!), lässt sich aus der Koordinatengleichung sehr viel einfacher darstellen.
Hier:

$$z = s$$

und mit $-11x = 26 + 40y - 21z$

$$y = r$$

ist

$$x = \frac{1}{11}(-26 - 40y + 21z)$$

oder mit den Festlegungen:

$$x = -\frac{26}{11} - \frac{40}{11}r + \frac{21}{11}s$$

$$\begin{pmatrix} x \\ y \\ z \end{pmatrix} = \begin{pmatrix} -\dfrac{26}{11} \\ 0 \\ 0 \end{pmatrix} + r \begin{pmatrix} -\dfrac{40}{11} \\ 1 \\ 0 \end{pmatrix} + s \begin{pmatrix} \dfrac{21}{11} \\ 0 \\ 1 \end{pmatrix}$$

Die dritte Form der Darstellung von Ebenen ist die **Normalform**.
Es musste der Punkt (Stützvektor) und zwei Spannvektoren angegeben werden,
um die Parametergleichung einer Ebene zu bestimmen.
Durch zwei linear unabhängige Vektoren ist eine Ebene festgelegt. Diese zwei
Richtungsvektoren a und b können jedoch durch einen einzigen Vektor n ersetzt
werden, der auf **beiden** Vektoren senkrecht steht (vgl. Abb. 9.40).   ∎

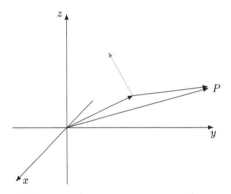

Abb. 9.40

Ein beliebiger Punkt in der Ebene $P(x; y; z)$ ergibt den Stützvektor $P_0(x_0; y_0; z_0)$

$$P_0 P = \begin{pmatrix} x - x_0 \\ y - y_0 \\ z - z_0 \end{pmatrix}.$$

Der Vektor $P_0 P$ bildet mit dem Normalenvektor n (steht senkrecht auf den beiden
Spannvektoren der Ebene) einen Winkel von 90°. Da

$$\cos(90°) = 0$$

ist, muss das Skalarprodukt null sein.
Daraus folgt die Gleichung der Ebene in der Gestalt:

$$\left[\begin{pmatrix} x \\ y \\ z \end{pmatrix} - \begin{pmatrix} x_0 \\ y_0 \\ z_0 \end{pmatrix}\right] \cdot \begin{pmatrix} n_1 \\ n_2 \\ n_3 \end{pmatrix} = 0$$

Bleibt die Frage, wie aus den Spannvektoren der Normalenvektor bestimmt werden kann.
Da gibt es grundsätzlich zwei Möglichkeiten:

1. Die Koordinaten des Normalenvektors müssen so bestimmt werden, dass das Skalarprodukt des Normalenvektors mit **beiden** Stützvektoren gleich null ist.

Beispiel 9.34
Die durch die Punkte $A(3; -2; -1)$; $B(-2; 2; 4)$ und $C(-1; -3; -5)$ festgelegte Parameterform der Ebenengleichung lautet:

$$\begin{pmatrix} x \\ y \\ z \end{pmatrix} = \begin{pmatrix} 3 \\ -2 \\ -1 \end{pmatrix} + r \begin{pmatrix} -5 \\ 4 \\ 5 \end{pmatrix} + s \begin{pmatrix} -4 \\ -1 \\ -4 \end{pmatrix}$$

$$\begin{pmatrix} -5 \\ 4 \\ 5 \end{pmatrix} \begin{pmatrix} n_1 \\ n_2 \\ n_3 \end{pmatrix} = 0 \qquad\qquad -5n_1 + 4n_2 + 5n_3 = 0$$

$$\begin{pmatrix} -4 \\ -1 \\ -4 \end{pmatrix} \begin{pmatrix} n_1 \\ n_2 \\ n_3 \end{pmatrix} = 0 \qquad\qquad -4n_1 - n_2 - 4n_3 = 0 \quad | \cdot 4$$

$$-21n_1 - 11n_3 = 0$$
$$n_1 = -\frac{11}{21}n_3$$

Frei gewählt wird nun bei zwei Gleichungen mit drei Unbekannten):
$n_3 = 21$ (Wahl erfolgt so, dass die Brüche möglichst nicht auftreten)
und damit

$$n_2 = -4n_1 - 4n_3 = 44 - 84 = -40$$

$$\boldsymbol{n} = \begin{pmatrix} -11 \\ -40 \\ 21 \end{pmatrix}$$

■

2. Es kann aber auch das Vektorprodukt eingesetzt werden.
Es ergibt einen Vektor, der auf den **beiden** Faktoren (Vektoren) des Vektorproduktes senkrecht steht. Das ist der gesuchte Normalenvektor.

$$\begin{vmatrix} i & j & k \\ -5 & 4 & 5 \\ -4 & -1 & -4 \end{vmatrix} \begin{matrix} (i) & (j) \\ -5 & 4 \\ -4 & -1 \end{matrix} = -11i - 40j + 21k = \begin{pmatrix} -11 \\ -40 \\ 21 \end{pmatrix}$$

Somit heißt die Normalengleichung durch die Punkte $A(3; -2; -1)$; $B(-2; 2; 4)$ und $C(-1; -3; -5)$

$$\left[\begin{pmatrix} x \\ y \\ z \end{pmatrix} - \begin{pmatrix} 3 \\ -2 \\ -1 \end{pmatrix} \right] \cdot \begin{pmatrix} -11 \\ -40 \\ 21 \end{pmatrix} = 0$$

Durch die Ausführung der Vektoroperationen ergibt sich die Koordinatengleichung der Ebene:

$$-11(x - 3) - 40(y + 2) + 21(z + 1) = 0$$
$$-11x + 33 - 40y - 80 + 21z + 21 = 0$$
$$-11x - 40y + 21z = 26$$

Somit ist der Normalenvektor

$$\begin{pmatrix} n_1 \\ n_2 \\ n_3 \end{pmatrix} = \begin{pmatrix} a \\ b \\ c \end{pmatrix}$$

gleich dem Vektor der Koeffizienten vor den Koordinaten in der Koordinatenform der Ebenengleichung.

$$ax + by + cz = d.$$

9.8.11 Mehrere Ebenen

In der Parameterdarstellung einer Ebene befinden sich zwei Parameter. Beim Schnitt von zwei Ebenen mit jeweils zwei Parametern entsteht durch Gleichsetzen der drei Koordinaten ein lineares Gleichungssystem mit drei Gleichungen für vier Parameter.

Daraus lassen sich drei Parameter ersetzen – der verbleibende restliche Parameter ist dann der Parameter der Geradengleichung.

Doch viel einfacher geht das mit der Normalengleichung der Ebenen, die wir ja in gewohnter Weise (über das Vektorprodukt der Spannvektoren) leicht und sicher erhalten können.

Beispiel 9.35
Zu berechnen ist die Schnittgerade der Ebene (s. Prinzipskizze Abb. 9.41)

$$\varepsilon_1 : 3x + 4y - z = 6$$

mit der Ebene

$$\varepsilon_2 : 5x - 2y + 3z = -6.$$

$$
\begin{aligned}
\varepsilon_1 : 3x + 4y - z &= 6 \\
\varepsilon_2 : 5x - 2y + 3z &= -6 \Big| \quad \cdot 2 \\
\hline
13x + 5z &= -6
\end{aligned}
$$

Setzen wir:

$$x = 5t,$$

dann ist

$$5z = -6 - 65t$$

oder

$$z = -1{,}2 - 13t$$

und aus

$$3 \cdot 5t + 4y - (-1{,}2 - 13t) = 6$$

folgt

$$
\begin{aligned}
4y + 15t + 1{,}2 + 13t &= 6 \\
4y &= 4{,}8 - 28t \\
y &= 1{,}2 - 7t
\end{aligned}
$$

Somit ergibt sich, für die Koordinaten in die Gleichung eingesetzt:

$$
\begin{pmatrix} x \\ y \\ z \end{pmatrix} = \begin{pmatrix} 0 \\ 1{,}2 \\ -1{,}2 \end{pmatrix} + t \begin{pmatrix} 5 \\ -7 \\ -13 \end{pmatrix}
$$

Das ist die Parameterform der Ebenenschnittgerade (natürlich sind auch andere Darstellungsformen möglich – die Richtungsvektoren sind jedoch immer linear abhängig.)
Sind beide Ebenen parallel, so gibt es wegen der linearen Abhängigkeit der Normalenvektoren keine oder keine eindeutige Schnittgerade. ∎

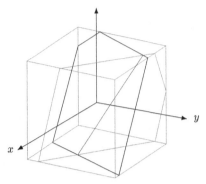

Abb. 9.41

Lage von drei Ebenen:

Es gibt fünf Varianten dafür, wie sich drei Ebenen im Raum anordnen lassen.

1. Alle drei Ebenen sind parallel.
   Es gibt keine Schnittgerade.
2. Zwei Ebenen sind parallel und werden von der dritten (nichtparallelen) Ebene in zwei parallel verlaufenden Geraden geschnitten.
3. Die drei nichtparallelen Ebenen bestimmen drei Schnittgeraden.
4. Die drei nichtparallelen Ebenen bestimmen eine (identische) Gerade.
5. Die drei Schnittgeraden schneiden sich in genau einem Punkt.

Die drei Koordinatengleichungen der Ebene bilden ein lineares Gleichungssystem mit drei Gleichungen für drei Koordinaten $x; y; z$.

Zu 1.: Die drei Normalenvektoren sind linear abhängig.

Zu 2.: Zwei Normalenvektoren sind linear abhängig.

Zu 3.: Aus je zwei Ebenengleichungen ergeben sich parallele Schnittgeraden.

Zu 4.: Aus je zwei Ebenengleichungen ergeben sich drei identische Schnittgeraden.

Zu 5.: Das lineare Gleichungssystem hat eine eindeutige Lösung – Schnittpunkt der drei Ebenen.

Beispiel 9.36

Zu 1 (vgl. Abb. 9.42):

$$\varepsilon_1: \text{x-y-Ebene} \qquad \begin{pmatrix} x \\ y \\ z \end{pmatrix} = r_1 \begin{pmatrix} 1 \\ 0 \\ 0 \end{pmatrix} + s_1 \begin{pmatrix} 0 \\ 1 \\ 0 \end{pmatrix}$$

$$\varepsilon_2: \text{Parallelebene}$$

$$\text{mit Abstand 1} \qquad \begin{pmatrix} x \\ y \\ z \end{pmatrix} = \begin{pmatrix} 0 \\ 0 \\ 1 \end{pmatrix} + r_2 \begin{pmatrix} 1 \\ 0 \\ 0 \end{pmatrix} + s_2 \begin{pmatrix} 0 \\ 1 \\ 0 \end{pmatrix}$$

Abb. 9.42

ε_3: Parallelebene

mit Abstand 1 $\quad \begin{pmatrix} x \\ y \\ z \end{pmatrix} = \begin{pmatrix} 0 \\ 0 \\ -1 \end{pmatrix} + r_3 \begin{pmatrix} 1 \\ 0 \\ 0 \end{pmatrix} + s_3 \begin{pmatrix} 0 \\ 1 \\ 0 \end{pmatrix}$

■

Beispiel 9.37
Zu 2 (vgl. Abb. 9.43):

ε_1: x-y-Ebene $\quad \begin{pmatrix} x \\ y \\ z \end{pmatrix} = r_1 \begin{pmatrix} 1 \\ 0 \\ 0 \end{pmatrix} + s_1 \begin{pmatrix} 0 \\ 1 \\ 0 \end{pmatrix}$

ε_2: x-z-Ebene $\quad \begin{pmatrix} x \\ y \\ z \end{pmatrix} = r_2 \begin{pmatrix} 1 \\ 0 \\ 0 \end{pmatrix} + s_2 \begin{pmatrix} 0 \\ 0 \\ 1 \end{pmatrix}$

ε_3: Parallelebene
zur x-y-Ebene

mit Abstand 1 $\quad \begin{pmatrix} x \\ y \\ z \end{pmatrix} = \begin{pmatrix} 0 \\ 0 \\ 1 \end{pmatrix} + r_3 \begin{pmatrix} 1 \\ 0 \\ 0 \end{pmatrix} + s_3 \begin{pmatrix} 0 \\ 1 \\ 0 \end{pmatrix}$

■

Beispiel 9.38
Zu 3:

ε_1: x-y-Ebene $\quad \begin{pmatrix} x \\ y \\ z \end{pmatrix} = r_1 \begin{pmatrix} 1 \\ 0 \\ 0 \end{pmatrix} + s_1 \begin{pmatrix} 0 \\ 1 \\ 0 \end{pmatrix}$

ε_2: x-z-Ebene $\quad \begin{pmatrix} x \\ y \\ z \end{pmatrix} = r_2 \begin{pmatrix} 1 \\ 0 \\ 0 \end{pmatrix} + s_2 \begin{pmatrix} 0 \\ 0 \\ 1 \end{pmatrix}$

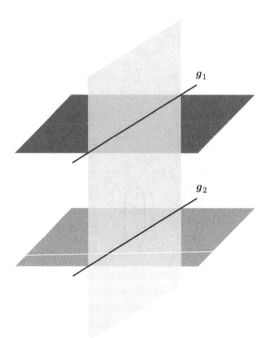

Abb. 9.43

$$\varepsilon_3 : \text{Ebene durch} \quad \begin{pmatrix} 0 \\ 1 \\ 0 \end{pmatrix} \quad \begin{pmatrix} 0 \\ 0 \\ 1 \end{pmatrix} \quad \begin{pmatrix} 1 \\ 1 \\ 0 \end{pmatrix}$$

$$\begin{pmatrix} x \\ y \\ z \end{pmatrix} = \begin{pmatrix} 1 \\ 1 \\ 0 \end{pmatrix} + r_3 \begin{pmatrix} -1 \\ 0 \\ 0 \end{pmatrix} + s_3 \begin{pmatrix} -1 \\ -1 \\ 1 \end{pmatrix}$$

∎

Beispiel 9.39
Zu 4:

$$\varepsilon_1 : \text{x-y-Ebene} \quad \begin{pmatrix} x \\ y \\ z \end{pmatrix} = r_1 \begin{pmatrix} 1 \\ 0 \\ 0 \end{pmatrix} + s_1 \begin{pmatrix} 0 \\ 1 \\ 0 \end{pmatrix}$$

$$\varepsilon_2 : \text{x-z-Ebene} \quad \begin{pmatrix} x \\ y \\ z \end{pmatrix} = r_2 \begin{pmatrix} 1 \\ 0 \\ 0 \end{pmatrix} + s_2 \begin{pmatrix} 0 \\ 0 \\ 1 \end{pmatrix}$$

ε_3 : Oktantenhalbierende

der $x - y$ Ebene

durch die Punkte $\begin{pmatrix} 0 \\ 0 \\ 0 \end{pmatrix} \quad \begin{pmatrix} 0 \\ 1 \\ 1 \end{pmatrix} \quad \begin{pmatrix} 1 \\ 1 \\ 1 \end{pmatrix}$

$$\begin{pmatrix} x \\ y \\ z \end{pmatrix} = r_3 \begin{pmatrix} 1 \\ 1 \\ 0 \end{pmatrix} + s_3 \begin{pmatrix} 1 \\ 1 \\ 1 \end{pmatrix}$$

∎

Beispiel 9.40

Zu 5:

Schnittpunkt der x-y-Ebene, der x-z-Ebene und der y-z-Ebene ist der Koordinatenursprung. ∎

Beispiel 9.41

Falls er existiert, berechne den Schnittpunkt der drei Ebenen:

$$\varepsilon_1: \quad 3x - 2y + 4z - 13 = 0$$
$$\varepsilon_2: -4x - 2y + \ z \qquad = 0$$
$$\varepsilon_3: \quad 4x + 2y + 5z - 12 = 0:$$

$$3x - 2y + 4z = 13$$
$$-4x - 2y + \ z = 0$$
$$4x + 2y + 5z = 12$$

Gauß'scher Algorithmus (vgl. Abb. 9.44):

	y	z	x	$\|$	1	$\|$	S
	−2	**4**	**3**	$\|\|$	**13**	$\|$	**18**
−1	−2	1	−4	$\|\|$	0	$\|$	−5
	2	−4	−3	$\|\|$	−13	$\|$	−18
1	2	5	4	$\|\|$	12	$\|$	23
	−2	4	3	$\|\|$	13	$\|$	18
		−3	**−7**	$\|\|$	**−13**	$\|$	**−23**
3		9	7	$\|\|$	25	$\|$	41
		−9	−21	$\|\|$	−39	$\|$	−69
			−14	$\|\|$	−14	$\|$	−28

Abb. 9.44

$$-14x = -14$$
$$x = 1$$

$$-3z - 7 \cdot 1 = -13$$
$$-3z = -6$$
$$z = 2$$

$$-2y + 8 + 3 = 13$$
$$y = -1$$

$$S(1; -1; 2)$$

■

9.8.12 Winkel

Der Schnittwinkel zwischen einer Geraden und einer Ebene wird als Schnittwinkel zwischen der Geraden und dem Normalenvektor der Ebene berechnet (α^*).

$$\cos(\alpha^*) = \frac{\begin{pmatrix} n_1 \\ n_2 \\ n_3 \end{pmatrix} \cdot \begin{pmatrix} a_x \\ a_y \\ a_z \end{pmatrix}}{\sqrt{n_1^2 + n_2^2 + n_3^2} \cdot \sqrt{a_x^2 + a_y^2 + a_z^3}}$$

mit

$$\boldsymbol{g}: \begin{pmatrix} x \\ y \\ z \end{pmatrix} = \begin{pmatrix} x_0 \\ y_0 \\ z_0 \end{pmatrix} + t \begin{pmatrix} a_x \\ a_y \\ a_z \end{pmatrix}$$

und

$$\varepsilon: ax + by + cz + d = 0$$

oder

$$n_1 x + n_2 y + n_3 z + d = 0$$

Es ist

$$\sin(\alpha) = \cos(\alpha^*)$$

mit

$$\alpha^* = 90° - \alpha$$

Beispiel 9.42

Wie groß ist der Schnittwinkel zwischen der Ebene

$$\varepsilon: 3x + 2y - 3z = 4$$

und der Geraden

$$g: \begin{pmatrix} x \\ y \\ z \end{pmatrix} = \begin{pmatrix} -1 \\ 2 \\ 3 \end{pmatrix} + t \begin{pmatrix} -1 \\ 2 \\ -3 \end{pmatrix}?$$

$$\sin(\alpha) = \frac{\left| \begin{pmatrix} 3 \\ 2 \\ -3 \end{pmatrix} \cdot \begin{pmatrix} -1 \\ 2 \\ -3 \end{pmatrix} \right|}{\sqrt{a^2 + b^2 + c^2} \cdot \sqrt{a_x^2 + a_y^2 + a_z^2}} = \frac{|-3 + 4 + 9|}{\sqrt{22 \cdot 14}} = \frac{10}{2 \cdot \sqrt{77}}$$

$$= \frac{5 \cdot \sqrt{77}}{77} = \frac{5}{77}\sqrt{77}$$

$$\alpha \approx 34{,}74°$$

Es gilt der Satz: **Stehen die Winkelschenkel von zwei Winkeln paarweise senkrecht aufeinander, so sind sie gleich.**
Es ist also völlig gleichgültig, ob nun der Schnittwinkel zwischen zwei Ebenen oder ihren Normalenvektoren bestimmt wird.

Somit gilt für den Schnittwinkel φ zweier Ebenen mit den Normalenvektoren

$$\begin{pmatrix} n_{1x} \\ n_{1y} \\ n_{1z} \end{pmatrix} \quad \text{und} \quad \begin{pmatrix} n_{2x} \\ n_{2y} \\ n_{2z} \end{pmatrix}$$

$$\cos(\varphi) = \frac{\begin{pmatrix} n_{1x} \\ n_{1y} \\ n_{1z} \end{pmatrix} \cdot \begin{pmatrix} n_{2x} \\ n_{2y} \\ n_{2z} \end{pmatrix}}{\sqrt{n_{1x}^2 + n_{1y}^2 + n_{1z}^2}\sqrt{n_{2x}^2 + n_{2y}^2 + n_{2z}^2}}$$

Beispiel 9.43

Welchen Schnittwinkel haben die beiden Ebenen

$$\varepsilon_1: \quad 3x - 2y + \quad z = 4$$
$$\varepsilon_2: -11x - 40y + 21z = 26?$$

$$\cos(\varphi) = \frac{\begin{pmatrix} 3 \\ -2 \\ 1 \end{pmatrix} \cdot \begin{pmatrix} -11 \\ -40 \\ 21 \end{pmatrix}}{\sqrt{3^2 + (-2)^2 + 1^2}\sqrt{(-11)^2 + (-40)^2 + (21)^2}} = \frac{|-33 + 80 + 21|}{\sqrt{14}\sqrt{2162}}$$
$$= \frac{68}{2\sqrt{7}\sqrt{1081}} = \frac{34}{\sqrt{7567}}$$
$$\varphi \approx 66{,}99°$$

9.8.13 Parallelität

Ein Punkt und eine Richtung bestimmen eine Gerade.
Wenn die Richtung gegeben ist, muss die der parallelen Geraden nicht berechnet werden.

Beispiel 9.44

Wie heißt die Gleichung der Geraden, die durch den Punkt $P(2; -1; 3)$ geht und parallel zu der Geraden

$$g: \begin{pmatrix} x \\ y \\ z \end{pmatrix} = \begin{pmatrix} 2 \\ -1 \\ 3 \end{pmatrix} + t \begin{pmatrix} 1 \\ -1 \\ 2 \end{pmatrix} \quad \text{verläuft?}$$

$$OP = \begin{pmatrix} 2 \\ -1 \\ 3 \end{pmatrix}$$

Richtung:

$$\begin{pmatrix} 1 \\ -1 \\ 2 \end{pmatrix}$$

$$g_P: \begin{pmatrix} x \\ y \\ z \end{pmatrix} = \begin{pmatrix} 2 \\ -1 \\ 3 \end{pmatrix} + t_P \begin{pmatrix} 1 \\ -1 \\ 2 \end{pmatrix}$$

Bemerkung 9.2

Im $\mathbb{R}^2$ gibt m die Richtung in der parameterfreien Darstellung an. Die zur Geraden mit dem Anstieg m parallel verlaufende hat ebenfalls den Anstieg m.

Eine Gerade durch P_0, die parallel zu Ebene ε verläuft, hat einen zum Normalenvektor orthogonal verlaufenden Richtungsvektor mit den Koordinaten von P_0 als Stützvektor.

∎

Beispiel 9.45

Wie heißt die Gleichung einer Geraden durch den Punkt $P(-2; 1; 3)$, die parallel zu der Ebene durch die Punkte $A(3; -2; -1)$; $B(-2; 2; 4)$ und $C(-1; -3; -5)$ verläuft?

$$n = \begin{pmatrix} -11 \\ -40 \\ 21 \end{pmatrix}$$

Gesucht ist

$$a = \begin{pmatrix} a_x \\ a_y \\ a_z \end{pmatrix}$$

mit

$$\begin{pmatrix} -11 \\ -40 \\ 21 \end{pmatrix} \cdot \begin{pmatrix} a_x \\ a_y \\ a_z \end{pmatrix} = -11a_x - 40a_y + 21a_z = 0$$

Durch die Festsetzung von

$$a_x = 21 \quad \text{und} \quad a_y = -21$$

werden wieder Brüche vermieden und es ist:

$$-231 + 840 + 21a_z = 0$$
$$21a_z = -609$$
$$a_z = -29$$

Also heißt der Richtungsfaktor einer derartigen Geraden:

$$\begin{pmatrix} 21 \\ -21 \\ -29 \end{pmatrix}.$$

Somit ergibt sich die Geradengleichung:

$$g_{\parallel}: \begin{pmatrix} x \\ y \\ z \end{pmatrix} = \begin{pmatrix} -2 \\ 1 \\ 3 \end{pmatrix} + t \begin{pmatrix} 21 \\ -21 \\ -29 \end{pmatrix}$$

Die Parallelebene zu einer Ebene hat den gleichen oder linear abhängigen Normalenvektor wie die Ebene. ∎

Beispiel 9.46

Wie heißt die Gleichung der Ebene durch den Punkt $P(-2; 1; 3)$, die zu der Ebene durch die Punkte $A(3; -2; -1)$; $B(-2; 2; 4)$ und $C(-1; -3; -5)$ parallel verläuft? Die Ebene hat den Normalenvektor:

$$n = \begin{pmatrix} -11 \\ -40 \\ 21 \end{pmatrix}.$$

Somit geht die Ebene

$$-11x - 40y + 21z + d = 0$$

durch

$$P_0(-2; 1; 3),$$

wenn

$$-11(-2) - 40 \cdot 1 + 21 \cdot 3 + d = 0$$
$$22 - 40 + 63 + d = 0$$
$$45 + d = 0$$
$$d = -45$$

ist.
Die Gleichung der Ebene in der Koordinatenform:

$$-11x - 40y + 21z = 45$$

■

9.8.14 Orthogonalität

Wie bestimmt man eine Gerade, die senkrecht zu einer anderen steht und durch einen Punkt geht?

Senkrecht stehen auf bedeutet eine Richtung und „durch einen Punkt" ergibt den geforderten Punkt. Bleibt nur noch, die Richtung zu bestimmen, dass die Bedingung „senkrecht stehen" erfüllt ist.

Die Richtung hat die Komponenten:

$$\boldsymbol{a}_\perp = \begin{pmatrix} a_{x_\perp} \\ a_{y_\perp} \\ a_{z_\perp} \end{pmatrix}.$$

Somit muss das Skalarprodukt

$$\begin{pmatrix} a_x \\ a_y \\ a_z \end{pmatrix} \cdot \begin{pmatrix} a_{x_\perp} \\ a_{y_\perp} \\ a_{z_\perp} \end{pmatrix} = 0$$

sein, weil

$$\cos(90°) = 0$$

ist.

$$a_x a_{x_\perp} + a_y a_{y_\perp} + a_z a_{z_\perp} = 0$$

$a_{x_\perp}$ und $a_{y_\perp}$ können beispielsweise frei gewählt werden, um $a_{z_\perp}$ bestimmen zu können.

Beispiel 9.47

Wie heißt die Gleichung einer Geraden, die durch den Punkt $P(2; -1; 3)$ geht und auf der Geraden

$$\begin{pmatrix} x \\ y \\ z \end{pmatrix} = \begin{pmatrix} 2 \\ -1 \\ 3 \end{pmatrix} + t \begin{pmatrix} 1 \\ -1 \\ 2 \end{pmatrix} \quad \text{senkrecht steht?}$$

$$\begin{pmatrix} 1 \\ -1 \\ 2 \end{pmatrix} \cdot \begin{pmatrix} x \\ y \\ z \end{pmatrix} = x - y + 2z = 0$$

Mit $x = 1$ und $y = 1$ folgt:

$$z = 0$$

und der senkrecht auf der Richtung stehende Vektor

$$\boldsymbol{a}_\perp = \begin{pmatrix} 1 \\ 1 \\ 0 \end{pmatrix}.$$

Somit heißt die Gerade:

$$\begin{pmatrix} x \\ y \\ z \end{pmatrix} = \begin{pmatrix} 2 \\ -1 \\ 3 \end{pmatrix} + t^* \begin{pmatrix} 1 \\ 1 \\ 0 \end{pmatrix}$$

Bemerkung 9.3

Im $\mathbb{R}^2$ gibt m die Richtung der Geraden in parameterfreier Form an.
Die Richtung der orthogonalen Geraden ist dann

$$-\frac{1}{m} \quad \text{mit} \quad m \neq 0.$$

■

Eine Gerade ist zu einer Ebene orthogonal, wenn der Richtungsvektor der Geraden und der Normalenvektor der Ebene linear abhängig oder sogar gleich sind.

Beispiel 9.48
Wie heißt die Gleichung der Geraden durch den Punkt $P(-2; 1; 3)$, die auf der
Ebene durch die Punkte $A(3; -2; -1)$; $B(-2; 2; 4)$ und $C(-1; -3; -5)$ senkrecht
steht?

$$OP = \begin{pmatrix} -2 \\ 1 \\ 3 \end{pmatrix}$$

Der Normalenvektor durch die angegebenen drei Punkte $(A; B; C)$ ist demnach

$$n = \begin{pmatrix} -11 \\ -40 \\ 21 \end{pmatrix}.$$

Also heißt die Gleichung der gesuchten Geraden:

$$g_\perp: \begin{pmatrix} x \\ y \\ z \end{pmatrix} = \begin{pmatrix} -2 \\ 1 \\ 3 \end{pmatrix} + t \begin{pmatrix} -11 \\ -40 \\ 21 \end{pmatrix}$$

∎

Senkrechtstehen von Ebenen:
Der Normalenvektor der orthogonalen Ebene steht senkrecht auf dem Normalenvektor der Ebene, auf der sie senkrecht stehen soll.

Beispiel 9.49
Wie heißt die Gleichung einer Ebene durch den Punkt $P(-2; 1; 3)$, die auf der Ebe-
ne durch die Punkte $A(3; -2; 0)$; $B(-2; 2; 4)$ und $C(-1; -3; -5)$ senkrecht steht?
Die Ebene durch die angegebenen Punkte A, B, C hat den Normalenvektor

$$n = \begin{pmatrix} -11 \\ -40 \\ 21 \end{pmatrix}.$$

Senkrecht dazu steht

$$n_\perp = \begin{pmatrix} 21 \\ -21 \\ -29 \end{pmatrix},$$

denn

$$\begin{pmatrix} -11 \\ -40 \\ 21 \end{pmatrix} \cdot \begin{pmatrix} 21 \\ -21 \\ -29 \end{pmatrix} = 0.$$

Also heißt die Gleichung einer Orthogonalebene

$$21x - 21y - 29z + d = 0,$$

durch den Punkt $P(-2; 1; 3)$

$$21(-2) - 21 \cdot 1 - 29 \cdot 3 + d = 0$$
$$-42 - 21 - 87 + d = 0$$
$$-150 + d = 0$$
$$d = 150$$

Also

$$21x - 21y - 29z + 150 = 0$$

oder

$$-21x + 21y + 29z = 150$$

■

9.8.15 Abstand

Es gibt viele Lösungsmöglichkeiten, die alle zum richtigen Ergebnis führen können!

Beispiel 9.50
Der Abstand des Punktes $P(5; -2; 1)$ von der Geraden

$$\begin{pmatrix} x \\ y \\ z \end{pmatrix} = \begin{pmatrix} 3 \\ -2 \\ 1 \end{pmatrix} + t \begin{pmatrix} 1 \\ 2 \\ -1 \end{pmatrix}$$

ist zu berechnen.

1. Lösung: ganz elementar – trigonometrisch
Prinzipskizze (vgl. Abb. 9.45):
Es ist der Punkt A auf der Geraden (bekannt), der Punkt P (gegeben) und der Lotfußpunkt von P auf der Geraden P'. Die Punkte bilden eine Ebene.

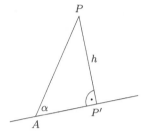

Abb. 9.45

Im rechtwinkligen Dreieck kann jede Größe berechnet werden, wenn die Länge einer Seite (Abstand AP – Hypotenuse) und ein Winkel bekannt ist. Der Winkel bei A kann über das Skalarprodukt berechnet werden.

$$AP = \begin{pmatrix} 5 \\ -2 \\ 1 \end{pmatrix} - \begin{pmatrix} 3 \\ -2 \\ 1 \end{pmatrix} = \begin{pmatrix} 2 \\ 0 \\ 0 \end{pmatrix}$$

$$\cos(\alpha) = \frac{\left| \begin{pmatrix} 2 \\ 0 \\ 0 \end{pmatrix} \cdot \begin{pmatrix} 1 \\ 2 \\ -1 \end{pmatrix} \right|}{\sqrt{4} \cdot \sqrt{6}} = \frac{|2|}{2 \cdot \sqrt{6}} = \frac{\sqrt{6}}{6}$$

Der sogenannte „Pythagoras der Trigonometrie" lautet:

$$\sin^2(\alpha) + \cos^2(\alpha) = 1$$

Daraus lässt sich der Sinus berechnen:

$$\sin(\alpha) = \sqrt{1 - \cos^2(\alpha)}$$

$$\sin(\alpha) = \sqrt{1 - \frac{1}{6}} = \sqrt{\frac{5}{6}}$$

$$\sin(\alpha) = \frac{h}{AP} \quad \left(\frac{\text{Gegenkathete}}{\text{Hypotenuse}} \right)$$

$$h = \sqrt{\frac{5}{6}} \cdot \sqrt{4} = \frac{\sqrt{30}}{3} \text{ LE}$$

gesuchter Abstand.

2. Lösung: ganz als Extremwertaufgabe

Der Punkt auf der Geraden ist durch seinen Parameterwert zu bestimmen, der zum gegebenen Punkt P eine minimale Entfernung besitzt (Lotfußpunkt).

$$|\boldsymbol{PP'}| = \sqrt{[5-(3+t)]^2 + [-2-(-2+2t)]^2 + [1-(1-t)]^2}$$
$$= \sqrt{(2-t)^2 + (2t)^2 + t^2}$$
$$\frac{d|\boldsymbol{PP'}|}{dt} = \frac{-2(2-t) + 8t + 2t}{2\sqrt{(2-t)^2 + 4t^2 + t^2}} = 0 \quad \text{(notwendige Bedingung)}$$

$$-4 + 2t + 8t + 2t = 0$$
$$12t = 4$$
$$t = \frac{1}{3}$$

Somit heißt der Lotfußpunkt:

$$\boldsymbol{OP'} = \begin{pmatrix} 3 \\ -2 \\ 1 \end{pmatrix} + \frac{1}{3}\begin{pmatrix} 1 \\ 2 \\ -1 \end{pmatrix} = \frac{1}{3}\begin{pmatrix} 10 \\ -4 \\ 2 \end{pmatrix} = \frac{2}{3}\begin{pmatrix} 5 \\ -2 \\ 1 \end{pmatrix}$$

$$|\boldsymbol{PP'}| = \sqrt{\left(5-\frac{10}{3}\right)^2 + \left(-2+\frac{4}{3}\right)^2 + \left(1-\frac{2}{3}\right)^2}$$
$$= \sqrt{\left(\frac{5}{3}\right)^2 + \left(-\frac{2}{3}\right)^2 + \left(\frac{1}{3}\right)^2} = \frac{1}{3}\sqrt{25+4+1} = \frac{\sqrt{30}}{3} \text{ LE}$$

3. Lösung: ganz analytisch geometrisch

Der Lotfußpunkt liegt auf der gegebenen Geraden. Die Lotgerade steht senkrecht auf der gegebenen Geraden.

$$L(l_1; l_2; l_3)$$

Richtungsfaktor der Lotgeraden: Richtungsfaktor der gegebenen Geraden

$$\begin{pmatrix} l_1 - 5 \\ l_2 - (-2) \\ l_3 - 1 \end{pmatrix} \cdot \begin{pmatrix} 1 \\ 2 \\ -1 \end{pmatrix} = 0$$

(90° – Kosinus gleich null – Skalarprodukt hat den Wert Null.)

$$l_1 - 5 + 2l_2 + 4 - l_3 + 1 = 0$$
$$l_1 + 2l_2 - l_3 = 0$$

Der Punkt L liegt auf der Geraden $\boldsymbol{AP}(g)$:

$$l_1 = 3 + t$$
$$l_2 = -2 + 2t$$
$$l_3 = 1 - t$$

$$3 + t + 2(-2 + 2t) - (1 - t) = 0$$
$$3 + t - 4 + 4t - 1 + t = 0$$
$$6t = 2$$
$$t = \frac{1}{3}$$

$$L\left(\frac{10}{3} : -\frac{4}{3}; \frac{2}{3}\right)$$

$$|\boldsymbol{PL}| = \sqrt{\left(5 - \frac{10}{3}\right)^2 + \left(-2 + \frac{4}{3}\right)^2 + \left(1 - \frac{2}{3}\right)^2} = \frac{\sqrt{30}}{3} \text{ LE}$$

Weitere Lösungsmöglichkeiten bestehen durch Verwendung von Ebenen und der Hesse'schen Normalform.
Es ist allerdings ratsam, sich die persönlich verständlichste Möglichkeit auszuwählen.

∎

Abstand zwischen zwei Geraden:
Es wird zwischen parallelen und nichtparallelen Geraden unterschieden.

1. Parallele Geraden sind

  a) identisch – Abstand Null,

  b) haben einen endlichen Abstand, der für alle Punkte gleich ist (Problem Abstand eines Punktes von einer Geraden).

2. Nichtparallele Geraden haben

  a) einen Schnittpunkt (Abstand Null),

  b) sind windschief.

    Windschiefe Geraden haben einen eindeutig bestimmten, vor allem aber einen bestimmbaren Abstand. Nach der Vielzahl der angegebenen Lösungsmöglichkeiten für die Abstandsbestimmung zwischen Punkt und Geraden nur ein Beispiel, denn es handelt sich um eine Standardaufgabe.

$$g_1 : x = OP_1 + t_1 a_1$$

$$g_2 : x = OP_2 + t_2 a_2$$

$$n = a_1 \times a_2$$

Somit ist n ein Vektor, der auf beiden Richtungsvektoren senkrecht steht (Abstand!).

Der zugehörige Einheitsvektor lautet:

$$n_0 = \frac{n}{|n|}$$

Dann ist der Abstand der beiden Geraden:

$$d(g_1; g_2) = |(OP_1 - OP_2) \cdot n_0|$$

Beispiel 9.51

Welchen Abstand haben die Geraden

$$g_1 : \begin{pmatrix} x \\ y \\ z \end{pmatrix} = \begin{pmatrix} 2 \\ -3 \\ 2 \end{pmatrix} + t_1 \begin{pmatrix} -1 \\ 2 \\ -4 \end{pmatrix},$$

$$g_2 : \begin{pmatrix} x \\ y \\ z \end{pmatrix} = \begin{pmatrix} 3 \\ -2 \\ -2 \end{pmatrix} + t_1 \begin{pmatrix} 4 \\ -1 \\ 3 \end{pmatrix} ?$$

$$OP_1 = \begin{pmatrix} 2 \\ -3 \\ 2 \end{pmatrix} \quad OP_2 = \begin{pmatrix} 3 \\ -2 \\ -2 \end{pmatrix}$$

$$a_1 \times a_2 = \begin{vmatrix} i & j & k \\ -1 & 2 & -4 \\ 4 & -1 & 3 \end{vmatrix} \begin{matrix} (i) & (j) \\ -1 & 2 \\ 4 & -1 \end{matrix} = 2i - 13j - 7k$$

$$n_0 = \frac{a_1 \times a_2}{|a_1 \times a_2|} = \frac{1}{\sqrt{222}}(2i - 13j - 7k)$$

$$d(g_1; g_2) = \left| \left[\begin{pmatrix} 2 \\ -3 \\ 2 \end{pmatrix} - \begin{pmatrix} 3 \\ -2 \\ -2 \end{pmatrix} \right] \cdot \begin{pmatrix} 2 \\ -13 \\ -7 \end{pmatrix} \right| \cdot \frac{1}{\sqrt{222}}$$

$$= \left| \begin{pmatrix} -1 \\ -1 \\ 4 \end{pmatrix} \cdot \begin{pmatrix} 2 \\ -13 \\ -7 \end{pmatrix} \right| \frac{1}{\sqrt{222}}$$

$$= |-2 + 13 - 28| \cdot \frac{1}{\sqrt{222}} = \frac{17}{\sqrt{222}} \, \text{LE}$$

$$\approx 1,141 \, \text{LE}$$

Abstand eines Punktes von einer Ebene:
Der Abstand eines Punktes von einer Ebene ist durch die Senkrechte auf der Ebene durch den Punkt P beschrieben – das Lot vom Punkt P auf die Ebene gefällt.
Wieder gibt es viele Wege – umständliche, einfache, sichere und unsichere, um die Länge des Lotes vom Punkt zur Ebene zu bestimmen.
Hier wird die kürzeste und damit auch für Rechenfehler unanfälligste Variante über den Betrag des Skalarproduktes zwischen dem Differenzvektor aus dem Ortsvektor des Punktes P_1 und dem Stützvektor P_0 der Ebene und dem Normaleneinheitsvektor der Ebene angegeben:

$$n_0 = \frac{n}{|n|}$$

$$d = \left| \left[\begin{pmatrix} x_1 \\ y_1 \\ z_1 \end{pmatrix} - \begin{pmatrix} x_0 \\ y_0 \\ z_0 \end{pmatrix} \right] \begin{pmatrix} n_x \\ n_y \\ n_z \end{pmatrix} \right| \cdot \frac{1}{\sqrt{n_x^2 + n_y^2 + n_z^2}}$$

oder für die Koordinatendarstellung der Ebene

$$\begin{pmatrix} n_x \\ n_y \\ n_z \end{pmatrix} = \begin{pmatrix} a \\ b \\ c \end{pmatrix}$$

$$d = \left| \left[\begin{pmatrix} x_1 \\ y_1 \\ z_1 \end{pmatrix} - \begin{pmatrix} x_0 \\ y_0 \\ z_0 \end{pmatrix} \right] \begin{pmatrix} a \\ b \\ c \end{pmatrix} \right| \cdot \frac{1}{\sqrt{a^2 + b^2 + c^2}}$$

∎

Beispiel 9.52
Welchen Abstand hat der Punkt mit den Koordinaten $P(-1; 2; -3)$ von der Ebene mit der Gleichung $3x - 2y + 4z = 5$?

Im Beispiel ist $P_0(-1; 0; 2)$

$$d = \left| \left[\begin{pmatrix} -1 \\ 2 \\ -3 \end{pmatrix} - \begin{pmatrix} -1 \\ 0 \\ 2 \end{pmatrix} \right] \begin{pmatrix} 3 \\ -2 \\ 4 \end{pmatrix} \right| \cdot \frac{1}{\sqrt{9 + 4 + 16}}$$

$$d = \left| \begin{pmatrix} 0 \\ 2 \\ -5 \end{pmatrix} \cdot \begin{pmatrix} 3 \\ -2 \\ 4 \end{pmatrix} \right| \cdot \frac{1}{\sqrt{29}} = |-4 - 20| \frac{1}{\sqrt{29}} = \frac{24}{\sqrt{29}} = \frac{24 \cdot \sqrt{29}}{29} \approx 4,46 \, \text{LE}$$

Also ist allgemein:

$$d = |(x_1 - x_0) \cdot a + (y_1 - y_0) \cdot b + (z_1 - z_0) \cdot c| \frac{1}{\sqrt{a^2 + b^2 + c^2}}$$

$$d = |ax_1 - ax_0 + by_1 - by_0 + cz_1 - cz_0| \frac{1}{\sqrt{a^2 + b^2 + c^2}}$$

Da

$$ax + by + cz = d_E$$

ist und P_0 den Stützvektor der Ebene bildet, ergibt sich:

$$d = |ax_1 + by_1 + cz_1 - d_E| \frac{1}{\sqrt{a^2 + b^2 + c^2}}$$

Also noch einmal für das Beispiel:

$$d = |3(-1) - 2(2) + 4(-3) - 5| \frac{1}{\sqrt{3^2 + (-2)^2 + 4^2}}$$

$$d = |-3 - 4 - 12 - 5| \frac{1}{\sqrt{9 + 4 + 16}} = \frac{24}{\sqrt{29}} = \frac{24 \cdot \sqrt{29}}{29} \, \text{LE}$$

∎

Definition 9.10

Die Normalengleichung der Ebene und die Koordinatenform der Ebene werden in der Darstellung

$$\left[\begin{pmatrix} x \\ y \\ z \end{pmatrix} - \begin{pmatrix} x_0 \\ y_0 \\ z_0 \end{pmatrix} \right] \cdot \begin{pmatrix} n_1 \\ n_2 \\ n_3 \end{pmatrix} \cdot \frac{1}{\sqrt{n_1^2 + n_2^2 + n_3^2}} = 0$$

beziehungsweise

$$\frac{ax + by + cz - d}{\sqrt{a^2 + b^2 + c^2}} = 0 \quad \text{als } \textbf{Hesse'sche}^1 \textbf{ Normalform} \text{ bezeichnet.}$$

Ist die Ebene in Parameterform gegeben, dann sollte zunächst ihre Hesse'sche Normalform bestimmt werden, um den Abstand eines Punktes von der Ebene auf diesem relativ einfachen Weg schnell bestimmen zu können.

♦

---

[1]Otto Ludwig Hesse (1811–1874) – deutscher Mathematiker

10 Matrizen

10.1 Matrizenbegriff – Typ einer Matrix

Definition 10.1
Eine Matrix ist ein rechteckiges Schema, in dem mathematische Elemente in n Zeilen und m Spalten angeordnet sind. ♦

Beispiel 10.1
Da in der Definition allgemein von mathematischen Elementen gesprochen wird, ist auch die rechtwinklige Anordnung der Zeichen $+$, $-$ und 0 eine Matrix, wie sie beispielsweise bei der Einschätzung der Qualität in einer Tabelle auftreten kann. ∎

Bezeichnungen:

1. Matrizen werden hier durch halbfette kursive Großbuchstaben gekennzeichnet und so von anderen mathematischen Objekten (Zahlen, Funktionen u. Ä.) unterschieden.

Hinweis 10.1
Es gibt verschiedene Bezeichnungsmöglichkeiten für Matrizen in der Fachliteratur.

$$A, B, C, D, E, F, G, H, I, J, K, L, M,$$

$$N, O, P, Q, R, S, T, U, V, W, X, Y, Z$$

© Springer-Verlag GmbH Deutschland, ein Teil von Springer Nature 2018
G. Höfner, *Mathematik-Fundament für Studierende aller Fachrichtungen*,
https://doi.org/10.1007/978-3-662-56531-5_10

2. Die Elemente der Matrix heißen

a_{ij} (gelesen: „a i j")

und werden in runde Klammern gesetzt.

Hinweis 10.2
*Auch für runde Klammern werden in der Literatur unterschiedliche Kennzeichen
verwendet.*
*Zur Kennzeichnung der Elemente einer Matrix wird ein Doppelindex verwendet,
um den Platz des Elements in der Matrix eindeutig zu benennen.*
*Der erste Index gibt die Nummer der Zeile und der zweite Index die Nummer der
Spalte an, in der das Element steht (Zeilen – waagerecht, Spalten – senkrecht).*

Beispiel 10.2
$a_{13\,5}$: Element in der 13. Zeile und 5. Spalte   ∎

Beispiel 10.3
Matrix mit m Zeilen und n Spalten mit den Elementen a_{ij}

$$A = \begin{pmatrix} a_{11} & a_{12} & \cdots & a_{1n} \\ a_{21} & a_{22} & \cdots & a_{2n} \\ \vdots & \vdots & \cdots & \vdots \\ \vdots & \vdots & \cdots & \vdots \\ a_{m1} & a_{m2} & \cdots & a_{mn} \end{pmatrix}$$

∎

3. Der Typ einer Matrix wird durch die Anzahl der Zeilen und Spalten bestimmt.
Eine Matrix mit m Zeilen und n Spalten hat den Typ $(m; n)$.

Beispiel 10.4
Die Matrix

$$A = \begin{pmatrix} 2 & 4 & 3 & -2 & 1 \\ 0 & 2 & -6 & 4 & 8 \\ 1 & 0 & 0 & -2 & -6 \end{pmatrix}$$

hat den Typ $(3; 5)$
Die Schreibweise $A_{(m,\,n)}$ wird benutzt, um den Typ einer Matrix (hier m Zeilen
und n Spalten) anzugeben.   ∎

10.2 Spezielle Matrizen

Definition 10.2
Eine Matrix ist quadratisch, wenn die Anzahl der Zeilen (m) gleich der Anzahl der Spalten (n) ist.

$$n = m$$

♦

Beispiel 10.5
Quadratische Matrix vom Typ $(4; 4)$

$$A = \begin{pmatrix} 1 & 2 & 0 & 1 \\ 3 & 4 & -1 & 5 \\ -6 & 7 & 0 & 5 \\ 1 & 0 & 0 & 1 \end{pmatrix}$$

■

Definition 10.3
Eine Matrix ist genau dann eine Nullmatrix, wenn alle Elemente gleich null sind.

$$A_{(m,\, n)} = \begin{pmatrix} 0 & 0 & 0 & \ldots & 0 \\ 0 & 0 & 0 & \ldots & 0 \\ \vdots & \vdots & \vdots & \ldots & \vdots \\ \vdots & \vdots & \vdots & \ldots & \vdots \\ 0 & 0 & 0 & \ldots & 0 \end{pmatrix}$$

♦

Beispiel 10.6
Nullmatrix vom Typ $(2; 3)$

$$A_{(2,\, 3)} = \begin{pmatrix} 0 & 0 & 0 \\ 0 & 0 & 0 \end{pmatrix}$$

■

Definition 10.4
Die transponierte Matrix A^T entsteht aus A durch Vertauschung der Zeilen mit den entsprechenden Spalten.

$$A_{(m,\, n)} = A^T_{(n,\, m)}$$

♦

Beispiel 10.7

$$A = \begin{pmatrix} 1 & 3 & -1 & 4 \\ -2 & 0 & 3 & -2 \\ 5 & -4 & 2 & 0 \end{pmatrix} \quad A^T = \begin{pmatrix} 1 & -2 & 5 \\ 3 & 0 & -4 \\ -1 & 3 & 2 \\ 4 & -2 & 0 \end{pmatrix}$$

Wird eine transponierte Matrix transponiert, so ergibt sich die ursprüngliche Matrix.

$$(A^T)^T = A$$

■

Definition 10.5

Vektoren sind Matrizen mit nur einer Zeile (Zeilenvektor) oder nur einer Spalte (Spaltenvektor).

Vektoren werden als spezielle Matrizen mit kleinen halbfetten kursiven Buchstaben gekennzeichnet. ◆

Beispiel 10.8

$$a = (3 \quad 4 \quad 5) \quad \text{Zeilenvektor}$$

$$b = \begin{pmatrix} 1 \\ 0 \\ 0 \\ -1 \end{pmatrix} \quad \text{Spaltenvektor}$$

Nur quadratische Matrizen haben zwei Diagonalen. Die vom Element a_{11} ausgehende, durch die Elemente a_{ii} bis zum Element a_{nn} führende Diagonale (links oben nach rechts unten) wird als Hauptdiagonale bezeichnet.

$$A_{(n,n)} = \begin{pmatrix} a_{11} & a_{12} & \cdots & a_{1n} \\ a_{21} & a_{22} & \cdots & a_{2n} \\ \cdot & \cdot & \cdots & \cdot \\ \cdot & \cdot & \cdots & \cdot \\ a_{n1} & a_{n2} & \cdots & a_{nn} \end{pmatrix}$$

Hauptdiagonale

■

Definition 10.6

Eine quadratische Matrix ist eine Diagonalmatrix, wenn alle Elemente außerhalb der Hauptdiagonalen gleich null sind. ◆

Beispiel 10.9

$$D_{(4,4)} = \begin{pmatrix} 1 & 0 & 0 & 0 \\ 0 & -4 & 0 & 0 \\ 0 & 0 & 0^* & 0 \\ 0 & 0 & 0 & 5 \end{pmatrix}$$

* Über eventuelle Nullen auf der Hauptdiagonalen macht die Definition keine Aussage. ∎

Definition 10.7
Die Einheitsmatrix ist eine spezielle Diagonalmatrix, bei der auf der Hauptdiagonalen nur Einsen stehen.

$$E = \begin{pmatrix} 1 & 0 & 0 & 0 & \dots & 0 \\ 0 & 1 & 0 & 0 & \dots & 0 \\ \vdots & \vdots & \vdots & \vdots & \dots & \vdots \\ \vdots & \vdots & \vdots & \vdots & \dots & \vdots \\ 0 & 0 & 0 & 0 & \dots & 1 \end{pmatrix}$$

◆

Beispiel 10.10

$$E = \begin{pmatrix} 1 & 0 & 0 \\ 0 & 1 & 0 \\ 0 & 0 & 1 \end{pmatrix}$$

∎

10.3 Relationen zwischen Matrizen

Matrizen besitzen keinen Zahlenwert. Bevor mit Matrizen gerechnet werden kann, ist die Erklärung einer Gleichheitsrelation zwischen Matrizen erforderlich. Damit besteht, wie bei allen neu eingeführten Objekten in der Mathematik, Freiheit bei der festzulegenden Relation. Ausgehend davon, dass eine Matrix eine Tabelle darstellt, ist jedoch die folgende Definition sinnvoll.

Definition 10.8
Nur Matrizen vom gleichen Typ können gleich sein, wenn sie in allen einander entsprechenden Elementen übereinstimmen.

$$A_{(m,\, n)} = B_{(m,\, n)}$$

genau dann, wenn $a_{ij} = b_{ij}$ für alle i und für alle j gilt. ◆

Beispiel 10.11

$$A = \begin{pmatrix} 2 & -1 & -4 \\ 3 & 5 & 0 \end{pmatrix} \quad B = \begin{pmatrix} b_{11} & b_{12} & b_{13} \\ b_{21} & b_{22} & b_{23} \end{pmatrix}$$

$A = B$ genau dann, wenn $\quad b_{11} = 2, \quad b_{12} = -1, \quad b_{13} = -4$

$$b_{21} = 3, \quad b_{22} = \ \ 5, \quad b_{23} = \ \ 0$$

Bemerkung 10.1

1. *Die Definition einer Größer- oder Kleinerrelation für Matrizen gleichen Typs ist möglich, aber wenig sinnvoll.*
2. *Matrizen, die nicht den gleichen Typ haben, stehen in keiner Relation zueinander.*
3. *Eine Matrizengleichung zwischen zwei Matrizen vom Typ (m, n) steht für mn Zahlengleichungen.*

Mithilfe der Gleichheitsdefinition ist eine weitere spezielle Matrix zu definieren.

∎

Definition 10.9

Eine Matrix ist symmetrisch, wenn sie gleich ihrer transponierten Matrix ist.

A symmetrisch genau dann, wenn $\quad A = A^T$.

◆

Beispiel 10.12

$$A = \begin{pmatrix} 3 & 2 & -1 \\ 2 & 4 & 0 \\ -1 & 0 & 5 \end{pmatrix}$$

Notwendige Bedingung für die Symmetrie einer Matrix ist, dass sie quadratisch ist.

∎

10.4 Addition und Subtraktion von Matrizen, Multiplikation mit einer skalaren Größe

Definition 10.10

Nur Matrizen gleichen Typs können addiert und subtrahiert werden. Matrizen gleichen Typs werden addiert (subtrahiert), indem einander entsprechende Elemente addiert (subtrahiert) werden.

$$A = \begin{pmatrix} 1 & 0 & 2 \\ 4 & -3 & 5 \end{pmatrix} \qquad B = \begin{pmatrix} -1 & 3 & 0 \\ 4 & -5 & 2 \end{pmatrix}$$

$$S = A + B = \begin{pmatrix} 0 & 3 & 2 \\ 8 & -8 & 7 \end{pmatrix} \qquad D = A - B = \begin{pmatrix} 2 & -3 & 2 \\ 0 & 2 & 3 \end{pmatrix}$$

Da die Addition und die Subtraktion von Matrizen auf die Addition und Subtraktion der Elemente (reelle Zahlen) zurückgeführt wird, bleiben alle Gesetze für die Addition reeller Zahlen gültig. Bei der Subtraktion der Elemente ist insbesondere auf die Vorzeichenregeln zu achten.   ♦

Gesetze der Matrizenaddition

1. $A + B = B + A$ (kommutatives Gesetz)
2. $(A + B) + C = A + (B + C)$ (assoziatives Gesetz)
3. $A + 0 = A$ (Addition der Nullmatrix ändert die Matrix nicht)
   Die Nullmatrix ist ein neutrales Element der Addition.
4. Wenn $A = B$, so ist $A - B = 0$.

Definition 10.11

Eine Matrix wird mit einer reellen Zahl multipliziert, indem jedes Element der Matrix mit dieser Zahl multipliziert wird.   ♦

Bemerkung 10.2

1. *Es gilt auch die Umkehrung: Ist in allen Elementen einer Matrix der gleiche Faktor enthalten, so kann er vor die Matrix geschrieben werden.*
2. *Die Multiplikation von Matrizen mit einer natürlichen Zahl ist eine spezielle Addition, wobei die Summanden gleich sind.*

$$\underbrace{A + A + \cdots + A}_{k \text{ Summanden}} = k \cdot A$$

Beispiel 10.13

1.

$$3 \cdot \begin{pmatrix} 3 & -8 & 0 \\ 4 & 6 & -1 \end{pmatrix} = \begin{pmatrix} 9 & -24 & 0 \\ 12 & 18 & -3 \end{pmatrix}$$

2.

$$\begin{pmatrix} \dfrac{1}{48} & \dfrac{-1}{8} & \dfrac{1}{6} \\[2mm] \dfrac{1}{24} & \dfrac{-1}{12} & \dfrac{5}{24} \end{pmatrix} = \dfrac{1}{48} \cdot \begin{pmatrix} 1 & -6 & 8 \\ 2 & -4 & 10 \end{pmatrix}$$

3.

$$\begin{pmatrix} 11\,400 & 12\,300 \\ 8200 & 24\,200 \end{pmatrix} = 100 \cdot \begin{pmatrix} 114 & 123 \\ 82 & 242 \end{pmatrix}$$

Für die Multiplikation von Matrizen und reellen Zahlen gelten folgende Gesetze:

1. $k \cdot A = A \cdot k$
2. $(k_1 \cdot k_2) \cdot A = k_1 \cdot (k_2 \cdot A)$
3. $k \cdot (A + B) = k \cdot A + k \cdot B$
4. $A \cdot 0 = 0 \cdot A = 0$ (Nullmatrix)

Die Multiplikation von Matrizen mit reellen Zahlen ist nicht zu verwechseln mit der Multiplikation von Matrizen.   ∎

10.5 Multiplikation von Matrizen und Schema von Falk

Bei der Multiplikation von Vektoren hat das Skalarprodukt eine wichtige Funktion. Es ist dieses eine Kombination von Multiplikation und Addition reeller Zahlen.

Beispiel 10.14
Die Waren W_1, W_2, W_3 und W_4 werden in den Mengen 5 kg, 12 Stück, 3 Dutzend und 2 Kisten gekauft.   ∎

Der Preis für 1 kg von W_1 beträgt 2,60 EURO, für 1 Stück von W_2 18,60 EURO, ein Dutzend von W_3 kostet 5,10 EURO, und 1 Kiste von W_4 hat den Preis von 103,00 EURO.
Um den Gesamtpreis zu bestimmen, sind die gekauften Mengeneinheiten zu multiplizieren und die Produkte zu addieren.

$$5 \cdot 2{,}60 \,\text{EURO} + 12 \cdot 18{,}60 \,\text{EURO} + 3 \cdot 5{,}10 \,\text{EURO} + 2 \cdot 103{,}00 \,\text{EURO}$$
$$= 457{,}50 \,\text{EURO}$$

Es ist ein Gesamtpreis von 457,50 EURO zu entrichten.

Die Mengen werden als Zeilenvektor geschrieben:

$$\boldsymbol{m} = (5 \;\; 12 \;\; 3 \;\; 2)$$

und die Preise als Spaltenvektor

$$\boldsymbol{k} = \begin{pmatrix} 2{,}60 \\ 18{,}60 \\ 5{,}10 \\ 103{,}00 \end{pmatrix}$$

Definition 10.12
Die Multiplikation von zwei Vektoren

$$(a_1 \;\; a_2 \;\; \ldots \;\; a_n) \begin{pmatrix} b_1 \\ b_2 \\ \vdots \\ b_n \end{pmatrix} = a_1 \cdot b_1 + a_2 \cdot b_2 + \ldots + a_n \cdot b_n$$

heißt **Skalarprodukt**. ◆

Bemerkung 10.3
1. *An dieser Stelle ist es noch gleichgültig, ob der erste Vektor als Zeilen- oder Spaltenvektor und der zweite als Zeilen- oder Spaltenvektor geschrieben wird.*
2. *Ein Skalarprodukt lässt sich nur dann bilden, wenn die Zahl der Elemente des ersten Vektorfaktors gleich der Zahl der Elemente des zweiten Vektorfaktors ist.*
3. *Diese Art von Multiplikation (Kombination von Multiplikation und Addition) hat nichts mit der Multiplikation reeller Zahlen zu tun. Die Gesetze der Multiplikation reeller Zahlen übertragen sich nicht formal und ohne genaue Prüfung auf die Bildung von Skalarprodukten.*

Definition 10.13
Matrizen können dann multipliziert werden, wenn die Spaltenzahl des ersten Matrizenfaktors gleich der Zeilenzahl des zweiten Matrizenfaktors ist. Das Element c_{ij} der Produktmatrix $\boldsymbol{P}$ entsteht, indem das Skalarprodukt aus der i-ten Zeile des ersten Matrizenfaktors $\boldsymbol{A}$ und der j-ten Zeile des zweiten Matrizenfaktors $\boldsymbol{B}$ gebildet wird. ◆

Bezeichnung: Matrizen, bei denen die Spaltenzahl der ersten gleich der Zeilenzahl der zweiten ist, heißen verkettete Matrizen.

Beispiel 10.15

$$A = \begin{pmatrix} 2 & 1 & 6 & 4 \\ 5 & 2 & 3 & 0 \\ -1 & 0 & -2 & 5 \end{pmatrix} \quad B = \begin{pmatrix} 2 & 0 \\ 4 & -1 \\ -3 & 2 \\ -2 & 5 \end{pmatrix}$$

Typ: A: $(3; 4)$
Typ: B: $(4; 2)$

$(3; \boxed{4})(4; \boxed{2})$

Verkettung

Nur wenn die Matrizen verkettet sind, lassen sich die Skalarprodukte bilden, wie es durch die Definition festgelegt wird. ∎

Beispiel 10.16

$$A = \begin{pmatrix} 3 & 4 & 2 \\ 2 & 1 & 1 \end{pmatrix} \quad B = \begin{pmatrix} 1 & 2 \\ 3 & 1 \\ 4 & 2 \end{pmatrix}$$

Verkettung gegeben: $(2; \boxed{3})(3; \boxed{2})$
Die Produktmatrix hat den Typ $(2; 2)$.

$$A \cdot B = \begin{pmatrix} 3 & 4 & 2 \\ 2 & 1 & 1 \end{pmatrix} \cdot \begin{pmatrix} 1 & 2 \\ 3 & 1 \\ 4 & 2 \end{pmatrix} = \begin{pmatrix} 3 \cdot 1 + 4 \cdot 3 + 2 \cdot 4 & 3 \cdot 2 + 4 \cdot 1 + 2 \cdot 2 \\ 2 \cdot 1 + 1 \cdot 3 + 1 \cdot 4 & 2 \cdot 2 + 1 \cdot 1 + 1 \cdot 2 \end{pmatrix}$$

$$A \cdot B = \begin{pmatrix} 23 & 14 \\ 9 & 7 \end{pmatrix}$$

Die Multiplikation von Matrizen unterscheidet sich in wesentlichen Punkten von der Multiplikation reeller Zahlen.

1. Das kommutative Gesetz der Multiplikation gilt im Allgemeinen nicht für die Multiplikation von Matrizen.

   Eine Begründung dafür ergibt sich bereits aus der Verkettung als Bedingung für die Ausführbarkeit der Matrizenmultiplikation. Bei nichtquadratischen Matrizen folgt aus der Verkettung von

   $A \cdot B$

nicht die Verkettung von

$$B \cdot A$$

Aber auch wenn diese Forderung erfüllt ist, sind die Produktmatrizen im Allgemeinen ungleich.

2. Bei Matrizen folgt aus

$$A \cdot B = 0$$

(Das Produkt von zwei Matrizen ergibt die Nullmatrix.) nicht, dass $A = 0$ oder $B = 0$ ist.

∎

Beispiel 10.17

$$\begin{pmatrix} 2 & -3 \\ -2 & 3 \end{pmatrix} \cdot \begin{pmatrix} 3 & 3 \\ 2 & 2 \end{pmatrix} = \begin{pmatrix} 0 & 0 \\ 0 & 0 \end{pmatrix}$$

Elemente, deren Produkt gleich null ist, ohne dass ein Faktor gleich dem Nullelement ist (neutrales Element bei der Addition) heißen Nullteiler.

In $A \cdot B = 0$ ist A ein Nullteiler von B und umgekehrt.

Mengen von Elementen, die Nullteiler besitzen, lassen die Definition einer Division nicht zu, da sonst der Quotient, bei dem das Nullelement dividiert wird, ein Element verschieden vom Nullelement ergeben könnte. Das ist unsinnig. ∎

Folgerung:
Es gibt keine sinnvolle Definition einer Matrizendivision (Umkehrung der Multiplikation von Matrizen).

3. Die Einheitsmatrix ist das neutrale Element der Matrizenmultiplikation. Bei geeignetem Typ von E ist:

$$A \cdot E = E \cdot A = A$$

4. Das assoziative Gesetz gilt für die Multiplikation von Matrizen ohne Einschränkung.

$$A \cdot (B \cdot C) = (A \cdot B) \cdot C$$

4. Das distributive Gesetz gilt für Matrizen ohne Einschränkung.

$$A \cdot (B + C) = A \cdot B + A \cdot C$$

Da die praktische Multiplikation von größeren Matrizen eine sehr hohe Konzentration erfordert, hat der Braunschweiger Professor S. Falk das nach ihm benannte Schema aufgestellt, mit dessen Hilfe sich Matrizen sehr übersichtlich multiplizieren lassen, wobei jeder Schritt durch eine Probe abgesichert werden kann (vgl. Abb. 10.1).

Die Matrizen werden zunächst in der angegebenen Weise geschrieben. Die Verkettung zeigt sich an dem sich links oben ergebenden Quadrat. Das Element c_{ij} entsteht, indem die Elemente der i-ten Zeile von A (gleiche Höhe) mit den entsprechenden Elementen der j-ten Spalte (darüber liegend) von B multipliziert und die entstehenden Produkte addiert werden.

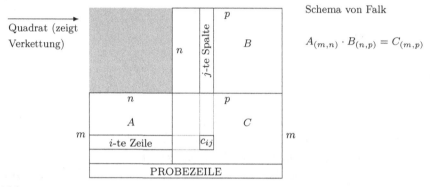

Abb. 10.1

Die Probezeile wird unter A durch die Summe in den Spalten gebildet. Mit dieser zusätzlichen Zeile (erste Matrix) werden alle Spalten in gleicher Weise multipliziert, wodurch die Probezeile komplettiert wird. Ist die Spaltensumme der Produktmatrix gleich dem in der Probezeile berechneten (darunter stehender Wert), ist die Rechnung richtig, was durch einen Haken symbolisiert werden kann. Gibt es Differenzen, so müssen alle Elemente der Spalte (einschließlich Probewert) so lange nachgerechnet werden, bis die Differenz beseitigt ist.

Bei der Multiplikation von Matrizen mit dem Taschenrechner empfiehlt sich die Verwendung des Speichers, in dem die Skalarprodukte zusammenlaufen.

Beispiel 10.18

$$A = \begin{pmatrix} 3 & 1 & 2 & 6 \\ 0 & 1 & 4 & 2 \end{pmatrix} \quad B = \begin{pmatrix} 2 & 1 & 3 \\ 4 & 0 & 1 \\ 6 & 2 & -1 \\ -3 & 4 & 1 \end{pmatrix}$$

Quadrat				2	1	3
				4	0	1
				6	2	−1
				−3	4	1
3	1	2	6	4	31	14
0	1	4	2	22	16	−1
(3 + 0)	(1 + 1)	(2 + 4)	(6 + 2)	26	47	13

$$A \cdot B = \begin{pmatrix} 4 & 31 & 14 \\ 22 & 16 & -1 \end{pmatrix}$$

Bemerkung 10.4
Die hier genannte Probe wird als Spaltensummenprobe bezeichnet.
Durch das Anhängen einer zusätzlichen Spalte an die zweite Matrix ist auf ähnliche Weise eine Zeilenprobe zu realisieren.
Das Schema von Falk ist zur Durchführung der Multiplikation von mehreren Matrizen ebenfalls gut geeignet. Dabei ist auf die Reihenfolge der Faktoren zu achten und an ein bereits gebildetes Produkt der nächste Matrizenfaktor an das Schema anzuhängen.

Beispiel 10.19

$$A \cdot B \cdot C \cdot D$$

Es ist erforderlich dass A mit B, $A \cdot B$ mit C und $A \cdot B \cdot C$ mit D verkettet sind (vgl. Abb. 10.2)

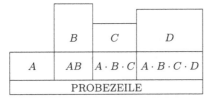

Abb. 10.2

10.6   Inversion von Matrizen und Austauschverfahren

Definition 10.14

Die Matrix A^{-1} ist die inverse Matrix oder Kehrmatrix zu der Matrix A, wenn gilt:

$$A \cdot A^{-1} = A^{-1} \cdot A = E$$

Aus der Definition einer inversen Matrix ergeben sich als Konsequenz für den Typ, dass nur quadratische Matrizen eine Inverse haben können.
Ist der Typ von $A_{(n,\ m)}$, so muss A^{-1} den Typ (m,p) haben (Verkettung bei der Multiplikation). Das ergibt eine Einheitsmatrix vom Typ

$$A_{(n,\ m)} \cdot A^{-1}_{(m,p)} = E_{(n,p)}$$

Da die Einheitsmatrix immer quadratisch ist, folgt $n = p$. Nach der Definition muss jedoch auch

$$A^{-1}_{(m,\ n)} \cdot A_{(n,\ m)} = E_{(m,m)}$$

die gleiche Einheitsmatrix ergeben. Daraus folgt, dass die Zeilenzahl der Ausgangsmatrix gleich ihrer Spaltenzahl ist.   ◆

Satz 10.1

Notwendige Bedingung für die Existenz einer inversen Matrix ist, dass die Ausgangsmatrix quadratisch ist. Nichtquadratische Matrizen besitzen keine inverse Matrix.
Diese Bedingung ist nicht hinreichend, denn es gibt auch quadratische Matrizen, die keine inverse Matrix besitzen.
Quadratische Matrizen, zu denen eine inverse Matrix existiert, heißen reguläre Matrizen. Quadratische Matrizen, zu denen keine inverse Matrix existiert, heißen singuläre Matrizen.
Nichtquadratische Matrizen sind weder regulär noch singulär.
Die praktische Berechnung der inversen Matrix kann durch das Austauschverfahren vorgenommen werden.

Prinzip: Vorgegeben ist die Matrizengleichung

$$A \cdot X = Y.$$

Die Gleichung wird, um sie nach X auflösen zu können, von links (Fehlen des Kommutativgesetzes bei der Multiplikation) mit A^{-1} multipliziert.

$$A^{-1} \cdot A \cdot X = A^{-1} \cdot Y$$
$$E \cdot X \qquad = A^{-1} \cdot Y$$

Die Einheitsmatrix als neutrales Element der Multiplikation

$$X = A^{-1} \cdot Y$$

Beispiel 10.20
Das Problem für $n = 3$ ausgeschrieben bedeutet:

$$X = \begin{pmatrix} x_1 \\ x_2 \\ x_3 \end{pmatrix} \quad A = \begin{pmatrix} a_{11} & a_{12} & a_{13} \\ a_{21} & a_{22} & a_{23} \\ a_{31} & a_{32} & a_{33} \end{pmatrix} \quad Y = \begin{pmatrix} y_1 \\ y_2 \\ y_3 \end{pmatrix}$$

$$
\begin{aligned}
a_{11} \cdot x_1 + a_{12} \cdot x_2 + a_{13} \cdot x_3 &= y_1 \\
a_{21} \cdot x_1 + a_{22} \cdot x_2 + a_{23} \cdot x_3 &= y_2 \\
a_{31} \cdot x_1 + a_{32} \cdot x_2 + a_{33} \cdot x_3 &= y_3
\end{aligned}
\Rightarrow
\begin{aligned}
x_1 &= b_{11} \cdot y_1 + b_{12} \cdot y_2 + b_{13} \cdot y_3 \\
x_2 &= b_{21} \cdot y_1 + b_{22} \cdot y_2 + b_{23} \cdot y_3 \\
x_3 &= b_{31} \cdot y_1 + b_{32} \cdot y_2 + b_{33} \cdot y_3
\end{aligned}
$$

Die Koeffizienten b_{ij} sind die Koeffizienten der gesuchten inversen Matrix.

$$A^{-1} = \begin{pmatrix} b_{11} & b_{12} & b_{13} \\ b_{21} & b_{22} & b_{23} \\ b_{31} & b_{32} & b_{33} \end{pmatrix}$$

In n Schritten müssen die x_i gegen die y_i ausgetauscht werden.
Erster Schritt für $n = 3$ Austausch von x_1 gegen y_1.

$$x_1 = \frac{1}{a_{11}} y_1 - \frac{a_{12}}{a_{11}} \cdot x_2 - \frac{a_{13}}{a_{11}} \cdot x_3 \qquad a_{11} \neq 0$$

$$y_2 = \frac{a_{21}}{a_{11}} y_1 + \left(a_{22} - a_{21} \cdot \frac{a_{12}}{a_{11}} \right) \cdot x_2 + \left(a_{23} - a_{21} \cdot \frac{a_{13}}{a_{11}} \right) \cdot x_3$$

$$y_3 = \frac{a_{31}}{a_{11}} y_1 + \left(a_{32} - a_{31} \cdot \frac{a_{12}}{a_{11}} \right) \cdot x_2 + \left(a_{33} - a_{31} \cdot \frac{a_{13}}{a_{11}} \right) \cdot x_3$$

In dem angegebenen Gleichungssystem haben x_1 und y_1 die Plätze getauscht.
Dieser Schritt in einem Schema, das die Schreibweise rationell gestaltet, zeigt
Abb. 10.3.

Hauptelement

		x_1	x_2	x_3
y_1	↓	a_{11}	a_{12}	a_{13} ← Hauptzeile
y_2		a_{21}	a_{22}	a_{23}
y_3		a_{31}	a_{32}	a_{33}

Hauptspalte

	y_1	x_2	x_3
x_1	$\dfrac{1}{a_{11}}$	$\dfrac{-a_{12}}{a_{11}}$	$\dfrac{-a_{13}}{a_{11}}$
→ y_2	$\dfrac{a_{21}}{a_{11}}$	$a_{22} - a_{21}\dfrac{a_{12}}{a_{11}}$	$a_{23} - a_{21}\dfrac{a_{13}}{a_{11}}$
y_3	$\dfrac{a_{31}}{a_{11}}$	$a_{32} - a_{31}\dfrac{a_{12}}{a_{11}}$	$a_{33} - a_{31}\dfrac{a_{13}}{a_{11}}$

Die Matrix wird mit ihren Elementen in ein Schema eingetragen (vgl. Abb. 10.3),
wobei eine Probespalte angehängt werden kann. Die Elemente der Probespalte
sind so festzulegen, dass die Gesamtsumme der Zeile 1 ergibt (Zeilensumme der
Einheitsmatrix). ∎

	x_1 x_2 ... x_n	σ
y_1		
y_2		
$\vdots$		
y_n		

Abb. 10.3

Beispiel 10.21

$$
\begin{array}{c|ccccccc|c}
\vdots & & & & & & & & \sigma \\
x_1 & 3 & -4 & 5 & 6 & 7 & 0 & -5 & -11 \\
\vdots & & & & & & & &
\end{array}
\quad \text{denn:} \quad 3 - 4 + 5 + 6 + 7 + 0 - 5 - 11 = 1
$$

Beim Austausch von x_i gegen y_i wird das Element a_{ij} Hauptelement, die i-te Zeile Hauptzeile und die j-te Spalte Hauptspalte genannt. ∎

Die Elemente werden nach folgenden Regeln in der festliegenden Reihenfolge umgerechnet:

1. Das Hauptelement geht in den Kehrwert über. (Er muss stets verschieden von null sein.)
2. Die Elemente der Hauptspalte werden durch das Hauptelement dividiert.
3. Die Elemente der Hauptzeile werden durch das Hauptelement dividiert und mit einem negativen Vorzeichen versehen.
4. Die übrigen Elemente werden nach der sogenannten Rechteckregel umgerechnet, wobei die Summe aus dem alten Element und dem Produkt aus dem entsprechenden Element der Hauptspalte mal dem entsprechenden Element der umgerechneten Hauptzeile gebildet wird.

Die Berechnung der Elemente in der Probespalte erfolgt nach den gleichen Regeln. Ist in der umgerechneten Tabelle die Zeilensumme gleich eins, so kann die Berechnung als richtig abgehakt werden. Differenzen zeigen einen Fehler an, der zu suchen ist, da weitere Berechnungen sinnlos sind.

Bemerkung 10.5

Prinzipiell kann mit dem Element auf der Hauptdiagonalen im Schema begonnen werden, von dem sich der Kehrwert am einfachsten bestimmen lässt. Das muss nicht das Element links oben sein!

Beispiel 10.22

$$A = \begin{pmatrix} 1 & 2 & -1 \\ 2 & 1 & 3 \\ -4 & 4 & -2 \end{pmatrix}$$

1. Schema mit Probespalte

	x_1	x_2	x_3	σ
y_1	1	2	-1	-1
y_2	2	1	3	-5
y_3	-4	4	-2	3
	$\boxed{1}$	-2	1	1

$$(1 + 2 - 1 - 1 = 1)$$
$$(2 + 1 + 3 - 5 = 1)$$
$$(-4 + 4 - 2 + 3 = 1)$$

1. Austauschschritt $(x_1 \leftrightarrow y_1)$

	y_1	x_2	x_3	σ
x_1	$\dfrac{1}{1}$	$\dfrac{-2}{1}$	$-\dfrac{-1}{1}$	$-\dfrac{-1}{1}$
y_2	$\dfrac{2}{1}$	$1 - 2 \cdot 2$	$3 + 1 \cdot 2$	$-5 + 1 \cdot 2$
y_3	$\dfrac{-4}{1}$	$4 + (-2)(-4)$	$-2 + 1 \cdot (-4)$	$3 + 1 \cdot (-4)$

	y_1	x_2	x_3	σ
x_1	1	-2	1	1
y_2	2	-3	5	-3
y_3	-4	12	-6	-1
	$\dfrac{-2}{3}$	2	1	$\dfrac{-1}{6}$

Bei der Umrechnung ist es ratsam, die umgerechnete Hauptzeile unter die Tabelle zu schreiben. Dabei steht unter der Hauptspalte grundsätzlich eine Eins (einmal altes Element).

2. Austausch $(x_3 \leftrightarrow y_3)$

	y_1	x_2	y_3	σ
x_1	$+\dfrac{1}{3}$	0	$-\dfrac{1}{6}$	$\dfrac{5}{6}$
y_2	$-\dfrac{4}{3}$	$\boxed{7}$	$-\dfrac{5}{6}$	$-\dfrac{23}{6}$
x_3	$-\dfrac{2}{3}$	2	$-\dfrac{1}{6}$	$-\dfrac{1}{6}$
	$\dfrac{4}{21}$	$\boxed{1}$	$\dfrac{5}{42}$	$\dfrac{23}{42}$

Das Hauptelement liegt im letzten Schritt fest.

3. Austausch $(x_2 \leftrightarrow y_2)$

	y_1	y_2	y_3	σ
x_1	$\dfrac{1}{3}$	0	$-\dfrac{1}{6}$	$\dfrac{5}{6}$
x_2	$\dfrac{4}{21}$	$\dfrac{1}{7}$	$\dfrac{5}{42}$	$\dfrac{23}{42}$
x_3	$-\dfrac{2}{7}$	$\dfrac{2}{7}$	$\dfrac{1}{14}$	$\dfrac{13}{14}$

$$
\boldsymbol{A}^{-1} = \begin{pmatrix} \dfrac{1}{3} & 0 & \dfrac{-1}{6} \\ \dfrac{4}{21} & \dfrac{1}{7} & \dfrac{5}{42} \\ \dfrac{-2}{7} & \dfrac{2}{7} & \dfrac{1}{14} \end{pmatrix} = \frac{1}{42} \cdot \begin{pmatrix} 14 & 0 & -7 \\ 8 & 6 & 5 \\ -12 & 12 & 3 \end{pmatrix}
$$

$$
\boldsymbol{A} \cdot \boldsymbol{A}^{-1} = \frac{1}{42} \cdot \begin{pmatrix} 1 & 2 & -1 \\ 2 & 1 & 3 \\ -4 & 4 & -2 \end{pmatrix} \cdot \begin{pmatrix} 14 & 0 & -7 \\ 8 & 6 & 5 \\ -12 & 12 & 3 \end{pmatrix} = \frac{1}{42} \cdot \begin{pmatrix} 42 & 0 & 0 \\ 0 & 42 & 0 \\ 0 & 0 & 42 \end{pmatrix}
$$

$$
\boldsymbol{A} \cdot \boldsymbol{A}^{-1} = \begin{pmatrix} 1 & 0 & 0 \\ 0 & 1 & 0 \\ 0 & 0 & 1 \end{pmatrix} = \boldsymbol{E}
$$

Singularität der Matrix zeigt sich bei der Durchführung des Austauschverfahrens, wenn alle möglichen Hauptelemente null werden, das Verfahren somit nicht weiterzuführen ist und abbricht.   ∎

Beispiel 10.23

$$A = \begin{pmatrix} 4 & 8 & -6 \\ 2 & 1 & 6 \\ 6 & 12 & -9 \end{pmatrix}$$

	x_1	x_2	x_3	σ
y_1	4	8	-6	-5
y_2	2	$\boxed{1}$	6	-8
y_3	6	12	-9	-8
	-2	$\boxed{1}$	-6	8

	x_1	y_2	x_3	σ
y_1	$\boxed{-12}$	8	-54	59
x_2	-2	1	-6	8
y_3	-18	12	-81	88
	$\boxed{1}$	$\dfrac{2}{3}$	$\dfrac{-9}{2}$	$\dfrac{59}{12}$

	y_1	y_2	x_3	σ
x_1	$\dfrac{-1}{12}$	$\dfrac{2}{3}$	$\dfrac{-9}{2}$	$\dfrac{59}{12}$
x_2	$\dfrac{1}{6}$	$\dfrac{-1}{3}$	3	$\dfrac{-11}{6}$
y_2	$\dfrac{3}{2}$	0	0	$\dfrac{-1}{2}$

↑
Die Fortsetzung
des Austausches
ist nicht möglich.

Die praktische Durchführung der Inversion erfolgt für mittelgroße und große Matrizen aufgrund des hohen Rechenaufwands mit Computern, wozu es leistungsfähige Programme gibt.

Für die inverse Matrix gelten folgende Gesetzmäßigkeiten:

1. $(A \cdot B)^{-1} = B^{-1} \cdot A^{-1}$
2. $(A^T)^{-1} = (A^{-1})^T$ ∎

10.7 Matrizengleichungen

Matrizengleichungen sind Gleichungen, die eine oder mehrere unbekannte Matrizen enthalten. Da jede Zeile einer Zahlengleichung entspricht, steht eine Matrizengleichung für m Zahlengleichungen (m Anzahl der Zeilen in der unbekannten Matrix).

Bei einer unbekannten Matrix vom Typ (m, n) sind mn Variablen zu bestimmen. Der rechentechnische Aufwand bei der Lösung von Matrizengleichungen ist im Allgemeinen sehr hoch. Die Lösung von Matrizengleichungen unterscheidet sich in wesentlichen Punkten von der Lösung einer Zahlengleichung, da sich das Rechnen mit Matrizen vom Rechnen mit reellen Zahlen unterscheidet. Unterschiede ergeben sich insbesondere daraus, dass

- an die Durchführung der Operationen mit Matrizen spezielle Forderungen gebunden sind (gleicher Typ, Verkettung),
- keine Matrizendivision definiert werden kann,
- die Matrizenmultiplikation nicht kommutativ ist.

1. *Typ der Matrizengleichung*

Charakteristik: Die zu bestimmende Matrix tritt nicht als Faktor mit anderen Matrizen auf und hat höchstens einen reellen Zahlenfaktor.

Beispiel 10.24

$$\text{Für} \quad A = \begin{pmatrix} 2 & -2 & 3 \\ 1 & 4 & 6 \\ 0 & -6 & 4 \end{pmatrix} \quad B = \begin{pmatrix} 1 & 0 & 0 \\ 0 & 2 & 3 \\ 0 & 4 & -1 \end{pmatrix} \quad C = \begin{pmatrix} 3 & 2 & 1 \\ -2 & 4 & 6 \\ 1 & 0 & -1 \end{pmatrix}$$

ist X aus der Gleichung zu bestimmen.

$$k_1 = 1 \quad k_2 = -2 \quad k_3 = 2$$
$$k_1 \cdot X + A - B = k_2 \cdot X + k_3 \cdot C - X$$

Ordnen der Gleichung:
$$k_1 \cdot X - k_2 \cdot X + X = k_3 \cdot C - A + B$$
$$X \cdot (k_1 - k_2 + 1) = k_3 \cdot C - A + B$$
$$X = \frac{k_3 \cdot C - A + B}{k_1 - k_2 + 1}$$

Hier wird bei der Auflösung nach X mit einem Zahlenfaktor dividiert!

$$X = \frac{1}{4} \cdot \begin{pmatrix} 5 & 6 & -1 \\ -5 & 6 & 9 \\ 2 & 10 & -7 \end{pmatrix}$$

∎

2. *Typ der Matrizengleichung*

Charakteristik: Die zu bestimmende Matrix tritt in der Matrizengleichung nur als Rechts- oder nur als Linksfaktor auf. In diesem Fall sei vorausgesetzt, dass in den Matrizengleichungen nur quadratische reguläre Matrizen auftreten.

Beispiel 10.25

1.

$$X \cdot A = B \qquad |(A^{-1})$$
$$X \cdot A \cdot A^{-1} = B \cdot A^{-1}$$
$$X \cdot E = B \cdot A^{-1}$$
$$X = B \cdot A^{-1}$$

2.

$$A^{-1}| \qquad A \cdot X = B$$
$$A^{-1} \cdot A \cdot X = A^{-1} \cdot B$$
$$E \cdot X = A^{-1} \cdot B$$
$$X = A^{-1} \cdot B$$

3.

$$3 \cdot A \cdot X + 3 \cdot X = A$$
$$(3 \cdot A + 3 \cdot E) \cdot X = A$$

Dabei ist zu beachten, dass die Einheitsmatrix das neutrale Element bei der Matrizenmultiplikation ist.

$$(A + E)^{-1}| \qquad 3 \cdot (A + E) \cdot X = A$$
$$3 \cdot (A + E)^{-1} \cdot (A + E) \cdot X = (A + E)^{-1} \cdot A$$
$$3 \cdot E \cdot X = (A + E)^{-1} \cdot A$$
$$3 \cdot X = (A + E)^{-1} \cdot A$$
$$X = \frac{1}{3} \cdot (A + E)^{-1} \cdot A$$

Für

$$A = \begin{pmatrix} 0 & 2 & -1 \\ 2 & 0 & 3 \\ -4 & 4 & -3 \end{pmatrix} \quad \text{ist} \quad (A + E) = \begin{pmatrix} 1 & 2 & -1 \\ 2 & 1 & 3 \\ -4 & 4 & -2 \end{pmatrix}$$

und nach dem Beispiel im vorigen Abschnitt:

$$(A + E)^{-1} = \begin{pmatrix} \dfrac{1}{3} & 0 & \dfrac{-1}{6} \\[2mm] \dfrac{4}{21} & \dfrac{1}{7} & \dfrac{5}{42} \\[2mm] \dfrac{-2}{7} & \dfrac{2}{7} & \dfrac{1}{14} \end{pmatrix}$$

$$X = \dfrac{1}{3} \cdot \begin{pmatrix} \dfrac{1}{3} & 0 & \dfrac{-1}{6} \\[2mm] \dfrac{4}{21} & \dfrac{1}{7} & \dfrac{5}{42} \\[2mm] \dfrac{-2}{7} & \dfrac{2}{7} & \dfrac{1}{14} \end{pmatrix} \cdot \begin{pmatrix} 0 & 2 & -1 \\ 2 & 0 & 3 \\ -4 & 4 & -3 \end{pmatrix} = \begin{pmatrix} \dfrac{2}{9} & 0 & \dfrac{1}{18} \\[2mm] \dfrac{-4}{63} & \dfrac{2}{7} & \dfrac{-5}{126} \\[2mm] \dfrac{2}{21} & \dfrac{-2}{21} & \dfrac{13}{42} \end{pmatrix}$$

■

10.8 Beispiele für Anwendungen der Matrizenrechnung

10.8.1 Beispiele für Anwendungen der Matrizenrechnung in der Wirtschaft

Es gibt verschiedene Möglichkeiten, um umfangreiche und unübersichtliche Probleme durch Matrizen rationell zu lösen. Neben verschiedenen technischen Problemen trifft das ebenso auf ökonomische Problemstellungen zu.

1. *Materialverflechtungen*
   Oft ist nur der Materialverbrauch in der einzelnen Produktionsstufe bekannt. Sind mehrere Produktionsstufen bis zur Herstellung des Endproduktes erforderlich, so ist die Frage, wie viel Rohstoffe in das Endprodukt eingehen, zwar sehr wichtig, aber oft kaum abzuschätzen. Durch die Multiplikation der Verbrauchsmatrizen, die den Verbrauch in den einzelnen Stufen angeben, lässt sich die Frage nach dem Rohstoffverbrauch je Einheit sicher beantworten. Dabei wirkt sich die Zahl der Produktionsstufen, die Zahl der Rohstoffe, die Zahl der Zwischenprodukte und die Zahl der Endprodukte zwar auf den Rechenaufwand aus, hat jedoch keinen Einfluss auf die prinzipielle Lösung des Problems.

Beispiel 10.26
Drei Produkte P_1, P_2, P_3 werden aus 4 Rohstoffen R_1, R_2, R_3, R_4 über zwei Produktionsstufen hergestellt. In der ersten Produktionsstufe werden die zwei Zwischenprodukte Z_{11}, Z_{12} aus den Rohstoffen und in der zweiten die 3 Zwischenprodukte Z_{21}, Z_{22}, Z_{23} aus den Zwischenprodukten der ersten Stufe hergestellt. Der

Materialverbrauch wird durch ein Materialflussbild dargestellt. Welche Rohstoffe sind erforderlich, um vom Endprodukt P_1 10 Stück, von P_2 5 Stück und von P_3 12 Stück herzustellen? Gleichzeitig sollen als Ersatzteile 2 Stück Z_{11} und 5 Stück Z_{12} sowie 5 Stück Z_{21}, 5 Stück Z_{22} und 3 Stück Z_{23} hergestellt werden. Wie hoch ist der gesamte Bedarf an R_1 und R_2 (vgl. Abb. 10.4)?

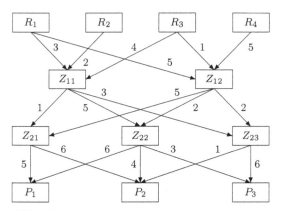

Abb. 10.4

Die Matrix $M_{(R,Z_1)}$ gibt den Rohstoffverbrauch zur Herstellung der Zwischenprodukte der 1. Stufe an (Typ beachten).

$$M_{(R,\,Z_1)} = \begin{pmatrix} 3 & 5 \\ 2 & 0 \\ 4 & 1 \\ 0 & 5 \end{pmatrix}$$

Desgleichen gibt $M_{(Z_1,\,Z_2)}$ den Verbrauch der Zwischenprodukte der ersten Stufe zur Herstellung der Zwischenprodukte der zweiten Stufe an.

$$M_{(Z_1,\,Z_2)} = \begin{pmatrix} 1 & 5 & 3 \\ 5 & 2 & 2 \end{pmatrix}$$

Der Bedarf an Zwischenprodukten zur Herstellung der Endprodukte:

$$M_{(Z_2,\,P)} = \begin{pmatrix} 5 & 6 & 0 \\ 6 & 4 & 3 \\ 0 & 1 & 6 \end{pmatrix}$$

Das Produkt von $M_{(R,Z_1)}$ und $M_{(Z_1,Z_2)}$ gibt den Bedarf an Rohstoffen für die Zwischenprodukte der zweiten Stufe an (Verkettung durch die Zahl der Zwischenprodukte erster Stufe).

$$M_{(R,\,Z_2)} = \begin{pmatrix} 3 & 5 \\ 2 & 0 \\ 4 & 1 \\ 0 & 5 \end{pmatrix} \cdot \begin{pmatrix} 1 & 5 & 3 \\ 5 & 2 & 2 \end{pmatrix} = \begin{pmatrix} 28 & 25 & 19 \\ 2 & 10 & 6 \\ 9 & 22 & 14 \\ 25 & 10 & 10 \end{pmatrix}$$

Das Produkt von $M_{(R,Z_2)}$ und $M_{(Z_2,P)}$ gibt letztlich Auskunft, welche Rohstoffmengen in die Endprodukte eingehen.

$$M_{(R,\,E)} = M_{(R,\,Z_2)} \cdot M_{(Z_2,\,P)} = \begin{pmatrix} 290 & 287 & 189 \\ 70 & 58 & 66 \\ 177 & 156 & 150 \\ 185 & 200 & 90 \end{pmatrix}$$

Für ein Stück P_2 werden beispielsweise benötigt: 287 von R_1, 58 von R_2, 156 von R_3 und 200 von R_4.

Somit wird zur Herstellung der Endprodukte gebraucht:

$$M_{(R,\,E)} \cdot \begin{pmatrix} 10 \\ 5 \\ 12 \end{pmatrix} = \begin{pmatrix} 6603 \\ 1782 \\ 4350 \\ 3930 \end{pmatrix}$$

Für die Herstellung der geforderten Zwischenprodukte der zweiten Stufe:

$$M_{(R,\,Z_2)} \cdot \begin{pmatrix} 5 \\ 5 \\ 3 \end{pmatrix} = \begin{pmatrix} 322 \\ 78 \\ 197 \\ 205 \end{pmatrix}$$

Für die Herstellung der geforderten Zwischenprodukte der ersten Stufe:

$$M_{(R,\,Z_1)} \cdot \begin{pmatrix} 2 \\ 5 \end{pmatrix} = \begin{pmatrix} 31 \\ 4 \\ 13 \\ 25 \end{pmatrix}$$

Der Gesamtbedarf an Rohstoffen beträgt somit:

$$\begin{pmatrix} 6603 \\ 1782 \\ 4350 \\ 3930 \end{pmatrix} + \begin{pmatrix} 322 \\ 78 \\ 197 \\ 205 \end{pmatrix} + \begin{pmatrix} 31 \\ 4 \\ 13 \\ 25 \end{pmatrix} = \begin{pmatrix} 6956 \\ 1864 \\ 4560 \\ 4160 \end{pmatrix}$$

Die Rohstoffe müssen in folgenden Mengen bestellt werden:
von R_1 6956, von R_2 1864, von R_3 4560 und von R_4 4160 Mengeneinheiten. ■

2. Betriebswirtschaftliche Verflechtungen

Zur Herstellung gewisser Erzeugnisse müssen n Betriebe Lieferbeziehungen unterhalten. Diese lassen sich nach den entsprechenden Rechnungen für einen vergangenen Zeitabschnitt in einer Tabelle zusammenfassen:

Lieferung von/nach	Betrieb 1, 2, ... n	Lieferungen außerhalb der Verflechtung
Betrieb 1	$x_{11}\ x_{12} \ldots x_{1n}$	y_1
2	$x_{21}\ x_{22} \ldots x_{2n}$	y_2
.	. . . . . .	.
.	. . . . . .	.
.	. . . . . .	.
n	$x_{n1}\ x_{n2} \ldots x_{nn}$	y_n

x_{ij} Lieferung des i-ten an den j-ten Betrieb

Für die Gesamtproduktion des Betriebs i ergibt sich:

$$x_i = x_{i1} + x_{i2} + \ldots + x_{in} + y_i$$

Für alle Betriebe wird ein aus der Betriebswirtschaft entnommener linearer Ansatz

$$x_{ij} = m_{ij} \cdot x_j$$

gewählt, um die Verflechtung auszudrücken. Demnach bestimmt die Lieferung des i-ten an den j-ten Betrieb die Gesamtproduktion des j-ten Betriebs.

$$m_{ij} = \frac{x_{ij}}{x_j}$$

Der Proportionalitätsfaktor m_{ij} wird Verflechtungskoeffizient genannt. Demzufolge ergibt sich für den i-ten Betrieb

$$m_{i1} \cdot x_1 + m_{i2} \cdot x_2 + \cdots + m_{in} \cdot x_n + y_i = x_i$$

und für alle Betriebe

$$M \cdot x + y = x$$

x Vektor der Gesamtproduktion, y Vektor der Erzeugnisse, die die Verflechtung verlassen, M Matrix der Verflechtungskoeffizienten.

Um die Gesamtproduktion berechnen zu können, ist die Gleichung nach x umzustellen.

$$x - M \cdot x = y$$
$$(E - M) \cdot x = y$$
$$x = (E - M)^{-1} \cdot y$$

Beispiel 10.27

Die Verflechtung im zurückliegenden Jahr gibt die Tabelle an.

von/nach	1	2	3	Lieferung auf den Markt
1	50	10	25	15
2	25	100	50	25
3	25	50	100	75

Das ergibt die Gesamtproduktion im vergangenen Jahr

$$\begin{pmatrix} 100 \\ 200 \\ 250 \end{pmatrix}$$

Welche Gesamtproduktion ist erforderlich, wenn einmal die Lieferverträge zu den anderen Betrieben eingehalten werden sollen und zum anderen von Betrieb 1: 20, von Betrieb 2: 100 und von Betrieb 3: 10 Erzeugnisse auf den Markt gebracht werden können?

$$M = \begin{pmatrix} \dfrac{50}{100} & \dfrac{10}{200} & \dfrac{25}{250} \\[2mm] \dfrac{25}{100} & \dfrac{100}{200} & \dfrac{50}{250} \\[2mm] \dfrac{25}{100} & \dfrac{50}{200} & \dfrac{100}{250} \end{pmatrix}$$

(Division der Spalten durch die Zeilensumme nach Ansatz)

neue Gesamtproduktion:

$$
X = \left[\begin{pmatrix} 1 & 0 & 0 \\ 0 & 1 & 0 \\ 0 & 0 & 1 \end{pmatrix} - \begin{pmatrix} \dfrac{1}{2} & \dfrac{1}{20} & \dfrac{1}{10} \\ \dfrac{1}{4} & \dfrac{1}{2} & \dfrac{1}{5} \\ \dfrac{1}{4} & \dfrac{1}{4} & \dfrac{2}{5} \end{pmatrix} \right]^{-1} \cdot \begin{pmatrix} 20 \\ 100 \\ 10 \end{pmatrix}
$$

$$
= \begin{pmatrix} \dfrac{1}{2} & \dfrac{-1}{20} & \dfrac{-1}{10} \\ \dfrac{-1}{4} & \dfrac{1}{2} & \dfrac{-1}{5} \\ \dfrac{-1}{4} & \dfrac{-1}{4} & \dfrac{3}{5} \end{pmatrix}^{-1} \cdot \begin{pmatrix} 20 \\ 100 \\ 10 \end{pmatrix}
$$

$$
x = \frac{2}{77} \cdot \begin{pmatrix} 100 & 22 & 24 \\ 80 & 110 & 50 \\ 75 & 55 & 95 \end{pmatrix} \cdot \begin{pmatrix} 20 \\ 100 \\ 10 \end{pmatrix} = \begin{pmatrix} 115{,}3 \\ 340{,}3 \\ 206{,}5 \end{pmatrix}
$$

Betrieb 1 ändert seine Produktion von 100 auf 116 ($+16\,\%$).
Betrieb 2 ändert seine Produktion von 200 auf 341 ($+71\,\%$).
Betrieb 3 ändert seine Produktion von 250 auf 207 ($-17\,\%$). ∎

10.8.2 Lineare Optimierung

Oft ist es erforderlich, nicht nur eine Lösung eines praktischen Problems zu finden, sondern es muss die Lösung sein, die unter einer bestimmten vorgegebenen Bedingung das Ziel optimal erreichen lässt. Dabei ist die Zahl der möglichen Lösungen oft sehr groß, sodass es selbst beim Vorliegen von Erfahrungswerten schwer ist, die beste Lösung herauszufinden. Möglich soll eine Lösung dann genannt werden, wenn keine einschränkenden Bedingungen verletzt werden.

Beispiel 10.28
Zur Realisierung des Transports einer Ware, die in 10 Lagern liegt, an 10 Verbraucher gibt es $10! = 3\,628\,800$ Möglichkeiten. Würden alle diese Möglichkeiten geprüft und würde zur Berechnung des Transportaufwands nur 1 Minute gebraucht, so bedürfte es einer Zeit von mehr als 6 Jahren, um durch reines Probieren die günstigste Variante herauszufinden. ∎

Eine Methode, die solche Entscheidungen erleichtert, ist die Methode der linearen Optimierung, die unter Einhaltung der gegebenen Bedingungen die optimale Entscheidung für ein vorgegebenes Problem liefert.
Zunächst setzt die Anwendung der linearen Optimierung voraus, dass das Optimierungsziel eindeutig und bis zum Ende der Lösung unverändert feststeht. So kann es durchaus zwei verschiedene Lösungen ergeben, wenn einmal nach höchs-

tem Gewinn und zum anderen nach höchstmöglicher Produktionsmenge gefragt ist. Die sich ergebende Lösung ist immer nur unter einem bestimmten vorgegebenen Gesichtspunkt optimal.

Einige Probleme, bei denen die Anwendung der linearen Optimierung die optimale Entscheidung hervorbringt:

1. *Produktionsoptimierungen*
   (Beispielsweise geringster Einsatz, maximaler Gewinn, maximale Erfüllung der Absatzmöglichkeiten usw.)
2. *Transportoptimierungen*
   (Die Summe aller Lieferkosten zwischen mehreren Lieferern und Verbrauchern soll minimal sein.)
3. *Standortoptimierungen*
   (Wo soll eine neue Verarbeitungsstätte, eine neue Maschine aufgestellt werden, sodass die Kosten beim Hin- und Abtransport des Materials und der Erzeugnisse möglichst gering sind?)
4. *Mischungsberechnungen*
   (Eine gewisse Substanz (Viehfutter, Farbe usw.) muss gewisse Eigenschaften besitzen, die durch Mischen aus vorgegebenen Grundstoffen mit den geringsten Kosten erreicht werden sollen.)

Erklärung der Methode (lineare Optimierung)

Die lineare Optimierung bestimmt durch mathematische Methoden das Maximum oder das Minimum von linearen Funktionen, an deren Variablen gewisse Bedingungen gestellt sind.

Das verbal gegebene Problem muss vor der Lösung in ein mathematisches Modell gekleidet werden. Dazu sind drei Aufgaben zu lösen:

① Fixierung des Zieles, das durch die lineare Optimierung erreicht werden soll.
   Bezeichnung: Zielfunktion
② Formulierung aller Bedingungen, durch welche die Erreichung des Zieles beeinflusst wird.
   Bezeichnung: einschränkende Bedingungen (Nebenbedingungen)
③ Die Variablen, durch die neben Konstanten der Wert der Zielfunktion festgelegt wird, werden als Entscheidungsvariablen bezeichnet. Sie dürfen keine negativen Werte annehmen.
   Bezeichnung: Nichtnegativitätsbedingungen

Mit der Erarbeitung der 3 angegebenen Punkte ist aus dem verbal formulierten Problem das spezielle mathematische Modell entstanden, welches Grundlage der Lösung ist.

Beispiel 10.29

1. Die Herstellung von zwei Erzeugnissen sei nur durch die angegebenen Bedingungen begrenzt, wobei eine solche Variante zu ermitteln ist, dass der Gewinn maximal wird.
Für ein Erzeugnis von E_1 werden 35 EURO Gewinn und für ein Erzeugnis E_2 28 EURO erzielt.

– Zur Herstellung von einem Erzeugnis E_1 werden 2 kg eines Rohstoffs benötigt und für ein Erzeugnis E_2 3 kg des Rohstoffs, der in einer Menge von 480 kg vorhanden ist.

– Ein Erzeugnis von E_1 bedarf zur Herstellung 3 und ein Erzeugnis von E_2 bedarf zur Herstellung 10 Halbfabrikate, von denen 1500 Stück vorhanden sind. E_1 wird in 3 und E_2 in 1 Stunde montiert, wobei eine Arbeitszeit von 300 Stunden insgesamt nicht überschritten werden kann.

– Auf einer Maschine, die ausschließlich für E_1 benötigt wird, können maximal 80 Stück von E_1 montiert werden.

Modellbildung:
Gesucht ist die herzustellende Stückzahl an $E_1(x_1)$ und $E_2(x_2)$, die einen maximalen Gewinn verspricht.

①. $$z = f(x_1, x_2)$$
$$z = 35x_1 + 28x_2 \Rightarrow \quad \text{max}$$

Die einschränkenden Bedingungen ergeben sich aus beschränkt vorhandenen Rohstoffen, Halbfabrikaten, Arbeitszeit und Maschinenkapazitäten.

②. Rohstoffe:

$$2x_1 + 3x_2 \leqq 480$$

Halbfabrikate:

$$3x_1 + 10x_2 \leqq 1500$$

Arbeitskräfte:

$$3x_1 + x_2 \leqq 300$$

Maschinenkapazität:

$$x_1 \leqq 80$$

③. $x_1 \geqq 0 \qquad x_2 \geqq 0$

Das mathematische Modell ohne Erläuterungen:

① $z = 35x_1 + 28x_2 \Rightarrow$ max

② $$2x_1 + 3x_2 \leqq 480$$
$$3x_1 + 10x_2 \leqq 1500$$
$$3x_1 + x_2 \leqq 300$$
$$x_1 \leqq 80$$

③ $x_1 \geqq 0 \quad x_2 \geqq 0$

2. Aus zwei Futtermitteln soll das billigste Mischfutter hergestellt werden, ohne dass vorgegebene Nährstoffwerte unterschritten werden. Das erste Futtermittel kostet 4 EURO, hat 4 Mengeneinheiten des Nährstoffs A, 8 Mengeneinheiten des Nährstoffs B, 6 Mengeneinheiten des Nährstoffs C und 5 Mengeneinheiten des Nährstoffs D. Das zweite Futtermittel kostet 3 EURO, hat 15 Mengeneinheiten des Nährstoffs A, 4 des Nährstoffs B, 12 des Nährstoffs C und keinen Anteil am Nährstoff D. Nährstoff A muss mit 60 Mengeneinheiten, B mit 48, C mit 72 und D mit 10 enthalten sein. In welchem Verhältnis sind die Futtermittel zu mischen? Gesucht ist die Menge des ersten Futtermittels (x_1) und die Menge des zweiten Futtermittels (x_2), aus denen sich das Mischungsverhältnis berechnen lässt, das das billigstes Futter ergibt.

① $z = 4x_1 + 3x_2 \Rightarrow$ min (Gesamtkosten minimal)

② $$4x_1 + 15x_2 \geqq 60$$
$$8x_1 + 4x_2 \geqq 48$$
$$6x_1 + 12x_2 \geqq 72$$
$$5x_1 \geqq 10$$

③ $x_1 \geqq 0 \quad x_2 \geqq 0$ ■

Bei der Aufstellung des speziellen mathematischen Modells aus dem verbal formulierten Problem sind grundsätzlich folgende Überlegungen erforderlich:

1. Welche Größe soll minimal oder maximal werden?
   Zielfunktion z
2. Von welchen Größen hängt der Wert der Zielfunktion ab?
   (Entscheidungsvariable $(x_1, x_2, \ldots, x_n)$)
3. Zusammen mit den Konstanten der Zielfunktion (meist Preise) wird die Zielfunktion aufgestellt.

①

4. Welchen Bedingungen unterliegen die Entscheidungsvariablen?
Nebenbedingungen oder Restriktionen

②

5. Aufstellen der einschränkenden Bedingungen

③

6. Formulierung der Nichtnegativitätsbedingungen

Der sogenannte Normalfall der linearen Optimierung kann getrennt für die Maximum- und für die Minimumaufgabe in folgendem allgemeinem Modell durch Matrizen dargestellt werden.

$x = (x_1 \ x_2 \ \ldots \ x_n)$ Vektor der Entscheidungsvariable

$c = (c_1 \ c_2 \ \ldots \ c_n)$ Vektor der Zielfunktionskonstanten

$$A = \begin{pmatrix} a_{11} & \ldots & a_{1n} \\ \vdots & \ldots & \vdots \\ \vdots & \ldots & \vdots \\ \vdots & \ldots & \vdots \\ a_{m1} & \ldots & a_{mn} \end{pmatrix}$$

Matrix der Koeffizienten aus den Nebenbedingungen

$b = (b_1 \ b_2 \ \ldots \ b_m)$ Absolutglieder der Nebenbedingungen

Maximumaufgabe	Minimumaufgabe
① $\quad z = c \cdot x^T \Rightarrow \quad \max$	① $\quad z = c \cdot x^T \Rightarrow \quad \min$
② $\quad A \cdot x^T \leqq b^T$	② $\quad A \cdot x^T \geqq b^T$
③ $\quad x^T \geqq o$	③ $\quad x^T \geqq o$

Grafische Lösung

Die Anwendung des grafischen Lösungsverfahrens beschränkt sich auf den Fall, dass nur zwei Entscheidungsvariablen im Modell vorkommen.

Dazu werden die Ungleichungen der einschränkenden Bedingungen grafisch dargestellt. Die Durchschnittsmenge ist der gesuchte Lösungsbereich (zulässiger Bereich). Dabei gibt es zwei Möglichkeiten für die Durchschnittsmenge:

1. Der zulässige Bereich ist eine leere Menge, weil sich mindestens zwei einschränkende Bedingungen widersprechen. Folglich hat die Optimierung keine Lösung.

2. Der zulässige Bereich gibt eine echte Untermenge im ersten Quadranten des x_1, x_2-Koordinatensystems an, wobei diese Untermenge bei Maximumaufgaben nach oben (Höchstforderungen) und bei Minimumaufgaben nach unten (Mindestforderung) begrenzt ist.

Im 2. Fall gilt es, mithilfe der Zielfunktion den optimalen Punkt zu finden, der einen optimalen Wert der Zielfunktion sichert.

Dazu wird $z = 0$ gesetzt (Nullprogramm) und diese Gerade bei der Maximumaufgabe so weit wie möglich (in Abhängigkeit vom zulässigen Bereich) parallel verschoben und bei der Minimumaufgabe so weit wie erforderlich in den zulässigen Bereich parallel verschoben.

Dabei gibt es zwei unterschiedliche Lösungsmöglichkeiten:

1. Endet die Verschiebung in einem Punkt des zulässigen Bereichs, so ist das Problem eindeutig lösbar.

2. Endet die Verschiebung in einer parallel zu $z = 0$ liegenden Geraden, so gibt es unendlich viele optimale Lösungen für das angegebene Problem.

Aus den Nichtnegativitätsbedingungen ergibt sich, dass nur der I. Quadrant des x_1, x_2-Koordinatensystems zum zulässigen Bereich gehört.

Beispiel 10.30
1. Maximumaufgabe (vgl. Abb. 10.5)

  ① $\quad z = 35x_1 + 28x_2 \Rightarrow \quad$ max

  ② $\quad 2x_1 + 3x_2 \leqq 480$

  $\qquad 3x_1 + 10x_2 \leqq 1500$

  $\qquad 3x_1 + x_2 \leqq 300$

  $\qquad x_1 \leqq 80$

  ③ $\quad x_1 \geqq 0 \qquad\qquad\qquad x_2 \geqq 0$

  $\qquad x_1 = 60 \qquad\qquad\qquad x_2 = 120$

Somit sind 60 von E_1 und 120 von E_2 herzustellen, was einen Maximalgewinn von

$$z = 60 \cdot 35 + 28 \cdot 120 = 5460$$

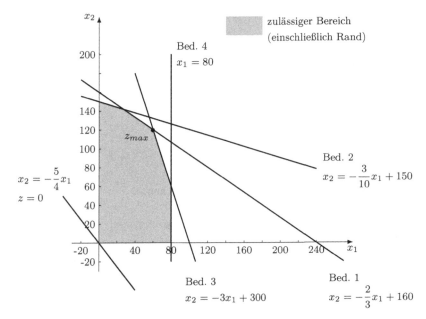

Abb. 10.5

5460 EURO bringt.

Die Rohstoffe werden dabei zu 100 % verbraucht:

$$2 \cdot 60 + 3 \cdot 120 = 480$$

Die Halbfabrikate werden dabei zu 92 % verbraucht:

$$180 + 1200 = 1380 < 1500$$

Die Arbeitszeit wird dabei zu 100 % ausgenutzt:

$$3 \cdot 60 + 120 = 300$$

Die Kapazität der Maschine wird zu 75 % ausgelastet:

$$60 < 80$$

2. Minimumaufgabe (vgl. Abb. 10.6)

① $\quad z = 4x_1 + 3x_2 \Rightarrow \quad \min$

② $\quad 4x_1 + 15x_2 \geqq 60$

$\qquad 8x_1 + 4x_2 \geqq 48$

$\qquad 6x_1 + 12x_2 \geqq 72$

$\qquad 5x_1 \geqq 10$

③ $\quad x_1 \geqq 0 \qquad\qquad\qquad x_2 \geqq 0$

$\qquad x_1 = 4 \qquad\qquad\qquad x_2 = 4$

Die Futtermittel sind im Verhältnis 1 : 1 zu mischen.

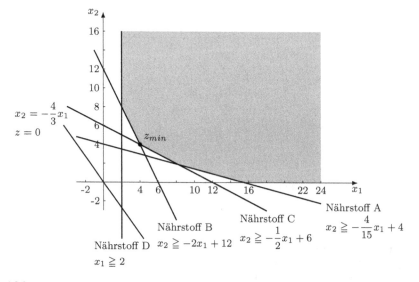

Abb. 10.6

Das ergibt Kosten je Mengeneinheit Mischfutter von 28 EURO.

$$z = 4 \cdot 4 + 3 \cdot 4$$

Nährstoff A ist mit 76 zu 60 geforderten Einheiten, B mit 48 zu 48, C mit 72 zu 72 und D mit 20 zu 10 in ausreichender Menge vorhanden.

Wenn auch die Anwendung des grafischen Verfahrens durch die Beschränkung auf zwei Entscheidungsvariablen oft nicht möglich ist, so vermittelt dieses Lösungsverfahren ein anschauliches Bild über die Methode, indem solche Begriffe wie zulässiger Bereich und Zielfunktion veranschaulicht werden.

■

Simplexalgorithmus

Der Simplexalgorithmus ist ein universelles Lösungsverfahren für Aufgaben der linearen Optimierung, wobei der im Modell angegebene Normalfall vorausgesetzt wird. Zunächst wird die Anwendung auch nur auf die Lösung der Maximumaufgabe bezogen. Durch die Formulierung des dualen Problems lässt sich jedoch auch die Minimumaufgabe lösen.

$$z_{\min} \leftrightarrow (-z)_{\max}$$

Insbesondere fällt die Beschränkung auf nur zwei Entscheidungsvariablen beim Simplexalgorithmus weg.

Durch die Einführung von sogenannten *Schlupfvariablen* $(y_1, y_2, \ldots, y_m)$ in die Nebenbedingungen werden die Ungleichungen als Gleichungen geschrieben. Es entsteht die Normalform.

Beispielsweise ist y_i ein Wert, der die vorgegebene i-te Kapazität belastet ($y_j \geqq 0$ steht auf der Seite der benötigten Kapazität), aber mit dem Koeffizienten Null in der Zielfunktion steht, also keinen Beitrag zur Verbesserung von z leistet. Es müssen so viele Schlupfvariablen eingeführt werden, wie einschränkende Bedingungen (ohne Nichtnegativitätsbedingungen) in ② stehen.

① $\quad z = 35x_1 + 28x_2 + 0y_1 + 0y_2 + 0y_3 + 0y_4$

② $\quad 2x_1 + 3x_2 + y_1 = 480$

$\quad\quad 3x_1 + 10x_2 + y_2 = 1500$

$\quad\quad 3x_1 + x_2 + y_3 = 300$

$\quad\quad x_1 + y_4 = 80$

③ $\quad x_1 \geqq 0, \quad x_2 \geqq> 0, \quad y_1 \geqq 0, \quad y_2 \geqq 0, \quad y_3 \geqq 0, \quad y_4 \geqq 0$

Es werden folgende Begriffe beim Lösungsverfahren genutzt:

1. Eine zulässige Lösung erfüllt alle einschränkenden Bedingungen.

Beispiel 10.31
Die Komponenten der Lösung $(x_1, x_2, y_1, y_2, y_3, y_4)$ müssen alle Bedingungen in ② und ③ erfüllen. ∎

2. Eine Basislösung ist eine zulässige Lösung, in der höchstens so viele Werte von null verschieden sind, wie einschränkende Bedingungen in dem Modell stehen (unabhängig und ohne Nichtnegativitätsbedingungen).

Beispiel 10.32

$(0, \quad 0, \quad 480, \quad 1500, \quad 300, \quad 80)$

$x_1 \quad x_2 \quad y_1 \quad \quad y_2 \quad \quad y_3 \quad \quad y_4$

■

3. Variable, die in der Basislösung null sind, werden als Nichtbasisvariablen und die ungleich null als Basisvariablen bezeichnet. Die Basisvariablen bilden die Basis der Lösungen.

Beispiel 10.33

Mit $x_1 = 0$, $x_2 = 0$ sind die Nichtbasisvariablen festgelegt. Die Basis der Lösung bilden die Schlupfvariablen.

$y_1, \quad y_2, \quad y_3, \quad y_4$

■

4. Das Simplexverfahren beruht auf einem mathematischen Satz.

Satz 10.2

Falls eine Basislösung existiert, gibt es auch eine optimale (Simplextheorie).

5. Das Simplexverfahren (Simplexalgorithmus) ist ein Iterationsverfahren, welches die erste Basislösung schrittweise bis zur Optimallösung verbessert. Dabei kann von Schritt zu Schritt entschieden werden, ob die optimale Lösung schon erreicht wurde oder nicht.

Ausgang ist das Nullprogramm, bei dem die erste Basislösung dadurch erhalten wird, dass alle Entscheidungsvariablen mit null festgesetzt werden. Der Wert der Schlupfvariablen ergibt sich dann aus den absoluten Gliedern der einschränkenden Bedingungen.

Diese erste Basislösung wird durch den Austausch der Nichtbasisvariablen und Basisvariablen so lange verbessert, bis der Maximalwert von z erreicht ist.

Der Austausch wird nach dem Austauschverfahren durchgeführt, wobei spezielle Regeln für die Wahl der Schlüsselspalte und der Schlüsselzeile (Hauptelement) zu beachten sind.

Stehen in der Zeile der Zielfunktion (diese wird aus rechentechnischen Gründen mit $-z$ aufgeschrieben) noch negative Koeffizienten, so ist der Wert von z noch weiter zu verbessern. Daraus ergibt sich die Abbruchbedingung für das Verfahren, wenn alle Koeffizienten in der Zeile für $-z$ positiv sind.

Die Schlüsselspalte wird durch den negativen Koeffizienten in der Zeile $-z$ mit größtem Betrag festgelegt. Die Schlüsselzeile bestimmt sich aus dem Quotienten des zugehörigen Absolutgliedes mit den entsprechenden negativen Werten der Schlüsselspalte. Der kleinste nichtnegative Quotient gibt dann die Schlüsselzeile an, womit die Basisvariable feststeht (Zeile), die gegen die Nichtbasisvariable (Schlüsselspalte) ausgetauscht werden muss, um z zu verbessern. Die Umrechnungsregeln des Austauschverfahrens bleiben ohne Einschränkung gültig (vgl. Abb. 10.7).

Beispiel 10.34

Die Normalform

① $\quad z = 35x_1 + 28x_2 + 0y_1 + 0y_2 + 0y_3 + 0y_4$

② $\quad \begin{aligned} 2x_1 + \ 3x_2 + y_1 \qquad\qquad\qquad &= 480 \\ 3x_1 + 10x_2 \quad\ \ + y_2 \qquad\qquad &= 1500 \\ 3x_1 + \ \ x_2 \qquad\quad\ + y_3 \qquad &= 300 \\ x_1 \qquad\qquad\qquad\ + y_4 &= 80 \end{aligned}$

③ $\quad x_1 \gtreqqless 0, \quad x_2 \gtreqqless 0, \quad y_1 \gtreqqless 0, \quad y_2 \gtreqqless 0, \quad y_3 \gtreqqless 0, \quad y_4 \gtreqqless 0$

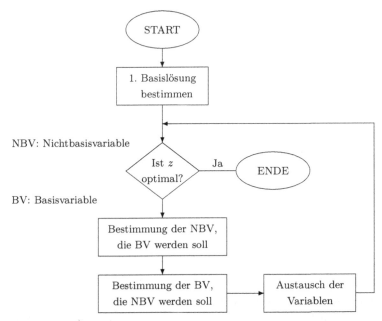

NBV: Nichtbasisvariable

BV: Basisvariable

Abb. 10.7

wird in Basisdarstellung geschrieben:

$$-z = -35x_1 - 28x_2$$
$$y_1 = -2x_1 - 3x_2 + 480$$
$$y_2 = -3x_1 - 10x_2 + 1500$$
$$y_3 = -3x_1 - x_2 + 300$$
$$y_4 = -x_1 + 80$$

und in eine Tabelle übertragen:

BV	x_1	x_2	1	q	
y_1	-2	-3	480	240	
y_2	-3	-10	1500	500	
y_3	-3	-1	300	100	
y_4	$\boxed{-1}$	0	80	80	$\leftarrow$
$-z$	-35	-28	0	x	
	$\uparrow ①$	0	80		

■

Bemerkung 10.6

1. *In der ersten Tabelle stehen immer die Schlupfvariablen in der Spalte der BV (Nullprogramm).*
2. *Der Wert von $-z$ in der ersten Tabelle ist immer null (Nullprogramm).*
3. *Die Probe ist wie beim Austauschverfahren (angegeben in 10.6) durchzuführen (Zeilensumme ist gleich eins). Hier wird darauf verzichtet.*
4. *Die Spalte q dient zur Berechnung aller Quotienten für die Wahl der Schlüsselzeile.*
5. *y_4 soll im ersten Schritt gegen x_1 aus der Basis herausgenommen werden.*
6. *Die Arbeitszeile ergibt sich bei Ausführung des Austauschverfahrens.*

BV	y_4	x_2	1	q	
y_1	2	-3	320	$\dfrac{320}{3}$	
y_2	3	-10	1260	126	
y_3	3	$\boxed{-1}$	60	60	$\leftarrow$
x_1	-1	0	80	x	
$-z$	35	-28	-2800	x	
	$\uparrow$				
	3	$\uparrow ①$	60		

Bemerkung 10.7

1. *Der Austausch von y_4 und x_1 erhöhte den z-Wert auf 2800 EURO.*
2. *Das Optimum ist noch nicht erreicht, da in der letzten Zeile noch negative Koeffizienten stehen.*

3. *Der neue Austausch heißt y_3 gegen x_2.*

BV	y_4	y_3	1	q	
y_1	$\boxed{-7}$	3	140	20	$\leftarrow$
y_2	-27	10	660	$\dfrac{220}{9}$	
x_3	3	-1	60	-20	entfällt bei der Auswahl, da negativ
x_1	-1	0	80	80	
$-z$	-49	28	-4480	x	
	$\uparrow\,①$	$\dfrac{3}{7}$	20		

BV	y_1	y_3	1
y_4	$\dfrac{-1}{7}$	$\dfrac{3}{7}$	20
y_2	$\dfrac{27}{7}$	$\dfrac{-11}{7}$	120
x_2	$\dfrac{-3}{7}$	$\dfrac{2}{7}$	120
x_1	$\dfrac{1}{7}$	$-\dfrac{3}{7}$	60
$-z$	7	7	-5460

Der Algorithmus bricht an dieser Stelle ab, da unter den NBV y_1, y_3 nur noch positive Koeffizienten stehen. Die Lösung stimmt mit der bereits grafisch ermittelten überein.

$$y_1 = y_3 = 0 \,(\text{NBV}) \qquad x_1 = 60 \qquad x_2 = 120 \quad \text{Entscheidungsvariable}$$

$$z = 5460 \qquad\qquad y_2 = 120 \qquad y_4 = \;\; 20 \quad \text{Schlupf (BV)}$$

Zur Lösung der Minimumaufgabe mit dem Simplexalgorithmus ist das duale Problem zu formulieren.

Primales Problem   **Duales Problem**

① $\quad z = \boldsymbol{c} \cdot \boldsymbol{x}^T \Rightarrow$ min   ① $\quad z = \boldsymbol{b} \cdot \boldsymbol{y}^T \Rightarrow$ max

② $\quad \boldsymbol{A} \cdot \boldsymbol{x}^T \geqq \boldsymbol{b}^T$ ② $\quad \boldsymbol{A}^{-1} \cdot \boldsymbol{y}^T \leqq \boldsymbol{c}^T$

③ $\qquad \boldsymbol{x}^T \geqq \boldsymbol{0}$ ③ $\qquad \boldsymbol{y}^T \geqq \boldsymbol{0}$

Die Schlupfvariablen $\boldsymbol{y} = (y_1, y_2, \ldots, y_m)$ tauschen mit den Entscheidungsvariablen $\boldsymbol{x} = (x_1, x_2, \ldots, x_n)$ die Plätze. Das Modell ist in der angegebenen Weise umzuwandeln und dann mit dem Simplexverfahren zu lösen.

Beispiel 10.35

Primales Problem (Minimumaufgabe)

① $\quad z_p = 4x_1 + 3x_2 \Rightarrow \min$

② $\quad 4x_1 + 15x_2 \geqq 60$

$\quad\quad 8x_1 + \ \ 4x_2 \geqq 48$

$\quad\quad 6x_1 + 12x_2 \geqq 72$

$\quad\quad 5x_1 \quad\quad\quad \geqq 10$

③ $\quad x_1 \geqq 0 \quad\quad x_2 \geqq 0$

Duales Problem (Maximumaufgabe)

① $\quad z_d = 60y_1 + 48y_2 + 72y_3 + 10y_4 \Rightarrow \max$

② $\quad 4y_1 + 8y_2 + \ \ 6y_3 + 5y_4 \leqq 4$

$\quad\quad 15y_1 + 4y_2 + 12y_3 \quad\quad\quad \leqq 3$

③ $\quad y_1 \geqq 0 \quad\quad y_2 \geqq 0 \quad\quad y_3 \geqq 0 \quad\quad y_4 \geqq 0$

Es ist, da sich das Verfahren so eingeprägt hat, durchaus üblich, y_i und x_j wieder zu vertauschen. Bei der Darstellung der Lösung ist der Austausch jedoch wieder rückgängig zu machen.

Für Abweichungen des Modells von der Normalform gibt es speziell weiterentwickelte Verfahren des Simplexalgorithmus. Bei größeren Modellen ist der Einsatz eines Computers unumgänglich, da die Rechenarbeit stark zunimmt. ∎

10.8.3 Transportoptimierung

Transportprobleme lassen sich prinzipiell als spezielle Gattung von Aufgaben der linearen Optimierung nach dem Simplexverfahren lösen. Da das Modell jedoch sehr einfache Gestalt hat, haben sich hier spezielle Verfahren entwickelt.

Bei einem einfachen Transportproblem geht es darum, den Transportaufwand (Kosten oder Entfernung) so zu minimieren, dass die Lieferbeziehungen zwischen m Aufkommensorten A_i ($i = 1, 2, \ldots, m$) mit der Lieferkapazität a_i und n Bedarfsorten B_j ($j = 1, 2, \ldots, n$) mit dem Bedarf b_j optimal gestaltet werden.

Es sei darauf hingewiesen, dass sich wesentlich allgemeinere Probleme durch weitere Methoden der Transportoptimierung lösen lassen.

Voraussetzung für die Lösung dieser Transportaufgabe ist eine Tabelle, die alle Kosten oder alle Entfernungen zwischen Aufkommens- und Bedarfsorten enthält.

	B_1 B_2 ... B_n
A_1	
A_2	
$\vdots$	
$\vdots$	c_{ij}
$\vdots$	
A_m	

c_{ij} sind die Kosten oder die Entfernung zwischen dem i-ten Aufkommensort und dem j-ten Bedarfsort.

x_{ij} ist die gesuchte Menge, die von A_i nach B_j transportiert werden soll ($x_{ij} \geqq 0$).

An die Tabelle werden die Aufkommens- und Bedarfskapazitäten angefügt.

	B_1 B_2 ... B_n	
A_1		a_1
A_2		a_2
$\vdots$		
$\vdots$	c_{ij}	
$\vdots$		a_m
A_m		
	b_1 b_2 ... b_n	\

Diese Angaben reichen aus. Zunächst wird an der rechten unteren Ecke geprüft, ob das Modell geschlossen ist. Das ist der Fall, wenn die Summe des Aufkommens gleich der Summe des Bedarfs ist. Offene Modelle müssen in geschlossene umgewandelt werden. Überwiegt der Bedarf, so ist das Aufkommen zu erhöhen oder der Bedarf zu kürzen. Überwiegt das Aufkommen, so sind fiktive Abnehmer mit der Entfernung null (Lager) einzuführen. Bei den Kosten können die Lagerkosten berücksichtigt werden.

Somit geht es fernerhin um die Lösung von geschlossenen Problemen, deren Modell die allgemeine Gestalt hat:

$$\text{①} \qquad z = \sum_{i=1}^{n} \sum_{j=1}^{m} c_{ij} x_{ij} \Rightarrow \ \min$$

$$\text{②} \qquad \sum_{j=1}^{n} x_{ij} = a_i$$

$$\sum_{i=1}^{m} x_{ij} = b_j$$

$$\text{③} \qquad x_{ij} \geqq 0$$

Das Modell ist geschlossen (gesättigt), wenn

$$\sum_{i=1}^{m} a_i = \sum_{j=1}^{n} b_j$$

ist.

Das Verfahren wird an einem Beispiel verdeutlicht.

Beispiel 10.36

Von 5 LKW-Standorten, an denen Lastkraftwagen des gleichen Typs mit der in der Entfernungstabelle angegebenen Anzahl stehen, sollen 3 Beladeorte angefahren werden, die Lastkraftwagen in der angegebenen Menge benötigen.

Von welchem Standort müssen wie viel LKW zu welchem Beladeort geschickt werden, um die Summe der Anfahrwege minimal zu machen?

	L_1	L_2	L_3	
S_1	5	1	4	6
S_2	7	6	2	12
S_3	8	3	6	7
S_4	1	5	7	5
S_5	6	3	2	10
				40
	18	14	8	40

Die Entfernungen sind in Kilometern angegeben.

Da Aufkommen und Bedarf übereinstimmen, ist das Transportproblem geschlossen.

Die Anfangslösung, die Ausgang der Verbesserung ist, wird nach der Methode des doppelten Vorzugs bestimmt, wobei zunächst das Feld bevorzugt und damit maximal belastet wird, das die geringste Entfernung anzeigt. Bei Auswahlmöglichkeit nach Anwendung dieses Vorzugs geht die Reihenfolge von links oben nach rechts unten (Nordwest-Eckenregel) – zweite Vorzugsregel. ∎

	L_1	L_2	L_3	
S_1	–	6	–	~~0~~
S_2		12		
S_3		7		
S_4		5		
S_5		10		
	18	~~14~~ 8	8	

	L_1	L_2	L_3	
S_1	–	6	–	~~0~~
S_2		12		
S_3		7		
S_4	5	–	–	~~5~~
S_5		10		
	~~18~~ 13	8	8	

	L_1	L_2	L_3	
S_1	–	6	–	0
S_2		8		~~12~~ 4
S_3		–	7	
S_4	5	–	–	0
S_5		–	10	
	13	8	~~8~~	

	L_1	L_2	L_3	
S_1	–	6	–	0
S_2		8		4
S_3	–	7	–	~~7~~
S_4	5	–	–	0
S_5	–		–	10
	13	~~8~~ 1	0	

	L_1	L_2	L_3	
S_1	–	6	–	0
S_2	–	8		4
S_3	–	7	–	~~0~~
S_4	5	–	–	0
S_5	1	–		~~10~~ 9
	13	~~1~~ 0	0	

	L_1	L_2	L_3	
S_1	–	6	–	0
S_2		–	8	4
S_3	–	7	–	0
S_4	5	–	–	0
S_5	9	1	–	~~0~~ 0
	~~13~~ 4	0	0	

	L_1	L_2	L_3
S_1	–	6	–
S_2	4	–	8
S_3	–	7	–
S_4	5	–	–
S_5	9	1	–

6 LKWs fahren von Standort S_1 nach L_2, 4 LKWs fahren nach L_1 und 8 nach L_3 von S_2, von S_3 fahren alle 7 nach L_2, von S_4 alle 5 nach L_1 und von S_5 9 nach L_1 und 1 LKW nach L_2. Die Summe der Leerkilometer beträgt für die Anfangslösung:

$$z = 6 \cdot 1 + 4 \cdot 7 + 8 \cdot 2 + 7 \cdot 3 + 5 \cdot 1 + 9 \cdot 6 + 1 \cdot 3$$
$$z = 133$$

Voraussetzung für die Anwendung von Methoden zur Verbesserung der Anfangslösung ist, dass die Lösung nicht entartet ist. Dazu muss die Zahl der besetzten Felder (realisierten Lieferbeziehungen) gleich $m + n - 1$ sein. Im Beispiel ist

$$5 + 3 - 1 = 7$$

Das ist im Beispiel der Fall, sodass die Anfangslösung nach der Potenzialmethode verbessert werden kann. Dazu werden Zeilen- und Spaltenpotenziale festgelegt, sodass für besetzte Felder die Summe aus dem zugehörigen Zeilen- und Spaltenpotenzial gleich der Entfernung (Kosten) ist. Unbesetzte Felder werden dabei nicht beachtet.

Für besetzte Felder gilt $u_i + v_j = c_{ij}$.

Für unbesetzte Felder ergibt sich ein fiktiver Wert

$$\hat{c}_{ij} = u_i + v_j.$$

Einheitlich wird $u_1 = 0$ gewählt und von diesem Wert ausgegangen. Die Reihenfolge richtet sich dabei nur nach der Anordnung der besetzten Felder.

v_j		1	
u_i			
	[5]	[1]	[4]
0	—	6	—
	[7]	[6]	[2]
4	—		8
	[8]	[3]	[6]
	—	7	—
	[1]	[5]	[7]
5	—	—	
	[6]	[3]	[2]
9	1	—	

v_j		1	
u_i			
	[5]	[1]	[4]
0	—	6	—
	[7]	[6]	[2]
4	—		8
	[8]	[3]	[6]
2	—	7	—
	[1]	[5]	[7]
5	—	—	
	[6]	[3]	[2]
2	9	1	—

v_j / u_i	4	1	
0	[5] −	[1] 6	[4] −
4	[7] −	[6]	[2] 8
2	[8] −	[3] 7	[6] −
5	[1] 5	[5] −	[7] −
2	[6] 9	[3] 1	[2] −

v_j / u_i	4	1	
0	[5] −	[1] 6	[4] −
4	[7] −	[6]	[2] 8
2	[8] −	[3] 7	[6] −
−3	[1] 5	[5] −	[7] −
2	[6] 9	[3] 1	[2] −

v_j / u_i	4	1	
0	[5] −	[1] 6	[4] −
3	[7] 4	[6] −	[2] 8
2	[8] −	[3] 7	[6] −
−3	[1] 5	[5] −	[7] −
2	[6] 9	[3] 1	[2] −

v_j / u_i	4	1	−1
0	[5] −	[1] 6	[4] −
3	[7] 4	[6] −	[2] 8
2	[8] −	[3] 7	[6] −
−3	[1] 5	[5] −	[7] −
2	[6] 9	[3] 1	[2] −

Die Prüfung, ob diese Lösung verbessert werden kann, erfolgt durch Subtraktion der Entfernungs- oder Kostenmatrix und der Matrix der fiktiven Koeffizienten, die bei besetzten Feldern gleich den c_{ij} sind.

$$(c_{ij}) - (\hat{c}_{ij}) = \begin{pmatrix} 5 & 1 & 4 \\ 7 & 6 & 2 \\ 8 & 3 & 6 \\ 1 & 5 & 7 \\ 6 & 3 & 2 \end{pmatrix} - \begin{pmatrix} 4 & 1 & -1 \\ 7 & 4 & 2 \\ 6 & 3 & 1 \\ 1 & -2 & -4 \\ 6 & 3 & 1 \end{pmatrix} = \begin{pmatrix} 1 & 0 & 5 \\ 0 & 2 & 0 \\ 2 & 0 & 5 \\ 0 & 7 & 11 \\ 0 & 0 & 1 \end{pmatrix}$$

Die angegebene Lösung ist bereits optimal.

Treten in der Differenzmatrix noch negative Koeffizienten auf, so ist die Lösung zu verbessern.

Das wird an folgender Zusatzaufgabe gezeigt:

Durch einen Unfall ist die Straße von S_5 nach L_2 nicht befahrbar. Wie ist der Transport zu gestalten, dass er auch in dieser Situation optimal ist?

Dazu wird ein Trick angewandt, indem von S_5 nach L_3 formal eine sehr große Entfernung angesetzt wird, die eine Lösung sofort nicht optimal werden lässt. Die Potenziale müssen dadurch neu bestimmt werden.

u_i \ v_j	-93	1	-98
0	$\boxed{5}$ $-$	$\boxed{1}$ 6	$\boxed{4}$ $-$
100	$\boxed{7}$ 4	$\boxed{6}$ $-$	$\boxed{2}$ 8
2	$\boxed{8}$ $-$	$\boxed{3}$ 7	$\boxed{6}$ $-$
94	$\boxed{1}$ 5	$\boxed{5}$ $-$	$\boxed{7}$ $-$
99	$\boxed{6}$ 9	$\boxed{100}$ 1	$\boxed{2}$ $-$

$$(c_{ij}) - (\hat{c}_{ij}) = \begin{pmatrix} 98 & 0 & 102 \\ 0 & -95 & 0 \\ 99 & 0 & 102 \\ 0 & -90 & 3 \\ 0 & 0 & 1 \end{pmatrix}$$

Die betragsmäßig größte negative Zahl gibt das nicht besetzte Feld an, welches besetzt werden soll, um z zu senken. Es ist Feld a_{22}. Von a_{22} ist in einem Polygonzug in geraden Zügen auszugehen, wobei unbesetzte Felder überstrichen werden können und nur in besetzten Feldern die Richtung im rechten Winkel vertauscht werden darf, um in das Feld a_{22} zurückzukommen (vgl. Abb. 10.8).

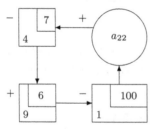

Abb. 10.8

Bemerkung 10.8

Es muss sich nicht immer ein Viereck ergeben.

Das zu besetzende Feld erhält das positive Vorzeichen und die anderen besetzten Felder des Polygonzugs abwechselnd Minus und Plus.

Die minimale Menge auf den mit Minus bezeichneten Feldern ergibt die Menge, die auf Feldern mit Plus addiert und auf Feldern mit Minus subtrahiert wird.

hier: min $(1,4) = 1$

Dadurch wird vermieden, dass die Nichtnegativitätsbedingungen verletzt werden. Wird bei diesem Vorgehen mehr als ein Feld unbesetzt, so artet das Problem an dieser Stelle aus. Bei der Bestimmung der neuen Potenziale treten Schwierigkeiten auf, die dadurch beseitigt werden, dass ein unbesetztes Feld formal mit dem Wert Null besetzt wird.

Die neue Tabelle heißt, wobei die Potenziale gleich neu bestimmt wurden:

v_j			
u_i	2	1	-3
	[5]	[1]	[1]
0	–	6	–
	[7]	[6]	[2]
5	3	1	8
	[8]	[3]	[6]
2	–	7	–
	[1]	[5]	[7]
-1	5	–	–
	[6]	[100]	[2]
4	10	–	–

$$(c_{ij}) - (\hat{c}_{ij}) = \begin{pmatrix} 3 & 0 & 4 \\ 0 & 0 & 0 \\ 4 & 0 & 7 \\ 0 & 5 & 11 \\ 0 & 95 & 1 \end{pmatrix}$$

Die Lösung ist unter den gegebenen Bedingungen wieder optimal.

6 LKWs von S_1 nach L_2

3 LKWs, 1 LKW, 8 LKWs von S_2 nach L_1, L_2, L_3

7 LKWs von S_3 nach L_2

5 LKWs von S_4 nach L_1

10 LKWs von S_5 nach L_1

Damit wird die gesperrte Verbindung ausgeklammert. Die Leerkilometer haben sich gegenüber der 1. Lösung um

$$z = 6 \cdot 1 + 3 \cdot 7 + 1 \cdot 6 + 8 \cdot 2 + 7 \cdot 3 + 5 \cdot 1 + 10 \cdot 6$$
$$z = 135$$

zwei Kilometer erhöht.

11 Stochastik

Übersicht

11.1 Kombinatorik

11.1.1 Einführung

Die Kombinatorik untersucht die möglichen Anordnungen von endlich vielen gegebenen Elementen einer Menge, die wir als Zusammenstellungen bezeichnen.

Beispiel 11.1
Ein Zahlenschloss, mit drei Rädchen auf denen jeweils die zehn Ziffern null bis Neun stehen, bietet $10^3 = 1000$ Möglichkeiten zur Einstellung, wobei eine von Tausend das Schloss öffnet. ∎

Definition 11.1
1. Zwei Zusammenstellungen sind verschieden, wenn die Zahl der in ihnen enthaltenen Elemente verschieden ist.

Beispiel 11.2
ab verschieden von abc ∎

2. Zwei Zusammenstellungen sind verschieden, wenn die Elemente in unterschiedlicher Anzahl enthalten sind.

Beispiel 11.3
aab verschieden von ab ∎

3. Zwei Zusammenstellungen, die genau die gleichen Elemente in der gleichen Anzahl enthalten, sind ohne Berücksichtigung der Anordnung gleich.

© Springer-Verlag GmbH Deutschland, ein Teil von Springer Nature 2018
G. Höfner, *Mathematik-Fundament für Studierende aller Fachrichtungen*,
https://doi.org/10.1007/978-3-662-56531-5_11

Beispiel 11.4

Die Zusammenstellung $\{3; 14; 25; 32; 41\}$ ist gleich $\{25; 32; 3; 14; 41\}$, wenn die Anordnung der Elemente nicht berücksichtigt wird, aber die Zusammenstellungen des Beispiels sind ungleich, wenn die Elementeanordnung berücksichtigt wird.

Die Zusammenstellung $\{3; 14; 25; 32; 41\}$ ist ungleich $\{25; 32; 3; 14; 41\}$, wenn die Anordnung der Elemente berücksichtigt wird.   ■
                                                                                ◆

11.1.2 Permutationen

Definition 11.2

Zusammenstellungen, in denen alle gegebenen n Elemente in irgendeiner Weise angeordnet sind, heißen Permutationen.   ◆

Die Anzahl der Permutationen von n Elementen ist:

$$P_n = n! = 1 \cdot 2 \cdots \quad (n-1)n$$

Um Permutationen übersichtlich angeben zu können, wird die natürliche Reihenfolge

$$1 \; 2 \; 3$$
$$1 \; 3 \; 2$$
$$2 \; 1 \; 3$$
$$2 \; 3 \; 1$$
$$3 \; 1 \; 2$$
$$3 \; 2 \; 1$$

und bei Buchstaben die alphabetisch-lexikografische Anordnung gewählt.

Beispiel 11.5

1. Wie heißt die 500. Permutation aus den Elementen

$$a, b, c, d, e, f$$

in lexikografischer Anordnung?

Insgesamt gibt es $6! = 720$ Anordnungen, wobei die erste $abcdef$ und die letzte (720.) $fedcba$ in der vorgegebenen Anordnung heißt.

Beginn der Permutation mit a (5 restliche Elemente permutieren in $120 = 5!$ Permutationen)

1. $axxxxx$	....	120.	$axxxxx$
121. $bxxxxx$	....	240.	$bxxxxx$
241. $cxxxxx$	....	360.	$cxxxxx$
361. $dxxxxx$	....	480.	$dxxxxx$
481. $exxxxx$	....		

481. $eaxxxx$	4 Elemente permutieren (24 Möglichkeiten)	504.	$eaxxxx$
481. $eabxxx$	3 Elemente permutieren (6 Möglichkeiten)	486.	$eabxxx$
487. $eacxxx$		492.	$eacxxx$
493. $eadxxx$		498.	$eadxxx$
499. $eafbxx$			
499. $eafbcd$		500.	$eafbdc$

2. 6 verschiedene Bücher können auf $6! = 720$ verschiedene Weise angeordnet werden.

Spezialfall:

Befinden sich unter den n gegebenen Elementen n_1 gleiche, so muss durch $n_1!$ Permutationen geteilt werden, um die verbleibende Anzahl zu bestimmen.

$$P_n(n_1) = \frac{n!}{n_1!}$$

Sind $n_1, n_2, \ldots, n_m$ gleiche Elemente vorhanden, so ergibt sich die Anzahl der Permutationen zu:

$$P_n(n_1, n_2, \ldots, n_m) = \frac{n!}{n_1! n_2! \ldots n_m!}$$

3. Die Anzahl der Permutationen aus

$a, a, b, b, b, c, c, c, d, e, f, f$ beträgt:

$$P_{12}(2, 3, 3, 2) = \frac{12!}{2! 3! 3! 2!} = 3\,326\,400$$

∎

11.1.3 Variationen

Definition 11.3

Eine Variation von n Elementen zur k-ten Klasse (Ordnung) ist die aus k Elementen bestehende Zusammenstellung, die sich aus den n Elementen unter Berücksichtigung ihrer Anordnung bilden lässt.

Es gibt zwei verschiedene Arten von Variationen: ◆

1. *Variationen ohne Wiederholung*

(Gleiche Elemente sind in der Anordnung ausgeschlossen.)

Beispiel 11.6

    $1, 2, 3, 4$

Variationen der 1. Klasse – sind die Elemente selbst

    1 2 3 4

Variationen der 2. Klasse

    12   23   34   21   32   43   13   24

    31   42   14   41   (keine Wiederholung)

Variationen der 3. Klasse ergeben sich bei Permutation folgender 3 Elemente:
123 (ergeben insgesamt 6 Permutationen)
124 (ergeben insgesamt 6 Permutationen)
134 (ergeben insgesamt 6 Permutationen)
234 plus die Permutationen 243   324   342   423   432

Variationen der 4. Klasse sind gleich der Anzahl der Permutationen.
Die Anzahl der Variationen von n Elementen zur k-ten Klasse ohne Wiederholung
ergibt sich:

$$V_n^{(k)} = n(n-1)\ldots(n-k+2)(n-k+1) \qquad\blacksquare$$

Beispiel 11.7

    $n = 6 \quad k = 4$

    $V_6^{(4)} = 6 \cdot 5 \cdot 4 \cdot 3 = 360$ (Möglichkeiten)

Variationen von 6 Elementen zur 4. Klasse mit 360 Möglichkeiten.   ■

2. *Variationen mit Wiederholung*

(Gleiche Elemente können in der Zusammenstellung beliebig wiederholt werden.)

Beispiel 11.8

    $1, 2, 3, 4,$

Variationen der 1. Klasse mit Wiederholung sind wieder die Elemente selbst (Wiederholungen sind in dieser Klasse nicht möglich).

Variationen der 2. Klasse mit Wiederholung sind die Variationen ohne Wiederholung plus

11 22 33 44

Variationen der 3. Klasse mit Wiederholung sind die ohne Wiederholung und

111	221	331	441
112	222	332	442
113	223	333	443
114	224	334	444
121	212	133	414
131	232	233	424
141	244	433	434
211	122	313	144
311	322	323	244
411	422	343	344

Variationen der 4. Klasse mit Wiederholung sind die Variationen ohne Wiederholung und 232 weitere Variationen.
Die Anzahl der Variationen von n Elementen zur k-ten Klasse mit Wiederholungen beträgt:

$$V_{W_n}^{(k)} = n^k$$

■

Beispiel 11.9
Das Morsealphabet besteht aus den Elementen Punkt und Strich, wobei in einem Zeichen nicht mehr als 5 Elemente verwendet werden dürfen. Die Anzahl der Zeichen (Summe der Variationen von 2 Elementen mit Wiederholung bis zur 5. Klasse-Anordnung ist wichtig.)

$$S = V_{W_2}^{(1)} + V_{W_2}^{(2)} + V_{W_2}^{(3)} + V_{W_2}^{(4)} + V_{W_2}^{(5)}$$
$$S = 2^1 + 2^2 + 2^3 + 2^4 + 2^5$$
$$S = 62$$

Mit dem Morsealphabet können unter den gegebenen Bedingungen 62 verschiedene Zeichen eineindeutig dargestellt werden. ■

11.1.4   Kombinationen

Definition 11.4

Eine Kombination von n Elementen zur k-ten Klasse (Ordnung) ist die aus k Elementen bestehende Zusammenstellung, die sich aus den n Elementen ohne Berücksichtigung ihrer Anordnung bilden lässt.   ◆

Beispiel 11.10

Beim Zahlenlotto 6 aus 49 (Auswahlwette) gilt es, 6 Zahlen aus 49 möglichen herauszufinden.

Es handelt sich hierbei um eine Kombination von 49 Elementen zur 6. Klasse, da die Reihenfolge bei der Ziehung unwesentlich ist.

Bei Variationen müssten nicht nur die 6 Zahlen, sondern auch die Reihenfolge der Ziehung vorausgesagt werden.   ■

Es gibt zwei verschiedene Arten von Kombinationen:

1. *Kombinationen ohne Wiederholung*

(Gleiche Elemente sind in der Anordnung ausgeschlossen.)

Beispiel 11.11

   1 2 3 4

Kombinationen der 1. Klasse sind die Elemente selbst

   1   2   3   4

Kombinationen der 2. Klasse
(Von den Variationen der gleichen Klasse ohne Wiederholung fallen alle die weg, die sich nur durch die Reihenfolge der Elemente unterscheiden.)

   12   23   34

   13   24

   14

Kombination zur 3. Klasse

   123   134

   124   234

Kombination zur 4. Klasse
1234 (die anderen Permutationen unterscheiden sich nur durch die Reihenfolge, woraus keine neuen Kombinationen entstehen).   ■

Die Anzahl der Kombinationen von n Elementen zur k-ten Klasse berechnen sich:

$$C_n^{(k)} = \frac{V_n^{(k)}}{P_k} = \frac{n(n-1)\ldots(n-k+2)(n-k+1)}{k!}$$

$$C_n^{(k)} = \frac{n(n-1)\ldots(n-k+2)(n-k+1)(n-k)\ldots2\cdot1}{k!(n-k)\ldots2\cdot1}$$

erweitert mit $(n-k)!$

$$C_n^{(k)} = \frac{n!}{k!(n-k)!} = \binom{n}{k} \quad n,k \in \mathbb{N} \quad n \geqq k$$

Beispiel 11.12
Bei der Auswahlwette 6 aus 49 gibt es

$$C_{49}^{(6)} = \binom{49}{6} = 13\,983\,816$$

verschiedene Möglichkeiten. ∎

2. Kombinationen mit Wiederholung

(Gleiche Elemente können in der Zusammenstellung beliebig oft wiederholt werden.)

Beispiel 11.13

$$1, 2, 3, 4$$

Kombinationen der 1. Klasse mit Wiederholung sind die Elemente selbst

$$1 \quad 2 \quad 3 \quad 4$$

Kombinationen der 2. Klasse mit Wiederholung sind die Kombinationen der 2. Klasse ohne Wiederholung

$$12 \quad 13 \quad 14 \quad 23 \quad 24 \quad 34$$

plus die Kombinationen

$$11 \quad 22 \quad 33 \quad 44$$

Kombinationen der 3. Klasse mit Wiederholung sind die Kombinationen der 3. Klasse ohne Wiederholung

$$123 \quad 124 \quad 134 \quad 234$$

plus die Kombinationen

111   222   333   444

112   221   331   441

113   223   332   442

114   224   334   444

Kombinationen der 4. Klasse mit Wiederholung ist die Kombination ohne Wiederholung

1   2   3   4

plus 34 weitere Kombinationen, die eine oder mehrere Zahlen mindestens zweifach enthalten!   ■

Die Anzahl der Kombinationen von n Elementen zur k-ten Klasse mit Wiederholung beträgt:

$$C_{W_n}^{(k)} = \frac{n(n+1)\dots(n+k-1)}{k!} = \binom{n+k-1}{k}$$

Beispiel 11.14

$n = 7 \quad k = 5$

$$C_{W_7}^{(5)} = \binom{11}{5} = 462$$

Es gibt 462 Kombinationen von 7 Elementen zur 5. Klasse mit Wiederholung.

■

11.1.5   Entscheidungsalgorithmus

Es ist oft schwierig, aus einem verbal formulierten Zusammenhang die richtige Art der Zusammenstellung zu erkennen und die zugehörige Formel anzuwenden. Wichtig dabei ist die Frage, ob die Anordnung berücksichtigt wird und ob die Gesamtzahl der Elemente (n) gleich der Anzahl der betrachteten Elemente (k) ist. Ermittlung der richtigen Formel zur Bestimmung der Anzahl (vgl. Abb. 11.1).

Beispiel 11.15

Wieviel unterschiedliche Zeichen können in der Blindenschrift dargestellt werden? Ein Zeichen besteht aus 6 Elementen, die erhoben oder flach ausgeprägt werden. $n := 2$ (Elemente erhoben oder flach)

$k := 6$ (6 Elemente ergeben ein Zeichen)
Anordnung wird berücksichtigt (beim Fühlen der Zeichen). Es kommen nicht in
jeder Anordnung alle Elemente vor (Variationen).
Elemente dürfen (müssen) wiederholt werden.

$$V_{W_2}^{(6)} = 2^6 = 64$$

Es können 64 Zeichen dargestellt werden. ∎

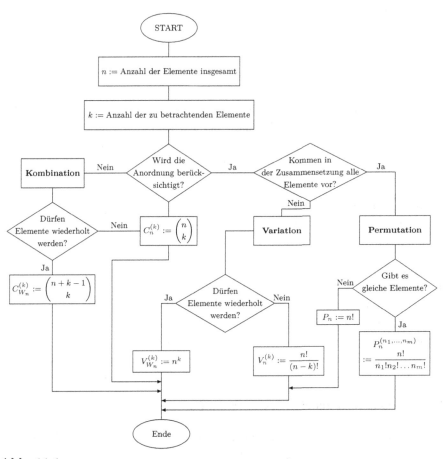

Abb. 11.1

11.2   Zufällige Ereignisse und Begriffe

In der Wahrscheinlichkeitsrechnung wird die Gesetzmäßigkeit für das Eintreten von zufälligen Ereignissen untersucht. Dabei geht es nie um das einzelne zufällige Ereignis schlechthin, sondern immer um die Gesamtheit von zufälligen Ereignissen. Die Wahrscheinlichkeitsrechnung wurde von B. Pascal und P. Fermat aus dem Bedürfnis heraus begründet, die Wahrscheinlichkeit bei Glücksspielen anzuwenden, um derartige Spielsituationen quantitativ zu erfassen. Die Wahrscheinlichkeitsrechnung setzt eine neue Denkweise voraus.

Beispiel 11.16

1. Die Wahrscheinlichkeit, eine 6 zu würfeln, ist genauso groß und unabhängig davon, ob zuvor eine 6 geworfen oder in 20 Würfen zuvor keine 6 gewürfelt wurde.

2. Auch das Ziehungsgerät beim Lotto hat keine Gerechtigkeitsgefühle, sodass die mitunter zu beobachtende Stabilität der Lottospieler nichts einbringt, wenn die Zahlen angestrichen werden, die lange nicht gezogen wurden, weil sie „auch einmal wieder an die Reihe kommen müssen".

$\blacksquare$

Definition 11.5

Ein Ereignis ist zufällig, wenn es unter festliegenden Bedingungen eintreten oder nicht eintreten kann. $\blacklozenge$

Beispiel 11.17

1. Gewinn oder Niete beim Losen
2. Gebrauchsfähiges oder unbrauchbares Erzeugnis produzieren
3. Einen Termin einhalten oder nicht

Zufällige Ereignisse werden auch als stochastische Ereignisse bezeichnet. Das Gegenteil zu stochastischen Ereignissen sind die deterministischen, bei denen mit Bestimmtheit das Eintreten des Ereignisses vorhergesagt werden kann. $\blacksquare$

Begriffe der Wahrscheinlichkeitsrechnung

1. Ereignisse $E_1, E_2, \ldots, E_n$ sind einzig dann möglich, wenn unter gegebenen Bedingungen eines der Ereignisse unbedingt eintreten muss.
2. Die Ereignisse $E_1, E_2, \ldots, E_n$ sind unvereinbar miteinander, wenn das Eintreten des einen Ereignisses das Eintreten des anderen Ereignisses ausschließt.
3. Wenn aus dem Eintreten des Ereignisses E_1 das Eintreten des Ereignisses E_2 folgt, so ist E_1 ein Teilereignis von E_2.

$$E_1 \subset E_2$$

4. Wenn zwei Ereignisse E_1 und E_2 stets zugleich eintreten, so sind E_1 und E_2 gleichwertige oder äquivalente Ereignisse.

$$E_1 = E_2$$

5. Die logische Summe der Ereignisse E_1 und E_2 umfasst die Fälle, in denen mindestens eines der Ereignisse E_1 oder E_2 eingetreten ist.

$$E = E_1 \cup E_2$$

6. Das logische Produkt der Ereignisse E_1 und E_2 umfasst die Fälle, dass beide Ereignisse E_1 und E_2 gleichzeitig eingetreten sind.

$$E = E_1 \cap E_2$$

7. Die logische Differenz der Ereignisse E_1 und E_2 ist der Fall, bei dem E_1 eingetreten und E_2 nicht eingetreten ist.

$$E = E_1 \backslash E_2$$

Beispiel 11.18
Bei der Qualitätskontrolle wird die logische Differenz der Ereignisse bestimmt (E_1, das Erzeugnis wurde im Betrieb hergestellt, und E_2, das Produkt entspricht nicht den Qualitätsanforderungen). ∎

8. Ein Ereignis ist ein sicheres Ereignis, wenn es unter gegebenen Bedingungen eintreten muss.

9. Ein Ereignis ist das unmögliche Ereignis, wenn es unter gegebenen Bedingungen niemals eintreten kann.

$$E = \emptyset$$

Beispiel 11.19
Das 5. As in einem Skatspiel mit 32 Karten.

10. Zwei Ereignisse sind einander entgegengesetzt, wenn aus dem Eintreten des einen Ereignisses das Nichteintreten des anderen folgt. Entgegengesetzte Ereignisse werden auch als Komplementärereignisse bezeichnet. ∎

Beispiel 11.20
Die logische Summe von Ereignis und entgegengesetztem Ereignis ist das sichere Ereignis, da eines von beiden eintreten muss. ∎

Beispiel 11.21

Ein Lottogewinn auf dem Spielschein.

Komplementärereignis: $\overline{E}$, der Spielschein hat nichts gewonnen.

$E \cup \overline{E}$ sicheres Ereignis

$E \cap \overline{E} = \emptyset$ (gleichzeitiges Eintreten ist unmöglich)

Ein Vorgang, Experiment, Test kann in mehrere Teilvorgänge nach einer fest vor-gegebenen, vereinbarten oder einfach logischen Reihenfolge ablaufen. Zur Darstel-lung eines in mehreren Stufen ablaufenden Experiments (mehrstufiger Vorgang) kann die übersichtliche Form des Baumdiagramms gewählt werden.   ∎

Beispiel 11.22

In einem Gefäß befinden sich fünf weiße, drei rote und eine grüne Kugel. Es werden nacheinander zwei Kugeln entnommen und die Farbe notiert. Zur vollständigen Beschreibung des Experiments ist zwingend anzumerken, dass die erste Kugel nach der Notierung der Farbe wieder in das Gefäß zurückgegeben wird, somit beim zweiten Versuch wiederholt gezogen werden kann (im anderen Falle würde es bei der Beschreibung einen Zweig im „grünen Ast" weniger geben). Grafisch erfolgt eine sehr anschauliche Darstellung im Entscheidungsbaum, der in dem angegebenen Beispiel wie in Abb. 11.2 aussieht.

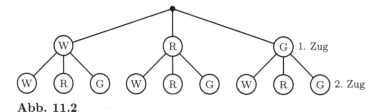

Abb. 11.2

Die Ergebnismenge wird mit einem Ω (großer griechischer Buchstabe – Omega) bezeichnet und ein Ergebnis mit ω (kleines Omega). Die vollständige Ergebnis-menge Ω besteht hier im Beispiel aus neun Elementen (geordnete Paare – erstes Element des Paares gibt die Farbe der ersten gezogenen Kugel und das zweite Element die zweite Kugelfarbe an).

$$\Omega = \{(W;W); (W;R); (W;G); (R;W); (R;R); (R;G); (G;W); (G;R); (G;G)\}$$

   ∎

11.2.1   Kolmogoroff – Axiome als Grundlage der Wahrscheinlichkeitsdefinition

Zufällige Ereignisse unterscheiden sich durch die Möglichkeit ihres Eintretens oder Nichteintretens. Das quantitative Maß dafür ist die Wahrscheinlichkeit.

Es gibt verschiedene Möglichkeiten, um dieses Maß festzusetzen. Sie alle sind gleichberechtigt, wobei die spezielle Anwendung festlegt, welche Definition zur Berechnung der Wahrscheinlichkeit verwendet wird. Alle Definitionen (willkürlich) müssen jedoch 3 Axiome erfüllen, um praktischen Erfahrungen nicht zu widersprechen.

1. Axiom
Jedes Ereignis E erhält eine Zahl $P(E)$ zugeordnet, mit $0 \leqq P(E) \leqq 1$.
Wird die Wahrscheinlichkeit eines Ereignisses in Prozent ausgedrückt, so zeigt sich, dass diese Einschränkung mit den Erfahrungen übereinstimmt. Wahrscheinlichkeiten geringer als $0\,\%$ und größer als $100\,\%$ sind sinnlos.

2. Axiom
Die Wahrscheinlichkeit für das sichere Ereignis ist 1.

3. Axiom
Die Wahrscheinlichkeit für eine Summe von einander ausschließenden Ereignissen ist gleich der Summe der Wahrscheinlichkeiten dieser Ereignisse.

$$P(E_1 \cup E_2 \cup \ldots \cup E_n) = P(E_1) + P(E_2) + \ldots + P(E_n)$$

Die nachfolgenden Festlegungen ergeben sich aus den Axiomen von Kolmogoroff.

1. $p(\Omega) = 1$
Begründung:
Die Wahrscheinlichkeit des sicheren Ereignisses ist eins. Da in der Ergebnismenge alle Ereignisse enthalten sind, ist es sicher, dass bei einem Versuch ein Ereignis eintritt.

Beispiel 11.23
Es ist absolut sicher, dass bei einem gültigen Wurf (das heißt nicht „Kippe") eine der Zahlen $1; 2; 3; 4; 5; 6$ angezeigt wird, auch unabhängig davon, ob der Würfel verfälscht wurde oder nicht. ∎

2. $p(\emptyset) = 0$
Begründung:
Das unmögliche Ereignis ist nicht nur unwahrscheinlich, sondern mit Gewissheit ausgeschlossen. Es gibt keinen günstigen Ausgang für dieses Ereignis, so oft auch versucht wird, es zu erreichen.

Beispiel 11.24
Ein Perpetuum mobile – also eine Maschine, die ohne Zuführung von Energie Arbeit verrichten kann, ist nicht möglich. ∎

3. Die Wahrscheinlichkeit für ein beliebiges Ereignis, welches nicht sicher, aber auch nicht unmöglich ist, bewegt sich zwischen den Grenzen null und Eins. Begründung:

a) Wird eine Zahl durch sich selbst dividiert, so ist das Ergebnis gleich Eins (alle Aussagen sind günstig).

b) Wird null durch eine Zahl dividiert, so ist das Ergebnis gleich null (kein Ausgang ist günstig).

Da die Zahl der für ein Ereignis günstigen Ausgänge nie größer sein kann als die Zahl der gesamten Möglichkeiten (es kann nie sechsmal eine Sechs gewürfelt worden sein, wenn weniger als sechsmal gewürfelt wurde), diese aber immer eine natürliche Zahl darstellt, ist die Wahrscheinlichkeit des nicht unmöglichen, aber auch nicht sicheren Ereignisses eine Zahl zwischen Null und Eins (ausschließlich).

Beispiel 11.25
Aus einem Kartenspiel mit 32 Karten (Skatblatt) „blind" einen Buben zu ziehen (in einer Urne mit 32 Kugeln befinden sich vier goldene usw.) hat die Wahrscheinlichkeit:

$$\frac{1}{8} = 0{,}125$$

■

4. Die Wahrscheinlichkeit eines Ereignisses ergänzt sich mit der Wahrscheinlichkeit seines komplementären Ereignisses zum Wert eins. Begründung:
Da entweder das Ereignis **oder** das dazu komplementäre Ereignis eintreten muss, ist es sicher, dass eines von beiden eintritt. Die Beziehung zur Berechnung der Wahrscheinlichkeit des komplementären Ereignisses aus der des Ereignisses ergibt sich durch Auflösung der Formel nach $p(\overline{E})$.

Beispiel 11.26
Wenn die Wahrscheinlichkeit für einen „Buben" aus dem Kartenspiel mit 32 Karten ein Achtel beträgt, so ist mit

$$p(\overline{E}) = \frac{7}{8}$$

zu bewerten, **keinen** Buben zu erhalten.

$$p(E) + p(\overline{E}) = \frac{1}{8} + \frac{7}{8} = 1$$

oder

$$p(\overline{E}) = 1 - p(E) = 1 - \frac{1}{8} = \frac{7}{8}$$

■

5. Das Teilereignis kann keine größere Wahrscheinlichkeit haben als das Ereignis.
Begründung:
Jedes Ereignis, das für das Teilereignis günstig ist, zählt auch für das Ereignis.
Nur gibt es „Treffer" für das Ereignis, die für das Teilereignis nicht gezählt
werden können.

Beispiel 11.27

$$p(E_1) = \frac{1}{6}$$

E_1: eine Zwei wird gewürfelt $\rightarrow p(E_1) = \frac{1}{6}$
E_2: eine gerade Zahl wird gewürfelt $\rightarrow p(E_2) = \frac{3}{6} = \frac{1}{2}$

$$E_1 \subset E_2$$

und

$$p(E_1) < p(E_2)$$

∎

6. Die Wahrscheinlichkeit der Summe von zwei Ereignissen ist gleich der Summe ihrer Wahrscheinlichkeiten vermindert um die Wahrscheinlichkeit für das Produkt aus diesen Ereignissen.

$$p(E_1 \cup E_2) = p(E_1) + p(E_2) - p(E_1 \cap E_2)$$

Begründung:
Wenn die Wahrscheinlichkeit des Ereignisses angegeben werden soll, bei dem mindestens eines der Ereignisse eingetreten ist, so summieren sich die günstigen Ausgänge beider Ereignisse, müssen jedoch um die Zahl vermindert werden, die für die beiden Ereignisse günstig sind, da sie sonst doppelt in die Bewertung eingehen würden.
Spezialfall: Die Ereignisse sind miteinander unvereinbar

$$E_1 \cap E_2 = \emptyset, \text{ dann ist } p(E_1 \cap E_2) = p(\emptyset) = 0$$

und daraus ergibt sich das dritte Kolmogoroff-Axiom

$$p(E_1 \cup E_2) = p(E_1) + p(E_2).$$

Beispiel 11.28
Die logische Summe wurde als ebene Punktmenge symbolisch dargestellt (vgl.
Abb. 11.3 und Abb. 11.4 – grafische Bestimmung der Wahrscheinlichkeit).

1. Fall $E_1 \cap E_2 \neq \emptyset$

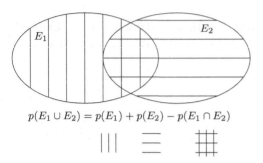

$$p(E_1 \cup E_2) = p(E_1) + p(E_2) - p(E_1 \cap E_2)$$

Abb. 11.3

2. Fall $E_1 \cap E_2 = \emptyset$

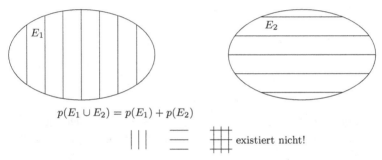

$$p(E_1 \cup E_2) = p(E_1) + p(E_2)$$

existiert nicht!

Abb. 11.4

■

Beispiel 11.29

1. Aus einem Kartenspiel (32 Karten) eine Herzkarte (H) oder einen Buben (B) zu ziehen $(H \cup B)$.

$$p(H) = \frac{8}{32} = \frac{1}{4}$$
$$p(B) = \frac{4}{32} = \frac{1}{8}$$

$p(H \cap B) = \frac{1}{32}$ ist die Wahrscheinlichkeit für den Herzbuben – er wurde bereits bei der Farbe und gleichzeitig aber ein zweites Mal bei den Buben mitgezählt.

$$p(H \cup B) = \frac{1}{4} + \frac{1}{8} - \frac{1}{32} = \frac{11}{32}$$

Die gesamten Ereignisse H und B schließen sich nicht aus.

2. Die Wahrscheinlichkeit aus dem Kartenspiel eine Figur zu ziehen (entweder einen König, eine Dame oder einen Buben) ist, da sich König, Dame und Bube wechselseitig ausschließen

$$K \cap D = K \cap B = D \cap B = \emptyset$$

$$p(K \cup D \cup B) = \frac{4}{32} + \frac{4}{32} + \frac{4}{32} = \frac{3}{8}$$

∎

Es ist also etwas weniger wahrscheinlich eine Figur aus dem Kartenspiel zu ziehen $\left(\frac{3}{8}\right)$ als eine Karte ohne Figur zu erhalten $\left(\frac{5}{8}\right)$ – komplementäres Ereignis.

Die subjektive Einschätzung des Maßes für das Eintreten eines Ereignisses kann also durch ein objektives Maß – eine Zahl – ausgedrückt werden. Eine ordentliche Definition, die auch eine Berechnungsvorschrift darstellt, hat somit durch die Axiome eine tragfähige Grundlage erhalten.

11.2.2 Definitionen der Wahrscheinlichkeit

11.2.2.1 Klassische Definition der Wahrscheinlichkeit

Definition 11.6
Klassische Definition der Wahrscheinlichkeit nach P.-S. de Laplace (1749–1827)
Die Wahrscheinlichkeit für das Eintreten eines zufälligen Ereignisses wird durch den Quotienten aus der Anzahl der Möglichkeiten bestimmt, die für das Ereignis E günstig sind, dividiert durch die Gesamtzahl der Möglichkeiten.

$$P(E) = \frac{m}{n}$$

◆

Beispiel 11.30
Beim ersten Ziehen aus einem Kartenspiel wurde ein König gezogen und weggelegt. Die Wahrscheinlichkeit, beim zweiten Ziehen wieder einen König zu wählen, beträgt:

$$P(E) = \frac{3}{31}$$

noch 3 Könige im Spiel
noch 31 Karten im Spiel (bei insgesamt 32).
Die klassische Definition der Wahrscheinlichkeitsrechnung erfüllt die Bedingungen der 3 angegebenen Axiome.
zu 1. Da $0 \leq m \leq n$ ist, gilt $0 \leq P(E) \leq 1$.
zu 2. Wenn $m = n$ ist, $P(E) = 1$.

Das 3. Axiom wird ebenfalls erfüllt.

Folgerungen aus der klassischen Definition:

1. Ist $m = 0$, so ergibt sich $P(E) = 0$.
   Die Wahrscheinlichkeit des unmöglichen Ereignisses ist null.
2. Da $P(E \cup \overline{E}) = P(E) + P(\overline{E}) = 1$
3. Axiom für Komplementärereignisse.

$$P(\overline{E}) = 1 - P(E)$$

■

Beispiel 11.31

Die Wahrscheinlichkeit, eine Sechs zu würfeln, beträgt

$$P(E) = \frac{1}{6}$$

Die Wahrscheinlichkeit des Komplementärereignisses

$$P(\overline{E}) = 1 - P(E) = \frac{5}{6}$$

lässt sich daraus leicht berechnen.

Die klassische Definition der Wahrscheinlichkeitsrechnung ist nicht immer anwendbar, um die Wahrscheinlichkeit eines zufälligen Ereignisses zu bestimmen.   ■

11.2.2.2 Relative Häufigkeit und statistische Definition der Wahrscheinlichkeit

Beispiel 11.32

Wenn in einer Klinik in einer Woche 23 Mädchen- und 11 Jungengeburten registriert werden, so beträgt die relative Häufigkeit (nicht zu verwechseln mit der Wahrscheinlichkeit!) für eine Jungengeburt in diesem Zeitraum und für diese Klinik

$$h_{\text{rel.}} = \frac{11}{34} = 0{,}324 = 32{,}4\,\%$$

Um Rückschlüsse auf die Wahrscheinlichkeit ziehen zu können, muss n hinreichend groß sein. Im angegebenen Fall reicht $n = 34$ gewiss nicht aus, um von der relativen Häufigkeit auf die Wahrscheinlichkeit für eine Jungengeburt schließen zu können. ($P(E) = 0{,}32$). Für hinreichend große n geht die relative Häufigkeit in die Wahrscheinlichkeit über.   ■

Definition 11.7

Statistische Definition der Wahrscheinlichkeit

$$P(E) = \lim_{n \to \infty} \frac{m}{n}$$

m ist die Anzahl der Versuche, die für Ereignis E günstig sind.

n ist die Gesamtzahl der Versuche.   ◆

Beispiel 11.33
Nach der statistischen Definition der Wahrscheinlichkeit ergibt sich, dass (bei gleicher relativer Häufigkeit) die Wahrscheinlichkeit dafür, bei zehnmaligem Werfen einer Münze achtmal Zahl zu werfen, größer ist, als bei tausendmaligem Werfen achthundertmal Zahl zu werfen.
Es gibt eine weitere Definition der Wahrscheinlichkeit auf mengentheoretischer Grundlage. ∎

Beispiel 11.34
Es gibt unendlich viele Primzahlen, wobei 2 die einzige gerade Primzahl ist.

$$P(E) = \lim_{n\to\infty} \frac{1}{n} = 0$$

Die Wahrscheinlichkeit, zufällig aus der Menge der Primzahlen eine gerade auszuwählen, ist null.
Demzufolge ergibt sich aus der statistischen Definition der Wahrscheinlichkeit eines Ereignisses, dass die Wahrscheinlichkeit eines Ereignisses null sein kann, ohne dass es sich um das unmögliche Ereignis handelt.
Die Wahrscheinlichkeit des sicheren Ereignisses ist allerdings immer 1 (2. Axiom). ∎

11.2.2.3 Geometrische Definition der Wahrscheinlichkeit

Die klassische Definition ist für den Fall, dass sich die unendlich vielen Möglichkeiten geometrisch darstellen lassen (hier als Flächenwert) als Berechnungsformel für die Wahrscheinlichkeit des Ereignisses E in der Form

$$p(E) = \frac{\text{Anteil des für das Ereignis günstigen Flächenstücks}}{\text{Inhalt der Gesamtfläche}}$$

anwendbar.

Beispiel 11.35
Unter dem Wandputz liegt ein rechteckiges Drahtgeflecht aus zwei Millimeter starkem Draht. Von Drahtmitte zu Drahtmitte misst das Rechteck 15 Millimeter und 20 Millimeter.
In die Wand wird mit einem acht Millimeter Bohrer gebohrt.
Wie hoch ist die Wahrscheinlichkeit, dass der Bohrer nicht auf den Draht trifft und damit unbeschädigt bleibt?
Hinweis: Die klassische Definition der Wahrscheinlichkeit bleibt hier erhalten. Es ist ein Laplace-Experiment, wenn man den Draht an keiner Stelle durch den Putz sehen kann.
Was das für den Bohrer bedeutet, veranschaulicht vgl. Abb. 11.5.
(Skizze ist nicht maßstabsgerecht.)

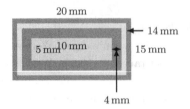

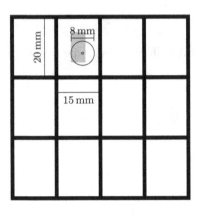

Abb. 11.5

$$A_{\text{gesamt}} = 20 \cdot 15 = 300 \, \text{m}^2$$

$$A_{\text{günstig}} = 5 \cdot 10 = 50 \, \text{m}^2$$

$$p(B) = \frac{50}{300} = \frac{1}{6} \approx 0{,}167 \quad \text{(Wahrscheinlichkeit, dass Bohrer unbeschädigt bleibt.)}$$

∎

Beispiel 11.36

Zwei Fernfahrer, die sich an einer bestimmten Autobahnraststätte zwischen 12.00 Uhr und 13.00 Uhr treffen wollen, vereinbaren, dass der Erste in dieser Zeit 30 Minuten, der Zweite hingegen gar nicht warten will (vgl. Abb. 11.6). Die Wahrscheinlichkeit für ein Zusammentreffen beträgt:

$$p(T) = \frac{1 - \dfrac{1}{2} \cdot \dfrac{1}{2} \cdot \dfrac{1}{2} - \dfrac{1}{2} \cdot 1 \cdot 1}{1} = \frac{1 - \dfrac{1}{8} - \dfrac{1}{2}}{1} = \frac{3}{8}$$

Die Wahrscheinlichkeit beträgt $\dfrac{3}{8}$.

∎

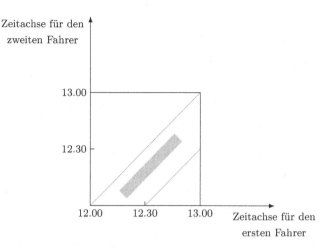

Zeitachse für den zweiten Fahrer

13.00

12.30

12.00   12.30   13.00   Zeitachse für den ersten Fahrer

Abb. 11.6

11.3 Wahrscheinlichkeitssätze

11.3.1 Laplace-Verteilungen

Eine Gleichverteilung der Ereignisse als Voraussetzung zur Anwendung der Definition von Laplace oder der klassischen muss vier Bedingungen erfüllen.

$$V_1 \cap V_2 \cap V_3 \cap V_4 \to p(E) = \frac{m}{n}$$

V_1: Alle Elementarereignisse sind gleich wahrscheinlich. (Die Voraussetzung ist bei gezinkten Karten, bei inhomogenen Würfeln oder Roulettetischen mit einem Magneten unter einer Zahlenreihe usw. nicht erfüllt!).

V_2: Je zwei Elementarereignisse schließen sich wechselseitig aus. (Es ist ausgeschlossen, dass der Würfel auf „Kippe steht" – also eine Vier und gleichzeitig eine andere Zahl anzeigt – der Wurf muss wiederholt werden!)

V_3: Keines der Elementarereignisse ist unmöglich. (Es ist zwar unwahrscheinlich, die richtige Kombination der sechs Zahlen aus 49 herauszufinden aber nicht unmöglich).

V_4: Die logische Summe aller sich paarweise ausschließender Elementarereignisse ist das sichere Ereignis. (Logische Summe der Ereignisse – gerade Zahl geworfen und das Ereignis Primzahl geworfen, ist nicht das sichere Ereignis, weil die Eins weder gerade noch eine Primzahl ist. Es ist also nicht sicher – gerade Zahl oder Primzahl zu werfen – es fehlt die Wahrscheinlichkeit $\frac{1}{6}$ (durch die Eins) an der Wahrscheinlichkeit Eins, die für das sichere Ereignis steht).

Gleichverteilung oder Laplace-Verteilung ist

– gleich wahrscheinlich,

– gegenseitiger Ausschluss,
– kein unmögliches Ereignis,
– zusammen ergeben die Elementarereignisse das sichere Ereignis.

Beispiel 11.37
Es wird mit zwei Würfeln geworfen und die Summe der Augenzahlen bestimmt.
Dabei kann die Summe der Augen auf beiden Würfeln die:
11 nur durch 5 auf dem einen und 6 auf dem anderen Würfel,
12 nur durch 6 auf dem einen und 6 auf dem anderen Würfel,
7 aber entweder durch 1 auf dem einen und 6 auf dem anderen oder 7 entweder
durch 2 auf dem einen und 5 auf dem anderen oder 7 auch durch 3 auf dem einen
und 4 auf dem anderen
erhalten werden.
Selbst der letzte Universalgelehrte unserer Zeit, G. W. Leibniz, setzte irrtümlich
eine Laplace-Verteilung voraus und nahm an, dass die Augensumme sieben auf
diese drei Arten dreimal so oft erzielt wird, wie die elf oder die zwölf.
Beim Würfeln mit zwei Würfen (nacheinander oder gleichzeitig) gibt es 36 Elementarereignisse. Dabei wird zwischen dem Ereignis EINS auf dem ersten und
ZWEI auf dem zweiten und umgekehrt (ZWEI auf dem ersten und EINS auf dem
zweiten) unterschieden (Beachtung der Reihenfolge – Variation).

$$V_{6W}^{(2)} = 6^2 = 36$$

Günstig für die Augensumme sieben ist:

$$(1;6), (2;5), (3;4), (4;3), (5;2), (6;1),$$

also sechs Möglichkeiten.
Dabei ist die erste Zahl im Paar die Augenzahl des ersten und die zweite die des
folgenden Wurfes.
Günstig für die Augensumme elf ist:

$$(5;6), (6;5),$$

also zwei Möglichkeiten von 36 und schließlich kann zwölf nur durch

$$(6;6)$$

erreicht werden.

$$p(7) = \frac{6}{36} = 3 \cdot p(11) = 6 \cdot p(12) \qquad\qquad p(11) = \frac{2}{36}$$

$$p(12) = \frac{1}{36}$$

Die Regel, dass die Anzahl der für das Ereignis E günstigen durch die Anzahl der
möglichen dividiert wird, kann nur angewandt werden, wenn Gleichverteilungen
vorliegen. Um das zu erreichen, müssen die möglichen Paare herangezogen werden,
die beim Würfeln mit zwei Würfeln erreicht werden können. ∎

11.3.2 Additionssatz

Satz 11.1

Additionssatz der Wahrscheinlichkeitsrechnung
(bereits als 3. Axiom für die Definition der Wahrscheinlichkeit angegeben)
Die Wahrscheinlichkeit einer Summe zufälliger, einander ausschließender Ereig-
nisse ist gleich der Summe ihrer Wahrscheinlichkeiten.

$$P(E_1 \cup E_2 \cup \ldots \cup E_n) = P(E_1) + P(E_2) + \ldots + P(E_n)$$

Vor Anwendung des Additionssatzes der Wahrscheinlichkeit ist zweifelsfrei zu klä-
ren, dass sich die Ereignisse gegenseitig ausschließen. Es können bei fahrlässi-
gen Entscheidungen in dieser Frage Wahrscheinlichkeiten größer als eins ermittelt
werden!

Beispiel 11.38
Die Wahrscheinlichkeit, eine gerade Zahl zu würfeln, setzt sich aus der Summe der
Wahrscheinlichkeit für den Wurf einer 2, einer 4 und einer 6 zusammen.

$$P(E_2 \cup E_4 \cup E_6) = \frac{1}{6} + \frac{1}{6} + \frac{1}{6} = \frac{1}{2}$$

∎

Beispiel 11.39
Die Wahrscheinlichkeit dafür, dass beim Werfen mit vier Münzen mindestens dreimal Zahl auftritt, setzt sich aus der Wahrscheinlichkeit für die Ereignisse zusammen, dass genau dreimal Zahl und viermal Zahl auftritt. ∎

Die Gesamtzahl der Möglichkeiten (Variationen von 2 Elementen zur 4. Klasse
mit Wiederholung $2^4 = 16$)

$$P(E_3 \cup E_4) = \frac{4}{16} + \frac{1}{16} = \frac{5}{16}$$

Die Formulierung des Additionssatzes lautet:

1. $P(E_1 \cup E_2) = P(E_1) + P(E_2) - P(E_1)P(E_2)$
   für das einschließende „oder", beide Ereignisse schließen sich nicht gegenseitig
   aus.
2. $P(E_1 \cup E_2) = P(E_1) + P(E_2)$
   für das ausschließende „oder", beide Ereignisse schließen sich wechselseitig aus.

11.3.3 Multiplikationssatz

Satz 11.2
Multiplikationssatz der Wahrscheinlichkeitsrechnung

Die Wahrscheinlichkeit für das gleichzeitige Auftreten von mehreren unabhängigen Ereignissen ist gleich dem Produkt der Wahrscheinlichkeit.

$$P(E_1 \cap E_2 \cap \ldots \cap E_n) = P(E_1)P(E_2) \cdot \ldots \cdot P(E_n)$$

Beispiel 11.40

Die Wahrscheinlichkeit, mehrmals hintereinander eine 6 zu würfeln, sinkt mit der Anzahl.

Zweimal eine 6 hintereinander:

$$P(E_6 \cap E_6) = \frac{1}{6} \cdot \frac{1}{6} = \frac{1}{36}$$

Dreimal hintereinander eine 6:

$$P(E_6 \cap E_6 \cap E_6) = \frac{1}{216}$$

Viermal hintereinander eine 6:

$$P(E_6 \cap E_6 \cap E_6 \cap E_6) = \frac{1}{1296}$$

n-mal hintereinander eine 6:

$$P\underbrace{(E_6 \cap E_6 \cap \ldots \cap E_6)}_{n \text{ Ereignisse}} = \frac{1}{6^n}$$

Das Komplementärereignis (nicht n-mal hintereinander eine 6 zu würfeln) erhält eine größere Wahrscheinlichkeit für wachsendes n.

$$P(\overline{E}_6) = 1 - \frac{1}{6^n}$$

∎

Beispiel 11.41

Ein Gerät mit 5 voneinander unabhängigen Baugruppen, die mit einer Wahrscheinlichkeit von jeweils 90 % funktionieren, hat eine Funktionssicherheit von

$$P(E_1 \cap E_2 \cap E_3 \cap E_4) = 0{,}9^5 = 0{,}59,$$

woraus entnommen werden kann, dass die Mühe des Zusammenbaus vergeblich ist (es funktioniert nämlich nicht mit der Wahrscheinlichkeit von 41 %).

Zu beachten ist im Unterschied zum Additionssatz, wo sich die Wahrscheinlichkeit durch die Addition erhöht, dass sich die Wahrscheinlichkeit beim Multiplikationssatz für das gleichzeitige Eintreten der Ereignisse mit sich vergrößernder Zahl der Ereignisse verringert ($P(E) < 1$).

Aus dem Additionssatz ergab sich

$$P(\overline{E}) = 1 - P(E)$$

oder

$$P(E) = 1 - P(\overline{E})$$

als Zusammenhang der Wahrscheinlichkeit eines Ereignisses mit der des Komplementärereignisses.

Das heißt für n Ereignisse $E_1, E_2, \ldots, E_n$, die sich ausschließen:

$$P(E_1 \cup E_2 \cup \ldots \cup E_n) = 1 - P(\overline{E}_1) - P(\overline{E}_2) - \ldots - P(\overline{E}_n)$$

∎

11.3.4 Additionssatz und Multiplikationssatz als Pfadregel

Ein historisches Beispiel für eine mathematische Fragestellung des Chevalier de Méré (1607–1684) an Blaise Pascal (1623–1662):

„Ist es wahrscheinlicher, bei vier Würfen mit einem Würfel mindestens eine Sechs zu erreichen oder bei 24 Würfen mit zwei Würfeln eine Doppelsechs (Sechserpasch) zu erhalten?"

Erläuterung der Lösung:

Erstes Spiel – Die erhoffte Sechs kann beim ersten, zweiten, dritten, vierten Wurf aber auch bei drei oder zwei auftreten – muss es aber nicht. Der Entscheidungsbaum hat

$$V_{6_W}^{(4)} = 6^4 = 1296$$

Ausgänge oder Zweige, in denen Sechsen vorkommen oder nicht.

Das Gegenereignis zu „Sechs" ist es, keine Sechs zu werfen.

Er hat nur noch 16 Ausgänge, von denen 15 das Ereignis „Sechs" enthalten.

Eine nicht! Dieser veranschaulicht das Gegenereignis – überhaupt keine Sechs im äußersten rechten Zweig des Baumes! Jeder andere Zweig hat mindestens eine Sechs (vgl. Abb. 11.7).

Es folgt eine Produkt- oder Multiplikationsregel, wie sie auch in der Kombinatorik gilt.

Beim ersten Wurf keine Sechs zu erlangen hat die Wahrscheinlichkeit:

$$p(\overline{6_1}) = \frac{5}{6}$$

Bis zum zweiten Wurf keine Sechs zu erlangen:

$$p(\overline{6_2}) = \frac{5}{6} \cdot \frac{5}{6}$$

$\widehat{\overline{6}}$ Ereignis: <u>keine</u> Sechs geworfen.

$\widehat{6}$ Ereignis: Sechs geworfen (also eine Eins, Zwei, Drei, Vier oder Fünf).

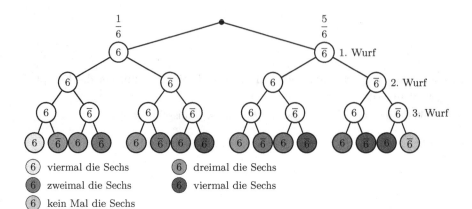

$\widehat{6}$ viermal die Sechs $\widehat{6}$ dreimal die Sechs

$\widehat{6}$ zweimal die Sechs $\widehat{6}$ viermal die Sechs

$\widehat{6}$ kein Mal die Sechs

Abb. 11.7

Bis zum dritten Wurf keine Sechs zu erlangen:

$$p(\overline{6_3}) = \left(\frac{5}{6}\right)^3$$

Bis zum n-ten Wurf keine Sechs zu erlangen:

$$p(\overline{6_n}) = \left(\frac{5}{6}\right)^n$$

Im Beispiel:

Bis zum vierten Wurf keine Sechs zu erlangen

$$p(\overline{6_4}) = \left(\frac{5}{6}\right)^4.$$

Das **Gegenereignis** – bis zum vierten Wurf mindestens eine Sechs zu werfen:

$$1 - p(\overline{6_4}) = 1 - \left(\frac{5}{6}\right)^4 = 1 - \frac{625}{1296} = \frac{671}{1296} \approx 0{,}517\,747$$

1. **Pfadregel (Produktregel):**

   Die Wahrscheinlichkeit für ein Ereignis am Ende eines Pfades im Baumdiagramm ist gleich dem Produkt der Wahrscheinlichkeiten aller Ereignisse auf diesem Pfad.

2. **Spiel** (vgl. Abb. 11.8)

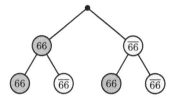

66 Sechserpasch

$\overline{66}$ kein Sechserpasch (jede andere Variation)

Abb. 11.8

Nur der äußerst rechte Pfad enthält keinen Sechserpasch. Die Wahrscheinlichkeit ergibt sich nach der Produktregel zu

$$\left(\frac{35}{36}\right)^{24}.$$

Somit hat das Gegenereignis – mindestens einen Sechserpasch in 24 Würfen mit zwei Würfeln zu würfeln – die Wahrscheinlichkeit

$$1 - \left(\frac{35}{36}\right)^{24} \approx 0{,}491\,404$$

Das Ergebnis für den Favoriten des ersten Spieles liegt wenig über 0,5 (50 %) und das für den des zweiten Spieles gering unter 0,5. Der Unterschied ist allerdings so gering, dass er durch die Spieler (Würfler) kaum festgestellt werden kann.

Wenn die Ereignisse auf einem Pfad liegen, so treten sie gleichzeitig ein. Sind n-Ereignisse $E_1, E_2, \ldots, E_n$ voneinander unabhängig, ergibt sich die Wahrscheinlichkeit für das logische Produkt aus dem Produkt der Wahrscheinlichkeiten dieser Ereignisse.

Da die Wahrscheinlichkeit niemals größer als eins ist, kann sich bei der Multiplikation die Zahl auch nicht vergrößern. Es wird also ein „vernünftiger" Wert.

Oft ist es ratsam, auch die Wahrscheinlichkeit des Gegen- oder Komplementärereignisses in die Überlegungen einzubeziehen.

Beispiel 11.42

Er kommt mit einer Wahrscheinlichkeit von 0,98 (98 %) zum Treffen.

Sie kommt mit einer Wahrscheinlichkeit von 0,15 (15 %) nicht zum Treffen.

Sie treffen sich mit einer Wahrscheinlichkeit von

$$p(T) = 0{,}98(1 - 0{,}15) = 0{,}98 \cdot 0{,}85 = 0{,}833 \quad (83\,\%)$$

■

Beispiel 11.43

Einen Ferienjob im Supermarkt zu erhalten, hat die Wahrscheinlichkeit 0,6; Zeitungen können mit einer Wahrscheinlichkeit von 0,4 ausgetragen werden.

Gibt es mit Sicherheit einen Job?

Nein, denn die Ereignisse sind nicht miteinander unvereinbar!

$$p(J) = P(S) + p(Z) - p(S \cap Z) = 0,6 + 0,4 - 0,24 = 0,76$$

Auf den Ereignisbaum angewandt bedeutet es, da es sich beim Zweigende garantiert um ein unabhängiges Ereignis handelt (vgl. Abb. **??**):

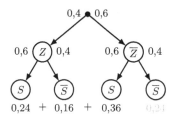

Abb. 11.9

■

2. Pfadregel:

Die Wahrscheinlichkeit für ein Ereignis ergibt sich aus der Summe der Wahrscheinlichkeiten aller Pfade, die für das ausgewählte Ereignis günstig sind.

11.3.5 Technische Anwendung der beiden elementaren Wahrscheinlichkeitssätze

Bauelemente, aber auch Arbeitsgänge können parallel oder in Reihe angeordnet werden.

Beispiel 11.44

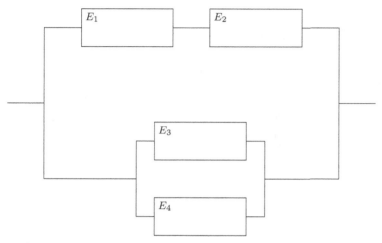

Abb. 11.10

$$p(E_1) = 0{,}9 \qquad p(E_2) = 0{,}7 \qquad p(E_3) = 0{,}5 \qquad p(E_4) = 0{,}8$$

In Abb. 11.10 sind die Bauelement E_3 und E_4 parallel und beide parallel zu E_1 aber auch zu E_2 geschaltet.

Die Schaltung funktioniert nur, wenn E_1 und E_2 oder E_3 oder E_4 funktionieren (nicht ausschließendes ODER).

Der Zweig oben funktioniert nur, wenn E_1 und E_2 gleichzeitig funktionieren.

$$p(E_1 \cap E_2) = p(E_1) \cdot p(E_2)$$

Der untere Zweig (Parallelschaltung) funktioniert nur dann nicht, wenn beide Bauelemente versagen.

Er funktioniert also beim entgegengesetzten Ereignis – nicht **alle** Bauelemente sind ausgefallen.

$$p(E_3 \cup E_4) = 1 - p(\overline{E_3}) \cdot p(\overline{E_4}) = 1 - (1 - p(E_3))(1 - p(E_4))$$

Somit aus:

$$p[(E_1 \cap E_2) \cup (E_3 \cup E_4)] = 1 - [1 - p(E_1 \cap E_2)] \cdot [1 - p(E_3 \cup E_4)]$$
$$= 1 - [1 - p(E_1) \cdot p(E_2)] \cdot [1 - (1 - (-p(E_3))(1 - p(E_4)))]$$
$$= 1 - [1 - p(E_1)p(E_2)] \cdot [(1 - p(E_3))(1 - p(E_4))]$$
$$= 1 - [1 - 0{,}9 \cdot 0{,}7] \cdot [(1 - 0{,}5)(1 - 0{,}8)]$$
$$= 1 - (1 - 0{,}63) \cdot 0{,}5 \cdot 0{,}2 = 1 - 0{,}037 = 0{,}963$$

Mit 0,963 ist die Zuverlässigkeit des Systems recht hoch.   ■

Allgemein gilt:

Reihenschaltung

Sie funktioniert nur, wenn **alle** n Bauelemente oder alle nacheinander ablaufende Arbeitsgänge zusammen oder gleichzeitig funktionieren oder gleichzeitig gehen. Haben sie die Wahrscheinlichkeiten

$$p(E_i)$$

für ein sicheres Funktionieren, dann ist die Wahrscheinlichkeit für den störungsfreien Ablauf

$$p(F) = p(E_1)p(E_2) \cdot \ldots \cdot p(E_n).$$

Somit ist, da $p(E_i)$ nicht größer als eins sein kann, jedes Bauelement oder jeder Arbeitsgang, der eine noch so geringe Störanfälligkeit besitzt, geeignet, die Funktionssicherheit des Gesamtablaufs zu vermindern.

Aus diesem Grund werden neue Verfahren möglichst parallel und nicht im Anschluss an die Abschaffung einer alten Methode eingeführt, wenn man es sich finanziell und zeitlich leisten kann – im Allgemeinen ist das nämlich das praktische Problem.

Werden Bauelemente mit der Funktionssicherheit $p(E_1), p(E_2), \ldots, p(E_n)$ in Reihe geschaltet, so ist die Funktionssicherheit der Reihenschaltung nie größer als die des Bauelements mit der geringsten Sicherheit.

$$p_{\text{Reihe}}(F) \leq \text{MINIMUM}\,\{p(E_1); p(E_2); \ldots; p(E_n)\}$$

Parallelschaltung

Bei der Parallelschaltung von n Bauelementen mit der Funktionssicherheit $p(E_1), p(E_2), \ldots, p(E_n)$ genügt es, wenn mindestens ein Bauelement funktioniert (Gegenereignis zu – alle Bauelemente fallen aus).

$$p(F) = 1 - p(\overline{E_1})p(\overline{E_2}) \cdot \ldots \cdot p(\overline{E_n})$$
$$= 1 - (1 - p(E_1))(1 - p(E_2)) \cdot \ldots \cdot (1 - p(E_n))$$

Somit ist die Zuverlässigkeit von parallel geschalteten Bauelementen mindestens so groß wie die größte Zuverlässigkeit der einzelnen Bauelemente.

$$p_{\text{Parallel}}(F) \geq \text{MAX}\{p(E_1); p(E_2); \ldots; p(E_n)\}$$

Es ist technisch sinnvoll, die schwächsten Bauelemente in einer Reihenschaltung durch die Parallelschaltung eines Reserveelements zu unterstützen.

Beispiel 11.45
Die Zuverlässigkeit des Systems (Reihenschaltung, vgl. Abb. 11.11) beträgt nur

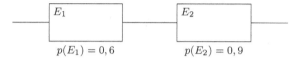

$$p(E_1) = 0,6 \qquad p(E_2) = 0,9$$

Abb. 11.11

$$p(S_1) = 0,6 \cdot 0,9 = 0,54$$

Ein Bauelement E_3 mit $p(E_3) = 0,7$ kann nun zu

a) E_1 oder zu
b) E_2 parallel geschaltet werden.

a) Das System (vgl. Abb. 11.12) arbeitet nun mit einer Zuverlässigkeit von

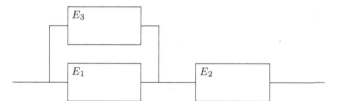

Abb. 11.12

$$p(S_2) = p(E_3 \cup E_1)p(E_2) = [1 - (1 - 0,7)(1 - 0,6)] \cdot 0,9$$
$$= [1 - 0,3 \cdot 0,4] \cdot 0,9 = (1 - 0,12) \cdot 0,9 = 0,792$$

b) Das System (vgl. Abb. 11.13) arbeitet nun mit einer Zuverlässigkeit von

$$p(S_3) = p(E_1)p(E_2 \cup E_3) = 0,6[1 - (1 - 0,9)(1 - 0,7)]$$
$$= 0,6 \cdot (1 - 0,1 \cdot 0,3) = 0,582$$

Die Ergebnisse bestätigen eindeutig, dass die Dublette immer am schwächsten Element der Reihenschaltung vorzunehmen ist (der schwächste Mitarbeiter einen Kollegen zugeordnet erhält usw.). ∎

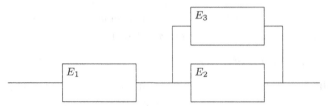

Abb. 11.13

11.3.6 Wahrscheinlichkeit von n Versuchen

Wird ein Versuch n-mal nacheinander ausgeführt, so tritt das Ereignis E mit der Wahrscheinlichkeit p (nicht Auftreten nach dem ersten Versuch $q = (1-p)$) bei n Versuchen mit der Wahrscheinlichkeit q^n nicht auf. Somit tritt das Ereignis bei n Versuchen mit der Wahrscheinlichkeit

$$1 - q^n$$

mindestens einmal auf.

Beispiel 11.46
Bei einem Wurf tritt die Sechs mit der Wahrscheinlichkeit von einem Sechstel auf und fünf Sechstel nicht auf.
Nach n Würfen gibt es mindestens eine Sechs mit der Wahrscheinlichkeit:

$$1 - \left(\frac{5}{6}\right)^n = p \quad \text{allgemein:} \quad 1 - q^n = p \qquad (11.1)$$

p ist die Wahrscheinlichkeit, nach n Würfen mindestens eine Sechs zu erhalten. Mit $n = 20$ ist

$$1 - \left(\frac{5}{6}\right)^{20} = 1 - 0{,}026\,08 \approx 0{,}9739$$

Etwa in $97{,}4\,\%$ der Fälle ist nach zwanzig Würfen mindestens ein Sechser dabei.

∎

Beispiel 11.47
Wie oft muss geworfen werden, um mit einer Wahrscheinlichkeit von mindestens $90\,\%$ eine Sechs zu erhalten?
Es ist der Exponent auf der linken Seite der Gleichung (11.1) zu bestimmen. Der Wert auf der rechten Seite (0,9) darf nicht unterschritten werden (nach n Versuchen).

$$1 - \left(\frac{5}{6}\right)^n \geq 0{,}90$$

$$- \left(\frac{5}{6}\right)^n \geq -0{,}1$$

Keine Sechs zu erhalten, soll den Wert von 0,1 nicht unterschreiten.

$$\left(\frac{5}{6}\right)^n \leq 0,1$$

Multiplikation mit einer negativen Zahl kehrt das Ungleichheitszeichen um!

$$n \cdot \lg \frac{5}{6} \leq \lg(0,1)$$

Jeder Logarithmus einer Zahl kleiner Eins ist negativ, sodass sich bei Division durch $\lg \frac{5}{6}$ das Ungleichheitszeichen noch einmal umkehrt.

$$n \geq \frac{\lg(0,1)}{\lg \frac{5}{6}} \approx 12,63$$

Nach 13 Würfen liegt die Wahrscheinlichkeit dafür, mindestens eine Sechs gewürfelt zu haben, über 0,9. ∎

Allgemein:
Mindestens eines der Ereignisse $E_1, E_2, \ldots, E_n$ tritt mit der Wahrscheinlichkeit ein:

$$p(E_1 \cup E_2 \cup \ldots \cup E_n) = 1 - p(\overline{E_1 \cup E_2 \cup \ldots \cup E_n})$$
$$p(E_1 \cup E_2 \cup \ldots \cup E_n) = 1 - p(\overline{E_1} \cap \overline{E_2} \cap \ldots \cap \overline{E_n})$$

Regel von de Morgan (A. de Morgan (1806–1871))

$$p(E_1 \cup E_2 \cup \ldots \cup E_n) = 1 - p(\overline{E_1}) \cdot p(\overline{E_2}) \cdot \ldots \cdot p(\overline{E_n}),$$

wenn $E_1, E_2, \ldots, E_n$ unabhängig voneinander sind.
Die Wahrscheinlichkeiten für $E_1, E_2, \ldots, E_n$ müssen demzufolge nicht übereinstimmen.

11.4 Unbedingte und bedingte Wahrscheinlichkeiten

11.4.1 Abhängige und unabhängige Ereignisse

Definition 11.8
Zwei Ereignisse E_1 und E_2 sind unabhängig voneinander, wenn die Wahrscheinlichkeit des logischen Produkts der Ereignisse (gleichzeitiges Eintreten) gleich dem Produkt ihrer Wahrscheinlichkeiten ist. ◆

Verallgemeinerung:

Die Ereignisse $E_1, E_2, \ldots, E_n$ werden voneinander unabhängig genannt, wenn gilt:

$$p(E_1 \cap E_2 \cap \ldots \cap E_n) = p(E_1) \cdot p(E_2) \cdot \ldots \cdot p(E_n)$$

Beispiel 11.48

Handelt es sich bei den Ereignissen E_1 und E_2 beim Werfen von zwei Würfeln um abhängige oder unabhängige Ereignisse?

E_1: Augensumme gleich acht.

E_2: Augen auf beiden Würfeln gleich (Pasch).

Die Ereignisse sind abhängig, denn

$$p(E_1) = \frac{5}{36} \quad \text{und} \quad p(E_2) = \frac{6}{36}$$

$$26; 62; 35; 53; 44 \quad 11; 22; 33; 44; 55; 66$$

womit

$$p(E_1 \cap E_2) = \frac{1}{36} \neq \frac{5}{216} = \frac{5}{36} \cdot \frac{6}{36} = p(E_1) \cdot p(E_2) \qquad \blacksquare$$

11.4.2 Wahrscheinlichkeit von unabhängigen Ereignissen – Zusammenfassung

Sind zwei Ereignisse voneinander unabhängig, so gilt

$$p(E_1 \cap E_2) = p(E_1) \cdot p(E_2).$$

Das ist der Multiplikationssatz für das gleichzeitige Eintreten voneinander unabhängiger Ereignisse.

n voneinander unabhängige Ereignisse treten gleichzeitig mit der Wahrscheinlichkeit von

$$p(E_1 \cap E_2 \cap \ldots \cap E_n) = p(E_1) \cdot p(E_2) \cdot \ldots \cdot p(E_n)$$

ein.

Beispiel 11.49

Würfelt man gleichzeitig mit zwei Würfeln, dann ist die erreichte Augensumme des ersten Würfels von der des zweiten unabhängig und umgekehrt.

Sind beide Würfel miteinander verbunden, so tritt eine Kopplung ein – die Ereignisse – Augenzahlen der beiden Würfel – sind keinesfalls mehr voneinander unabhängig. $\qquad \blacksquare$

Die Wahrscheinlichkeit, dass von den n Ereignissen $E_1, E_2, \ldots, E_n$ mindestens einmal eines erhalten wird, ist das Komplementärereignis (entgegengesetzte Ereignis) dazu, dass alle Gegenereignisse gleichzeitig eintreten.

$$p(E_1 \cup E_2 \cup \ldots \cup E_n) = 1 - p(\overline{E_1} \cap \overline{E_2} \cap \ldots \cap \overline{E_n})$$

oder, die Unabhängigkeit der Gegenereignisse $\overline{E_1}, \overline{E_2}, \ldots, \overline{E_n}$ voraussetzend:

$$p(E_1 \cup E_2 \cup \ldots \cup E_n) = 1 - p(\overline{E_1} \cdot \overline{E_2} \cdot \ldots \cdot \overline{E_n})$$

Das ermöglicht bei

a) vorgegebener Wahrscheinlichkeit
   des Funktionierens der Einzelelemente
   und der Anzahl $\qquad$ die Berechnung der Wahrscheinlichkeit,
   mit der das System funktioniert.

   $$p^n = p_S$$

b) vorgegebener Wahrscheinlichkeit,
   mit der das System funktioniert
   (Mindestforderung) und der Anzahl
   der Elemente $\qquad$ die Berechnung der Wahrscheinlichkeit,
   mit der die Einzelelemente funktionieren
   müssen.

   $$p^n \geq p_S,$$

   woraus folgt:

   $$p \geq \sqrt[n]{p_S}$$

c) vorgegebener Funktionssicherheit
   der Einzelelemente und der des
   Systems (Mindestforderung) $\qquad$ die Berechnung der Anzahl von
   Bauelementen, die (höchstens!) in
   Reihe geschaltet werden dürfen.

   $$n \leq \frac{\lg(p_S)}{\lg(p)}$$

Gegebenenfalls ist die Komplementärwahrscheinlichkeit

$$q = 1 - p$$

mit einzubeziehen.

Mitunter ist es ebenfalls erforderlich, den Additionssatz für die Ereignisse E_1 und E_2 anzuwenden.

$$p(E_1 \cup E_2) = p(E_1) + p(E_2) - p(E_1 \cap E_2)$$

und für den Spezialfall für sich einander ausschließende Ereignisse E_1 und E_2, also

$$E_1 \cap E_2 = \emptyset$$
$$p(E_1 \cup E_2) = p(E_1) + p(E_2)$$

Ohne Beweis wird angegeben:

Satz 11.3
Sind die Ereignisse E_1 und E_2 voneinander unabhängig, dann ist auch E_1 und $\overline{E_2}$, $\overline{E_1}$ und E_2 sowie auch $\overline{E_1}$ und $\overline{E_2}$ voneinander unabhängig.

11.4.3 Bedingte Wahrscheinlichkeit

Beispiel 11.50
E_1: Menge der Wahlberechtigten
E_2: Menge der Nichtwähler (obwohl wahlberechtigt – Wahlverweigerer)
$E_1 \setminus E_2$: Menge der Wähler
$p(E_1) = 1$ (nach Gesetz werden alle erfasst – benachrichtigt)
$p(E_2) = 0{,}3$ Anteil der Nichtwähler
$p(E_3) = 0{,}4$ Anteil der Wählerstimmen für Partei XXX
Stimmenanteil der Partei XXX bezogen auf die Wahlberechtigten:

$$(1 - 0{,}3) \cdot 0{,}4 = 0{,}7 \cdot 0{,}4 = 0{,}28$$

∎

Beispiel 11.51
Schrauben werden aus mehreren Betrieben in ein Zentrallager geliefert. B_1 liefert 50 %, B_2 liefert 30 %, B_3 liefert 15 % und beim Rest sind die Lieferbetriebe unbekannt.
Da es B_1 nicht ist, verteilen sich die Herkunftsmöglichkeiten auf B_2 zu B_3 zu dem unbekannten Hersteller wie 30 : 15 : 5
Wie groß ist die Wahrscheinlichkeit, zufällig eine Schraube aus B_2 herauszugreifen, wenn bekannt ist, dass die Schraube **nicht** aus B_1 ist?
Aus B_2 ist die Schraube somit mit einer Wahrscheinlichkeit

$$p_{\overline{B_1}}(B_2) = \frac{30}{50} = \frac{3}{5} = 0{,}60$$

∎

11.4.4 Allgemeiner Multiplikationssatz

Der Multiplikationssatz (oder die Pfadregel) für unabhängige Ereignisse
$E_1, E_2, \ldots, E_n$ besagt, dass sich die Wahrscheinlichkeit des gleichzeitigen Eintretens der n Ereignisse als Produkt der Wahrscheinlichkeiten dieser (unabhängigen Ereignisse) berechnet.

$$p(E_1 \cap E_2 \cap \ldots \cap E_n) = p(E_1) \cdot p(E_2) \cdot \ldots \cdot p(E_n)$$

Allgemein lautet die Pfadregel für n beliebige Ereignisse $E_1, E_2, \ldots, E_n$ aus dem Ereignisraum Ω (vgl.Abb. 11.14):

$$p(E_1 \cap E_2 \cap \ldots \cap E_n) = p(E_1) \cdot p_{E_1}(E_2) \cdot p_{E_1 \cap E_2}(E_3) \cdot \ldots \cdot p_{E_1 \cap E_2 \cap \ldots E_{n-1}}(E_n)$$

Für $n = 3$ lautet der Multiplikationssatz oder eine der beiden Pfadregeln:

$$p(E_1 \cap E_2 \cap E_3) = p(E_1) \cdot p_{E_1}(E_2) \cdot p_{E_1 \cap E_2}(E_3)$$

Der Beweis dieses allgemeinen Multiplikationssatzes kann durch vollständige Induktion erbracht werden.

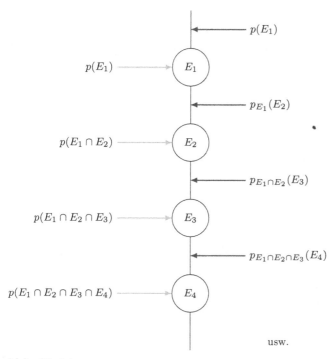

Abb. 11.14

Beispiel 11.52

Experten des Rennplatzes sind sich sicher, dass drei von 50 gestarteten Pferden unter die ersten sechs kommen werden. Mit welcher Wahrscheinlichkeit sind drei weitere zufällig ausgewählte Pferde zusammen mit den drei als sicher gesetzten beim Einlauf unter den ersten sechs Pferden?

$$p(E_1 \cap E_2 \cap E_3 \cap E_4 \cap E_5 \cap E_6)$$
$$= p(E_1) \cdot p(E_2) \cdot p(E_3) \cdot p_{E_1 \cap E_2 \cap E_3}(E_4) \cdot p_{E_1 \cap E_2 \cap E_3 \cap E_4}(E_5) \cdot p_{E_1 \cap E_2 \cap E_3 \cap E_4 \cap E_5}(E_6)$$
$$= 1 \cdot 1 \cdot 1 \cdot \frac{3}{47} \cdot \frac{2}{46} \cdot \frac{1}{45} \approx 0{,}000\,061\,6$$

∎

11.4.5 Totale Wahrscheinlichkeit

Satz 11.4

Satz von der totalen Wahrscheinlichkeit
Ergibt die Summe der Wahrscheinlichkeiten von n zufälligen, einander ausschlie-
ßenden Ereignissen $E_1, E_2, \ldots, E_n$ eins (sicheres Ereignis)

$$\sum_{i=1}^{n} P(E_i) = 1,$$

so kann die Wahrscheinlichkeit für ein beliebiges Ereignis E aus folgender Summe
von Produkten berechnet werden.

$$P(E) = P(E_1)P_{E_1}(E) + P(E_2)P_{E_2}(E) + \cdots + P(E_n)P_{E_n}(E)$$

Beispiel 11.53

An einem Verkehrsknotenpunkt verkehren 5 Buslinien in folgenden Abständen:

Linie A 10 Minuten

Linie B 5 Minuten

Linie C 12 Minuten

Linie D 20 Minuten

Linie E 15 Minuten

Mit Schaffner fährt auf Linie A jeder zweite, auf Linie B jeder dritte, auf Linie C
jeder fünfte, auf Linie D jeder zweite und auf Linie E jeder achte Bus.
Wie groß ist die Wahrscheinlichkeit, dass der nächste Bus, der am Verkehrsknotenpunkt eintrifft, mit Schaffner fährt?

Wahrscheinlichkeit für das Eintreffen des Busses Linie A: $P(A) = \dfrac{1}{5}$

Wahrscheinlichkeit für das Eintreffen des Busses Linie B: $P(B) = \dfrac{2}{5}$

Wahrscheinlichkeit für das Eintreffen des Busses Linie C: $P(C) = \dfrac{1}{6}$

Wahrscheinlichkeit für das Eintreffen des Busses Linie D: $P(D) = \dfrac{1}{10}$

Wahrscheinlichkeit für das Eintreffen des Busses Linie E: $P(E) = \dfrac{2}{15}$

Die Eintreffwahrscheinlichkeiten der Busse sind zu den zeitlichen Abständen umgekehrt proportional (Größere Abstände zwischen den Bussen einer Linie bedeuten
geringere Wahrscheinlichkeiten für das Eintreffen.)

$$P(A) = \frac{a}{10} \qquad P(B) = \frac{a}{5} \qquad P(C) = \frac{a}{12} \qquad P(D) = \frac{a}{20} \qquad P(E) = \frac{a}{15}$$

Wegen der Sicherheit, dass ein Bus das Linienkennzeichen A, B, C, D, E trägt (nur sie bedienen die Haltestelle), muss die Summe der Wahrscheinlichkeiten 1 betragen. Aus

$$\frac{a}{10} + \cdot\frac{a}{5} + \frac{a}{12} + \frac{a}{20} + \frac{a}{15} = 1$$

ergibt sich für a der Wert 2.
Probe:
Die Summe

$$\begin{aligned} P(A) + P(B) + P(C) + P(D) + P(E) &= \frac{1}{5} + \frac{2}{5} + \frac{1}{6} + \frac{1}{10} + \frac{2}{15} \\ &= \frac{6 + 12 + 5 + 3 + 4}{30} \\ &= 1 \end{aligned}$$

Die Wahrscheinlichkeit für einen Schaffner beträgt auf Linie A: $P_A(S) = \dfrac{1}{2}$

Die Wahrscheinlichkeit für einen Schaffner beträgt auf Linie B: $P_B(S) = \dfrac{1}{3}$

Die Wahrscheinlichkeit für einen Schaffner beträgt auf Linie C: $P_C(S) = \dfrac{1}{5}$

Die Wahrscheinlichkeit für einen Schaffner beträgt auf Linie D: $P_D(S) = \dfrac{1}{2}$

Die Wahrscheinlichkeit für einen Schaffner beträgt auf Linie E: $P_E(S) = \dfrac{1}{8}$

$$\begin{aligned} P(S) &= P(A)P_A(S) + P(B)P_B(S) + P(C)P_C(S) + P(D)P_D(S) + P(E)P_E(S) \\ &= \frac{1}{5}\cdot\frac{1}{2} + \frac{2}{5}\cdot\frac{1}{3} + \frac{1}{6}\cdot\frac{1}{5} + \frac{1}{10}\cdot\frac{1}{2} + \frac{2}{15}\cdot\frac{1}{8} \\ &= \frac{6 + 8 + 2 + 3 + 1}{60} \\ &= \frac{1}{3} \end{aligned}$$

Mit einer Wahrscheinlichkeit von $1/3$ fährt auf dem nächsten Bus, der am Verkehrsknotenpunkt eintrifft, ein Schaffner. ∎

11.4.6 Satz von Bayes

Wenn

$$p(E_1) \neq 0 \quad \text{und} \quad p(E_2) \neq 0,$$

dann gilt nach dem Multiplikationssatz für nicht notwendigerweise unabhängige Ereignisse

$$p(E_1 \cap E_2) = p(E_1) \cdot p_{E_1}(E_2)$$

und auch

$$p(E_2 \cap E_1) = p(E_2) \cdot p_{E_2}(E_1).$$

Da aber

$$E_1 \cap E_2 = E_2 \cap E_1$$

kommutativ ist, folgt

$$p(E_1) \cdot p_{E_1}(E_2) = p(E_2) \cdot p_{E_2}(E_1)$$

oder aufgelöst nach $p_{E_2}(E_1)$

$$p_{E_2}(E_1) = \frac{p(E_1)p_{E_1}(E_2)}{p(E_2)} \quad *$$

Bei der Anwendung ist $p(E)$ oft eine totale Wahrscheinlichkeit.

$$p(E) = p(E_1) \cdot p_{E_1}(E) + p(\overline{E_1}) \cdot p_{\overline{E_1}}(E).$$

Eingesetzt in *:

$$p_{E_2}(E_1) = \frac{p(E_1) \cdot p_{E_1}(E_2)}{p(E_1)p_{E_1}(E_2) + p(\overline{E_1})p_{\overline{E_1}}(E_2)}$$

In dieser Spezialform und für die Anwendung des besonders wichtigen Satzes wird die Ergebnismenge nun nicht nur in die zwei Teilereignisse E_1 und das komplementäre Ereignis $\overline{E_1}$, sondern in n Ereignisse $B_1, B_2, \ldots, B_n$ zerlegt, um die allgemeine Form des **Satzes von Bayes** zu erhalten.
$B_1, B_2, \ldots, B_n$ sind eine Zerlegung der Ergebnismenge, die alle positive Wahrscheinlichkeiten (ungleich null) besitzen.
Ist B ein beliebiges Ereignis und

$$p(B) \neq 0,$$

so gilt für ein beliebiges Ereignis $B_i (i = 1, \ldots, n)$

$$p_B(B_i) = \frac{p(B_1)p_{B_1}(B_i)}{p(B_1)p_{B_1}(B) + p(B_2)p_{B_2}(B) + \cdots + p(B_n)p_{B_n}(B)}$$

Grundsätzlich stellt der **Satz von Bayes** dadurch etwas Neues dar, dass er nicht den Blick in die Zukunft richtet (Vorhersagen oder Prognosen unterstützt) und die Wahrscheinlichkeit eines zu erwartenden Ereignisses berechnet, sondern von einem bereits eingetretenen Ereignis ausgeht und eine Antwort gibt, mit welcher Wahrscheinlichkeit eines der Ereignisse $B_1, B_2, \ldots, B_n$ unter dieser Voraussetzung eingetreten ist. Hier wird also nicht die Folge eines Ereignisses, sondern die Ursache für das Eintreten eines Ereignisses hinterfragt und untersucht.

Beispiel 11.54

Computer werden in drei Kontrollstationen geprüft. Die erste prüft 40 Prozent, die zweite 30 Prozent und die dritte demzufolge ebenfalls 30 Prozent der Computer. Die ersten beiden Kontrollstationen finden mit einer Wahrscheinlichkeit von 0,7 und die dritte mit 0,9 Wahrscheinlichkeit Mängel an den Computern. Mit welcher Wahrscheinlichkeit wurde ein fehlerhafter Computer von der ersten Kontrollstation überprüft?

E_i: Kontrolle durch die i-te Station. $I = 1, 2, 3$

E: Computer ist fehlerhaft.

Satz von Bayes:

$$p_E(E_1) = \frac{p(E_1)p_{E_1}(E)}{p(E_1)p_{E_1}(E) + p(E_2)p_{E_2}(E) + p(E_3)p_{E_3}(E)}$$

$$P(E_1) = 0{,}40 \qquad p_{E_1}(E) = 0{,}7$$

$$P(E_2) = 0{,}30 \qquad p_{E_2}(E) = 0{,}7$$

$$P(E_3) = 0{,}30 \qquad p_{E_3}(E) = 0{,}9$$

$$p_E(E_1) = \frac{0{,}40 \cdot 0{,}70}{0{,}40 \cdot 0{,}70 + 0{,}70 \cdot 0{,}30 + 0{,}30 \cdot 0{,}9} = \frac{0{,}28}{0{,}28 + 0{,}21 + 0{,}27}$$

$$= \frac{0{,}28}{0{,}76} = \frac{28}{76} = \frac{7}{19} \approx 0{,}3684$$

Somit wurden fast 37 Prozent der fehlerhaften Computer in der ersten Station geprüft und gefunden.   ∎

11.5 Verteilungsfunktionen, Erwartungswert, Varianz

11.5.1 Diskrete und stetige Zufallsgrößen

Definition 11.9

Eine Größe ist Zufallsgröße, wenn sie bei verschiedenen Versuchen, die unter den gleichen Bedingungen durchgeführt werden, unterschiedliche Werte annehmen kann.

Die Zufallsgrößen werden mit großen lateinischen Buchstaben und die Werte, die ihnen zugeordnet sind, mit kleinen lateinischen Buchstaben bezeichnet.   ◆

Beispiel 11.55

Versuch: Würfeln mit einem Würfel

$$X_1 \rightarrow x_1 = 1$$

$$X_2 \rightarrow x_2 = 2$$

$$X_3 \rightarrow x_3 = 3$$

$$X_4 \to x_4 = 4$$
$$X_5 \to x_5 = 5$$
$$X_6 \to x_6 = 6$$

■

Definition 11.10
Eine Zufallsgröße wird diskret genannt, wenn sie nur endlich viele Werte annehmen
kann.   ◆

Es wird mit zwei Würfeln geworfen und aus dem Ergebnis der Summe aus den
Augenzahlen eine Zufallsvariable gebildet.
Welche Zufallszahlen entstehen mit welcher Wahrscheinlichkeit?

X	x_i	$p(X)$
2	$(1; 1)$	$\dfrac{1}{36}$
3	$(1; 2)(2; 1)$	$\dfrac{2}{36}$
4	$(1; 3)(3; 1)(2; 2)$	$\dfrac{3}{36}$
5	$(1; 4)(4; 1)(2; 3)(3; 2)$	$\dfrac{4}{36}$
6	$(1; 5)(5; 1)(2; 4)(4; 2)(3; 3)$	$\dfrac{5}{36}$
7	$(1; 6)(6; 1)(2; 5)(5; 2)(3; 4)(4; 3)$	$\dfrac{6}{36}$
8	$(2; 6)(6; 2)(3; 5)(5; 3)(4; 4)$	$\dfrac{5}{36}$
9	$(3; 6)(6; 3)(4; 5)(5; 4)$	$\dfrac{4}{36}$
10	$(4; 6)(6; 4)(5; 5)$	$\dfrac{3}{36}$
11	$(6; 5)(5; 6)$	$\dfrac{2}{36}$
12	$(6; 6)$	$\dfrac{1}{36}$

Definition 11.11
Eine Zufallsgröße wird stetig genannt, wenn sie beliebig viele Werte aus einem
Intervall annehmen kann.   ◆

Beispiel 11.56
Körpergröße bei ärztlichen Untersuchungen   ■

Zu beachten ist, dass viele Zufallsgrößen ihrer Natur nach stetig sind, die aber aufgrund der beschränkten Messgenauigkeit als diskrete Zufallsgrößen ausgewiesen werden. Im angegebenen Beispiel wird die Körpergröße eines Menschen immer in ganzen Zentimetern angegeben, z. B. 178 cm.

Der dabei auftretende Fehler wird als Diskretisierungsfehler bezeichnet. Auch eine noch so genaue Messung kann diesen Fehler zwar verringern, aber nie völlig beseitigen (z. B. Zeitangaben für den $100-\mathrm{m}$-Sprint).

11.5.2 Verteilungsfunktionen, Erwartungswert, Varianz (Standardabweichung)

Eine Zufallsgröße wird nicht nur durch die Menge der Werte charakterisiert, die sie annehmen kann, sondern durch die Wahrscheinlichkeiten, mit denen die Zufallsgrößen auftreten. Aus diesen Angaben ergibt sich die Verteilung der zufälligen Größe (Zufallsgröße), woraus die Verteilungsfunktion errechnet werden kann. Eine *Verteilungsfunktion* beschreibt ein stochastisches Ereignis mit mehreren Ausgängen vollständig.

Definition 11.12
Für alle reellen Zahlen x ist die Funktion $F(x)$ erklärt und wird als Verteilungsfunktion bezeichnet.

$$F(x) = P(X < x) = \sum_{x_i < x} p(x_i)$$

$p(x_i)$ ist die Wahrscheinlichkeit für den Versuchsausgang x_i der Zufallsgröße X.
Da $p(x_1) + p(x_2) + \cdots + p(x_n) = \sum_{i=1}^{n} p(x_i) = 1$, ergeben sich als Folgerungen:

1. $\lim_{x \to -\infty} F(x) = 0$
2. $\lim_{x \to \infty} F(x) = 1$
3. $F(x)$ ist eine monoton wachsende Funktion, denn für $x_1 < x_2$ ist $F(x_1) \leqq F(x_2)$.
4. Es ist $P(a \leqq X < b) = F(b) - F(a)$.

Diskrete Zufallsvariable stellen eine diskrete Verteilungsfunktion und stetige Zufallsvariable eine stetige Verteilungsfunktion dar. ◆

Beispiel 11.57
Würfeln ergibt für die Zufallsvariable x die diskreten Werte:

$$x_1 = 1$$
$$x_2 = 2$$

$$x_3 = 3$$
$$x_4 = 4$$
$$x_5 = 5$$
$$x_6 = 6$$

Die Wahrscheinlichkeiten dazu betragen immer

$$p(x_i) = \frac{1}{6} \quad i = 1, 2, 3, 4, 5, 6$$

Nach der Definition der allgemeinen Verteilungsfunktion ergibt sich im Beispiel die diskrete Verteilungsfunktion $F(x)$.

$$F(x) = P(X < x) = \begin{cases} 0 & \text{für } x \leq 1 \quad \text{(Werfen einer Augenzahl kleiner als 1} \\ & \qquad\qquad\qquad \text{ist ein unmögliches Ergebnis)} \\[2mm] \dfrac{1}{6} & \text{für } x \leq 2 \quad \left(\text{Werfen einer Augenzahl kleiner als 2}\right. \\ & \qquad\qquad\qquad \left.\text{hat die Wahrscheinlichkeit } \dfrac{1}{6}\right) \\[2mm] \dfrac{1}{3} & \text{für } x \leq 3 \\[2mm] \dfrac{1}{2} & \text{für } x \leq 4 \\[2mm] \dfrac{2}{3} & \text{für } x \leq 5 \\[2mm] \dfrac{5}{6} & \text{für } x \leq 6 \\[2mm] 1 & \text{für } x > 6 \end{cases}$$

Die grafische Darstellung zeigt eine unstetige Verteilungsfunktion (Treppenfunktion), vgl. Abb. 11.15. ∎

Definition 11.13
Der Erwartungswert einer diskreten Zufallsgröße (μ) ist die Summe der Produkte

$$\mu = \sum_{i=1}^{n} x_i p(x_i)$$

◆

Beispiel 11.58
Erwartungswert der Verteilungsfunktion des Würfels:

$$\mu = \sum_{i=1}^{6} i p(i) = \frac{1}{6} + \frac{2}{6} + \frac{3}{6} + \frac{4}{6} + \frac{5}{6} + \frac{6}{6} = \frac{21}{6} = \frac{7}{2} = 3{,}5$$

∎

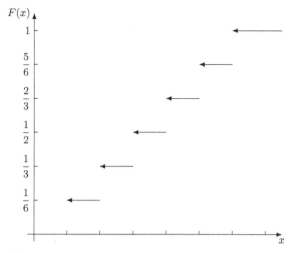

Abb. 11.15

Definition 11.14

Die Varianz σ^2 einer diskreten Zufallsgröße X ist:

$$\sigma^2 = \sum_{i=1}^{n}(x_i - \mu)^2 p(x_i)$$

$\blacklozenge$

Hinweis 11.1

Im Abschnitt 12.1.3. wird näher auf den Erwartungswert (Mittelwert) und in 12.1.4. auf Varianz (Streuung) eingegangen.

Die Varianz besitzt die quadratische Minimumeigenschaft. Die Summe der Abstandsquadrate zwischen den Messwerten und dem Erwartungswert ist kleiner als von jedem anderen Wert.

Beispiel 11.59

Varianz der Verteilungsfunktion des Würfels

$$\sigma^2 = \sum_{i=1}^{6}(i - 3{,}5)^2 \cdot p(i) = 1{,}042 + 0{,}375 + 0{,}042 + 0{,}042 + 0{,}375 + 1{,}042$$

$$= 2{,}918$$

Die Standardabweichung σ ist die Wurzel aus der Varianz. $\blacksquare$

Beispiel 11.60

Standardabweichung der Verteilungsfunktion des Würfels

$$\sigma = 1{,}708$$

Zwischen $\mu - \sigma$ und $\mu + \sigma$ müssen ungefähr $2/3$ aller Messwerte liegen. Zwischen $\mu - \sigma = 1{,}792$ und $\mu + \sigma = 5{,}208$ liegen die Augenzahlen $2, 3, 4, 5$.   ■

Eine stetige Verteilungsfunktion hat eine Dichtefunktion $f(x)$, für die gilt:

1. $f(x) \geqq 0$, wenn x aus dem Intervall entnommen wird, in dem die Zufallsvariable definiert ist.
   Für x-Werte außerhalb dieses Intervalls gilt $f(x) = 0$.

2. $\int\limits_{-\infty}^{\infty} f(x)dx = 1$, da 1 das sichere Ereignis bedeutet. Es ist sicher, dass ein beliebiger Messwert zwischen $-\infty$ und $+\infty$ liegt. (Summen bei diskreten Funktionen werden durch Integral ersetzt.)

3. $P(a \leqq X \leqq b) = \int\limits_{a}^{b} f(x)dx$. Daraus folgt, dass sich die Verteilungsfunktion einer stetigen Zufallsgröße durch Integration der Dichtefunktion ergibt. Die Dichtefunktion tritt bei stetigen Zufallsgrößen an die Stelle des Verteilungsgesetzes und ordnet einer reellen Zahl x eine Wahrscheinlichkeit $\alpha(x)$ zu.
   Geometrisch ist $F(x) = P(X < x)$ die Fläche unter der Dichtefunktion $f(x)$, die links vom Wert x liegt (vgl. Abb. 11.16).
   Für den Erwartungswert μ, die Varianz σ^2 und die Standardabweichung einer stetigen Zufallsgröße X ergibt sich analog zu den diskreten Zufallsgrößen:

$$\mu = \int\limits_{-\infty}^{\infty} x f(x)dx$$

$$\sigma^2 = \int\limits_{-\infty}^{\infty} (x - \mu)^2 f(x)dx$$

$$\sigma = \sqrt{\sigma^2}$$

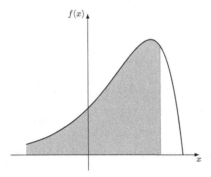

Abb. 11.16

11.5.3 Ungleichung von Tschebyscheff

Die Wahrscheinlichkeit, dass die Zufallsgröße X einen Wert annimmt, der um mindestens c vom Erwartungswert μ abweicht, kann durch die Ungleichung

$$p(|X - \mu| \geq c) \leq \frac{\sigma^2}{c^2}$$

abgeschätzt werden.

Dabei ist μ der Erwartungswert und σ die Varianz der Verteilung.

Um μ werden gewisse Intervalle betrachtet. Es ist dieses das Intervall mit einfacher, doppelter und dreifacher σ-Breite (vgl. Abb. 11.17).

$$-3\sigma \quad -2\sigma \quad -\sigma \quad \mu \quad +\sigma \quad +2\sigma \quad -3\sigma$$

Abb. 11.17

Für $c = \sigma$ ergibt sich nur, dass außerhalb der einfachen Standardabweichung Werte mit einer Wahrscheinlichkeit nicht größer als eins sind, was wohl selbstverständlich ist.

$$p(|X - \mu| \geq \sigma) \leq \frac{\sigma^2}{\sigma^2} = 1$$

Bei $c = 2\sigma$
und $c = 3\sigma$
ergeben sich hingegen nützliche Resultate.

$$c = 2\sigma \qquad p(|X - \mu| \geq 2\sigma) \leq \frac{\sigma^2}{4\sigma^2} = \frac{1}{4}$$

$$c = 3\sigma \qquad p(|X - \mu| \geq 3\sigma) \leq \frac{\sigma^2}{9\sigma^2} = \frac{1}{9}$$

Außerhalb der dreifachen Streubreite liegen bei langen Versuchsserien des Zufallexperiments nicht mehr als ein Neuntel (11,2 %) der Werte.

Das ist eine grobe, vielfach aber eine hilfreiche Abschätzung.

Beispiel 11.61

In Streichholzschachteln sollen sich 100 Hölzer befinden. Die automatische Füllung lässt Abweichungen von zwei Hölzern zu. Somit können 98 bis 102 Streichhölzer in einer Schachtel sein. Eine Kontrolle ergab, dass sich im Mittel 100,3 Hölzer in der Schachtel befanden und die Standardabweichung 0,4 Hölzer betrug.

Mit welchem Anteil von Streichholzschachteln muss gerechnet werden, deren Inhalt 102 Hölzer über- und 98 unterschreitet?

Nach der Ungleichung von Tschebyscheff

$$p(|X - \mu| \geq c) \leq \frac{\sigma^2}{c^2}$$

ist mit $c = 2$

$$p(|X - 100{,}3| \geq 2) \leq \frac{0{,}4^2}{2^2}$$

$$p(|X - 100{,}3| \geq 2) \leq \frac{0{,}16}{4}$$

$$p(|X - 100{,}3| \geq 2) \leq 0{,}04$$

Somit liegt bei weniger als 4 % aller Streichholzschachteln die Füllmenge außerhalb des Toleranzbereichs.   ∎

11.6 Spezielle Verteilungsfunktionen

11.6.1 Bernoulli-Verteilung (Binomialverteilung)

Beispiel 11.62

Für Stachelbeerenableger wird eine Anwuchsgarantie von 90 % gegeben. Wie groß ist die Wahrscheinlichkeit, dass von 50 Ablegern

a) genau 45,

b) weniger als 45,

c) mehr als 40,

d) mindestens 42, aber nicht mehr als 47 angehen?

zu a) $B_{50;\,0{,}1}(45) = \binom{50}{5} 0{,}9^{45} \cdot 0{,}1^5 \approx 0{,}1849$

Nebenrechnung:

$$\binom{50}{5} = \frac{46 \cdot 47 \cdot 48 \cdot 49 \cdot 50}{1 \cdot 2 \cdot 3 \cdot 4 \cdot 5} = 2\,118\,760$$

zu b) $F_{50;0{,}9}(44) = 1 - 0{,}6161 = 0{,}3839$
  nach Tafel 1e (eingehen von rechts $n = 50$ $p = 0{,}9$ $k = 44$ unten.)

zu c) $1 - F_{50;0{,}9}(40) = 1 - (1 - 0{,}9755) = 0{,}9755$
  Das ist interessant und nachdenkenswert.
  Der Wert entspricht genau $n = 50$ $p = 0{,}1$ $k = 9$
  "Mehr als 40 angehen", bedeutet, dass höchstens neun nicht angehen.

zu d) Das Ablesen der Gegenereignisse, insbesondere der Vorzeichenwechsel, kann zu unübersichtlich werden.
  Deswegen wird vertauscht und gesetzt:
  $p = 0{,}1$ $n = 50$
  Betrachtet wird also das Nichtangehen der Ableger.

"Nicht mehr als 47 angehen", heißt, dass drei nicht angehen. "Mindestens 42 gehen an", heißt, dass höchsten acht nicht angehen.

$$p(3 \leq X \leq 8) = F_{50;0,1}(8) - F_{50;0,1}(3) = 0{,}9421 - 0{,}2503 = 0{,}6918$$

Das sind fast 70 % der Lieferung.

■

Grundlage der Verteilung ist das Bernoullischema, wobei die Anzahl der Möglichkeiten $\binom{n}{i}$, aus einer Stichprobe vom Umfang n genau i auszuwählen, mit den Wahrscheinlichkeiten multipliziert werden muss.

$$p_n(x = i) = \binom{n}{i} p^i (1 - p)^{n-i}$$

Typ: diskrete Verteilungsfunktion
Anwendung:
Qualitätskontrolle bei Vorliegen von echten Alternativentscheidungen
(Versuch gelungen – Versuch fehlgeschlagen; Erzeugnis einwandfrei – Erzeugnis fehlerhaft usw.) Die Wahrscheinlichkeiten für die beiden Alternativausgänge bleiben von Versuch zu Versuch konstant. Die Anzahl der zu prüfenden Versuche ist sehr groß (oder Qualitätskontrolle ohne Zerstörung, d. h. mit Zurücklegen der untersuchten Erzeugnisse).
Für n Versuche ergibt sich

$$P_n(X = 0) = \binom{n}{0} p^0 q^n$$

Beispiel 11.63
In einer Lostrommel befinden sich Nieten und nicht weiter gestaffelte Gewinne.
Die Wahrscheinlichkeit für die Entnahme einer Niete ist p.
Die Wahrscheinlichkeit für die Entnahme eines Gewinnes ist q.
(Die Zahl der Lose sei entweder sehr groß, oder die Lose werden nach jeder Ziehung in die Trommel zurückgelegt, sodass sich p und q während der Ziehung nicht ändern.)
Es gilt

$$p + q = 1$$

$$P_n(X = 0) = \binom{n}{0} p^0 q^n$$

Dies bedeutet die Wahrscheinlichkeit, dass bei n entnommenen Losen keine Niete gezogen wurde.

$P(X = 1) = \binom{n}{1} p^1 q^{n-1}$ bedeutet die Wahrscheinlichkeit, dass von n entnommenen Losen genau eine Niete gezogen wurde.

$$P_n(X = i) = \binom{n}{i} p^i (1 - p)^{n-i}$$

Somit ergibt sich aus den Wahrscheinlichkeiten die diskrete Verteilungsfunktion:

$$F(x) = P(X < x) = \sum_{x < i} \binom{n}{i} p^i q^{n-i}$$

Die Binomialverteilung wird gekennzeichnet durch n und durch p $(q = 1 - p)$.
Der Erwartungswert ist $\mu = np$ und die Varianz $\sigma^2 = np(1 - p)$, was sich als Folgerung aus den Festlegungen (allgemeine Definition) im vorigen Abschnitt ergibt.
∎

Beispiel 11.64
In einer Lostrommel befinden sich genügend Lose, wobei jedes 10. Los einen Ge-
winn darstellt.
Es ergeben sich folgende Wahrscheinlichkeiten und Werte der Verteilungsfunktion
$\left(p = \dfrac{9}{10} \right.$ Wahrscheinlichkeit für eine Niete $\left. \right)$.

i	$\binom{10}{i}$	Wahrscheinlichkeitsverteilung	Summenwahrscheinlichkeit
		(vgl. Abb. 11.18)	
0	1	$1 \cdot 0{,}9^0 \cdot 0{,}1^{10} = 0{,}000\,00$	$0{,}000\,00$
1	10	$10 \cdot 0{,}9^1 \cdot 0{,}1^9 = 0{,}000\,00$	$0{,}000\,00$
2	45	$45 \cdot 0{,}9^2 \cdot 0{,}1^8 = 0{,}000\,00$	$0{,}000\,00$
3	120	$120 \cdot 0{,}9^3 \cdot 0{,}1^7 = 0{,}000\,00$	$0{,}000\,00$
4	210	$210 \cdot 0{,}9^4 \cdot 0{,}1^6 = 0{,}000\,14$	$0{,}000\,14$
5	252	$252 \cdot 0{,}9^5 \cdot 0{,}1^5 = 0{,}001\,49$	$0{,}001\,63$
6	210	$210 \cdot 0{,}9^6 \cdot 0{,}1^4 = 0{,}011\,16$	$0{,}012\,79$
7	120	$120 \cdot 0{,}9^7 \cdot 0{,}1^3 = 0{,}057\,40$	$0{,}070\,19$
8	45	$45 \cdot 0{,}9^8 \cdot 0{,}1^2 = 0{,}193\,71$	$0{,}263\,90$ ←
9	10	$10 \cdot 0{,}9^9 \cdot 0{,}1^1 = 0{,}387\,42$	$0{,}651\,32$
10	1	$1 \cdot 0{,}9^{10} \cdot 0{,}1^0 = 0{,}348\,68$	$1{,}000\,00$

Die Werte der durch Pfeil gekennzeichneten Zeile bedeuten: Unter 10 Losen, bei
denen auf 9 Nieten ein Gewinn fällt, befinden sich mit einer Wahrscheinlichkeit von

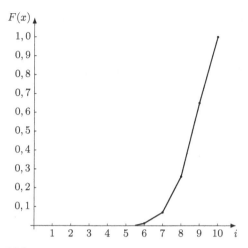

Abb. 11.18

19,371 % genau 8 Nieten, und mit einer Wahrscheinlichkeit von 26,39 % werden höchstens 8 Nieten gezogen. ∎

Bemerkung 11.1
Die von den ersten 4 Zeilen angegebenen Nullen sind natürlich von null verschiedene Werte, die aber im Rahmen der hier verzeichneten Rechengenauigkeit als null behandelt werden. Somit ist es sehr unwahrscheinlich (nicht unmöglich), dass unter 10 Losen genau 3 Nieten oder nur höchstens 3 Nieten sind (heißt alles Gewinne, 9 Gewinne, 8 Gewinne, 7 Gewinne). Im Beispiel ist

$$\mu = np = 10 \cdot 0{,}9 = 9.$$

Im Durchschnitt sind von 10 Losen 9 Nieten.

$$\sigma^2 = np(1 - p) = 10 \cdot 0{,}9 \cdot 0{,}1 = 0{,}9$$
$$\sigma = 0{,}95$$

Die Berechnung von n! kann bei großen Werten von n (Zahl der entnommenen Teile) nach der Formel von J. Stirling (1692–1770) durchgeführt werden:

$$n! \approx \sqrt{2\pi n}\, n^n e^{-n}$$

Solche Berechnungen sind von besonderem Wert, um Garantieleistungen kalkulierbar zu machen oder Verträge abschließen zu können, die wirtschaftlich sinnvoll sind.

11.6.2 Poisson-Verteilung (S. D. Poisson 1781–1840)

Typ: diskrete Verteilungsfunktion

Für sehr große n und i ist die Berechnung der Wahrscheinlichkeiten nach der Binomialverteilung auch bei Verwendung des Taschenrechners recht mühsam und führt leicht zur Überschreitung des Zahlenbereichs. Ist die Wahrscheinlichkeit, mit der ein Ergebnis eintritt, klein, so kann die Binomialverteilung durch die Poisson-Verteilung ersetzt werden. Ziel ist dabei, den Rechenaufwand zu verringern und die Möglichkeiten zur Durchführung der Rechnungen zu erweitern.
Für $n \to \infty$ und $p \to 0$ wird unter der Annahme, dass

$$np = \lambda$$

einen konstanten Wert ergibt, der Grenzwertsatz von Poisson angewandt. Es ergibt sich daraus, dass die Wahrscheinlichkeit des Ereignisses, mit n Zügen genau i-mal Ereignis E zu erreichen,

$$\lim_{n \to \infty} P_n(i) = \frac{\lambda^i e^{-\lambda}}{i!}$$

beträgt.
Durch die kumulative Erfassung der angegebenen Wahrscheinlichkeit berechnet sich die zugehörige Verteilungsfunktion.

Beispiel 11.65
Bei der Produktion eines Massenartikels werden Sätze von 50 Stück zur Qualitätsprüfung entnommen. Fehlerhaft sind durchschnittlich 1 % der Erzeugnisse. Wie groß ist die Wahrscheinlichkeit, dass sich unter den 50 ausgewählten Artikeln genau $0 \leqq i \leqq 50$ fehlerhafte befinden?

$$\lambda = 50 \cdot 0{,}01 = 0{,}5$$

i	0	1	2	3	4	5	6
$\dfrac{\lambda^i e^{-\lambda}}{i!}$	0,606 53	0,303 27	0,075 82	0,012 64	0,001 58	0,000 16	0,000 01

i	7	...50
$\dfrac{\lambda^i e^{-\lambda}}{i!}$	0,000 00	...0,0000
	unter Beachtung der mitgeführten Stellenzahl	

Beispielsweise befindet sich unter den 50 ausgewählten Artikeln mit einer Wahrscheinlichkeit von 30,3 % genau ein fehlerhafter. Die Wahrscheinlichkeit, dass sich genau 7 oder mehr fehlerhafte Artikel unter den ausgewählten befinden, ist praktisch null, wobei es nicht unmöglich ist, fehlerhafte Artikel auszuwählen, denn die zugehörige Wahrscheinlichkeit ist so klein, dass sie mit der vorgegebenen Stellenzahl nicht erfasst werden kann.

Die Verteilungsfunktion lautet:

$$F(x) = P(X < x)$$

x	0	1	2	3	4	5
$F(x)$	0,606 53	0,909 80	0,985 62	0,998 26	0,999 84*	1,000 00*

x	6	...50
$F(x)$	1,000 00*	...1,000 00*

* Natürlich ist die oberste Grenze für $F(x) = 1$. ∎

Die Wahrscheinlichkeit, dass höchstens 2 fehlerhafte Teile in der Probe von 50 Stück enthalten sind, beträgt $(X < x!)$ 98,562 %.

Für spezielle Werte von λ und die ersten i-Werte, die eine erkennbare, von null verschiedene Wahrscheinlichkeit besitzen, können die Werte in einer Tabelle oder grafisch (vgl. Abb. 11.19 bis 11.22) erfasst werden.

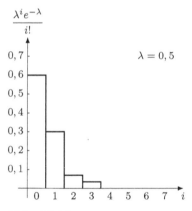

Abb. 11.19

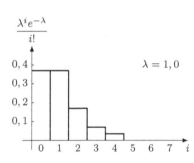

Abb. 11.20

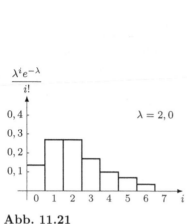

Abb. 11.21   **Abb. 11.22**

Beispiel 11.66

Eine Fehlerquote von 0,5 % zeigt, dass bei der Entnahme von 300 Stück

$$\lambda = 0,005 \cdot 300 = 1,5$$

mit einer Wahrscheinlichkeit von 1,412 %* (vgl. Tabelle 11.1) genau 5 fehlerhafte Stücke in der Probe sind.

Aus den Säulen (Abb. 11.19 bis 11.22) zu erkennen, dass die Asymmetrie mit größerem λ (wachsende n oder p) abnimmt und die größte Wahrscheinlichkeit für ein i weiter nach rechts wandert.

Als Erwartungswert der Poisson-Verteilung ergibt sich aus Abschnitt 11.6.1.

$$\mu = \lambda,$$

und die Varianz beträgt

$$\sigma^2 = \lambda.$$

Diese Werte ergeben sich aus denen der Binomialverteilung, wobei $\lambda = np$ ist, und $p \to 0$ strebt.

Die Poisson-Verteilung wird nutzbringend angewandt, wenn die umfangreichen Berechnungen bei der Binomialverteilung reduziert werden können, weil n hinreichend groß und p hinreichend klein ist.

Anwendungen ergeben sich bei praktischen Problemen mit Alternativentscheidungen in der Bedienungstheorie, bei der Qualitätsprüfung, aber auch in der Biologie und in der Meteorologie. ∎

Beispiel 11.67
Ein Arzt behandelt in einem Sieben-Stunden-Arbeitstag durchschnittlich 56 Patienten.
Wie groß ist die Wahrscheinlichkeit, dass er pro Stunde

a) genau vier Patienten,
b) höchstens vier Patienten
c) mehr als vier Patienten behandelt?

Poisson-Verteilung mit

$$E(X) = \frac{56}{7} = 8 = \lambda$$

a) $P_8(X = 4) = 0,0573$ nach Tabelle 2 etwa 6 %.
b) $F_8(X \leq 4) = 0,0996$ etwa 10 %.
c) $F_8(X > 4) = 1 - F_8(X \leq 4) = 1 - 0,0996 = 0,9004$ etwa 90 %.

∎

11.6.3 Normalverteilung (Gauß-Verteilung)

Typ: stetige Verteilung
Für $n \to \infty$ und $P = \frac{1}{2}$ geht die Binomialverteilung in die Normalverteilung über.
Die stetige Dichtefunktion der Gauß'schen Verteilung heißt:

$$f(x) = \frac{1}{a\sqrt{2\pi}} e^{-\frac{(x-b)^2}{2a^2}}$$

$f(x)$ Häufigkeitsdichte oder Dichtefunktion

a, b konstante Zahlen
Der Erwartungswert ist:

$$\mu = \int\limits_{-\infty}^{\infty} x f(x) \mathrm{d}x = b$$

Die Varianz und Standardabweichung:

$$\sigma^2 = \int\limits_{-\infty}^{\infty} (x - \mu)^2 f(x) \mathrm{d}x = a^2 \quad \sigma = a$$

Somit wird die Dichtefunktion durch den Erwartungswert und die Varianz eindeutig bestimmt.
Die Funktion

$$f(x) = \frac{1}{a\sqrt{2\pi}} e^{-\frac{(x-b)^2}{2a^2}}$$

oder

$$f(x) = \frac{1}{\sigma\sqrt{2\pi}}e^{-\frac{(x-\mu)^2}{2\sigma^2}}$$

wird als Gauß'sche Glockenfunktion bezeichnet.

Definitionsbereich: $x \in \mathbb{R}$

Wertebereich: $f(x) > 0$

$$\lim_{x \to \infty} f(x) = 0 \qquad \lim_{x \to -\infty} f(x) = 0$$

Die Kurve der Funktion verläuft in axialer Symmetrie zur Achse $x = \mu$.

Für $\mu = 0$ (eine gerade Funktion)

Maximum

$$x_{\mathrm{M}} = \mu \qquad y_{\mathrm{M}} = \frac{1}{\sqrt{2\pi}\sigma}$$

2 Wendepunkte im Abstand $\pm\sigma$ von μ.

Hinweis 11.2

Die Abszissen vom Extremwert und der Wendepunkt ergeben sich aus den Nullstellen der 1. bzw. 2. Ableitung der Dichtefunktion und die Funktionswerte nach Einsetzen der so bestimmten Werte in die Gauß'sche Glockenfunktion.

Mit wachsendem Wert der Varianz (σ^2) werden die Glockenkurven flacher.

Tab. 11.1: Poissonverteilung (λ nach rechts, i nach unten)

	0,5	1,0	1,5	2,0	2,5	3,0	4,0	5,0	6,0
0	0,6065307	0,3678794	0,2231302	0,1353353	0,0820850	0,0497871	0,0183156	0,0067379	0,0024788
1	0,3032653	0,3678794	0,3346952	0,2706706	0,2052125	0,1493612	0,0732626	0,0336897	0,0148725
2	0,0758163	0,1839397	0,2510214	0,2706706	0,2565156	0,2240148	0,1465251	0,0842243	0,0446175
3	0,0126361	0,0613132	0,1255107	0,1804470	0,2137630	0,2240148	0,1953668	0,1403739	0,0892351
4	0,0015795	0,0153283	0,0470665	0,0902235	0,1336019	0,1680314	0,1953668	0,1754674	0,1338526
5	0,0001580	0,0030657	0,0141200	0,0360894	0,0668009	0,1008188	0,1562935	0,1754674	0,1606231
6	0,0000132	0,0005109	0,0035300	0,0120298	0,0278337	0,0504094	0,1041956	0,1462228	0,1606231
7	0,0000009	0,0000730	0,0007564	0,0034371	0,0099406	0,0216040	0,0595404	0,1044449	0,1376770
8	0,0000000	0,0000091	0,0001418	0,0008593	0,0031064	0,0081015	0,0297702	0,0652780	0,1032577
9		0,0000010	0,0000236	0,0001909	0,0008629	0,0027005	0,0133212	0,0362656	0,0688385
10		0,0000001	0,0000035	0,0000382	0,0002157	0,0008102	0,0052925	0,0181328	0,0413031
11		0,0000000	0,0000005	0,0000069	0,0000490	0,0002210	0,0019245	0,0082422	0,0225290
12			0,0000000	0,0000012	0,0000102	0,0000552	0,0006415	0,0034342	0,0112645
13				0,0000002	0,0000020	0,0000127	0,0001974	0,0013209	0,0051990
14				0,0000000	0,0000004	0,0000027	0,0000564	0,0004717	0,0022281
15					0,0000000	0,0000005	0,0000150	0,0001572	0,0008913
16						0,0000001	0,0000038	0,0000491	0,0003342
17						0,0000000	0,0000009	0,0000145	0,0001180
18							0,0000002	0,0000040	0,0000393
19							0,0000000	0,0000011	0,0000124
20								0,0000003	0,0000037
21								0,0000000	0,0000011
22									0,0000003
23									0,0000000

Beispiel 11.68

$\mu = 0$ (Somit stellen die x-Werte die Abweichungen vom Mittelwert dar.)

	$\sigma = 0{,}2$	$\sigma = 1{,}0$	$\sigma = 3{,}0$	$\sigma = 5$
x	$f(x)$	$f(x)$	$f(x)$	$f(x)$
± 6	–	$6{,}1 \cdot 10^{-9}$	$0{,}017\,997\,0$	$0{,}038\,837\,2$
± 5	–	$0{,}000\,001\,5$	$0{,}033\,159\,0$	$0{,}048\,394\,1$
± 4	$2{,}8 \cdot 10^{-87}$	$0{,}000\,133\,8$	$0{,}054\,670\,0$	$0{,}057\,938\,3$
± 3	$2{,}8 \cdot 10^{-49}$	$0{,}004\,431\,8$	$0{,}080\,656\,9$	$0{,}066\,644\,9$
± 2	$3{,}8 \cdot 10^{-22}$	$0{,}053\,991\,0$	$0{,}106\,482\,7$	$0{,}073\,654\,0$
± 1	$0{,}000\,007\,4$	$0{,}241\,970\,7$	$0{,}125\,794\,4$	$0{,}078\,208\,5$
0	$1{,}994\,711\,4$	$0{,}398\,942\,3$	$0{,}132\,980\,8$	$0{,}079\,788\,5$

Skizze (vgl. Abb. 11.23)

Die Gauß'sche Glockenfunktion nimmt für

$$\lambda = \frac{x - \mu}{\sigma}$$

eine besonders einfache Form an, die mit $\mu = 0$ und $\sigma^2 = 1$ interpretiert werden kann.

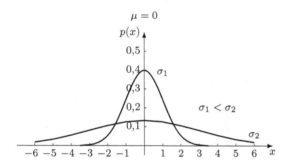

Abb. 11.23

■

Bemerkung 11.2

$\lambda = \frac{x-\mu}{\sigma}$ *ist nicht zu verwechseln mit der Bezeichnung bei der Poisson-Verteilung.*

Die Dichtefunktion der normierten Normalverteilung heißt mit dieser Festsetzung:

$$f(\lambda) = \frac{1}{\sqrt{2\pi}} e^{-\frac{\lambda^2}{2}}$$

Diese Funktion ist für λ-Werte von null bis etwa 4 (hier bis 1,19) in Abständen von 0,01 tabelliert. Die Funktionswerte finden sich in der Tabelle 11.2 (wegen der Symmetrie werden nur die positiven Abszissen berücksichtigt).

Beispiel 11.69

zur Verwendung der Tabelle 11.2

Eine Normalverteilung mit $\mu = 10$ und $\sigma^2 = 16$ ergibt:

$$\lambda = \frac{x - \mu}{\sigma} \qquad \lambda = \frac{x - 10}{4}$$

Der in der Tabelle abzulesende Wert der normierten Normalverteilung ist durch 4 zu teilen.

x	10	11	12	...	15	...	20
	0	0,25	0,50	...	1,25	...	2,50

Werte für 1,25 und 2,25 sind in Tabelle 11.2 nicht enthalten.

Tabellenwert für $\quad f(\lambda):\quad$ 0,398 94 $\quad$ 0,386 67 $\quad$ 0,352 07

$\qquad\qquad\qquad\quad p(x):\quad$ 0,099 73 $\quad$ 0,096 67 $\quad$ 0,088 02

Die zugehörige Verteilungsfunktion ergibt sich aus dem uneigentlichen Integral über die Dichtefunktion

$$F(x) = \int_{-\infty}^{x} p(t)\mathrm{d}t = \frac{1}{\sqrt{2\pi}\sigma} \int_{-\infty}^{x} \mathrm{e}^{-\frac{(t-\mu)^2}{2\sigma^2}}\,\mathrm{d}t$$

Diese Verteilungsfunktion wird Fehler- oder Gauß'sches Integral genannt. Die Funktion ermittelt die Fläche unter der Gauß'schen Glockenkurve, wobei von $-\infty$ bis zur Stelle x integriert wird.

Die Verteilungsfunktion geht für $x \to \infty$ gegen 1,

$$\lim_{x \to \infty} F(x) = 1 \quad \text{und} \quad \lim_{x \to -\infty} F(x) = 0$$

Bei $x = \mu$ liegt ein Wendepunkt. Die Ordinaten der Verteilungsfunktion geben die Wahrscheinlichkeit an, dass ein Wert kleiner als x ist.

Für $\mu = 0$ und $\sigma^2 = 1$ ist die normierte Verteilungsfunktion tabelliert. Der Integrand (Gauß'sche Glockenkurve) ist nicht geschlossen zu integrieren.

$$\Phi(\lambda) = \int_{0}^{\lambda} \varphi(\lambda)\mathrm{d}t = \frac{1}{\sqrt{2\pi}} \int_{0}^{\lambda} \mathrm{e}^{-\frac{t^2}{2}}\,\mathrm{d}t$$

Durch die Transformation $\lambda = \dfrac{x - \mu}{\sigma}$ lassen sich aus den Tabellen für die normierte Gauß'sche Verteilungsfunktion die Flächenwerte für beliebige μ und σ ablesen und umrechnen. Die zu ausgewählten λ-Werten gehörenden $\Phi(\lambda)$ gibt die Tabelle 11.3 an.

Tab. 11.2: Dichtefunktion der normierten Normalverteilung

	0	1	2	3	4	5	6	7	8	9
0,0	0,39894	0,39892	0,39886	0,39876	0,398620	0,39844	0,39822	0,39797	0,39767	0,39733
0,1	0,39695	0,39653	0,39608	0,39559	0,39505	0,39448	0,39387	0,39322	0,39253	0,39181
0,2	0,39104	0,39024	0,38940	0,38853	0,38762	0,38667	0,38568	0,38466	0,38361	0,38251
0,3	0,38139	0,38023	0,37903	0,37780	0,37654	0,37524	0,37391	0,37255	0,37115	0,36973
0,4	0,36827	0,36678	0,36526	0,36371	0,36213	0,36053	0,35889	0,35723	0,35553	0,35381
0,5	0,35207	0,35029	0,34849	0,34667	0,34482	0,34294	0,34105	0,33912	0,33718	0,33521
0,6	0,33323	0,33121	0,32918	0,32713	0,32506	0,32297	0,32086	0,31874	0,31659	0,31443
0,7	0,31225	0,31006	0,30785	0,30563	0,30339	0,30113	0,29887	0,29659	0,29431	0,29200
0,8	0,28969	0,28737	0,28504	0,28269	0,28034	0,27798	0,27562	0,27324	0,27086	0,26848
0,9	0,26609	0,26369	0,26129	0,25888	0,25647	0,25406	0,25164	0,24923	0,24681	0,24439
1,0	0,24197	0,23955	0,23713	0,23471	0,23230	0,22988	0,22747	0,22506	0,22265	0,22025
1,1	0,21785	0,21546	0,21307	0,21069	0,20831	0,20594	0,20357	0,20121	0,19886	0,19652

Tabelle 11.3: $\Phi(\lambda)$ für die normierte Normalverteilung

λ	$\Phi(\lambda)$	λ	$\Phi(\lambda)$
0,0	0,000 00	2,1	0,482 14
0,1	0,039 83	2,2	0,486 10
0,2	0,079 26	2,3	0,489 28
0,3	0,117 91	2,4	0,491 80
0,4	0,155 42	2,5	0,493 79
0,5	0,191 46	2,6	0,495 34
0,6	0,225 75	2,7	0,496 53
0,7	0,258 04	2,8	0,497 44
0,8	0,288 14	2,9	0,498 13
0,9	0,315 94	3,0	0,498 65
1,0	0,341 34	3,1	0,499 03
1,1	0,364 33	3,2	0,499 31
1,2	0,384 93	3,3	0,499 52
1,3	0,403 20	3,4	0,499 66
1,4	0,419 24	3,5	0,499 77
1,5	0,433 19	3,6	0,499 84
1,6	0,445 20	3,7	0,499 89
1,7	0,455 43	3,8	0,499 93
1,8	0,464 07	3,9	0,499 95
1,9	0,471 28	4,0	0,499 97
2,0	0,477 25		

Für $\lambda > 4$ kann $\Phi(\lambda) \approx 0,500\,000$ gesetzt werden. (Fehler $< 0,006\,\%$) ∎

Bemerkung 11.3
Mitunter wird auch die Tabelle 3 (in Abschnitt 13.3) für das Integral angegeben.

$$\Phi^*(\lambda) = \int\limits_{-\infty}^{\lambda} \varphi(\lambda)\,dt$$

angegeben. Es ist dann

$$\Phi^*(\lambda) = \Phi(\lambda) + 0,500\,00 \qquad \Phi^*(\infty) = \frac{1}{\sqrt{2\pi}} \int\limits_{-\infty}^{\infty} e^{-\frac{t^2}{2}}\,dt = 1$$

Die Symmetrie der Glockenkurve garantiert, dass mit den angegebenen Tabellenwerten prinzipiell alle Probleme gelöst werden können.
Geometrisch bedeutet $\Phi(\lambda)$ das gekennzeichnete Flächenstück unter der normierten Gauß'schen Glockenkurve (vgl. Abb. 11.24).

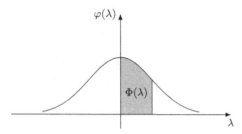

Abb. 11.24

Beispiel 11.70
Eine Gauß'sche Verteilung mit dem Erwartungswert $\mu = 16$ und der Varianz $\sigma^2 = 16$ ist gegeben.

1. Mit welcher Wahrscheinlichkeit liegt ein Merkmalswert zwischen 12 und 20?
2. Mit welcher Wahrscheinlichkeit liegt ein Merkmalswert zwischen 20 und 30?

Aus

$$\lambda = \frac{x - \mu}{\sigma}$$

ergeben sich mit $\mu = 16$ und $\sigma = 4$ die zugehörigen λ-Werte, mit deren Hilfe aus der Tabelle $\Phi(\lambda)$ entnommen wird. Durch Addition und Subtraktion (Deutung als Flächeninhalt) folgen die gefragten Wahrscheinlichkeiten.
Zu 1:

$$\lambda_1 = \frac{12 - 16}{4} = -1$$

$$\lambda_2 = \frac{20 - 16}{4} = 1$$

$$\Phi(\lambda_1) = \Phi(\lambda_2) = 0{,}341\,34$$

(Symmetrie)

$$2\Phi(\lambda) = 0{,}682\,68$$

Die Wahrscheinlichkeit, dass ein Messwert zwischen 12 und 20 liegt, beträgt 68,27 %.

Zu 2:

$$\lambda_1 = \frac{20 - 16}{4} = 1$$

$$\lambda_2 = \frac{30 - 16}{4} = \frac{14}{4} = 3,5$$

$$\Phi(\lambda_1) = 0,341\,34$$

$$\Phi(\lambda_2) = 0,499\,77$$

$$\Phi(\lambda_2) - \Phi(\lambda_1) = 0,158\,43$$

Die Wahrscheinlichkeit, dass ein Messwert zwischen 20 und 30 liegt, beträgt 15,48 %. ■

Die im Beispiel auf die erste Frage gegebene Antwort ist von besonderem Interesse, weil die λ-Werte als Vielfache der Standardabweichung wichtige Teilflächen unter der Gauß'schen Glockenkurve angeben. Für die einfache, doppelte und dreifache Streubreite ergibt sich:

untere Grenze	obere Grenze	erfasst werden von der Gesamtfläche	Restfläche
$\mu - \sigma$	$\mu + \sigma$	68,26 %	31,74 %
$\mu - 2\sigma$	$\mu + 2\sigma$	95,44 %	4,56 %
$\mu - 3\sigma$	$\mu + 3\sigma$	99,73 %	0,27 %

Besondere Teilflächen sind umgekehrt die folgenden Vielfachen der Standardabweichung.

untere Grenze	obere Grenze	erfasst werden von der Gesamtfläche	Restfläche
$\mu - 1,96\sigma$	$\mu + 1,96\sigma$	95 %	5 %
$\mu - 2,58\sigma$	$\mu + 2,58\sigma$	99 %	1 %
$\mu - 3,29\sigma$	$\mu + 3,29\sigma$	99,9 %	0,1 %

Beispiel 11.71
Die Länge von Nägeln, die auf einem Automaten hergestellt werden, ist eine normalverteilte Zufallsgröße mit dem Erwartungswert

$$\mu = 220,0\,\text{mm}$$

und dem Streuungsmaß (Standardabweichung)

$$\sigma = 1,2\,\text{mm}.$$

Mit welcher Wahrscheinlichkeit liegt die Länge der Nägel zwischen

$$219,2\,\text{mm}$$

und

221,2 mm?

Die Anpassung ergibt folgende λ-Werte:

$$\lambda_1 = \frac{219,2 - 220,0}{1,2} = -\frac{2}{3} \approx -0,67$$

$$\lambda_2 = \frac{221,2 - 220}{1,2} = 1,00 \qquad \text{Tabelle ??}$$

$$\Phi(\lambda_2) - \Phi(\lambda_1) = \Phi(\lambda_2) - (1 - \Phi(-\lambda_1)) = \Phi(1,00) - 1 + \Phi(0,67)$$
$$= 0,8413 + 0,7486 - 1 = 0,5899$$

Mit einer Wahrscheinlichkeit von knapp 59 % sind die Nägel mindestens 219,2 mm und höchstens 221,2 mm lang. ∎

11.6.4 Geometrische Verteilung

Kennzeichen: diskrete Zufallsvariable – diskrete Verteilungsfunktion.

Problem: Die Binomialverteilung gibt die Wahrscheinlichkeit an, mit der k Erfolge ($k \leq n$) in einer Bernoulli-Kette der Länge n auftreten. Die geometrische Verteilung erfasst die nach dem Multiplikationssatz zu berechnenden Wahrscheinlichkeiten, die angeben, dass das erste Mal Erfolg nach k Versuchen in der Bernoulli-Kette der Länge n auftritt ($k = 1; 2; \ldots; n$).

Voraussetzung für die Anwendung: Entsprechen genau denen der Binomialverteilung (es geht immer um Alternativentscheidungen – also Bernoulli-Ketten der Länge n, die Ereignisse sind unabhängig).

Parameter: Von den Parametern n und p der Binomialverteilung ist nur noch p (Wahrscheinlichkeit für Erfolg!) wichtig, denn k kann unbegrenzt wachsen.

Aus p ergibt sich die Wahrscheinlichkeit des Alternativereignisses („Misserfolg"):

$$q = 1 - p$$

Vorteil: Es handelt sich bei der Verteilung um eine spezielle Fragestellung mit praktischer Bedeutung.

Funktionsgleichung:

$G_p(k) = (1 - p)^{k-1} \cdot p \longleftarrow$ Der k-te Versuch ist der Erste erfolgreiche, $(k - 1)$ vorangegangene Versuche waren ohne Erfolg.

Multiplikationssatz für voneinander unabhängige k-Ereignisse ($k - 1$ gleiche und alternatives Ereignis).

Erwartungswert:

$$E(x) = \mu = \frac{1}{p}$$

Varianz:

$$V(x) = \sigma^2 = \frac{1-p}{p^2}$$

Standardabweichung:

$$\sigma = \frac{\sqrt{1-p}}{p}$$

Eigenschaft: Die Funktionswerte streben für

$$k \to \infty$$

gegen null, erreichen diesen Wert für endliche k nicht.

Beispiel 11.72

Mit welcher Wahrscheinlichkeit tritt beim dritten Versuch die erste SECHS beim Wurf eines regulären Würfels auf?

$$G_{1/6}(3) = \left(\frac{5}{6}\right)^2 \cdot \left(\frac{1}{6}\right) = \frac{25}{216} \approx 0{,}1157$$

Bis zum dritten Wurf (einschließlich) tritt mit der Wahrscheinlichkeit

$$G_{1/6}(1) + G_{1/6}(2) + G_{1/6}(3) = 1 \cdot \frac{1}{6} + \frac{5}{6} \cdot \frac{1}{6} + \frac{5^2}{6^2} \cdot \frac{1}{6} = \frac{91}{216} \approx 0{,}4213$$

das Ereignis SECHS ein. ∎

Anwendungsgebiete: Ergeben sich aus den speziellen Fragestellungen.
Beispielsweise: „Das Problem der vollständigen Serie".
Wie lang muss ein regulärer Würfel geworfen werden, bis **jede** Augenzahl mindestens einmal erzielt worden ist?

$$E(x) = 6\left(1 + \frac{1}{2} + \frac{1}{3} + \frac{1}{4} + \frac{1}{5} + \frac{1}{6}\right) = \frac{6 \cdot 147}{60} = 14{,}7$$

Es muss also durchschnittlich etwa fünfzehn Mal geworfen werden.
Erläuterung: $X = 1; 2; 3; 4; 5; 6$
beschreibt die jeweils aufeinanderfolgenden Würfe bis zu einer neuen Augenzahl.

X_1 \qquad\qquad\qquad\qquad $E(X_1) = 1$

X_2 ist geometrisch verteilt mit $p = \dfrac{5}{6}$ \qquad $E(X_2) = \dfrac{6}{5}$

X_3 ist geometrisch verteilt mit $p = \dfrac{4}{6} = \dfrac{2}{3}$ \qquad $E(X_3) = \dfrac{3}{2}$

X_4 ist geometrisch verteilt mit $p = \dfrac{3}{6} = \dfrac{1}{2}$ \qquad $E(X_4) = 2$

X_5 ist geometrisch verteilt mit $p = \dfrac{2}{6} = \dfrac{1}{3}$ \qquad $E(X_5) = 3$

X_6 ist geometrisch verteilt mit $p = \dfrac{1}{6} = \dfrac{1}{6}$ \qquad $E(X_6) = 6$

$$E(X) = E(X_1 + X_2 + X_3 + X_4 + X_5 + X_6) = 6 + 3 + 2 + \frac{3}{2} + \frac{6}{5} + 1$$

$$= 6(1 + \frac{1}{2} + \frac{1}{3} + \frac{1}{4} + \frac{1}{5} + \frac{1}{6})$$

Tabellen für die geometrische Verteilung sind nicht erforderlich, da die Berechnung der Funktionswerte nach dem Multiplikationssatz sehr einfach mit dem Taschenrechner erfolgen kann.

Beispiel 11.73

In einem Unternehmen mit 13 Filialen kontrolliert der Leiter pro Tag zufällig die Bücher. Nach im Durchscnitt wie viel Tagen hat der Leiter jede Filiale mindestens einmal kontrolliert?

$$E(X) = 1 + \frac{13}{12} + \frac{13}{11} + \frac{13}{10} + \frac{13}{9} + \frac{13}{8} + \frac{13}{7} + \frac{13}{6} + \frac{13}{5} + \frac{13}{4} + \frac{13}{3}$$

$$+ \frac{13}{2} + \frac{13}{1}$$

$$E(X) = 13 \left(1 + \frac{1}{2} + \frac{1}{3} + \frac{1}{4} + \frac{1}{5} + \frac{1}{6} + \frac{1}{7} + \frac{1}{8} + \frac{1}{9} + \frac{1}{10} + \frac{1}{11} + \frac{1}{12} + \frac{1}{13} \right)$$

$$E(X) = \frac{13(8\,648\,640 + 4\,324\,320 + 2\,882\,880 + 2\,162\,160 + \ldots + 665\,280)}{8\,648\,640}$$

$$E(X) = \frac{13 \cdot 27\,503\,832}{8\,648\,640} = \frac{27\,503\,832}{665\,280} \approx 41{,}34$$

∎

11.6.5 Hypergeometrische Verteilung

Kennzeichen: diskrete Zufallsvariable – diskrete Verteilungsfunktion.

Problem: Bei allen bislang angegebenen Verteilungsfunktionen (Binomial-, Poisson- und geometrischer Verteilung) wurde vorausgesetzt, dass sich die Wahrscheinlichkeit von „Zug zu Zug" nicht ändert, dass also beispielsweise einmal geprüfte Probanten wieder zurückgelegt werden. Das wäre aber doch unsinnig – beispielsweise erwischte Schmuggler mit ihrem Schmuggelgut wieder in die Menge der Abzufertigenden zurückzulegen (zurückzuschicken). Aus diesem Grund wurde eine neue Verteilung definiert.

Voraussetzung für die Anwendung: Wie bei der Binomialverteilung (es geht immer um Alternativentscheidungen – Bernoulli-Ketten), jedoch darf sich hier die Wahrscheinlichkeit für Erfolg und Misserfolg von Zug zu Zug ändern.

Parameter: Gesamtzahl der Elemente N, von denen M ein bestimmtes Merkmal tragen ($M \leq N$).

Bei der Ziehung werden $n \leq N$ Elemente zu einer Bernoulli-Kette mit der Länge n zusammengefasst, bei der nur die Anzahl der Erfolge $k \leq n$ interessiert (Erfolg ist hierbei, wenn sich k Elemente der Menge M unter den n ausgewählten befinden.).

Vorteil: Zurücklegen ist nicht mehr erforderlich, was auch nicht mehr durch die Voraussetzung von sehr vielen Elementen ausgeglichen werden muss.

Funktionsgleichung:

$$H_{N;M;n}(k) = \frac{\binom{M}{k}\binom{N-M}{n-k}}{\binom{N}{n}} \qquad M \leq N \quad \text{und} \quad n \leq N$$

$$k = 0; 1; 2; \ldots; n$$

Bemerkung 11.4

1. *Es wird in $H_{N;M;n}$ die Formel angegeben, die der kombinatorischen Lösung des Problems entspricht.*
2. *Nach der Binomialverteilung (also **mit** Zurücklegen) würde sich*

$$B_{n;M/N}(X = k) = \binom{n}{k}\left(\frac{M}{N}\right)^k \left(1 - \frac{M}{N}\right)^{n-k}$$

ergeben.

Beispiel 11.74

In einer Reisegruppe mit einhundert Personen befinden sich 45 Raucher, die sich alle über die zulässige Grenze mit Zigaretten eingedeckt haben. Nun kontrolliert der Zoll vier zufällig ausgewählte Reisende, von denen er natürlich nicht weiß, ob es Raucher oder Nichtraucher sind.

Mit welcher Wahrscheinlichkeit hat er mindestens zwei Raucher mit geschmuggelten Zigaretten erwischt?

$$N = 100 \qquad M = 45 \qquad n = 4 \qquad k = 2; 3; 4$$

$$H_{100;45;4}(2) = \frac{\binom{45}{2}\binom{55}{2}}{\binom{100}{4}} \approx 0{,}3749$$

Wahrscheinlichkeit, dass unter den vier Kontrollierten genau zwei Schmuggler sind.

$$H_{100;45;4}(3) = \frac{\binom{45}{3}\binom{55}{1}}{\binom{100}{4}} \approx 0{,}1990$$

Wahrscheinlichkeit, dass unter den vier Kontrollierten genau drei Schmuggler sind.

$$H_{100;45;4}(4) = \frac{\binom{45}{4}\binom{55}{0}}{\binom{100}{4}} \approx 0{,}0346$$

Wahrscheinlichkeit, dass unter den vier Kontrollierten genau vier Schmuggler sind.

$$H_{100;45;X}(X \geq 2) = H(2) + H(3) + H(4) \approx 0{,}6085$$

Die Wahrscheinlichkeit, dass unter den vier Kontrollierten mindestens zwei Schmuggler sind, beträgt etwa 61 Prozent.   ∎

Anwendungsgebiete: Überall dort, wo „Zurücklegen" von bereits geprüften Einheiten keinen Sinn ergibt und sich durch die Begrenzung der Zahl von Untersuchungsobjekten oder Versuchen eine Änderung der Wahrscheinlichkeit von „Zug zu Zug" ergibt.

12 Statistik

Übersicht

12.1 Beschreibende Statistik (deskriptive Statistik)

12.1.1 Skalierung – Urliste – Primärliste – Klasseneinteilung

In der Statistik werden Mengen (Gesamtheiten) untersucht, wobei ein oder mehrere Merkmale der Elemente dieser Gesamtheit betrachtet werden.

Die in der Statistik untersuchten Einheiten besitzen ein **Merkmal**, um in der Gesamtheit der Einheiten oder der Stichprobe erfasst zu werden. Diese Merkmale können metrisch (quantitativ), ordinal (geordnet nach einer Rangskala) oder nominal (ein Merkmal trifft zu oder nicht – Zweiwertigkeit) sein.

Metrische Merkmale stellen die höchsten Anforderungen an die Erfassung. Quantitative Merkmale sind diskret (Anzahl) oder stetig (beispielsweise Temperatur), wobei auch stetige Merkmale aufgrund der beschränkten Ablesegenauigkeit der Messgeräte diskret erfasst werden (Diskretisierungsfehler).

Auf der Grundlage einer Versuchsplanung entsteht die Urliste, die unter der fortlaufenden Nummer das Merkmal oder die Merkmale der Elemente festhält. Dabei ist die Reihenfolge zufällig (Messreihe).

Der Versuchsplan legt fest,

- die Daten erfasst werden,
- wie groß der Umfang der Stichprobe ist,
- wie die Auswertung abläuft.

Voraussetzung für alle Untersuchungen:

- homogenes Untersuchungsmaterial (Versuchsbedingungen bleiben während der gesamten Untersuchung konstant.)

© Springer-Verlag GmbH Deutschland, ein Teil von Springer Nature 2018

G. Höfner, *Mathematik-Fundament für Studierende aller Fachrichtungen*,

https://doi.org/10.1007/978-3-662-56531-5_12

- Ausschluss systematischer Fehler (Anderweitige Einflüsse auf die Versuchsergebnisse dürfen diese nicht wesentlich beeinflussen.)
- Repräsentativität der Stichprobe (Jedes Element einer Grundgesamtheit muss die gleiche Chance haben, in die Untersuchung einbezogen zu werden. Zum Beispiel entsteht durch Auslosen der Elemente eine zufällige Auswahl; repräsentativ ist eine Stichprobe dann, wenn sie ein verkleinertes Abbild der Gesamtheit darstellt.)
- Umfang der Stichprobe
  so groß wie erforderlich (Zwar werden die Ergebnisse umso aussagefähiger, je größer der Umfang der Stichprobe ist, jedoch bedingt eine Erhöhung des Umfangs auch eine Erhöhung des Aufwands an Zeit und Kosten, sodass nur die unbedingt erforderliche Anzahl von Elementen zu untersuchen ist).

Beispiel 12.1
Urliste zur Erfassung der Kornzahl von 60 Weizenähren (Tabelle 12.1).
Aus der Urliste kann die Primärliste entwickelt werden, indem die Merkmale größenmäßig angeordnet werden. Dabei ist die laufende Nummer unwesentlich und kann weggelassen werden.   ∎

Beispiel 12.2
Primärliste

$15, 15, 17, 18, 18, 19, 22, 23, 24, 24, 24, 26, 27, 30, 31, 31, 32, 32, 32, 32, 33, 34, 35,$

$36, 37, 37, 38, 39, 39, 41, 41, 41, 41, 41, 42, 44, 46, 46, 46, 47, 48, 48, 51, 51, 52, 52,$

$52, 52, 53, 55, 55, 57, 59, 59, 61, 62, 64, 68, 71, 72$ ∎

Tabelle 12.1: Kornzahlen von 60 Weizenähren

lfd. Nr.	Kornzahl	lfd. Nr.	Kornzahl	lfd. Nr.	Kornzahl
1	24	21	30	41	32
2	35	22	39	42	34
3	15	23	44	43	71
4	17	24	41	44	59
5	48	25	31	45	41
6	33	26	22	46	72
7	55	27	64	47	36
8	62	28	52	48	32
9	48	29	57	49	27
10	46	30	46	50	53
11	32	31	41	51	61

12	37	32	32	52	24
13	39	33	18	53	46
14	47	34	24	54	41
15	26	35	51	55	37
16	19	36	52	56	31
17	52	37	18	57	42
18	68	38	23	58	52
19	38	39	51	59	15
20	41	40	55	60	59

Das erfasste quantitative Merkmal ist diskret (Anzahl der Körner). Es ist auch möglich, quantitative Merkmale oder Klassen von quantitativen Merkmalen vorzugeben, wobei die zu untersuchenden Elemente durch eine Strichliste erfasst werden. Auf solche Weise entsteht eine Häufigkeitstabelle, die eine Häufigkeitsverteilung beinhaltet.

Beispiel 12.3
Häufigkeitsverteilung der Anzahl der Körner

Anzahl der Körner	Häufigkeit
15	||
16	
17	|
18	||
19	|
⋮	⋮

Da oft einzelne Merkmale in der Strichliste gar nicht oder nur eine geringe Anzahl von Häufigkeiten repräsentieren, werden Klassen von Merkmalen gebildet. Die Klassenzahl soll nicht zu groß, ihre Breite sollte gleich sein und die Intervalle müssen einander ausschließen. ∎

Beispiel 12.4
Die Häufigkeiten können bei der Erfassung in einer Strichliste festgestellt werden. Bei der Erfassung von 2 Merkmalen entsteht eine zweidimensionale Verteilungstafel. ∎

12.1.2 Absolute und relative Häufigkeit, kumulierte Häufigkeiten, grafische Darstellungen

Beispiel 12.5

Körperhöhe cm	150...154	155...160	...
Körpermasse kg			
40...49		|||	
50...59			||	
⋮			

Werden die Häufigkeiten durch die Gesamtzahl der Beobachtungswerte dividiert, so ergeben sich die relativen Häufigkeiten. Die Summe der relativen Häufigkeiten ergibt eins, und die Summe der absoluten Häufigkeiten ergibt die Zahl der Beobachtungswerte. Die kumulative Erfassung der Häufigkeiten gibt die Anzahl der Beobachtungswerte bis zu einem Merkmal oder bis zu einer Merkmalklasse an. Die grafische Darstellung der Häufigkeiten erfolgt durch ein Säulendiagramm oder durch die Verbindung der Säulenmitten in einem Häufigkeitspolygon (Häufigkeitsverteilung). Die kumulativen Häufigkeiten führen zum Summenpolygon (vgl. Abbildungen 12.1 bis 12.3).

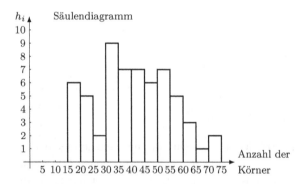

Abb. 12.1

Abb. 12.2

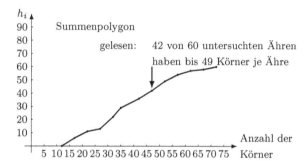

Abb. 12.3

Beispiel 12.6
Häufigkeit der Klassen

Klasse	absolute Häufigkeit	relative Häufigkeit	Summe der Häufigkeiten
10...14	0	0,0000	0
15...19	6	0,1000	6
20...24	5	0,0833	11
25...29	2	0,0333	13
30...34	9	0,1500	22
35...39	7	0,1167	29
40...44	7	0,1167	36
45...49	6	0,1000	42
50...54	7	0,1167	49
55...59	5	0,0833	54
60...64	3	0,0500	57

65...69	1	0,0167	58
70...74	2	0,0333	60

60	1,0000

Oft wird das Summenpolygon auch als Treppenkurve dargestellt.   ■

12.1.3 Mittelwerte

Mittelwerte dienen zur Kennzeichnung von statistischen Messreihen.

1. Arithmetisches Mittel
Der arithmetische Mittelwert ist der am verbreitetsten angewandte Mittelwert.
Deswegen wird er häufig auch kurz als Durchschnitt bezeichnet. Der arithmetische
Mittelwert $\overline{x}$ kann als Abschätzung für den Erwartungswert μ einer Verteilungs-
funktion angesehen werden.

Definition 12.1
Einfaches arithmetisches Mittel einer Messreihe $\{x_1, x_2, \ldots, x_n\}$

$$\overline{x} = \frac{x_1 + x_2 + \cdots + x_n}{n} = \frac{\sum\limits_{i=1}^{n} x_i}{n}$$

$\blacklozenge$

Beispiel 12.7
Die 60 Kornzahlwerte der Weizenähren (Abschnitt 12.1) werden addiert und durch
60 dividiert.

$$\overline{x} = \frac{24 + 35 + 15 + \cdots + 15 + 59}{60} = \frac{2438}{60} = 40{,}6$$

Durchschnittlich haben die Ähren 41 Körner.
Um den rechnerischen Aufwand zu verringern, wird oft das gewogene arithmetische Mittel berechnet, wobei jeder Messwert mit seiner Häufigkeit multipliziert
(gewichtet) und durch die Summe der Häufigkeiten dividiert wird.   ■

Definition 12.2
Gewogenes arithmetisches Mittel

$$\overline{x} = \frac{h_1 x_1 + h_2 x_2 + \cdots + h_n x_n}{h_1 + h_2 + \cdots + h_n} = \frac{\sum\limits_{i=1}^{n} h_i x_i}{\sum\limits_{i=1}^{n} h_i}$$

$\blacklozenge$

Beispiel 12.8

Ausgehend von der angedeuteten Häufigkeitstabelle berechnet sich das gewogene arithmetische Mittel, das natürlich den gleichen Wert ergibt:

$$\overline{x} = \frac{15 \cdot 2 + 17 \cdot 1 + 18 \cdot 2 + \cdots + 72 \cdot 1}{60} = \frac{2438}{60} = 40,6$$

Hinweis 12.1

Es besteht ein enger sachlicher Zusammenhang zum Erwartungswert einer Verteilungsfunktion (vgl. 11.5.2.).

Das gewogene arithmetische Mittel wird auch dann verwendet, wenn die Häufigkeitsverteilung in einer Klasseneinteilung vorliegt. An die Stelle der Messwerte treten die Klassenmitten.

∎

Beispiel 12.9

Klasseneinteilung Weizenähren

x_i	h_i	$x_i h_i$
17,5	6	105,0
22,5	5	112,5
27,5	2	55,0
32,5	9	292,5
37,5	7	262,5
42,5	7	297,5
47,5	6	285,0
52,5	7	367,5
57,5	5	287,5
62,5	3	187,5
67,5	1	67,5
72,5	2	145,0
		2465,0

Somit ist

$$\overline{x} = \frac{2465}{60} = 41,08$$

∎

Der Mittelwert ohne und mit Klasseneinteilung muss zwangsläufig wertmäßig voneinander abweichen, da durch jede Klasseneinteilung Veränderungen an den Messwerten vorgenommen werden (vergleichbar mit dem Fehler durch Diskretisierung).

Das arithmetische Mittel einer Messreihe $x_1, x_2, \ldots, x_n$ besitzt die folgenden Eigenschaften, die in der Mehrzahl bei sinnvoller Anwendung rechentechnische Vorteile bringen können.

– Die Summe der Abweichungen der Einzelwerte vom arithmetischen Mittel ist gleich Null. Bei der Ermittlung der Abweichungen ist auf das unterschiedliche Vorzeichen zu achten, das durch die Lage der Messwerte zum Mittelwert bestimmt wird.

$$\sum_{i=1}^{n}(x_i - \overline{x}) = 0$$

Da in den angegebenen Beispielen bei der Bestimmung des Mittelwerts gerundet wurde, ist die Summe der Abweichungen vom Mittelwert nicht exakt gleich Null, sondern gibt in ihrem Wert einen Fehler bei der Berechnung wieder.

– Das arithmetische Mittel ist mit der konstanten Zahl c multipliziert oder dividiert, wenn alle Einzelwerte mit c multipliziert oder dividiert wurden.

Beispiel 12.10

x_i	h_i		x_i	h_i	$x_i h_i$
$\dfrac{1}{3}$	4		30	4	120
$\dfrac{2}{9}$	5	$c = 90$	20	5	100
$\dfrac{5}{6}$	7	$Hauptnenner \atop \longrightarrow$	75	7	525
$\dfrac{4}{15}$	3		24	3	72
				19	817

$$90\overline{x} = \frac{817}{19}$$
$$\overline{x} = 0,4\overline{7}$$

Somit konnte die Verwendung von gemeinen Brüchen vermieden werden. ∎

– Das arithmetische Mittel bleibt ungeändert, wenn alle Häufigkeiten mit der gleichen Zahl multipliziert oder durch die gleiche Zahl dividiert werden (Erweitern eines Bruches).

$$\overline{x} = \frac{\sum\limits_{i=1}^{n} x_i h_i}{\sum\limits_{i=1}^{n} h_i}$$

$$\overline{x} = \frac{\sum\limits_{i=1}^{n} cx_i h_i}{\sum\limits_{i=1}^{n} ch_i}$$

− Das arithmetische Mittel besitzt die „Quadratische Minimumeigenschaft", was bedeutet, dass die Summe der Quadrate aller Abstände zwischen Messwerten und Mittelwert kleiner ist als von jedem anderen Wert (durch das Quadrieren wird der Ausgleich von unterschiedlichen Vorzeichen vermieden).

$$\sum_{i=1}^{n}(x_i - \overline{x})^2 \Rightarrow \text{MINIMUM}$$

Dieses quadratische Minimumprinzip wird bei weiterführenden statistischen Berechnungen genutzt (Regressionsanalyse).

− Um das arithmetische Mittel von bereits als Mittelwert berechneten Messwerten zu bestimmen, wird das gewogene arithmetische Mittel aus den gemittelten Einzelwerten gebildet, wobei die Zahl der Elemente aus den gemittelten Einzelwerten die Gewichte darstellen.

Beispiel 12.11

1. Zensurendurchschnitt (arithmetisches Mittel) einer Klasse mit 24 Schülern beträgt 2,7.
2. Zensurendurchschnitt der Parallelklasse 2,6 wird erreicht bei einer Klassenstärke von 21 Schülern.
3. Zensurendurchschnitt der dritten Parallelklasse 2,2 wird erreicht von der Gesamtschülerzahl 18.

Zensurendurchschnitt der 3 Parallelklassen wird, um Rechenarbeit einzusparen, aus den bereits gemittelten Notendurchschnitten berechnet, wobei die Klasse mit größerer Schülerzahl ein entsprechend höheres Gewicht bei der Berechnung bekommt.

$$\overline{x} = \frac{2{,}7 \cdot 24 + 2{,}6 \cdot 21 + 2{,}2 \cdot 18}{24 + 21 + 18} = \frac{159}{63} = 2{,}52$$

Die drei Klassen haben einen Notendurchschnitt von 2,52.

− Der Mittelwert ist um die Konstante c vermindert, wenn von allen Messwerten die Konstante c subtrahiert wird.

$$\overline{x} - c = \frac{\sum\limits_{i=1}^{n}(x_i - c)}{n}$$

Somit ist

$$\overline{x} = \frac{\sum\limits_{i=1}^{n}(x_i - c)}{n} + c.$$

Diese Gesetzmäßigkeit kann recht gut angewandt werden, wenn kein Taschenrechner zur Verfügung steht oder die Eingabe von vielen Werten mit einigen
Fehlermöglichkeiten behaftet ist, um den Mittelwert schnell und sicher auch aus
einer großen Zahl von Messwerten zu bestimmen. Dabei wird c so gewählt, dass
es etwa in der Nähe des arithmetischen Mittels liegt, sodass der Quotient (Korrekturglied des angenommenen arithmetischen Mittels!) möglichst klein wird,
sich die Abweichungen aufgrund des unterschiedlichen Vorzeichens möglichst
vollständig aufheben (Summe der Abweichungen vom wahren arithmetischen
Mittel ist Null) und c möglichst ganzzahlig ist, um die Differenzbildung zu
vereinfachen.   ■

Beispiel 12.12
Ausgehend von der Primärliste der Weizenähren ergibt das, wenn $c = 40$ gesetzt
wird, Tabelle 12.2.   ■

Tabelle 12.2: Zwischenrechnung zur Bestimmung des Mittelwerts

x_i	$x_i - 40$	x_i	$x_i - 40$	x_i	$x_i - 40$
15	-25	33	-7	48	8
15	-25	34	-6	48	8
17	-23	35	-5	51	11
18	-22	36	-4	51	11
18	-22	37	-3	52	12
19	-21	37	-3	52	12
22	-18	38	-2	52	12
23	-17	39	-1	52	12
24	-16	39	-1	53	13
24	-16	41	$+1$	55	15
24	-16	41	1	55	15
26	-14	41	1	57	17
27	-13	41	1	59	19
30	-10	41	1	59	19
31	-9	42	2	61	21
31	-9	44	4	62	22
32	-8	46	6	64	24
32	-8	46	6	68	28
32	-8	46	6	71	31
32	-8	47	7	72	32

Die Streichungen der Werte in der Spalte $(x_i - 40)$ werden so vorgenommen, dass sich positive und negative Werte wechselseitig aufheben, um die Addition wesentlich zu erleichtern.

$$\sum (x_i - 40) = 8 + 8 + 11 + 11 = 38$$

$$\overline{x} = \frac{38}{60} + 40 = 40{,}6$$

2. Geometrisches Mittel
Werden alle Rechenoperationen, die zur Bestimmung des arithmetischen Mittels erforderlich sind, um eine Stufe erhöht, so ergibt sich das geometrische Mittel einer Zahlenreihe.

Addition $\rightarrow$ Multiplikation

Division durch n $\rightarrow$ n-te Wurzel bestimmen

Definition 12.3
Das geometrische Mittel aus $\{x_1, x_2, \ldots, x_n\}$ ist

$$\mathring{x} = \sqrt[n]{x_1 \cdot x_2 \cdot \ldots \cdot x_n}$$

Voraussetzung für die Bildung des geometrischen Mittels ist es, dass alle $x_i > 0$ sind, da sonst der Radikand negative Werte annehmen kann.
Hohe Zahlen bei Bildung des Radikanden lassen sich dadurch umgehen, dass man nicht das geometrische Mittel, sondern seinen Logarithmus bestimmt (führt zur Reduzierung aller Rechenoperationen auf die nächsthöhere Stufe).

$$\lg \mathring{x} = \frac{1}{n} \sum_{i=1}^{n} \lg x_i$$

Selbstverständlich kann auch eine andere Logarithmenbasis verwendet werden.
Das geometrische Mittel wird immer dann angewandt, wenn eine Durchschnittsbildung für Werte erfolgen soll, denen eine zeitliche Entwicklung zugrunde liegt (durchschnittliche Zuwachsrate, durchschnittliches Wachstumstempo usw.).
♦

Beispiel 12.13
In vier Jahren beträgt die Produktionssteigerung bezogen auf das Vorjahr 103 %, 98 %, 106 % und 103 %.
Daraus ergibt sich ein durchschnittliches jährliches Wachstumstempo von 102,5 %.

$$\mathring{x} = \sqrt[4]{1{,}03 \cdot 0{,}98 \cdot 1{,}06 \cdot 1{,}03} = 1{,}025$$

■

3. Zentralwert und Box-Plot-Diagramm

Bei der Bestimmung des arithmetischen und geometrischen Mittels gingen alle Messwerte quantitativ in die Berechnungsformel ein. Das ist bei den zwei folgenden Mittelwerten nicht der Fall, weswegen sie auch als Mittelwerte der Lage bezeichnet werden.

Definition 12.4

Der Zentralwert oder Medianwert einer Messreihe $\tilde{x}$ ist der Wert, der die Primärliste halbiert, sodass die Hälfte der Messwerte unter und die andere Hälfte der Messwerte über $\tilde{x}$ liegen.

Der Zentralwert wird demzufolge nicht berechnet, sondern ausgezählt. Dazu wird die Primärliste aufgestellt und in 2 Fällen folgender Zentralwert festgelegt:

1. Die Zahl der Messwerte ist ungerade. – Der Zentralwert ist der $\dfrac{n+1}{2}$-te Wert der Primärliste (mittlerer Wert).

2. Die Zahl der Messwerte ist gerade. – Der Zahlwert liegt zwischen dem $\dfrac{n}{2}$-ten und $\left(\dfrac{n}{2}+1\right)$-ten Wert der Primärliste.

(Interpolation – Bildung des arithmetischen Mittels zwischen den beiden Werten)
Bei Klasseneinteilungen ist die Bestimmung des Zentralwerts durch Interpolation vorzunehmen. ◆

Beispiel 12.14

Ausschnitt aus der Häufigkeitstabelle (Weizenähren)

Klassen	Häufigkeit	kumulierte Häufigkeiten
10...14	0	0
15...19	6	6
20...24	5	11
25...29	2	13
30...34	9	22
35...39	7	29
40...44	7	36
45...49	6	42
50...54	7	49
55...59	5	54
60...64	3	57
65...69	1	58
70...74	2	60

■

Aus der Gesamtzahl von 60 Beobachtungswerten ergibt sich der Zentralwert zwischen $\dfrac{60}{2}$ und $\dfrac{60}{2}+1$.

Es wird der 30,5te Wert (rein theoretisch) angenommen, und dazu innerhalb der Klasse linear interpoliert.

$$\begin{bmatrix} 37,5 \\ \quad x \\ 42,5 \end{bmatrix} \qquad \begin{bmatrix} 29 \\ \quad 30,5 \\ 36 \end{bmatrix}$$

$$5 : x = 7 : 1,5$$

$$x = \frac{5 \cdot 1,5}{7} = 1,07$$

Der gesuchte Zentralwert liegt bei etwa 39 Körnern.

Aus der Primärliste ergeben sich 40 Körner – Mittelwert von 39 und 41 (30. und 31. Stelle der Primärliste).

Das box - plot Diagramm teilt die Messwerte in vier Quartile (vgl. Abb. 12.4).

Beispiel 12.15
(siehe Tabelle „Körnerzahl")
Ende II. Quartil und Beginn des dritten Quartils ist der Zentralwert der Messreihe.

$$x_{50\,\%} = \tilde{x} = 39 \,\text{Körner}$$

Beginn des I. Quartils sind null Körner und Ende bei dem 15,25. Korn.

$$x \left| \begin{array}{c} 27,5 \\[2mm] \\[2mm] 32,5 \end{array} \right| \; 5 \quad 9 \; \left| \begin{array}{c} 13 \\[2mm] \\[2mm] 22 \end{array} \right| \; 15,25 \; \left| \; 2,25 \right.$$

$$5 : 9 = x : 2,25$$

$$x = 1,25$$

$x_{25\,\%} \approx 27,5 + 1,25$. Das 29. Korn ist Ende des I. Quartils (Beginn des II.).
Beginn des IV. Quartils ist das 45,5. Korn der Primärliste.:

$$x \left| \begin{array}{c} 47,5 \\[2mm] \\[2mm] 52,5 \end{array} \right| \; 5 \quad 7 \; \left| \begin{array}{c} 42 \\[2mm] \\[2mm] 49 \end{array} \right| \; 45,75 \; \left| \; 3,75 \right.$$

$$5 : 7 = x : 3,75$$

$$x \approx 2,68$$

$x_{25\,\%} \approx 47,5 + 2,68$. Das 50. Korn ist Ende des III. Quartils (Beginn des IV.).

■

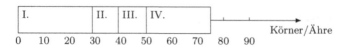

Abb. 12.4

4. Modus

Der Modus, das Dichtemittel oder der häufigste Wert, ist ebenfalls ein Mittelwert, bei dem der spezielle Betrag der Einzelwerte nicht in die Berechnung eingeht.

Definition 12.5
Der Modus D ist der Wert in der Beobachtungsreihe, der die größte Häufigkeit besitzt.   ◆

Beispiel 12.16
Bei den angegebenen Weizenähren ist die Kornzahl 41 mit der Häufigkeit 5 der Modus, denn eine größere Häufigkeit gibt es nicht. Zentralwert und Modus werden immer dann angewandt, wenn gegebene Messwerte einen Mittelwert der Größe ohne jegliche Aussage machen und offene Flügelgruppen bei Klasseneinteilungen (beispielsweise Beginn einer Klasseneinteilung: monatlicher Durchschnittsverdienst unter 1000 Euro) einen konkreten Messwert nicht bereitstellen.   ■

Satz 12.1
Es gilt stets:

$$\overset{\circ}{x} \leqq \overline{x}$$

Das Gleichheitszeichen gilt nur bei Messwerten, die sich nicht unterscheiden. Zwischen Zentralwert $\tilde{x}$, Modus D und arithmetischem Mittel $\overline{x}$ können verschiedene Größenbeziehungen bestehen.

Beispiel 12.17
(Häufigkeitsverteilung, vgl. Abb. 12.5)   ■

12.1.4 Streuungsmaße

Der Mittelwert reicht zur Charakterisierung einer Messreihe nicht aus.

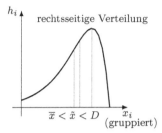

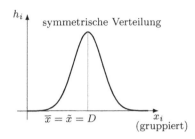

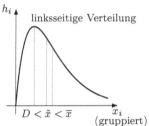

Abb. 12.5

Beispiel 12.18

$$x_i: \quad 4, 5, 8, 10, 14, 19 \quad \overline{x} = \frac{60}{6} = 10$$

$$y_i: \quad 7, 9, 9, 10, 12, 13 \quad \overline{y} = \frac{60}{6} = 10$$

Obwohl beide Messreihen den gleichen Mittelwert haben, unterscheiden sie sich wesentlich durch die Lage der Messwerte zum gemeinsamen Mittelwert (vgl. Abb. 12.6). Die Messwerte streuen unterschiedlich um den Mittelwert. Je größer die Streuung ist, umso weniger repräsentiert der Mittelwert die Messreihe. ∎

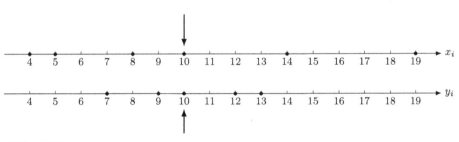

Abb. 12.6

Streuungsmaße

1. Die Variationsbreite oder Spannweite R ist der Abstand zwischen größtem und kleinstem Messwert.

$$R = x_{\max} - x_{\min}$$

Beispiel 12.19
(vgl. oben)

$$R_{xi} = 19 - 4 = 15$$
$$R_{yi} = 13 - 7 = 6$$

Ein Vorteil bei der Verwendung der Spannweite zur Kennzeichnung der Streuung ist die einfache Berechnung. Der Nachteil wird immer dann besonders in Erscheinung treten, wenn ein extremer Messwert die Spannweite sehr groß gestaltet, da nur zwei von n Messwerten das Maß dieser Streuung bestimmen. Deswegen wird dieses Streuungsmaß nur bei einer kleinen Zahl von Einzelwerten angewandt.

2. Die lineare Streuung findet keine große Anwendung. Dieses Streuungsmaß ist das gewogene arithmetische Mittel aus den absoluten Beträgen der Abweichungen vom arithmetischen Mittel oder von einem anderen Mittelwert.

3. Am häufigsten findet die Standardabweichung Verwendung, um eine Streuung zu messen. Die Standardabweichung ist die Wurzel aus dem Quotienten der Summe der Abweichungen vom arithmetischen Mittel zum Quadrat, dividiert durch $n-1$, wobei n die Anzahl der Messwerte ausdrückt. Da in die Formel der Mittelwert eingeht, sind die n Messwerte nicht mehr frei wählbar, sondern ein Messwert kann durch $\bar{x}$ berechnet werden. Dieses hat eine Reduzierung der n Freiheitsgrade um 1 zur Folge, welches sich im Nenner des Bruches ausdrückt.

$$s = \sqrt{\frac{\sum_{i=1}^{n}(x_i - \bar{x})^2}{n-1}}$$

■

Beispiel 12.20
Im Bereich (Kornzahl von Weizenähren) aus Abschnitten 12.1.1 und 12.1.3 ergibt sich:

$$s = \sqrt{\frac{12\,606}{60 - 1}} = \sqrt{213{,}661} = 14{,}62$$

Die Standardabweichung beträgt 14,62 Körner. Anschaulich bedeutet das, dass im einfachen Streubereich etwa $\frac{2}{3}$ aller Messwerte liegen. Im Beispiel ($\bar{x} \approx 40$) ergibt sich der Bereich zwischen 26 und 55 Körner je Ähre. Ein Vergleich mit der Primärliste im Abschnitt 12.1.1 bestätigt diese Aussage sehr überzeugend. Häufig wird die Standardabweichung auf den Mittelwert bezogen und in Prozent angegeben. Dieses relative Maß wird als Variabilitätskoeffizient bezeichnet.

$$v = \frac{s}{\bar{x}} \cdot 100\,\%$$

■

Beispiel 12.21

(Kornzahl einer Weizenähre)

$$v = \frac{14{,}62}{40{,}6} \cdot 100\,\% = 36\,\%$$

Mit 36 % liegt eine hohe Streuung vor.

Liegt eine Klasseneinteilung vor, so wird in Analogie zu den gewogenen Mittelwerten eine gewogene Streuung berechnet, was Beispiel 12.22 zeigen soll. ■

Beispiel 12.22

Kornzahl einer Weizenähre mit Klasseneinteilung, Tabelle 12.3

$$s = \sqrt{\frac{12\,768{,}6}{59}} = \sqrt{216{,}417} = 14{,}71$$

Die Standardabweichung 14,71 bei Klasseneinteilung stimmt mit der bei gleichem Beispiel 12.20 ohne Klasseneinteilung berechneten gut überein. ■

Tabelle 12.3: Berechnung der Standardabweichung mit Klasseneinteilung

Klassenmitte x_i	h_i	Klassenmitte $- \bar{x}$ $(x_i - \bar{x})$	(Klassenmitte $- \bar{x})^2$ $(x_i - \bar{x})^2$	$(x_i - \bar{x})^2 h_i$
17,5	6	$-23{,}1$	533,61	3201,66
22,5	5	$-18{,}1$	327,61	1638,05
27,5	2	$-13{,}1$	171,61	343,22
32,5	9	$-8{,}1$	65,61	590,49
37,5	7	$-3{,}1$	9,61	67,27
42,5	7	1,9	3,61	25,27
47,5	6	6,9	47,61	285,66
52,5	7	11,9	141,61	991,27
57,5	5	16,9	285,61	1428,05
62,5	3	21,9	479,61	1438,83
67,5	1	26,9	723,61	723,61
72,5	2	31,9	1017,61	2035,22
	60			12 768,60

12.1.5 Lineare Korrelation und Regression

12.1.5.1 Grundbegriffe

Bei funktionalen Zusammenhängen ist die Beziehung zwischen unabhängigen und abhängigen Größen genau bestimmt.
Jedem n-Tupel von Werten

$$(x_1, x_2, \ldots, x_n) \quad \text{entspricht genau ein } (n+1)\text{-Tupel}$$
$$(x_1, x_2, \ldots, x_n, y)$$

Im Unterschied dazu bedeuten korrelative oder stochastische Zusammenhänge, dass bei festen Werten der unabhängigen Variablen der Wert der abhängigen Variablen zufallsbedingt in einem Intervall liegt und nicht genau angegeben werden kann.

Beispiel 12.23
Ein stochastischer Zusammenhang liegt zwischen Alter und Körpergröße vor. Die Aussage, dass ein Jugendlicher im Alter von 16 Jahren 172 cm groß ist, kann nur dann richtig sein, wenn diesem Ergebnis eine bestimmte Wahrscheinlichkeit zugeordnet wird.
Bei korrelativen Zusammenhängen ist die abhängige Variable nicht deterministisch, sondern stochastisch bestimmt.   ∎

Definition 12.6
Eine Korrelation liegt dann vor, wenn den unabhängigen Variablen Zufallsvariablen zugeordnet werden. Das bedeutet, dass jedem Wert oder n-Tupel von Werten der unabhängigen Variablen mit einer bestimmten Wahrscheinlichkeit ein Wert der abhängigen Variablen zugeordnet werden kann. Arten von Korrelationen werden nach verschiedenen Gesichtspunkten unterteilt: ♦

1. Unterschied nach dem Charakter der Korrelation

− Positive Korrelationen sind dadurch gekennzeichnet, dass wachsenden Werten der einen Variablen auch wachsende Werte der anderen Variablen zugeordnet werden (entsprechend werden fallenden Werten der einen auch fallende Werte der anderen Variablen zugeordnet).

Beispiel 12.24
Korrelative Abhängigkeit zwischen Körpergröße und Körpermasse eines Menschen

− Negative Korrelationen sind dadurch gekennzeichnet, dass steigenden (fallenden) Werten der einen Variablen fallende (steigende) Werte der anderen Variablen zugeordnet werden.

∎

Beispiel 12.25
Korrelative Abhängigkeit der Herstellungskosten je Stück und hergestellter Stückzahl (Losgröße) ■

2. Unterschied nach den in der Korrelation betrachteten Veränderlichen

- Einfache Korrelationen sind Korrelationen zwischen zwei Veränderlichen.
- Mehrfache Korrelationen untersuchen ganze Ursachen- und Wirkungskomplexe.
- Partielle Korrelationen stellen Zusammenhänge zwischen zwei Variablen dar, obwohl noch mehrere wesentliche Variablen existieren, die aber zunächst vernachlässigt werden.

3. Unterschied hinsichtlich Verlauf der Korrelation

- Lineare Korrelationen untersuchen lineare Beziehungen zwischen den Veränderlichen.
- Nichtlineare Korrelationen untersuchen nichtlineare Beziehungen zwischen den Veränderlichen.

4. Unterschied nach der Verbundenheit der Erscheinungen in der Korrelation

- unmittelbare Korrelation
- Scheinkorrelationen, die immer dann entstehen, wenn zwei korrelierende Erscheinungen wesentlich von einer dritten abhängen.

Die *Korrelation* charakterisiert eine wechselseitige stochastische Abhängigkeit, um

- Richtwerte für den Grad der Abhängigkeit zu finden,
- wesentliche von unwesentlichen Zusammenhängen unterscheiden zu können,
- noch unbekannte Zusammenhänge zu finden und zu beweisen.

Im Unterschied zur Korrelation, die eine wechselseitige Abhängigkeit zwischen zwei Variablen zeigt, gelingt es durch die Regression, die einmal bewiesene Abhängigkeit der einen von der anderen Variablen darzustellen (etwa durch eine lineare Funktion). Die *Regressionsrechnung* ermöglicht,

- den Verlauf des Zusammenhangs zu beschreiben (beispielsweise progressiv wachsend),
- die Wirkung von einer Erscheinung auf Folgeerscheinungen zahlenmäßig auszudrücken,
- noch unbekannte Werte der abhängigen Variablen innerhalb des angegebenen Bereichs abzuschätzen (interpolieren) oder außerhalb des angegebenen Bereichs zu extrapolieren.

12.1.5.2   Korrelationen, Bestimmtheitsmaß

Hier sollen nur lineare Korrelationsbeziehungen untersucht werden. Für nichtlineare Zusammenhänge gibt es kompliziertere Formeln, um den Grad des Zusammenhangs zu errechnen. Der Grad des Zusammenhangs kann durch zwei Definitionen berechnet werden.

Definition 12.7
Korrelationskoeffizienten

$$r_{xy} = \frac{\sum\limits_{i=1}^{n} x_i y_i - \overline{x} \sum\limits_{i=1}^{n} y_i}{\sqrt{\left(\sum\limits_{i=1}^{n} x_i^2 - \overline{x} \sum\limits_{i=1}^{n} x_i \right) \left(\sum\limits_{i=1}^{n} y_i^2 - \overline{y} \sum\limits_{i=1}^{n} y_i \right)}}$$

oder

$$r_{xy} = \frac{\sum\limits_{i=1}^{n} (x_i - \overline{x})(y_i - \overline{y})}{\sqrt{\sum\limits_{i=1}^{n} (x_i - \overline{x})^2 \sum\limits_{i=1}^{n} (y_i - \overline{y})^2}}$$

♦

Satz 12.2
Der Wert des Korrelationskoeffizienten ist nicht kleiner als −1 und nicht größer als +1.

$$-1 \leqq r_{xy} \leqq +1$$

Liegt der Wert nahe bei +1, so ist das ein Zeichen für eine positive lineare Korrelation. Ergibt sich ein Wert nahe bei −1, so liegt eine negative lineare Korrelation vor. Liegt der Wert des Korrelationskoeffizienten um Null, so handelt es sich bei der betrachteten Erscheinung um keine lineare Korrelation. Damit ist nicht ausgeschlossen, dass zwischen den beiden Erscheinungen nicht doch ein (nichtlinearer) korrelativer Zusammenhang besteht.

Definition 12.8
(Bestimmtheitsmaß)
Das Bestimmtheitsmaß ergibt sich aus dem Quadrat des Korrelationskoeffizienten.

$$B_{xy} = r_{xy}^2$$

Da $-1 \leqq r_{xy} \leqq 1$,

ist $0 \leqq B_{xy} \leqq 1$.
In Prozent angegeben besagt das Bestimmtheitsmaß, mit wie viel Teilen von Hundert eine Erscheinung die andere bestimmt.   ♦

Beispiel 12.26

$r_{xy} = 0{,}9$ (positive lineare Korrelation)

$B_{xy} = 0{,}9^2 = 0{,}81$

Die eine Erscheinung bestimmt die andere zu 81 %.   ■

Beispiel 12.27

Es ist die Frage zu untersuchen, ob zwischen der Kornzahl einer Weizenähre und der Gesamtährenmasse ein Zusammenhang besteht. Sind die Ähren mit mehr Körnern auch wirklich schwerer oder sind die Körner kleiner?

Dazu wurden für 30 Ähren, die zufällig aus einer großen Zahl herausgegriffen wurden, Kornzahl und Gesamtmasse in Gramm bestimmt (Tabelle 12.4).

$$\overline{x} = \frac{1170}{30} = 39 \qquad \overline{y} = \frac{43{,}50}{30} = 1{,}45$$

$$r_{xy} = \frac{1877{,}70 - 39 \cdot 43{,}50}{\sqrt{(49\,918 - 39 \cdot 1170)(71{,}28 - 1{,}45 \cdot 43{,}50)}}$$

$$r_{xy} = \frac{181{,}2}{\sqrt{4288 \cdot 8{,}205}}$$

$$r_{xy} = \frac{181{,}20}{187{,}57}$$

$$r_{xy} = 0{,}966$$

  ■

Tabelle 12.4: Zur Berechnung des Korrelationskoeffizienten

Ährennummer	Kornzahl (x_i)	Gesamtmasse (y_i)	$x_i y_i$	x_i^2	y_i^2
1	15	0,55	8,25	225	0,3025
2	17	0,50	8,50	289	0,2500
3	21	0,65	13,65	441	0,4225
4	25	0,70	17,50	625	0,4900
5	27	0,85	22,95	729	0,7225
6	28	0,95	26,60	784	0,9025
7	29	1,05	30,45	841	1,1025
8	32	1,10	35,20	1024	1,2100
9	33	1,05	34,65	1089	1,1025
10	35	1,25	43,75	1225	1,5625
11	35	1,30	45,50	1225	1,6900
12	35	1,35	47,25	1225	1,8225

13	36	1,30	46,80	1296	1,6900
14	37	1,35	49,95	1369	1,8225
15	37	1,45	53,65	1369	2,1025
16	39	1,40	54,60	1521	1,9600
17	39	1,45	56,55	1521	2,1025
18	41	1,75	71,75	1681	3,0625
19	41	1,75	71,75	1681	3,0625
20	41	1,80	73,80	1681	3,2400
21	44	1,70	74,80	1936	2,8900
22	46	1,40	64,40	2116	1,9600
23	48	1,60	76,80	2304	2,5600
24	52	2,10	109,20	2704	4,4100
25	52	2,15	111,80	2704	4,6225
26	52	2,15	111,80	2704	4,6225
27	54	2,20	118,80	2916	4,8400
28	57	2,20	125,40	3249	4,8400
29	60	2,15	129,00	3600	4,6225
30	62	2,30	142,60	3844	5,2900
$n = 30$	1170	43,50	1877,70	49 918	71,2800

Der Korrelationskoeffizient verspricht auch ohne statistisches Testverfahren, dass zwischen Kornzahl und Gesamtkornmasse ein guter positiver, linearer Zusammenhang besteht.

$$B_{xy} = 0{,}933$$

Die Kornzahl bestimmt die Gesamtkornmasse zu 93 %.

12.1.5.3   Minimumprinzip nach Gauß

Die grafische Darstellung der Wertepaare aus Beispiel 12.27 in Abschnitt 12.1.5.2 ergibt ein Streudiagramm (vgl. Abb. 12.7).

Das Bild legt die bereits bewiesene Annahme eines linearen Zusammenhangs noch einmal nahe und verdeutlicht ihn.

Für die Regressionsrechnung besteht nun die Aufgabe, diese Punkte durch eine lineare Funktion so auszudrücken, dass zwei das Gegenteil fordernde Bedingungen bestmöglich erfüllt werden.

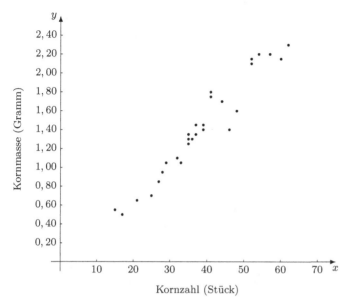

Abb. 12.7

1. Die Funktion (hier eine Gerade) soll sich gut an die empirisch emittelten Punkte anpassen.
2. Statistisch bedingte Schwankungen müssen bestmöglich ausgeglichen werden, da es um die Ermittlung des Zusammenhangs geht.

Dazu gibt C. F. Gauß mit seiner „Methode der kleinsten Quadrate" oder auch „Methode der kleinsten Quadratsumme" eine allgemeine Lösung des Problems.
Prinzip:
Die Summe aller Abweichungen zwischen Messwerten und den einzelnen Funktionswerten soll quadriert ein Minimum ergeben.
Ansatz:

$$\tilde{y} = a_0 + a_1 x \quad \text{(lineare Regressionsgerade)}$$

Die Konstanten a_0 und a_1 sind so zu bestimmen, dass

$$S = \sum_{i=1}^{n} (y_i - \tilde{y})^2$$

ein Minimum wird.

Lösungsweg:

Der lineare Ansatz wird in die Beziehung für S eingesetzt. (Beim Ansatz einer anderen Funktion würde diese mit allen zu bestimmenden Konstanten in S eingesetzt.)

$$S = \sum_{i=1}^{n} (y_i - a_0 - a_1 x_i)^2$$

$$S = \sum_{i=1}^{n} (y_i^2 + a_0^2 + a_1^2 x_i^2 - 2y_i a_1 x_i - 2y_i a_0 + 2a_0 a_1 x_i)$$

$$S = f(a_0, a_1)$$

Die Funktion von zwei unabhängigen Variablen hat zwei erste partielle Ableitungen. Diese werden gebildet und null gesetzt (notwendige Bedingung für das Vorliegen eines Minimums).

$$\frac{\partial S}{\partial a_0} = 2 \sum_{i=1}^{n} a_0 - 2 \sum_{i=1}^{n} y_i + 2 \sum_{i=1}^{n} a_1 x_i = 0$$

$$\frac{\partial S}{\partial a_1} = 2 \sum_{i=1}^{n} a_1 x_i^2 - 2 \sum_{i=1}^{n} y_i x_i + 2 \sum_{i=1}^{n} a_0 x_i = 0$$

Somit entsteht ein Gleichungssystem für die zwei Werte des linearen Ansatzes (Normalgleichungen).

$$n a_0 + a_1 \sum_{i=1}^{n} x_i = \sum_{i=1}^{n} y_i$$

$$a_0 \sum_{i=1}^{n} x_i + a_1 \sum_{i=1}^{n} x_i^2 = \sum_{i=1}^{n} x_i y_i$$

Die erste Gleichung durch n dividiert, lässt folgen:

$$a_0 + a_1 \overline{x} = \overline{y}$$

$$a_0 = \overline{y} - a_1 \overline{x}$$

In die zweite Normalengleichung eingesetzt:

$$(\overline{y} - a_1 \overline{x}) \sum_{i=1}^{n} x_i + a_1 \sum_{i=1}^{n} x_i^2 = \sum_{i=1}^{n} x_i y_i$$

$$\overline{y} \sum_{i=1}^{n} x_i - a_1 \overline{x} \sum_{i=1}^{n} x_i + a_1 \sum_{i=1}^{n} x_i^2 = \sum_{i=1}^{n} x_i y_i$$

$$a_1 = \frac{\sum\limits_{i=1}^{n} x_i y_i - \overline{y} \sum\limits_{i=1}^{n} x_i}{\sum\limits_{i=1}^{n} x_i^2 - \overline{x} \sum\limits_{i=1}^{n} x_i}$$

Somit ergibt sich für den Ansatz der linearen Regressionsgeraden:

$$\tilde{y} = \overline{y} + \frac{\sum\limits_{i=1}^{n} x_i y_i - \overline{y} \sum\limits_{i=1}^{n} x_i}{\sum\limits_{i=1}^{n} x_i^2 - \overline{x} \sum\limits_{i=1}^{n} x_i} (x - \overline{x})$$

Prinzipiell kann das Problem so mit jedem Funktionsansatz gelöst werden, wobei die Zahl der Funktionsparameter die Zahl der Normalengleichungen bestimmt (gleich der Zahl der partiellen Ableitungen erster Ordnung).

12.1.5.4 Regression

Nachdem durch eine Korrelationsanalyse ein (linearer) Zusammenhang festgestellt wurde, macht die Regressionsanalyse diesen Zusammenhang durch eine Funktionsgleichung (linear) deutlich. Wenn nicht bereits bei der Korrelationsanalyse durchgeführt, so werden die Daten zufällig ausgewählt (z. B. durch Auslosen), um spezifische Besonderheiten auszuschalten. In einem zweiten Schritt werden die Daten nach wachsenden x-Werten geordnet (Primärliste). An die Tabelle werden die notwendigen Spalten angefügt, in denen die erforderlichen Summen berechnet werden.

Das sind bei einem linearen Ansatz der Regressionsgeraden:

$$\tilde{y} = a_0 + a_1 x$$

Formen für die Koeffizienten a_1 und a_0, wie sie sich durch die Erfüllung des Gauß'schen Minimumprinzips ergeben:

$$a_1 = \frac{\sum\limits_{i=1}^{n} x_i y_i - \overline{y} \sum\limits_{i=1}^{n} x_i}{\sum\limits_{i=1}^{n} x_i^2 - \overline{x} \sum\limits_{i=1}^{n} x_i}$$

oder (durch Umformen)

$$a_1 = \frac{\sum\limits_{i=1}^{n} (x_i - \overline{x})(y_i - \overline{y})}{\sum\limits_{i=1}^{n} (x_i - \overline{x})^2}$$

oder (durch Umformen)

$$a_1 = \frac{n \sum\limits_{i=1}^{n} x_i y_i - \sum\limits_{i=1}^{n} x_i \sum\limits_{i=1}^{n} y_i}{n \sum\limits_{i=1}^{n} x_i^2 - \left(\sum\limits_{i=1}^{n} x_i \right)^2}$$

$$a_0 = \overline{y} - a_1 \overline{x}$$

Die Streuung der empirischen Werte um die Regressionsgerade wird durch die Varianz

$$s^2 = \frac{1}{n-2} \sum_{i=1}^{n} (y_i - \tilde{y}_i)^2$$

oder durch die Standardabweichung ausgedrückt.

$$s = \sqrt{\frac{\sum_{i=1}^{n} (y_i - \tilde{y}_i)^2}{n-2}}$$

Bemerkung 12.1
Die Zahl der Freiheitsgrade (n) vermindert sich durch die zwei Koeffizienten der Regressionsgeraden im Nenner der Streuungsformel.

Der Variabilitätskoeffizient ist die auf den Mittelwert bezogene Streuung in Prozent.

$$v = \frac{s}{\dfrac{\sum_{i=1}^{n} y_i}{n}} \cdot 100\,\%$$

Im Beispiel, das zur Berechnung der Korrelation verwendet wurde, ergeben sich aus der Tabelle 12.5 die entsprechenden Werte.

Tabelle 12.5: Zur Berechnung des Korrelationskoeffizienten

x_i	y_i	$x_i - \overline{x}$	$y_i - \overline{y}$	$(x_i - \overline{x})(y_i - \overline{y})$	$(x_i - \overline{x})^2$	$\overline{y}_i$	$(y_i - \tilde{y})^2$
15	0,55	−24	−0,90	21,60	576	0,4359	0,0130
17	0,50	−22	−0,95	20,90	484	0,5204	0,0004
21	0,65	−18	−0,80	14,40	324	0,6895	0,0016
25	0,70	−14	−0,75	10,50	196	0,8585	0,0251
27	0,85	−12	−0,60	7,20	144	0,9430	0,0086
28	0,95	−11	−0,50	5,50	121	0,9853	0,0012
29	1,05	−10	−0,40	4,00	100	1,0275	0,0005
32	1,10	−7	−0,35	2,45	49	1,1543	0,0029
33	1,05	−6	−0,40	2,40	36	1,1966	0,0215
35	1,25	−4	−0,20	0,80	16	1,2811	0,0010
35	1,30	−4	−0,15	0,60	16	1,2811	0,0004
35	1,35	−4	−0,10	0,40	16	1,2811	0,0047
36	1,30	−3	−0,15	0,45	9	1,3234	0,0005
37	1,35	−2	−0,10	0,20	4	1,3656	0,0002
37	1,45	−2	0,00	0,00	4	1,3656	0,0071
39	1,40	0	−0,05	0,00	0	1,4501	0,0025
39	1,45	0	0,00	0,00	0	1,4501	0,0000
41	1,75	2	0,30	0,60	4	1,5347	0,0464
41	1,75	2	0,30	0,60	4	1,5347	0,0464
41	1,80	2	0,35	0,70	4	1,5347	0,0704
44	1,70	5	0,25	1,25	25	1,6614	0,0015
46	1,40	7	−0,05	−0,35	49	1,7459	0,1196
48	1,60	9	0,15	1,35	81	1,8305	0,0531
52	2,10	13	0,65	8,45	169	1,9995	0,0101
52	2,15	13	0,70	9,10	169	1,9995	0,0226
52	2,15	13	0,70	9,10	169	1,9995	0,0226
54	2,20	15	0,75	11,25	225	2,0840	0,0135
57	2,20	18	0,75	13,50	324	2,2108	0,0001
60	2,15	21	0,70	14,70	441	2,3376	0,0352
62	2,30	23	0,85	19,55	529	2,4221	0,0149
1170	43,50			181,20	4288		0,5476

Bemerkung 12.2

Natürlich wird es aus rechentechnischen Gründen zweckmäßig, die erste Formel für a_1 zu verwenden, wenn bei der Korrelationsrechnung die benötigten Summen bereits gebildet werden. Hier geht es jedoch um die Demonstration des Gebrauchs der gleichwertigen anderen Formel.

$$a_1 = \frac{181{,}20}{4288} = 0{,}042\,26$$

Dieser Koeffizient hat grundsätzliche Bedeutung, denn er macht einen recht interessanten Zusammenhang quantifizierbar: Steigt die Kornzahl in der Ähre um eins, so wächst die Gesamtmasse des Korns in der Ähre um 42 mg.

$$a_0 = 1{,}45 - a_1 \cdot 39$$

$$a_0 = -0{,}198$$

Regressionsgerade:

$$\tilde{y} = -0{,}198 + 0{,}042x$$

Daraus ergeben sich die in der Tabelle angeführten Werte $\tilde{y}_i$.

$$s^2 = \frac{0{,}5479}{28} = 0{,}0196$$

$$s = 0{,}1399$$

$$v = \frac{0{,}1399}{1{,}45} \cdot 100\,\% = 9{,}6\,\%$$

Die Regressionsgerade wird in das Streudiagramm eingezeichnet und ergibt das Bild in Abb. 12.8.

Auf der Regressionsgeraden kann die wahrscheinliche Gesamtkornmasse für Ähren mit beliebiger Kornzahl abgelesen werden.

12.1.6 Trendrechnung

Eine spezielle Anwendung der Regressionsrechnung ist die zur Einschätzung von Zeitreihen. Eine Zeitreihe stellt die spezielle Entwicklung einer Erscheinung in Abhängigkeit von bestimmten Zeitabschnitten (beispielsweise Jahren) dar (vgl. Abb. 12.8). Die Grundrichtung wird als Trend bezeichnet und gibt den Grundverlauf dieser Entwicklung wieder, wobei Saisoneinflüsse weitestgehend ausgeklammert werden. Es gibt 2 grundsätzliche Entwicklungsrichtungen (fallend oder wachsend), die sich durch die Wachstums- oder Fallgeschwindigkeit in 3 Untergruppen teilen (vgl. Abb. 12.9).

Nach dem Minimumprinzip von Gauß wird eine Funktion gesucht, die sich dem Punktschwarm der empirischen Zeitwerte bestmöglich anpasst und saisonale Schwankungen unberücksichtigt lässt.

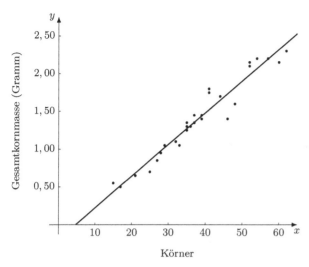

Abb. 12.8

Ansatz:

ganzrationale Funktion m-ten Grades

$$\tilde{y} = a_m x^m + a_{m-1} x^{m-1} + \ldots + a_1 x + a_0$$

Die Koeffizienten der Polynomfunktion sind so zu bestimmen, dass

$$S = \sum_{i=1}^{n} (y_i - a_m x_i^m - a_{m-1} x_i^{m-1} - \ldots - a_1 x_i - a_0)^2$$

minimal wird.

Aus den Beobachtungswerten y_i und den zugehörigen Zeitwerten x_i müssen die a_i ($m + 1$ Koeffizienten) der Trendfunktion berechnet werden.

Die Normalengleichungen ergeben sich aus den ersten partiellen Ableitungen und den $m + 1$ Variablen, die null gesetzt werden! (Kettenregel)

$$\frac{\partial S}{\partial a_m} = \sum_{i=1}^{n} [-2x_i^m (y_i - a_m x_i^m - a_{m-1} x_i^{m-1} - \ldots - a_1 x_i - a_0)] = 0$$

$$\frac{\partial S}{\partial a_{m-1}} = \sum_{i=1}^{n} [-2x_i^{m-1} (y_i - a_m x_i^m - a_{m-1} x_i^{m-1} - \ldots - a_1 x_i - a_0)] = 0$$

$$\vdots$$

$$\frac{\partial S}{\partial a_1} = \sum_{i=1}^{n} [-2x_i (y_i - a_m x_i^m - a_{m-1} x_i^{m-1} - \ldots - a_1 x_i - a_0)] = 0$$

$$\frac{\partial S}{\partial a_0} = \sum_{i=1}^{n} [-2(y_i - a_m x_i^m - a_{m-1} x_i^{m-1} - \ldots - a_1 x_i - a_0)] = 0$$

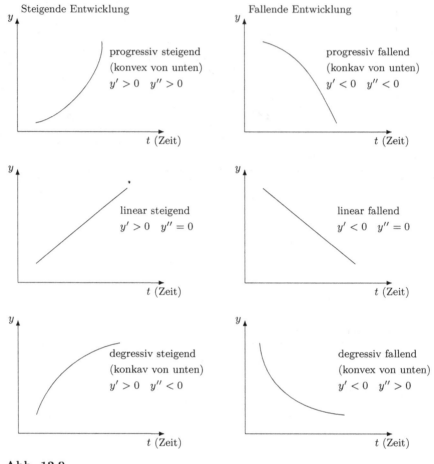

Abb. 12.9

Die Normalengleichungen lauten somit (summiert wird bei allen Summen von 1 bis n, sodass die Grenzen an den Summenzeichen im Folgenden nicht geschrieben werden):

$$a_0 n + a_1 \sum x_i + \ldots + a_{m-1} \sum x_i^{m-1} + a_m \sum x_i^m = \sum y_i$$

$$a_0 \sum x_i + a_1 \sum x_i^2 + \ldots + a_{m-1} \sum x_i^m + a_m \sum x_i^{m+1} = \sum y_i x_i$$

$$\vdots$$

$$a_0 \sum x_i^m + a_1 \sum x_i^{m+1} + \ldots + a_{m-1} \sum x_i^{2m-1} + a_m \sum x_i^{2m} = \sum y_i x_i^m$$

Durch geeignete Tabellen lassen sich die Koeffizienten des linearen Gleichungssystems

$$n, \sum x_i, \sum x_i^2, \ldots, \sum x_i^{2m}$$

und die Absolutglieder

$$\sum y_i, \sum y_i x_i, \dots, \sum y_i x_i^m$$

aus den gegebenen Werten x_i und y_i bestimmen.

Beispiel 12.28
Für einen linearen Trend ergeben sich beispielsweise die Normalengleichungen:

$$a_0 n + a_1 \sum x_i = \sum y_i$$
$$a_0 \sum x_i + a_1 \sum x_i^2 = \sum y_i x_i,$$

woraus sich a_0 und a_1 berechnen lassen, was zur Trendfunktion

$$\tilde{y} = a_0 + a_1 x$$

führt.
Progressives oder degressives Trendverhalten kann besser durch den quadratischen Ansatz der Trendfunktion berücksichtigt werden

$$\tilde{y} = a_0 + a_1 x + a_2 x^2,$$

wobei a_0, a_1, a_2 aus den Normalengleichungen

$$a_0 n + a_1 \sum x_i + a_2 \sum x_i^2 = \sum y_i$$
$$a_0 \sum x_i + a_1 \sum x_i^2 + a_2 \sum x_i^3 = \sum x_i y_i$$
$$a_0 \sum x_i^2 + a_1 \sum x_i^3 + a_2 \sum x_i^4 = \sum x_i^2 y_i$$

berechnet werden.
Ein Maß für die Anpassung der Trendfunktion an die empirischen Werte sind die Streuung und die Varianz, die aus der Quadratsumme zwischen Zeitwerten und zugehörigen Funktionswerten berechnet werden können.
Varianz:

$$s^2 = \frac{\sum (y_i - \tilde{y}_i)^2}{n - p}$$

p ist die Anzahl der in der Trendfunktion vorkommenden Parameter. Beispielsweise beträgt p bei quadratischem Ansatz drei (a_0, a_1, a_2).
Standardabweichung:

$$s = \sqrt{\frac{\sum (y_i - \tilde{y}_i)^2}{n - p}}$$

Der Variationskoeffizient gibt die auf den mittleren Beobachtungswert bezogene Standardabweichung in Prozent an.

$$v = \frac{s}{\dfrac{\sum y_i}{n}} \cdot 100\,\%$$

Eine wesentliche Vereinfachung der Berechnung wird erreicht, wenn

$$\sum x_i = 0$$

ergibt.

Das kann durch geeignete Wahl der x_i (Zeitwerte) erreicht werden.   ∎

1. Fall:

Ist n gerade, so wird dem mittleren Beobachtungswert $\frac{n+1}{2}$ der Zeitwert $x_i = 0$ zugeordnet. Der vorhergehende Zeitabschnitt erhält den Wert $x_{i-1} = -1, x_{i-2} = -2$ usw. Nachfolgende Zeitabschnitte werden mit $x_{i+1} = 1, x_{i+2} = 2$ usw. bewertet.

Beispiel 12.29

Jahre	x_i
1981	-4
1982	-3
1983	-2
1984	-1
1985	0
1986	1
1987	2
1988	3
1989	4
$\sum x_i = 0$	

                                                                              ∎

2. Fall:

Ist n gerade, so werden den beiden mittleren Beobachtungswerten $\frac{n}{2}, \frac{n}{2} + 1$ die Zeitwerte -1 und $+1$ zugeordnet. Um den gleichen Abstand bei den vorangegangenen Zeitabschnitten einhalten zu können, erhalten diese von der Mitte ausgehend $-3, -5, \ldots$ und folgende $3, 5, \ldots$

Beispiel 12.30

Jahre	x_i
1982	-7
1983	-5
1984	-3
1985	-1
1986	1
1987	3
1988	5
1989	7
	$\sum x_i = 0$

∎

In jedem Fall gestaltet sich die Berechnung der Koeffizienten für die Normalengeichungen einfacher. Die Normalengleichungen selbst nehmen eine vereinfachte Gestalt an, sodass die Berechnung der Parameter sehr einfach wird.

Beispiel 12.31
Die Normalengleichungen bei linearem Ansatz gehen über in:

$$a_0 n = \sum y_i \qquad\qquad a_0 = \frac{\sum y_i}{n}$$

$$a_1 \sum x_i^2 = \sum y_i x_i \qquad\qquad a_1 = \frac{\sum y_i x_i}{\sum x_i^2}$$

∎

Beispiel 12.32
Für die Entwicklung des Einkommens einer Familie liegen bezogen auf die zurückliegenden Jahre folgende Werte vor:

Jahre	Zeitwerte (x_i)	y_i in EURO	$x_i y_i$	x_i^2	$\tilde{y}$	$(y_i - \tilde{y})$	$(y_i - \tilde{y})^2$
1.	-5	49 300	$-246\,500$	25	49 581	-281	78 961
2.	-3	52 100	$-156\,300$	9	52 436	-336	112 896
3.	-1	56 300	$-56\,300$	1	55 290	1010	1 020 100
4.	1	58 600	58 600	1	58 144	456	207 936
5.	3	59 800	179 400	9	60 998	-1198	1 435 204
6.	5	64 200	321 000	25	63 853	347	120 409
$n = 6$	$\sum x_i = 0$	340 300	99 900	70			2 975 506

$$a_0 = \frac{340\,300}{6} = 56\,717$$

$$a_1 = \frac{99\,900}{70} = 1427,14$$

Aus a_1 wird ersichtlich, dass das Familieneinkommen bei gleichem Trend jährlich im Durchschnitt um 1427,14 EURO steigt.

$$\tilde{y} = 56\,717 + 1427x$$

$$s^2 = \frac{2\,975\,506}{6 - 2} = 743\,876,5$$

$$s = 863$$

$$v = \frac{863 \cdot 100\,\%}{\dfrac{340\,300}{6}} = 1,52\,\%$$

Die lineare Trendfunktion zeigt eine gute Anpassung an die Zeitwerte. Es lässt sich durch die Trendfunktion auch das Familieneinkommen für Folgejahre abschätzen.

7. Jahr: $\tilde{y}(7) = 66\,707$

8. Jahr: $\tilde{y}(9) = 69\,561$

10. Jahr: $\tilde{y}(13) = 75\,270$ ■

Bei gleicher Grundrichtung der Entwicklung beträgt das jährliche Familieneinkommen im 7. Jahr 66 707 EURO, im 8. Jahr 69 561 EURO und im 10. Jahr 75 270 EURO (vgl. Abb. 12.10).

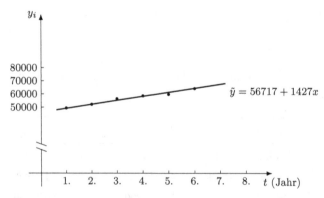

Abb. 12.10

12.2 Bewertende (schließende) Statistik (Inferenzstatistik)

12.2.1 Alternativtest

Statistische Maßzahlen wie Mittelwerte, Standardabweichungen oder Korrelationskoeffizienten reichen allein nicht aus, um wesentliche statistische Fragestellungen zu beantworten.

Beispiel 12.33
1. Ist eine Abweichung in der Stichprobe zufällig oder wesentlich (signifikant)?
2. Ist der Unterschied zwischen den Standardabweichungen zweier Stichproben zufällig oder wesentlich?
3. Ist ein Korrelationskoeffizient nahe genug bei eins, um in Abhängigkeit von der Zahl der Beobachtungswertepaare auf eine lineare Korrelation schließen zu können?

Zur Beantwortung dieser und anderer Fragen wurden spezielle Prüfverfahren entwickelt (Prüftests).   ■

Dazu ist eine statistische Hypothese erforderlich. Einheitlich wird als Nullhypothese H_0 festgelegt, dass die Unterschiede zufällig sind. Dem steht die Hypothese entgegen, dass die Alternativhypothese (H_1) gilt.

Die Verfahren der **beurteilenden Statistik** beruhen auf dem „Gesetz vom ausgeschlossenen Dritten". Daraus ergibt sich die Möglichkeit zu **Alternativtests**. Jede Hypothese H_0 hat nur eine Gegenhypothese H_1. H_0 oder die Nullhypothese wird stets so formuliert, dass es eigentlich keinen Grund gibt, ein Verfahren zu ändern, eine Annahme zu korrigieren, einen Unterschied festzuschreiben usw. Die Gegenhypothese verneint dieses und behauptet, wie der Name bereits verrät, das Gegenteil – ein Verfahren ist besser, eine Sendung hat mehr fehlerhafte Stücke als garantiert usw.

Beispiel 12.34
Hypothese (H_0): Es werden mit der gleichen Wahrscheinlichkeit Jungen und Mädchen geboren.

$$p(J) = 1 - q(M) = 0{,}5$$

somit ist

$$q(M) = 0{,}5$$

Alternativhypothese:

$$p(J) \neq 0{,}5$$

Es werden nicht mit gleicher Wahrscheinlichkeit Jungen und Mädchen geboren.

Bemerkung 12.3

$p(J) > 0,5$ *ist keine Alternativhypothese, denn damit wird* $p(J) < 0,5$ *nicht erfasst sein.*

∎

Beispiel 12.35

Eine Textilfirma stellt die Behauptung auf, dass in einer Lieferung von 10 000 Pullovern maximal 10 mit Farbfehlern enthalten sind (Qualitätsgarantie).

H_0: Es sind nicht mehr als $\dfrac{10}{10\,000} = 0,001\,\%$ Pullover in der Lieferung von 10 000 Stück, die Farbfehler erkennen lassen.

H_1: Das Gegenteil von H_0 – in der Sendung von 10 000 Stück sind mehr als 10 Pullover mit erkennbaren Farbfehlern.

∎

12.2.2 Fehlermöglichkeiten beim Alternativtest

Es sind also zwei Fehler möglich:

1. H_0 wird abgelehnt, obwohl sie zutreffend ist.
   (Fehler erster Art)
2. H_0 wird angenommen, obwohl sie falsch ist.
   (Fehler zweiter Art)

Bei der Entscheidung über eine Gesamtmenge durch einen Alternativtest mit einer Stichprobe gibt es vier Möglichkeiten:

	Nullhypothese wird durch den Test mit der Stichprobe bestätigt.	Nullhypothese wird durch den Test mit der Stichprobe abgelehnt.
Nullhypothese H_0 ist richtig (Alternativhypothese H_1 ist falsch.)	**Entscheidung ist richtig.**	Fehler 1. Art mit der Wahrscheinlichkeit α
Nullhypothese H_0 ist falsch (Alternativhypothese H_1 ist richtig.)	Fehler 2. Art mit der Wahrscheinlichkeit β	**Entscheidung ist richtig.**

Beispiel 12.36

Bei einem Gerichtsverfahren vor einem Schwurgericht gibt es eine echte Alternative **schuldig** oder[1] **unschuldig**.

Diese Alternative besteht unbeschadet der Tatsache, dass die Entscheidung für eine der beiden Möglichkeiten aufgrund der erwiesenen Tatsachen und Indizien nicht in jedem Falle richtig sein muss (zum Beispiel ist ein Justizirrtum niemals auszuschließen).

Nach deutschem Recht wird zunächst davon ausgegangen (Hypothese), dass der Beschuldigte (Angeklagte) unschuldig ist, bis ihm seine Schuld hinreichend[2] genug nachgewiesen worden ist (Nullhypothese H_0 ist also die Unschuldsvermutung). Kennzeichne vier theoretische Möglichkeiten des Ausgangs eines Strafprozesses in Abhängigkeit davon, dass der Angeklagte schuldig oder[1] unschuldig ist.

Ergebnis:

		Freispruch durch das Schwurgericht	Schuldspruch durch das Schwurgericht
H_0:	Der Angeklagte ist unschuldig.	**richtige** Entscheidung	**Justizirrtum** Fehler erster Art
H_1:	Der Angeklagte ist schuldig	**Freispruch** mangels Beweisen	**richtige** Entscheidung

■

Beispiel 12.37

Ein Obsthändler versichert, dass er eine Lieferung von Apfelsinen dann zurücknimmt, wenn von den Früchten 20 % oder mehr verdorben sind. Wenn von 10 zufällig ausgewählten Früchten aus der Lieferung nicht mehr als drei verdorben sind, soll die Sendung angenommen werden.

Fehler 1. Art (α) – Die Nullhypothese wird zurückgewiesen, obwohl sie richtig ist. Es sind nicht mehr als 20 % der Früchte verdorben – trotzdem wird die Sendung zurückgewiesen, weil unter den zehn untersuchten mehr als drei verdorbene waren.

Fehler 2. Art (β) – Die Nullhypothese wird angenommen obwohl sie falsch ist. Es sind mehr als 20 % der Früchte in der Lieferung verdorben – trotzdem wird die Sendung angenommen, weil unter den zehn herausgegriffenen Früchten nur 0; 1; 2 oder 3 verdorbene gefunden wurden.

■

Fehler erster Art können schwerwiegende Folgen haben, wenn beispielsweise der Erfolg eines Medikaments als sicher angenommen wurde, obwohl die beim Versuch festgelegten positiven Wirkungen zufällig waren. Deswegen hat jedes Prüfverfah-

---

[1]es handelt sich hier um das ausschließende **oder** (entweder oder) im Unterschied zum oder, welches auch den Fall einschließt, dass beide Möglichkeiten zutreffend sind.
[2]ausreichend

ren eine Irrtumswahrscheinlichkeit, die in Abhängigkeit vom speziellen Untersuchungsgegenstand mit

$$\alpha = 5\,\%, \quad \alpha = 1\,\% \quad \text{oder} \quad \alpha = 0,1\,\%$$

angesetzt wird.

Aus $(1 - \alpha)$ ergibt sich die statistische Sicherheit des Versuchs mit 95 %, 99 % oder 99,9 %.

Aus den Werten der normierten Gaußschen Normalverteilung ergibt sich für
$\alpha = 5\,\%$ (statistische Sicherheit 95 %) ein Annahmebereich von −1,96 bis 1,96,
$\alpha = 1\,\%$ (statistische Sicherheit 99 %) ein Annahmebereich von −2,58 bis 2,58,
$\alpha = 0,1\,\%$ (statistische Sicherheit 99,9%) ein Annahmebereich von −3,29 bis 3,29,
Dazu siehe auch Abb. 12.11.

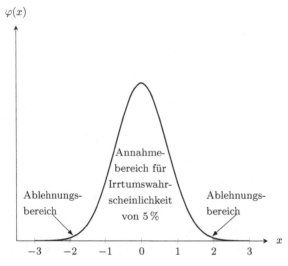

Abb. 12.11

Als Prüfverteilung werden neben der Binomialverteilung und Normalverteilung beispielsweise auch t-, F- oder χ^2-Verteilungen herangezogen, die in entsprechenden Tabellen berechnet wurden und vorliegen.

12.2.3   Entscheidungsregel – Binomialverteilung

Beispiel 12.38

(Alternativtest auf der Grundlage einer Binomialverteilung)

Durch Rohstofffehler haben Mauerziegel nicht die geforderte Festigkeit. In Paletten zu 100 Stück verlassen Mauerziegel die Ziegelei. Ein Teil der Produkte enthält nur 10 % fehlerhafte Ziegel und wird zum vollen Preis verkauft. Die restlichen

Paletten enthalten fehlerhafte Ziegel mit einem Anteil von 40 %, die zum halben Preis verkauft werden sollen.
Da die Paletten vom äußeren Aussehen nicht in eine der beiden Preisgruppen eingeordnet werden können, muss je Palette eine Probe von fünf Ziegeln entnommen und geprüft werden. Ist höchstens ein Ziegelstein von der minderen Qualität so soll die Sendung zum vollen Preis verkauft werden.

1. Wie groß ist die Wahrscheinlichkeit für einen Fehler 1. Art (α) und die für einen 2. Art (β)?
2. Wie muss die Entscheidungsregel geändert werden, damit Paletten mit fehlerhafter Ware statt zum halben mit dem vollen Preis verkauft werden, kleiner als 10 % ist (β)?
3. Wie groß ist unter der in 2. geänderten Entscheidungsregel die Wahrscheinlichkeit, dass Paletten statt zum vollen zum halben Preis verkauft werden (α)?

Von den einhundert Ziegel werden fünf entnommen und geprüft. Es kann kein, ein, zwei, drei, vier oder alle fünf Ziegel können in der Stichprobe fehlerhaft sein – es muss dann die Palette zum halben Preis abgegeben werden.
Entscheidungsregel in Teilaufgabe 1.:
Wenn nicht mehr als ein Ziegelstein die mindere Qualität hat, dann wird die Sendung zum vollen Preis verkauft.
Wenn also zwei, drei, vier oder gar fünf fehlerhafte Ziegel in der Stichprobe enthalten sind, muss die Palette zum halben Preis verkauft werden.

$$n = 5 \qquad p = 0,1 \qquad i = 2;3;4;5 \qquad q = 1 - p = 0,9$$

$$p(\alpha) = \sum_{i=2}^{5} B(5;0,1;i) = i - \sum_{i=0}^{1} B(5;0,1;1)$$

$$= 1 - \left[\binom{5}{0} 0,1^0 \cdot 0,9^5 + \binom{5}{1} 0,1^1 \cdot 0,9^4 \right]$$

$$= 1 - (0,590\,49 + 0,320\,85) = 1 - 0,918\,54 = 0,081\,46$$

Mit einer Wahrscheinlichkeit von etwa 8,1 % werden Paletten statt zum vollen zum halben Preis verkauft (Verlust für den Hersteller).

$$n = 5 \qquad p = 0,4 \qquad i = 0;1 \qquad q = 1 - p = 0,6$$

$$p(\beta) = \sum_{i=0}^{1} B(5;0,4;i) = \binom{5}{0} 0,4^0 \cdot 0,6^5 + \binom{5}{1} 0,4^1 \cdot 0,6^4$$

$$= 0,077\,76 + 0,259\,20 = 0,336\,96$$

· Mit einer Wahrscheinlichkeit von etwa 33,7 % werden Paletten anstatt zum halben Preis zum vollen verkauft (Verlust für den **Kunden**).

Die Entscheidungsregel, dass bei nur einem oder keinem fehlerhaften Ziegel unter den fünf zufällig aus der Palette entnommenen (Gesamtheit 100 Steine) der volle Preis gefordert wird, ist also ein gut vierfacher Vorteil für den Hersteller. Deswegen, da nicht akzeptabel für den Kunden, die Aufgabe zwei.

2. Das Risiko für den Abnehmer der Palette (Käufer), eine Palette mit 40 % Fehlerware zum vollen Preis zu kaufen, soll von 33,696 % (β) auf nur noch 10 % abgesenkt werden. Das kann nur erfolgen, wenn auch die Möglichkeit ausgeschlossen wird, dass ein fehlerhafter Ziegel in der Probe noch akzeptiert wird, um die Palette zum vollen Preis zu verkaufen.

$$p(\beta) = \sum_{i=0}^{0} B(5; 0,4; 0) = \binom{5}{0} 0,4^0 \cdot 0,6^5 = 0,077\,76 < 10\,\%$$

Wenn also alle Ziegelsteine in der Stichprobe von fünf zufällig ausgewählten in Ordnung sind (die geforderte Festigkeit besitzen), dann beträgt das Risiko für den Abnehmer, schlechte Ware zum vollen Preis zu kaufen, 7,8 % und ist damit auch kleiner als 10 %.

3. Wie hat sich aber nun die in zweitens geänderte Entscheidungsregel (das Risiko, schlechte Ware zum vollen Preis kaufen zu müssen – es soll unter 10 % liegen, indem **kein** fehlerhafter Ziegel mehr in der Probe sein darf) auf das Risiko des Herstellers ausgewirkt?

Sein Risiko ist es ja, dass gute Ware zum halben statt zum vollen Preis verkauft wird.

Dieses Risiko hat sich durch die Verminderung des Kundenrisikos natürlich erhöht.

$$n = 5 \qquad p = 0,1 \qquad i = 1; 2; 3; 4; 5 \quad \text{(gute Ziegel in der Probe)}$$
$$q = 1 - p = 0,9$$

$$p(\alpha) = \sum_{i=1}^{5} B(5; 0,1; i) = 1 - \sum_{i=1}^{0} B(5; 0,1; i) = i - \binom{5}{0} 0,1^0 \cdot 0,9^5$$
$$= 1 - 0,590\,49 = 0,409\,51$$

Das Risiko für den Hersteller, gute Paletten zum halben Preis zu verkaufen, hat sich durch die geänderte (für den Hersteller verschärfte) Entscheidungsregel in zweitens von 8,1 % (Teilaufgabe 1) auf knapp 41 % erhöht und damit fast verfünffacht.   ∎

12.2.4 Einseitiger und zweiseitiger Signifikanztest – Binomialverteilung

Auf der Grundlage von Zufallsstichproben müssen Hypothesen entschieden werden.
Da subjektive Gründe nicht über die Anwendung von neuen Verfahren, Medikamenten oder wissenschaftlichen Thesen (Lehrmeinungen) usw. entscheiden können, wurden Signifikanztests entwickelt.

Begriff des Signifikanztests	Beispiel
Es besteht für jede statistische Einheit eine Alternative.	In einem Container befinden sich sehr viele Schrauben, von denen allerdings 10 % unbrauchbar sein sollen.
Über die Gesamtheit wird eine Vermutung oder Hypothese aufgestellt, die überprüft werden soll. Sie wird als Nullhypothese H_0 bezeichnet.	Wahrscheinlichkeit für eine defekte Schraube: p
H_0: $p = p_0$ Die Alternativhypothese H_1 wird auch als Gegenhypothese bezeichnet.	H_0: $p = 0{,}1$ H_1: $p \neq 0{,}1$ Die Wahrscheinlichkeit für die Entnahme einer unbrauchbaren Schraube ist größer oder kleiner als 10 %.
Der Test von H_0 gegen H_1 wird durch eine Stichprobe realisiert (Umfang n Stück). X ist die Zufallsvariable für die Anzahl der Einheiten in der Stichprobe, durch welche die Nullhypothese bestätigt werden kann.	Aus dem Container werden zufällig 100 Schrauben ($n = 100$) entnommen. $X = 0; 1; 2; 3; \ldots; 100$ ist die Anzahl der in der Stichprobe enthaltenen **unbrauchbaren** Schrauben.
X ist die Prüfvariable, die unter der Voraussetzung, dass die Nullhypothese richtig ist, eine Prüfverteilung zugeordnet bekommt.	Die Zahl der unbrauchbaren Schrauben (X) ist binomialverteilt mit $n = 100$ und $p = 0{,}1$

Die Prüfverteilung kann theoretisch (zufallsbedingt!) jeden Wert zwischen null und n (das ist der Umfang der Stichprobe) annehmen.	$X = 0; 1; 2; \ldots; 99; 100$
Sollte H_0 richtig sein, so werden die Abweichungen vom Erwartungswert der angenommenen theoretischen Verteilung umso unwahrscheinlicher, je größer sie sind.	H_0: $p_0 = 0{,}1$ $\mu = 100 \cdot 0{,}1 = 10$ (Erwartungswert der Binomialverteilung.) $\mu = n \cdot p$
„Sehr große" oder „sehr kleine" Abweichungen der Zufallsvariablen vom theoretischen Erwartungswert sind Indiz (aber kein Beweis!) für die Ablehnung von H_0.	Finden sich in der Stichprobe nicht weniger als acht und nicht mehr als zwölf unbrauchbare Schrauben, so spricht das weniger gegen die Annahme (10 % unbrauchbare Schrauben) als im Gegenteil (weniger als acht oder mehr als zwölf).
Die Menge der Zufallsvariablen, für die H_0 verworfen wird, heißt Ablehnungsbereich, die übrigen Werte bilden den Annahmebereich von H_0.	Im Beispiel: Ablehnungsbereich für $\{0; 1; 2; \ldots; 6; 7\} \cup \{13; 14; 15; \ldots; 99; 100\}$ unbrauchbare Schrauben in der Stichprobe. Annahmebereich für $\{8; 9; 10; 11; 12\}$ unbrauchbare Schrauben in der Stichprobe.
Die Wahrscheinlichkeit dafür, dass die Nullhypothese verworfen wird, obwohl sie zutreffend ist (Fehler 1.Art), heißt Irrtumswahrscheinlichkeit. Die Wahrscheinlichkeit des Gegenereignisses $1 - \alpha$ ist die statistische Sicherheit.	$n = 100 \; p = 0{,}1$ $p(\alpha) = \sum\limits_{i=1}^{7} B(100; 0{,}1; i) + \sum\limits_{i=13}^{100} B(100; 0{,}1; i)$ $p(\alpha) = \sum\limits_{i=1}^{7} B(100; 0{,}1; i) + 1 - \sum\limits_{i=1}^{12} B(100; 0{,}1; i)$ Nach der Tabelle 1f (Abschnitt 13.1) ist $p(\alpha) = 0{,}2061 + 1 - 0{,}8018 = 0{,}4043$ Die Irrtumswahrscheinlichkeit beträgt $\alpha = 0{,}4043 = 40{,}43\,\%$ und die Sicherheit des unter diesen Bedingungen durchgeführten Tests $59{,}57\,\%$.

Wenn die Nullhypothese abgelehnt
wird, dann besteht ein signifikanter
Unterschied zwischen der in der
Nullhypothese angenommenen und
der tatsächlich vorliegenden
Verteilung. Damit ist jedoch nicht
bewiesen, dass die Hypothese H_0
falsch ist.

Zweiseitiger Signifikanztest:
Wieder ist eine Entscheidungsregel erforderlich, um sich für die Annahme der
Nullhypothese oder für die Ablehnung (Zurückweisung) zu entscheiden. Zielt das
Verfahren auf die Ablehnung der Nullhypothese, so heißt es Signifikanztest.
Bei einem Signifikanztest kann in Abhängigkeit vom speziellen Testfall eine
Abweichung von der vorgegebenen Wahrscheinlichkeit für H_0 (p_0) nach oben oder
unten erfolgen. Abweichungen nach rechts und links vom Erwartungswert haben
bei einer Binomialverteilung die gleiche Wahrscheinlichkeit. Wird ein zweiseitiger
Signifikanztest durchgeführt, so ist die vorgegebene Irrtumswahrscheinlichkeit
zu halbieren, um auf beiden Seiten des Erwartungswerts einen Ablehnungs- und
einen Annahmebereich mit der halben Gesamtlänge festlegen zu können.

Schritte bei der Durchführung des zweiseitigen Signifikanztests:

a) Wie lautet die Null - (H_0) und die Gegenhypothese (H_1)?
b) Der Stichprobenumfang (n) und die Irrtumswahrscheinlichkeit (α) werden festgelegt.
c) Die Größe wird festgelegt, die Zufallsvariable ist. Wie ist diese unter Berücksichtigung von H_0 verteilt?
d) Der Ablehnungsbereich wird festgelegt. (b_l ist die größte und b_r ist die kleinste
   natürliche Zahl des Ablehnungsbereichs (vgl. Abb. 12.12).

Abb. 12.12

(1) Ablehnungsbereich bei Unterschreitung
(2) Ablehnungsbereich bei Überschreitung

$$p(X \leq b_l) = \sum_{i=0}^{b_l} B(n; p_0; i) \leq \frac{\alpha}{2}$$

und

$$p(X \leq b_r) = \sum_{i=b_r}^{n} B(n; p_0; i) \leq \frac{\alpha}{2}$$

e) Wie lautet die Entscheidungsregel aufgrund der Stichprobenuntersuchung?

Beispiel 12.39

Ein Politiker erhielt durch 60 % der Stimmen seines Wahlkreises ein Direktmandat. Nach Ablauf der Wahlperiode stellt er sich zur Wiederwahl. Es werden 100 Wähler zufällig (etwa nach dem Telefonbuch) ausgewählt, die sich jetzt zu 48 % für den Politiker entscheiden würden.

Kann mit 95 % Sicherheit (oder mit einer Irrtumswahrscheinlichkeit von 5%) angenommen werden, dass sich der Stimmenanteil für den Politiker seit der letzten Wahl verändert hat?

a) H_0: Der Stimmenanteil für den Politiker beträgt unverändert 60 %.

$$p_0 = 60\%$$

H_1: Der Stimmenanteil hat sich für den Politiker verändert.

$$p_1 \neq 0,6$$

b) Zahl der Befragten – Stichprobenumfang: $n = 100$
Vorgegebene Irrtumswahrscheinlichkeit: $\alpha = 5\%$

c) X: Zahl der Personen in der Stichprobe vom Umfang 100, welche sich für eine Wiederwahl des Politikers aussprechen.
X ist binomialverteilt, wenn die Nullhypothese richtig ist.

d) Die linke Grenze – nicht weniger als b_l Wähler müssen für den Politiker stimmen.

$$5\% : 2 = 2,5\% = 0,025$$
$$p(X \leq b_l) \leq 0,025$$
$$n = 100 \qquad p = 0,6$$

Für $X = 49$

$$p(X \leq 49) = \sum_{i=0}^{49} B(100; 0,6; i) = 1 - 0,9832 = 0,0168 < 0,0250$$

z. B.
Für $X = 50$

$$p(X \leq 50) = \sum_{i=0}^{50} B(100; 0,6; i) = 1 - 0,9729 = 0,0271 > 0,0250$$

wird die Grenze bereits überschritten.

Folglich ist 49 die größte Zahl im linken (unteren) Ablehnungsbereich (b_l).

Die rechte Grenze:

Für $X = 70$ ist

$$p(X \geq b_r) \leq 0{,}025$$

$$p(X \leq b_r - 1) \geq 0{,}975$$

$$\sum_{i=1}^{69} B(100; 0{,}6; i) = 1 - 0{,}0248 = 0{,}9752$$

Mit $b_r = 70$ wird der Annahmebereich verlassen (der Politiker bekommt sogar mehr Stimmen!).

e) Für $49 < X < 69$ wird keine Änderung des Wahlverhaltens angenommen.

Für

$$X \in \{0; 1; \dots; 47; 48; 49\} \cup \{70; 71; \dots; 100\}$$

ist bei einer Irrtumswahrscheinlichkeit von 5 % ein geändertes Stimmverhalten für oder gegen den Politiker anzunehmen.

Der Stimmenanteil ist gesunken, denn 48 Zustimmungen fallen in den Ablehnungsbereich der Nullhypothese.   ∎

Einseitiger Signifikanztest:

Bei einem zweiseitigen Signifikanztest war zu prüfen, ob eine signifikante Abweichung vom Erwartungswert bei der in der Stichprobe ermittelten Werte vorliegt. Diese Abweichung kann unter (Abweichung nach links) oder über (Abweichung nach rechts) bedeuten. In dem Fall ist die Irrtumswahrscheinlichkeit zu halbieren und auf beide Seiten des Erwartungswerts μ zu verteilen (vgl. Abb. 12.13).

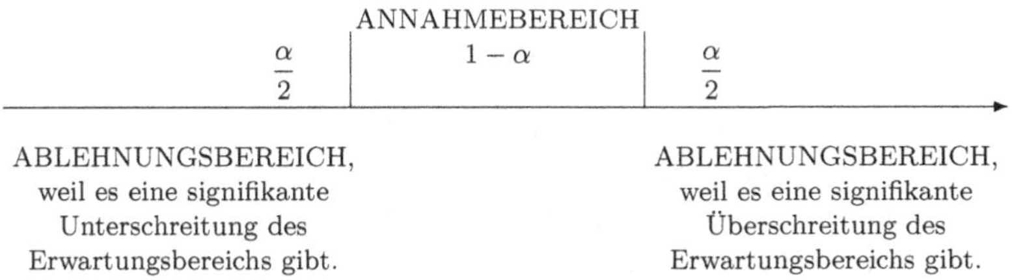

	ANNAHMEBEREICH	
$\dfrac{\alpha}{2}$	$1 - \alpha$	$\dfrac{\alpha}{2}$

ABLEHNUNGSBEREICH, weil es eine signifikante Unterschreitung des Erwartungsbereichs gibt.	ABLEHNUNGSBEREICH, weil es eine signifikante Überschreitung des Erwartungsbereichs gibt.

Abb. 12.13

Ein einseitiger Signifikanztest überprüft eine signifikante Unter- **oder** Überschreitung des Erwartungswerts.

Bei einem rechtsseitigen Signifikanztest wird die Nullhypothese

$$H_0 : p \leq p_0$$

abgelehnt, wenn die Zufallsvariable in der Stichprobe sehr große (oder besser: genügend große) Werte annimmt.

Bei einem linksseitigen Signifikanztest wird die Nullhypothese

$$H_0 : p \geq p_0$$

abgelehnt, wenn die Zufallsvariable in der Stichprobe sehr kleine (oder besser – genügend kleine) Werte annimmt.

Die Irrtumswahrscheinlichkeit wird beim einseitigen Test nicht halbiert, sondern auf eine Seite gesetzt.

Beispiel 12.40

Bei der Überprüfung von Versicherungsabschlüssen soll die Nullhypothese abgelehnt werden, dass

$$H_0 : p \leq 0{,}05,$$

also nicht mehr als 5 % der Versicherungen überflüssig sind.

Wie viele überflüssige Abschlüsse müssen unter 50 Verträgen sein, wenn die Nullhypothese mit einer Sicherheit von 10 % abgelehnt werden soll?

a) Festsetzung der Null- und der Gegenhypothese:

$$H_0 : \quad p \leq 0{,}05$$

$$H_1 : \quad p > 0{,}05$$

$$p = 0{,}05 \quad p_0 \text{ ist, was maximal ja noch behauptet wird.}$$

Es steht aber fest, dass es dann auch noch für kleinere Werte gilt.

b) Bestimmung des Stichprobenumfangs (n) und der Irrtumswahrscheinlichkeit:

Zahl der geprüften Verträge: $n = 50$

Irrtumswahrscheinlichkeit: $\alpha = 10\%$

c) Die Prüfvariable X und ihre Verteilung wird festgelegt.

X ist die Zahl der überflüssig befundenen Versicherungsabschlüsse, die eine Binomialverteilung mit $n = 50$ und $p = 0{,}05$ bilden.

d) Bestimmung des Ablehnungsbereichs

Die Nullhypothese wird mit zunehmender Sicherheit abgelehnt, je mehr Verträge in der Stichprobe sind, die sich als überflüssig erweisen.

Der Ablehnungsbereich umfasst die Werte

$$(b; b+1; \ldots; 50).$$

b ist die kleinste natürliche Zahl, für die

$$p(X \geq b) = \sum_{i=b}^{n} B(n; p_0; i) = 1 - \sum_{i=0}^{b-1} B(n; p_0; i) \leq \alpha$$

ist.

$\blacksquare$

Im Beispiel:

$$n = 50 \qquad p_0 = 0{,}05$$

für

$$b = 5 \qquad \alpha = 0{,}10 = 10\,\%$$

$$1 - \sum_{i=0}^{4} B(50; 0{,}05; i) = 1 - 0{,}8964 = 0{,}1036 \geq \alpha$$

für

$$b = 6$$

$$1 - \sum_{i=0}^{5} B(50; 0{,}05; i) = 1 - 0{,}9622 = 0{,}0378 \leq 0{,}10$$

e) Wenn sich unter den 50 zufällig ausgewählten Abschlüssen mindestens sechs überflüssige befinden, ist die Nullhypothese mit einer Sicherheit von mindestens 90 % abzulehnen.

12.2.5 Nullhypothese und Risiko beim Signifikanztest – Binomialverteilung

Wie beim Alternativtest, so gibt es beim Signifikanztest den Fehler 1. Art (eine falsche Nullhypothese wird angenommen). Während die Irrtumswahrscheinlichkeit (eine Nullhypothese wird angenommen, obwohl sie nicht richtig ist – Fehler 1. Art) berechnet werden kann, so kann die Wahrscheinlichkeit für einen Fehler 2. Art (die Nullhypothese wird zurückgewiesen, obwohl sie richtig ist) zunächst gar nicht bestimmt werden.
Dazu bedarf es einer Erweiterung der Angaben.

Beispiel 12.41
Wie viele Patienten dürfen von den 50 ausgewählten durch Einnahme eines Medikaments schädliche Nebenwirkungen haben, wenn das Risiko, dass mehr als 10 % der Patienten Nebenwirkungen haben, 5 % nicht überschreiten soll.

$H_0: p \geq 10\%$

Es wird dabei der schärfste Fall angenommen.

$n = 50$

$$\sum_{i=0}^{b_l} B(50; 0{,}1; i) \leq 0{,}05$$

$b_l = 1$ $\qquad\qquad\qquad\qquad$ $b_r = 2$

$$\sum_{i=0}^{1} B(50; 0{,}1; i) = 0{,}0338 \leq 0{,}05 \qquad \sum_{i=0}^{2} B(50; 0{,}1; i) = 0{,}1117 > 0{,}05$$

Also würden 2 von 50 Testpersonen mit schädlichen Nebenwirkungen bereits das Risiko 5 % für den Patienten überschreiten!

Bei $p = 0{,}20$ (20 % mit schädlichen Nebenwirkungen)

wären zwei Patienten

$$\sum_{i=0}^{2} B(50; 0{,}2; i) = 0{,}0130 < 0{,}05$$

noch zu akzeptieren,

es liegen jedoch drei Patienten mit schädlichen Nebenwirkungen selbst bei dem auf 20 % hochgesetzten akzeptierten Prozentsatz von Nebenwirkungen

$$\sum_{i=0}^{3} B(50; 0{,}2; i) = 0{,}057 > 0{,}05$$

dicht über dem vorgegebenen Risiko von 5 %. ∎

Vereinbarung:

Bei der Wahl der Nullhypothese ist die zu bevorzugen, die bei Ablehnung einer richtigen Nullhypothese den schwerwiegenderen Fehler verursacht.

Das kann oft durch die Negation der Behauptung (zum Beispiel des Herstellers) erreicht werden.

Die Gegenhypothese ist somit die, welche durch einen statistischen Test abgesichert werden soll.

Beispiel 12.42

Eine Bürgerinitiative behauptet, dass mindestens 70 % der Bewohner einer Stadt für die Mülltrennung sind. Die Entsorgungsfirma glaubt nicht an diesen Prozentsatz und behauptet, dass die Zustimmungsquote niedriger angesetzt werden muss.

Bei einer Umfrage sprechen sich von 100 zufällig ausgewählten (aber von der Entscheidung betroffenen) Bewohnern für dieses Projekt aus.

Kann die Entsorgungsfirma mit einer Irrtumswahrscheinlichkeit von 5 % behaupten, dass die Zahl der Befürworter der Mülltrennung kleiner als 70 % ist?

Die Entsorgungsfirma behauptet:

$p < 0,7.$

Wenn sich weniger als der Erwartungswert

$$n = 100 \qquad p = 0,70 \qquad \mu = 70$$

für die Müllverbrennung entscheiden, dann spricht das für die Behauptung der Entsorgungsfirma und gegen die Meinung der Bürgerinitiative.

Einen Beweis kann weder die Entsorgungsfirma noch die Bürgerinitiative erbringen, wenn nicht **alle** betroffenen Bürger befragt werden. Das ist aber viel zu aufwendig an Zeit und Geld.

Deswegen soll gezeigt werden, dass die Behauptung der Bürgerinitiative (mindestens 70 % sind für die Müllverbrennung) nicht wahrscheinlich ist.

$$H_0\colon p \geq 0,7 \quad \text{(Bürgerinitiative)}$$
Alternativhypothese $\quad H_1\colon p < 0,7 \quad$ (Entsorgungsfirma)

Fehler 1. Art: Die Mülltrennung wird eingeführt, erfordert hohe Kosten und trotzdem trennen nicht 70 % den Müll (untere Grenze für die Rentabilität des Verfahrens!), sodass der Nutzen nicht erreicht wird (Rentabilität).

$$n = 100 \qquad \alpha = 0,05$$

Sehr kleine Werte von X (Anzahl der Bewohner, die bereit sind, den Müll zu trennen – kleiner als 100) sprechen gegen H_0.

Somit ist es ein linksseitiger Signifikanztest.

$$\sum_{i=0}^{b_x} B(100; 0,7; i) \leq 0,05 \quad \text{nach Tabelle der summierten Binomialverteilung}$$

$$\text{(Kapitel 13 – Tabelle 1f)}$$

$$\sum_{i=0}^{61} B(100; 0,7; i) = 1 - 0,9660 = 0,0340 \leq 0,0500$$

Der Ablehnungsbereich für die Müllverbrennung und verbundener Mülltrennung (mindestens 70 % der Bürger trennen Müll) ist also dadurch gegeben, dass sich von 100 Testpersonen nicht mindestens 62 für das Projekt entscheiden (Irrtumswahrscheinlichkeit 5 %).

Werden mehr Personen zugelassen, so erhöht sich die Irrtumswahrscheinlichkeit dramatisch!

Zum Beispiel:

62 Personen		5,3 %
63 Personen	ca.	8,0 %
64 Personen	ca.	11,6 %
und bei dem Erwartungswert 70	ca.	53,8 %

∎

12.2.6 Gütefunktion eines statistischen Tests – Binomialverteilung

Beispiel 12.43

In einem Signifikanztest wird die Nullhypothese

$$H_0 : p = 0{,}4$$

gegen die Alternativhypothese

$$H_1 : p \neq 0{,}4$$

mit einer Irrtumswahrscheinlichkeit

$$\alpha = 0{,}05$$

zweiseitig getestet.
Welches ist der Ablehnungsbereich für $n = 20$?
Die Berechnung für

$$p = 0{,}1; 0{,}2; 0{,}3; 0{,}5; 0{,}7$$

ergibt die Wahrscheinlichkeit, mit der H_0 abgelehnt wird.
Zur Lösung der Aufgabe ist zunächst der Ablehnungsbereich zu bestimmen.

$$B(20; 0{,}4; i)$$

$$p(X \leq b_l) = \sum_{i=0}^{b_l} B(20; 0{,}4; i) \leq 0{,}025 \quad p(X \geq b_{r-1}) = \sum_{i=b_r}^{20} B(20; 0{,}4; i) \leq 0{,}025$$

aus der Tabelle 1e (Abschnitt 13.1) ergibt sich

$$b_l = 3 \qquad p(X \leq b_r - 1) \geq 0{,}975$$

$$\sum_{i=0}^{b_r-1} B(20; 0{,}4; i) \geq 0{,}975$$

$$b_r - 1 = 12$$

$$b_r = 13$$

Ablehnungsbereich:

$$X \in \{0; 1; 2; 3\} \cup \{13; 14; \ldots; 19; 20\}$$

Ist also

$$p = 0{,}1 \qquad (H_0 : p_0 = 0{,}4),$$

so ergibt sich:

$$g(0,1) = p(X \leq 3) + p(X \geq 13) = \sum_{i=0}^{3} B(20; 0,1; i) + \sum_{i=13}^{20} B(20; 0,1; i)$$

$$g(0,1) = \sum_{i=0}^{3} B(20; 0,1; i) + 1 - \sum_{i=0}^{12} B(20; 0,1; i)$$

$$= 0,8670 + 1,0000 - 1,0000 = 0,8670$$

Ist

$$p = 0,2 \qquad (H_0 : p_0 = 0,4),$$

so ergibt sich:

$$g(0,2) = p(X \leq 3) + p(X \geq 13) = \sum_{i=0}^{3} B(20; 0,2; i) + \sum_{i=13}^{20} B(20; 0,2; i)$$

$$= \sum_{i=0}^{3} B(20; 0,2; i) + 1 - \sum_{i=0}^{12} B(20; 0,2; i)$$

$$g(0,2) = 0,4114 + 1,0000 - 1,0000 = 0,4114$$

Ist

$$p = 0,3 \qquad (H_0 : p_0 = 0,4),$$

so ergibt sich:

$$g(0,3) = p(X \leq 3) + p(X \geq 13) = \sum_{i=0}^{3} B(20; 0,3; i) + \sum_{i=13}^{20} B(20; 0,3; i)$$

$$= \sum_{i=0}^{3} B(20; 0,3; i) + 1 - \sum_{i=0}^{12} B(20; 0,3; i)$$

$$g(0,3) = 0,1070 + 1,0000 - 0,9987 = 0,1083$$

Ist

$$p = 0,5 \qquad (H_0 : p_0 = 0,4),$$

so ergibt sich:

$$g(0,5) = p(X \leq 3) + p(X \geq 13) = \sum_{i=0}^{3} B(20; 0,5; i) + \sum_{i=13}^{20} B(20; 0,5; i)$$

$$= \sum_{i=0}^{3} B(20; 0,5; i) + 1 - \sum_{i=0}^{12} B(20; 0,5; i)$$

$$g(0,5) = 0,0013 + 1,0000 - 0,8684 = 0,1329$$

Ist

$$p = 0,6 \qquad (H_0 : p_0 = 0,4),$$

so ergibt sich:

$$g(0,6) = p(X \leq 3) + p(X \geq 13) = \sum_{i=0}^{3} B(20; 0,6; i) + \sum_{i=13}^{20} B(20; 0,6; i)$$

$$= \sum_{i=0}^{3} B(20; 0,6; i) - (1 - \sum_{i=0}^{12} B(20; 0,6; i))$$

$$g(0,6) = 0,9999 - 1,0000 + 0,4159 = 0,4158$$

Ist

$$p = 0,7 \qquad (H_0 : p_0 = 0,4),$$

so ergibt sich:

$$g(0,7) = p(X \leq 3) + p(X \geq 13) = \sum_{i=0}^{3} B(20; 0,7; i) + \sum_{i=13}^{20} B(20; 0,7; i)$$

$$= \sum_{i=0}^{3} B(20; 0,7; i) - (1 - \sum_{i=0}^{12} B(20; 0,7; i))$$

$$g(0,7) = 1,0000 - 1,0000 + 0,7723 = 0,7723$$

Somit zeigt sich, dass bei

$$p_0 = 0,4$$

für das Eintreffen eines Wertes im Ablehnungsbereich die geringste Wahrscheinlichkeit besteht.
In Abb. 12.14 und Abb. 12.15 und grafische Darstellung der Gütefunktion die Abhängigkeit von p:

$$p \longrightarrow g(p)$$

Idealfall eines zweiseitigen Tests von

$$H_0 : p = p_0$$
$$H_1 : p \neq p_0$$

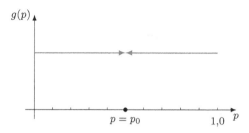

Abb. 12.14

p	$g(p)$
0,1	0,8670
0,2	0,4115
0,3	0,1084
0,5	0,1329
0,6	0,4158
0,7	0,7723

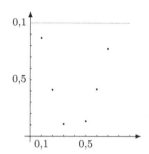

Abb. 12.15

1. Annahme der Nullhypothese, wenn sie richtig ist.
   Wahrscheinlichkeit für das Ablehnen der richtigen Nullhypothese ist null (unmögliches Ereignis).
2. Ablehnung der Nullhypothese, wenn sie unrichtig ist.
   Wahrscheinlichkeit für das Ablehnen einer unrichtigen Nullhypothese ist eins (sicheres Ereignis).

Es wurde hier eine konstante Funktion mit einer Sprungstelle bei $p = p_0$ dargestellt.

Der Normalfall wurde jedoch in dem Beispiel angegeben.

Je weiter sich die Wahrscheinlichkeiten von der Nullhypothese entfernen, umso näher rückt die Wahrscheinlichkeit für die Ablehnung der Nullhypothese gegen eins.

Bei

$$p = p_0$$

erreicht diese Wahrscheinlichkeit $g(p)$ ein Minimum.

$g(p_0)$ ist das Risiko, einen Fehler der 1. Art zu begehen (Annahme der Nullhypothese, obwohl sie falsch ist).

Ist jedoch

$$p \neq p_0,$$

so folgt:

$g(p)$ ist die Wahrscheinlichkeit, dass ein Wert des Ablehnungsbereichs erreicht wird.

Also ist

$$g(p) = 1 - p(X),$$

X ist ein Wert des Annahmebereichs.

Somit ist

$$1 - g(p) \quad \text{für} \quad p \neq p_0$$

das Risiko, einen Fehler der 2. Art zu begehen (Ablehnung der Nullhypothese, obwohl sie richtig ist).

Bezeichnung:

Die Funktion g, welche bei vorgegebener Irrtumswahrscheinlichkeit jedem Wert von p die Wahrscheinlichkeit für das Ablehnen der Nullhypothese zuordnet, heißt Gütefunktion des Tests.

Wird die Güte eines Tests nach der Wahrscheinlichkeit für die Annahme einer falschen Nullhypothese beurteilt, dann heißt die Funktion Operationscharakteristik.

Aus der als Idealfall gekennzeichneten Darstellung (*) wird noch einmal sehr deutlich sichtbar:

Ein Test ist umso besser, je tiefer die Funktion bei $p = p_0$ liegt (Fehler 1. Art) und je stärker der Anstieg auf beiden Seiten des Minimums zu der Asymptote $g = 1$ verläuft (Differenz $1 - g(p)$) soll klein werden, damit der Fehler 2. Art geringer wird.). ∎

12.2.7 Signifikanztest bei großem Stichprobenumfang – Normalverteilung – Gauß-Verteilung

Tabellen für die Summenverteilung einer binomial verteilten Zufallsvariablen sind meist auf

$$n \leq 100$$

beschränkt.

Überschreitet der Umfang der Stichprobe den Wert 100, dann können die Funktionswerte meist nur über umständliche Berechnungen ermittelt werden (vor allem ist es die Berechnung der Binomialkoeffizienten, die einen erheblichen Aufwand an numerischer Rechnung erforderlich machen).

Ist für

$$n > 10$$

die Bedingung

$$n \cdot p \cdot (1-p) > 9$$

erfüllt, so kann die anzuwendende Binomialverteilung durch eine Normalverteilung approximiert werden.
Die Ablehnungsbereiche werden nach den Formeln

$$p(X \leq i) \approx \Phi \left(\frac{k + 0{,}5 - n \cdot p}{\sqrt{n \cdot p \cdot (1-p)}} \right),$$

wenn ein Korrekturglied einbezogen werden soll,
oder nach

$$p(X \leq i) \approx \Phi \left(\frac{k - n \cdot p}{\sqrt{n \cdot p \cdot (1-p)}} \right),$$

wenn kein Korrekturglied einbezogen werden soll, berechnet.
Bei wesentlichen Fragestellungen, besonders, wenn das Ergebnis in der Nähe der Signifikanzgrenze liegt, muss der Umfang der Stichprobe erhöht werden. Kann dann die Bedingung

$$n \cdot p \cdot (1-p) > 9$$

nicht erfüllt werden, so bleibt nur noch eines: Rechnen nach der Bernoulli-Formel.

Beispiel 12.44
Bei einer Sparkasse wird davon ausgegangen, dass 20 % der Kunden den Dispokredit regelmäßig in Anspruch nehmen. Zur Prüfung dieser Hypothese wird eine statistische Untersuchung durchgeführt.
Dabei bestätigen 156 von 1000 Kunden, dass sie den Dispokredit nutzen. Kann die Sparkassenleitung mit einer Irrtumswahrscheinlichkeit von 5 % ausschließen, dass die Behauptung zutrifft?

1. Nullhypothese H_0:

$$p_0 = 0{,}20 \qquad H_1 : p_1 \neq 0{,}20$$

H_0: Genau 20 % der Inhaber des Girokontos nutzen den Dispokredit.

2.

$$n = 1000 \qquad \alpha = 0{,}05$$

X: Anzahl der Personen, die von 1000 Befragten den Dispokredit nutzen.

$$X = \{0; 1; 2; \ldots; 998; 999; 1000\}$$

Stimmt die Nullhypothese, dann ist X binomialverteilt nach

$$B(1000; 0{,}2; i).$$

Der Ablehnungsbereich wird durch b_l nach oben und durch b_r nach unten begrenzt.
Es ist

$$n \cdot p \cdot (1 - p) = 1000 \cdot 0{,}2 \cdot 0{,}8 = 160 \gg 9.$$

Die Prüfvariable X hat den Erwartungswert

$$\mu = 1000 \cdot 0{,}2 = 200 \qquad \mu = n \cdot p$$

und die Standardabweichung

$$\sigma = \sqrt{1000 \cdot 0{,}2 \cdot 0{,}8} = \sqrt{160} \qquad \sigma = \sqrt{n \cdot p \cdot (1 - p)}$$

Es handelt sich um einen zweiseitigen Signifikanztest, weswegen die angegebene Irrtumswahrscheinlichkeit von 5 % zu gleichen Teilen auf beide Seiten des Ablehnungsbereichs verteilt werden muss.

b_l	b_r
$p(X \leq b_l) \leq 0{,}025$	$p(X \geq b_r) \leq 0{,}025$ oder $p(X \leq b_r - 1) > 0{,}975$ **bedeutet:**
ohne Korrekturglied	ohne Korrekturglied

$$\Phi\left(\frac{b_l - 1000 \cdot 0{,}2}{\sqrt{160}}\right) \leq 0{,}025 \qquad \Phi\left(\frac{b_r - 1 - 200}{\sqrt{160}}\right) > 0{,}975$$

$$\text{Da aber } \Phi(-x) = 1 - \Phi(x)$$

$$\Phi\left(\frac{200 - b_l}{\sqrt{160}}\right) \geq 0{,}975 \qquad \Phi\left(\frac{b_r - 201}{\sqrt{160}}\right) > 0{,}975$$

ist nach Tabelle 3 (Abschn. 13.3) für die summierte Normalverteilung

$$\frac{200 - b_l}{\sqrt{160}} \geq 1{,}96 \qquad\qquad \frac{b_r - 201}{\sqrt{160}} \geq 1{,}96$$

$$b_l \leq 200 - 1{,}96 \cdot \sqrt{160} \qquad b_r \geq 201 + 1{,}96 \cdot \sqrt{160}$$

$$b_l \leq 175{,}2 \qquad\qquad\qquad b_r \geq 225{,}8$$

und der Ablehnungsbereich (ohne Korrekturglied):

$$X \in \{0; 1; 2; \ldots; 174; 175\} \cup \{226; 227; \ldots; 999; 1000\}$$

mit Korrekturglied	mit Korrekturglied

$$\Phi\left(\frac{b_l + 0{,}5 - 200}{\sqrt{160}}\right) \leq 0{,}025 \qquad \Phi\left(\frac{b_r - 1 - 200 + 0{,}5}{\sqrt{160}}\right) > 0{,}975$$

$$\text{Da aber } \Phi(-x) = 1 - \Phi(x)$$

$$\Phi\left(\frac{200 - b_l - 0{,}5}{\sqrt{160}}\right) \geq 0{,}975 \qquad \Phi\left(\frac{b_r - 200{,}5}{\sqrt{160}}\right) > 0{,}975$$

ist nach Tabelle 3 (Abschn. 13.3) für die summierte Normalverteilung

$$\frac{199{,}5 - b_l}{\sqrt{160}} \geq 1{,}96 \qquad\qquad \frac{b_r - 200{,}5}{\sqrt{160}} \geq 1{,}96$$

$$b_l \leq 199{,}5 - 1{,}96 \cdot \sqrt{160} \qquad b_r \geq 200{,}5 + 1{,}96 \cdot \sqrt{160}$$

$$b_l \leq 174{,}7 \qquad\qquad\qquad b_r \geq 225{,}3$$

und der Ablehnungsbereich (mit Korrekturglied):

$$X \in \{0; 1; 2; \ldots; 173; 174\} \cup \{226; 227; \ldots; 999; 1000\}$$

Da nur 156 Kunden (von 1000 aus der Stichprobe) den Dispokredit der Sparkasse nutzen, wird H_0 ($p = 20\,\%$) abgelehnt. Die Zahl wird mit 5 % Irrtumswahrscheinlichkeit nicht erreicht.

Wird ein Prozentsatz von 15 % angenommen, so beträgt die Irrtumswahrscheinlichkeit für einen Fehler der 2. Art (eine Hypothese wird abgelehnt, obwohl sie richtig ist) für den hier angegebenen Annahmebereich ohne Korrekturglied

$$\beta = \sum_{i=176}^{225} B(1000; 0{,}15; i)$$

$$\mu = 1000 \cdot 0{,}15 = 150$$

$$\sigma = \sqrt{1000 \cdot 0{,}15 \cdot 0{,}85} = \sqrt{127{,}5}$$

$$p(176 \le X \le 225) \approx \Phi\left(\frac{225 - 150}{\sqrt{127{,}5}}\right) - \Phi\left(\frac{176 - 150}{\sqrt{127{,}5}}\right)$$

$$= \Phi(6{,}64) - \Phi(2{,}30) \approx 1 - 0{,}9893 = 0{,}0107$$

(Tabellenwerte aus der summierten Normalverteilung – Tabelle 3, Abschn. 13.3)
Für die Annahme von H_0

$$p = 0{,}15$$

(15 % der Sparkassenkunden nutzen den Dispokredit) beträgt die Irrtumswahrscheinlichkeit nur noch etwa 1 % – Fehler 2. Art.   ∎

12.2.8 Stichprobenmittel als Prüfvariable – Normalverteilung – Gauß-Verteilung

Es sind nicht alle Verteilungen als (diskrete) Verteilungsfunktionen – genauer als Binomialverteilungen – zu betrachten. Die Änderung des Mischungsverhältnisses vom Zement und Kies bestimmt die Druckfestigkeit von Versuchswürfeln aus Beton.

Um eine Veränderung der Druckfestigkeit (Erwartungswert) nachzuweisen, kann das Problem nicht auf einen Test mit der Binomialverteilung zurückgeführt werden, da die Druckfestigkeit von Betonwürfeln nicht binomial, sondern normalverteilt ist (siehe Kap. 11 Stochastik). Um den Erwartungswert μ der Druckfestigkeit für die neue Betonmischung zu bestimmen, wird eine Stichprobe (Betonwürfel) vom Umfang n hergestellt (Würfel mit den Maßen 20 × 20 × 20), die Druckfestigkeit der einzelnen Würfel bestimmt, damit die mittlere Druckfestigkeit der Stichprobe $\bar{x}$ berechnet werden kann.

Es wird das Stichprobenmittel $\bar{x}$ der Stichprobe vom Umfang n als Zufallsvariable X verwendet, um zu beurteilen, ob das Stichprobenmittel $\bar{x}$ wesentlich (signifikant) vom Erwartungswert μ_x abweicht.

Ohne Beweis soll hier angegeben werden:

Hat die Zufallsvariable X den Erwartungswert μ_x und die Varianz σ_x^2, so hat der Mittelwert der Stichprobe vom Umfang n den Erwartungswert μ_x und die Varianz $\frac{1}{n}\sigma_x^2$.

Oder kürzer als Gleichungen:

$$\mu_{\bar{x}} = \mu_x$$

und

$$\sigma_{\overline{x}}^2 = \frac{\sigma_x^2}{n}$$

Weiterhin wird (ebenfalls ohne Beweis) der folgende Satz angegeben:
Das Stichprobenmittel $\overline{X}$ ist bei großem Umfang n als Normalverteilung zu betrachten. Die Annahme der Normalverteilung für die Entscheidungsvariable X überträgt die Eigenschaft auf die Verteilung des Stichprobenmittels. In der Praxis wird dann die Tabelle 3 (Abschn. 13.3) verwendet.

Beispiel 12.45
Im Sportunterricht erfüllen erfahrungsgemäß 70% der Schüler die Bedingungen des Ausdauertests. Es wird festgelegt:
Zwei Werte für die Zufallsvariable X:
X hat den Wert 1, wenn die Bedingung durch den Schüler erfüllt wird.
X hat den Wert 0, wenn die Bedingung durch den Schüler nicht erfüllt wird.
Der Erwartungswert von X (Grundgesamtheit) beträgt: $E(X) = 0{,}7$
Die Varianz von X beträgt: $V(X) = 0{,}7 \cdot 0{,}3 = 0{,}21$
Das bedeutet für eine Stichprobe $\overline{X}$ mit dem Umfang $n = 20$:
Der Erwartungswert von $\overline{X}$ (Stichprobe) beträgt: $E(X) = E(\overline{X}) = 0{,}7$
Die Varianz von $\overline{X}$ beträgt: $V(\overline{X}) = \dfrac{V(X)}{n} = \dfrac{0{,}21}{20} = 0{,}0105$ ∎

12.2.9 Signifikanztest für den Erwartungswert bei bekannter Standardabweichung und bei unbekannter Standardabweichung – Normalverteilung

Durch eine Stichprobe werden n Werte der Zufallsvariablen X bestimmt. Diese Zufallsvariablen sind nach Annahme normalverteilt. Die Standardabweichung der Gesamtheit σ ist bekannt, nicht aber der Erwartungswert.
Bei einer einfachen Nullhypothese wird

$$H_0 : \mu = \mu_0$$

gegen

$$H_1 : \mu \neq \mu_0$$

getestet.
Aus der Stichprobe wird dann der Mittelwert berechnet.
Wenn dieser stark von μ_0 abweicht, ist die Nullhypothese unwahrscheinlich und wird auf dem vorgegebenen Signifikanzniveau abgelehnt.
Prüfvariable ist der Mittelwert der Stichprobe

$$\overline{X}.$$

Das Stichprobenmittel ist normalverteilt mit

$$\mu_{\overline{x}} = \mu_x$$

und

$$\sigma_{\overline{x}} = \frac{1}{\sqrt{n}} \sigma_x. \quad \text{(Dabei ist } \sigma_x \text{ unbekannt.)}$$

Für die Tabelle 3 (Abschn. 13.3) ist die standardisierte Normalverteilung zu verwenden.

$$Z = \frac{\overline{X} - \mu_{\overline{x}}}{\sigma_{\overline{x}}} = \frac{\overline{X} - \mu_x}{\sigma_x} \sqrt{n},$$

die dann

$$N(0; 1)$$

verteilt ist.

Aus der Symmetrie der Gauß'schen Glockenkurve folgt, dass für das zu bestimmende c gilt:

$$p(-c \leq Z \leq c) = 1 - \alpha$$

$$p(|Z| \leq c) = 2\Phi(c) - 1 = 1 - \alpha$$

$$\Phi(c) = 1 - \frac{\alpha}{2}$$

Aus Tabelle 3 (Abschn. 13.3) kann bei vorgegebenem α der zugehörige c-Wert bestimmt werden.

Hier die wichtigsten Werte:

Irrtumswahrscheinlichkeit	5 %	1 %	0,1 %
auch Signifikanzniveau	0,05	0,01	0,001
c	1,9600	2,5758	3,2905

Wenn H_0 also zutrifft ($\mu_x = \mu_0$), so ist beim zweiseitigen Test die Signifikanzgrenze (Annahmebereich):

$$b_l = \mu_0 - c \cdot \frac{\sigma_x}{\sqrt{n}} \quad \text{und} \quad b_r = \mu_0 + c \cdot \frac{\sigma_x}{\sqrt{n}}$$

Beispiel 12.46

Das Gewicht von 250-Gramm-Stücken Butter kann als normalverteilt angesehen werden, wobei die Standardabweichung (bestimmt aus einer zuvor erfolgten umfangreichen Qualitätsprüfung)

$$\sigma = 4 \, (\text{Gramm})$$

beträgt.
Es soll die Nullhypothese

$$H_0 : \mu_0 = 250 \, (\text{Gramm})$$

zweiseitig bei einer vorgeschriebenen Irrtumswahrscheinlichkeit

$$\alpha = 5\,\%$$

getestet werden.
Eine Stichprobe von

$$n = 30$$

zeigt folgende Werte:

$$
\begin{array}{cccccccccc}
268 & 266 & 252 & 259 & 255 & 254 & 251 & 246 & 248 & 247 \\
243 & 247 & 255 & 251 & 260 & 249 & 250 & 249 & 252 & 254 \\
252 & 253 & 261 & 255 & 253 & 255 & 251 & 250 & 244 & 250
\end{array}
$$

$X = 252,7$ Gramm (Stichprobenmittel)

$$H_0 : \mu_x = \mu_0 = 250$$
$$H_1 : \mu_x \neq \mu_0 = 250$$
$$n = 30 \qquad \alpha = 0,05$$

X bei wahrer Normalverteilung:

$$\sigma = 4$$

Normalverteilung (N):

$$N \left(250; \frac{4}{\sqrt{30}} \right)$$

$$\alpha = 0,05 \qquad c = 1,96 \quad (\text{nach Tabelle 3, Abschn. 13.3})$$

$$b_l = 250 - 1,96 \cdot \frac{4}{\sqrt{30}} \qquad\qquad b_r = 250 + 1,96 \cdot \frac{4}{\sqrt{30}}$$

$$b_l \approx 248,57 \qquad\qquad\qquad b_r \approx 251,43$$

Annahmebereich:

$$X \in [248,57; 251,43]$$

Da $\overline{X} = 252,7$ Gramm beträgt, wird die Nullhypothese abgelehnt.

Genau wie beim Test mit der Binomialverteilung gibt es auch den einseitigen Signifikanztest mit der Normalverteilung.

Rechtsseitiger Test:

$H_0 : \mu_x \leq \mu_0$

$H_1 : \mu_x > \mu_0$

Linksseitiger Test:

$H_0 : \mu_x \geq \mu_0$

$H_1 : \mu_x < \mu_0$

Beim einseitigen Test gehört zu einer vorgegebenen Irrtumswahrscheinlichkeit nur eine Signifikanzgrenze.

Beim rechtsseitigen Test muss bei Zutreffen der Nullhypothese das Stichprobenmittel mit der Wahrscheinlichkeit einen Wert oberhalb der Signifikanzgrenze c_r annehmen.

Beim linksseitigen Test muss bei Zutreffen der Nullhypothese das Stichprobenmittel mit der Wahrscheinlichkeit einen Wert unterhalb der Signifikanzgrenze $-c_r$ annehmen.

Aus

$p(Z > c_r) = 1 - \Phi(c_r) = \alpha$

$\Phi(c_r) = 1 - \alpha$

folgt

$p(Z < -c_r) = \Phi(-c_r) = \alpha$

$\Phi(c_r) = 1 - \alpha$

Irrtumswahrscheinlichkeit auch Signifikanzniveau	5 % 0,05	1 % 0,01	0,1 % 0,001
c	1,6449	2,3263	3,0902

Die Signifikanzgrenzen für das Stichprobenmittel $\overline{X}$:

Rechtsseitiger Test:

$$g = \mu_0 + c_r \cdot \frac{\sigma_x}{\sqrt{n}}$$

Linksseitiger Test:

$$g = \mu_0 - c_r \cdot \frac{\sigma_x}{\sqrt{n}}$$

∎

Beispiel 12.47

Langjährige Durchschnittsweite eines Jahrgangs im Weitsprung sind 4,12 Meter. Standardabweichung:

$$\sigma = 0,12 \, \text{m}$$

32 Schüler des Jahrgangs erreichen eine mittlere Weite von 4,16 Meter. Ist das mit einer Irrtumswahrscheinlichkeit von 5 % (signifikant) weiter als der langjährige Mittelwert?

$$H_0 : \mu_x \leq \mu_0 = 4,12$$

$H_1 : \mu_x > 4{,}12$

$n = 32, \qquad \alpha = 0{,}05$

X ist bei wahrer Nullhypothese normalverteilt mit

$$N\left(4{,}12; \frac{0{,}12}{\sqrt{32}}\right)$$

Aus $\Phi(c_r) = 1 - \alpha = 1 - 0{,}05 = 0{,}95$ ist nach der angegebenen Tabelle

$c_r = 1{,}6449$

$$g = 4{,}12 + 1{,}6449 \cdot \frac{0{,}12}{\sqrt{32}} \approx 4{,}1549$$

Da $4{,}1549 < 4{,}1600$ ist, wird H_0 abgelehnt.

Es handelt sich bei dem Jahrgang um ein auf 5 %-Signifikanzniveau gesichertes besseres Ergebnis.
Im Unterschied zur den Beispielen 12.47 und 12.48 kann es vorkommen, dass die Standardabweichung der Gesamtheit nicht zur Verfügung steht. Die Varianz der Zufallsvariablen X berechnet sich aus den Werten

$$x_1; x_2; \ldots; x_m,$$

welche X annehmen kann, zu

$$\sigma_x^2 = \sum_{i=1}^{m} (x_i - \mu_x)^2 \cdot p(X = a_i).$$

Dieser Wert kann für die Berechnung nunmehr nicht verwendet werden.
Aus der Stichprobe ergibt sich die Varianz

$$\overline{s^2} = \sum_{i=1}^{m} (x_i - \mu_x)^2 \cdot h_i \cdot p(X = x_i)$$

(gewogene Standardabweichung)

Da bei großen Stichproben $h(X = x_i)$ in der Nähe von $p(X = x_i)$ und $\overline{x}$ in der Nähe von μ_x liegt (Gesetz der großen Zahlen), wird $\overline{s^2}$ als **Schätzwert** für σ_x^2 bezeichnet (nicht als Näherungswert, da Fehlergrenzen nicht zu bestimmen sind!). Bei hinreichend großem Umfang der Stichprobe ($n \geq 30$) kann der für die Stichprobe bestimmte Wert von s an der Stelle σ_x verwendet werden. Der Signifikanztest verläuft dann, wie zuvor dargestellt. ∎

Beispiel 12.48
Das Gewicht von 250-Gramm-Stücken Butter kann als normalverteilt angesehen werden, wobei die Standardabweichung im Unterschied zu Beispiel 12.47 nicht abschätzbar und aus früheren Stichproben nicht bekannt ist.

$H_0 : \mu_0 = 250 \,(\text{Gramm})$

soll zweiseitig bei einer vorgeschriebenen Irrtumswahrscheinlichkeit

$$\alpha = 5\,\%$$

getestet werden.
Die Strichprobe von

$$n = 30$$

zeigt folgende Werte:

268 266 252 259 255 254 251 246 248 247
243 247 255 251 260 249 250 249 252 254
252 253 261 255 253 255 251 250 244 250

	x_i	$x_i - 250$	$x_i - 252{,}7$	$(x_i - 252{,}7)^2$
1.	268	+18	+15,3	234,09
2.	266	+16	+13,3	176,89
3.	252	+ 2	− 0,7	0,49
4.	259	+ 9	+ 6,3	39,69
5.	255	+ 5	+ 2,3	5,29
6.	254	+ 4	+ 1,3	1,69
7.	251	+ 1	− 1,7	2,89
8.	246	− 4	− 6,7	44,89
9.	248	− 2	− 4,7	22,09
10.	247	− 3	− 5,7	32,49
11.	243	− 7	− 9,7	94,09
12.	247	− 3	− 5,7	32,49
13.	255	+ 5	+ 2,3	5,29
14.	251	+ 1	− 1,7	2,89
15.	260	+10	+ 7,3	53,29
16.	249	− 1	− 3,7	13,69
17.	250	0	− 2,7	7,29
18.	249	− 1	− 3,7	13,69
19.	252	+ 2	− 0,7	0,49
20.	254	+ 4	+ 1,3	1,69
21.	252	+ 2	− 0,7	0,49
22.	253	+ 3	+ 0,3	0,09
23.	261	+11	+ 8,3	68,89
24.	255	+ 5	+ 2,3	5,29
25.	253	+ 3	+ 0,3	0,09
26.	255	+ 5	+ 2,3	5,29
27.	251	+ 1	− 1,7	2,89
28.	250	0	− 2,7	7,29
29.	244	− 6	− 8,7	75,69
30.	250	0	− 2,7	7,29
		Summe: 80		Summe: 958,70

$$\overline{x} - 250 = \frac{80}{30}$$

$$\overline{x} = 250 + \frac{80}{30} \approx 252{,}7 \qquad\qquad s = \sqrt{\frac{958{,}70}{29}} \approx 5{,}750$$

$H_0 : \mu_x = \mu_0$

$H_1 : \mu_x \neq 250$

$n = 30 \qquad \alpha = 0{,}05$

Mit der normierten Gauß'schen Verteilung ergibt sich die Prüfvariable:

$$Z = \frac{\overline{X} - \mu_x}{s} \cdot \sqrt{n}$$

$\overline{X}$ ist das mittlere Gewicht der 30 ausgewählten Butterstücke.

$$Z = \frac{252{,}7 - 250}{5{,}750} \cdot \sqrt{30} \approx 2{,}5719$$

Z ist bei wahrer Nullhypothese normalverteilt mit

$N(0; 1)$ (normierte Normalverteilung $\mu = 0$ und $\sigma = 1$)

$\Phi(c) = 1 - \dfrac{\alpha}{2}$ (zweiseitiger Test)

$\Phi(c) = 1 - \dfrac{0{,}05}{2} = 0{,}975$

Aus der Tabelle 2 (Abschn. 13.2) oder der in diesem Abschnitt Ausschnittsweise angegebenen Tabelle folgt:

$c = 1{,}9600$

Der Ablehnungsbereich ist für

$Z < -1{,}96$ (linksseitig)

und

$Z > 1{,}96$ (rechtsseitig)

gegeben.
Da

$z = 2{,}5719 > 1{,}96,$

ist die Nullhypothese (zufällige Abweichung) mit 95 % Sicherheit abzulehnen. Auf einem Signifikanzniveau von 5 % (Irrtumswahrscheinlichkeit) unterscheidet sich das Gewicht der Butterstücke vom Normgewicht 250 Gramm. ∎

12.2.10 Minimierung der Konsequenzen durch Fehlentscheidungen – Binomialverteilung

Wird die Schädlichkeit (Nebenwirkungen) eines neuen Medikaments geprüft, so ist die Wahrscheinlichkeit dafür (p) gegen p_0 (schädliche Nebenwirkungen des alten Medikaments) zu testen.

$$H_0 : p \geq p_0$$

gegen

$$H_1 : p < p_0$$

Bei dieser Teststrategie wird versucht, die Nullhypothese H_0 mit einer geringen Irrtumswahrscheinlichkeit abzulehnen.

Fehler 1. Art: Das Medikament wird eingeführt und hat mehr schädliche Nebenwirkungen als das alte Medikament. Das kann schlimmste Folgen für den Patienten haben.

Fehler 2. Art: Das Medikament kommt nicht auf den Markt (obwohl es keine erhöhten schädlichen Nebenwirkungen gegenüber dem alten hat). Es entstehen dem Hersteller Verluste durch den entgangenen Gewinn und die nicht mehr zu ersetzenden Entwicklungskosten, der Patient wird aber nicht zusätzlich belastet.

Der Verlust bei einer zweifachen Hypothese H_0 und H_1 wird aus dem Verlust bestimmt, der entsteht, wenn

1. H_1 angenommen wird, obwohl H_0 richtig ist (Fehler 1. Art),
2. H_0 angenommen wird, obwohl H_1 richtig ist (Fehler 2. Art).

Bei der praktischen Berechnung wird für die möglichen Ablehnungsbereiche der Erwartungswert des Verlusts bestimmt. Aus der Wertetabelle

$$E(V) = f(b)$$

wird dann der Bereich von b (Grenze des Ablehnungsbereichs) bestimmt, für den $E(V)$ minimal wird.

Beispiel 12.49

Für die Realisierung von Transportaufgaben stehen LKWs vom Typ A und B zur Verfügung. LKWs vom Typ A haben eine Störanfälligkeit von 5 % und die vom Typ B 10 %.

Bei Einsatz von Typ A entsteht ein Verlust von 50 EURO pro Einsatz, wenn dort auch Typ B einsetzbar ist, und umgekehrt 80 EURO Verlust pro Einsatz von B, wenn dabei auch Typ A einsetzbar ist.

Werden 100 Einsätze registriert, so ergibt sich der Erwartungswert für den Verlust als totale Wahrscheinlichkeit nach der Formel:

$$E(V) = 50 \cdot \sum_{i=b}^{100} B(100; 0{,}05; i) + 80 \cdot \sum_{i=0}^{b-1} B(100; 0{,}10; i)$$

$$E(V) = f(b)$$

Zu berechnen sind die Werte von $E(V)$ für

$$b = 1; 3; 5; 7; 9; 11.$$

Bei welcher Zahl von b in der Stichprobe ist der Verlust durch den Einsatz von LKWs des Typs B minimal?

$$E(V) = f(b) = 50 \sum_{i=b}^{100} B(100; 0{,}05; i) + 80 \sum_{i=0}^{b-1} B(100; 0{,}10; i)$$

Für

$$b = 1 \quad \text{(kein LKW vom Typ B wird eingesetzt)}$$

ist

$$E(V): \quad \text{Erwartungswert des Verlusts}$$

$$E(V) = f(0) = 50 \sum_{i=1}^{100} B(100; 0{,}05; i) + 80 \sum_{i=0}^{0} B(100; 0{,}10; i)$$
$$= 50(1 - 0{,}0059) + 80 \cdot 0 = 50 \cdot 0{,}9941 = 49{,}71 \, \text{EURO}$$

nach Tabelle 1f (Abschn. 13.1).

Für

$$b = 3$$

ist

$$E(V): \quad \text{Erwartungswert des Verlusts}$$

$$E(V) = f(3) = 50 \sum_{i=3}^{100} B(100; 0{,}05; i) + 80 \sum_{i=0}^{2} B(100; 0{,}10; i)$$
$$= 50(1 - 0{,}1183) + 80 \cdot 0{,}0019 = 44{,}085 + 0{,}152 = 44{,}24 \, \text{EURO}$$

nach Tabelle 3 (Abschn. 13.3).

Wenn in der Stichprobe mindestens drei Störfälle auftreten, dann beträgt der Verlust, wenn LKWs vom Typ B eingesetzt werden, 44,24 EURO.

Bis zu b Störfälle Bei 100 Einsätzen	1	3	5	7	9	11
Verlust in EURO bei Einsatz des LKW-Typs B	49,71	44,24	30,10	21,08	28,83	47,23

Bei mindestens sieben Störfällen ($b = 7$) ist der Einsatz von LKWs Typ B verlustminimierend. ∎

12.2.11 Vertrauensintervall für eine unbekannte Wahrscheinlichkeit

Bei Zufallsexperimenten ist die Wahrscheinlichkeit für das Eintreten eines Ereignisses p oft unbekannt und muss geschätzt werden.
Ist der Umfang der Stichprobe groß, so kann die Wahrscheinlichkeit p durch die relative Häufigkeit in der Stichprobe abgeschätzt werden.
Diese relative Häufigkeit h ist ein Schätzwert und kein Näherungswert für die Wahrscheinlichkeit p, da die Fehlergrenzen zunächst nicht angegeben werden können.
Aus der Vertrauenszahl γ und der relativen Häufigkeit h der Stichprobe lassen sich die Intervallgrenzen für das Vertrauensintervall von p abschätzen.

1. h – relative Häufigkeit des Merkmals in der Stichprobe
2. γ – vorgegebene Vertrauenszahl
3. n – Stichprobenumfang
4. c – wird aus Tabelle 3 (Abschn. 13.3) bestimmt.

$$\Phi(c) = \frac{1 + \gamma}{2}$$

5. Die Vertrauensintervallgrenzen ergeben sich als Lösung der quadratischen Gleichung.

$$(h - p)^2 \leq c \frac{2p \cdot (1 - p)}{h} \longrightarrow \quad p_1 \text{ und } p_2$$

Der Umfang der Stichprobe n (Mindestgröße) berechnet sich aus der Länge l des Vertrauensintervalls.

$$l \leq 2c\sqrt{\frac{p(1 - p)}{n}}$$

Die rechte Seite der Ungleichung wird durch den Maximalwert abgeschätzt.

$$p = 0{,}5$$

$$l \le 2c\sqrt{\frac{0{,}5 \cdot 0{,}5}{n}}$$

$$l \le 2c\sqrt{\frac{1}{4n}}$$

Aufgelöst nach n:

$$\frac{l^2}{4c^2} \ge \frac{1}{4n},$$

wenn die Länge l höchstens gleich einem

$$h \ge \frac{c^2}{l^2}$$

vorgegebenen Wert sein soll.

Beispiel 12.50
Eine Partei möchte das Wahlentscheiden durch ihre Akzeptanz bei den Wählern bestimmen. Von 1000 zufällig ausgewählten Wählern geben 140 an, die Partei wählen zu wollen.
Wie heißt das Vertrauensintervall zur Vertrauenszahl

$$\gamma = 0{,}90?$$

$$n = 1000 \quad h = \frac{140}{1000} \quad \text{(relative Häufigkeit der Parteiwähler in der Stichprobe)}$$
$$\gamma = 0{,}90$$

$$\Phi(c) = \frac{1 + 0{,}90}{2} = 0{,}95$$

Nach Tabelle 3 (Abschn. 13.3) folgt:

$$c = 1{,}645$$

$$\left(\frac{140}{1000} - p\right)^2 \le 1{,}645^2 \frac{p(1 - p)}{1000}$$

$$1000(0{,}14 - p)^2 \le 1{,}645^2 p - 1{,}645^2 p^2$$

$$1{,}645^2 p^2 - 1{,}645^2 p + 1000 \cdot 0{,}14^2 - 2000 \cdot 0{,}14 p + 1000 p^2 \le 0$$

$$1002{,}706\,025 p^2 - 282{,}706\,025 p + 19{,}6 \le 0$$

$$p^2 - 0{,}281\,943\,08 p + 0{,}019\,547\,105 \le 0$$

$$p_{1/2} = 0{,}140\,971\,54 \pm 0{,}018\,051\,872$$

$$p_1 = 0{,}159\,023\,412$$

$$p_2 = 0{,}122\,919\,668$$

Für die Vertrauenszahl

$$\gamma = 90\,\%$$

ist das Vertrauensintervall

$$0{,}123 \le p \le 0{,}159 \quad \text{(zwischen } 12{,}3\,\% \text{ und } 15{,}9\,\%\text{)}.$$

Wie viele Wähler müssten in der Strichprobe erfasst werden, damit das Vertrauensintervall bei der gleichen Vertrauenszahl höchstens die Länge 0,03 hat?

$$c = 1{,}645 \quad \text{(wie oben)}$$

Länge des Vertrauensintervalls: $l = 0{,}03$

$$n \ge \frac{1{,}645^2}{0{,}03^2} \approx 3007$$

Es müssen demzufolge mindestens 3007 Wähler in die Stichprobe einbezogen werden. ∎

12.2.12 Vertrauensintervall für einen unbekannten Erwartungswert

Die Überlegungen zur Ermittlung eines Vertrauensintervalls für eine unbekannte Wahrscheinlichkeit p aus einer Stichprobe werden für die zur Bestimmung des Vertrauensintervalls eines unbekannten Erwartungswerts μ einer normalverteilten Zufallsvariablen übertragen.

Unter der Annahme, dass die Zufallsvariable mit dem Erwartungswert μ_x und der Varianz σ_x^2 normalverteilt ist, kann auch für das Stichprobenmittel eine Normalverteilung mit dem Erwartungswert $\mu_{\overline{x}}$ und der Varianz

$$\frac{1}{n}\sigma_x^2$$

vorausgesetzt werden.

Die Zufallsvariable wird auf die standardisierte Normalverteilung

$$N(0;1)$$

durch die Transformation

$$z = \frac{\overline{X} - \mu_{\overline{x}}}{\sigma_{\overline{x}}} \cdot \sqrt{n} = \frac{\overline{X} - \mu_x}{\sigma_x} \cdot \sqrt{n}$$

vorbereitet.

Das Intervall (*) für die Zufallsvariable X wird durch

$$\overline{x} - c\frac{\sigma_x}{\sqrt{n}} \le X \le \overline{x} + c\frac{\sigma_x}{\sqrt{n}}$$

begrenzt.

(*) auch als Konfidenzintervall bezeichnet

Beispiel 12.51

Im Beispiel 12.49 (Abschnitt 12.2.9) wurde aus einer Stichprobe mit 30 Butter-
stücken ein mittleres Gewicht

$$\overline{x} = 252,7 \, \text{Gramm}$$

mit einer Standardabweichung

$$s = 5,750 \, \text{Gramm}$$

bestimmt. Gesucht ist zu der Vertrauenszahl von

$$\gamma = 0,95$$

ein Vertrauensintervall (Konfidenzintervall) für das durchschnittliche Gewicht eines Butterstücks.

$$\overline{x} = 252,7 \qquad \gamma = 0,95 \qquad \sigma_x = s = 5,750$$

$$\Phi(c) = \frac{1 + 0,95}{2} = 0,975$$

nach Tabelle 3 (Abschn. 13.3) ergibt sich:

$$c = 1,9600$$

$$\overline{x} - c\frac{\sigma_x}{\sqrt{n}} = 252,7 - 1,96\frac{5,750}{\sqrt{30}} = 250,6$$

$$\overline{x} - c\frac{\sigma_x}{\sqrt{n}} = 252,7 + 1,96\frac{5,750}{\sqrt{30}} = 254,8$$

Zur Vertrauenszahl

$$\gamma = 0,95$$

gehört das Konfidenzintervall:

$$[250,6; 254,8] \, \text{Gramm}.$$

■

12.2.13   Spezielle Testverfahren

12.2.13.1 t-Test

Beim Test mit der Normalverteilung wurde vorausgesetzt, dass die Standardabweichung s die Streuung in der Grundgesamtheit ausreichend repräsentiert und
damit als bekannt vorausgesetzt werden kann. Das ist bei großen Stichproben
($n \geq 1000$) sicher auch der Fall. Bei kleinem und mittlerem Stichprobenumfang
ist die Testgröße

$$\frac{\overline{x} - \mu}{s}\sqrt{n}$$

nicht normalverteilt nach der Standardabweichung

$$N(0;1),$$

sondern folgt einer t-Verteilung.

In Abhängigkeit vom Umfang der Stichprobe nähert sich die t-Verteilung mit wachsenden n asymptotisch der Normalverteilung.

Bei der t-Verteilung wird die Zahl der Freiheitsgrade und nicht die Zahl der Beobachtungswerte berücksichtigt.

Ist der Mittelwert gegeben, so beträgt die Zahl der Freiheitsgrade f:

$$f = n - 1$$

Die Zahl der Stichprobenwerte muss also um eins vermindert werden.

Die kritischen Werte von $t_{\alpha;\,f}$ (in Abhängigkeit von der vorgegebenen Irrtumswahrscheinlichkeit α und der Zahl der Freiheitsgrade f) werden in der Tabelle 4 (Abschn. 13.4) vorgegeben.

Beispiel 12.52

Es werden 36 vierzehnjährige Schüler gemessen. Dabei ergab sich eine mittlere Körpergröße von

$$159{,}41\,\text{Zentimeter}$$

mit einer Standardabweichung von

$$s = 8{,}46\,\text{Zentimeter}.$$

Vorgegeben oder vereinbart sei die Irrtumswahrscheinlichkeit

$$\alpha = 1\,\%$$

In welchem Konfidenzintervall liegt die Körpergröße von 14-jährigen Schülern bei der vorgegebenen Irrtumswahrscheinlichkeit?

Da die Standardabweichung der Grundgesamtheit nicht bekannt ist, wird der entsprechende Wert aus der Tabelle 3 (Abschn. 13.3) verwendet.

$$\overline{x} \pm t_{\alpha;n-1} \cdot \frac{s}{\sqrt{n}} = \overline{x} \pm t_{0,01;35}\frac{s}{\sqrt{n}}$$

$$t_{0,01;35} = 2{,}725 \quad \text{(Interpolation von 2,75 zu 2,70)}$$

$$159{,}41 \pm 2{,}725\frac{8{,}46}{\sqrt{36}} = 159{,}41 \pm 3{,}84$$

∎

Weitere Beispiele:

Beispiel 12.53

1. Signifikanztest – zweiseitig
In einer weiteren Stichprobe wurde bei 20 Schülern eine mittlere Größe von

$$164,50 \text{ Zentimeter}$$

bestimmt.

1. $H_0: \mu = \mu_0 = 164,50 \qquad H_1: \mu \neq \mu_0 = 164,50$
2. $\alpha = 1\% = 0,01$
Es handelt sich um eine Zufallsstichprobe kleineren (bestenfalls mittleren) Umfangs – σ (Streuung der Grundgesamtheit) ist unbekannt.
3. Prüfgröße

$$t = \frac{\overline{x} - \mu_0}{s} \sqrt{n}$$

$$|t| = \frac{|159,41 - 164,50|}{8,46} \sqrt{36} \approx 3,61$$

4. Tabellenwert nach Tabelle 4 (Abschn. 13.4):

$$t_{0,01;\ 35} = 2,725$$

5. Entscheidung:
H_0 wird zurückgewiesen, da

$$|t| = 3,61 > t_{0,01;35} = 2,725$$

ist.

Somit ist die Alternativhypothese richtig – μ_0 unterscheidet sich signifikant vom Durchschnittswert 159,41 Zentimeter. ∎

Beispiel 12.54

2. Signifikanztest – einseitig
Im Beispiel 12.54 wurde zweiseitig getestet. Durch

$$H_1: \mu \neq \mu_0$$

wurde geprüft, ob

$$\mu_0 > \mu \quad \text{oder} \quad \mu_0 < \mu$$

ist.

Nun ist aber kaum anzunehmen, dass die durchschnittliche Körpergröße von Basketballspielern kleiner als der Durchschnittswert der Gleichaltrigen ist. Somit kann auch getestet werden:

$$H_0: \mu = \mu_0 \qquad H_1: \mu < \mu_0$$

In diesem Fall kann die Irrtumswahrscheinlichkeit insgesamt auf eine Seite bezogen werden. In Tabelle 4 (Abschn. 13.4) ist für α der halbe Wert in der untersten Zeile zu verwenden.

$$t_{0,005;\ 35} = 2,725$$

■

Beispiel 12.55

3. Prüfung des Mittelwertunterschieds zweier Stichproben.

Beim Prüfen des Mittelwertunterschieds von Stichproben mit kleinem oder mittlerem Umfang wird ebenfalls die t-Verteilung verwendet.

Die Stichproben:

	Mittelwert	Standardabweichung	Umfang
1. Stichprobe	$\overline{x_1}$	s_1	n_1
2. Stichprobe	$\overline{x_2}$	s_2	n_2

Die Prüfgröße lautet:

$$t = \left| \frac{\overline{x_1} - \overline{x_2}}{s} \right| \cdot \sqrt{\frac{n_1 \cdot n_2}{n_1 + n_2}}$$

Die Zahl der Freiheitsgrade beträgt:

$$f = n_1 + n_2 - 2 \quad \text{(Es sind ja zwei Mittelwerte einbezogen)}$$

Und die Streuung hat den Wert:

$$s = \sqrt{\frac{(n_1 - 1)s_1^2 + (n_2 - 1)s_2^2}{n_1 + n_2 - 2}}$$

Der kritische Wert

$$t_{\alpha;\ f}$$

wird wieder aus der Tabelle 4 (Abschn. 13.4) entnommen. ■

Der Notenspiegel lautet für zwei zehnte Klassen:

$n_1 = 28$						$n_2 = 30$					
1	2	3	4	5	6	1	2	3	4	5	6
3	5	7	9	3	1	4	6	12	4	2	2

$$\overline{x_1} = \frac{91}{28} = 3{,}25 \qquad\qquad \overline{x_2} = \frac{90}{30} = 3{,}00$$

$$s_1 = \sqrt{\frac{45{,}25}{27}} \approx 1{,}29 \qquad\qquad s_2 = \sqrt{\frac{52{,}00}{29}} \approx 1{,}34$$

$$s = \sqrt{\frac{27 \cdot 1{,}29^2 + 29 \cdot 1{,}34^2}{28 + 30 - 2}} \approx 1{,}32$$

$$f = 28 + 30 - 2 = 56$$

Die Prüfgröße:

$$t = \left| \frac{3{,}25 - 3{,}00}{1{,}32} \right| \cdot \sqrt{\frac{28 \cdot 30}{58}} = 0{,}721 < t_{0,1;56} = 1{,}67$$

Damit lässt sich die Nullhypothese, die von keinem Unterschied in den Durchschnittsnoten der beiden Klassen ausgeht, nicht zurückweisen.

12.2.13.2 F-Test

Im Abschnitt 12.2.13.1 wurde quasi im Vorgriff davon ausgegangen, dass zwischen den Varianzen in der Grundgesamtheit und in den Stichproben keine signifikanten Unterschiede bestehen. Eine Voraussetzung, die aber nicht immer erfüllt sein muss. Im Falle der Nichterfüllung ist jedoch der t-Test so nicht, sondern nur in modifizierter Form anwendbar.

R. A. Fisher nahm als Testgröße nicht die Differenz der Varianzen (wie bei den Mittelwertunterschieden), sondern ging von dem Quotienten der Quadrate der Varianzen aus.

$$F = \frac{s_1^2}{s_2^2}$$

Dabei ist zu beachten, dass die größere der beiden Varianzen im Zähler des Bruches steht.

Der Test hat zwei Freiheitsgrade, die aus dem Stichprobenumfang der beiden zu vergleichenden Stichproben berechnet werden.

$$f_1 = n_1 - 1$$

$$f_2 = n_2 - 1$$

Aus der Tabelle (Abschn. 13.5) können die Testwerte entnommen werden. Die F-Werte beziehen sich hierbei auf einen einseitigen Test.

Im Beispiel 12.56 des Abschnitts 12.2.13.1 ergaben sich für die beiden Klassen die Mittelwerte und Varianzen:

Der Notenspiegel lautet für zwei zehnte Klassen:

$n_1 = 28$						$n_2 = 30$					
1	2	3	4	5	6	1	2	3	4	5	6
3	5	7	9	3	1	4	6	12	4	2	2

$$\overline{x_1} = \frac{91}{28} = 3{,}25 \qquad\qquad \overline{x_2} = \frac{90}{30} = 3{,}00$$

$$s_1 = \sqrt{\frac{45{,}25}{27}} \approx 1{,}29 \qquad\qquad s_2 = \sqrt{\frac{52{,}00}{29}} \approx 1{,}34$$

Die Testgröße:

$$F = \frac{s_2^2}{s_1^2} \approx 1{,}08 < 1{,}89 = F_{0{,}05;29;27} \qquad \text{(Interpolation nach Tabelle 5, Abschn. 13.5)}$$

$\alpha = 5\,\%$ ist der obere Tabellenwert.
$\alpha = 1\,\%$ ist der untere Tabellenwert.
Wenn die Testgröße F kleiner ist als der Tabellenwert

$$F_{\alpha;n_1-1;n_2-1},$$

dann wird wie in diesem Beispiel, die Nullhypothese angenommen. Es kann dann von keinem signifikanten Unterschied in den Varianzen der Stichprobe ausgegangen werden.

12.2.13.3 χ^2-Test

Prüfverfahren der beurteilenden Statistik setzen bislang die Kenntnis der speziellen Verteilung der Zufallsvariablen aus der Stichprobe oder der Grundgesamtheit voraus (Binomial-, Normal-, t- oder F-Verteilung). Das allgemeine Problem besteht jedoch darin, dass Zufallsvariablen in einer Stichprobe als Häufigkeitsverteilung vorliegen.
Diskrete Zufallsvariable erhalten durch die Stichprobe bestimmte Häufigkeiten einer empirischen Verteilung. Bei stetigen Variablen werden bestimmte Variablenwerte zu Klassen zusammengefasst, die Häufigkeit bestimmt, mit der empirische Werte in die Klasse fallen und damit letztendlich auch diskretisiert (Diskretisierungsfehler).
Der Stichprobenumfang ist die Summe der Häufigkeiten. Zu den auf diese Weise festgestellten Häufigkeiten hb_i werden die theoretischen Häufigkeiten ht_i berechnet, die aus der in der Nullhypothese angenommenen theoretischen Verteilungsfunktion zu erwarten sind.

Die Summe der ht_i muss dabei gleich dem Stichprobenumfang sein. Es wird dann die Differenz

$$hb_i - ht_i$$

gebildet (Abweichungen) und diese quadriert.

$$(hb_i - ht_i)^2 \quad \text{(Abweichungsquadrate nach Gauß)}$$

Die Prüfgröße ergibt sich aus der Summe der durch die theoretischen Häufigkeiten dividierten Abweichungsquadrate. Diese Vergleichsgröße χ^2 wird durch eine χ^2-Verteilung näherungsweise dargestellt und mit dem Tabellenwert in der Tabelle 6 (Abschn. 13.6) verglichen.

$$\chi_{\alpha;\ f} \quad (\alpha - \text{vereinbarte Irrtumswahrscheinlichkeit})$$
$$(f - \text{Zahl der Freiheitsgrade})$$

Ist

$$\chi^2 < \chi^2_{\alpha;\ f}, \quad \text{so wird } H_0 \text{ angenommen.}$$

Ist

$$\chi^2 \geq \chi^2_{\alpha;\ f}, \quad \text{wird } H_0 \text{ mit der vereinbarten}$$
$$\text{Irrtumswahrscheinlichkeit zurückgewiesen.}$$

Beispiel 12.56
In 360 Versuchen wurden mit einem Würfel die folgenden Augenzahlen geworfen:

1	2	3	4	5	6
52	64	58	50	67	69

Mit welcher Irrtumswahrscheinlichkeit kann der Würfel als r/v eingeschätzt werden?
(vorgegebene Irrtumswahrscheinlichkeit 30 % und 50 %)

x_i	hb_i	erwartete Häufigkeit $\frac{360}{6}ht_i$	$hb_i - ht_i$	$(hb_i - ht_i)^2$	$\frac{(hb_i - ht_i)^2}{ht_i}$
1	52	60	-8	64	$\frac{64}{60}$
2	64	60	$+4$	16	$\frac{16}{60}$
3	58	60	-2	4	$\frac{4}{60}$
4	50	60	-10	$+100$	$\frac{100}{60}$
5	67	60	$+7$	$+49$	$\frac{49}{60}$
6	69	60	$+9$	$+81$	$\frac{81}{60}$
	$n = 360$		Probe: Summe null		$\frac{314}{60} \approx 5{,}23$

$$f = 6 - 1 = 5$$
$$\chi^2 = 5{,}23 < 6{,}06 = \chi^2_{0,30;\ 5}$$
$$x^2 = 5{,}23 > 4{,}35 = \chi^2_{0,50;\ 5}$$

Mit einer Irrtumswahrscheinlichkeit von 30 Prozent ist der Würfel regulär.
Mit einer Irrtumswahrscheinlichkeit von 50 Prozent kann der Würfel als verfälscht eingeschätzt werden.
Zur Beachtung:
Natürlich ist auch

$$\chi^2 = 5{,}23 < 20{,}5 = \chi^2_{0,001;5}$$

und die Irrtumswahrscheinlichkeit von 0,1 % kein Beweis dafür, dass der Würfel mit 99,9 Prozent regulär ist (Fehler erster Art). Die Wahrscheinlichkeit als irregulär bezeichnet zu werden, obwohl es sich um einen regulären Würfel handelt (Fehler zweiter Art) kann hier nicht abgeschätzt werden.
Linert[1] gibt folgende Kriterien für die Anpassung der empirischen Verteilung an die theoretische an.

Überschreitungswahrscheinlichkeit	$\alpha > 50\%$	$50\% \geq \alpha \geq 20\%$	$19\% \geq \alpha \geq 5\%$	$\alpha < 5\%$
Anpassungsqualität	gut	mäßig	schwach	fehlend

Die Anpassung des Würfels an die theoretische Verteilung im Beispiel des Würfels ist somit vorhanden, aber doch auch nicht mehr als gut zu bezeichnen.
Aus der Tabelle ist zu entnehmen, dass die Irrtumswahrscheinlichkeit beim Vergleich mit der theoretischen Verteilung mindestens 5 Prozent oder besser mehr betragen muss, um die Nullhypothese der Alternativhypothese vorziehen zu können.

12.2.13.4 U-Test

Bislang wurden in den Signifikanztests eine Binomial- oder Normalverteilung vorausgesetzt. Die Test wurden dann mit den Parametern (Erwartungswert, Varianz) der Verteilung durchgeführt. Für große n (Umfang der Stichprobe) ist das Verfahren durch die Annäherung an die Normalverteilung (Gesetzt der großen Zahlen) gut vertretbar.

---

[1]G. A. Lienert: Verteilungsfreie Methoden in der Biostatistik dargestellt aus der psychologischen, medizinischen und biologischen Forschung, Hain Meisenheim 1962, zitiert nach Claus/Ebner 1971, Seite 198

Bei einem kleinen Umfang der Stichprobe, bei Ablehnung der Nullhypothese nach dem χ^2-Test oder Ähnlichem sind die Stichproben als aus unterschiedlichen Verteilungen anzusehen. Dann kann nicht mehr über die Parameter getestet werden. In dem Falle bieten sich parameterfreie Prüfverfahren an (auch verteilungsfreie Prüfverfahren genannt).

Parameterfreie Testverfahren haben nicht die gleiche Effizienz wie beispielsweise der t-Test.

Beim U-Test wird nicht die Größe der Messwerte, sondern ihre Anordnung in der Primärliste (Rangplatz) in die Rechnung einbezogen (vgl. auch – Mittelwerte der Größe und der Lage in Abschnitt 12.1.3.).

Durchführung:

Beispiel 12.57

	Primärliste der Messwerte		Rangplatz der Messwerte	
	Stichprobe I	Stichprobe II	Stichprobe I	Stichprobe II
	x_{I1}		1	
	x_{I2}		2	
		x_{II1}		3
	x_{I3}		4	
		x_{II2}	.	5
	.	.	.	.
	.	.	.	.
	.	.	.	.
Anzahl:	n_{I}	n_{II}	Summe der Rangplätze	
			R_1	R_2

$R_1 + R_2$ ist somit gleich der Summe der natürlichen Zahlen von eins bis $(n_{\mathrm{I}} + n_{\mathrm{II}})$.

$$R_1 + R_2 = (1 + n_{\mathrm{I}} + n_{\mathrm{II}}) \cdot \frac{n_{\mathrm{I}} + n_{\mathrm{II}}}{2} \quad \text{(Summe einer arithmetischen}$$
$$\text{Zahlenfolge mit } d = 1)$$

Mit

$$n_{\mathrm{I}} + n_{\mathrm{II}} = n \qquad R_1 + R_2 = \frac{n(n+1)}{2}$$

werden zwei Prüfgrößen berechnet („U"-Test):

$$U = R_1 - \frac{n_{\mathrm{I}}(n_{\mathrm{I}} + 1)}{2} \qquad U' = R_2 - \frac{n_{\mathrm{II}}(n_{\mathrm{II}} + 1)}{2}$$

Probe:

$$U + U' = R_1 + R_2 - \frac{n_{\mathrm{I}}(n_{\mathrm{I}} + 1) + n_{\mathrm{II}}(n_{\mathrm{II}} + 1)}{2}$$

$$= \frac{(n_\mathrm{I} + n_\mathrm{II})(1 + n_\mathrm{I} + n_\mathrm{II}) - n_\mathrm{I}(n_\mathrm{I} + 1) - n_\mathrm{II}(n_\mathrm{II} + 1)}{2}$$

$$U + U' = \frac{2n_\mathrm{I} \cdot n_\mathrm{II}}{2} = n_\mathrm{I} \cdot n_\mathrm{II}$$

Als Prüfgröße wird der kleinere U-Wert genommen.

Der U-Wert wird auf die angegebene Weise berechnet und mit dem Tabellenwert $U_{\alpha;\, n_\mathrm{I};\, n_\mathrm{II}}$ in Tabelle 7a – f (Abschn. 13.7) verglichen.

Dabei ist zu beachten, dass n_I den Umfang der Stichprobe II (n_II) nicht übersteigt.

$$n_\mathrm{I} \leq n_\mathrm{II} \qquad \blacksquare$$

Beispiel 12.58

Stichprobe I: $x_1 = 4{,}2$ $x_2 = 3{,}8$ $x_3 = 5{,}3$ $x_4 = 1{,}8$

Stichprobe II: $x_1 = 3{,}6$ $x_2 = 4{,}5$ $x_3 = 6{,}2$ $x_4 = 5{,}8$

$x_5 = 3{,}9$

| Primärliste der Messwerte | | Rangplatz der Messwerte | |
Stichprobe I	Stichprobe II	Stichprobe I	Stichprobe II
1,8		1	
	3,6		2
3,8		3	
	3,9		4
4,2		5	
	4,5		6
5,3		7	
	5,8		8
	6,2		9
$n_\mathrm{I} = 4$	$n_\mathrm{II} = 5$	$R_\mathrm{I} = 16$	$R_\mathrm{II} = 29$

Probe:

$$R_1 + R_2 = 45 \qquad n = 4 + 5 = 9$$

$$\frac{n(n + 1)}{2} = \frac{90}{2} = 45$$

$$U = 16 - \frac{4 \cdot 5}{2} = 6 \qquad U' = 29 - \frac{5 \cdot 6}{2} = 14$$

Kontrolle: $6 + 14 = 20 = 4 \cdot 5$

$$n_\mathrm{II} = 5$$

Tabelle 7a (Abschn. 13.7):

$$U = 6 \qquad n_{II} = 5 \qquad n_I = 4$$

$$0{,}206 = \gamma = 20{,}6\,\%$$

Bei einer einseitigen **und** zweiseitigen Fragestellung ist H_0 anzunehmen. Das bedeutet, dass die Messreihe II keine signifikant höheren Werte hat.

Wie in dem Beispiel gezeigt, lässt sich der U-Test für (kleiner Stichprobenumfang) $n_{II} < 9$ (n_{II} ist dabei nicht kleiner als n_I – dieses wird durch den Aufbau der Tabellen 7a bis 7f, Abschn. 13.7, bedingt) mit geringem Aufwand auf diese Weise und mit diesem Schema gut und schnell realisieren.

Für   *

$$9 \le n_{II} \le 20 \quad \text{(kleiner Stichprobenumfang)}$$

ist die Tafel 7d (Abschn. 13.7) zu verwenden.

In der Tafel 7d sind anstelle der Übergangswahrscheinlichkeiten die kritischen U-Werte für verschiedene Irrtumswahrscheinlichkeiten angegeben.

Es gilt das Kriterium:

Wenn

$$U > U_{\alpha;\, n_I;\, n_{II}}, \quad \text{dann erfolgt die Annahme von } H_0$$

und für

$$U \le U_{\alpha;\, n_I;\, n_{II}} \quad \text{erfolgt die Zurückweisung von } H_0 \text{ und die Annahme}$$
$$\text{von } H_1 \text{ (Alternativhypothese)}.$$

     ■

Beispiel 12.59

Der durchschnittliche Treibstoffverbrauch pro 100 Kilometer wurde bei einem Dieselauto (PKW_D) und einem Benzinauto (PKW_B) ermittelt.

Verbrauch pro 100 Kilometer										
PKW_D 6,2	5,8	5,2	6,8	5,4	6,4	7,2	7,0	5,4	6,3	$n_D = 10$
PKW_B 7,4	6,2	6,7	8,2	7,3	8,4	7,2	9,6	8,2	6,4	7,3 $\quad n_B = 11$

| zusammengefasste Primärliste | | Rangplätze | |
PKW$_D$	PKW$_B$	PKW$_D$	PKW$_B$
5,2		1	
5,4		2	
5,4		3	
5,8		4	
	6,2		5
6,2		6	
6,3		7	
6,4		8	
	6,4		9
	6,7		10
6,8		11	
7,0		12	
	7,2		13
7,2		14	
	7,3		15
	7,3		16
	7,4		17
	8,2		18
	8,2		19
	8,4		20
	9,6		21
$n_D = 10$	$n_B = 11$	$R_1 = 68$	$R_2 = 163$

$$R_1 + R_2 = 231$$

$$n = 10 + 11 = n_D + n_B = 21 \qquad \frac{n(n+1)}{2} = 231$$

$$U = 68 - \frac{n_D(n_D + 1)}{2} \qquad\qquad U' = 163 - \frac{n_B(n_B + 1)}{2}$$

$$U = 68 - \frac{10 \cdot 11}{2} = 68 - 55 = 13 \qquad U' = 163 - \frac{11 \cdot 12}{2} = 163 - 66 = 97$$

Kontrolle: $13 + 97 = 110 = n_D \cdot n_B$

Tabelle 7d (Abschn. 13.7):

$$\alpha = 5\% \quad \text{(zweiseitiger Test)}$$

$$U_{0,05;n_D;n_B} = U_{0,05;10;11} = 26 < 68$$

$$n_D < n_B$$

Es liegt ein unterschiedlicher mittlerer Treibstoffverbrauch bei den beiden Motorentypen vor!

Bei einem einseitigen Test (der Dieselmotor, so wird behauptet, hat einen geringeren Treibstoffverbrauch) ist

$$U_{0,05;10;11} = 31 < 68$$

Der Dieselmotor verbraucht signifikant weniger Treibstoff auf 100 Kilometer. Für

$$n_2 > 20 \quad \text{(Es soll stets } n_2 \text{ nicht kleiner als } n_1 \text{ sein)}$$

nähert sich die Prüfgröße der Normalverteilung

$$N(\mu; \sigma)$$

mit

$$\mu = \frac{n_1 \cdot n_2}{2} \quad \text{und} \quad \sigma = \sqrt{\frac{n_1 n_2 (n_1 + n_2 + 1)}{12}}$$

Deswegen kann der normierte U-Wert mit dem kritischen U-Wert (α ist wieder die vereinbarte Irrtumswahrscheinlichkeit) der normierten Gauß'schen Verteilung verglichen werden.

Durch die Transformation

$$U = \frac{x - \mu}{\sigma} = \frac{U - \mu}{\sigma} = \frac{U - \dfrac{n_1 n_2}{2}}{\sqrt{\dfrac{n_1 n_2 (n_1 + n_2 + 1)}{12}}}$$

wird diese Aufgabe gelöst.

Wenn der Betrag des U-Wertes zum Vergleich benutzt wird, dann ist es gleichgültig, welcher U-Wert (U oder U') benutzt wird.

Kriterium:

Wenn

$$|U| < U_\alpha, \quad \text{dann wird } H_0 \text{ angenommen,}$$

und für

$$|U| \geq U_\alpha \quad \text{wird } H_0 \text{ zurückgewiesen.}$$

In Tabelle 3 (Abschn. 13.3): stehen die zu den U-Abszissen gehörenden Flächenwerte unter der Normalverteilung (Gauß'sche Glockenkurve).

Ausschnitte aus der Tabelle 3:

	U	
	einseitig	zweiseitig
5 % =	0,050	1,64	1,96
10 % =	0,010	2,33	2,58
0,1 % =	0,001	3,09	3,29

∎

12.2.13.5 Kolmogoroff-Smirnow-Test

Die Rechnungen (Bestimmung der Rangplätze und Summenbildung) sind für mittleren und größeren Stichprobenumfang sehr aufwendig, wenn mit dem U-Test gearbeitet wird.

Deswegen wurde für Häufigkeitsverteilungen mit Klasseneinteilung ein weiteres Verfahren entwickelt. Es ist eine gewisse Verknüpfung von parameterfreien mit den über Parameter testenden Verfahren zu erkennen.

Der Kolmogoroff-Smirnow-Test setzt keine Verteilung für die Zufallsverteilung voraus, verwendet jedoch die kumulierten relativen Häufigkeiten beider Stichproben. Die Durchführung des Testverfahrens, welches auch bei mittlerem Stichprobenumfang angewendet werden kann, wird hier an einem Beispiel gezeigt.

Die Versicherungsgesellschaften arbeiten bei der KFZ-Versicherung mit sogenannten Schadenfreiklassen, nach denen Zuschläge oder Abschläge zu Grundbeträgen gewährt werden. Zwei Stichproben ergaben die folgenden Werte:

Gesellschaft

Merkmal (x_i)	$A(h_A)$	$B(h_B)$	kum. h_A	kum. h_B	$F_A(x) = \dfrac{\sum h_A}{h_A}$	$F_B(x) = \dfrac{\sum h_B}{h_B}$	Testgröße $\|F_A(x) - F_B(x)\|$
SF 0	54	32	54	32	0,152	0,168	0,016
SF 1	36	28	90	60	0,254	0,315	0,061
SF 2	84	16	174	76	0,491	0,400	0,091
SF 3	32	15	206	91	0,581	0,478	0,103
SF 4	23	18	229	109	0,646	0,573	0,073
SF 5	22	14	251	123	0,709	0,647	0,062
SF 6	18	12	269	135	0,759	0,710	0,049
SF 7	16	10	285	145	0,805	0,763	0,042
SF 8	21	9	306	154	0,864	0,810	0,054
SF 9	11	8	317	162	0,895	0,852	0,043
SF 10	9	4	326	166	0,920	0,873	0,047
SF 11	14	3	340	169	0,960	0,889	0,071
SF 12	2	4	342	173	0,966	0,910	0,056
SF 13	0	4	342	177	0,966	0,931	0,035
SF 14	6	4	348	181	0,983	0,952	0,031
SF 15	1	3	349	184	0,985	0,968	0,017
SF 16	1	2	350	186	0,988	0,978	0,010
SF 17	0	2	350	188	0,988	0,989	0,001
SF 18	4	2	354	190	1,000	1,000	0,000
	$n_A = 354$	$n_B = 190$					

Die Prüfgröße

$$D = \max|F_A(x) - F_B(x)|$$

beträgt in diesem Beispiel (Schadenfreiklasse 3): $D = 0{,}103$
Die Vergleichsgröße zu der vorgegebenen Irrtumswahrscheinlichkeit α wird nicht einer Tabelle entnommen, sondern nach der Formel

$$D_{\alpha;\, n_A;\, n_B} = \lambda_\alpha \sqrt{\frac{n_A + n_B}{n_A \cdot n_B}}$$

berechnet (n_A und n_B sind der Umfang der beiden Stichproben A und B).
Der zu der Irrtumswahrscheinlichkeit α gehörende Parameter λ wird der nachfolgend angegebenen Tabelle mit den gebräuchlichsten Werten entnommen.
Weitere Werte finden sich bei Bedarf in der Fachliteratur.

α	λ
$5\,\%$	$1{,}36$
$1\,\%$	$1{,}63$
$0{,}1\,\%$	$1{,}95$

Das Kriterium:
Wenn

$$D < D_{\alpha;\, n_A;\, n_B}, \quad \text{dann erfolgt die Annahme von } H_0$$

und bei

$$D \geq D_{\alpha;\, n_A;\, n_B} \quad \text{erfolgt Zurückweisung von } H_0.$$

Im Beispiel ist für

$$\alpha = 5\,\%$$

$$D_{0{,}05;\, 354;\, 190} = 1{,}36\sqrt{\frac{354 + 190}{354 \cdot 190}} = 1{,}36\sqrt{\frac{544}{67\,260}} \approx 0{,}122\,31$$

$$D = 0{,}103\,00 < 0{,}122\,31 = D_{0{,}05;\, 354;\, 190}$$

H_0 kann auf $5\,\%$ Signifikanzniveau nicht zurückgewiesen werden (es ist von einem nicht signifikanten Unterschied auszugehen!).

12.2.13.6 Vier-Felder-Test

Es geht beim Vier-Felder-Test um qualitative Angaben nach zwei Gesichtspunkten (Kriterien bei alternativen Entscheidungsmöglichkeiten) – bivariable Verteilungen.

Beispiel 12.60

Zweihundertfünfzig Schülerinnen und Schüler werden nach Geschlecht und dem Kriterium „Freude an Mathematik" eingestuft.

		Geschlecht		
		männlich	weiblich	Summe
	positiv	62	28	90
Einstellung zur Mathematik				
	negativ	48	112	160
	Summe	110	140	250

Untersucht werden soll, ob die Einstellung zur Mathematik geschlechtsspezifisch ist. Es geht hier um den Nachweis eines korrelativen Zusammenhangs von nicht durch Zahlen quantifizierbaren Merkmalen.

H_0 Es existiert kein Zusammenhang zwischen Geschlecht und der Einstellung zur Mathematik.

H_1 Die Einstellung zur Mathematik hängt vom Geschlecht der Schüler ab.

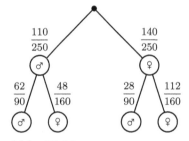

Abb. 12.16

$$\frac{110}{250} \cdot \frac{62}{90} \approx 0{,}303 \qquad \frac{110}{250} \cdot \frac{48}{160} \approx 0{,}132$$

$$\frac{140}{250} \cdot \frac{28}{90} \approx 0{,}173 \qquad \frac{140}{250} \cdot \frac{112}{160} \approx 0{,}392$$

Kontrolle: $0{,}303 + 0{,}132 + 0{,}173 + 0{,}392 = 1{,}000$

allgemein:

		Variable x		
		x_1	x_2	
Variable y	y_1	a	b	$a+b$
	y_2	c	d	$c+d$
		$a+c$	$b+d$	$a+b+c+d$

Nach der Information zum χ^2-Test ist

$$\chi^2 = \sum_{i=1}^{4} \frac{(h_{bi} - h_{ti})^2}{h_{ti}} \qquad h_{bi} - \text{festgestellte Häufigkeit}$$

$$h_{ti} - \text{theoretische Häufigkeit}$$

Durch Ableitung, die hier nicht vorgeführt werden soll, ergibt sich die Prüfgröße χ^2

$$\chi^2 = \frac{(ad - bc)^2 \cdot n}{(a + b)(c + d)(a + c)(b + d)}$$

und im Beispiel

$$\chi^2 = \frac{(62 \cdot 112 - 28 \cdot 48)^2 \cdot 250}{(62 + 28)(48 + 112)(62 + 48)(28 + 112)} = \frac{5600^2 \cdot 250}{90 \cdot 160 \cdot 110 \cdot 140} \approx 35{,}35$$

Nach der Tafel 6 (Abschn. 13.6) ergibt sich:

$$\chi^2_{0{,}05;1} = 3{,}84 < 35{,}35 = \chi^2$$

H_0 wird zurückgewiesen (auch beim einseitigen Test). Die „Freude" an der Mathematik ist bei männlichen Schülern größer, wie **diese** Untersuchung ergibt. ∎

12.2.13.7   Prüfung von Korrelationskoeffizienten

Die Signifikanzprüfung eines Korrelationskoeffizienten erfolgt unter der Annahme von

H_0 –   der ermittelte Korrelationskoeffizient unterscheidet sich zufällig von null (es besteht keine lineare korrelative Abhängigkeit).

H_1 –   der Wert ist signifikant und lässt eine lineare Korrelation wahrscheinlich sein.

Während die Stichprobenmittelwerte normalverteilt eingeschätzt werden können, ist die Verteilung der Korrelationskoeffizienten eine schiefe Verteilung. Je stärker der Stichprobenwert des Korrelationskoeffizienten von null abweicht, umso schiefer ist die Verteilung, umso besser ist die Nullhypothese (keine lineare Korrelation) abzulehnen und von einem linearen Zusammenhang der Veränderlichen auszugehen.

Bei der hier angegebenen Nullhypothese wird, ein hinreichend großer Stichprobenumfang vorausgesetzt, mit einer Normalverteilung und bei kleinem bis mittlerem Stichprobenumfang mit einer t-Verteilung verglichen.

Die Standardabweichung der Stichprobenverteilung des Korrelationskoeffizienten wird nach

$$\sigma_r = \frac{1 - r_{xy}^2}{\sqrt{n - 1}}$$

berechnet.

Für großen Stichprobenumfang wird davon ausgegangen, dass r_{xy} mit dem Mittelwert

$$\mu_{r_{xy}} = 0$$

und der Standardabweichung

$$\sigma_{r_{xy}} = \frac{1}{\sqrt{n-1}}$$

normalverteilt ist.

Die Prüfgröße:

$$u = \frac{r-0}{\sigma_{r_{xy}}} = r_{xy}\sqrt{n-1}$$

Ist der Stichprobenumfang nicht ausreichend (hinreichend) groß genug, wird der t-Test mit

$$t = \frac{r_{xy}}{\sqrt{1-r_{xy}^2}} \cdot \sqrt{n-2} \quad \text{und} \quad f = n-2$$

eingesetzt.

In Tabelle 8 (Abschn. 13.8) wird zu einer Irrtumswahrscheinlichkeit und in Abhängigkeit von der Zahl der Freiheitsgrade für r_{xy} der Wert angegeben, der betragsmäßig überschritten werden muss.

Es wurde für 27 Schüler der Korrelationskoeffizient für den Zusammenhang zwischen Gewicht (Masse) und Größe mit

$$r_{xy} = 0{,}819\,16$$

berechnet.

Für

$$f = 27 - 2 = 25$$

Freiheitsgrade ergibt sich aus der Tabelle 8 für $\alpha = 1\,\%$ der Wert

0,49

Beide Werte werden durch den der Stichprobe mühelos überschritten, sodass der (positive) lineare Zusammenhang als gesichert angesehen werden kann.

13 Tabellen

Übersicht

Binomialverteilung – Summenfunktion
Poisson-Verteilung
Normalverteilung
t-Verteilung
F-Verteilung
χ^2-Verteilung
U-Verteilung
Test für Korrelationskoeffizienten

Alle in der Übersicht genannten Tabellen inkl. Erläuterungen finden Sie auf der Produktseite zum Buch: https://www.springer.com/9783662565308

© Springer-Verlag GmbH Deutschland, ein Teil von Springer Nature 2018
G. Höfner, *Mathematik-Fundament für Studierende aller Fachrichtungen*,
https://doi.org/10.1007/978-3-662-56531-5_13

Springer

springer.com

Willkommen zu den Springer Alerts

Jetzt anmelden!

- Unser Neuerscheinungs-Service für Sie:
  aktuell *** kostenlos *** passgenau *** flexibel

Springer veröffentlicht mehr als 5.500 wissenschaftliche Bücher jährlich in gedruckter Form. Mehr als 2.200 englischsprachige Zeitschriften und mehr als 120.000 eBooks und Referenzwerke sind auf unserer Online Plattform SpringerLink verfügbar. Seit seiner Gründung 1842 arbeitet Springer weltweit mit den hervorragendsten und anerkanntesten Wissenschaftlern zusammen, eine Partnerschaft, die auf Offenheit und gegenseitigem Vertrauen beruht.

Die SpringerAlerts sind der beste Weg, um über Neuentwicklungen im eigenen Fachgebiet auf dem Laufenden zu sein. Sie sind der/die Erste, der/die über neu erschienene Bücher informiert ist oder das Inhaltsverzeichnis des neuesten Zeitschriftenheftes erhält. Unser Service ist kostenlos, schnell und vor allem flexibel. Passen Sie die SpringerAlerts genau an Ihre Interessen und Ihren Bedarf an, um nur diejenigen Information zu erhalten, die Sie wirklich benötigen.

Mehr Infos unter: springer.com/alert

Printed in the United States
By Bookmasters

Printed in the United States
By Bookmasters